Dipl.-Ing. Peter Zastrow

Rdf.- u. Fernsehtechniker-Meister

FERNSEH-
EMPFANGSTECHNIK

6. aktualisierte Auflage

Mit 400 Bildern, 14 Tabellen
und 180 Aufgaben

1987

Frankfurter Fachverlag

CIP-Kurztitelaufnahme der Deutschen Bibliothek

Zastrow, Peter:
Fernsehempfangstechnik / Peter Zastrow. – 6., aktualisierte Aufl. – Frankfurt (Main): Frankfurter Fachverlag, 1987.
ISBN 3-87234-118-9

Umschlag: Pressefoto Philips

ISBN 3-87234-118-9

© 1987 by Frankfurter Fachverlag Michael Kohl GmbH & Co KG, Frankfurt am Main
Herstellung: H.G. Gachet & Co., 6070 Langen

AUS DEN VORWORTEN DER 1. BIS 3. AUFLAGE

Die Fernsehtechnik ist aus unserem heutigen Leben nicht mehr fortzudenken. Sie ist nicht nur fester Bestandteil der Unterhaltungselektronik, sondern auch in fast allen Bereichen der kommerziellen Technik wird dieses Übertragungsverfahren visueller Bilder, sei es schwarz-weiß oder farbig, angewendet. Aus diesem Grunde werden sich immer mehr Techniker mit dem Prinzip und der Schaltungstechnik des Fernsehens auseinander setzen müssen. So haben sich Verlag und Autor überlegt, ein Buch zu konzipieren, das diesen Anforderungen gerecht wird.

Da die Schwarz-Weiß- und Farbfernsehtechnik heute nicht mehr getrennt betrachtet werden darf, wurden diese Techniken in diesem Buch nicht in getrennten Kapiteln behandelt, sondern stets zusammen besprochen. Verständlicherweise erhielt das PAL-Verfahren Schwergewicht.

Im Bereich der Unterhaltungselektronik wendet man für das Fernsehen die drahtlose Nachrichtenübertragung an. Das war ausschlaggebend, daß in diesem Buch eingehend auf diese drahtlose Übertragungstechnik, speziell beim Fernsehen mit allen seinen Problemen, eingegangen wird.

Für mathematisch vorgebildete Leser wurden deshalb für den Komplex der Übertragungstechnik die wichtigsten Zusammenhänge mathematisch hergeleitet und dargestellt. Diese Stellen sind am Rande mit einem roten Balken gekennzeichnet und können von Lesern, die in der Mathematik nicht so bewandert sind, ohne weiteres übersprungen werden.

Mit diesem Buch sollte erreicht werden, daß der Leser und Lernende befähigt wird, in der Nachrichtenübertragungstechnik Zusammenhänge zu erkennen und es sich zur Gewohnheit macht, ihm unbekannte Industrieschaltungen auf das Grundprinzip hin zu reduzieren.

Um diese Zielsetzungen zu erreichen, wurde hier ein methodischer Weg in der Form eingeschlagen, daß

1. die Scharz-Weiß- und die Farbfernsehtechnik kombiniert und
2. jedes Kapitel in die Abschnitte Grundprinzip – Prinzipschaltung – Industrieschaltung als Anwendungsbeispiel unterteilt wurde.

Diese methodische Konzeption ist jedoch so offen, daß sie selbst dann nicht stört, wenn ein Lehrer in der Methode einen anderen Weg in seinem Unterricht einschlägt. Auch wenn die Schwarz-Weiß- und die Farbfernsehtechnik getrennt behandelt werden, läßt sich dieses Buch immer noch in jeder Unterrichtsphase einsetzen.

Am Ende eines jeden Kapitels dient eine Zusammenfassung als Repititorium und ein Lerntest als Wiederholung und zur Selbstkontrolle. Die Antworten sind am Ende des Buches zusammengestellt.

Das Niveau ist so gehalten, daß Auszubildende wie auch Techniker aus anderen Elektroberufen und Elektroniker sich leicht in diese Materie einarbeiten können. Ein ausführliches Literaturverzeichnis am Ende des Buches gibt auch dem Studierenden die Möglichkeit, über das Niveau dieses Buches hinaus, tiefer in die Materie der Fernsehtechnik einzudringen.

Bad Segeberg   Peter Zastrow

VORWORT ZUR 4. UND 5. AUFLAGE

Seit dem Erscheinen der ersten Auflage dieses Buches vor sechs Jahren, haben sich die Schaltungstechnik und der Aufbau von Fernsehempfängern entscheidend geändert.

Die Verwendung der höchstintegrierten Schaltungen, die Einführung des Stereotons und des digitalisierten Fernsehens kennzeichnen die neue Generation.

Die didaktische und methodische Aufbereitung des Stoffes und die bildlichen Darstellungen in den bisherigen Auflagen fanden bei den Benutzern große Zustimmung. Es wurde deshalb bei der Neuauflage diese bewährte Konzeption beibehalten. Jedes Kapitel ist in die Abschnitte: Grundprinzip – Prinzipschaltung – Industrieschaltung mit Transistoren – Industrieschaltung mit integrierter Schaltung als Anwendungsbeispiel unterteilt.

Bei der Industrieschaltung mit integrierter Schaltung ergaben sich Schwierigkeiten. Die ICs beinhalten heute so viele Bauelementefunktionen, daß eine detaillierte Erklärung wie bei einer Schaltung mit Transistoren weder möglich, noch sinnvoll ist. Es werden deshalb bei den integrierten Schaltungen nur noch die Funktionsblöcke in soweit erläutert, wie dies zum Gesamtverständnis der Schaltung erforderlich ist.

Obwohl die heute gefertigten Geräte nur noch integrierte Schaltungen enthalten, werden in diesem Buch die Grundprinzipien und die Prinzipschaltungen mit Transistoren erläutert. Auch bei den Industrieschaltungen wird jeweils eine Schaltung mit Transistoren angegeben. Einerseits befinden sich heute noch genügend Geräte dieser „älteren" Generation auf dem Markt, die repariert und gewartet werden müssen, zum anderen ist die Umsetzung der diskret aufgebauten Schaltung in die integrierte Schaltung einfacher zu verstehen.

Neue Technologien und Einfallsreichtum der Konstrukteure lassen die Schaltungsvielfalt der Fernsehgeräte anwachsen. Jede neue Schaltung ist angeblich sicherer, wartungsfreier, reparaturunanfälliger usw. Nun lassen sich die vielen Schaltungsvarianten natürlich nicht in einem solchen Buch unterbringen. Es wurden deshalb durch ein intensives Studium der Industrieschaltungen nur die typischen Schaltungen der jeweiligen Stufen als Anwendungsbeispiel ausgewählt, die am häufigsten in den Fernsehempfängern zu finden sind.

Das Buch wurde um zwei Kapitel erweitert. Im Kapitel 9 werden bei den Zusatzeinrichtungen die Fernbedienungen, der Sendersuchlauf und die Abstimmsysteme behandelt. Hier konnte auch schon eine Art Standardisierung festgestellt werden. Das Kapitel 10 befaßt sich mit der neuesten Technik: dem Digital-Fernsehen. Diese Technik wird sich in den nächsten Jahren immer mehr durchsetzen und wird deshalb hier schon in seinen Grundzügen vorgestellt.

VORWORT ZUR 6. AUFLAGE

Das von den Fernsehsendern ausgestrahlte elektronische Farbtestbild beinhaltet viele Informationen zum Testen und Einstellen eines Fernsehgerätes. Dem Verlag und dem Autor erschien es daher als eine Bereicherung dieses Buches, in den Anhang die detaillierte Beschreibung und Erläuterung dieses Farbtestbildes mit aufzunehmen.

Weiterhin wurde der Abschnitt „Fernsehaufnahmeröhren" dahingehend aktualisiert, daß nur noch die heute eingesetzten Bildaufnahmeröhren behandelt werden.

Möge auch diese Neuauflage wieder zahlreichen Lesern den Einstieg in die Fernsehtechnik erleichtern.

Bad Segeberg, März 1987   Peter Zastrow

INHALTSVERZEICHNIS

1. GRUNDLAGEN

1.1. Farbgrundlagen

1.1.1. Licht und Farbe

Das weiße Sonnenlicht ist eine elektromagnetische Strahlung. Diese erstreckt sich über ein Frequenzband von etwa $3,82 \cdot 10^{14}$ bis $7,8 \cdot 10^{14}$ Hz. Das sichtbare Licht umfaßt damit nur ein schmales Frequenzband aus dem großen Bereich der Wellen, das sich von 16 Hz (tiefster vom Menschen hörbarer Ton) bis zu den kosmischen Strahlen von 10^{25} Hz erstreckt. Außerhalb dieses Frequenzbereiches von $7,8 \cdot 10^{14}$ Hz bis $3,82 \cdot 10^{14}$ Hz entsprechend einer Wellenlänge von $\lambda = 380$ nm bis 780 nm (1 nm = 10^{-9} m) werden vom Auge keinerlei Farb- oder Helligkeitseindrücke mehr wahrgenommen (**Bild 1.1**).

Wird das Sonnenlicht durch ein Glasprisma zerlegt, so erfolgt eine Beugung der Lichtwellen, deren Winkel von der Wellenlänge abhängig ist (**Bild 1.2**). Die kürzesten Wellen werden am stärksten, die längsten am wenigsten gebeugt. Dieses damit sichtbare farbige Sonnenspektrum erstreckt sich von Ultraviolett mit einer Wellenlänge von 380 nm über Grün, Gelb, Rot mit einer Wellenlänge von 780 nm. Daran schließt sich das unsichtbare Infrarot an.

Ebensogut wie man weißes Licht in seine farbigen Einzelkomponenten – die Spektralfarben*) zerlegen kann, läßt sich aus den farbigen Einzelkomponenten aber auch wieder weißes Licht erzeugen. Dabei ist es keineswegs notwendig, wieder alle Spektralfarben zu verwenden. Durch Mischung von jeweils 2 Lichtfarben, die allerdings in einem bestimmten Zusammenhang stehen müssen, kann man wieder weißes Licht herstellen. Derart zusammengehörende Farben heißen ,,Komplementärfarben". Theoretisch gibt es unendlich viele derartige Farbpaare.

Einige der bekanntesten Komplementärfarben sind: Rot und Cyan; Blau und Gelb; Grün und Purpur. Dabei stellt Purpur oder Magenta eine Farbe dar, die bei den Spektralfarben überhaupt nicht vorkommt. Purpur entsteht erst durch Mischung von rotem und blauem Licht, hat also keine definierte Wellenlänge. Aus den Spektral- oder Primärfarben lassen sich demnach auch Farben mischen, die im natürlichen Lichtspektrum nicht vorkommen (**Bild 1.3**). In diesem Bild geben zwei gegenüberliegende Farben Weiß, wenn man sie miteinander mischt, so also Gelb zusammen mit Blau, oder Grün zusammen mit Purpur oder Rot zusammen mit Cyan.

1.1.2. Augenempfindlichkeit

Licht und Farbempfindung wird vom Auge auf der Netzhaut wahrgenommen. Hinter der Irisblende unseres Auges befindet sich eine Linse, die ein auf dem Kopf stehendes farbiges Bild des betrachteten Gegenstandes auf der Netzhaut entwirft (**Bild 1.4**).

In der Netzhaut liegen ca. 100 Millionen sogenannte Stäbchen und ca. 7 Millionen Zäpfchen, von denen Nerven zum Sehzentrum ins Gehirn führen. Diese Zäpfchen und Stäbchen kann man sich als Enden der Sehnerven vorstellen. Die Zäpfchen vermitteln die Farbempfindung. Mit den Stäbchen nimmt man die Helligkeit wahr. Die Stäbchen sind etwa 10 000 mal lichtempfindlicher als die Zäpfchen. Es gibt nur eine Art von Stäbchen, dagegen aber 3 Arten von Zäpfchen. Der größte Teil der Zäpfchen ist empfindlich für grüne Farben, der Rest ist rot- und blauempfindlich.

Die nur helligkeitsempfindlichen Stäbchen sind über die ganze Netzhaut verteilt, während die farbempfindlichen Zäpfchen vor allem in der Mitte der Netzhaut liegen.

*) Reine Spektralfarben sind solche, die sich nicht weiter zerlegen lassen.

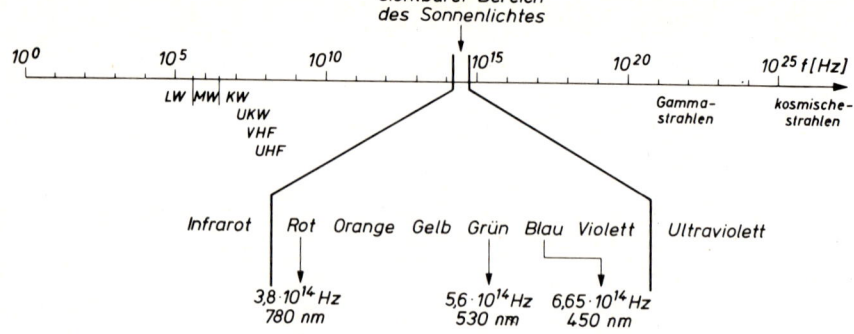

Bild 1.1

Frequenzen und Wellenlängen des Farbspektrums

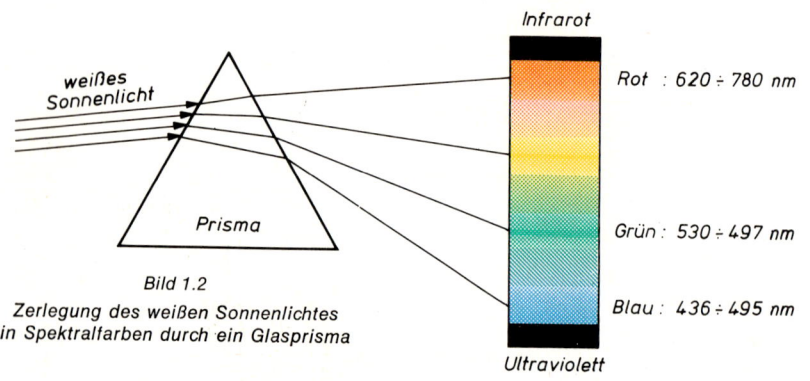

Bild 1.2

Zerlegung des weißen Sonnenlichtes
in Spektralfarben durch ein Glasprisma

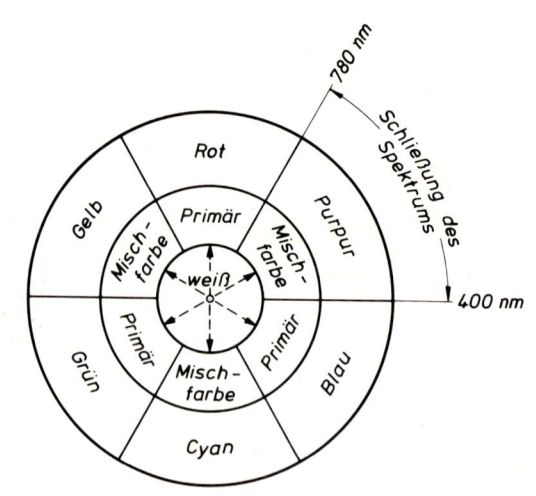

Bild 1.3

Der Farbkreis

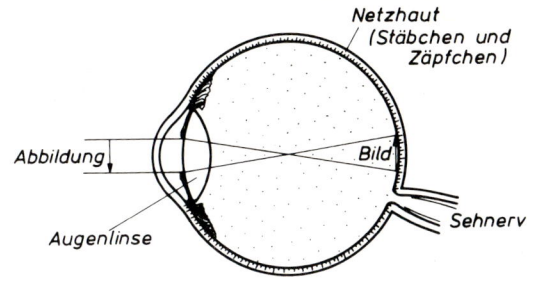

Netzhaut
(Stäbchen und
Zäpfchen)

Abbildung

Bild

Augenlinse

Sehnerv

Bild 1.4
Das menschliche Auge
(stark vereinfacht)

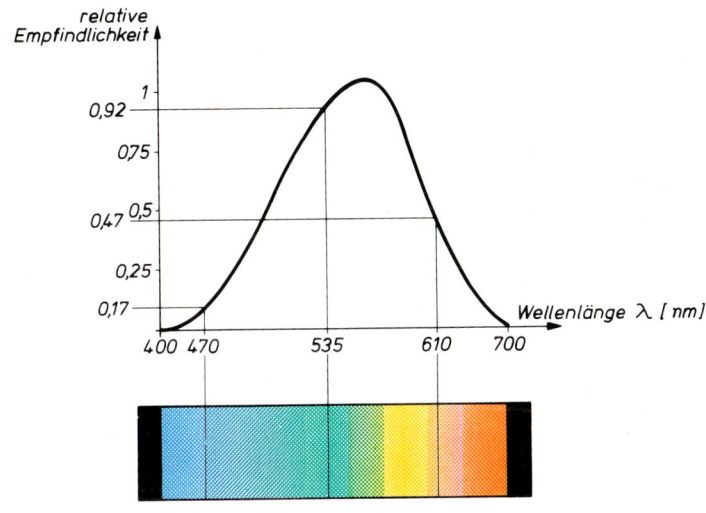

Bild 1.5
Empfindlichkeitskurve des menschlichen Auges mit Farbspektrum

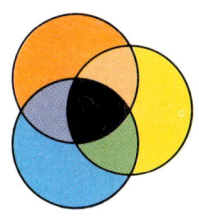

Bild 1.6
Subtraktive Farbmischung

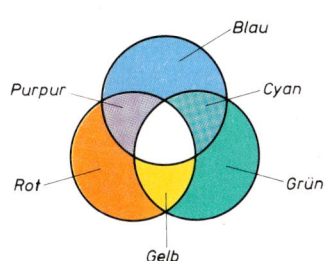

Bild 1.7
Additive Farbmischung

Man sieht daher auch Gegenstände am äußersten Rand des Gesichtsfeldes nur grau. Bei zu kleiner Helligkeit treten die Zäpfchen zurück und die Stäbchen hervor. In der Dämmerung erscheinen deshalb auch farbige Gegenstände nur grau. Nur bei ausreichender Helligkeit werden die Eindrücke überwiegend von den Zäpfchen übermittelt, man sieht farbig.

Wie schon gesagt, gibt es bei den Zäpfchen drei Arten. Die eine Gruppe reagiert auf Rot, die andere auf Grün und die dritte Gruppe auf Blau. Das Auge nimmt also nur diese drei Grundfarben wahr und bildet daraus jede in der Natur vorkommende Farbe einschließlich Weiß (unbunt).

Das menschliche Auge ist für die verschiedenen Farben des Spektrums unterschiedlich empfindlich. Obwohl alle Spektralfarben mit gleicher Energie vorhanden sind, erscheinen uns die Farben im gelbgrünen Bereich am hellsten, während uns die Farben am ultravioletten und infraroten Ende des Spektrums am dunkelsten erscheinen.

In **Bild 1.5** ist die sogenannte Augenempfindlichkeitskurve dargestellt. Diese Kurve ist international genormt durch die I.B.K. = Internationale Beleuchtungskommission. Sie stellt einen Mittelwert für das normalsichtige Auge dar. Bei gleicher Strahlungsleistung der Farben erscheinen die an den Enden des Spektrums liegenden Farben sehr viel dunkler als die Farben in der Mitte. Diese Tatsache rührt daher, daß auf der Netzhaut mehr Zäpfchen für Grün vorhanden sind als für Rot und Blau.

Die Verwirklichung des Fernsehens ist nur durch die Trägheit des menschlichen Auges möglich geworden. Die Stäbchen und Zäpfchen in der Netzhaut zeigen eine gewisse Nachwirkung, von der man sich durch einen Versuch schnell überzeugen kann. Schwenkt man eine kleine Glühbirne im Kreis, so kann unser Auge bis zu einer bestimmten Umfangsgeschwindigkeit die aufleuchtende Glühbirne an jeder Stelle der Kreisbahn wahrnehmen. Erhöht man die Geschwindigkeit weiter, so ist dem Auge keine Auflösung der einzelnen Lichtpunkt mehr möglich, man erkennt nur noch einen zusammenhängenden leuchtenden Kreis. Diese Erscheinung kommt dadurch zustande, daß ein auf die Netzhaut geworfener Lichtreiz noch einige Zeit nachwirkt. Erst nach etwa 50 ms ist dieser Lichtreiz soweit abgeklungen, daß ein neuer Lichtreiz aufgenommen werden kann.

Die Trägheitswirkung des Auges zeigt sich also darin, daß Bewegungen, die ruckartig in einer kleineren Zeit als 50 ms erfolgen, als fließende oder gleitende Bewegungen wahrgenommen werden. Die einzelnen Bildeindrücke gehen ineinander über.

Bei der Filmprojektion im Kino wird von dieser Tatsache Gebrauch gemacht. Hier zeigt man 24 Bilder in der Sekunde. Bei 24 Bildern/Sekunde ergibt sich eine Zeit von 1/24 s = 41,67 ms. Damit liegt man unter den 50 ms, die für die Ausnutzung des Trägheitseffektes des Auges erforderlich sind. Unangenehm wird nur noch das störende Flimmern der Lichtstärke, das man grundsätzlich durch Vergrößern der Bildzahl beseitigen kann. Wegen des sich daraus ergebenen großen Filmmaterialbedarfs wird bei der Projektion durch eine Blende jedes Bild zweimal gezeigt. Damit erhöht sich die Flimmerfrequenz auf 48 Hz, auf die unser Auge nicht mehr unangenehm reagiert.

Ähnliche Überlegungen werden auch beim Fernsehen angewendet, um ein ruhiges, flimmerfreies Bild zu erhalten. Hier arbeitet man mit einer Frequenz von 50 Hz.

Beim Fernsehen kann man nicht wie beim Film ein Bild auf einmal vollständig wiedergeben, sondern man muß es in Zeilen zerlegt übertragen. Die Flimmerfrequenz kann beim Fernsehen eben dadurch herabgesetzt werden, indem man die 25 vollständigen Bilder, die innerhalb einer Sekunde übertragen werden müssen, in zwei Teilbilder zerlegt. Das geschieht in der Weise, daß man während der ersten 20 ms nur die ungeradzahligen Zeilen des vollständigen Bildes und in den nächsten 20 ms die geradzahligen Zeilen des Bildes überträgt. Somit werden 50 Teilbilder in einer Sekunde oder 25 Vollbilder dargestellt.

1.1.3. Farbmischung

Da das menschliche Auge 3 Arten von farbempfindlichen Zäpfchen enthält, entwickelte sich schon relativ früh die Dreifarbtheorie, die bis heute die Grundlage der Farbfotografie, des Farbdruckes und auch des Farbfernsehens ist.

Nach dieser Theorie kann man praktisch alle sichtbaren Farben aus 3 „Primärfarben" mischen. Als Bedingung für die Auswahl dieser Primärfarben gilt dabei, daß keine der Primärfarben sich aus den beiden anderen ermischen läßt. Diese Bedingungen erfüllen die 3 Primärfarben Rot = 700 nm, Grün = 546,1 nm und Blau = 435,8 nm.

Diese Primärfarben wurden von der IBK als sogenannte „Eichreize" oder „Normalfarbreize" festgelegt. Aus ihnen lassen sich praktisch alle in der Natur vorkommenden Farben, einige Leuchtfarben und Weiß ermischen, so wie es in Bild 1.3 dargestellt ist.

1.1.3.1. Subtraktive Mischung

Diese ergibt sich, wenn man Mal- oder Druckfarben mischt oder wenn man verschiedene farbige Gläser übereinander und vor einer Lichtquelle betrachtet. Das gilt auch bei der Farbfotografie. Bei dieser subtraktiven Farbmischung werden farbige Pigmente gemischt, die bestimmte Anteile des auftreffenden weißen Lichtes reflektieren, andere absorbieren. Der Ausdruck: subtraktive Mischung stammt daher, weil am Beispiel der farbigen Gläser, jedes Glas aus dem weißen Licht eine Farbe herausnimmt (subtrahiert!) und die Mischfarbe dunkler wird.

Diese subtraktive Farbmischung gilt auch für das Mischen von Farbstoffen. Mischt man z. B. Blau und Gelb, so entsteht hierbei eine grüne Farbe (**Bild 1.6**).

1.1.3.2. Additive Mischung

Projiziert man verschiedenfarbiges Licht gleichzeitig auf eine Fläche, mischen sich die Farben additiv – es wird immer heller! Der gleiche Effekt tritt ein, wenn verschiedenfarbige Leuchtstoffe auf engem Raum gleichzeitig Licht ausstrahlen. Diese additive Farbmischung (Lichtmischung) wird beim Farbfernsehen ausgenützt.

In Bild 1.7 strahlen drei Scheinwerfer mit gleicher Stärke eine weiße Fläche an. Es ergibt sich aus:

Rot und Grün = Gelb
Grün und Blau = Cyan
Blau und Rot = Purpur (Magenta)
Rot und Blau und Grün = Weiß.

Komplementärfarben ergeben gemischt ebenfalls den Eindruck von weißem Licht (siehe auch Bild 1.3)

Rot und Cyan = Weiß
Grün und Purpur = Weiß
Blau und Gelb = Weiß.

Dieses Experiment macht u. a. deutlich, daß zum Ermischen von Weiß drei Grundfarben oder zwei Komplementärfarben genügen.

Die Farben von Rot über Grün bis Blau sind im Sonnenspektrum enthalten, Purpur dagegen nicht. Das ist eine neue Farbe, die nur bei der Mischung von Blau und Rot entsteht. Ergänzt man die Skala der Spektralfarben mit Purpur, läßt sich die Farbenfolge als Farbkreis darstellen (**Bild 1.8**). Er zeigt, daß sich mit den drei Grundfarben Rot, Grün und Blau alle dazwischen liegenden Farbtöne ermischen lassen müssen.

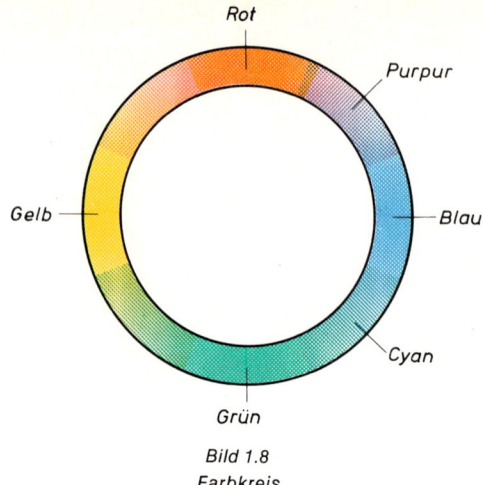

Bild 1.8
Farbkreis

In Bild 1.7 wurde dargestellt, daß z. B. aus Rot und Grün, wenn sie mit gleicher Intensität additiv gemischt werden, Gelb entsteht. Schwächt man eine der Farben ab, wird sich das Gelb rötlich oder grünlich verfärben, je nachdem welche der beiden Grundfarben die größere Intensität aufweist.

Aus dieser Überlegung läßt sich das Prinzip der Farbfernseh-Übertragung ableiten. Für das Farbfernsehen wurden Primärfarben (Grundfarben) folgender Wellenlänge festgelegt.

Rot = 610 nm; Grün = 535 nm und Blau = 470 nm.

1.1.3.3. Weiß

Weißes Licht läßt sich also durch Mischen der Spektralfarben Rot, Grün und Blau herstellen. Aber auch zwei Komplementärfarben ergeben den Eindruck von weißem Licht. So ergibt z. B. gelbes und blaues Licht im richtigen Verhältnis gemischt den Farbeindruck Weiß. Deshalb werden für Bildschirme der Schwarz-Weiß-Bildröhren jeweils zwei passende Leuchtstoffe (meist Gelb- und Blauleuchtstoffe) so miteinander gemischt, daß ihre Strahlung vom Auge als Weiß wahrgenommen wird.

Bei Farbbildröhren werden die drei Grundfarben verwendet, die als Rot-, Grün- und Blauleuchtstoffe aufleuchten (**Bild 1.9**).

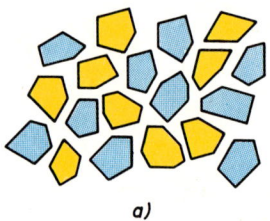
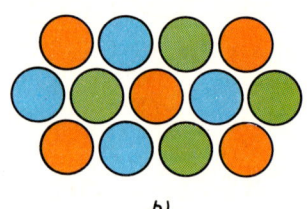

a)   b)

Bild 1.9
a) Additive Farbmischung bei Schwarz-Weiß-Bildschirmen durch Verwendung
einer Gelb-Blau-Leuchtstoffmischung
b) Additive Farbmischung bei Farbbildschirmen durch Verwendung von roten, grünen
und blauen Leuchtstoffpunkten in Dreieck-Anordnung

1.1.3.4. Schwarz

Schwarz entsteht, wenn sämtliche Wellenlängen des Spektrums von einem Gegenstand absorbiert oder die Farbstoffe nicht angeregt werden. Auch eine dunkelgraue Fläche in heller Umgebung wird vom Auge als Schwarz wahrgenommen.

1.1.3.5. Braun

Unter 1.1.34 wurde gesagt, daß eine graue Fläche innerhalb einer hellen Umgebung vom Auge als schwarz empfunden wird. Die Farbempfindung Braun entsteht auf ähnliche Weise. Eine dunkelgelbe oder orange Fläche in einer hellen Umgebung wird vom Auge als Braun empfunden. Braun ist also keine wirkliche Farbe, sondern eine Empfindung, die auftritt, wenn ein dunkles Gelb in Kontrast mit der helleren Umgebung steht.

1.1.4. Helligkeit, Farbton und Farbsättigung

Die elektromagnetischen Strahlen rufen auf der Netzhaut des Auges Farbreize hervor. Diese Farbreize regen die auf der Netzhaut befindlichen Stäbchen zu einer Helligkeitsempfindung an. Durch Anregen der Zäpfchen wird gleichzeitig eine Empfindung des Farbtons und der Farbsättigung hervorgerufen.

Bei der Farbwahrnehmung unterscheidet das Auge daher zwischen:

> der Helligkeit (Leuchtdichte)
> dem Farbton und
> der Farbsättigung.

Helligkeit, Farbton und Farbsättigung kennzeichnen daher die Farbe, Farbton und Farbsättigung kennzeichnen alleine die Farbart (Chrominanz).

a) Helligkeit und Leuchtdichte

Bei zwei verschieden starken Lichtquellen ist am deutlichsten der Helligkeitsunterschied wahrnehmbar. Ein farbiges Glas, z. B. ein rotes Filterglas, vor einer starken und vor einer schwachen Lampe betrachtet, vermittelt den Eindruck, daß die stärkere Lichtquelle „leuchtender" ist als die schwächere.

Man sagt: Die stärkere Lichtquelle hat eine größere *Leuchtdichte* als die schwächere. Die Farbe bleibt davon unberührt, denn das Glas hat sich ja nicht verändert.

Man kann also festhalten: Die Leuchtdichte ist unabhängig vom Farbton und verhält sich proportional zur Stärke der jeweiligen Lichtquelle.

Die *Helligkeit* als Empfindung des Auges ist von der Stärke und Farbe der Lichtquelle abhängig, wie die Augenempfindlichkeitskurve in Bild 1.5 zeigt. Nur bei gleicher Farbe ist der Helligkeits- und der Leuchtdichteunterschied gleich.

> **Merke:**
> **Die Leuchtdichte oder die Helligkeit einer Farbe gibt an,**
> **wie groß die Lichtempfindung im Auge ist.**

b) Farbton

Weißes Sonnenlicht durch rotes, grünes oder blaues Glas betrachtet ergibt rotes, grünes oder blaues Licht. Diese Farben empfindet man unabhängig von Leuchtdichte und Helligkeitsunterschieden. Die Empfindung des Farbtones Rot, Grün oder Blau ist, wie schon bei der Spektralzerlegung in Bild 1.2 erläutert, nur von der Wellenlänge der entsprechenden Lichtschwingung abhängig. Diese spezifische Eigenschaft der Farben nennt man den *Farbton,* um eine Unterscheidung gegenüber dem allgemeinen Begriff Farbe zu bekommen.

Merke:
Der Farbton wird ausschließlich von der Wellenlänge der Lichtschwingung bestimmt (Farbspektrum).

c) Farbsättigung

Neben den reinen Farben, wie sie im Spektrum vorkommen, kennt man noch die blasseren, pastellfarbigen, die meistens in der Natur vorkommen. Sie entstehen, wenn einer reinen Farbe ein Weißanteil zugesetzt wird.

0%   100%

Bild 1.10
Bei Abnahme des Weißanteiles
ohne Änderung des Farbtones
wächst die Farbsättigung

Zur Klärung des Begriffes folgendes Beispiel: Rote Tusche stellt im reinen Zustand eine satte, rote Farbe dar. Mischt man Wasser dazu, wird der Farbton blasser (rosa), bis bei genügender Wassermenge keine Farbe mehr wahrnehmbar ist (**Bild 1.10**). Den Endzustand bezeichnet man als „Entsättigung" oder unbunt.

Das Maß für die „Reinheit" einer Farbe ist die *Farbsättigung.* Reine Farben kommen in der Natur, außer im Spektrum, kaum vor. Sie haben eine Farbsättigung von 100%. Je mehr Weiß eine Farbe enthält, desto geringer ist ihre Farbsättigung.

Merke:
Die Farbsättigung ist ein Maß für die Buntheit einer Farbe bzw. gibt an, wie groß der Weißanteil in einer Farbe ist.

1.1.5. Farbmischkurven

Untersuchungen über Farbmischungen werden mit einem Farbmeßgerät (Colorimeter) durchgeführt. Solch ein Colorimeter (**Bild 1.11**) hat zwei nebeneinanderliegende Bildschirme. Auf dem linken Schirm wird eine Spektralfarbe projiziert, die man mittels eines schmalen Spaltes aus dem Sonnenspektrum ausblendet. Es wird nun versucht, auf dem rechten Schirm durch Mischen der drei Primärfarben den gleichen Farbton zu erzeugen, wie er auf dem linken Schirm sichtbar ist. Führt man nun diese Unter-

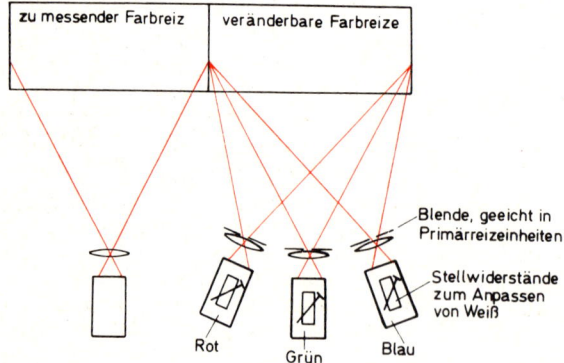

Bild 1.11
Prinzip des Farbmeßgerätes

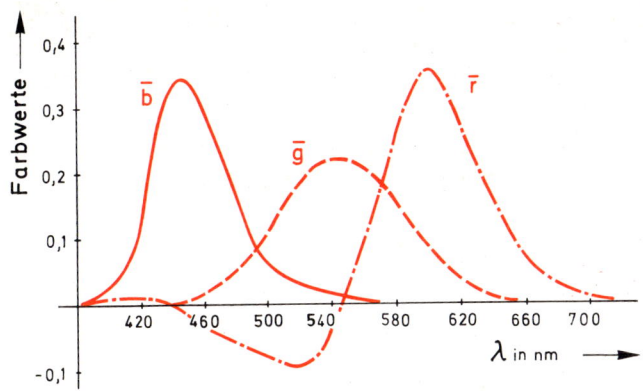

Bild 1.12
IBK-Farbmischkurven Rot: 600 nm; Grün: 546,1 nm: Blau: 435,8 nm

suchungen für jede Spektralfarbe zwischen 400 und 700 nm Wellenlänge durch, so erhält man Meßwerte, aus denen sich die Farbmischkurven des **Bild 1.12** ergeben. Diese Farbmischkurven wurden von der IBK ermittelt. Um exakte Ergebnisse zu erhalten, muß von jedem der Beobachter das Gerät vorher auf Weiß geeicht werden. Denn in diesem Weiß sind alle Spektralfarben mit gleichem Energieanteil enthalten. Man spricht deshalb auch von „Gleichenergieweiß". Die Meßzahlen für die Primärreizeinheiten werden als „Farbwert $\bar{r}$", „Farbwert $\bar{b}$", und „Farbwert $\bar{g}$" bezeichnet. Die Querstriche über den Buchstaben geben an, daß vor der Farbanteilmessung die drei Lichtquellen auf Gleichenergieweiß eingeeicht wurden. Der dargestellte negative Anteil der $\bar{r}$-Kurve gibt an, daß sich die im Bereich zwischen 450 nm und 550 nm liegenden Spektralfarben nicht exakt durch Mischen der drei Primärfarben darstellen lassen.

Für die von der IBK 1931 ermittelten Farbmischkurven verwendete man Primärfarben mit folgenden Wellenlängen:

Rot λ = 600 nm; Grün λ = 546,1 nm; Blau λ = 435,8 nm.

Aus technologischen Gründen kann man bei den Farbbildröhren Leuchtstoffe mit diesen Wellenlängen nicht herstellen. So verwendet man die Längen:

Rot λ = 610 nm; Grün λ = 535 nm; Blau λ = 470 nm.

Für den praktischen Gebrauch eignen sich die Farbmischkurven gemäß Bild 1.12 wegen des negativen Anteiles nicht.

Außerdem benötigt man für jede neue Primärfarbe wieder neue Farbmischkurven. Die IBK hat deshalb Primärreize festgelegt, die so gewählt sind, daß alle Farbmischkurven nur noch positive Werte enthalten. Diese neuen Primärreize sind allerdings physikalisch nicht mehr darstellbar, d. h. sie lassen sich nicht mehr aus dem Spektrum herausfiltern oder mit einfachen Farbfiltern erzeugen. Sie sind reine Rechengrößen.

Die Farbwerte für die neuen Primärreize werden als Normalfarbwerte X, Y, Z und die auf spektrale Farbreize mit gleicher Energie bezogenen Farbwerte als Normalspektralwerte x, y, z bezeichnet. Die Darstellung der Normalspektralkurven zeigt **Bild 1.13**. Die y-Kurve entspricht genau der in Bild 1.5 dargestellten Empfindlichkeitskurve des Auges. Das Verhältnis der Leuchtdichte Lx : Ly : Lz = 0 : 1 : 0, die Leuchtdichte ist damit der y-Kurve proportional, während die x - und z-Kurve zur Leuchtdichte nichts beitragen.

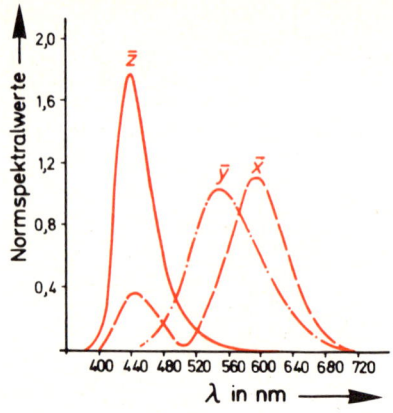

Bild 1.13
Farbmischkurven (Normspektralwerte) mit nichtphysikalischen Primärreizeinheiten

Es wird später gezeigt, daß diese Wahl der Primärreize vor allem im Hinblick auf das Farbfernsehen, bei dem die Leuchtdichte und das Farbartsignal getrennt übertragen werden müssen, sehr geschickt erfolgte.

1.1.6. Farbdreieck

Die Farbmischkurven in Bild 1.13 gelten nur für das Ermischen von (voll gesättigten) Spektralfarben. Da sie nichts über das Ermischen von entsättigten Farben aussagen, muß man auf die Normfarbwerte X, Y, Z zurückgreifen und verwendet zum Kennzeichnen der Farbart die hierzugehörigen Normfarbwert-Anteile x, y, z:

$$x = \frac{X}{X + Y + Z}$$

$$y = \frac{Y}{X + Y + Z}$$

$$z = \frac{Z}{X + Y + Z}$$

Da $x + y + z = 1$ ist, sind die Farbkoordinaten jetzt unabhängig von der Leuchtdichte.

Da sich z aus den beiden anderen Werten stets ermitteln läßt, genügen zur Bestimmung des jeweiligen Farbortes die Koordinaten x und y, so daß auf die dritte Farbkoordinate verzichtet werden kann. Die sich aus den drei Primärfarben ergebenden Farbarten können daher in einer Ebene im x, y-Koordinatensystem dargestellt werden, und man kommt zum sogenannten Farbdreieck (**Bild 1.14**).

Für eine voll gesättigte blaue Farbe von z. B. 480 nm Wellenlänge entnimmt man aus dem Bild 1.13:
$\bar{x} = 0,1$ $\bar{y} = 0,15$ und $\bar{z} = 0,78$.
Daraus errechnet man:

$$x = \frac{\bar{x}}{\bar{x} + \bar{y} + \bar{z}} = \frac{0,1}{0,1 + 0,15 + 0,78} = \frac{0,1}{1,03} = 0,097$$

und

$$y = \frac{0,15}{1,03} = 0,146 \, ; \quad z = \frac{0,78}{1,03} = 0,757$$

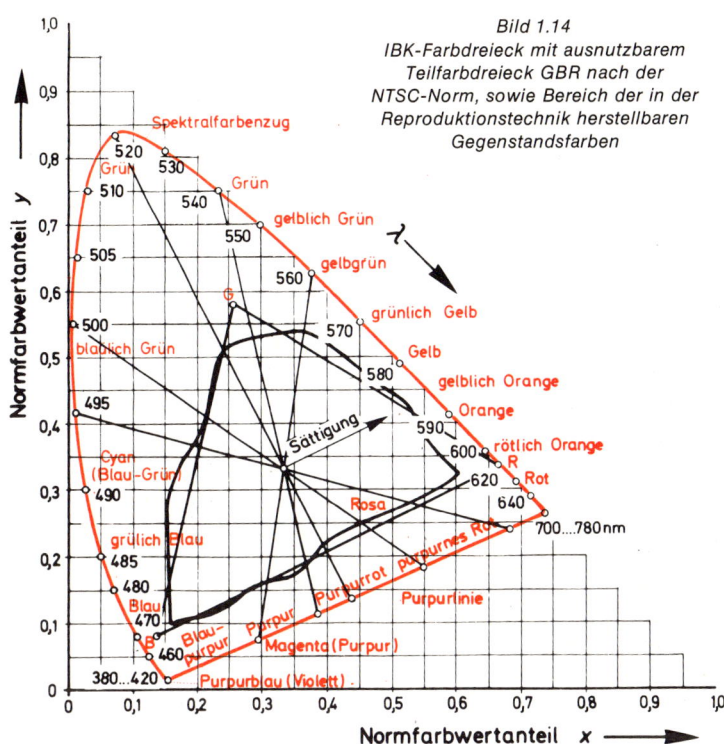

Bild 1.14
IBK-Farbdreieck mit ausnutzbarem Teilfarbdreieck GBR nach der NTSC-Norm, sowie Bereich der in der Reproduktionstechnik herstellbaren Gegenstandsfarben

Der Schnittpunkt von $y = 0{,}146$ und $x = 0{,}097$ ist gleichbedeutend einem Punkt des Farb-Hufeisens, der 480 nm entspricht. Berechnet man die Werte aller Spektralfarben und trägt sie in das x, y-Koordinatenfeld ein, so kommt man zu der hufeisenförmig gebogenen Linie in Bild 1.14, dem sogenannten Spektralfarbenzug.

Die untere schräge Begrenzungslinie heißt Purpurlinie, weil auf ihr die im Sonnenspektrum nicht vorkommenden, aber voll gesättigten Purpurfarben liegen. In der Mitte des Hufeisens liegt der Weißpunkt bei $x = 0{,}333$ und $y = 0{,}333$. Die Farbsättigung nimmt nach der Mitte hin ab und ist für Weiß Null.

Alle Mischfarben liegen im Farbdreieck auf Geraden zwischen den an der Mischung beteiligten Grundfarben, wobei die Streckenabschnitte bis zur Mischfarbe sich umgekehrt verhalten wie die Energie der entsprechenden Grundfarben. Zwei Farben, die beim Mischen Weiß ergeben, werden als Komplementärfarben bezeichnet. Sie liegen stets auf einer Geraden durch den Weißpunkt.

Je größer der Abstand vom Weißpunkt ist, um so größer wird auch die Farbsättigung. In das hufeisenförmige Farbdreieck in Bild 1.14 ist als geradliniges Dreieck der Farbbereich eingezeichnet, der von den handelsüblichen Farbbildröhren übertragen werden kann. Die Ecken dieses Dreiecks geben die Primärfarben Rot, Grün und Blau an. Dieser Bereich ist zwar in der Farbsättigung etwas kleiner als der Spektralfarbenbereich der Natur. Er ist jedoch noch größer als derjenige, den man mit Hilfe der modernen Drucktechnik darstellen kann.

Zusammenfassung 1a

Der sichtbare Bereich des Sonnenlichtes liegt zwischen dem Ultraviolett und dem Infrarot in einem Wellenbereich von 380 nm bis 780 nm. Der Mensch nimmt durch die auf der Netzhaut des Auges befindlichen Stäbchen die Helligkeit und durch die Zäpfchen die Farben wahr. Da cirka 10mal soviele Stäbchen als Zäpfchen vorhanden sind, ist die Helligkeitsempfindung des Auges größer als die Farbempfindung. Darüberhinaus hat das Auge bei den verschiedenen Farben eine unterschiedliche Empfindlichkeit. So wird Grün besser als Rot und Blau wahrgenommen, was durch die Augenempfindlichkeitskurve zum Ausdruck kommt. Durch die Trägheitswirkung des Auges ist es überhaupt möglich, Fernsehen und Film zu verwirklichen. Denn nur Helligkeitseindrücke, die länger als ca. 50 ms einwirken, nimmt das Auge vollständig wahr.

Bei der Mischung von Farben unterscheidet man zwischen der additiven und subtraktiven Farbmischung. Nur die additive Farbmischung, sie ergibt beim Zusammentreffen aller Primärfarben weiß, wird beim Farbfernsehen angewendet.

Bei der Wahrnehmung unterscheidet das Auge zwischen der Helligkeit, dem Farbton und der Farbsättigung.

Die Helligkeit oder die Leuchtdichte einer Farbe gibt an, wie groß die Lichtempfindlichkeit im Auge ist.

Der Farbton wird ausschließlich von der Wellenlänge der Lichtschwingungen bestimmt.

Die Farbsättigung ist ein Maß für die Buntheit einer Farbe bzw. gibt an, wie groß der Weißanteil in einer Farbe ist.

Lerntest 1a

1. Spektralfarben sind:
   a) Mischfarben beim Farbfernsehen
   b) die nur vom Auge wahrgenommenen Farben
   c) ein anderer Ausdruck für Komplementärfarben
   d) Farben, die bei der Brechung des weißen Lichtes entstehen
   e) Farben, die bei der additiven Farbmischung entstehen

2. Welche der nachfolgenden Farben ist im Sonnenspektrum nicht enthalten?
   a) Gelb   d) Violett
   b) Cyan   e) Rot
   c) Purpur

3. Worauf sprechen die Zäpfchen der Netzhaut an?
   a) Helligkeit   d) auf Infrarot
   b) nur auf Rot   e) nur auf Farben
   c) nur auf Braun

4. Welche Grundfarben nimmt das Auge wahr?
   a) Rot-Purpur-Blau
   b) Rot-Gelb-Grün
   c) Rot-Grün-Blau
   d) Rot-Weiß-Cyan
   e) Gelb-Purpur-Cyan

5. Aus welchen Farben ist additiv eine Gelbbildung möglich?
   a) Blau und Grün
   b) Rot und Grün
   c) Rot, Purpur, Blau
   d) Grün und Purpur
   e) Blau und Cyan

6. Welche Folge hat es, daß auf der Netzhaut des Auges weniger Zäpfchen als Stäbchen vorhanden sind?
   a) die Farbempfindung wird größer
   b) die Farben kann man auch im Dämmerlicht erkennen
   c) keine Folge
   d) die Farbauflösung ist geringer
   e) die Helligkeitsauflösung ist geringer

7. Welche Größen unterscheidet das Auge bei der Farbwahrnehmung?
   a) Helligkeit, Licht und Farbe
   b) Helligkeit, Farbton und Primärfarbe
   c) Farbton, Primär- und Komplementärfarbe
   d) Farbsättigung, Farbton und Spektralfarbe
   e) Farbton, Helligkeit und Farbsättigung

8. Was gibt die Leuchtdichte einer Farbe an?
   a) den Farbton
   b) die Größe der Lichtempfindung im Auge
   c) die Größe der Lichtsättigung im Auge
   d) die Größe des Lichtfarbtons
   e) die Farbsättigung

9. Wieviel Farbtöne gibt es?
   a) unendlich viele
   b) 3 Primärfarben
   c) 3 Mischfarben
   d) 3 Primär- und 3 Mischfarben
   e) 3 mal 3 = 9 Farben

10. Welche Größen kennzeichnen die Chrominanz?
    a) nur der Farbton
    b) Farbton und Farbsättigung
    c) Farbton und Leuchtdichte
    d) Leuchtdichte und Farbsättigung
    e) alle Farben

11. Nennen Sie den Unterschied zwischen additiver und subtraktiver Farbmischung.

12. Nennen Sie den Unterschied zwischen Primär- und Komplementärfarben.

13. Was erkennt man aus der Augenempfindlichkeitskurve?

14. Erklären Sie die Farbempfindung für Braun.

15. Erklären Sie den Begriff Farbsättigung.

(Antworten im Anhang)

1.2. Grundprinzip der Übertragungstechnik

1.2.1. Schwarz-Weiß-Fernsehen

1.2.1.1. Zerlegen des Bildes

Mit unserem Auge nimmt man eine Bildvorlage auf einmal wahr. Beim Fernsehen, wie auch beim Bildfunk, wird die Bildvorlage nur punktweise nacheinander abgetastet. Die Form der Abtastung ist genormt und erfolgt zeilenmäßig von links nach rechts und von oben nach unten, wie beim Lesen einer Buchseite.

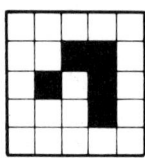
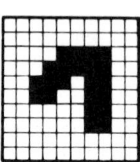

Bild 1.15

Mit steigender Zeilenzahl

nimmt die Auflösung des Bildes zu

Wie aus dem **Bild 1.15** zu erkennen ist, ergibt sich eine um so bessere Auflösung des Bildes, je höher die Zeilenzahl ist. Das menschliche Auge hat bei einer Entfernung von 2 m vom Bildschirm ein optisches Auflösungsvermögen von 1/40° bei einem Sehwinkel von 12°. Danach müßte die Zeilenzahl mindestens 40 · 12 = 480 Zeilen betragen. Dann wird das Zeilenraster nicht mehr sichtbar. In der bei uns verwendeten Fernsehnorm hat man die Zeilenzahl auf 625 Zeilen festgelegt. Eine noch höhere Zeilenzahl würde zwar eine noch bessere Auflösung bringen, aber eine zu große Bandbreite erfordern.

1. 2. 1. 2. Aufnahmeseite

Die Fernsehkamera im Studio liefert selbst kein Bild, sondern wandelt das vom Objektiv aufgenommene Bild in elektrische Signale um (**Bild 1.16**). Die Bildaufnahmeröhre enthält einen Bildwandlerteil, der aus dem optischen Bild einer Fotokatode oder einer Halbleiterschicht ein elektrisches Ladungsbild erzeugt. Dieses Ladungsbild wird auf einer Speicherplatte gespeichert. Ein Elektronenstrahl tastet die Speicherplatte ab. Entsprechend der Ladungen der Speicherplatte entstehen am Arbeitswiderstand dieser Bildaufnahmeröhre Spannungen, die den Helligkeitswerten der einzelnen Bildpunkte der Bildvorlage proportional sind. Diese Spannung wird Video[1]-Spannung genannt.

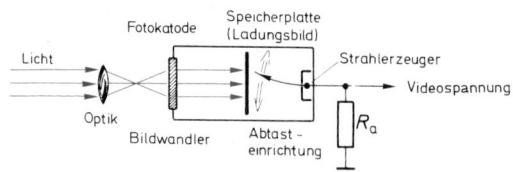

Bild 1.16
Grundprinzip einer Bildaufnahmeröhre

In **Bild 1.17** wandert der Abtaststrahl gerade über die 3. Zeile einer Bildvorlage, die unterschiedliche Helligkeitswerte aufweist. Entsprechend ergibt sich die Videospannung: für einen hellen Bildpunkt eine große Amplitude, für einen schwarzen Bildpunkt wird die Spannung Null. Diese Videospannung der Fernsehkamera wird anschließend auf einen Hf-Träger moduliert und ausgestrahlt. Mit dem Fernsehgerät

[1] videre (lat.) = sehen

24

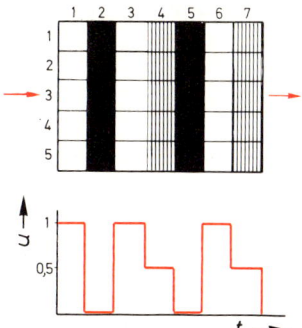

Bild 1.17
Videospannung einer Zeile

empfängt man ein solches Signal, trennt den Träger ab und steuert mit der Video-spannung eine Bildröhre an. Die Bildröhre wandelt dann die Spannungsschwankungen des Videosignals wieder in Helligkeitsschwankungen zurück.

Im Gegensatz zur Tonübertragung mit Amplitudenmodulation benutzt man bei unserer Fernsehnorm die **Negativmodulation.**

Das bedeutet, daß die Videospannung, bevor der Hf-Träger damit moduliert wird, um 180° in der Phase gedreht wird. Also eine hohe Amplitude bedeutet schwarz, eine kleine Amplitude bedeutet weiß. Störspannungsspitzen, die auf dem Über-tragungsweg einstreuen, erzeugen deshalb schwarze Punkte auf dem Bildschirm, die nur wenig auffallen.

1. 2. 1. 3. Wiedergabeseite

Um das Bild auf dem Schirm der Bildröhre entstehen zu lassen, hat der Fernsehempfänger drei Funktionen zu erfüllen (**Bild 1.18**):

1. Er muß die modulierte Hochfrequenz empfangen, verstärken und durch Gleichrichtung aus ihr das Videosignal gewinnen.

2. Er muß in der Bildröhre den Strahlstrom so steuern, daß auf ihrem Schirm die richtigen Helligkeitswerte erzeugt werden. Das bedeutet: Vergleicht man ein Punktepaar im ge-sendeten Bild mit dem gleichen im Empfangsbild, so muß die zwischen den beiden Punkten bestehende Helligkeitsabstufung in beiden Fällen gleich sein.

3. Im Empfänger müssen Ablenkströme erzeugt werden, die den Schreibstrahl in hori-zontaler und vertikaler Richtung über den Bildschirm führen. Sie müssen dabei mit dem Abtastvorgang im Sender synchron[2] laufen.

[2] synchron (griech.) = gleichzeitig, gleichlaufend

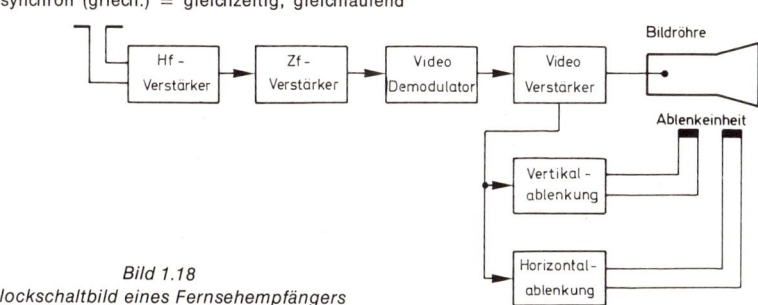

Bild 1.18
Blockschaltbild eines Fernsehempfängers

25

1.2.1.4. Bildraster

Für die Abtastung des Ladungsbildes in der Bildaufnahmeröhre und für die geordnete Zusammensetzung der einzelnen Leuchtpunkte auf dem Bildschirm des Fernsehempfängers ist nicht nur eine Ablenkung des Elektronenstrahls von links nach rechts, sondern auch von oben nach unten erforderlich. Diese Ablenkung des Strahls erfolgt magnetisch, weil für Bildröhren bei Verwendung einer elektrostatischen Ablenkung eine geringere Ablenkwirkung bei gleichen Mitteln gegeben ist. Man ordnet deshalb zur magnetischen Ablenkung Spulen auf den Bildröhrenhals an. Damit der Leuchtfleck mit gleichmäßiger Geschwindigkeit über den Bildschirm bewegt wird, muß der Strom in den Ablenkspulen linear ansteigen und am Ende der Zeile oder des Bildes schnell zum Anfangswert zurückspringen. Dieses wird durch einen sägezahnförmigen Ablenkstrom erzielt (**Bild 1.19**).

Das Raster entsteht nun dadurch, daß die Ablenkung in der Horizontalen schneller erfolgt als in der Vertikalen. Ist zum Beispiel die horizontale Hinlaufzeit T_H siebenmal kürzer als die vertikale Hinlaufzeit T_V, so hat sich der Schreibstrahl auch um ein Siebtel seiner gesamten Vertikalverschiebung nach unten verschoben, wenn die erste Zeile beendet ist.

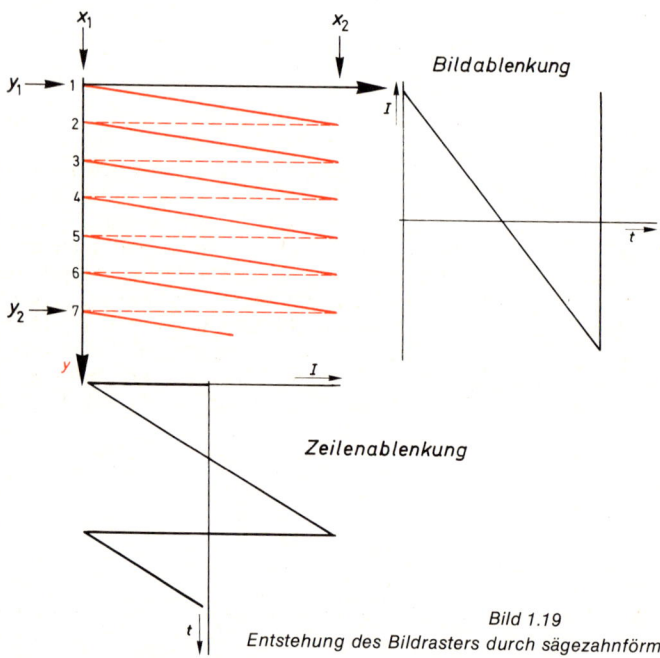

Bild 1.19
Entstehung des Bildrasters durch sägezahnförmige Ablenkströme

Die Anordnung der untereinanderliegenden Zeilen nennt man Bildraster, weil sie in der Gesamtheit ein Bild ergeben. Damit gilt $T_V/T_H = 7$ oder die Periodendauer des horizontalen Ablenkstromes ist nur $T_H = 1/7\ T_V$. Man kann somit auch sagen, daß ein ganzes Bildraster bei $T_V/T_H = 7$ aus sieben Zeilen besteht. Der zeitliche Verlauf des Ablenkstromes ist in **Bild 1.20** wiedergegeben. Es ist leicht einzusehen, daß ein solches Bildraster mit $T_V/T_H = 7$ nur sehr mangelhafte Auflösung ergibt. Nach der bei uns gebräuchlichen Fernsehnorm hat man das Verhältnis $T_V/T_H = 625$ festgelegt. Das bedeutet, daß in der Zeit einer Vertikalperiode 625 Zeilen geschrieben werden, mithin besteht das Bildraster aus 625 Zeilen.

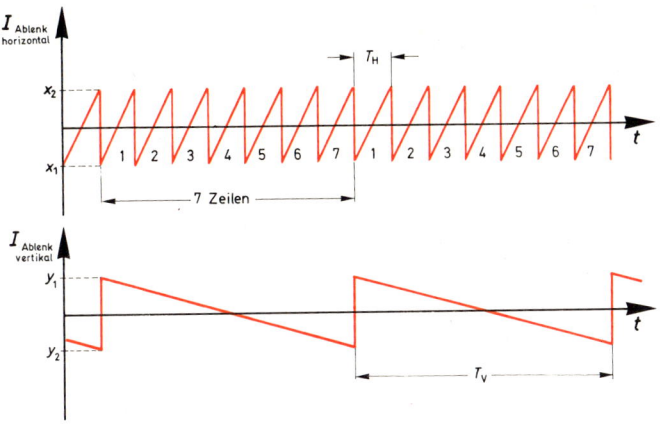

Bild 1.20
Zeitlicher Zusammenhang der Ablenkströme für $T_V/T_H = 7$ ohne Zeilensprung

1.2.1.5. Zeilensprungverfahren

Aufgrund der Trägheit des menschlichen Auges ist es erforderlich, daß wenigstens 20 Bilder in einer Sekunde geschrieben werden müssen, damit dem Auge der Eindruck einer fließenden Bewegung erhalten bleibt. Das Fernsehen verwendet 25 Einzelbilder je Sekunde. Diese Bildwechselzahl ist damit für die Übertragung von bewegten Szenen ausreichend. Störend ist jetzt nur noch ein starkes Flimmern, das eine längere Betrachtung ohne Ermüdung unmöglich macht. Dieses Flimmern tritt um so stärker in Erscheinung, je heller das Bild ist. Neben der Unterbrechung des Lichtflusses durch das Austasten beim Bildwechsel ist folgende Erscheinung für die Flimmerwirkung noch bedeutend. Für das Auge verblassen bereits die oberen, zuerst geschriebenen Zeilen, wenn die unteren, letzten Zeilen gerade geschrieben werden. Damit ist die Helligkeit der Bilder von oben nach unten unterschiedlich.

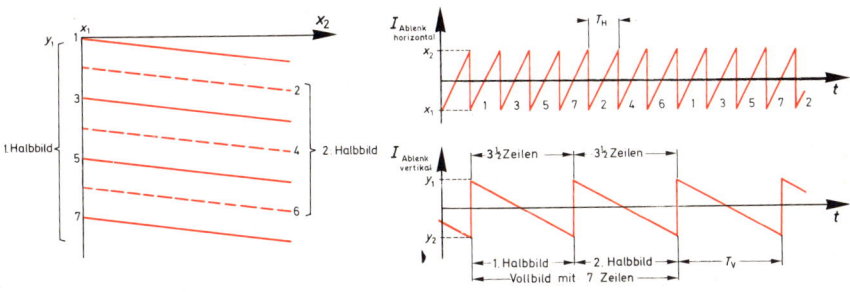

Bild 1.21
Bildraster bei $T_V/T_H = 7$ mit Zeilensprung und dem zeitlichen Zusammenhang der Ablenkströme

27

Durch die Einführung des Zeilensprungverfahrens erreicht man ein flimmerfreies Fernsehbild. Hier wird das aus 625 Zeilen bestehende Bild (Vollbild) in zwei Teilbilder (Halbbilder) mit je 312,5 Zeilen aufgespalten. Dabei schreibt man zunächst beim ersten Halbbild, von oben nach unten gezählt, alle ungeraden Zeilen. Beim anschließenden zweiten Halbbild alle dazwischen liegenden geraden Zeilen. So muß jedes Halbbild in 20 ms geschrieben werden, damit sich wieder für ein Vollbild 40 ms ergeben. Damit ergibt sich nun eine Bildablenk-Frequenz, auch Rasterfrequenz genannt, von 50 Hz. Das **Bild 1.21** zeigt ein Bildraster bei $T_V/T_H = 7$ mit Zeilensprung und dem zeitlichen Zusammenhang der Ablenkströme.

Weil der Rücklauf für die Zeile und für das Bild nicht in unendlich kurzer Zeit erfolgen kann, ergibt sich damit ein etwas verändertes Rasterschema. Es ist auch einzusehen, daß der Halbbildrücklauf länger sein muß als der Zeilenrücklauf. Weiterhin wird während des Halbbildrücklaufs nicht die horizontale Ablenkung aussetzen. Der Bildrücklauf soll an Hand von nur 7 von den insgesamt 625 Zeilen aufgezeichnet werden (**Bild 1.22**).

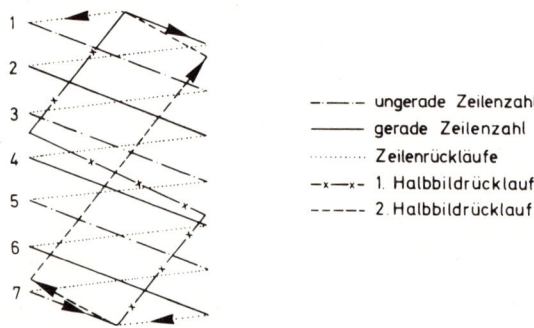

– · – · – ungerade Zeilenzahl
———— gerade Zeilenzahl
· · · · · · · · Zeilenrückläufe
–x–x– 1. Halbbildrücklauf
– – – – – 2. Halbbildrücklauf

Bild 1.22
Bildrücklauf bei einem Fernsehbild mit nur 7 Zeilen

Am Ende des 1. Halbbildes, in der Mitte der 7. Zeile, setzt der Rücklauf ein. Die Zeilenablenkung schreibt die Zeile zu Ende, jedoch wird der Elektronenstrahl durch die schon einsetzende Vertikalablenkung nach oben abgelenkt. Dann folgt der schnelle Zeilenrücklauf und der neue Zeilenhinlauf. Bei der Hälfte des neuen Zeilenhinlaufs ist der 1. Halbbildrücklauf beendet, und die erste Zeile des 2. Halbbildes wird geschrieben. Es ist nur eine halbe Zeile.

Genau bei der Hälfte des Zeilenrücklaufs der 6. Zeile setzt der Rücklauf des 2. Halbbildes ein. Auch hier arbeitet die Zeilenablenkung in gewohnter Weise weiter. Jedoch wird durch den Vertikalrücklauf der Elektronenstrahl nach oben abgelenkt. Wiederum liegt in diesem 2. Halbbildrücklauf ein Zeilenhinlauf und ein Zeilenrücklauf. Bei der 1. Hälfte des 2. Zeilenrücklaufs endet der Vertikalrücklauf. Das neue Halbbild beginnt deshalb mit der 2. Hälfte des Zeilenrücklaufs und gelangt daher genau auf die Zeile 1.

Es ist hieraus zu erkennen, daß:
1. zum Halbbildrücklauf, wie auch zu jedem anderen Rücklauf, stets Zeit benötigt wird.
2. die Rücklaufzeiten für beide Halbbilder untereinander gleich sind.
3. die je Rasterrücklauf zurückgelegten senkrechten Entfernungen miteinander übereinstimmen.
4. die zu beiden Halbbildern gehörenden Zeilen- und Zeilenrücklaufzahlen untereinander gleich sind. (**Bild 1.23**).

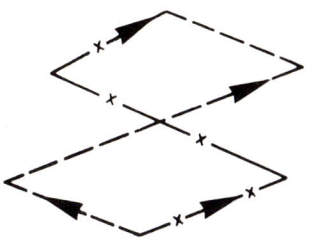

Bild 1.23
Herausgezeichnete Halbbildrückläufe
des Fernsehbildes mit 7 Zeilen

Beim Zeilensprungverfahren, das allgemein angewandt wird, ist immer eine ungerade Zeilenzahl erforderlich. Es gilt folgende Beziehung:

Zeilenzahl $= 2 N + 1$

$N =$ ganzer beliebiger Zahlenwert $> 1 =$ Auflösungszahl.

Je größer N ist, um so besser ist die Auflösung, das heißt, die Anzahl der Feinheiten. Aus dem Verhältnis T_V/T_H, das ja der Zeilenzahl entspricht, läßt sich nun die Zeilen- oder Horizontalfrequenz bestimmen. Bei 25 Vollbildern je Sekunde ist

$T_V = 1/25 = 40$ ms und damit wird bei $T_V/T_H = 625$;

$T_H = T_V/625 = 64\,\mu s$

$f_H = 1/T_H = 15625$ Hz

1.2.1.6. Fernsehsignal nach CCIR[1]-Norm

Das Fernsehsignal muß folgende drei Informationen enthalten:

1. Den Bildinhalt; eine Spannung, die proportional den Helligkeitswerten der Bildvorlage ist.
2. Die Synchronisierimpulse, die den Gleichlauf der Strahlablenkung im Sender und Empfänger herstellen.
3. Ein Austastimpuls, damit die Bildröhre während des Rücklaufs dunkel gesteuert wird.

Man nennt deshalb das vollständige Fernsehsignal zusammenfassend auch BAS-Signal (**B**ild-**A**ustast- und **S**ynchronisiersignal). **Bild 1.24** zeigt einmal das BAS-Signal nach CCIR-Norm entlang einer Zeile bei senkrechten schwarzen und weißen Balken und einer Zeile mit einer Grautreppe.

Die Synchronisierimpulse strahlt der Sender mit voller Leistung ab. Sie haben deshalb auch die größte Amplitude. Da für die Übertragung des Schwarzpegels 73% der maximalen Amplitude der Modulationsspannung $\hat{U}m$ festgelegt sind, wurde der **Austastpegel** auf 75 % gelegt. Den Unterschied von 2 % nennt man auch „Schwarzabhebung". Die kleinste zulässige Spannung wird **Weißpegel** bezeichnet, er wurde auf 10 % der maximalen Amplitude der Modulationsspannung festgelegt. Dieser Spannungswert darf nicht unterschritten werden, da bei fehlender Bildträgerspannung auch kein Tonempfang mehr möglich ist. Beim Intercarrier- oder Differenztonverfahren entsteht nämlich gerade durch die Mischung von Bildträgerschwingung und Tonträgerschwingung die 5,5 MHz-Ton-Zwischenfrequenzschwingung. Der Weißwert darf deshalb nicht unter 10 % der größten Bildträgeramplitude sinken, weil dann die Bildträgerschwingung nicht mehr ständig vorhanden ist, und es würde zu Tonaussetzungen kommen.

Die Spannungen für alle Grauwerte liegen so zwischen 73 % und 10 % der größten Amplitude.

[1] CCIR = Comité Consultativ International des Radiocommunications (Internationales beratendes Komitee für Rundfunkfragen)

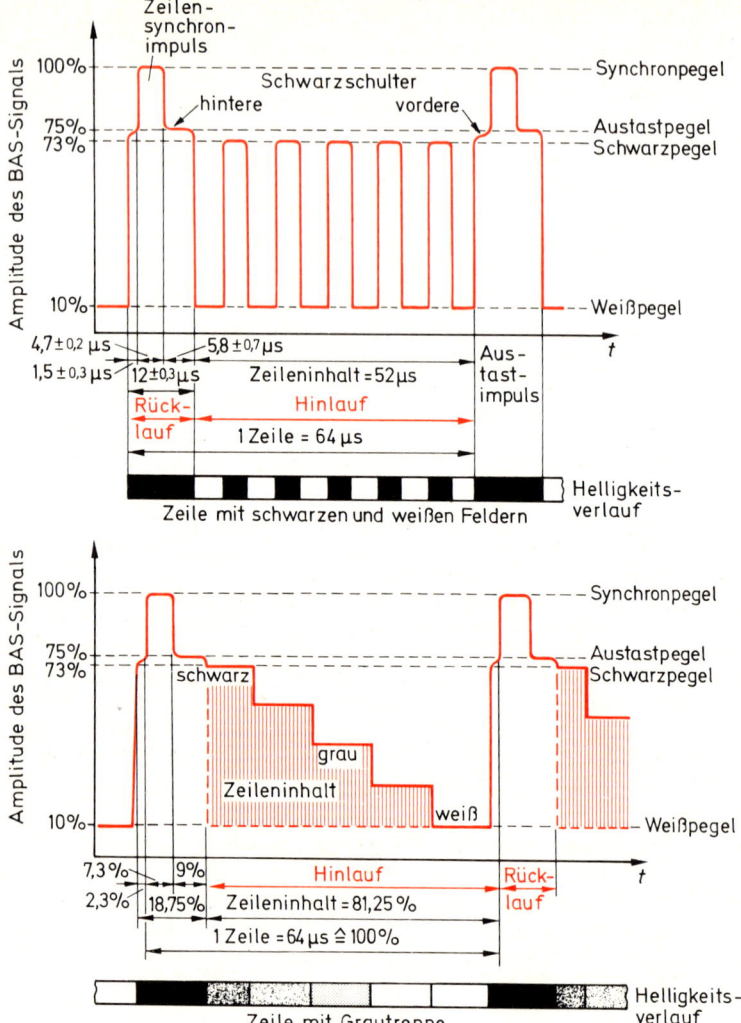

Bild 1.24
BAS-Signal einer Zeile

1.2.1.7. Zeilensynchronisierimpuls

Die im Bild 1.24 dargestellten Zeilensynchronisierimpulse blendet man am Ende einer jeden Zeile ein. Sie lösen mit ihrer Vorderflanke den Zeilenrücklauf aus. Die Zeilenfrequenz beträgt bei 625 Zeilen und 25 Vollbildern pro Sekunde 15 625 Hz. Eine Zeile dauert demnach einschließlich Synchronisierimpuls $T_H = 1/f_H = 1/15\,625$ Hz $= 64\,\mu$s.

In dieser Zeit ist also die Hinlaufzeit t_H und die Rücklaufzeit t_R enthalten. Weil nur der jeweilige Hinlauf für die Übertragung der einzelnen Bildpunkte ausgenutzt werden kann, versucht man die Rücklaufzeit so kurz wie möglich zu bekommen. Es hat sich nun praktisch herausgestellt, daß die Rücklaufzeit nur 1/10 der Hinlaufzeit zu betragen braucht.

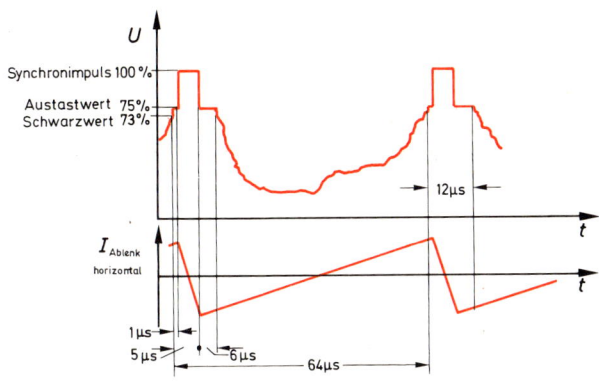

Bild 1.25
Zeitlicher Zusammenhang zwischen Synchronisierimpulsen und Ablenkstrom einer Zeile

Damit der Rücklauf nicht störend sichtbar ist, wird sowohl bei der Aufnahme-, wie bei der Wiedergaberöhre der Elektronenstrahl unterdrückt. Man geht dabei so vor, daß man die Austastzeit ein wenig größer wählt als die jeweilige erforderliche Zeit des Rücklaufs. Die Zeilensynchronimpulse besitzen deshalb, wie **Bild 1.25** zeigt, eine vordere und eine hintere Schwarzschulter. Mit der vorderen Schwarzschulter werden ungefähr $0,02 \cdot T_H \approx 1 \, \mu s$ vom Hinlauf am Ende einer Zeile ausgetastet. Sie hat die Aufgabe, eine einwandfreie Trennung von Zeileninhalt und Synchronimpuls zu ermöglichen. Mit der hinteren Schwarzschulter werden ungefähr $0,09 \cdot T_H \approx 6 \, \mu s$ vom Hinlauf am Anfang der nächsten Zeile ausgetastet. Damit wird erreicht, daß Einschwingvorgänge, die infolge des schnellen Rücklaufs besonders zu Beginn der neuen Hinlaufperiode bei jeder Zeile auftreten, noch mit in die Austastzeit fallen und damit nicht sichtbar werden.

Die Dauer der Austastlücke für den Zeilenwechsel ergibt sich nun zu:

vordere Schwarzschulter	$0,023 \cdot T_H \approx$	$1,5 \, \mu s$
Breite des Synchronisierimpulses	$0,073 \cdot T_H \approx$	$4,7 \, \mu s$
hintere Schwarzschulter	$0,09 \cdot T_H \approx$	$5,8 \, \mu s$
t_R	$= 0,186 \cdot T_H \approx$	$12 \quad \mu s$

Damit verbleibt für den Hinlauf $t_H = 52 \, \mu s$.

1.2.1.8. Bildsynchronisierimpuls

Der Bildsynchronisierimpuls kennzeichnet das Ende eines Halbbildes und leitet gleichzeitig den Rücklauf des Elektronenstrahls vom unteren zum oberen Bildrand ein. Da für den Bildwechselimpuls auch nur der über den Ausgangspegel hinausragende Spannungswert zwischen 75 % und 100 % der maximalen Amplitude zur Verfügung steht, kann eine amplitudenmäßige Kennzeichnung zwischen Horizontal- und Vertikalimpulsen nicht mehr erfolgen. Um die Bildsynchronimpulse von den Zeilenimpulsen dennoch unterscheiden zu können, benutzt man statt eines Einzelimpulses fünf dicht aufeinanderfolgende, breite Einzelimpulse. Jeder hat eine Dauer von etwa $0,42 \cdot T_H \approx 27 \, \mu s$. Dazwischen befinden sich im Halbzeilenabstand schmale Lücken mit einer Breite von $0,08 \cdot T_H \approx 5 \, \mu s$. Dadurch ist gewährleistet, daß auch während der Bild-

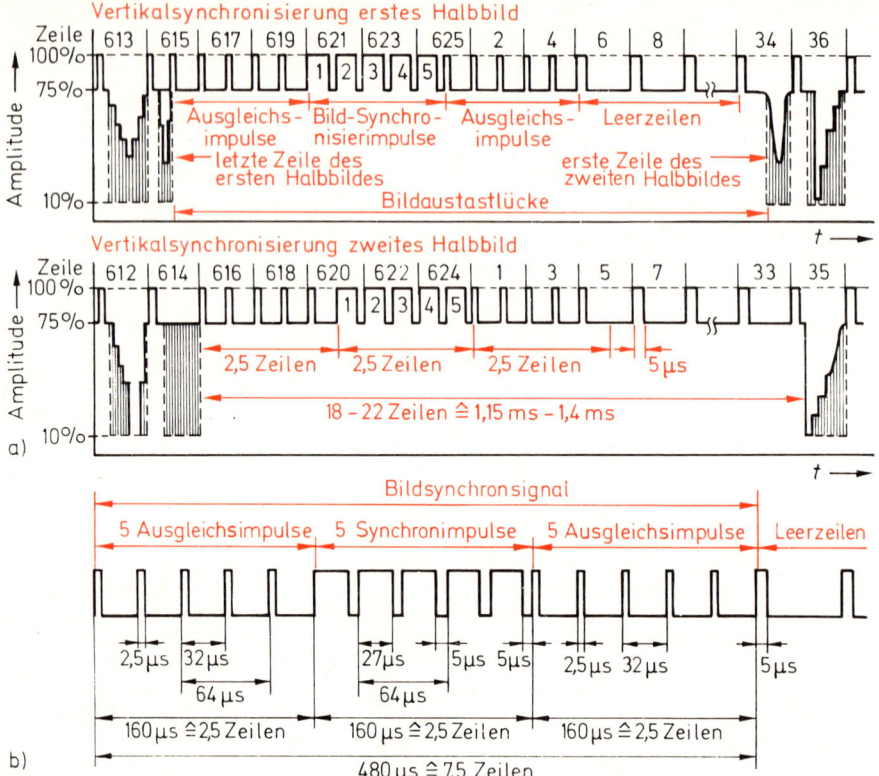

Bild 1.26
a) Bild-Synchronisierimpulse des 1. und 2. Halbbildes
b) Bildsynchronimpuls

synchronisation die Zeilenablenkung weiter synchronisiert wird. (**Bild 1.26**). Der Bildsynchronisierimpuls umfaßt damit:

$$5 \ (27 \ \mu s \ + \ 5 \ \mu s) \ = \ 160 \ \mu s \ \text{oder} \ 2,5 \ \text{Zeilen}$$

Die vertikale Auslastlücke beginnt jedoch um 2,5 Zeilen vor dem eigentlichen Beginn des Bildwechsels und endet 2,5 Zeilen hinter dem Bildwechselimpuls. Aus den fünf breiten Bild-Synchronimpulsen muß ein eindeutiges Signal für den vertikalen Strahlrücklauf gewonnen werden. Deshab sind ihnen je fünf schmale Ausgleichsimpulse vor- und nachgeschaltet. Diese Ausgleichsimpulse werden Vortrabanten[1] und Nachtrabanten genannt und haben ebenfalls Halbzeilenabstand. Ohne diese Ausgleichsimpulse würden sich aus den fünf Bildwechselimpulsen bei jedem Halbbild unterschiedliche Synchronisierspannungen für den Bildkippgenerator ergeben. Die Hauptbedingung für einen einwandfreien Zeilensprung ist jedoch, daß bei beiden Halbbildern dem Generator der gleiche Spannungswert

[1] Trabant (tschech.) = unselbständiger Begleiter

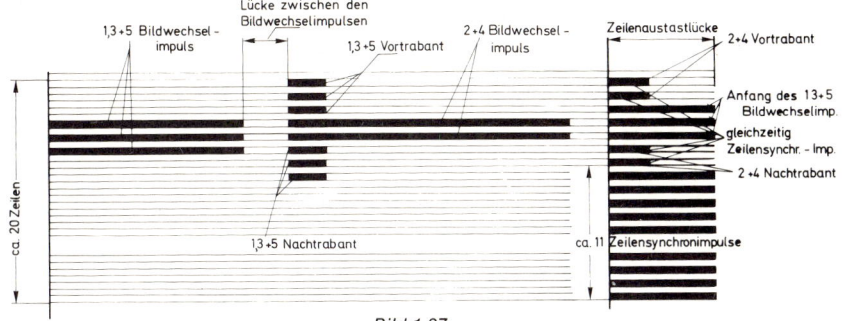

Bild 1.27
Einzelimpulse in der Bildaustastlücke

zum Kippen ohne Verzögerungszeit übermittelt wird, da sich sonst paarige Zeilen ergeben, d. h. die Zeilenabstände sind nicht gleich bzw. die Zeilen werden übereinander geschrieben (siehe Kapitel 6.2.5).

In der Norm hat man festgelegt, daß die vertikale Rücklaufzeit nur 5% der Hinlaufzeit zu betragen braucht.

$$t_R \approx 0{,}05 \cdot t_H = 0{,}05 \cdot 20 \text{ ms}$$
$$t_R = 1 \text{ ms oder das entspricht 15 Zeilen.}$$

Damit der Rücklauf und Einschwingvorgänge nicht sichtbar werden, muß der Elektronenstrahl eine längere Zeit dunkel getastet werden als für den Rücklauf erforderlich. So ist die vertikale Austastzeit oder vertikale Schwarzlücke auf 1,28 ms oder 20 Zeilen festgelegt. Der Sender strahlt deshalb nach Ablauf des gesamten Bildsynchronisierimpulses, was einer Zeit von $3 \cdot 2{,}5 \cdot T_H = 480 \ \mu s$ oder 7,5 Zeilen entspricht noch für eine weitere Zeit $t = 1280 \ \mu s - 480 \ \mu s = 800 \ \mu s$ oder 12,5 Zeilen keinen Bildinhalt aus. Die Rücklaufzeit des Elektronenstrahls muß also immer innerhalb von 1,2 ms liegen.

Die Bildaustastlücke im **Bild 1.27** ist auf dem Bildschirm nur dann zu erkennen, wenn der Bildfrequenzeinsteller verstellt wird und das Bild „durchläuft". Die Helligkeit muß dazu noch voll aufgedreht werden.

1. 2. 1. 9. Bandbreite

Die zur Bildübertragung erforderliche Bandbreite kann man annähernd berechnen, wenn man horizontal wie vertikal mit der gleichen Auflösung rechnet. So heißt das, daß der Bildschirm in quadratische Bildpunkte aufgeteilt ist. Nun ist nach der Norm das Seitenverhältnis horizontal zu vertikal 4:3 und damit ergeben sich bei 625 Zeilen:

$$625 \cdot 4/3 = 833 \text{ quadratische Bildpunkte je Zeile.}$$

Sollen diese Bildpunkte abwechselnd schwarz und weiß sein, so muß die Bildröhre mit einer rechteckförmigen Wechselspannung (**Bild 1.28**) angesteuert werden.

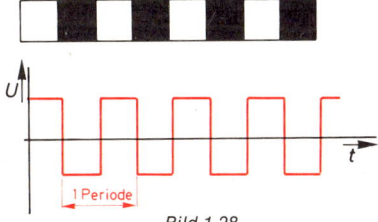

Bild 1.28
Spannungsverlauf einer Zeile bei schwarzen und weißen Bildpunkten

Die Frequenz dieser Rechteckschwingung läßt sich wiederum aus der Anzahl der Schwarz-Weiß-Sprünge je Zeile und der Zeilenzahl je Sekunde berechnen:

$$f_{oben} = \frac{833}{2} \cdot \frac{1}{Zeile} \cdot 625 \text{ Zeilen} \cdot 25 \text{ 1/s} = 6\,507\,812,5 \text{ Hz}$$

$$f_{oben} \approx 6,5 \text{ MHz}$$

Da in vertikaler Richtung die Schärfe wegen der Unterteilung in Zeilen ohnehin etwas geringer ist, kann auch die Auflösung in horizontaler Richtung geringer sein. So hat die praktische Erfahrung gezeigt, daß man statt mit einer oberen Frequenzgrenze von 6,5 MHz schon mit 5 MHz ein qualitativ gutes Bild bekommt.

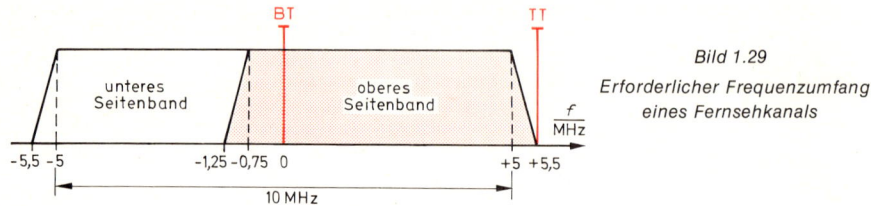

Bild 1.29
Erforderlicher Frequenzumfang eines Fernsehkanals

Macht man beim Fernsehen, wie beim AM-Rundfunk, von der Zweiseitenbandmodulation Gebrauch, so benötigt man eine gesamte Bandbreite von 10 MHz (**Bild 1.29**). Bei einer solchen großen Bandbreite können jedoch nicht genügend Sender in den verfügbaren Frequenzbereichen untergebracht werden. Man geht deshalb zur Einseitenbandmodulation über.

Weil aber die Videofrequenzen praktisch bis Null herunter gehen und die Videosignale Impulscharakter haben, ist ein glattes Abschneiden eines Seitenbandes am Träger nicht möglich. Man muß deshalb das **Restseitenbandverfahren** verwenden.

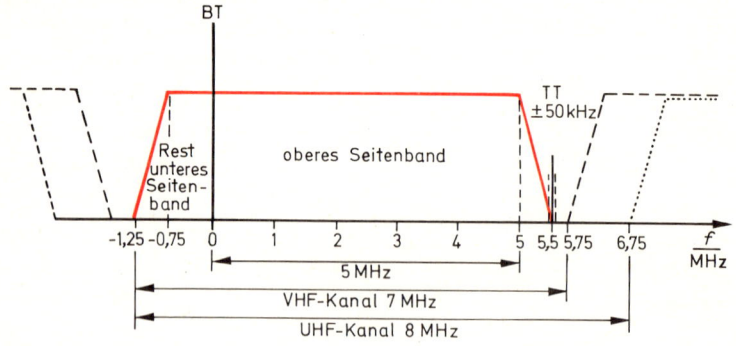

Bild 1.30
Frequenzschema eines Fernsehkanals mit Bild- und Tonträger sowie den anschließenden Nachbarkanälen im Band I/III und IV/V

Der Sender strahlt, wie **Bild 1.30** zeigt, aus:

das obere Seitenband bis 5 MHz
die Trägerfrequenz f_{BT} und
einen Rest des unteren Seitenbandes bis 0,75 MHz.

Neben dem Fernsehbild muß auch noch der Ton mit übertragen werden. Laut CCIR-Norm liegt der frequenzmodulierte Tonträger um 5,5 MHz oberhalb des Bildträgers. Der Tonsender arbeitet mit nur rund 20% der Bildsenderleistung, einem Hub von ± 50 kHz und einer Preemphasis[1] von 50 µs.

Der Senderabstand und damit die Kanalbreite eines Fernsehkanals wurde im Bereich I und III auf 7 MHz, im Bereich IV/V auf 8 MHz festgelegt.

Bei der Mehrkanal-Tonübertragung unterscheidet man drei Betriebsarten: die Monofonie, die Stereofonie und die Zweitonübertragung. Das bedeutet: Mono, Tonübertragung monofon wie bisher; Stereo, Tonübertragung in Stereofonie; und Zweiton, gleichzeitige Übertragung zweier völlig getrennter Töne, z. B. die Übertragung des Originaltons und der Synchronisation bei einem Spielfilm.

Bei der Mehrkanal-Tonübertragung wird zusätzlich zum bisherigen Tonträger I ein zweiter Tonträger II mit übertragen. Der Tonträger I liegt im Abstand von 5,5 MHz vom Bildträger, der Tonträger II im Abstand von 5,742 MHz (**Bild 1.31**).

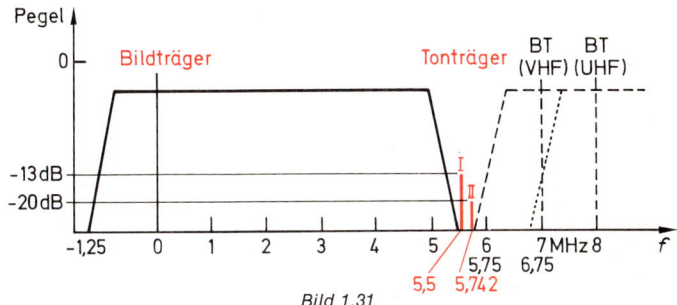

Bild 1.31
Frequenzschema eines Fernsehkanals mit Mehrkanal-Tonübertragung

Die verschiedenen Betriebsarten Mono, Stereo und Zweiton des Senders unterscheiden sich durch unterschiedliche Modulation der beiden Tonträger (**Tabelle 1.1**). Bei Mono wird

[1] Um eine natürliche Tonwiedergabe zu erhalten, werden die hohen Tonfrequenzen im Sender entsprechend angehoben.

Tabelle 1.1: Mehrkanal-Tonübertragung			
	Mono	Stereo	Zweiton
Tonträger I Frequenz: f_{Bild} + 5,5 MHz (= 352 · f_H) Frequenzhub: ± 30 kHz P_{Bild}/P_{Ton}: 13 dB	FM mit Ton (Sprache, Musik)	FM mit Toninformation linker + rechter Kanal $\dfrac{L+R}{2}$	FM mit Ton 1
Tonträger II Frequenz: f_{Bild} + 5,742 MHz (= 367,5 · f_H) Frequenzhub: ± 30 kHz (+ 2,5 kHz bei Mono) P_{Bild}/P_{Ton}: 20 dB	—	FM mit Toninformation: rechter Kanal R zusätzlich: FM mit Pilotton 54 kHz 54 kHz AM mit Kennfrequenz 117 Hz	FM mit Ton 2 zusätzlich: FM mit Pilotton 54 kHz 54 kHz AM mit Kennfrequenz 274 Hz

Tabelle 1.2: Fernsehnormen

CCIR-Standard	A	B	C	D	E	F	G	H	I	K1	K	L	M	N
Zeilenzahl	405	625	625	625	819	819	625	625	625	625	625	625	525	625
Kanalbandbreite (MHz)	5	7	7	8	14	7	8	8	8	8	8	8	6	6
Videobandbreite (MHz)	3	5	5	6	10	5	5	5	5,5	6	6	6	4,2	4,2
Bild/Tonabstand (MHz)	−3,5*	+5,5	+5,5	+6,5	+11,15	+5,5	+5,5	+5,5	+6	+6,5	+6,5	+6,5	+4,5	+4,5
Restseitenband (MHz)	0,75	0,75	0,75	0,75	2	0,75	0,75	1,25	1,25	0,75	1,25	1,25	0,75	0,7
Bildmodulation	Pos.	Neg.	Pos.	Neg.	Pos.	Pos.	Neg.	Neg.	Neg.	Neg.	Neg.	Pos.	Neg.	Neg.
Tonmodulation	AM	FM	AM	FM	AM	AM	FM	FM	FM	FM	FM	AM	FM	FM
Farbhilfsträger in MHz (PAL)	—	4,43	4,43	—	—	—	4,43	4,43	4,43	4,43	4,43	4,43	3,576	3,576
Zwischenfrequenz	34,65	38,9	38,9	34,25	28,05	—	38,9	38,9	39,5	—	—	32,7	45,75	—
BT-TT in MHz	38,15	33,4	33,4	27,75	39,2	—	33,4	33,4	33,5	—	—	39,2	41,25	—

* Der Tonträger liegt frequenzmäßig unterhalb des Bildträgers
  Rasterfrequenz 50 Hz, nur Norm M 60 Hz
Weitere Unterscheidungsmerkmale der einzelnen Standards können dem CCIR-Report 308-2 entnommen werden.
CCIR = Comité Consultatif International des Radiocommunications (Internationales beratendes Kommitee für Rundfunkfragen) Sitz Genf

Tabelle 1.3: Fernsehnormen der Länder

Land	VHF	UHF	Farbsystem	Netzspannung in Volt	Netzfrequenz in Hz
Belgien	C	H	PAL	220	50
Bulgarien (Ostnorm)	D	—	SECAM (B)	220	50
Bundesrepublik Deutschland	B	G	PAL	220	50
CSSR (Ostnorm)	D	D	SECAM (B)	220	50
Dänemark	B	G	PAL	220	50
DDR	B	G	SECAM (B)	220	50
Finnland	B	G	PAL	220	50
Frankreich	E	L	SECAM (B)	110/220	50
Griechenland	B	B	SECAM (Z)	220	50
Großbritannien	A	I	PAL	210/240	50
Irland	A	I	PAL	220	50
Italien	B	G	PAL	127/220	50
Jugoslawien	B	G	PAL	220	50
Luxemburg	C	L/G	PAL/SECAM (B)	120/220	50
Monaco	C	L/G	SECAM (B)/PAL	127/220	50
Niederlande	B	G	PAL	220	50
Norwegen	B	G	PAL	230	50
Österreich	B	G	PAL	220	50
Polen (Ostnorm)	D	D	SECAM (B)	220	50
Portugal	B	G	PAL	110/220	50
Rumänien (Ostnorm)	D	—	SECAM (B)	220	50
Schweden	B	G	PAL	127/220	50
Schweiz	B	G	PAL	220	50
Spanien	B	G	PAL	127/220	50
UdSSR (Ostnorm ≙ OIRT)*	D	K	SECAM (B)	127	50
Ungarn (Ostnorm)	D	K	SECAM (B)	220	50
USA (FCC)**	M	—	NTSC	110	60
Japan	M	—	NTSC	110	50–60

PAL   = Phase Alternation Line (Phasenumkehr für die Zeilen)
SECAM = Séquentielle à mémoire (Zeitlich aufeinanderfolgend mit Speicherung)
*OIRT = Organisation Internationale des Radiodiffusion et Télévision
**FCC = Federal Communication Commission

der Tonträger I frequenzmoduliert (FM) mit Sprache und Musik wie bisher. Bei Stereo wird der Tonträger I FM-moduliert mit der Toninformation „linker und rechter Kanal", der Tonträger II mit der Toninformation „rechter Kanal". Außerdem ist der Tonträger II mit dem Pilotton 54 kHz FM-moduliert, wobei die 54 kHz mit einer „Stereokennfrequenz" von 117 Hz amplitudenmoduliert sind.

Bei der Zweiton-Übertragung wird der Tonträger I mit dem Ton 1 und der Tonträger II mit dem Ton 2 frequenzmoduliert. Der Tonträger II wird ebenfalls mit einem Pilotton frequenzmoduliert, die 54 kHz des Pilottones sind hier aber mit der „Zweiton-Kennfrequenz" von 274 Hz amplitudenmoduliert.

1. 2. 1. 10. Fernsehnormen

Außer der bisher hier besprochenen CCIR-Fernsehnorm, nach der das deutsche Fernsehen arbeitet, gibt es eine Reihe weiterer Fernsehnormen. Dabei hat die CCIR-Norm das günstigste Verhältnis zwischen Bildqualität und technischem Aufwand, so daß sich heute verschiedene Länder mit ihrem Sendernetz für das zweite Programm der CCIR-Norm angeschlossen haben. Der Empfang von Fernsehsendungen, die in anderen Normen ausgestrahlt werden, ist mit einem herkömmlichen Fernsehempfänger nicht möglich. Dazu benötigt man dann einen sogenannten Mehrnormenempfänger.

In den vorstehenden **Tabellen 1.2** und **1.3** sind einige Fernsehnormen eingetragen mit den hauptsächlichen Unterscheidungsmerkmalen. Hier wurde auch die Farbfernsehnorm mit berücksichtigt.

In der **Tabelle 1.4** sind die Fernsehkanäle der CCIR-Norm aufgetragen.

Tabelle 1.4: Fernsehkanäle der CCIR-Norm

Bereich	Kanal	Frequenzbereich in MHz	Bildträgerfrequenz in MHz	Tonträgerfrequenz in MHz
I 47–68 MHz VHF	2	47 – 54	48,25	53,75
	3	54 – 61	55,25	60,75
	4	61 – 68	62,25	67,75
III 174–223 MHz VHF	5	174 – 181	175,25	180,75
	6	181 – 188	182,25	187,75
	7	188 – 195	189,25	194,75
	8	195 – 202	196,25	201,75
	9	202 – 209	203,25	208,75
	10	209 – 216	210,25	215,75
	11	216 – 223	217,25	222,75
IV 470–606 MHz UHF	21	470 – 478	471,25	476,75
	22	478 – 486	479,25	484,75
	⋮	⋮	⋮	⋮
	30	542 – 550	543,25	548,75
	36	Radar	—	—
	⋮	⋮	⋮	⋮
	37	598 – 606	599,25	604,75
V 606–790 MHz UHF	38	Radioastronomie	—	—
	39	614 – 622	615,25	620,75
	⋮	⋮	⋮	⋮
	60	782 – 790	783,25	788,75

1. 2. 2. Farbfernsehen

Bei der Behandlung der Farbtheorie wurde erläutert, daß aus den drei Primärfarben Rot, Grün und Blau durch additive Mischung praktisch sämtliche bekannten Farben ermischt werden können. Weiterhin wurde dargelegt, daß eine Farbe durch die drei Größen Leuchtdichte, Farbsättigung und Farbton bestimmt wird.

Zur Übertragung eines farbigen Fernsehbildes müssen nun diese drei Komponenten einer Farbe in elektrische Signale umgewandelt werden. Auf der Senderseite übernimmt diese Aufgabe die Farbfernsehkamera oder der Farbfilmabtaster. Nach der Übertragung der elektrischen Signale, über Draht oder drahtlos, müssen diese Spannungen wieder in ein optisches Bild zurückverwandelt werden, das dem senderseitig aufgenommenen Bild entspricht. Auf der Empfängerseite wandelt die Farbbildröhre die elektrischen Signale in ein Farbbild zurück.

1.2.2.1. Prinzip der Farbübertragung

Für die Abtastung eines Farbbildes benutzt man eine Dreifach-Kamera, also drei in einem Gehäuse untergebrachte Abtaströhren (**Bild 1.32**). Vor dem Schirm der einen Abtaströhre ist ein Rot-Filter, vor dem der zweiten Abtaströhre ein Blau-Filter angebracht, und die dritte Abtaströhre befindet sich hinter einem Grün-Filter. Jede Abtaströhre setzt damit nur die im Farbbild enthaltenen Farbanteile in elektrische Signale um, die von dem Farbfilter durchgelassen werden.

Die Farbkamera liefert somit drei verschiedene Ausgangssignale, und zwar das Rot-Signal mit der Spannung U_R, das Grün-Signal mit der Spannung U_G und das Blau-Signal mit der Spannung U_B. Steuert man mit diesen Signalen drei Bildprojektionsröhren, von denen die eine rot, die andere grün, die dritte blau leuchtet, und projiziert die drei Bilder auf einen Schirm genau übereinander, so erhält man ein Farbbild, das dem senderseitig abgetasteten Farbbild entspricht. Bei dieser Betrachtung wird vorausgesetzt, daß die drei Leuchtschichten gleichen Wirkungsgrad haben und 100% gesättigte Farben vorliegen.

Wird eine weiße Bildstelle abgetastet, so sind die drei Farbsignale einander gleich, also $U_R = U_G = U_B$. Enthält das aufgenommene Bild nur Rot, so liefert nur die Kameraröhre eine Spannung, so daß im Empfänger auch nur die rote Bildröhre gesteuert wird und ein rotes Bild erzeugt. Ist das aufgenommene Bild dagegen gelb, so liefern die Kameraröhren für Rot und Grün Spannungen, weil Gelb eine Mischfarbe ist, die sich aus Rot und Grün ergibt. Im Empfänger werden in diesem Fall die rote und grüne Bildröhre gleichzeitig gesteuert, so daß das Auge diese beiden Bilder als Gelb wahrnimmt.

Bei verschiedenen Farbvorlagen ergeben sich folgende Kameraausgangsspannungen:

	Rot	Grün	Blau	
Weiß	1,0	1,0	1,0	$U_{Kamera} = 100\% = 1,0$
Rot	1,0	0	0	
Grün	0	1,0	0	
Blau	0	0	1,0	
Gelb	1,0	1,0	0	
Cyan	0	1,0	1,0	
Purpur	1,0	0	1,0	
Schwarz	0	0	0	

Gegen die praktische Verwirklichung eines Systems, das zur Farbwiedergabe im Empfänger die drei Grundfarben überträgt, sprechen u. a. zwei entscheidende Gründe:

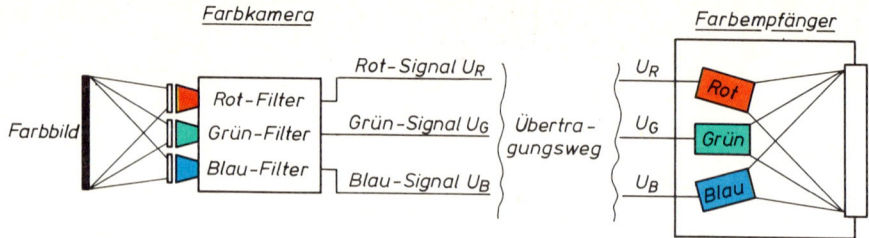

Bild 1.32
Prinzip der Farbfernsehübertragung
nach dem Kurzschlußverfahren

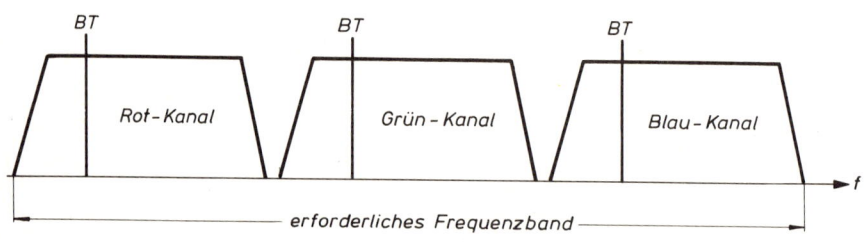

Bild 1.33
Erforderliche Bandbreite
beim Kurzschlußverfahren

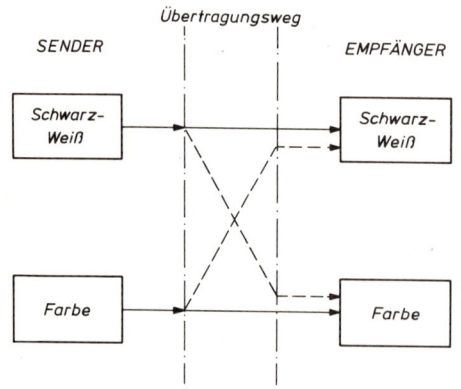

Bild 1.34
Kompatibilitätsforderungen

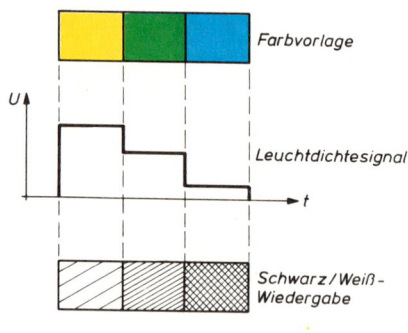

Bild 1.35
Leuchtdichtesignal und
Schwarz/Weiß-Wiedergabe
bei einer Farbvorlage

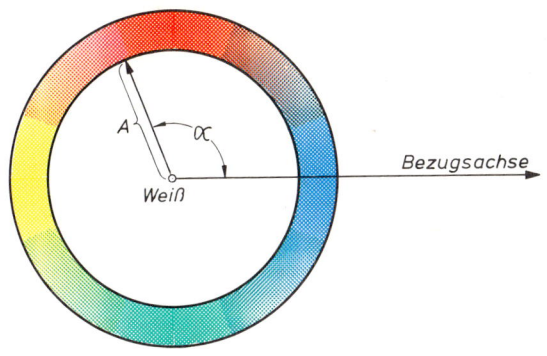

Bild 1.36
Farbsättigung und Farbton
auf den Farbkreis bezogen

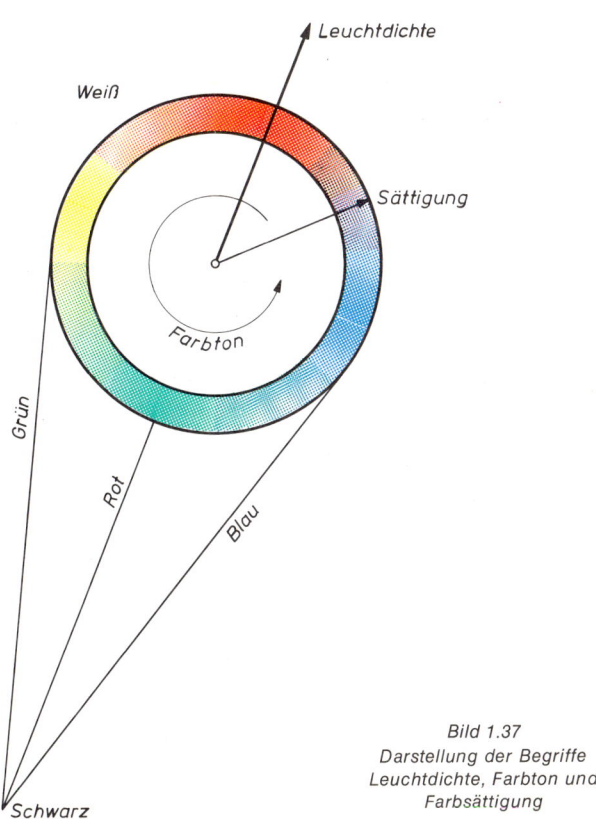

Bild 1.37
Darstellung der Begriffe
Leuchtdichte, Farbton und
Farbsättigung

1. Für die Übertragung der drei Farben ist, wie aus **Bild 1.33** hervorgeht, je ein Kanal mit mindestens 5 MHz Bandbreite erforderlich. Das ergibt ein sehr breites Frequenzband und dadurch eine unwirtschaftliche Ausnutzung der Frequenzbereiche.

2. Bei einem derartigen Übertragungssystem kann ein Schwarz-Weiß-Empfänger kein einwandfreies „unbuntes" Bild wiedergeben.

1.2.2.2 Kompatibilität

Die Festlegung der Farbfernsehnorm beruht auf der Forderung, daß ein Schwarz/Weiß-Empfänger in der Lage sein muß, ein Farbfernsehsignal als Schwarz/Weißbild wiederzugeben. Darüberhinaus soll auch der Farbempfänger ein Schwarz/Weiß-Fernsehbild empfangen können. Man wollte also eine Farbfernsehnorm erzielen, die mit der bestehenden Schwarz/Weiß-Fernsehnorm verträglich ist. Diese Verträglichkeit wird als *Kompatibilität* bezeichnet. In **Bild 1.34** ist diese grundsätzliche Kompatibilitätsforderung schematisch eingetragen.

Damit beide Systeme verträglich sind, müssen folgende wesentlichen Bedingungen erfüllt sein:

1. Die Ablenkfrequenzen für Horizontal- bzw. Vertikalablenkung müssen gleich sein.
2. Gleicher Bild-Tonträgerabstand von 5,5 MHz.
3. Gleiche Kanalbandbreite von 7,0 MHz und damit gleiche Videobandbreite von 5 MHz.
4. Die Bildträgerinformation muß unverschlüsselt die Grundhelligkeit der Farben enthalten.
5. Die zusätzliche Farbinformation muß im Sendersignal so untergebracht sein, daß sie im Schwarz/Weiß-Bild nicht störend in Erscheinung tritt.

Die Punkte 1, 2 und 3 können bei Farbe und Schwarz/Weiß gleich sein, was ohne weiteres einzusehen ist. Die Punkte 4 und 5 bringen neue Aspekte in die Übertragungstechnik und werden deshalb in besonderen Kapiteln behandelt.

1.2.2.3. Leuchtdichte- und Farbartsignal

Bei der Übertragung von Farben dürfen wegen der Kompatibilität nicht die 3 Primärfarben übertragen werden, sondern es müssen mindestens für die Schwarz/Weiß-Übertragung die Helligkeitswerte der Farben angewendet werden. Wie schon die Augenempfindlichkeitskurve in Bild 1.5 zeigt, empfindet das Auge Grün wesentlich heller als z. B. Blau. So muß auch bei der Schwarz/Weiß-Übertragung Grün ein helles Grau ergeben, Blau dagegen ein dunkles Grau (**Bild 1.35**).

Nun ist aber bekannt, daß jede Farbe von drei Grundwerten bestimmt wird: 1. Leuchtdichte, 2. Farbton und 3. Farbsättigung. Um die 4. Bedingung der Kompatibilität zu erfüllen, muß aus jeder Farbe das Leuchtdichtesignal mit der Spannung U_Y gewonnen werden. Mit ihm wird der Bildträger moduliert. Das ergibt die gleiche Modulation wie bei Schwarz/Weiß. Ein derartiges Signal erzeugt im Schwarz/Weiß-Empfänger das Farbbild unbunt. Das Leuchtdichtesignal mit der Spannung U_Y wird auch als *Luminanzsignal* bezeichnet.

Für den Farbempfang muß nun noch ein weiteres Signal ausgestrahlt werden, das den Farbton und die Farbsättigung enthält. Diese zweite Information wird Farbartsignal mit der Spannung U_F oder auch *Chrominanzsignal* genannt.

Wie werden nun die Farbsättigung und der Farbton übertragen? Dazu wird der Farbkreis aus Bild 1.8 nochmals herangezogen. In der Mitte liegt der unbunte Punkt – nämlich Weiß (**Bild 1.36**). Zieht man nun vom Weißpunkt eine Gerade zum Rand hin, so hat man zwischen dem Mittelpunkt und dem Rand alle Sättigungswerte von 0% bis 100% liegen.

Die Länge des Zeigers ist deshalb ein Maß für die Farbsättigung! Denn die Länge bestimmt, wie weit die Spitze vom Weißpunkt entfernt, d. h. wie stark „gesättigt" er an dieser Stelle ist.

In Bild 1.36 deutet der Zeiger auf Rot hin. Dreht sich der Zeiger um den Weißpunkt, so wird er bei einem vollen Kreis (360°) sämtliche Farben überstrichen haben. Für einen bestimmten Farbton gilt eine bestimmte Richtung. Der Winkel α bestimmt also den Farbton, wenn man ihn auf eine Bezugsachse bezieht.

Die Größe des Winkels α ist damit ein Maß für den Farbton! Ein beliebiger Farbpunkt bei der Farbfernsehübertragung ist also durch die Länge A des Zeigers und durch den Winkel α festgelegt.

$$A = \text{Maß für die Sättigung} \triangleq \frac{A}{\text{Radius}} \cdot 100 \ (\%)$$

$$\alpha = \text{Maß für den Farbton}$$

Elektrisch wird die Farbsättigung als Spannungsamplitude und der Farbton als Phasenlage der Schwingung übertragen. Diese beiden Größen ergeben zusammen das Farbartsignal.

Soll als dritte Größe die Leuchtdichte mit dargestellt werden, ergibt sich ein Bild nach **Bild 1.37.** Als Vorstellung kann dienen, daß der Farbkreis vom Nullpunkt (Schwarz) als Kegel in Richtung einer Leuchtquelle bis zur maximalen Helligkeit wächst. Der Abstand zwischen Null und dem Endzustand „Hell" ist dann ein Maß für die Leuchtdichte.

Man erkennt, daß durch die Änderung einer Größe das relative Verhältnis der beiden anderen zueinander nicht beeinflußt wird. Weiterhin erkennt man, daß mit Leuchtdichte, Farbton und Farbsättigung genauso jeder Farbpunkt bestimmt werden kann, wie mit den Grundfarben Rot, Grün und Blau.

Mit dem Leuchtdichtesignal wird der Bildträger unverschlüsselt moduliert. Farbton und Farbsättigung werden zum *Farbartsignal* zusammengesetzt und auf den Farbhilfsträger aufmoduliert und erst dann zusätzlich auf den Bildträger aufmoduliert – also verschlüsselt – übertragen. Nur wer in seinem Empfänger einen Zusatz hat, um diese beiden Signale wiederzugewinnen, und eine Farbbildröhre besitzt, kann die Bilder farbig sehen.

1.2.2.4. Farbhilfsträger

Wegen der Kompatibilität muß das Leuchtdichtesignal vom Farbartsignal (Farbton und Farbsättigung) getrennt übertragen werden. Eingehende Untersuchungen haben ergeben, daß das menschliche Auge eine größere Empfindlichkeit für Schwarz/Weiß-Helligkeitsunterschiede hat, als es Farben wahrnimmt. So muß, um das Leuchtdichtesignal übertragen zu können, die Bandbreite von 5 MHz erhalten bleiben. Der Kanal, in dem das Farbartsignal übertragen wird, braucht deshalb nur eine Bandbreite von 1,3 MHz zu haben.

Um dieses Farbsignal mit ausstrahlen zu können, benötigt man einen zusätzlichen Träger. Dieser Hf-Träger muß, wie oben gesagt, innerhalb der Durchlaßkurve liegen. Das hat nun leider den Nachteil, daß bei der Demodulation im Videogleichrichter eine Mischung des Bildträgers mit diesem Farbhilfsträger stattfindet. Das dort gebildete Differenzsignal wird auf jeden Fall als Moiré* auf dem Bildschirm störend sichtbar werden. Diese Moiré-Störung wird in ihrer Struktur gröber und damit deutlicher hervortreten als das bekannte 5,5 MHz-Moiré bei nicht richtig abgeglichener 5,5 MHz-Falle im Videokreis. Da das störende Moiré um so weniger auffällt, je höher der Farbträger gelegt wird, ist man bestrebt, diesen Farbhilfsträger möglichst weit vom Eigenbildträger anzuordnen. Man ist so zu einem Abstand von 4,43 MHz zwischen Farbhilfsträger und Bildträger gekommen.

---

* Moiré (franz., sprich moare) = bei der Überlagerung von Streifengittern auftretende, unruhige, störende Bildmusterung

In einem besonderen Modulationsverfahren wird der Farbhilfsträger unterdrückt. Das trägt zusätzlich zur Störfreiheit von der Moiré-Bildung bei. Bei diesem Modulationsverfahren werden lediglich die Spektren der beiden Seitenbänder übertragen, die den eigentlichen Farbmodulationsinhalt enthalten.

Zu Beginn dieses Abschnittes wurde bereits gesagt, daß die Bandbreite einer Farbübertragung, bedingt durch den Sehvorgang, eingeschränkt werden kann. Davon wird hier Gebrauch gemacht. Das obere Seitenband beträgt 600 kHz und das untere Seitenband 1,2 MHz. Es handelt sich auch hier wieder um ein Restseitenbandverfahren, dessen höchste Modulationsfrequenz bei 1,2 MHz liegt.

Demnach werden folgende drei Hf-Träger bei einer Farbübertragung mit ihrer jeweils dem Kanal zugeordneten Frequenz vom Sender ausgestrahlt:

1. Eigenbildträger, amplitudenmoduliert im Restseitenbandverfahren, Modulationsspektrum − 0,75 MHz bis + 5,0 MHz,
2. Tonträger, frequenzmoduliert, Modulationsspektrum ± 50 kHz,
3. Farbhilfsträger, in besonderer Weise amplitudenmoduliert (mit unterdrücktem Träger) im Restseitenbandverfahren, Modulationsspektrum − 1,3 MHz bis + 570 kHz.

Bild 1.38 zeigt das Sender-Hf-Signal mit der Farbinformation.

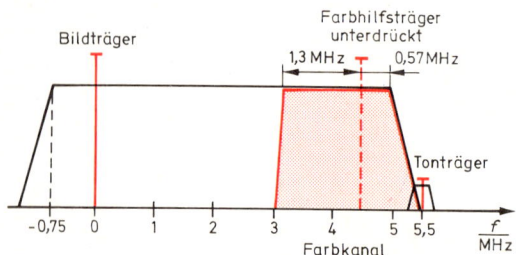

Bild 1.38
Lage des Farbsignals im
Schwarz/Weiß-Fernsehkanal

Zusammenfassung 1b

Die Abtastung eines Fernsehbildes ist genormt und erfolgt zeilenmäßig von links nach rechts und von oben nach unten. Je höher die Zeilenzahl ist, um so besser wird die Auflösung. Die untere Grenze der Auflösung liegt bei ca. 480 Zeilen.

Die Fernsehkamera im Studio wandelt das optische Bild in elektrische Signale um, die dann übertragen werden. Die Bildröhre im Empfänger wandelt dann die elektrischen Signale wieder in ein optisches Bild zurück. Man benutzt die Negativmodulation, damit einstreuende Störimpulse auf dem Bildschirm schwarze Punkte ergeben, die vom Auge nicht störend empfunden werden. Man verwendet das Zeilensprung- oder Zwischenzeilenverfahren, um ein flimmerfreies Bild zu erhalten.

Ein Fernsehsignal muß folgende Informationen enthalten: den Bildinhalt, die Synchronisierimpulse und die Austastimpulse für den Strahlrücklauf der Bildröhre. Das BAS-Signal weist folgende Pegel auf:

Weißwert: 10 %; Schwarzwert: 73 %; Synchronimpuls: zwischen 75 % und 100 %. Die Zeilenfrequenz beträgt 15 625 Hz, die Rasterfrequenz 50 Hz.

Der Zeilensynchronimpuls erscheint am Ende einer jeden Zeile und löst den Zeilenrücklauf aus.

Der Bildsynchronimpuls besteht aus 5 Hauptimpulsen mit Vor- und Nachtrabanten und löst nach jeweils 312,5 Zeilen den Bildrücklauf aus.

Die zur Bildübertragung erforderliche Bandbreite wurde mit 5 MHz festgelegt.

Ein Fernsehsender wird mit dem BAS-Signal amplitudenmoduliert. Man arbeitet mit dem Restseitenbandverfahren. Der frequenzmodulierte Tonträger liegt um 5,5 MHz oberhalb des Bildträgers.

Beim Farbfernsehen müssen, wegen der Kompatibilität, das Leuchtdichte- oder Luminanzsignal unverschlüsselt, der Farbton und die Farbsättigung verschlüsselt durch das Farbart- oder Chrominanzsignal übertragen werden.

Zur Übertragung der Farbinformation wird das Farbsignal auf einen Farbhilfsträger im Restseitenbandverfahren aufmoduliert, und damit wird der Bildträger zusätzlich moduliert. Somit liegt die Farbinformation dann verschlüsselt im Übertragungskanal. Um die Moiré-Störungen des Farbhilfsträgers klein zu halten, arbeitet dieser auf der Frequenz von 4,43 MHz.

Lerntest 1b

1. Bei welcher Zeilenzahl liegt die untere Auflösungsgrenze?
   a) 525
   b) 480
   c) 625
   d) 819
   e) 240

2. Warum benutzt man die Negativmodulation?
   a) Weil es ein einfacheres Verfahren ist
   b) Weil dadurch Störungen vermieden werden
   c) Weil dadurch der Aufwand im Sender gering ist
   d) Weil dadurch Störungen auf dem Bildschirm weniger in Erscheinung treten
   e) Weil es die große Bandbreite erforderlich macht.

3. Weshalb benutzt man das Zeilensprungverfahren?
   a) Weil es leichter bei der Abtastung anzuwenden ist
   b) Weil es ein flimmerfreies Bild ergibt
   c) Weil man dadurch auf 50 Hz Ablenkfrequenz kommt
   d) Weil dann der Bildrücklauf langsamer erfolgt
   e) Weil es das Modulationsverfahren erforderlich macht.

4. Bei welchem Pegelwert liegt der Schwarzwert?
   a) Zwischen 75 % und 100 %
   b) Bei 10 %
   c) Bei 75 %
   d) Bei 100 %
   e) Bei 73 %

5. Welche Zeitdauer hat der eigentliche Zeilensynchronimpuls?
   a) 12 μs
   b) 7 μs
   c) 6 μs
   d) 5 μs
   e) 11 μs

6. Welche Videobandbreite hat man beim Fernsehen in der CCIR-Norm festgelegt?
   a) 8 MHz
   b) 7 MHz
   c) 6,5 MHz
   d) 5,5 MHz
   e) 5 MHz

7. Weshalb wird das Luminanzsignal bei Farbsendungen unverschlüsselt übertragen?
   a) Wegen der erforderlichen Bandbreite
   b) Wegen der Kompatibilität
   c) Wegen der Kompatibilität und der großen Bandbreite
   d) Wegen des schaltungstechnischen Aufwandes
   e) Wegen der Störanfälligkeit

8. Welche Größen sind im Chrominanzsignal enthalten?
   a) Leuchtdichte- und Videosignal
   b) Leuchtdichte- und Farbartsignal
   c) Farbartsignal
   d) Farbton- und Luminanzsignal
   e) Farbton und Farbsättigung

9. Weshalb überträgt man das Chrominanzsignal nur mit einer kleinen Bandbreite von 1,2 MHz?
   a) Weil die Hauptinformation im Leuchtdichtesignal steckt.
   b) Weil das Auge nur eine kleine Farbauflösung besitzt
   c) Weil man die Information gleichmäßig auf Leuchtdichte und Farbton aufgeteilt hat.
   d) Weil das Chrominanzsignal im Restseitenbandverfahren aufmoduliert wird.
   e) Weil man eine größere Bandbreite im Übertragungskanal nicht unterbringen kann.

10. In welcher Modulationsart wird das Farbartsignal übertragen?
    a) Frequenzmoduliert und Restseitenbandverfahren
    b) Amplitudenmoduliert
    c) Frequenzmoduliert mit unterdrücktem Träger
    d) Weil das Chrominanzsignal im Restseitenbandverfahren aufmoduliert wird.
    e) Weil man eine größere Bandbreite im Übertragungskanal nicht unterbringen kann.

11. Welche wesentlichen Bedingungen müssen für die Kompatibilität erfüllt werden?

12. Wie überträgt man den Farbton und die Farbsättigung bezogen auf den Farbkreis?

13. Wie läßt sich die Leuchtdichte eines weißen Bildes ändern?

14. Welche Frequenz hat der Farbhilfsträger? 4,4?

15. Wie läßt sich der Farbton ändern?

(Antworten im Anhang)

2. AUFBEREITUNG DES SIGNALS

2. 1. Schwarz-Weiß

2.1.1. Fernsehaufnahmeröhren

Die Aufgabe einer Fernsehaufnahmeröhre ist es, die Helligkeitswerte eines optischen Bildes in elektrische Werte umzuwandeln. Jede Bildaufnahmeröhre enthält einen Bildwandlerteil. Dieser Wandler erzeugt aus dem optischen Bild mit Hilfe des inneren Fotoeffektes durch eine Halbleiterschicht oder auf Grund des äußeren Fotoeffektes mit Hilfe einer Fotokatode ein elektrisches Ladungsbild, das auf einer Speicherplatte festgehalten wird. Ein Elektronenstrahl tastet nun diese Speicherplatte ab. Der Abtaststrahl wird vom gleichen Taktgeber gesteuert, der auch die Synchronimpulse für das BAS-Signal liefert. An einem Lastwiderstand, der im Stromkreis des Abtaststrahls liegt, wird das Videosignal abgegriffen (**Bild 2.1**).

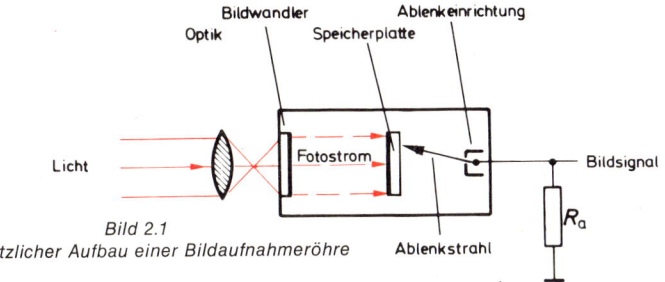

Bild 2.1
Grundsätzlicher Aufbau einer Bildaufnahmeröhre

Nach dem äußeren Fotoeffekt arbeitet das Superorthikon[1].

Dieser Bildaufnahmeröhrentyp wird heute kaum noch verwendet. Das Superorthikon hat nämlich eine Reihe von Nachteilen, wie seine relativ großen Abmessungen und das hohe Gewicht. Es ist ferner sehr teuer und erfordert einen hohen Aufwand für die Signalaufbereitung und für die Stromversorgung.

2.1.1.1. Vidikon

Mit Hilfe des inneren Fotoeffektes arbeitet ein Vidikon[2], dessen Schema **Bild 2.2** zeigt.

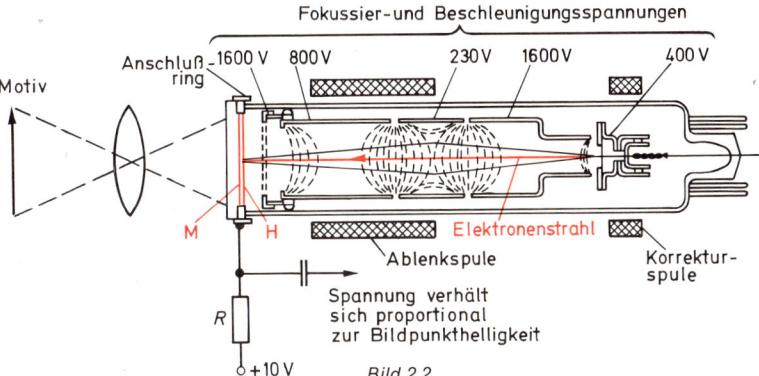

Bild 2.2
Aufbau und Wirkungsweise einer Vidikonaufnahmeröhre mit Halbleiterspeicher. H ist hier ein Fotohalbleiter und M eine hauchdünne, durchsichtige Metallschicht.

---

[1] Orthikon = Kunstwort aus Ortho (griech.) = richtig und Ikon (griech.) = Bild
[2] Vidikon = Kunstwort aus vide (lat.) = sehe und Ikon (griech.) = Bild

An der Stirnseite des zylindrischen Glasgefäßes ist die Bildwandlerplatte angebracht. Diese besteht aus einer aufgedampften sehr dünnen, transparenten Metallschicht M (z. B. Zinndioxid SnO_2), auf die eine lichtempfindliche Halbleiterschicht H aus Selen oder Antimontrisulfid aufgedampft ist.

Der von der Katode kommende Elektronenstrahl tastet diese Bildwandlerplatte (Target)[1] ab. Wird diese Bildwandlerplatte nicht belichtet, so lädt der von der Katode kommende Elektronenstrahl die Oberfläche der unbelichteten Halbleiterschicht auf. Dieser Elektronenbelag bildet mit der Metallschicht einen Kondensator mit dem lichtempfindlichen Halbleiter als Dielektrikum. Das Ersatzschaltbild zeigt **Bild 2.2 a.**

Bei Belichtung der Halbleiterschicht ändert sich gemäß dem einfallenden Licht durch den inneren Fotoeffekt ihr Widerstand. Das optische Bild wird somit in ein Widerstandsbild umgewandelt. Die Ladung auf der Oberfläche der Halbleiterschicht, die ja durch den Abtaststrahl beim vorhergehenden Abtasten aufgebracht war, kann nun an den belichteten Stellen durch das niederohmig gewordene Halbleitermaterial zur Metallschicht hin abfließen. Dadurch ergibt sich auf der Halbleiteroberfläche ein der Helligkeitsverteilung entsprechendes Ladungsbild.

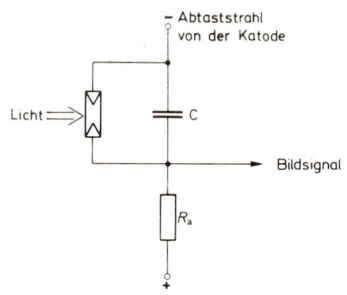

Bild 2.2 a
Ersatzschaltung des Vidikons

Überstreicht der Abtaststrahl erneut die Oberfläche der Halbleiterfotoschicht, so stellt er die gleichmäßige Aufladung auf Katodenpotential wieder her. Dabei füllt er die Bezirke mit verminderter Oberflächenladung mit Elektronen wieder auf. Die sich dabei ergebenden Stromstöße fließen über den Außenwiderstand R_a und erzeugen dort das Bildsignal.

Die Eigenschaften des Vidikons sind: Hohe Lichtempfindlichkeit, kleine Abmessungen, einfache Handhabung und außerordentlich niedriger Preis gegenüber einem Super-Orthikon.

Als Nachteil sei der Nachzieheffekt vermerkt, der beim Bewegen der Kamera oder bei bewegten Bilder zu Bildverzerrungen führt. Die Ursache hierfür liegt in der recht großen Speicherkapazität von ca. 1 bis 2 nF und in der Freiwerdezeit der Halbleiterschicht. Dadurch können die Ladungen der einzelnen Bildpunkte auf der Speicherplatte nicht schnell genug abfließen.

2.1.1.2 Plumbikon

Das Plumbikon[2] entspricht im Aufbau, in der Wirkungsweise und Betriebsweise dem Vidikon. Hier wird als lichtempfindliche Schicht eine Bleioxidschicht (PbO) verwendet, von der auch sein Name abgeleitet ist.

---

[1] Target (engl.) = Zielscheibe
[2] Plumbikon = Kunstwort aus Plumbum (lat.) = Blei und Ikon (griech.) = Bild

Das **Bild 2.3** zeigt die Struktur der licht-empfindlichen Schicht des Plumbikons. Das Bleioxid wird an der Grenzfläche zum Zinnoxid n-leitend. Die gegenüberliegende Fläche ist p-dotiert. Beide Schichten sind durch eine eigenleitende Schicht getrennt. Damit erhält dieser Fotohalbleiter die Eigenschaften einer PIN-Diode mit einerseits sehr geringem Sperrstrom und andererseits einem recht hohen Durchlaßstrom. Dieser Schichtenaufbau sorgt dafür, daß fotoelektrische Ladungsträger beim Entstehen sofort zu den Außenschichten gezogen werden und der Strom beim Übergang von hellen zu dunklen Passagen sofort zurückgeht.

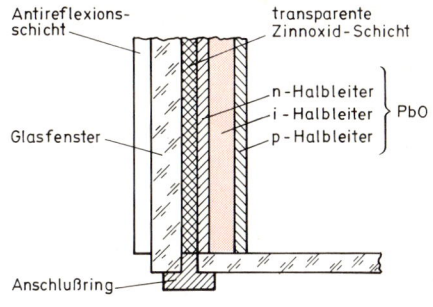

Bild 2.3
Struktur der lichtempfindlichen Targetschicht des Plumbikons

Dieser Schichtenaufbau hat somit den Vorteil, daß er nicht die störenden Nachzieherscheinungen des Vidikons zeigt.

2.1.1.3 Newvikon

Eine in modernen Heim-Videokameras sehr häufig verwendete Aufnahmeröhre ist das Newvikon. Es entspricht im Aufbau dem Vidikon, besitzt aber als Target eine Halbleiterschicht aus Zinkselenid und Zinkcadmiumtellurid, in der sich ein PN-Übergang befindet.

Die Spektralempfindlichkeit reicht bis an den Infrarotbereich heran und ist unabhängig von der Targetspannung. Es ist zwar nicht frei von Nachzieheffekten. Auch besteht Einbrenngefahr. Beide sind aber geringer als beim Vidikon. Vorteilhaft ist allerdings die hohe Empfindlichkeit, die Videoaufnahmen schon bei niedrigsten Beleuchtungsstärken (z. B. bei Kerzenbeleuchtung) erlaubt.

2.1.1.4 Satikon

Beim Satikon[1] dient eine Speicherplatte aus **S**elen, **A**rsen und **T**ellur als Target. Das **Bild 2.4** zeigt dessen prinzipielle Struktur. Auch hier kommt es zwischen der Halbleiterschicht und der lichtdurchlässigen aber leitfähigen Zinndioxidschicht zu einem PN-Übergang. Dessen Rekombinationsvermögen ist so stark, daß freie Ladungsträger bei einem Hell/Dunkel-Übergang sofort wieder gebunden werden. Durch die Tellurdotierung in einem Teil der Halbleiterplatte wird die Spektralempfindlichkeit im Rotbereich verbessert. Schließlich verhindert eine dünne Schicht aus Antimontrisulfid auf der Targetrückseite, daß der Elektronenstrahl dort Sekundärelektronen freisetzt. Das Satikon ist von allen Vidikon-Varianten diejenige mit der höchsten Qualität. Es ist trägheitslos, hat eine hohe Auflösung und wird selbst im Studiobetrieb eingesetzt.

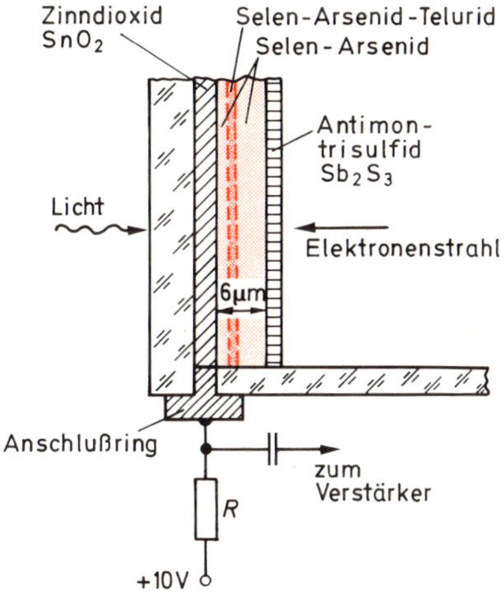

Bild 2.4
Struktur des Satikon-Targets

[1] Auch als Leddikon angeboten

2.1.1.5 Farbfernsehaufnahmeröhren

Die bisher betrachteten Röhren setzen Hell/Dunkel-Werte in entsprechende elektrische Signale um. Farbe können sie dagegen nicht erkennen. Um das zu erreichen, wird das Licht des Bildes in seine drei Grundfarben rot, grün und blau zerlegt. In kommerziellen Kameras benutzt man dafür farbempfindliche Spiegel (sogenannte Dichroitspiegel), die die kurzwelligen Lichtstrahlen ablenken und die langwelligen durchlassen. Jeder der Grundfarben ist hier eine separate Kameraröhre zugeordnet (**Bild 2.5**).

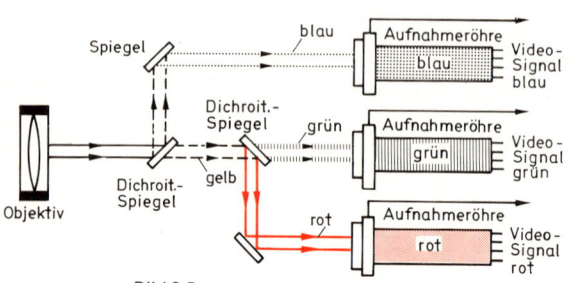

Bild 2.5
Grundsätzliche Dreiröhrenanordnung
für die Aufnahme
farbiger Fernsehbilder

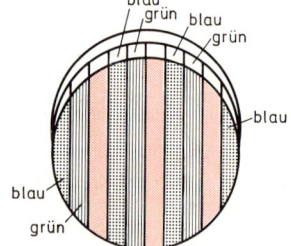

Bild 2.6
Grundsätzlicher Aufbau
eines Streifenfilters vor dem Target
von Farbfernsehaufnahmeröhren

Dieses Verfahren ist für private Anwendungen natürlich zu aufwendig und teuer. Hier beschränkt man sich auf eine einzige Röhre, vor deren Target sich ein Streifenfilter befindet. Es besteht nach **Bild 2.6** aus 12,8 μm breiten Streifen, die nur grün-, blau- oder rot-durchlässig sind. Der Elektronenstrahl erzeugt hier beim Abtasten Rechteckimpulse, denen man durch geeignete elektronische Maßnahmen die dazugehörigen Helligkeitsanteile der jeweiligen Grundfarbe zuordnen kann.

Kameraröhren, die mit derartigen Streifenfiltern ausgestattet sind, werden unter der Bezeichnung „Cosvikon" (von Colour-Strip-Vidikon = Farbstreifen-Vidikon) oder „New-Cosvikon" angeboten.

Die folgende Aufstellung gibt einen Überblick über die hauptsächlichen Eigenschaften der gebräuchlichsten Bildaufnahmeröhren.

	Vidikon	Plumbikon	Newvikon	Satikon
Halbleiterschicht	Antimontri-sulfid (Sb_2S_3)	Bleioxid (PbO)	Zinkselenid (ZnSe) mit Zinkcadmiumtellurid	Selen-arsenid (SeAs)
Empfindlichkeit weiß	ausreichend	mittel	sehr hoch	mittel
Auflösung	sehr hoch	sehr hoch	mittel	niedrig
Dunkelstrom	mittel	sehr niedrig	mittel	sehr niedrig
Trägheit	groß	sehr gering	mittel	sehr gering
Farbtauglichkeit	sehr gut	gut	mittel	sehr gut

2.1.2. Halbleiter-Fernsehbildaufnehmer

Die Halbleiter-Technologie hat es heute ermöglicht, daß es Bildsensoren gibt, die auf kleinstem Raum soviele elektronische Elemente enthalten, daß die Bildpunkte eines Fernsehbildes mit üblicher Auflösung durch eine elektrische Ladung gespeichert und anschließend ausgelesen werden können. Damit ergeben sich die Vorteile des Wegfalls des Elektronenstrahlerzeugungssystems, des Hochvakuums, der Ablenk- und Fokussierspulen und aller damit verbundenen Fehlermöglichkeiten üblicher Fernsehaufnahmeröhren.

Solche Bildsensoren sind unter dem Namen CCD-Speicher bekannt geworden (CCD = Charge Coupled Device = ladungsgekoppelter Baustein). Es handelt sich bei diesen CCD-Schaltungen um Schieberegister, die aus aneinandergereihten MOS-Kondensatoren bestehen, die auf einem Silizium-Substrat aufgewachsen sind. (**Bild 2.7**)

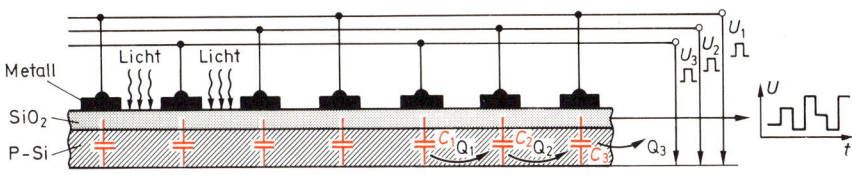

Bild 2.7
Schematischer Aufbau eines CCD-Speichers

Wenn ein Bild auf dem CCD-Baustein fokussiert ist, werden in den Kondensatoren Ladungsträger erzeugt und jeweils für die Dauer eines Fernsehbildes gespeichert. Zum Auslesen dieser gespeicherten Ladungen werden über die Taktleitungen in bestimmter Folge Spannungen an die nebeneinander liegenden Kondensatoren angelegt. Dadurch wird die Ladung des einen Kondensators in den benachbarten Kondensator weiterfließen. Am Ende der Anordnung kann also nach und nach die Ladung eines jeden Kondensators abgenommen werden. Die daraus resultierende Information entspricht genau dem Helligkeitsverlauf des vorliegenden optischen Bildes. Diese Signale werden dann anschließend in einer elektronischen Schaltung zum BAS-Signal aufbereitet.

In den CCD-Speichern dient eine Hälfte der elektronischen Elemente zum Umsetzen des optischen Bildes in ein elektrisches Ladungsbild, während die andere Hälfte zur Speicherung und Auslesung verwendet wird. Die CCD-Bildsensoren werden neben dem Festkörper-TV-Systemen auch in anderen Bereichen, wie der Raumforschung, der Rüstungsindustrie, der Fernseh-Telefonanlagen, bei Überwachunssystemen und in der Konsumgüterindustrie für Videorecorder verwendet.

2.1.3. Modulation beim Fernsehsender

Das bei der Bildaufnahme gewonnene Bildsignal wird mit den Synchron- und Austastimpulsen addiert. Mit dem so erhaltenen BAS-Signal moduliert man einen Hochfrequenzträger. Als Modulationsart benutzt man die Amplitudenmodulation. Wie aber schon bei der Behandlung der Norm beschrieben wurde, verwendet man hier die sogenannte Restseitenbandmodulation, eine Abart der Einseitenbandmodulation.

Eine Amplitudenmodulation erhält man durch Aussteuerung einer nichtlinearen Kennlinie. So erzeugt man in der Praxis eine amplitudenmodulierte Schwingung, indem man einen Transistor oder eine Elektronenröhre durch die Träger- und Signalschwingung aussteuert (**Bild 2.8**). Der Transistor wird durch die in der Amplitude und in der Frequenz konstante Hochfrequenzschwingung ausgesteuert. Die Basisvorspannung wird jedoch im Rhythmus

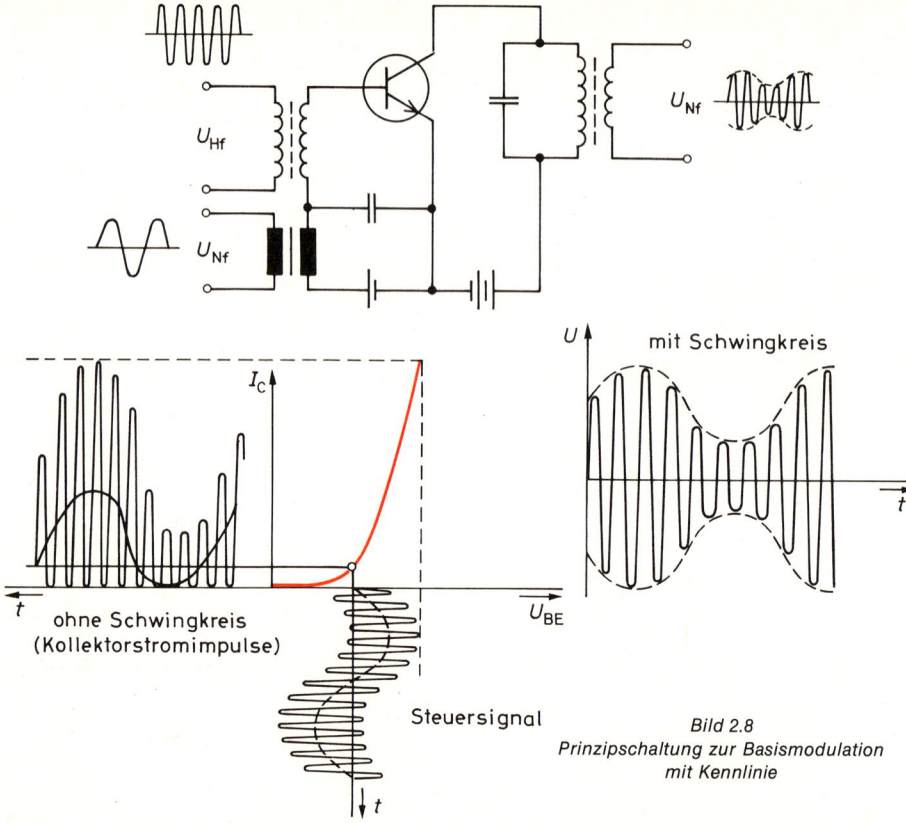

ohne Schwingkreis
(Kollektorstromimpulse)

Steuersignal

mit Schwingkreis

Bild 2.8
Prinzipschaltung zur Basismodulation
mit Kennlinie

der Signalschwingung variiert. So ändert sich auch im Rhythmus der Signalschwingung die Verstärkung des Transistors. An dem in der Kollektorleitung liegenden, auf die Hf abgestimmten Schwingkreis, kann man nun eine in der Frequenz konstante Hochfrequenzschwingung abnehmen, deren Amplitude sich jedoch im Takte der Signalschwingung ändert. Setzt man die Signalschwingung mit

$$u_s = \hat{U}_s \cdot \cos \omega t$$

und die Hochfrequenzschwingung mit

$$u_{Hf} = \hat{U}_{Hf} \cdot \cos \Omega_o t$$

an, so ergibt sich das Modulationsprodukt zu:

$$u_{AM} = \hat{U}_{Hf} \cdot \cos \Omega_o t + \hat{U}_s \cos \omega t \cdot \cos \Omega_o t$$

Nach der Trigonometrie gilt:

$$\cos \alpha \cdot \cos \beta = \tfrac{1}{2} \cos (\alpha + \beta) + \tfrac{1}{2} \cos (\alpha - \beta)$$

Damit lautet nun die Zeitfunktion der amplitudenmodulierten Schwingung:

$$u_{AM} = \hat{U}_{Hf} \cos \Omega_o t + \tfrac{1}{2} \hat{U}_s \cos (\Omega_o + \omega) t + \tfrac{1}{2} \hat{U}_s \cos (\Omega_o - \omega) t$$

Das Verhältnis der Spitzenwerte der Signalamplitude zur Hf-Amplitude bezeichnet man als Modulationsgrad:

$$m = \frac{\hat{U}_s}{\hat{U}_{Hf}}$$

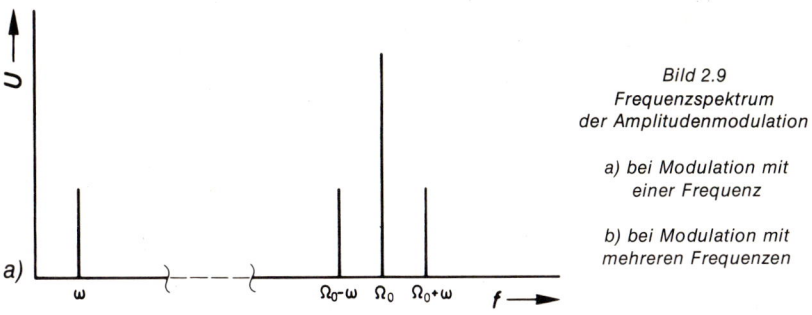

Bild 2.9
Frequenzspektrum
der Amplitudenmodulation

a) bei Modulation mit
einer Frequenz

b) bei Modulation mit
mehreren Frequenzen

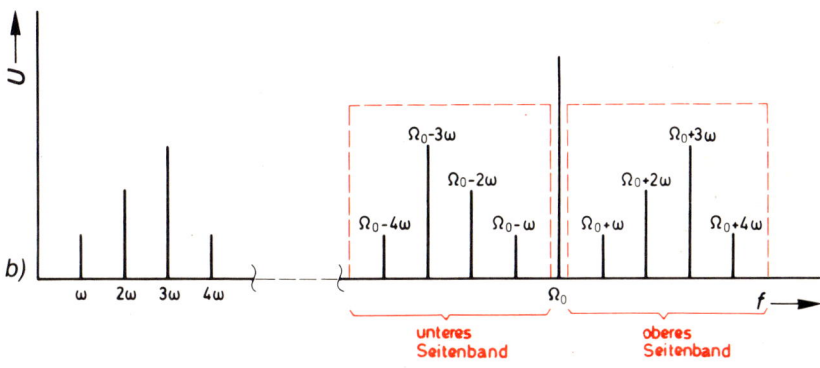

Somit gilt allgemein für die Amplitudenmodulation:

$$u_{AM} = \hat{U}_{Hf} \cos \Omega_o t + m/2 \, \hat{U}_{Hf} \cdot \cos (\Omega_o + \omega)t + m/2 \, \hat{U}_{Hf} \cos (\Omega_o - \omega)t$$

Eine amplitudenmodulierte Schwingung, die aus der Hf-Trägerschwingung und nur einer Signalfrequenz erzeugt wurde, enthält daher neben der Trägerfrequenz $\hat{U}_{Hf} \cdot \cos \Omega_o t$ noch je eine im Abstand der Signalfrequenz oberhalb und unterhalb liegende Seitenfrequenz $m/2 \cdot \hat{U}_{Hf} \cdot \cos (\Omega_o + \omega)t$ und $m/2 \cdot \hat{U}_{Hf} \cdot \cos (\Omega_o - \omega)t$ mit gleicher Amplitude (**Bild 2.9**).

Weil diese beiden Seitenfrequenzen um den Betrag der Signalfrequenz höher bzw. niedriger liegen als die Trägerfrequenz, enthalten sie daher die in einen anderen Frequenzbereich umgesetzte Modulation. **Bild 2.10** zeigt im Liniendiagramm die Entstehung der Modulation aus den drei Hf-Schwingungen.

Bisher wurde nur von einer Signalfrequenz ausgegangen. Tatsächlich handelt es sich jedoch in der Nachrichtentechnik meist um die Übertragung eines Frequenzbandes, das eine große Zahl von Einzelfrequenzen enthält. Als Modulationsprodukt treten dann neben der Trägerschwingung noch zwei Seitenbänder auf, wie es Bild 2.9 zeigt.

Auch beim Übertragen von Fernsehsignalen entsteht ein Frequenzspektrum, obwohl es sich hier um Rechteckimpulse handelt. Nun kann man eine solche im **Bild 2.11** gezeigte Rechteckstoßschwingung nach Fourier in zeitlich sinusförmig verlaufende Teilschwingungen zerlegen, deren Frequenzen ganzzahlige Vielfache der Grundfrequenz sind. Aus dem formelmäßigen Zusammenhang ergibt sich, daß mit steigender Frequenz die Amplituden der Oberwellen abnehmen.

53

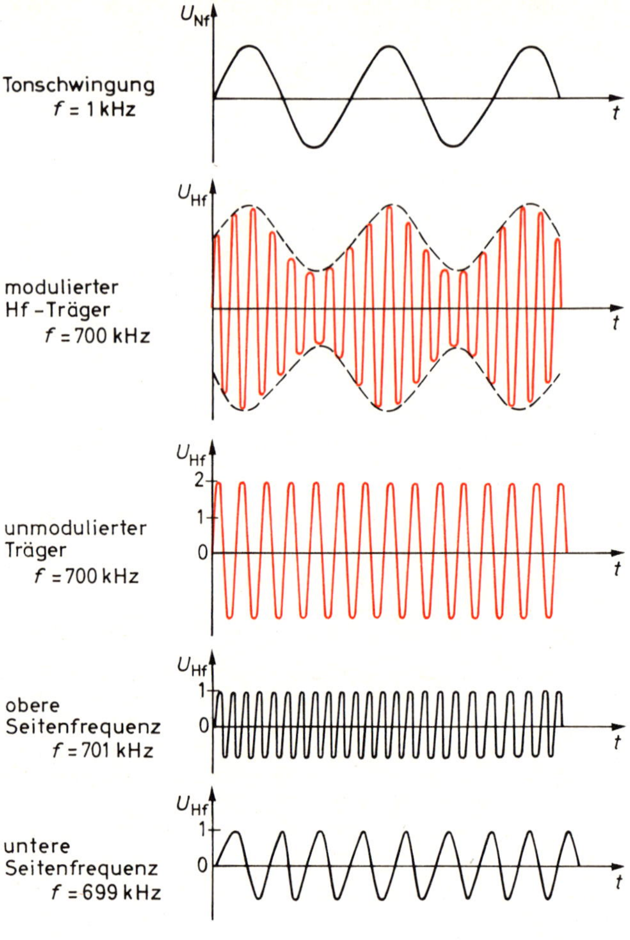

U_Nf
Tonschwingung
f = 1 kHz
t
U_Hf
modulierter
Hf-Träger
f = 700 kHz
t
U_Hf
2
1
0
unmodulierter
Träger
f = 700 kHz
t
U_Hf
1
0
obere
Seitenfrequenz
f = 701 kHz
t
U_Hf
1
0
untere
Seitenfrequenz
f = 699 kHz
t

Bild 2.10
Grafische Darstellung des zeitlichen Verlaufs einer amplitudenmodulierten Hochfrequenzschwingung

U
f_Nf
f_Nf
1
699
700
701 kHz
f
f_Nf
f_0 - f_Nf
f_0
f_0 + f_Nf

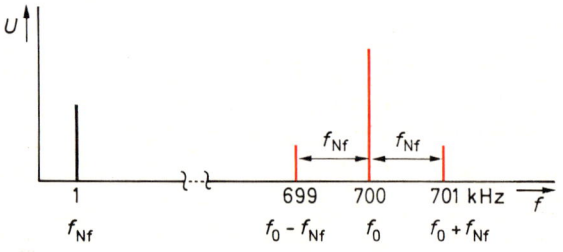

Bild 2.10a
Frequenzspektrum eines mit einem Sinuston amplitudenmodulierten Hf-Trägers nach Bild 2.10

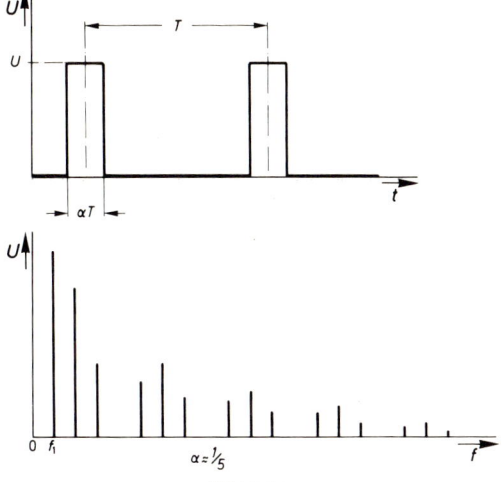

Bild 2.11
Frequenzspektrum einer Rechteckstoßschwingung, von der man beim Fernsehen ausgehen kann

$$u\,(t) = \frac{2\,U_p}{\pi}\,(\pi/2 \cdot \alpha + \sin \pi \cdot \alpha \cos \omega_1 t$$
$$+\ 1/2 \sin 2\,\pi\,\alpha \cos 2\,\omega_1 t\ +\ 1/3 \sin 3\,\pi\,\alpha \cos 3\,\omega_1 t\ +\ \ldots)$$

Beim Fernsehsignal hat man zwei Rechteckschwingungen, nämlich die Zeilenimpulse mit $f = 15\,625$ Hz und die Halbbildgleichlaufimpulse mit $f = 50$ Hz. So ergibt sich ein Frequenzspektrum, wie es das **Bild 2.12** zeigt. Da die Amplituden der Vertikalaustastimpulse schneller abnehmen als die der Horizontalimpulse, treten zwischen den einzelnen Frequenzen entsprechende Energielücken auf. In eine solche Lücke legt man beim Farbfernsehen den Farbhilfsträger (**Bild 2.13**).

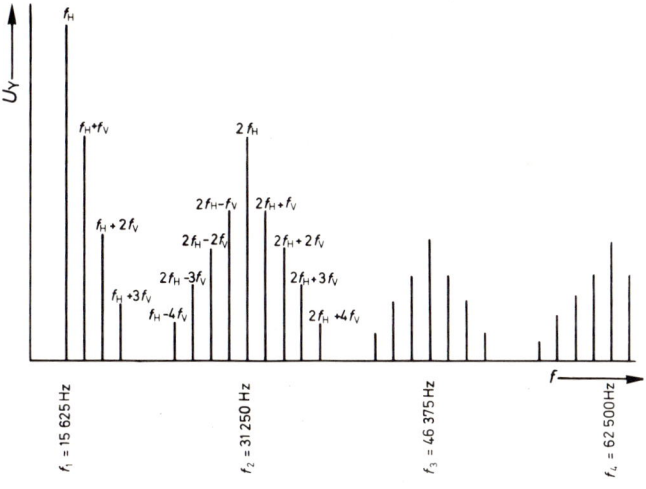

Bild 2.12
Lage der Seitenbandfrequenzen des Helligkeitssignals im Videoband

55

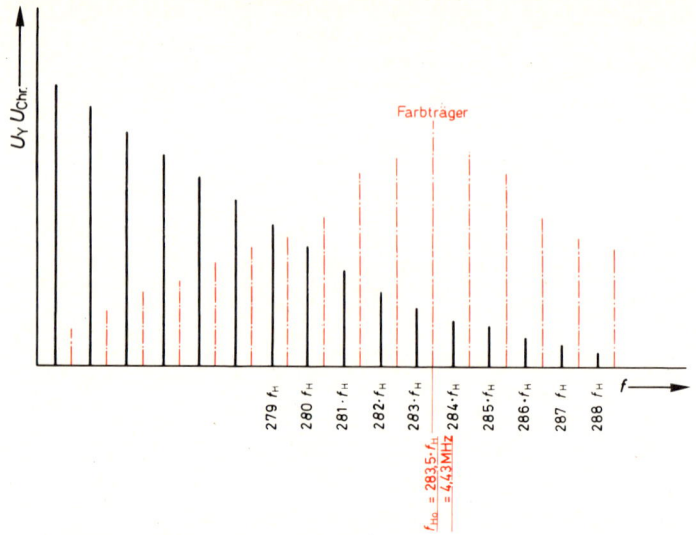

Bild 2.13
Frequenzverschachtelung des Helligkeitssignals mit dem Farbsignal

Bei der bisher behandelten Zweiseitenbandmodulation richtet sich die erforderliche Bandbreite und damit die Kanalbreite nach der höchsten Signalfrequenz:

$$b = 2 \cdot f_{oben}$$

So wäre beim Fernsehen bei der erforderlichen höchsten Videofrequenz von 5 MHz eine Kanalbreite von 10 MHz nötig. Um mehr Sender in den Fernsehbereichen unterbringen zu können, geht man zur Einseitenbandmodulation über. Da jedes Seitenband bei der Amplitudenmodulation den vollen Nachrichteninhalt hat, ist es gleichgültig, welches Seitenband man unterdrückt.

Wie aus dem Liniendiagramm im Bild 2.10 hervorgeht, benötigt man zur Erzeugung einer Zweiseitenbandmodulation drei Schwingungen, die frequenzmäßig dicht beieinander liegen, nämlich die Trägerfrequenz und die beiden Seitenbandfrequenzen. Bei der Einseitenbandmodulation entfällt eine Seitenbandfrequenz. So ergibt sich, wie das **Bild 2.14** zeigt, ein Liniendiagramm, das Phasensprünge aufweist. Ein solches Signal entsteht immer dann, wenn man zwei frequenzmäßig dicht beieinander liegende Frequenzen überlagert, und beide Einzelschwingungen gleiche Amplituden besitzen. Man nennt diesen Spezialfall der Überlagerung Schwebung. Die Umhüllende ist nicht sinusförmig und der Phasensprung sehr ausgeprägt. Je größer der Amplitudenunterschied zwischen den beiden Einzelschwingungen ist, um so sinusförmiger wird die Umhüllende; und der Phasensprung tritt nicht mehr in Erscheinung. Bei der Rückgewinnung der Information erhält man eine unverzerrte Signalschwingung (Bild 2.14). Bei der Einseitenbandmodulation werden demnach die Verzerrungen um so kleiner, je kleiner der Modulationsgrad ist. Wie aus der Gleichung für die Einseitenbandmodulation hervorgeht:

$$u_{AMEINS} = U_{Hf} \cos \Omega_0 t + m/2\, U_{Hf} \cos (\Omega_0 \genfrac{}{}{0pt}{}{+}{(-)} \omega)\, t$$

erhält man nur noch ein Seitenband, das zwar die vollständige Information enthält aber mit nur halber Amplitude.

56

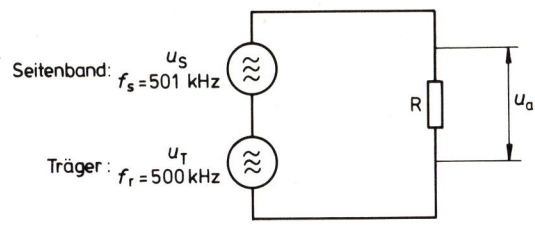

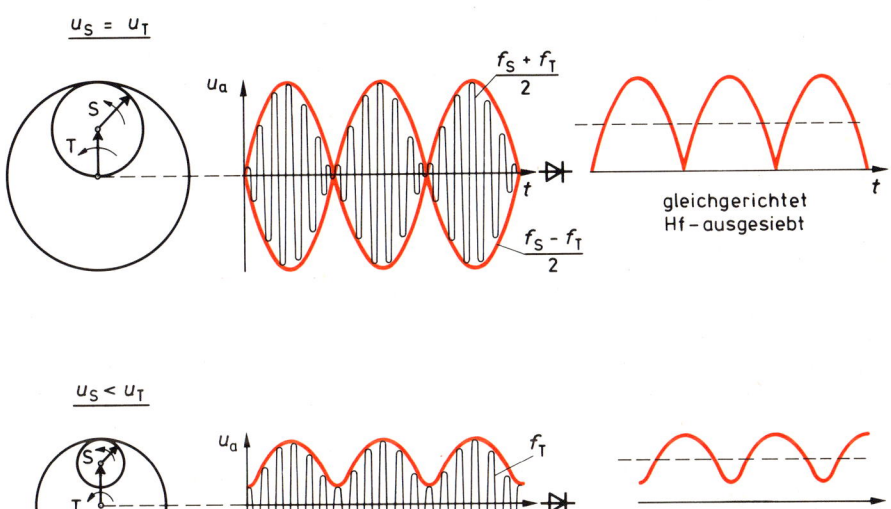

Bild 2.14
Darstellung der Einseitenbandfehler

Nach der Demodulation bekommt man deshalb auch nur noch die halbe Spannung der Signalfrequenz.

Will man reinen Einseitenbandbetrieb machen, so muß das eine Seitenband sehr exakt und vollständig am Träger abgetrennt werden. Tut man das nicht (**Bild 2.15**), so steht bei den hohen Signalfrequenzen nur das eine Seitenband zur Verfügung. Bei den tiefen Modulationsfrequenzen dagegen addieren sich beide. Das bedeutet, daß die Frequenz-Amplituden-Charakteristik verzerrt wird.

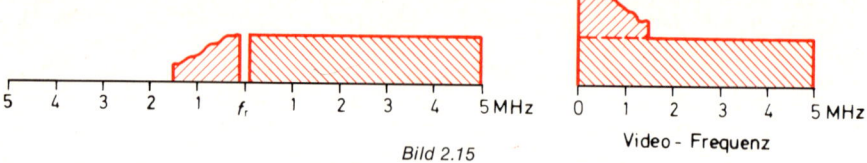

5 4 3 2 1 f_r 1 2 3 4 5 MHz   0 1 2 3 4 5 MHz

Video - Frequenz

Bild 2.15

Beim unvollständigen Abtrennen des einen Seitenbandes ergeben sich nach der Demodulation lineare
Verzerrungen in der Frequenz/Amplitudencharakteristik

Beim Fernsehen ist aber die saubere Abtrennung schwierig, weil die Video-Fre-
quenz praktisch bis Null heruntergeht. Erschwerend kommt noch hinzu, daß der beim
Abtasten entstehende Amplitudenverlauf natürlich nicht immer sinusförmig ist, sondern
vorzugsweise Impulscharakter hat. Nach Fourier kann man eine solche nichtsinus-
förmige Spannung in Grund- und Oberwellen zerlegen, die jedoch stets in einem
festen Phasenverhältnis zueinander stehen müssen. Verändert sich die ursprüngliche
Phasenlage auf dem Übertragungsweg, so hat das Video-Signal im Empfänger einen
anderen Verlauf als im Sender (**Bild 2.16**). Damit kommt noch eine weitere Forderung,
daß wesentliche Phasenfehler vermieden werden müssen. Nun gilt aber weiterhin die

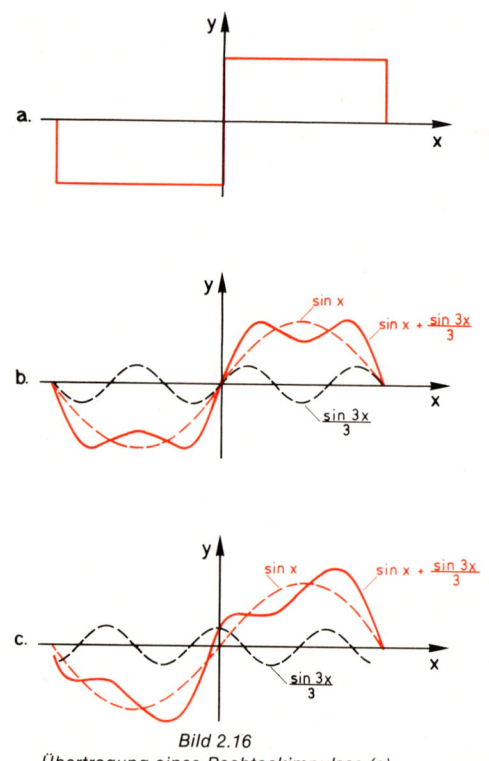

Bild 2.16
Übertragung eines Rechteckimpulses (a)
Dieser Impuls läßt sich in Grund- und Oberschwingungen zerlegen (b)
Tritt bei der Übertragung eine Phasenverschiebung zwischen den Harmonischen auf, so wird bei der
Wiedergabe der ursprüngliche Impuls verzerrt (c).

Tatsache, daß der Phasengang um so größer ist, je stärker der Amplitudenabfall bzw. -anstieg ist. Aus diesen oben genannten Gründen ist es deshalb nicht möglich, ein Seitenband bei einem Fernsehsender exakt am Träger abzutrennen. Man muß einen allmählichen Übergang schaffen. So ist man zur Restseitenbandmodulation gekommen. Das Senderspektrum zeigt **Bild 2.17.** Das untere Seitenband wird bis 0,75 MHz linear übertragen; dann erfolgt ein gleichmäßiger Abfall bis auf 1,25 MHz.

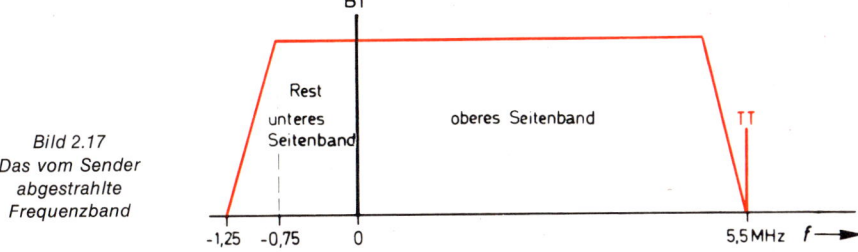

Bild 2.17
Das vom Sender
abgestrahlte
Frequenzband

Zusätzlich zum Bild muß noch der Begleitton übertragen werden. Man verwendet dazu getrennte Tonsender. Ihre Trägerfrequenzen liegen bei 5,5 MHz und 5,742 MHz über der des Bildsenders. Diese Trägerfrequenzen werden durch den Begleitton frequenzmoduliert, damit man im Empfänger leichter die Trennung zwischen Bild und Ton vornehmen kann. Bei der Frequenzmodulation wird nämlich anstelle der Amplitude die Frequenz der Trägerschwingung periodisch um einen Mittelwert geändert. So bleibt bei der FM die Trägeramplitude konstant, nur die Trägerfrequenz ändert sich im Rhythmus der Modulationsfrequenz. Eine Schaltung zur Erzeugung einer frequenzmodulierten Schwingung ist im **Bild 2.18** wiedergegeben. Parallel zum Schwingkreis eines Oszillators liegt ein steuerbarer Blindwiderstand, z. B. eine Kapazitätsdiode, in diesem Falle ein Kondensatormikrofon. Beim Besprechen des Mikrofons wird sich also die Oszillatorfrequenz ändern. Die Frequenzabweichung bezeichnet man als Frequenzhub $\triangle f$. Bei einer großen Signalamplitude ergibt sich auch eine große Frequenzabweichung, also ein großer Hub.

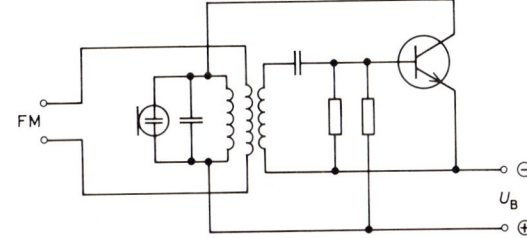

Bild 2.18
Schaltung zur Erzeugung
einer Frequenzmodulation

Die Signalfrequenz bestimmt dabei die Anzahl der Hubänderungen pro Zeiteinheit, d. h. die Häufigkeit, mit der die Frequenz des Trägers vom niedrigsten bis zum höchsten Frequenzwert periodisch um den Mittelwert schwankt. Im **Bild 2.19** wird der Unterschied zwischen AM und FM deutlich dargestellt.

Der zeitliche Verlauf der frequenzmodulierten Schwingung ergibt sich nach der

Gleichung: $u_{FM} = \hat{U}_{Hf} \cdot \sin\left(\Omega_o t + \dfrac{\triangle \Omega}{\omega} \cdot \sin \omega t\right)$ dabei ist $\triangle \Omega$ der Frequenzhub

$$M = \frac{\triangle \Omega}{\omega} = \text{Modulationsindex}$$

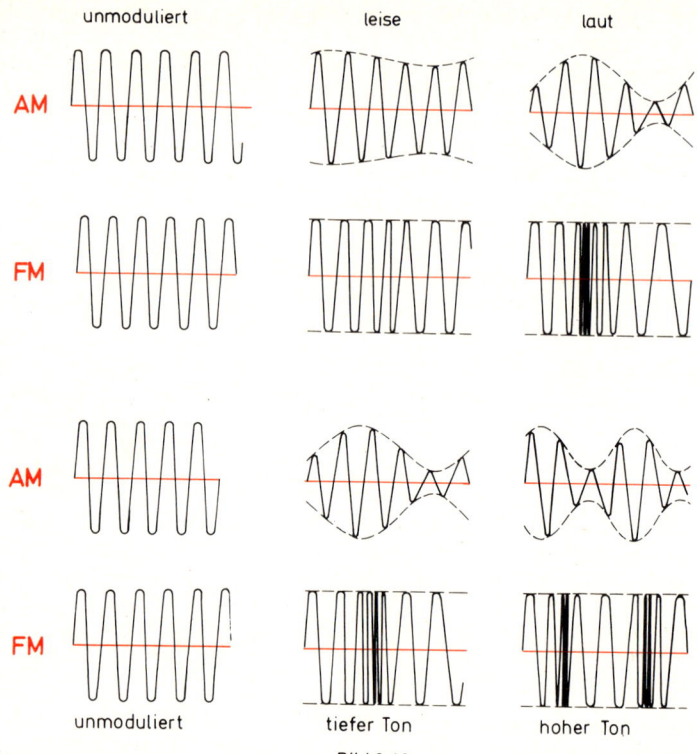

	unmoduliert	leise	laut
AM			
FM			
AM			
FM			
	unmoduliert	tiefer Ton	hoher Ton

Bild 2.19
Vergleich zwischen AM und FM hinsichtlich Lautstärke und Tonhöhe

Will man das Frequenzspektrum der FM aufstellen, so wird diese Gleichung nach den Gesetzen der Mathematik umgeformt in

$$u_{FM} = \hat{U}_{Hf}\left[\sin \Omega_o t \cdot \cos\left(\frac{\triangle \Omega}{\omega} \cdot \sin \omega t\right) + \cos \Omega_o t \cdot \sin\left(\frac{\triangle \Omega}{\omega} \cdot \sin \omega t\right)\right]$$

In diesen Ausdrücken treten der Sinus und der Kosinus auf. Diese Doppelfunktionen lassen sich nur mit Hilfe der „Besselschen Funktionen" lösen, d. h. es ergibt sich eine Summe von theoretisch unendlich vielen Einzelschwingungen mit Amplituden und Frequenzen nach folgendem Schema:

$$u = \hat{U}\Big\{I_o(m) \sin \Omega_o t + I_1(m) [\sin (\Omega_o + \omega)t - \sin (\Omega_o - \omega)t]$$
$$+ I_2(m) [\sin (\Omega_o + 2\omega)t + \sin (\Omega_o - 2\omega)t]$$
$$+ I_3(m) [\sin (\Omega_o + 3\omega)t - \sin (\Omega_o - 3\omega)t]\Big\}$$

oder allgemein
$$u = \hat{U} \sum_{n = -\infty}^{n = +\infty} I_n(m) \sin (\Omega + n \cdot \omega)t$$

Die Amplituden I_n (m) der einzelnen Schwingungen sind Besselsche Funktionen erster Art von der Ordnung n. Sie entnimmt man z. B. aus Funktionstafeln. Das Argument m

in der Amplitude von I ist identisch mit dem Modulationsindex $M. = \dfrac{\triangle \Omega}{\omega}$

Im Gegensatz zu einer amplitudenmodulierten Schwingung besitzt die frequenzmodulierte ein Frequenzspektrum, das bereits bei der Übertragung eines einzigen Sinustons zu beiden Seiten des Trägers unendlich viele Seitenfrequenzen aufweist. Diese Seiten-frequenzen haben jeweils den Abstand n vom Träger (n = 1, 2, 3, ...). Die Ampli-tuden der Seitenbänder fallen jedoch außerhalb des Bereiches, der dem Frequenzhub entspricht, sehr schnell ab. So reicht es für eine verzerrungsfreie Übertragung aus, wenn alle Seitenbandfrequenzen übertragen werden, die > 1 % der Trägeramplitude sind.

Die effektive Bandbreite des Spektrums wird, wie **Bild 2.20** zeigt, um so größer, je größer der Frequenzhub wird. Die Amplituden der Seitenfrequenzen können sogar bei sehr großen Frequenzhüben größer als der Träger selbst werden. Erfolgt die Modulation des Trägers mit einem Frequenzgemisch (z. B. Sprache oder Musik), so spaltet sich jede Frequenz-komponente innerhalb des Hf-Spektrums nochmals in eine große Zahl von Teilfrequenzen auf. Daraus ist zu erkennen, daß man hier nicht mehr davon sprechen kann, daß das Nf-Spektrum einfach in die hochfrequenten Seitenbänder übernommen wird, wie es bei der Amplitudenmodulation der Fall ist.

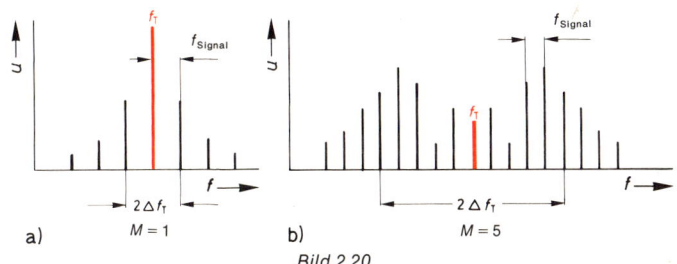

Bild 2.20
Frequenzspektren von frequenzmodulierten Schwingungen bei gleicher Modulationsfrequenz, jedoch unterschiedlichem Frequenzhub, entsprechend einer unterschiedlichen Modulationsamplitude (Lautstärke)

Die erforderliche Übertragungsbandbreite B bei der FM richtet sich nach dem Fre-quenzhub und nach der Signalfrequenz. Ist der Hub größer, so bestimmt er die Breite; ist die Signalfrequenz größer, so bestimmt sie die Bandbreite. In der Praxis rechnet man, daß das gesamte Band etwa gleich dem doppelten Wert der Summe aus Fre-quenzhub und höchster Signalfrequenz ist:

$$B \approx 2 \left(\triangle f + f_{Signal} \right)$$

mit $\triangle f$ = Frequenzhub und f_{Signal} = Signal- oder Modulationsfrequenz.

Der Frequenzhub beim Fernsehen ist durch die Norm auf ± 50 kHz festgelegt. Bei der höchsten zu übertragenden Niederfrequenz von 15 kHz ergibt sich dann ein Modulations-index von:

$$M = \frac{\triangle \Omega}{\omega} = \frac{\triangle f}{f_{Signal}} = \frac{50 \text{ kHz}}{15 \text{ kHz}} = 3,3$$

Die erforderliche Bandbreite errechnet sich damit zu:

$$B \approx 2 \left(\triangle f + f_{Signal} \right) = 2 \left(50 \text{ kHz} + 15 \text{ kHz} \right) = 2 \cdot 65 \text{ kHz} = 130 \text{ kHz}$$

Der optimale Störabstand bei einer Frequenzmodulation ist nur dann erreicht, wenn auch der Frequenzbereich optimal durch den Frequenzhub ausgenützt wird, d. h. das Spektrum muß annähernd gleichmäßig belegt sein. Es dürfen dabei die hohen Modu-lations- oder Signalfrequenzen nicht abfallen. Aus diesem Grunde wird auch beim Fernsehen eine senderseitige Überbetonung der hohen Frequenzen ab 3,2 kHz, ent-sprechend 50 µs, vorgenommen (Preemphasis). Im Empfänger senkt man die ange-hobenen Frequenzen nach der Demodulation wieder durch die Deemphasis ab. Da-durch werden gleichzeitig die Rauschstörungen wesentlich verringert.

2.1.4. Fernsehsender

Wie das Blockschaltbild **Bild 2.21** zeigt, besteht ein Fernsehsender aus einem Bild- und einem Tonsender. Die Bildaufnahmeröhre in der Fernsehkamera liefert das Bildsignal. Dieses wird zunächst verstärkt, vorverzerrt und gelangt nun zum Kontrollgestell. Im Kontrollgestell ist der Taktgeber untergebracht. Er steuert nicht nur den Ablenkstrahl der Bildaufnahmeröhre, sondern seine Impulse addiert man zu dem Bildsignal, um so das BAS-Signal zu erhalten. Dieses Bild-Austast- und Synchron-Signal führt man nun weiter zum Bildsender.

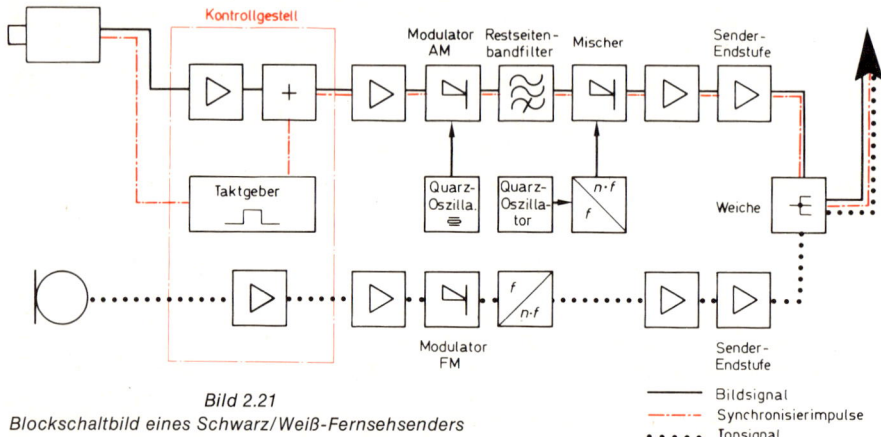

Bild 2.21
Blockschaltbild eines Schwarz/Weiß-Fernsehsenders

——— Bildsignal
—·—·— Synchronisierimpulse
· · · · · Tonsignal

Im Bildsender wird in einer Modulationsstufe ein auf 38,9 MHz arbeitender Träger mit dem nochmals verstärkten BAS-Signal amplitudenmoduliert. Durch einen quarzgesteuerten Generator erzeugt man diese Hochfrequenzschwingung, die allerdings wesentlich niedriger ist als die später abgestrahlte Senderfrequenz. Dadurch wird es aber möglich, im anschließenden Restseitenband-Filter das untere Seitenband besser zu unterdrücken, denn das Restseitenband mit einer Bandbreite von ca. 1 MHz hat auf den Bildträger von 38,9 MHz bezogen eine Breite von 2,57 %. Bei einer Senderfrequenz von z. B. 599,25 MHz (Kanal 37) beträgt die Bandbreite des Restseitenbandes dagegen nur 0,168 %. Diese Rechnung zeigt, daß bei tieferer Frequenz die Absenkung durch ein Filter besser möglich ist als bei höherer Frequenz, da ein exaktes Abschneiden direkt am Träger sehr schwierig ist. Bei tieferen Frequenzen liegen deshalb die abzusenkenden Frequenzen relativ weiter vom Träger entfernt.

Hinter diesem Restseitenbandfilter mischt man die schon modulierte Hochfrequenz von 38,9 MHz mit einer zweiten Hochfrequenzspannung, um so die Senderfrequenz zu erhalten.

Durch einen weiteren selektiven Verstärker wird dieses amplitudenmodulierte Hf-Bild-Signal soweit vorverstärkt, daß die Bildsenderendstufe ausgesteuert werden kann.

Die Toninformation wird, im Gegensatz zur Bildträgerinformation, einfacher aufbereitet. Nachdem das Tonsignal im Kontrollgestell vorverstärkt und eingepegelt ist, wird es nochmals verstärkt, bevor es in den FM-Modulator gelangt. Im nachgeschalteten Frequenzvervielfacher erzeugt man eine Frequenz, die exakt um 5,5 MHz oberhalb der Bildsenderfrequenz liegt. Im selektiven Verstärker wird dann das frequenzmodulierte Hf-Tonsignal soweit vorverstärkt, daß die Tonsender-Endstufe ausgesteuert werden kann.

Die Tonsender-Endstufe ist so ausgelegt, daß sie nur den fünften Teil der Leistung der Bildsender-Endstufe abgibt. Damit verhindert man Interferenzstörungen zwischen Bild- und Tonträger. Die Bildsender-Endstufe und die Tonsender-Endstufe arbeiten über eine Weiche auf eine gemeinsame Antenne.

Zusammenfassung 2 a

Die Aufgabe einer Fernsehaufnahmeröhre ist es, die Helligkeitswerte einer Bildvorlage in elektrische Signale umzuwandeln. Nach dem äußeren Fotoeffekt arbeitet das Superorthikon. Auf dem inneren Fotoeffekt beruht die Wirkungsweise vom Vidikon, Plumbikon, Newvikon und Satikon. Heute werden nur noch Vidikon, Plumbikon, Newvikon und Satikon eingesetzt.

Die Halbleiter-Technologie hat es heute ermöglicht, daß es Bildsensoren gibt, die auf kleinstem Raum soviele elektronische Elemente enthalten, daß die Bildpunkte eines Fernsehbildes mit üblicher Auflösung durch eine elektrische Ladung in einem Halbleiterblock gespeichert und anschließend ausgelesen werden können. Damit ergeben sich die Vorteile des Wegfalls des Elektronenstrahlerzeugungssystems, des Hochvakuums, der Ablenk- und Fokussierspulen und aller damit verbundenen Fehlermöglichkeiten üblicher Fernsehaufnahmeröhren. Solche Bildsensoren sind unter dem Namen CCD-Speicher im Handel erhältlich.

Diese CCD-Bildsensoren werden neben den Festkörper-TV-Systemen auch in der Raumforschung, bei Fernseh-Telefonanlagen und in der Konsumgüterindustrie für Videorecordern verwendet.

Die Trägerschwingung eines Fernsehsenders wird durch das Videosignal amplitudenmoduliert. Weil das menschliche Auge, im Gegensatz zum Ohr, ein weit größeres Auflösungsvermögen besitzt, müssen Videofrequenzen bis 5 MHz übertragen werden. Wegen der dann zu großen erforderlichen Bandbreite bei einer Zweiseitenbandmodulation, überträgt man beim Fernsehen nur ein Seitenband. Da ein exaktes Abschneiden am Träger nicht möglich ist, muß vom zweiten Seitenband noch ein Rest mit übertragen werden. So wird beim Fernsehen das sogenannte Einseitenband-Restverfahren benutzt. Damit im Fernsehempfänger der Fernsehton leichter von der Bildinformation getrennt werden kann, wird die Toninformation mittels der Frequenzmodulation übertragen.

Lerntest 2 a

1. Welche Modulationsart benutzt man beim Fernsehen zur Übertragung der Bildinformation?
   a) Phasenmodulation
   b) Frequenzmodulation
   c) Amplitudenmodulation
   d) Amplituden-Phasenmodulation
   e) Pulsmodulation

2. Weshalb wird beim Fernsehen die Restseitenbandmodulation benutzt?
   a) Weil damit die tiefen Frequenzen mit doppelter Amplitude übertragen werden können.
   b) Weil damit mehr Sender in einem Frequenzbereich unterzubringen sind.
   c) Weil ein exaktes Abschneiden am Träger nicht möglich ist.
   d) Weil damit eine größere Bandbreite erreicht wird.
   e) Um eine bessere Tonqualität zu erreichen.

3. Beschreiben Sie kurz die grundsätzliche Funktion einer Fernsehaufnahmeröhre!

4. Warum entstehen im Frequenzspektrum eines Fersehsignals Energielücken?

5. Beschreiben Sie kurz den Aufbau eines Schwarz-Weiß-Fernsehsenders.

(Antworten im Anhang)

2.2. Farbe

2.2.1. Farbfernsehkamera

Es wurde in den vorangegangenen Kapiteln erwähnt, daß man beim Farbfernsehen jede Bildvorlage in die drei Grundfarben Rot, Grün und Blau zerlegt. Diese Farbauszugsignale ergeben ein rotes, ein grünes und ein blaues Bild und werden verschlüsselt übertragen. Aus diesen drei Farbbildern erzeugt man dann im Empfänger durch die additive Mischung wieder das farbige Fernsehbild.

Die Farbfernsehkamera hat nun die Aufgabe, das farbige Licht in drei elektrische Signalspannungen umzuwandeln, die dem Rot-, Grün- und Blauanteil des Bildes entsprechen.

Das **Bild 2.22** zeigt das Prinzip einer solchen Farbfernsehkamera. Durch das gemeinsame Objektiv fällt das Licht auf verschiedene Umlenkspiegel. So liegt im Strahlengang der farbzerlegende (dichroitische) Spiegel 1. Dieser Spiegel ist mit einer sehr dünnen Metallschicht bedampft. Diese reflektiert nur blaue Strahlen, während alle übrigen Farben durchgelassen werden. Der reflektierte Farbton ist übrigens von der Dicke der Metallschicht auf dem Spiegelglas abhängig. Das reflektierte blaue Licht wird nun durch einen normalen Silberspiegel 2 auf die ,,blaue'' Kameraröhre gelenkt. In diesem Strahlengang liegt noch ein Korrekturfiltersatz 3, mit dem ein Feinabgleich durchgeführt werden kann. Der farbzerlegende Spiegel 4 reflektiert nur rotes Licht, das grüne gelangt über den Filtersatz 5 auf die ,,grüne'' Kameraröhre. Das rote Licht gelangt über den Umlenkspiegel 6 und das Korrekturfilter 7 auf die ,,rote'' Aufnahmeröhre. Damit wird also das Licht in die drei Primärkomponenten Rot, Grün und Blau aufgespalten.

Alle drei Kameraröhren müssen vom gleichen Typ sein (z. B. Superorthikon, Vidikon oder Plumbikon) und genau gleiche Eigenschaften besitzen, um Farbfehler und unterschiedliche Fremdeinflüsse zu vermeiden. Das ist ferner deshalb nötig, damit sich die Bilder im Empfänger wieder zur Deckung bringen lassen.

Der Abgleich der Farbkamera erfolgt so, daß man eine weiße Fläche mit bestimmter Farbtemperatur, z. B. 6800° Kelvin aufnimmt und die Verstärkungseinsteller und Filter so einstellt, daß jeder Kameraausgang 1 V Spannung liefert. Wird jetzt eine weiße Bildstelle abgetastet, so sind die drei Farbsignale einander gleich, also $U_R = U_G = U_B$ (siehe Abschnitt 1.2.2.1.). Ist dagegen die abgetastete Bildstelle farbig, dann ist mindestens eine der drei Spannungen kleiner oder größer.

2. 2. 2. Matrix-Schaltung

Um die Kompatibilität, wie es in Abschnitt 1. 2. 2. 2. erläutert wurde, zu wahren, muß die Drei-Farben-Kamera ein Videosignal liefern, das genauso aussieht wie das Signal einer Schwarz-Weiß-Kamera beim Abtasten des gleichen Farbbildes. Im Abschnitt 1.2.2.2. ist aber auch beschrieben, daß eine Farbe durch die Farbart (Farbton und Farbsättigung) und durch die Leuchtdichte festgelegt ist. Das Leuchtdichtesignal entspricht damit dem Signal, welches von einer Schwarz-Weiß-Kamera abgegeben wird. Die Leuchtdichtewerte kann man deshalb als ,,Grauwerte'' der verschiedenen Farben auffassen. Eine gelbe Rose hat im Schwarz-Weiß-Bild eine große Leuchtdichte (große Helligkeit = Hellgrau), eine rote Rose aber nur eine kleine Leuchtdichte (kleine Helligkeit = Dunkelgrau).

Eine Schwarz-Weiß-Kamera liefert bei einer weißen Bildvorlage am Ausgang eine Spannung von 1,0 V. An den Ausgängen der Farbkamera steht bei gleicher Bildvorlage dreimal der Wert 1,0 V. Aus diesen drei Farbspannungen U_R, U_G und U_B muß nun ein Leuchtdichtesignal U_Y gebildet werden, dessen Größe dem der Schwarz-Weiß-Kamera von 1,0 V entspricht. Aber auch bei den Primärfarben muß der Leuchtdichtewert U_Y im gleichen Verhältnis auftreten wie im Schwarz-Weiß-Signal bzw. so, wie ihn unser Auge bewertet. Dazu

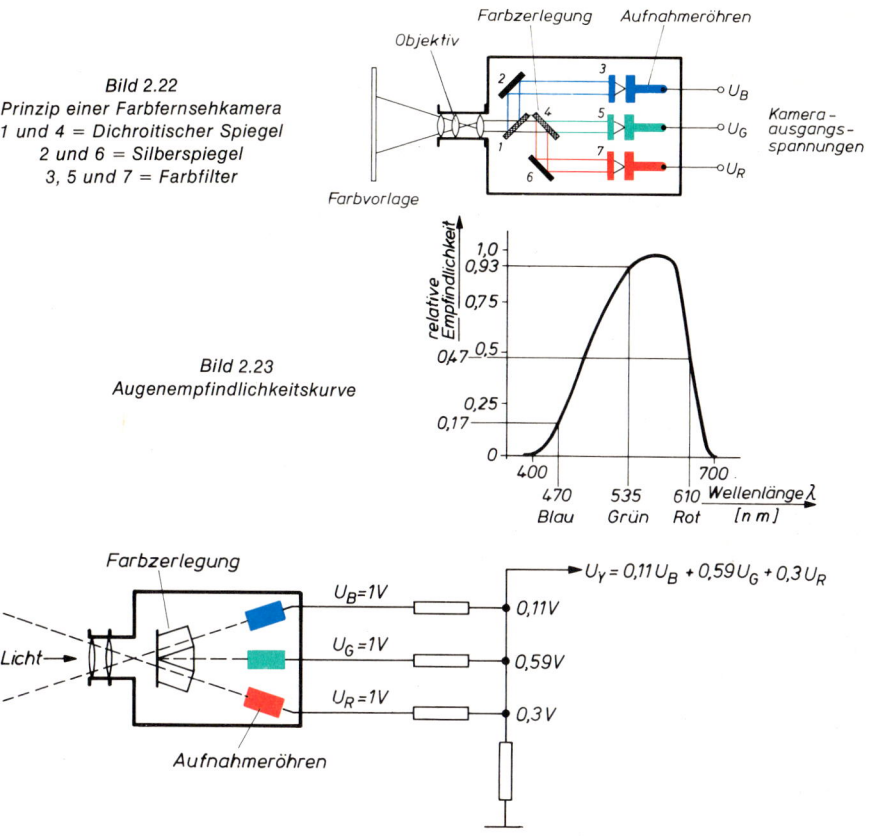

Bild 2.22
Prinzip einer Farbfernsehkamera
1 und 4 = Dichroitischer Spiegel
2 und 6 = Silberspiegel
3, 5 und 7 = Farbfilter

Bild 2.23
Augenempfindlichkeitskurve

Bild 2.24
Matrix-Schaltung zur Gewinnung des Leuchtdichtesignals

betrachten wir nochmals die Augenempfindlichkeitskurve in **Bild 2.23.** Die angegebenen Zahlen geben das Verhältnis zwischen den Helligkeits-Empfindungen und der maximalen Helligkeit an. Es entspricht der Empfindung „Weiß", denn aus der additiven Farbenmischung ist bekannt, daß Rot + Grün + Blau gleich Weiß ergibt. So bedeutet hier:

$$R = 0,47; \quad G = 0,93; \quad B = 0,17$$
$$W = R + G + B$$
$$1,57 = 0,47 + 0,93 + 0,17$$

So würde Weiß einen Wert von 1,57 ergeben. Beim Schwarz-Weiß-Fernsehen hatte man aber gesagt, daß Weiß 1,0 sein sollte. Bezieht man nun die oben genannten Werte auf 1,0, so müssen diese durch 1,57 geteilt werden.

$$\frac{1,57}{1,57} U_Y = \frac{0,47}{1,57} U_R + \frac{0,93}{1,57} U_G + \frac{0,17}{1,57} U_B$$

Ausgerechnet erhält man die im Farbfernsehen wichtige Festlegung des Leuchtdichtesignals U_Y.

$$\boxed{1\, U_Y = 0,3\, U_R + 0,59\, U_G + 0,11\, U_B}$$

Diese Formel gibt nun an, daß die drei Farbkamera-Ausgangsspannungen U_R, U_G, U_B in dem errechneten Verhältnis heruntergeteilt werden müssen, um dann zur Leuchtdichte-spannung U_Y addiert zu werden. Das geschieht in einer **Matrix,** die im einfachsten Fall mit Widerständen bestückt ist (**Bild 2.24**).

Unter der Bezeichnung Matrix versteht man normalerweise eine mathematische Beziehung für lineare Umformungen mit Hilfe eines Zahlenschemas. Entsprechend ist ein Spannungsteiler mit mehreren Eingängen, wie er in Bild 2.24 dargestellt ist, eine Matrixschaltung. Das U_Y-Signal, das man aus dieser Matrix erhält, wird beim Farbfernsehen immer ausgestrahlt und hat eine Bandbreite von 5 MHz. Es entspricht also dem vom Schwarz-Weiß-Fernsehen bekannten Videosignal. Im internationalen Sprachgebrauch wird das Y-Signal als **Luminanzsignal** bezeichnet.

Bild 2.25 zeigt den Spannungsverlauf der drei Kamera-Ausgangsspannungen sowie den Verlauf des Leuchtdichtesignals U_Y bei einer Farbbalkenvorlage. Der Spannungsverlauf für das U_Y-Signal errechnet sich nach der Formel:

$$U_Y = 0{,}3\, U_R + 0{,}59\, U_G + 0{,}11\, U_B.$$

Bei roter Vorlage wird $U_Y = 0{,}3$, bei grüner demnach 0,59 und bei blauer 0,11. Bei einer gelben Vorlage errechnet sich ein Wert von: 0,3 Rot + 0,59 Grün = 0,89 U_Y und bei Purpur: 0,3 Rot + 0,11 Blau = 0,41 U_Y.

Steuert man mit diesem so gewonnenen Leuchtdichtesignal, das ein Farbfernsehsender ausstrahlt, eine Schwarz-Weiß-Bildröhre, dann erhält man ein korrektes unfarbiges Fernsehbild. Die Kompatibilität (Austauschbarkeit) ist somit gewahrt.

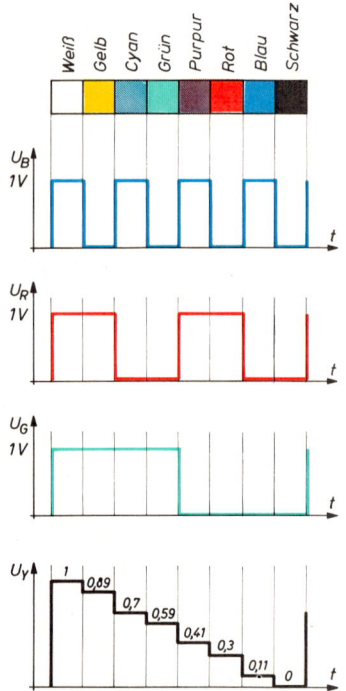

Im Sender bildet man:

1. das *Leuchtdichtesignal*
   aus U_R, U_B, U_G: $\qquad U_R + U_B + U_G = U_Y$

2. das *Farbdifferenzsignal* für Rot
   aus U_R und U_Y: $\qquad U_R - U_Y = U_{R\text{-}Y}$

3. das *Farbdifferenzsignal* für Blau
   aus U_B und U_Y: $\qquad U_B - U_Y = U_{B\text{-}Y}$

Im Empfänger gewinnt man

1. das *Farbsignal Rot*
   aus $U_{R\text{-}Y}$ und U_Y: $\qquad U_{R\text{-}Y} + U_Y = U_R$

2. das *Farbsignal Blau*
   aus $U_{B\text{-}Y}$ und U_Y: $\qquad U_{B\text{-}Y} + U_y = U_B$

3. das *Farbsignal Grün:*
   aus $U_{R\text{-}Y}$; $U_{B\text{-}Y}$ und U_Y: $U_{R\text{-}Y} + U_{B\text{-}Y} + U_Y =$
   $\qquad\qquad\qquad\qquad\qquad - U_G$
   denn:
   $U_R - (U_R + U_G + U_B) + U_B - (U_R + U_G + U_B) +$
   $U_R + U_G + U_B = U_R - U_R - U_G - U_B +$
   $U_B - U_R - U_G - U_B + U_R + U_G + U_B = - U_G$

Bild 2.25
Spannungsverlauf der drei Kamera-Ausgangs-
spannungen und des Leuchtdichtesignals
bei einer Farbbalkenvorlage

2.2.3. Bildung der Farbdifferenzsignale

Das Signal U_y allein reicht aber nicht aus, um ein Farbbild zu übertragen. Für die Farbwiedergabe muß man die drei Signale U_R, U_G und U_B haben. Nun wurde aber schon erläutert, daß jede Farbe sich aus dem Leuchdichtewert, dem Farbton und der Farbsättigung zusammensetzt. Wegen der Kompatibilität entnahm man aus jeder Farbe bereits in der Matrix den Leuchtdichtewert, der ja für die Schwarz-Weiß-Empfänger wichtig ist. So braucht man für die Farbfernsehempfänger nur noch den Farbton und die Farbsättigung der drei Grundfarben zu übertragen. Das bedeutet, daß man noch:

$$U_R - U_y; \ U_B - U_y \text{ und } U_G - U_y$$

bilden muß. Somit müßte also ein Farbfernsehsender die Signale U_y, $U_R - U_y$, $U_B - U_y$ und $U_G - U_y$ aussenden. Um aber drei Farben im Empfänger zu erhalten, braucht man keine vier Signale vom Sender. Der Farbfernsehsender braucht damit ein Signal nicht mit abzustrahlen. Aber welches?

Das Signal U_y kann wegen der Kompatibilität nicht fortfallen. Dafür kann man das Signal $U_G - U_y$ wegfallen lassen. Es besitzt eine sehr große Amplitude, was bei der Negativmodulation ein ungünstiges Nutz-Rauschverhältnis ergibt und erfordert eine wesentlich größere Bandbreite im Farbkanal des Empfängers. Deshalb überträgt ein Farbfernsehsender neben dem Luminanzsignal U_y noch die Signale für Rot und Blau und zwar nicht direkt, sondern als sogenannte **Farbdifferenzsignale** $U_R - U_y$ und $U_B - U_y$. Diese Form hat man gewählt, weil sich hierbei besonders einfache Empfängerschaltungen ergeben, wie später noch gezeigt werden soll.

Um im Empfänger aus dem Luminanzsignal und den beiden Farbdifferenzsignalen die drei Grundfarben wieder zu gewinnen, braucht man nur zu den Farbdifferenzsignalen das Leuchtdichtesignal zu addieren (siehe Seite 66).

Subtrahiert man von dem Leuchtdichtesignal $U_y = U_R + U_B + U_G$ die beiden Farbsignale $- U_R - U_B$, so erhält man das **Farbsignal** U_G.

Im Sender bildet man ebenfalls in der Matrix diese beiden Farbdifferenzsignale $U_R - U_y$ und $U_B - U_y$, wie es **Bild 2.26** zeigt. Durch die Zusammenführung der beiden Farbspannungen mit der um 180° gedrehten Leuchtdichtesignal U_y entstehen die Farbdifferenzspannungen.

In **Bild 2.27** ist deutlich gemacht, wie diese Farbdifferenzsignale $U_R - U_y$ und $U_B - U_y$ entstehen. Auch erkennt man aus diesem Bild, daß bei den Kameravorlagen Weiß und Schwarz kein Farbdifferenzsignal entstehen kann, denn Weiß und Schwarz sind keine Farben. Tatsächlich strahlt ein Farbfernsehsender bei völlig unbunten Bildern auch keine Farbinformation aus.

Farbe	U_R	U_y	$U_R - U_y$
Weiß	1	1	0
Gelb	1	0,89	0,11
Cyan	0	0,7	−0,7
Grün	0	0,59	−0,59
Purpur	1	0,41	0,59
Rot	1	0,3	0,7
Blau	0	0,11	−0,11
Schwarz	0	0	0

Farbe	U_B	U_y	$U_B - U_y$
Weiß	1	1	0
Gelb	0	0,89	−0,89
Cyan	1	0,7	0,3
Grün	0	0,59	−0,59
Purpur	1	0,41	0,59
Rot	0	0,3	−0,3
Blau	1	0,11	0,89
Schwarz	0	0	0

Diese gewonnenen Farbdifferenzsignale müssen aber noch in der Matrix-Stufe in ihrer Amplitude reduziert werden, da sonst bei der späteren Modulation des Bildträgers mit dem Farbsignal eine unzulässig hohe Übermodulation entstehen würde.

Für das PAL-Verfahren wurde in der Norm festgelegt: $\dfrac{U_R - U_y}{1{,}14} = U_V$; $\dfrac{U_B - U_y}{2{,}03} = U_U$

U_V und U_U sind die reduzierten Farbdifferenzsignale. In **Bild 2.27** sind diese Größen schon gleich mit eingetragen.

2.2.4. Modulation des Farbträgers

Während das Y-Signal mit der vollen Bandbreite von 5 MHz übertragen wird, genügt für die Farbartsignale U_V und U_U eine wesentlich geringere Bandbreite. Durch Versuche mit einer großen Anzahl Versuchspersonen wurde ermittelt, daß das menschliche Auge Farbunterschiede kleiner Details (d. h. bei Frequenzen über 1,3 MHz) nicht mehr wahrnimmt, während Helligkeitsunterschiede sehr wohl bis zu wesentlich kleineren Details (Frequenzen bis 5 MHz) erkennbar sind. Dieses Unvermögen des Auges, Farbunterschiede kleiner Details zu erkennen, wirkt sich auf die Farbfernseh-Übertragung in der Weise günstig aus, daß für die Farbinformation, also für die Farbdifferenzsignale, eine Bandbreite von etwa 1,3 MHz ausreicht, ohne die Qualität des bunten Bildes merklich zu verschlechtern. So führt man die aus der Matrix-Schaltung entnommenen Signale U_V und U_U zur Bandbegrenzung über Tiefpässe, bevor man sie weiterverarbeitet.

Wegen der Verzögerung, die die Signale in den Tiefpässen erfahren, wird in den Y-Kanälen eine Laufzeitleitung mit gleicher Verzögerung eingeschaltet. Andernfalls ergäben sich auf der Empfängerbildröhre deutlich erkennbare Verschiebungen der Farbsprünge gegenüber den zugehörigen Helligkeitssprüngen sowie Farbfehler innerhalb des Verschiebungsbereiches.

Die von der Matrixschaltung gelieferten drei Signale U_y, U_V und U_U können nicht miteinander gemischt und auf den Sender gegeben werden, da eine Trennung im Empfänger hinterher nicht mehr möglich wäre. Nur das Y-Signal führt man, wie bei einer Schwarz-Weiß-Fernsehübertragung, direkt dem Übertragungskanal zu.

Die beiden reduzierten Farbdifferenz-Signale U_U und U_V werden dagegen einem Zwischenträger aufmoduliert, der dann anschließend mit dem Y-Signal gemischt wird. Dieser modulierte Träger läßt sich, wenn er bestimmte Bedingungen erfüllt, im Empfänger wieder von dem Y-Signal trennen, ohne merkliche Störungen zu hinterlassen.

Dieser Träger wird Farbträger oder auch Farbhilfsträger genannt. Anschließend soll einmal ausführlich abgehandelt werden, warum man diesen Farbhilfsträger gerade auf 4,43 MHz gelegt hat.

2. 2. 4. 1. Farbhilfsträgerfrequenz und Viertelzeilen-Offset

Die Theorie von P. Mertz und F. Gray besagt, daß durch das Helligkeitssignal das gesamte Videoband nicht in allen Frequenzen, sondern nur in bestimmten Teilbereichen besetzt wird. **Bild 2.28** zeigt noch einmal, wie bereits im Abschnitt 2.1.3. „Modulation beim Fernsehsender", in welcher Weise das Frequenzband des Videosignals durch die Helligkeitsinformation belegt ist. Es besteht aus Harmonischen der Zeilenfrequenz, um die sich, gleichsam als Seitenbandfrequenzen, Frequenzen im Abstand 25 Hz, 50 Hz, 75 Hz usw. gruppieren, z. B.:

1 x 15 625 Hz = 15 625 Hz
mit den Seitenbandfrequenzen 25 Hz, 50 Hz, 75 Hz, 100 Hz usw.
2 x 15 625 Hz = 31 250 Hz
mit den Seitenbandfrequenzen 25 Hz, 50 Hz, 75 Hz, 100 Hz usw.
bis 320 x 15 625 Hz = 4,9 MHz
mit den Seitenbandfrequenzen 25 Hz, 50 Hz, 75 Hz, 100 Hz usw.

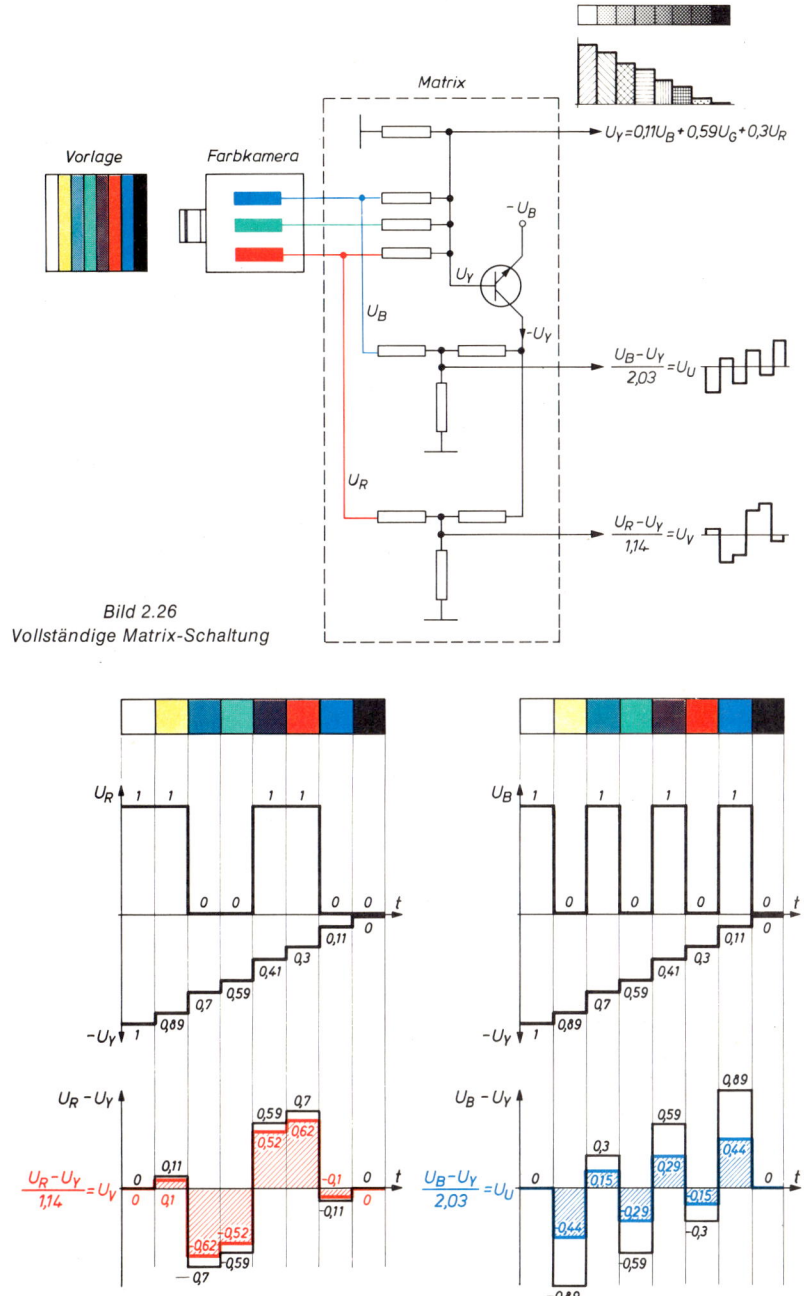

Vorlage

Farbkamera

Matrix

$U_Y = 0{,}11 U_B + 0{,}59 U_G + 0{,}3 U_R$

$-U_B$

U_Y

U_B

$-U_Y$

U_R

$\dfrac{U_B - U_Y}{2{,}03} = U_U$

$\dfrac{U_R - U_Y}{1{,}14} = U_V$

Bild 2.26
Vollständige Matrix-Schaltung

U_R 1 1 1 1
0 0 0 0 t
$-U_Y$ 1
0,89 0,7 0,59 0,41 0,3 0,11 0

$U_R - U_Y$
0,59 0,7
0,52 0,62
0,11
$\dfrac{U_R - U_Y}{1{,}14} = U_V$ 0 0 -0,1 0
0 0,1 -0,11 0
-0,52
-0,62 -0,59
-0,7

U_B 1 1 1 1
0 0 0 0 t
$-U_Y$ 1
0,89 0,7 0,59 0,41 0,3 0,11 0

$U_B - U_Y$
0,89
0,59
0,3 0,44
$\dfrac{U_B - U_Y}{2{,}03} = U_U$ 0 0,15 0,29 0
-0,44 -0,29 -0,15
-0,3
-0,59
-0,89

Bild 2.27
Entstehung der Farbdifferenzspannungen

69

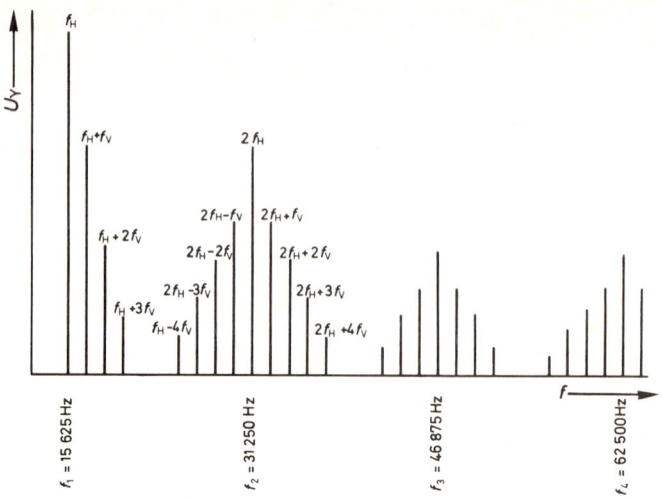

Bild 2.28
Lage der Seitenbandfrequenzen des Helligkeitssignals im Videoband

Weil diese Seitenbandfrequenzen, die durch die vertikale Ablenkfrequenz entstehen, in ihren Amplituden sehr schnell abnehmen, bleiben viele Teile des Frequenzbandes unbenutzt. Gerade in diese Zonen wird das Chrominanz-Signal, das die Information über Farbton und Farbsättigung enthält, gelegt.

Wenn der Farbhilfsträger in einer solchen Energielücke liegt, dann liegen auch alle seine Seitenbandfrequenzen in solchen Lücken (**Bild 2.29**). Eine derartige Frequenzverkäm-mung setzt voraus, daß der Bildträger mit dem Farbträger im Sender starr verkoppelt ist.

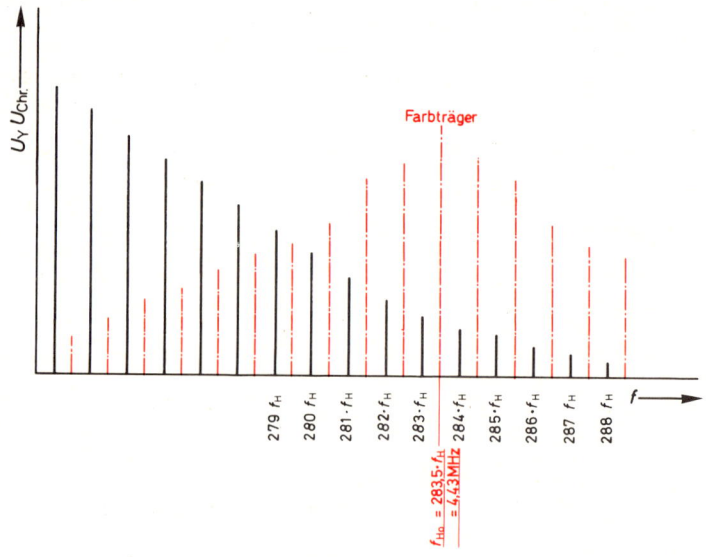

Bild 2.29
Frequenzverkämmung des Helligkeitssignals mit dem Farbsignal

Der Bildträger und der Farbträger bilden eine Überlagerungsfrequenz. Das ist eine Sinusschwingung, die auf dem Bildschirm abwechselnd helle und dunkle Bildpunkte hervorrufen würde. Je weiter der Farbträger vom Bildträger entfernt liegt, um so höher wird die Überlagerungsfrequenz und um so feiner wird das Hell-Dunkel-Muster, auch Perlschnüre genannt, auf dem Bildschirm.

Wird die Frequenz des Farbhilfsträgers nun noch so gelegt, daß sie ein ungeradzahliges Vielfaches von einem Viertel der Zeilenfrequenz ist, so verschiebt sich die Punktstruktur des Störmusters von Zeile zu Zeile um eine Viertelperiode des Farbträgers. Dadurch ergibt sich ein schräg verlaufendes Streifenmuster (**Bild 2.30**).

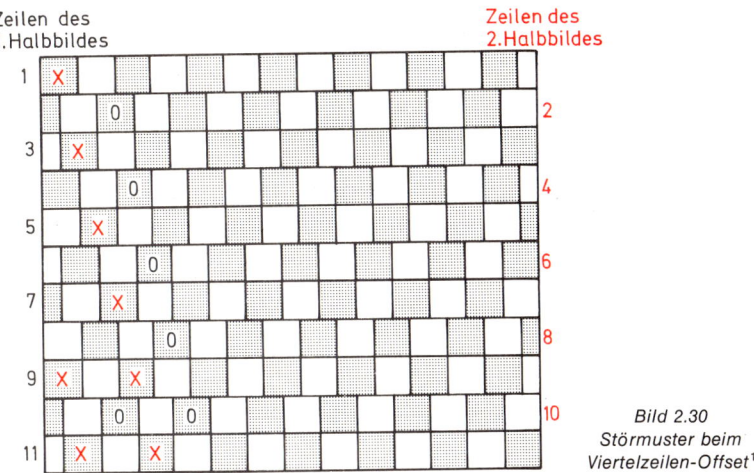

Bild 2.30
Störmuster beim
Viertelzeilen-Offset[1]

Der Farbhilfsträger führt während einer Zeile 283,75 Schwingungen aus. Beginnt die 1. Zeile mit der positiven Halbwelle, so sind am Ende dieser Zeile 283,75 Perioden durchlaufen. Die fehlende restliche 1/4-Periode muß deshalb am Anfang der 3. Zeile geschrieben werden. In der 5. Zeile des 1. Halbbildes ist die Schwingung gegenüber der 1. Zeile gerade um 1/2-Periode = 180° phasenverschoben und in der 9. Zeile ist sie wieder phasengleich (Bild 2.30).

Dieses so entstehende Störmuster tritt nach vier Halbbildern gegenphasig auf und wiederholt sich erst nach acht Halbbildern, was einer Folgefrequenz von 6,25 Hz entspricht. Durch einen zusätzlichen Versatz der Farbträgerfrequenz um $f_V/2 = 25$ Hz erreicht man eine kontinuierliche Bewegung des Störmusters, was dessen Wahrnehmbarkeit noch weiter reduziert. Dieses Kompensationsverfahren wird als Viertelzeilen-Offset bezeichnet.

Nach dieser Überlegung ergibt sich nun für den Farbträger folgende Frequenz:

$$f_T = (n - 1/4) \, f_H + f_V$$

Bei n = 320 würde man 320 · 15 625 Hz = 4,9 MHz erhalten, also fast die höchste Videofrequenz. n muß deshalb für den Farbträger kleiner als 320 sein. Man wählt n = 284, f_H = 15 625 Hz und f_V = 25 Hz.

Damit wird:
f_T = (284 - 0,25) 15 625 Hz + 25 Hz = 283,75 · 15 625 Hz + 25 Hz
f_T = 4,43361875 MHz

[1]offset (engl.) = Versatz

2.2.4.2. Amplitudenmodulation mit unterdrücktem Träger

Damit die Störungen des Farbträgers unsichtbar bleiben, unterliegt das Farbsignal zwei Bedingungen:

1. Der Farbträger muß auf 4,43361875 MHz liegen, weil dann ein im Bild sichtbares Störmuster nur aus „feinen" hell-dunkel Bildpunkten, sogenannten Perlschnüren, besteht. Die Frequenz des Farbhilfsträgers muß in einem günstigen Verhältnis, dem sogenannten Offset-Versatz, zu einem Vielfachen der Ablenkfrequenz stehen.

2. Zur weiteren Störverminderung wird der Farbträger selbst bereits im Sender unterdrückt, und nur seine Seitenbänder werden übertragen. Der Farbträger muß durch eine besondere Schaltung im Farbfernsehempfänger wieder zurückgewonnen werden.

Ein anschauliches Beispiel zeigt **Bild 2.31.** Dort ist einmal eine sinusförmige Information und eine Nachricht mit treppenförmigem Anstieg und steilem Abfall (Kurve 1) dargestellt. Der unmodulierte Träger entspricht der Kurve 3. Der modulierte Träger (Kurve 2) hat die Nachricht in beiden Fällen als Hüllkurve, wobei zur besseren Unterscheidung die positive rot und die negative grün gezeichnet sind.

Wird nun der Träger unterdrückt, d. h. von Kurve 2 wird die Kurve 3 subtrahiert, so ergibt sich die Kurve 4. Es ist deutlich zu erkennen, daß sich bei der sinusförmigen Information eine Schwebung ergibt. Bei der treppenförmigen Nachricht ist klar zu erkennen, wie die verschiedenfarbigen Hüllkurven ineinandergeschoben sind. An den Stellen, wo sich die Hüllkurven auf der Null-Linie kreuzen, macht der Träger einen Phasensprung von 180°. Das versteht man, wenn man die Kurven 2 und 3 miteinander vergleicht.

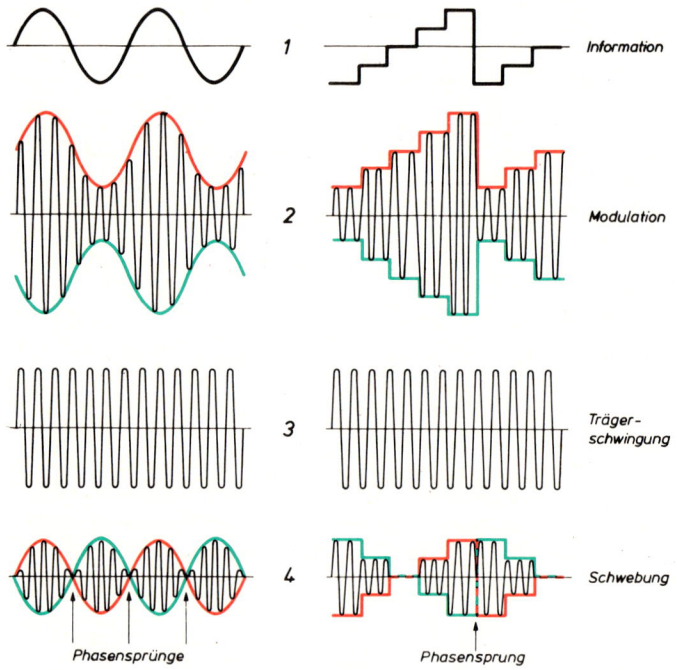

Bild 2.31
Amplitudenmodulation mit sinus- und impulsförmiger Nachricht und unterdrücktem Träger

Ist die modulierte Trägerspannung größer als die unmodulierte (das ist der Fall, wenn die Nachricht einen positiven Spannungswert hat), ist das Ergebnis der Substraktion auch positiv. Die Ausgangsspannung ist mit dem Träger in Phase. Sind beide Träger gleich groß (in dem Falle ist die Modulation Null), dann ist das Ergebnis ebenfalls Null. Ist dagegen der modulierte Träger kleiner als der unmodulierte, was bei einem negativen Spannungswert für die Nachricht der Fall ist, dann ist das Ergebnis negativ. Die modulierte Trägerspannung ist gegenphasig oder um 180° im Vergleich zum Träger verschoben. Dieser Phasensprung ist immer dort zu finden, wo die Information den steilen Abfall von positiven zu negativen Spannungswerten hat bzw. durch Null geht.

Wird der Träger einer amplitudenmodulierten Hochfrequenzschwingung durch eine geeignete Schaltung im Modulator unterdrückt, so erscheinen am Ausgang nur noch die beiden Seitenbänder, die die in einen anderen Frequenzbereich umgesetzte Modulation enthalten.

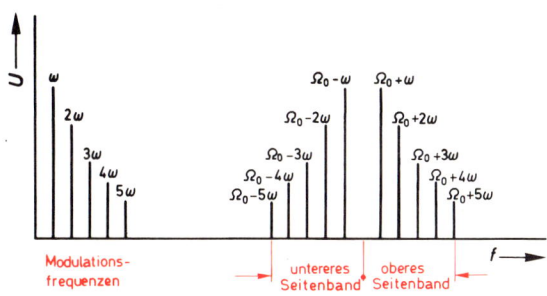

Bild 2.32
Frequenzspektren einer AM-Schwingung mit unterdrücktem Träger

Wie **Bild 2.32** erkennen läßt, fehlt deshalb auch im Modulationsspektrum die Trägerfrequenz, so daß nur noch die beiden Seitenbänder in Erscheinung treten.

Um den Hochfrequenzträger bei der Modulation zu unterdrücken, lassen sich Transistor- oder Diodenschaltungen verwenden. So besteht eine Ringmodulatorschaltung aus vier Dioden und zwei Hf-Übertragern mit Mittelanzapfung (**Bild 2.33**). An die Klemmen 1 und 2 wird die Modulationsspannung, an die Klemmen 3 und 4 die hochfrequente Trägerspannung angelegt. Das Modulationsprodukt greift man an den Klemmen 5 und 6 ab.

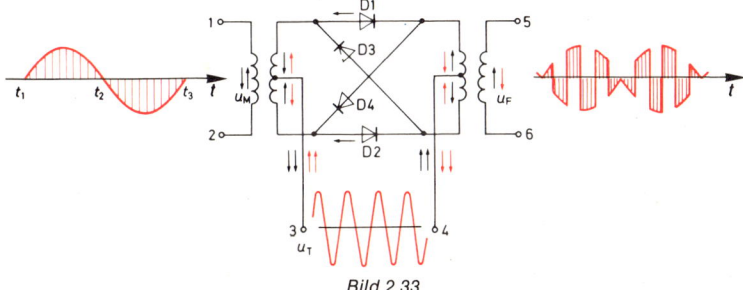

Bild 2.33
Ringmodulator zur Amplitudenmodulation mit Trägerunterdrückung
und Modulationsspannung während einer gesamten Schwingung

Die beiden Diodenpaare D 1 und D 2 sowie D 3 und D 4 werden jeweils durch die Spitzen der positiven bzw. negativen Trägerhalbwellen periodisch geöffnet und gesperrt; sie wirken daher als Schalter.

Die Trägerspannung an den Klemmen 3 und 4 wird in die Mitte der Hf-Übertrager eingespeist. Die magnetischen Felder, die durch die hinein- und herausfließenden Hf-Trägerströme hervorgerufen werden, heben sich natürlich bei exakter Symmetrie der Wicklungen auf. So erscheint ohne Modulationsspannung an den Ausgangsklemmen 5 und 6 auch keine Trägerspannung.

Weil die Dioden im Takte der Trägerfrequenz umgeschaltet werden, wird die Modulationsspannung periodisch umgepolt, also gewissermaßen „zerhackt", so daß sich der im Bild 2.33 wiedergegebene Spannungsverlauf des Modulationsproduktes ergibt.

In der **Tabelle** und im **Bild 2.34** ist zu erkennen, daß während des Nulldurchganges der Modulationsspannung ein Phasensprung entsteht. Er tritt nämlich gerade dadurch auf, weil bei unterdrücktem Träger die Phase der modulierten Ausgangsspannung in diesem Moment umspringt.

Tabelle

Modulationsspannung	+ + + +	– – – –	+ + + +	– · · · · · ·
Trägerspannung	+ – + –	+ – + –	+ – + –	+ · · · · · ·
Ausgangsspannung	+ – + –	– + – +	+ – + –	– · · · · · ·

Phasensprunge

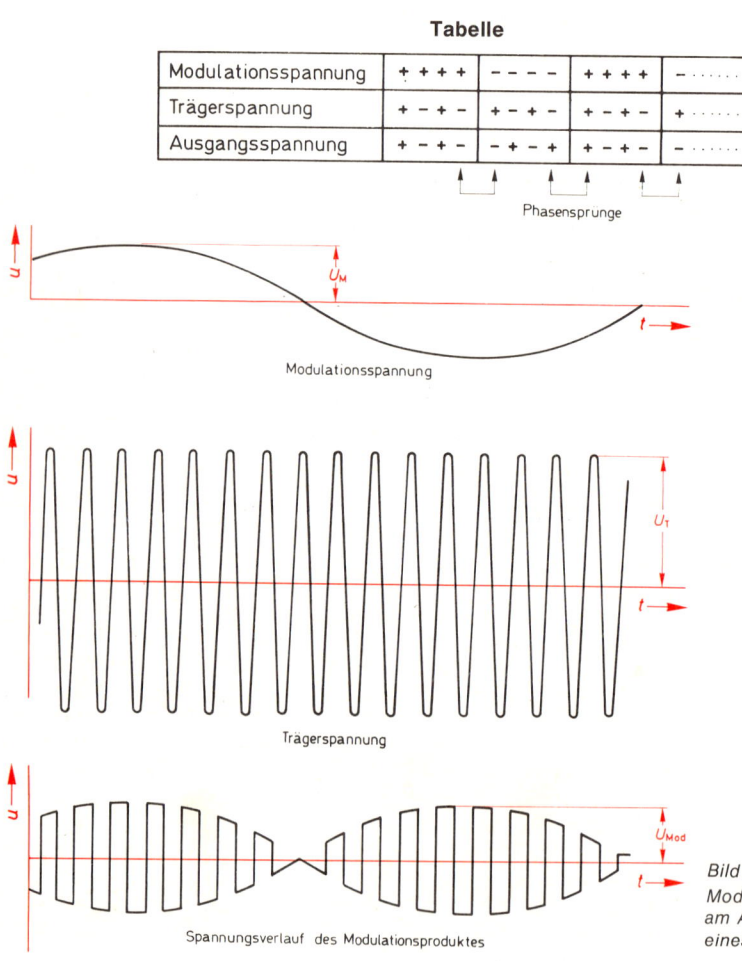

Modulationsspannung

Trägerspannung

Spannungsverlauf des Modulationsproduktes

Bild 2.34
Modulationsprodukt
am Ausgang
eines Ringmodulators

74

2.2.4.3. Doppelamplituden-Modulation

Die beiden reduzierten Farbdifferenzsignale U_V und U_U müssen auf einen gemeinsamen Träger, den Farbhilfsträger, aufmoduliert werden. Damit man im Empfänger diese beiden Signale wieder zurückgewinnen kann, darf der Farbträger nicht mit der einfachen Amplituden- oder Frequenz- bzw. Phasenmodulation moduliert werden. Für die Übertragungsverfahren beim NTSC- und beim PAL-Verfahren wird deshalb eine kombinierte Amplituden- und Phasen-Modulation verwendet.

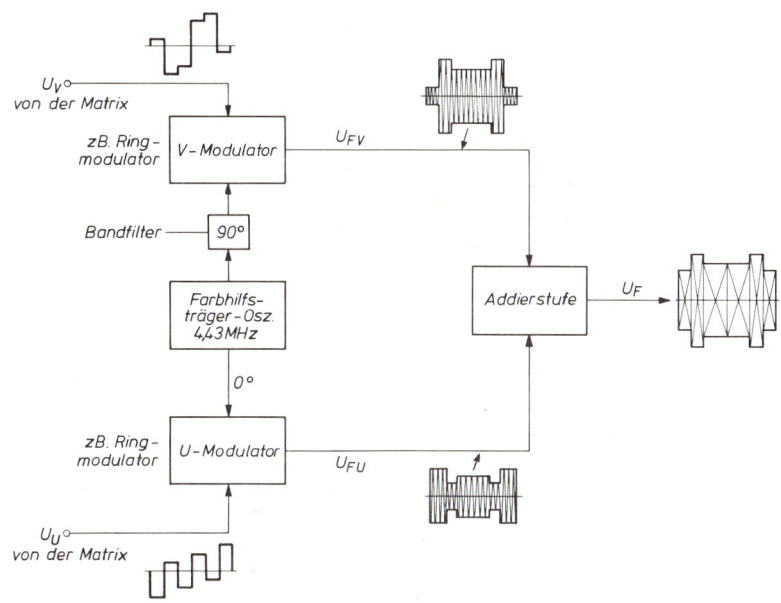

Bild 2.35
Blockschaltbild eines Quadraturmodulators

In einer erweiterten Form der Doppel-Seitenband-Modulation (DSB) kann man auch gleichzeitig zwei Informationen auf einer gemeinsamen Trägerfrequenz übertragen. Dazu werden nach **Bild 2.35** zwei um 90° gegeneinander versetzte Schwingungen derselben Frequenz mit den beiden Informationen U_V und U_U moduliert, die Modulationsprodukte addiert und übertragen. Im Empfänger muß dann die Trennung der beiden Komponenten durch synchrone Demodulation mit den aus einem Oszillator entnommenen Trägerschwingungen $\sin \omega t$ und $\cos \omega t$ erfolgen. Wegen der 90°-Phasenverschiebung bei der also die beiden Komponenten in Quadratur (senkrecht) zueinander liegen, bezeichnet man dieses Verfahren als Quadratur-Amplituden-Modulation (**QUAM**).

Durch die 90°-Phasenverschiebung ist jeweils zu dem Zeitpunkt, in dem die eine Komponente ihren Maximalwert erreicht hat, die andere gerade Null und umgekehrt. Im zusammengesetzten Signal kommen also die Amplitudenwerte beider Informationen U_V und U_U als Augenblickswerte der übertragenen Trägerschwingung mit einer Phasenverschiebung von 90° vor. Die beiden Komponenten werden somit aufeinanderfolgend (sequentiell) übertragen.

Bei dem Quadraturmodulator im Farbfernsehsender arbeitet man mit gleichzeitiger Trägerunterdrückung. Dadurch werden die Moiré-Störungen, die durch den Farbhilfsträger hervorgerufen werden, klein gehalten. Die aus der Matrix-Stufe gewonnenen reduzierten Farbdifferenzsignale U_V und U_U führt man deshalb je einem Ringmodulator zu. Gleichzeitig erhalten beide Modulatoren den Farbträger (4,43 MHz), der von einem Oszillator erzeugt wird. Dabei speist man den Farbträger ohne Phasenverschiebung in den U- Modulator und mit 90°-Phasenverschiebung in den V-Modulator ein. Diese Phasenverschiebung von 90° kann man z. B. mit einem auf Resonanz abgestimmten kritisch gekoppelten Bandfilter erreichen. Die beiden Ringmodulatoren liefern an den Ausgängen die Modulationsprodukte F_U und F_V; ein amplitudenmoduliertes Signal mit unterdrücktem Träger. Damit sind die beiden Signale Schwebungen, wie auch **Bild 2.36** durch die Phasensprünge deutlich zeigt. Durch die Phasenverschiebung der beiden Träger haben deshalb auch die Modulationsprodukte F_U und F_V 90°-Phasenverschiebung zueinander. So kann man sie in der anschließenden Addierstufe zusammenführen, sie ergeben dann als vektorielle Summe das Farbartsignal F.

Aus dem **Bild 2.37** geht hervor, wie die Amplitude des Farbartsignals F und sein Phasenwinkel φ von den Signalen U_U und U_V abhängen, wenn dem Signal F_U die Phasenlage 0° und dem Signal F_V die Phasenlage 90° zugeordnet wird. Aus dem rechtwinkligen Dreieck mit den Katheten F_U und F_V und der Hypotenuse F ergibt sich die Amplitude zu:

$$F = \sqrt{F_U{}^2 + F_V{}^2}$$

und der Tangens des Phasenwinkels zu:

$$\tan \varphi = \frac{U_V}{U_U}$$

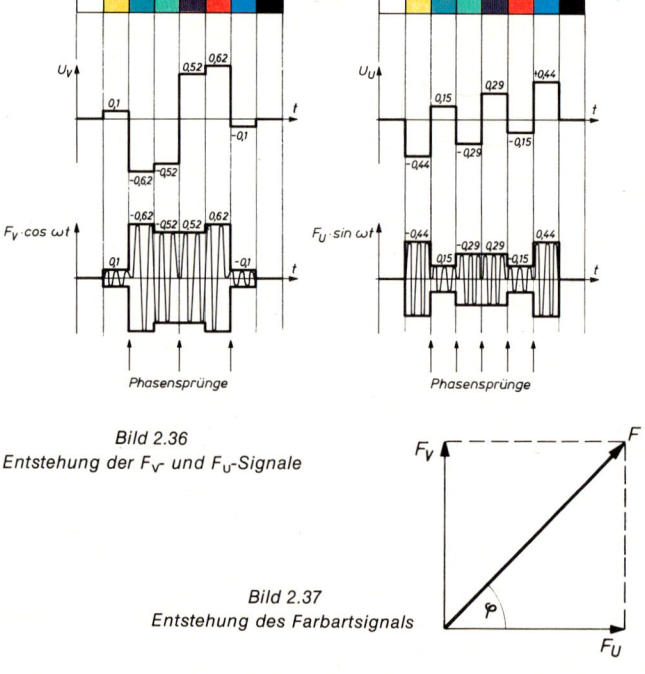

Bild 2.36
Entstehung der F_V- und F_U-Signale

Bild 2.37
Entstehung des Farbartsignals

Dabei sind die Vorzeichen von U_U und U_V zu beachten, da diese angeben, in welchem Quadranten der Zeiger für das jeweilige Farbartsignal liegt.

In **Bild 2.38** sind einige Beispiele dargestellt, die so gewählt wurden, daß jedes in einen anderen Quadranten fällt. So wird deutlich, daß der ganze Winkelbereich von 0° bis 360° vorkommen kann und daß die Größe des Winkels nur von dem Verhältnis der beiden reduzierten Farbdifferenzsignale U_U und U_V zueinander und damit von dem Farbton des zugehörigen Farbreizes abhängt.

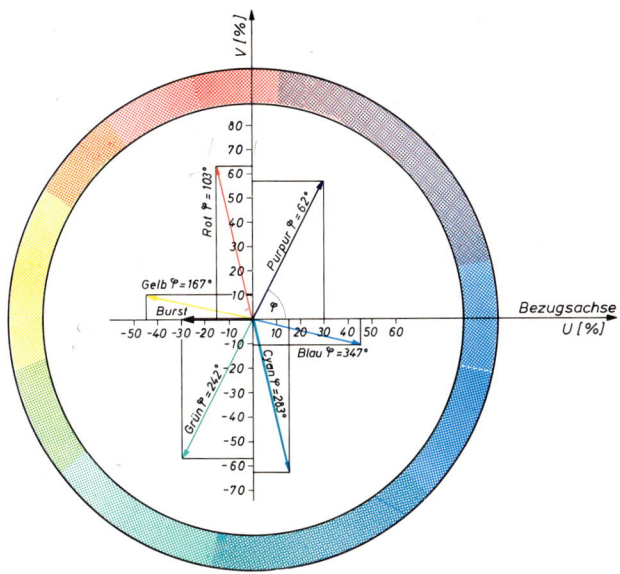

Bild 2.38
Farbartsignale im Zeigerdiagramm
und im Farbkreis

Bildet man nun die vektorielle Summe der beiden Signale $F_U \cdot \sin \omega t$ und $F_V \cdot \cos \omega t$, so kommt man zu dem in **Bild 2.39** dargestellten Farbartsignal $F \cdot \sin (\omega t + \varphi)$.

Die Amplituden und Phasenwinkel dieses Farbartsignals für die verschiedenen Farben ergeben sich nach **Tabelle 2.1** zu:

Tabelle 2.1: Amplitude des Farbartsignals

Farbe	F_U	F_V	$F = \sqrt{F_U{}^2 + F_V{}^2}$	φ
Gelb	−0,44	+0,10	0,44	167°
Cyan	+0,15	−0,62	0,63	283°
Grün	−0,29	−0,52	0,59	241°
Purpur	+0,29	+0,52	0,59	61°
Rot	−0,15	+0,62	0,63	103°
Blau	+0,44	−0,10	0,44	347°

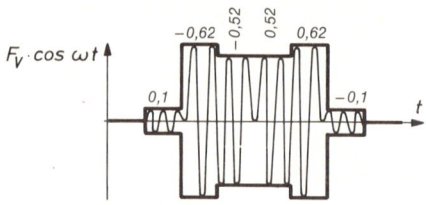

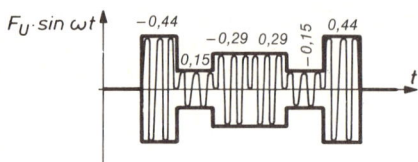

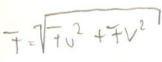

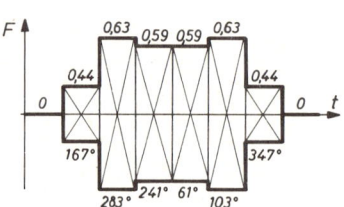

Bild 2.39
Entstehung des Farbsignals
bei der Darstellung im zeitlichen Verlauf

Um das eben beschriebene mathematisch zu untermauern, soll hier folgende Überlegung angestellt werden:

Das Farbartsignal kann komplex dargestellt werden:

$$U_F = \sqrt{U_V{}^2 + U_U{}^2} \cdot e^{\pm j\varphi}$$

mit

$$\tan\varphi = U_V / U_U$$

Weil beim PAL-System die Phase von Zeile zu Zeile um 180° wechselt, erhält der Phasenwinkel φ ein wechselndes Vorzeichen.

Tritt jetzt während zwei im Raster aufeinanderfolgender Zeilen mit gleichem Inhalt der gleiche Phasenfehler auf, so wird der Zeiger für die 1. Zeile:

$$U_{Fn} = \sqrt{U_V{}^2 + U_U{}^2} \cdot e^{j(\pm\varphi + \gamma)}$$

und der Zeiger der nachfolgenden Zeile, die um 180° gedreht ist:

$$U_{Fn+1} = \sqrt{U_V{}^2 + U_U{}^2} \cdot e^{j(\mp\varphi + \gamma)}$$

Im Empfänger wird die 1. Zeile um 64 μs verzögert, so daß sie mit der nachfolgenden wieder um 180° zurückgedrehten Zeile addiert werden kann. Bei der Addition des einen Zeigers und des konjugiert komplexen Wertes des anderen Zeigers ergibt sich:

78

$$U_{Fges} = u_{Fn} + u_{Fn+1} = 2\sqrt{U_V^2 + U_U^2} \cdot e^{j \pm \varphi} \cdot \cos \gamma$$

oder

$$U_{Fges} = 2 \cdot u_F \cdot \cos \gamma$$

Bei einem Phasenfehler ändert sich die Richtung des Farbartzeigers nicht, der Betrag vermindert sich jedoch um den Faktor $\cos\gamma$. Weiterhin erkennt man hieraus, daß bei kleinen Phasenfehlern (der Kosinus für kleine Winkel ist annähernd 1) die Amplitude des Farbartsignals sich nur unwesentlich verkleinert und deshalb nicht störend in Erscheinung tritt. Jedoch bei größeren Phasenfehlern über 30 ° tritt dann eine Entsättigung der Farben ein.

Polarität und Verhältnis von V und U ergeben die Phasenlage der Zeiger und damit die Farbe. In diesem hochfrequenten Farbartsignal (4,43 MHz) sind demnach die Größen Farbsättigung und Farbton enthalten. Im Abschnitt 1.2.2.3. wurde bereits ausgeführt, daß man im Farbkanal nur den Farbton und die Farbsättigung zu übertragen braucht, was hiermit nun bewiesen ist.

2.2.5. Das Farbsynchronsignal oder der „Burst"

Der Farbton wird durch den Winkel φ bestimmt, der sich aus der Stellung des Zeigers F gegen die Bezugsachse U bildet. Damit der gesendete Farbton vom Empfänger richtig wiedergegeben wird, muß vom Sender ein Bezugssignal geliefert werden, mit dem eine eindeutige Bestimmung dieses Winkels möglich ist.

Diese Aufgabe übernimmt der Farbsynchronimpuls oder **Burst.** Während jeder Zeile werden auf der hinteren Schwarzschulter des Zeilensynchronimpulses etwa 10 bis 12 Schwingungen des Farbhilfsträgers f = 4,43 MHz gesendet. In **Bild 2.40** ist die Lage des Schwingungsbündels auf der Schulter dargestellt. Die Phasenlage des Burst ist in bezug auf die U-Achse durch die Norm festgelegt.

Im Farbfernsehempfänger wird der Burst durch entsprechende Filter herausgesiebt. Er synchronisiert einen sogenannten **Referenzoszillator.** Diese Referenzschwingung muß genau die gleiche Phasenlage wie der im Sender unterdrückte Farbhilfsträger haben, weil nur dann die richtigen Farbdifferenzsignale U und V, die für eine einwandfreie Wiedergabe des Farbtones notwendig sind, entstehen.

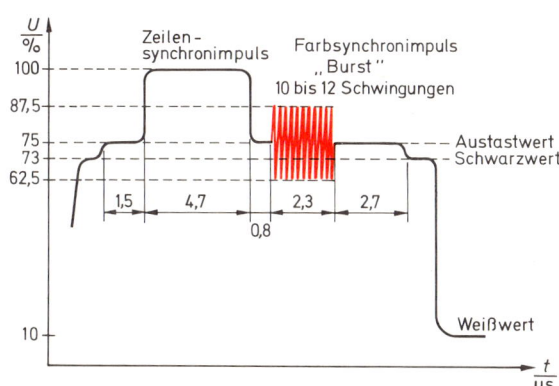

Bild 2.40
Lage des Farbsynchron-
signals oder Burst auf
dem Zeilensynchronimpuls

79

2.2.6. Blockschaltbild des PAL-Farbfernsehsenders

In **Bild 2.41** ist das Blockschaltbild eines Farbfernsehsenders wiedergegeben. Die Entstehung des Ausgangssignals des Senders für ein Farbbalken-Testbild mit maximaler Sättigung und maximaler Leuchtdichte ist in **Bild 2.42** dargestellt.

Bei einer Farbbalken-Kameravorlage stehen an den Kamera-Ausgängen die Farbspannungen 1, 2 und 3 (Bild 2.42) zur Verfügung. Diese Spannungen U_B, U_g, U_R werden in der Matrix zu dem Leuchtdichtesignal U_Y (4) und den Farbdifferenzsignalen U_V (5) und U_U (6) umgewandelt. Aus den U- und V-Signalen entstehen nach der Modulation im Quadraturmodulator die Komponenten F_U und F_V (7) und (8).

Während das F_U-Signal direkt zur Addierstufe geführt wird, durchläuft das F_V-Signal den PAL-Schalter. Hier wird es Zeile für Zeile um 180° geschaltet. In der Addierstufe bildet man durch vektorielle Addition das Farbartsignal F (9).

Das Farbartsignal hat, dem Farbauflösungsvermögen der Augen entsprechend, eine Bandbreite von nur etwa 1,3 MHz. Das Leuchtdichtesignal hat dagegen etwa 5 MHz.

Unterschiedliche Bandbreite der Verstärkerstufen bedeutet unterschiedliche Signallaufzeiten (große Bandbreite = kleine Laufzeit und umgekehrt). Da die Signale genau übereinstimmen müssen, ist für das Y-Signal eine Stufe zum Laufzeit-Ausgleich erforderlich.

In der letzten Addierstufe wird das komplette **F**arb-**B**ild-**A**ustast-**S**ynchron-Signal (**FBAS-Signal**) erzeugt, das über den Sender ausgestrahlt wird (10). Man erkennt, daß sich das Farbartsignal jeweils der Leuchtdichte-Treppe überlagert und der Farbsynchronimpuls (Burst) auf der Rückflanke des Zeilensynchron-Impulses sitzt.

2.2.7. Einfluß von Phasenfehlern auf den Farbton

Das Farbartsignal in der im Abschnitt 2.2.4.3. behandelten Form entspricht dem des amerikanischen NTSC-Systems. Die charakteristischen Größen des Farbartsignals seien noch einmal wiederholt:

Der Phasenwinkel entspricht dem Farbton, die Amplitude dem Produkt aus Sättigung und Helligkeit des zugehörigen Farbreizes.

Während das menschliche Auge geringe Sättigungs- und Helligkeitsfehler kaum wahrnimmt (es sind ja keine Vergleichsmöglichkeiten zur aufgenommenen Szene vorhanden), werden Farbtonfehler sehr unangenehm empfunden, weil der Mensch im allgemeinen weiß, welche Farben die dargestellten Gegenstände in der Natur besitzen. Besonders kritisch beurteilt das Auge die Farbtöne der menschlichen Haut.

Da der im Empfänger wiedergegebene Farbton vom Phasenwinkel zwischen dem Farbartsignal und dem Farbsynchronsignal abhängt, rufen geringe Phasenverschiebungen (z. B. 5°) Farbtonfehler hervor. Bei der Übertragung eines so komplizierten Signalgemisches, wie es das Farbsignal darstellt, ist die Fehlerwahrscheinlichkeit sehr groß. So treten Phasenfehler nicht nur bei der Ausbreitung des Signals im Raum auf, sondern auch auf der Antennenleitung und im Antennenverstärker.

Bei einem amerikanischen NTSC-Empfänger ist zur Korrektur solcher Farbtonfehler ein von außen bedienbares Einstellorgan vorhanden, mit dem der Zuschauer die richtige Phasenlage einstellen kann. Dabei kann er den Farbton nach dem eigenen Geschmack einstellen. Die Erfahrung in den USA hat gezeigt, daß dieser Farbtoneinsteller sehr häufig bedient werden muß, weil bei jeder Umschaltung auf der Senderseite (z. B. bei Studiowechsel) der Phasenwinkel zwischen Burst und Farbartsignal verschoben ist. Ferner ergibt sich oft erst nach einem Szenenwechsel, daß der aus dem Gedächtnis korrigierte Farbton noch immer nicht stimmt. Dann ist eine erneute Korrektur nötig. Wurde z. B. das Gesicht eines Chinesen eingestellt und dieses nicht „gelb genug" getroffen, so erscheint ein in die Szene kommender Europäer mit einem Sonnenbrand.

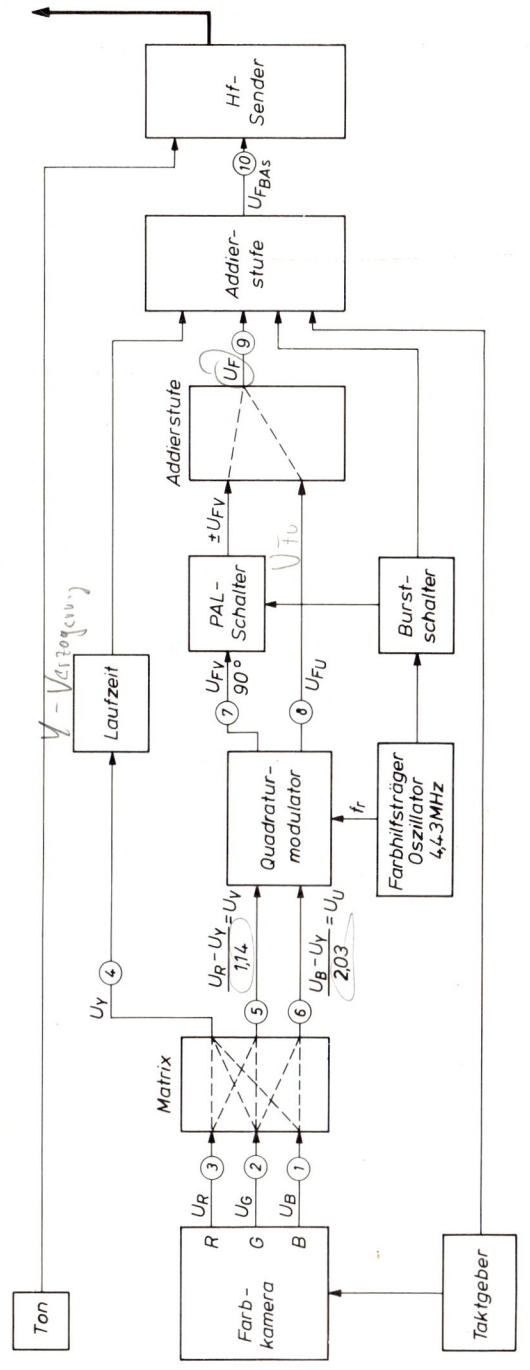

Bild 2.41
Blockschaltbild eines Farbfernsehsenders

81

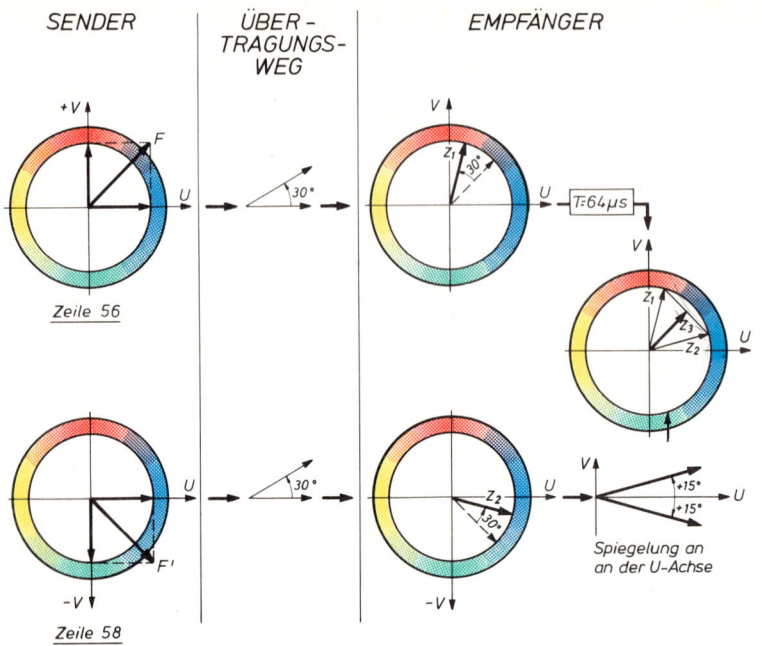

SENDER ÜBER-TRAGUNGS-WEG EMPFÄNGER

Zeile 56

Zeile 58

T=64µs

Spiegelung an
an der U-Achse

Bild 2.43
Kompensation von Phasenfehlern beim PAL-Verfahren

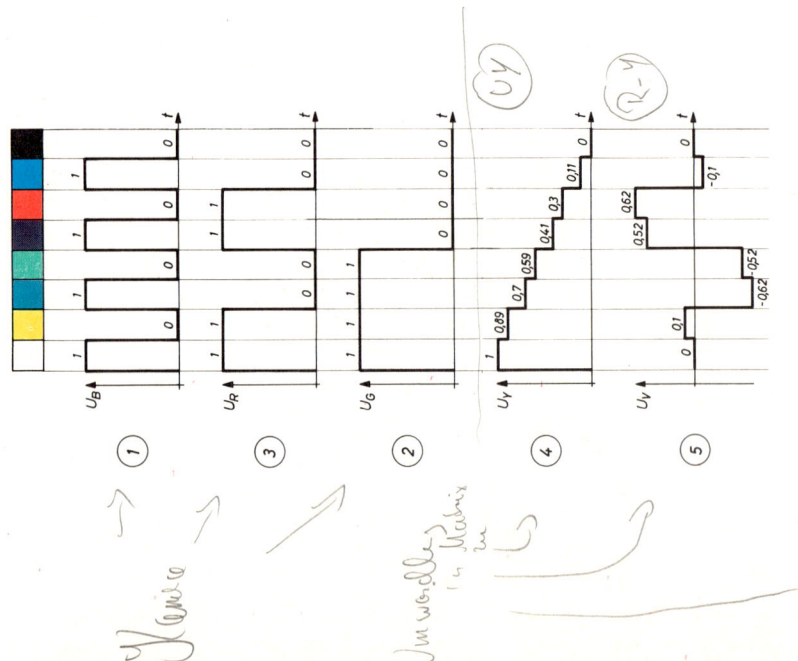

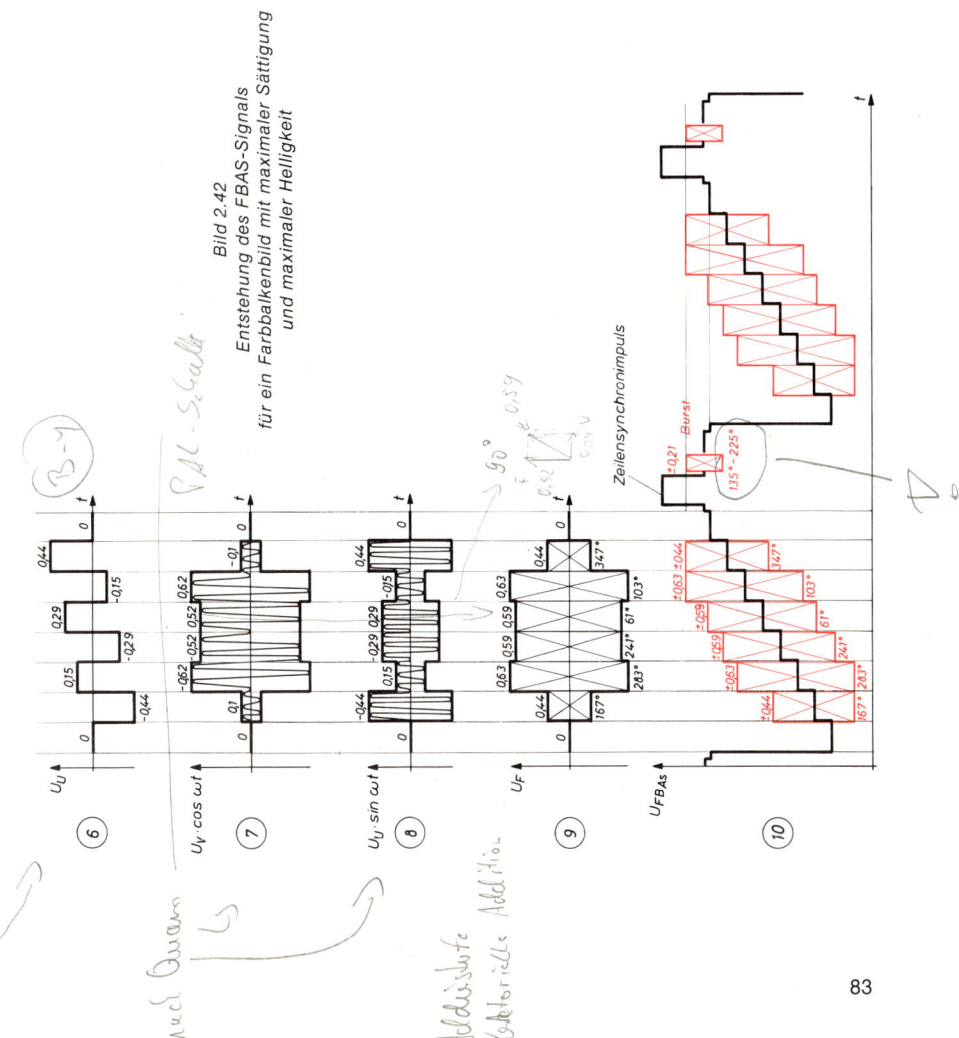

Bild 2.44
Bei der Kompensation von Phasenfehlern
tritt eine Entsättigung auf

Bild 2.42
Entstehung des FBAS-Signals
für ein Farbbalkenbild mit maximaler Sättigung
und maximaler Helligkeit

83

2.2.8. Kompensation der Phasenfehler durch das PAL-System

Die im vorigen Abschnitt beschriebenen Phasenfehler, die beim NTSC-System nicht zu vermeiden sind, waren ein Grund, nach einer Verbesserung zu suchen, die eine Kompensation dieser Fehler ermöglicht. Bei dem PAL-System wird eine Phasenfehler-Kompensation mit relativ geringem Aufwand erreicht. Außerdem ist eine einfache Normumwandlung von NTSC in PAL und umgekehrt möglich, was für den Programmaustausch von großer Bedeutung ist. Das PAL-System wird deshalb in den meisten europäischen Ländern benutzt.

PAL ist eine Abkürzung für **P**hase **A**lternation **L**ine, was mit **zeilenfrequenter Phasenwechsel** übersetzt werden kann. Diesem zeilenweisen Phasenwechsel liegt folgender Gedanke zugrunde: Wenn ein Phasenfehler kompensiert werden soll, so muß auch ein entgegengesetzt gerichteter Phasenfehler vorhanden sein. Diesen erhält man, wenn im Sender die Phasenlage des F_v-Signals zeilenweise von + nach − und umgekehrt umschaltet. Im Empfänger muß diese Verschiebung wieder aufgehoben werden, um die ursprüngliche Phasenlage zu erhalten.

Die Kompensation von Phasenfehlern kann anhand von **Bild 2.43** erklärt werden. Der Farbfernsehsender strahlt in der hier betrachteten Zeile 56 zu der purpurfarbenen Vorlage die Farbdifferenzsignale $+U$ und $+V$, die zusammen das Farbartsignal F mit einem Phasenwinkel $\varphi = 45°$ ergeben, aus. In der übernächsten Zeile bleibt das Ausgangssignal des U-Modulators positiv, jedoch wird das Signal des V-Modulators negativ. So wird auch das Farbartsignal F um 180° gedreht und ergibt nun einen Phasenwinkel von $-45°$.

Tritt nun auf dem Übertragungsweg einschließlich des Empfängers ein Phasenfehler (z. B. 30°) auf, so ergeben sich im Empfänger, nach dem Umpolen des V-Anteils durch den sogenannten PAL-Umschalter, Phasenfehler mit von Zeile zu Zeile abwechselnd positiver und negativer Abweichung vom Sollwert. Also in der Zeile 56 ist $\varphi = 75°$, in der Zeile 58 wird $\varphi = -15°$.

Zur Kompensation wird das Signal der Zeile 56 (bei der der Sender in $+V$-Richtung modulierte) mit Hilfe einer Laufzeitleitung genau für die Dauer einer Zeile verzögert. Wie in Bild 2.43 zu erkennen ist, muß die Phasenabweichung auch hier 30° betragen. Der Zeiger Z 1 ist mehr in Richtung Rot verschoben, während Z 2 mehr in Richtung Blau liegt. Addiert man nun das Signal von Zeile 58 (Zeiger Z 2) mit dem verzögerten Signal von Zeile 56 (Zeiger Z 1), so erhält man wieder das ursprünglich vom Sender ausgestrahlte Farbartsignal mit dem Zeiger Z 3.

Bei dieser Kompensation wird vorausgesetzt, daß der Bildinhalt von zwei aufeinanderfolgenden Zeilen praktisch gleich ist. Außerdem tritt, wie **Bild 2.44** zeigt, bei dieser Kompensation eine Entsättigung der Farben ein, weil der resultierende Zeiger bei Vorliegen von Phasenfehlern immer kürzer als der ursprünglich gesendete Zeiger ist. Diese Entsättigung läßt sich durch Nachstellen des Farbsättigungseinstellers ausgleichen. Außerdem ist die Entsättigung bei Phasenfehlern bis zu 30° kleiner als 15 %, also im Bild kaum zu bemerken.

2.2.9. Alternierender Burst

Das wesentliche Merkmal von PAL ist die zeilenweise Umschaltung der Modulationsachse V des Farbartsignals. Um im Empfänger genau diesen gleichen Umschaltrhythmus wieder zu erhalten, moduliert man das Farbsynchronsignal (Burst) noch zusätzlich mit diesem Umschalttakt. Er besitzt eine von Zeile zu Zeile wechselnde Phasenlage und zwar 180° ± 45°. Bei der Modulation in Richtung +V liegt der Burst demnach auf 135° und dreht sich auf 225° bei der Modulation in Richtung −V.

Diese Art des Farbsynchronsignals nennt man alternierender Burst oder im Laborslang auch Schwabbelburst. Er ermöglicht im Farbempfänger die Synchronisation des PAL-Umschaltgenerators.

2.2.10. FBAS-Signal

Im Sender wird das Farbartsignal dem Helligkeitssignal überlagert, und es entsteht das FBAS-Signal (**F**arb-**B**ild-**A**ustast-**S**ynchron-Signal). Die einzelnen Werte dieses FBAS-Signals ergeben sich bei einer Normfarbbalkenfolge nach der **Tabelle 2.2**.

Tabelle 2.2: Signalwerte bei 100% gesättigten Farben						
Farbbalken	Y	U	V	F	$Y+F$	$Y-F$
Weiß	1,00	0	0	0	1,00	1,00
Gelb	0,89	− 0,44	+ 0,10	0,44	1,33	+ 0,45
Cyan	0,70	+ 0,15	− 0,62	0,63	1,33	+ 0,07
Grün	0,59	− 0,29	− 0,52	0,59	1,18	0
Purpur	0,41	+ 0,29	+ 0,52	0,59	1,00	− 0,18
Rot	0,30	− 0,15	+ 0,62	0,63	0,93	− 0,33
Blau	0,11	+ 0,44	− 0,10	0,44	0,55	− 0,33
Schwarz	0	0	0	0	0	0

Bei einer weißen Bildvorlage hat das Leuchtdichtesignal den Wert 1, bei einer schwarzen Vorlage den Wert 0. Aus diesem Grunde wird der Schwarzwert als Bezugspunkt gewählt. Damit ergibt sich der im **Bild 2.45** gezeigte Verlauf des Zeilenoszillogramms eines FBAS-Signals. Man erkennt, daß das Farbartsignal den Weißwert zum Teil bis zu 33% überschreitet.

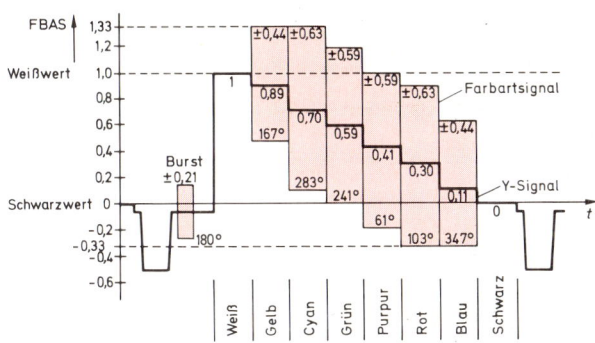

Bild 2.45
FBAS-Signal für die
Normfarbbalkenfolge mit
maximaler Helligkeit
und Farbsättigung 100%

Für meßtechnische Untersuchungen und Einstellarbeiten an Farbfernseh-Übertragungsanlagen dient als Testsignal eine Normfarbbalkenfolge, bei der nach **EBU-Norm** (**E**uropean **B**roadcasting **U**nion) alle Farbwertsignale, außer dem Weißbalken, in ihren Amplituden auf 75% reduziert sind. Damit wird die 33%ige Übermodulation vermieden. In der **Tabelle 2.3** sind die Signalwerte wiedergegeben, während im **Bild 2.46** das zugehörige FBAS-Signal dargestellt ist.

Tabelle 2.3: Signalwerte des EBU-Testsignals						
Farbbalken	Y	U	V	F_{red}	$Y+F_{red}$	$Y-F_{red}$
Weiß	1,00	0	0	0	1,00	1,00
Gelb	0,67	− 0,33	+ 0,08	0,33	1,00	+ 0,34
Cyan	0,52	+ 0,11	− 0,47	0,48	1,00	+ 0,04
Grün	0,44	− 0,22	− 0,39	0,44	0,88	0
Purpur	0,31	+ 0,22	+ 0,39	0,44	0,75	− 0,13
Rot	0,23	− 0,11	+ 0,47	0,48	0,71	− 0,25
Blau	0,08	+ 0,33	− 0,08	0,33	0,41	− 0,25
Schwarz	0	0	0	0	0	0

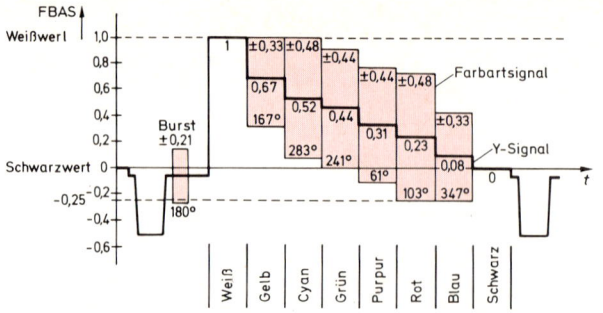

Bild 2.46
FBAS-Signal des
EBU-Testsignals.
Maximale Helligkeit und
Farbsättigung 75%

Zusammenfassung 2b

Beim Farbfernsehen nehmen drei Farbkameras für Rot, Grün und Blau das optische Bild auf. In einer nachgeschalteten Matrix gewinnt man das, wegen der Kompatibilität erforderliche, Helligkeits- oder Luminanzsignal. Gleichzeitig gibt diese Matrix zwei Farb- oder Chrominanzsignale ab, die wegen einer eventuellen Übermodulation noch reduziert werden. Diese beiden Farbdifferenzsignale werden anschließend im Quadraturmodulator auf den Farbhilfsträger aufmoduliert. Man arbeitet hier mit der sogenannten Quadratur-Amplitudenmodulation (QUAM), bei der der Träger gleichzeitig unterdrückt wird, um Moiré-Störungen im Schwarz-Weiß-Empfänger gering zu halten.

Phasenfehler bewirken bei Farbsendungen Farbverfälschungen. Um diesen störenden Einfluß auszublenden, entwickelte man das PAL-Verfahren. Hierbei schaltet man ein Farbartsignal von Zeile zu Zeile um 180°. Im Empfänger muß diese zeilensequente Umschaltung rückgängig gemacht werden, wodurch die auf dem Übertragungsweg eingestreuten Phasenfehler aufgehoben werden. Die aus dem Quadraturmodulator gewonnenen beiden Farbdifferenzsignale werden in einer anschließenden Addierstufe zum Farbartsignal zusammengeschaltet. Dieses Farbartsignal besitzt für jede beliebige Farbe eine andere Amplitude und einen anderen Phasenwinkel. In der folgenden Addierstufe vereinigt man das Leuchtdichte- und Farbartsignal. Gleichzeitig gibt man den Synchronimpuls und den Burst hinzu und erhält so das vollständige FBAS-Signal, mit dem der Hf-Sender amplitudenmoduliert werden kann.

Weil im Quadraturmodulator der Farbhilfsträger unterdrückt wird, im Empfänger zur Farbdemodulation jedoch erforderlich ist, muß man ihn vom Sender mit ausstrahlen. Deshalb setzt man auf die hintere Schwarzschulter eines jeden Zeilensynchronimpulses ca. 10 bis 12 Schwingungen des Farbhilfsträgers. Dieses Signal bezeichnet man als Burst.

Ein Farbartsignal wird beim PAL-Verfahren von Zeile zu Zeile umgeschaltet, um Phasenfehler zu kompensieren. Diesen Schaltrhythmus gibt man mit auf den Burst, indem seine Phasenlage sich entsprechend um ± 45° mit ändert. So erhält man den alternierenden Burst.

Lerntest 2b

1. Aus welchen Teilspannungen der Farbsignale setzt sich das Leuchtdichtesignal zusammen?

a) $U_Y = 0,3\,U_B + 0,59\,U_R + 0,11\,U_G$
b) $U_Y = 0,3\,U_R + 0,59\,U_B + 0,11\,U_G$
c) $U_Y = 0,3\,U_R + 0,59\,U_G + 0,11\,U_B$

d) $U_Y = 0,47\,U_B + 0,93\,U_G + 0,11\,U_B$
e) $U_Y = 0,47\,U_R + 0,93\,U_G + 0,2\,U_B$

2. Nach welcher Gleichung gewinnt man im Farbfernsehempfänger das Farbsignal Grün?

a) $U_G = U_{R\text{-}Y} + U_{B\text{-}Y}$
b) $U_G = U_{R\text{-}Y} - U_{B\text{-}Y} + U_Y$
c) $U_G = U_{R\text{-}Y} + U_{B\text{-}Y} + U_Y$

d) $U_G = U_{B\text{-}Y} - U_{R\text{-}Y} - U_Y$
e) $U_G = U_{B\text{-}Y} - U_{R\text{-}Y}$

3. Welche Signale gibt die Matrix ab?
   a) U_u, U_y
   b) U_{R-y}, U_{B-y} d) U_Y, U_U, U_V
   c) U_{R-Y}, U_{B-Y}, U_Y e) U_Y, U_{R-Y}

4. Warum müssen die Farbdifferenzsignale reduziert werden?
   a) Um den Quadraturmodulator nicht zu übersteuern
   b) Um das Luminanzsignal bilden zu können
   c) Um das FBAS-Signal bilden zu können
   d) Um den Farbträger nicht zu übersteuern
   e) Um den Hf-Träger nicht zu übersteuern

5. Warum arbeitet man beim Quadraturmodulator mit unterdrücktem Träger?
   a) Um die Farbsignale reiner zu erhalten
   b) Um Störungen im SW-Gerät zu verhindern   Moiré
   c) Nur so ist eine QUAM möglich
   d) Um auch das Leuchtdichtesignal übertragen zu können
   e) Um das PAL-Verfahren verwirklichen zu können

6. Auf welcher Frequenz arbeitet der Farbhilfsträger-Oszillator beim PAL-Farbfernsehen?
   a) 15 625 Hz
   b) 5,5 MHz   d) 4,43361875 MHz
   c) 625 Hz   e) 4,4296875 MHz

7. Welche Aufgaben hat der Burst?
   a) Er soll die Reduzierung der Farbdifferenzsignale im Empfänger rückgängig machen
   b) Er dient zur Synchronisation zwischen den Farbsignalen und dem Leuchtdichtesignal
   c) Er dient zur Farbhilfsträgerregenerierung
   d) Er erteilt dem Referenzoszillator im Farbfernsehempfänger die richtige Phasenlage

8. Welche Aufgabe hat der alternierende Burst?
   a) Er schaltet im Empfänger bei Farbsendungen den Farbkanal ein
   b) Er soll das Zusammenschalten von Farbart und Leuchtdichtesignal bewirken
   c) Er soll die konstante Lage der U-Achse übertragen
   d) Er soll den Umschaltrhythmus des V-Signals übertragen
   e) Er schaltet das Farbartsignal aus und ein

9. Welche Phasenlage hat der alternierende Burst?
   a) $0° \pm 45°$
   b) $180° \pm 10°$ d) $180° \pm 45°$
   c) $90° \pm 45°$ e) $0° \pm 10°$

10. Was versteht man unter den Signalspannungen U_V und U_U?

11. Weshalb benötigt man für das Farbartsignal eine geringere Bandbreite als für das Luminanzsignal?

12. Erklären Sie die Entstehung des FBAS-Signals!

13. Wie ist eine Farbkamera grundsätzlich aufgebaut?

14. Nennen Sie die grundsätzliche Aufgabe der Matrix.

15. Warum müssen die Farbdifferenzsignale auf den Farbhilfsträger aufmoduliert werden?

16. Was versteht man unter einem Quadraturmodulator?

17. Wovon hängen die Amplitude und der Phasenwinkel des Farbartsignals ab?

18. Wie werden Farbtonverfälschungen durch Übertragungsfehler im PAL-Farbfernsehempfänger ausgeglichen?

(Antworten im Anhang)

3. EMPFÄNGERBLOCKSCHALTBILD

3.1. Schwarz-Weiß-Empfänger

Das Blockschaltbild eines Schwarz-Weiß-Empfängers zeigt **Bild 3.1.** Das vom Sender aus-gestrahlte Bild- und Tonsignal empfängt man je nach Senderfrequenz mit der UHF- oder VHF-Antenne. Beide Antennen sind an den Abstimmteil (Tuner) angeschlossen. Hier wird das hochfrequente Signal zunächst verstärkt und dann auf die gewünschte Zwischenfre-quenz von 38,9 MHz umgesetzt. In dem anschließenden mehrstufigen Zf-Verstärker erfolgt dann die Nahselektion[1]. Die Rückgewinnung des Videosignals und der Tonzwischenfre-quenz von 5,5 MHz geschieht im Videodemodulator. Das Videosignal wird dann im Video-verstärker, einem Breitbandverstärker (0−5 MHz), soweit verstärkt, daß damit die Bildröhre angesteuert werden kann. Die Ton-Zf dagegen verstärkt man im Ton-Zf-Verstärker, der auf eine Mittenfrequenz von 5,5 MHz abgestimmt ist. Im anschließenden FM-Demodulator ge-winnt man das Ton-Signal, das im nachgeschalteten Nf-Verstärker soweit verstärkt wird, um einen Lautsprecher aussteuern zu können.

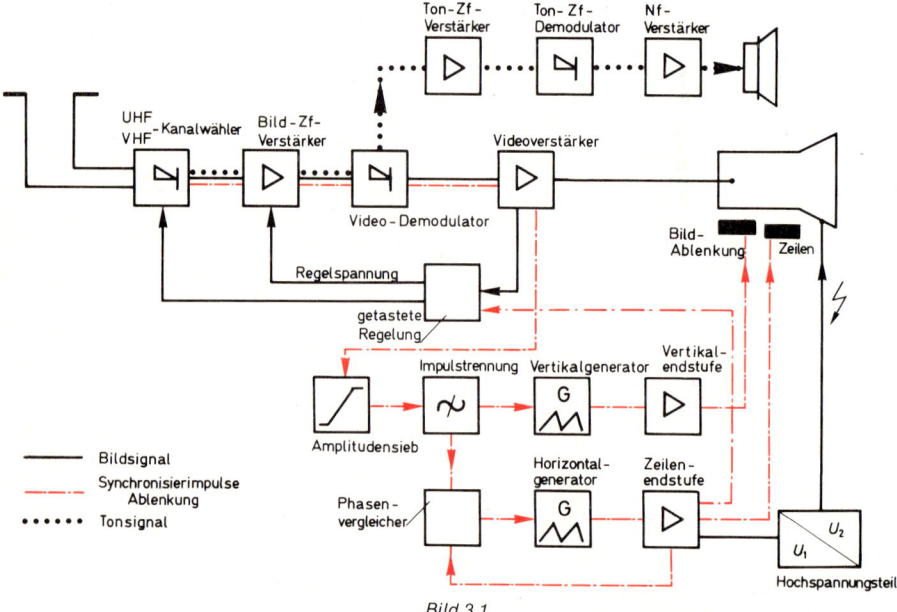

Bild 3.1
Blockschaltbild eines Schwarz/Weiß-Fernsehempfängers

Um das Raster auf dem Bildschirm der Fernsehbildröhre zu erzielen, müssen im Empfänger Ablenkströme erzeugt werden, die jedoch mit dem Abtastvorgang im Sender synchron laufen. Der Sender strahlt deshalb die Synchronisierimpulse mit aus. Diese gewinnt man dadurch, daß in der Impulsabtrennstufe, auch Amplitudensieb ge-nannt, der Bildinhalt von den Gleichlaufimpulsen abgetrennt wird. Die anschließend nach Bild- und Zeilenfrequenz sortierten Impulse führt man entsprechend weiter zur Synchronisation des Vertikal- bzw. Horizontalgenerators. Der Vertikaloszillator wird durch die Impulse direkt synchronisiert, während der Horizontaloszillator, wegen der höheren Frequenz, indirekt synchronisiert wird. Deshalb liegt vor dem Horizontal-

---

[1] Selektion (lat.) = Auslese

generator noch der Phasenvergleicher. Um die erforderlichen großen Ablenkströme zu erhalten, steuern die Oszillatoren die Vertikal- bzw. Horizontalendstufen an, die dann auf die jeweiligen Ablenkeinheiten arbeiten. In der Horizontalendstufe, auch Zeilenendstufe genannt, wird gleichzeitig noch die Hochspannung für die Bildröhre gewonnen. Ebenfalls aus der Zeilenendstufe nimmt man den Rückschlagimpuls ab, um damit die Stufe zur Regelspannungserzeugung aufzutasten. Somit ergibt sich eine Regelspannung, die unabhängig vom Bildinhalt wird. Diese Regelspannung gibt man auf den Bild-Zf-Verstärker und mit Anfangsunterdrückung auf den Tuner.

3.2. Farbfernsehempfänger

3.2.1. NTSC - Verfahren

In den USA wurde 1953 das Farbfernsehen nach dem NTSC[1]-Verfahren eingeführt. Bei diesem Verfahren benutzt man einen Farbträger, der in Quadratur-Amplitudenmodulation (QUAM) mit zwei Farbsignalen I und Q[2] moduliert wird. Die beiden Modulationsachsen für I und Q stehen 90 $^\circ$ zueinander.

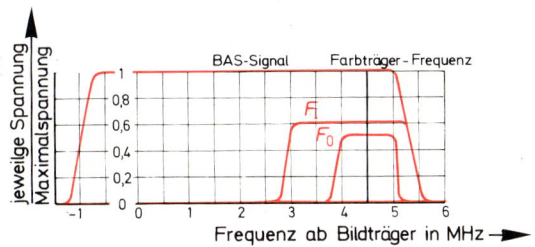

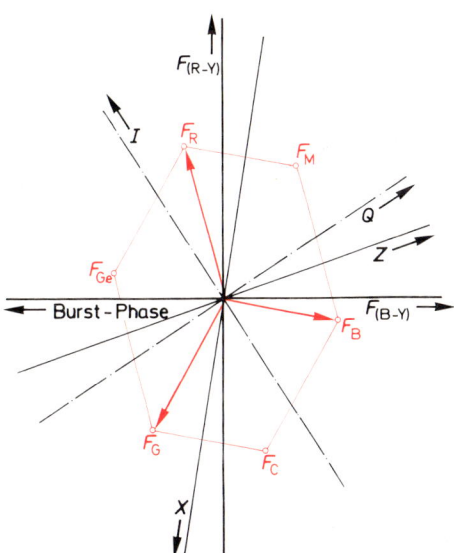

Bild 3.2
Frequenzspektrum
und Farbart-Zeiger
beim NTSC-Verfahren

[1] NTSC = **N**ational **T**elevision **S**ystem **C**ommitee = Ausschuß von Ingenieuren und Technikern aus der Industrie der USA
[2] I = inphase (engl.) = in Phase
 Q = quadraturphase (engl.) = um 90° phasenverschoben

Da das Auge, bei kleinen Farbflächen, nicht alle Farben gleich gut wahrnimmt, hat man dem I-Signal eine Bandbreite von 1,8 MHz und dem Q-Signal eine Bandbreite von nur 600 kHz zugewiesen. Wegen der Kompatibilität zum Schwarz-Weiß-Verfahren, müssen diese beiden Farbsignale innerhalb des Frequenzspektrums des BAS-Signals liegen. So ergeben sich die Grenzlinien der Spektren beim NTSC-Verfahren nach **Bild 3.2.** Der Farbträger liegt, wegen des hier benutzten Halbzeilen-Offset-Verfahrens, auf der Frequenz.

$$f_T = 4,4296875 \text{ MHz.}$$

Hier erkennt man, daß für das I-Signal nur eine Restseitenband-Übertragung möglich ist, während das Q-Signal im Zweiseitenbandverfahren übertragen werden kann.

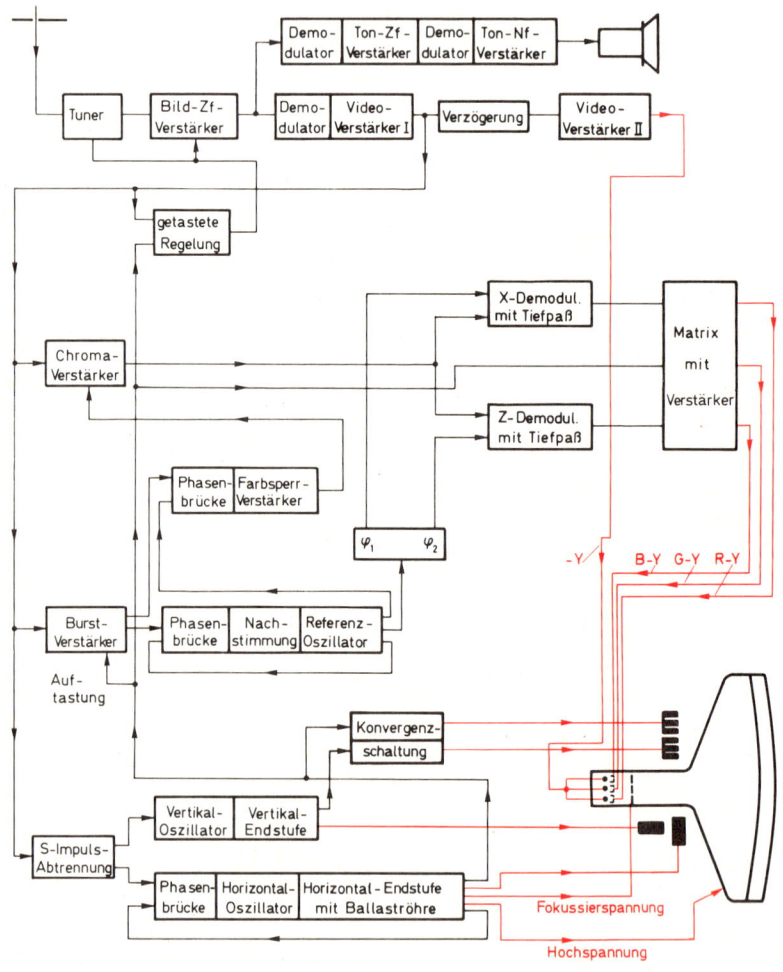

Bild 3.3
Blockschaltbild eines NTSC-Farbfernsehempfängers (Telefunken)

Der Farbträger wird aus Störgründen im Sender unterdrückt. So muß er im Empfänger frequenzgleich und phasenrichtig wieder erzeugt werden. Man sendet deshalb auf der hinteren Schwarzschulter des Zeilensynchronimpulses den Burst mit. Ändert sich bei der Übertragung die Phasenlage des Farbsignals, so können die dadurch hervorgerufenen Farbtonänderungen auf dem Bildschirm nur durch ein Nachstellen des Farbtoneinstellers korrigiert werden, was sehr nachteilig ist.

Das Blockschaltbild eines NTSC-Farbempfängers zeigt **Bild 3.3.** Das von der Antenne gelieferte VHF- bzw. UHF-Signal wird im Allbereichtuner verstärkt und auf die Bildzwischenfrequenz umgesetzt. Der anschließende Bild-Zf-Verstärker bringt die erforderliche Nahselektion. Im Gegensatz zum Schwarz-Weiß-Empfänger verwendet man im Farbgerät zwei Demodulatoren, einen für das FBAS-Signal und den anderen für die Gewinnung der Ton-Zf. Dieser Aufwand ist notwendig, damit man die Interferenzfrequenz zwischen Tonträger und Farbhilfsträger besser absenken kann. Der Tonteil eines Farbempfängers gleicht dem eines Schwar-Weiß-Gerätes.

Hinter dem Videodemodulator folgt der Videoverstärker, der hier zweistufig aufgebaut ist und noch eine Verzögerungsleitung enthält. Diese hat die Aufgabe, die Laufzeitunterschiede zwischen dem Luminanz- und Chrominanzsignal auszugleichen.

Der Farbteil des Empfängers hat zwei Eingänge. Der eine Eingang ist dem Chromaverstärker, auch Farbartverstärker genannt. zugeordnet, der andere gehört zum Burst-Verstärker.

Das im Chromaverstärker verstärkte Farbartsignal gelangt zu den beiden Demodulatoren, in denen die Komponenten X und Z des Farbartsignals gewonnen werden. Weil im Sender der Farbhilfsträger unterdrückt wurde und die beiden Farbdifferenzsignale phasenverschoben auf den Farbträger aufmoduliert wurden, muß hier in den Demodulatoren der Farbträger auch phasenrichtig wieder zugefügt werden. Man spricht deshalb hier von Synchrondemodulatoren. Im Blockschaltbild sind für die beiden Demodulatoren zwei voneinander nicht um 90 ° abweichende φ 1 und φ 2 eingetragen. Das macht man beim NTSC-Verfahren absichtlich, um damit die Demodulationsschaltung und die anschließende Matrix zum Rückgewinnen der Farbsignale zu vereinfachen.

An den Ausgängen der beiden Synchrondemodulatoren liegt eine Matrix-Schaltung mit Verstärker. In dieser Matrixschaltung werden aus dem X-Signal und dem Z-Signal die drei Farbdifferenzsiganle R-Y, B-Y und G-Y oder die Primär-Farbsignale R, G und B gewonnen. Die Verstärkerstufen verstärken diese drei Signale soweit, wie dies für das Ansteuern der Lochmasken-Farbbildröhre erforderlich ist.

Die beiden in den Demodulatoren benötigten Farbhilfsträger-Schwingungen werden aus dem Farb-Synchronisier-Impuls (Burst) abgeleitet. Der hierfür erforderliche Burst-Verstärker soll nur den Burst verstärken, der auf der hinteren Schwarzschulter des Zeilensynchronimpulses übertragen wird. Damit er von allen sonstigen Signalen unbeeinflußt bleibt, wird er nur während des Zeilenrücklaufs aufgetastet.

An dem einen der beiden Ausgänge des Burst-Verstärkers liegt eine Phasenbrücke, die zum Wiederherstellen des Farbträgers in der richtigen Phasenlage notwendig ist. Der Farbhilfsträger wird in einem quarzgesteuerten Oszillator erzeugt, den man Referenz-Oszillator nennt. Dieser Oszillator wird über eine Nachstimmschaltung mit dem Burst auf eine feste Phasenbeziehung, meistens 90 °, eingeregelt. Der Phasenvergleich findet in der Phasenbrücke statt. Man gibt deshalb auf diese Schaltung den Burst und den im Oszillator erzeugten Farbträger.

Aus dem zweiten Ausgang des Burst-Verstärkers wird ebenfalls eine Phasenbrücke gespeist, die zum Farbsperrverstärker gehört. Die aus diesem Verstärker gewonnene Spannung sperrt den Farbartverstärker dann, wenn der Burst ausbleibt und deshalb der Referenz-Oszillator nicht mehr synchronisiert wird. Auf diese Weise verhindert man, daß bei der Wiedergabe von Schwarz-Weiß-Sendungen auf dem Bildschirm des

Farbgerätes störende Farbnuancen aufgrund von Rauschen und höherfrequenten Anteilen des Leuchtdichtesignals auftreten können.

Der Ablenkteil des NTSC-Farbfernsehempfängers gleicht dem eines Schwarz-Weiß-Empfängers. Nur müssen in den Ablenkendstufen, bedingt durch die Lochmaskenröhre, größere Ströme erzeugt werden. Weiterhin ist hier noch eine Konvergenzschaltung einzufügen, um die drei Strahlsysteme in der Bildröhre zur Deckung zu bringen.

3.2.2. PAL-Verfahren

Das PAL-[1]Verfahren entstand als Weiterentwicklung des NTSC-Verfahrens. Es lehnt sich eng an dieses an. Im Jahre 1966 wurde dieses PAL-Verfahren in der Bundesrepublik Deutschland und in den meisten west- und nordeuropäischen Ländern eingeführt. Der schaltungstechnische Aufwand ist geringer, da beide Farbsignale mit gleicher Bandbreite übertragen werden. Wie schon ausführlich im Kapitel 2. 2. behandelt wurde, wendet man hier ebenfalls die Quadratur-Amplitudenmodulation an. Nur schaltet man die Modulationsrichtung eines Farbsignals von Zeile zu Zeile von positiver nach negativer Modulation um. Im Empfänger muß diese Umschaltung wieder rückgängig gemacht werden. So speichert man in einer Verzögerungsleitung die Farbinformation einer Zeile und addiert sie dann mit der Farbinformation der darauffolgenden Zeilen. Der PAL-Schalter schaltet dabei die negative Modulation in eine positive Modulation zurück.

Unterschiede in der Farbinformation der aufeinanderfolgenden Zeilen werden durch Mittelwertbildung ausgeglichen. Dadurch können Farbtonänderungen, die durch eine Phasenverschiebung des Burstes auf dem Übertragungsweg entstehen, vom Auge nicht mehr wahrgenommen werden. Bei diesem Verfahren wandelt man Phasenfehler in Sättigungsfehler um. Jedoch fallen Sättigungsfehler nicht so störend auf, wie Farbtonfehler.

Im **Bild 3.4** ist das Blockschaltbild eines PAL-Farbfernsehempfängers wiedergegeben. Der Hochfrequenz-, Ton- und Videoteil ist ebenso aufgebaut wie bei einem NTSC-Empfänger. Nur die durch die Norm bedingten Abstimmfrequenzen sind andere. So kann man sich gleich dem Farbteil zuwenden.

An den Ausgang des Chrominanzverstärkers ist der PAL-Decoder angeschlossen. Dieser besteht aus einer Einzeilen-Verzögerungsleitung, einem 180 °-Phasendreherglied und zwei Stufen zur Summenbildung. Als Summe der beiden Farbart-Signale entstehen die Komponenten Fu und $\pm$ Fv. Aus diesen Komponenten werden in den beiden anschließenden Synchrondemodulatoren die Farbdifferenzsignale B-Y und R-Y zurückgewonnen.

Wie beim NTSC-Verfahren muß man die Farbträgerfrequenz auf die Synchrondemodulatoren geben. Dabei wird diese Schwingung mit 90 °-Phasenverschiebung auf den (B-Y) - Demodulator gegeben, während man dem (R-Y)-Demodulator die Farbträgerschwingung erst über den Umweg des PAL-Schalters zuführt. Dabei bewirkt der PAL-Schalter das Umschalten der (R-Y)- Komponente. Hiermit macht man die senderseitige Umpolung des Fv-Signal wieder rückgängig.

Gesteuert wird dieser PAL-Umschalter einerseits von den Zeilenimpulsen, mit denen die Umschaltung synchronisiert wird und andererseits von einem $1/2 \cdot f_z$-Verstärker, mit dem die richtige Reihenfolge der Zeilenumschaltung bewirkt wird. Die Frequenz $1/2 \cdot f_z$ gewinnt man aus der Phasenbrücke für den Referenzträger aus dem alternierenden Burst.

Alle weiteren Stufen des Farbteils sind die gleichen wie bei einem NTSC-Farbempfänger.

[1] PAL (Abk.) = **P**hase **a**lternation **l**ine = Zeilenfrequenter Phasenwechsel

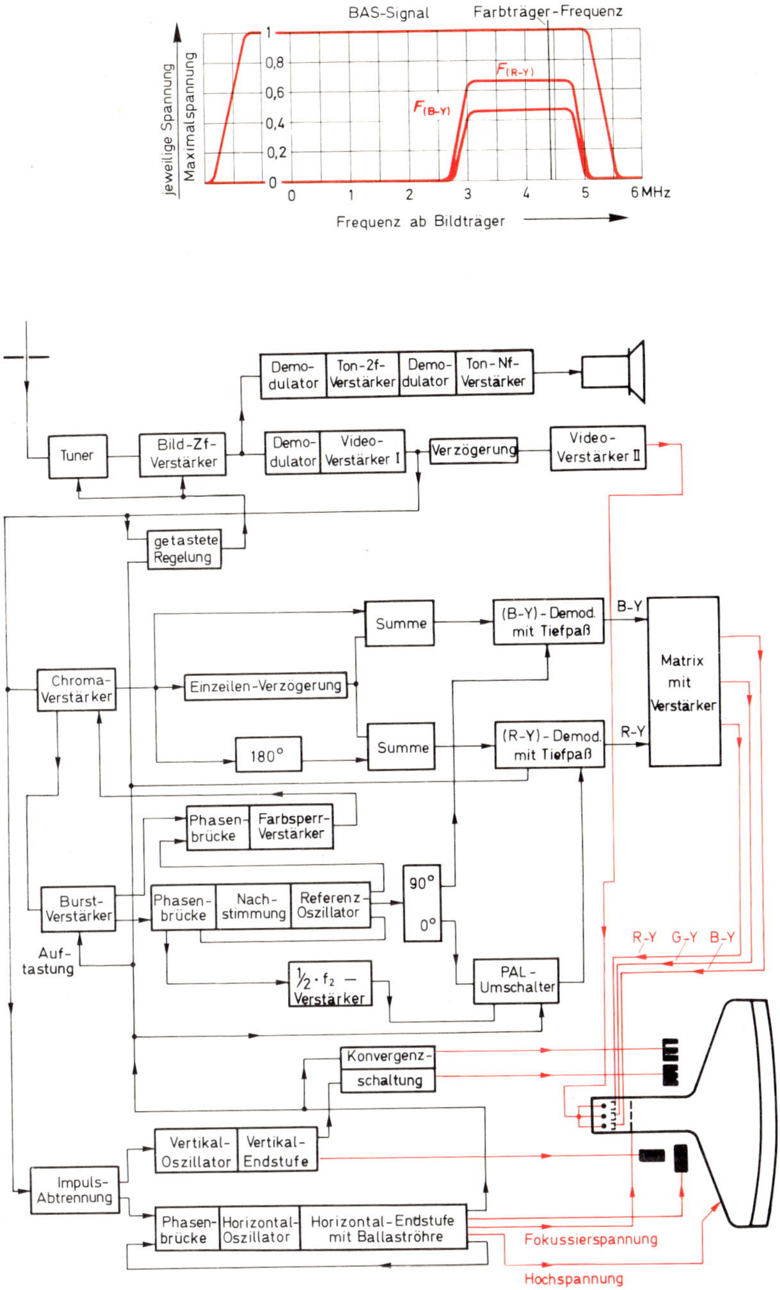

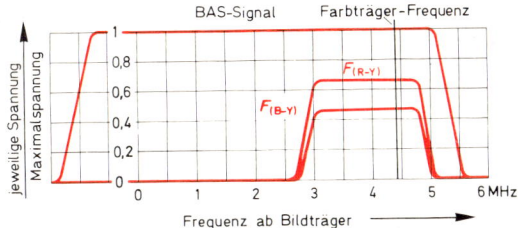

Bild 3.4
Frequenzspektrum und Blockschaltbild eines PAL-Farbfernsehempfängers (Telefunken)

3.2.3. SECAM-Verfahren

Das SECAM[1]-Verfahren entstand, wie das PAL-Verfahren, mit dem Ziel, das bestehende NTSC-Verfahren so zu variieren, daß Phasenfehler bei der Übertragung keine Farbverfälschungen bei der Bildwiedergabe hervorrufen.

Dieses seit 1966 in Frankreich und in den osteuropäischen Ländern eingeführte SECAM-Verfahren beruht auf dem Gedanken, daß sich ohne wesentliche Qualitätseinbuße die Vertikalauflösung bei der Farbwiedergabe verringern läßt, da das menschliche Auge Farbunterschiede bei sehr kleinen Einzelheiten ohnehin nur beschränkt aufnehmen kann. Außerdem ist vorausgesetzt, daß die Farbinformation von Zeile zu Zeile nur unwesentlich wechselt.

So braucht man die bei der Übertragung der Farbinformation charakteristischen Farbdifferenzsignale R−Y und B−Y nicht gleichzeitig (simultan), sondern in zeitlich aufeinander folgenden Zeilen nacheinander (sequentiell) zu übertragen. Im Empfänger wird dann die Farbinformation aus den beiden aufeinander folgenden Zeilen gebildet. Dazu ist im Empfänger ein Speicher erforderlich, mit dem die Signalfolge einer Zeile für die Dauer von 64 µs gespeichert wird, um sie dann mit der Signalfolge der nächsten Zeile gemeinsam verarbeiten zu können.

Der Name SECAM für dieses Farbübertragungsverfahren ist nämlich aus „**s**équentielle **à mé**moire" abgeleitet und besagt, daß es sich um ein sequentielles Verfahren mit Signalspeicherung handelt.

Auch beim SECAM-Verfahren werden die beiden Farbdifferenzsignale R−Y und B−Y auf einen Farbträger aufmoduliert. Hier wird aber die weniger störanfällige Frequenzmodulation benutzt, bei der sich aber der Träger nicht unterdrücken läßt. Verfälschungen des Farbtones und der Farbsättigung könnten nur dann auftreten, wenn die Amplituden der Farbdifferenzsignale auf dem Übertragungsweg beeinflußt würden. Das ist jedoch bei der Frequenzmodulation fast nicht möglich, falls das Eingangssignal so groß ist, daß vor der Demodulation ihre Amplituden begrenzt werden können. Weil der Farbträger nicht unterdrückt werden kann, ergibt sich bei nur wenig gesättigten Farben sogar eine sehr große Farbträgeramplitude. Diese macht sich natürlich störend auf dem Schwarzweiß-Bildschirm bemerkbar. In verschiedenen Entwicklungsstufen dieses SECAM-Systems versuchte man, diese Störungen zu mindern.

Gemäß der letzten Version der SECAM-Entwicklung (SECAM III opt. oder SECAM B) verwendet man für die Übertragung der beiden Farbdifferenzsignale jeweils unterschiedliche Farbträgerfrequenzen, die wie beim NTSC- und PAL-Verfahren, mit der Zeilenfrequenz verkoppelt sind. Die Störungen durch die frequenzmodulierte Schwingung mitteln sich dadurch von Zeile zu Zeile besser aus. Nach der CCIR-Norm SECAM sind folgende Frequenzen festgelegt:

$$f_F = 272 \cdot f_H = 4,250\,000 \text{ MHz}$$
$$f_F = 282 \cdot f_H = 4,406250 \text{ MHz}$$

Die Farbdifferenzsignale werden mit unterschiedlichen Faktoren bewertet und übertragen durch die Signale:

$$U_U = 1,5 \cdot (U_B - U_Y)$$
$$U_V = -1,9 \cdot (U_R - U_Y).$$

Damit im Empfänger die Zuordnung des modulierten Farbträgers phasenrichtig auf den entsprechenden FM-Demodulator erfolgt, werden in jedem Halbbild während neun Zeilen der Vertikal-Austastlücke hinter dem Vertikal-Synchronimpuls und den Ausgleichsimpulsen sogenannte Identifikationsimpulse in Form des modulierten Farbträgers übertragen.

---

[1] SECAM (Abk.) = séquentielle à memoire = zeitlich nacheinander mit Speicher

Um die Störungen durch die frequenzmodulierten Farbträger noch weiter herabzusenken, nimmt man senderseitig durch eine Träger-Preemphase eine Absenkung bei den Farbträgermittenfrequenzen vor. Beim Farbfernsehempfänger erfolgt im Farbkanal durch die Träger-Deemphase über das sogenannte Cloche-Filter wieder eine Anhebung der Farbträgerfrequenzen, gleichzeitig aber eine Absenkung der Seitenbänder. Dadurch wird der Signal/Rausch-Abstand wesentlich verbessert. Zusätzlich wird durch eine videofrequente Pre- und Deemphase der Einfluß von Rauschstörungen vermindert.

Der Frequenzhub beträgt beim Farbträger für das (B−Y)-Signal 230 kHz und beim Farbträger für das (R−Y)-Signal 280 kHz. Die Bandbreite für das übertragene Farbmodulationssignal beträgt 1,3 MHz.

Gegenüber dem PAL-Verfahren weist das SECAM-Verfahren einige systembedingte Schwächen auf, da wegen der relativ geringen verfügbaren Übertragungsbandbreite die Frequenzmodulation bereits an ihrer physikalischen Grenze angelangt ist.

Im Interesse der Kompatibilität steht für die Farbinformation nur eine geringe Bandbreite zur Verfügung. Daraus folgt ein relativ kleiner Frequenzhub. Das bedeutet, daß die Farbdifferenzsignale vor der Modulation auch wesentlich kleinere Amplituden besitzen als beim PAL- oder NTSC-Verfahren. Damit ergibt sich beim SECAM-Verfahren eine größere Anfälligkeit gegen Rauschstörungen als beim PAL- oder NTSC-Verfahren.

Das im **Bild 3.5** wiedergegebene Blockschaltbild eines SECAM-Farbempfängers unterscheidet sich von dem Blockschaltbild eines NTSC-Empfängers nur hinsichtlich des Farbteils. Übereinstimmend sind der Chromaverstärker und die Matrix-Stufe mit Verstärker, worin die erforderliche Steuerspannung für die Farbbildröhre gewonnen wird. Der Block für den Chromaverstärker enthält noch den Vermerk „mit Amplituden-Korrektur". Damit soll angedeutet werden, daß die Amplituden der Farbartsignale im Frequenzbereich des Farbträgers angehoben werden. Mit diesem Anheben gleicht man das Absenken aus, das für diesen Frequenzbereich im Sender vorgenommen wird, um in Schwarz-Weiß-Empfängern die Farbträgerstörungen abzuschwächen.

Von dem einen Ausgang des Chromaverstärkers führt ein Signalweg direkt und ein zweiter Signalweg über eine Einzeilen-Verzögerungsleitung sowie einen nachgeschalteten Verstärker auf den Umschalter. Dieser Umschalter schaltet die beiden Komponenten des Farbartsignals jeweils auf die ihnen zugeordneten Blöcke. Es handelt sich hier um eine Art zweipoligen Umschalter, der natürlich mit Dioden aufgebaut wird. Damit wird abwechselnd von Zeile zu Zeile einmal das unverzögerte und einmal das verzögerte Signal an den (B-Y)- bzw. (R-Y)-Demodulator gelegt.

Da es sich beim SECAM-Verfahren um eine Frequenzmodulation handelt, enthält jeder Demodulationsblock außer einem Verstärker, einen Begrenzer, einen Diskriminator und ein De-Emphasisglied. Die Begrenzung und damit die bei der Farbwiedergabe auftretende Farbsättigung ist einstellbar.

Vom Chromaverstärker führt eine Leitung zum Kennimpuls-Verstärker. Dieser arbeitet mit einer astabilen Kippschaltung zusammen, die gemeinsam mit dem Zeilen-Rücklauf-Impuls den elekronischen Umschalter steuert.

Mit den Bild-Austastimpulsen werden aus den Zeilen-Signalen am Anfang eines jeden Halbbildes die Kennimpulse herausgetastet. Während die Umschaltung von Zeilen-Rücklauf-Impulsen synchronisiert wird, bewirken die Kennimpulse das phasenrichtige Umschalten, d. h. das Zuordnen der Komponenten des Farbart-Signals zu den richtigen Demodulatoren.

In dem Kennimpuls-Verstärker wird schließlich noch eine Spannung gewonnen, die auftritt, wenn der Kennimpuls ausbleibt. Diese Spannung sperrt dann den Farbsignalweg im Chromaverstärker.

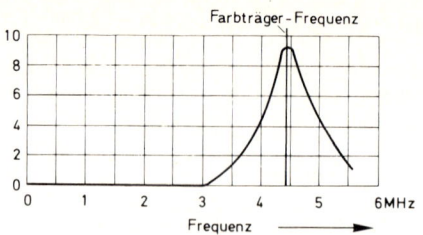

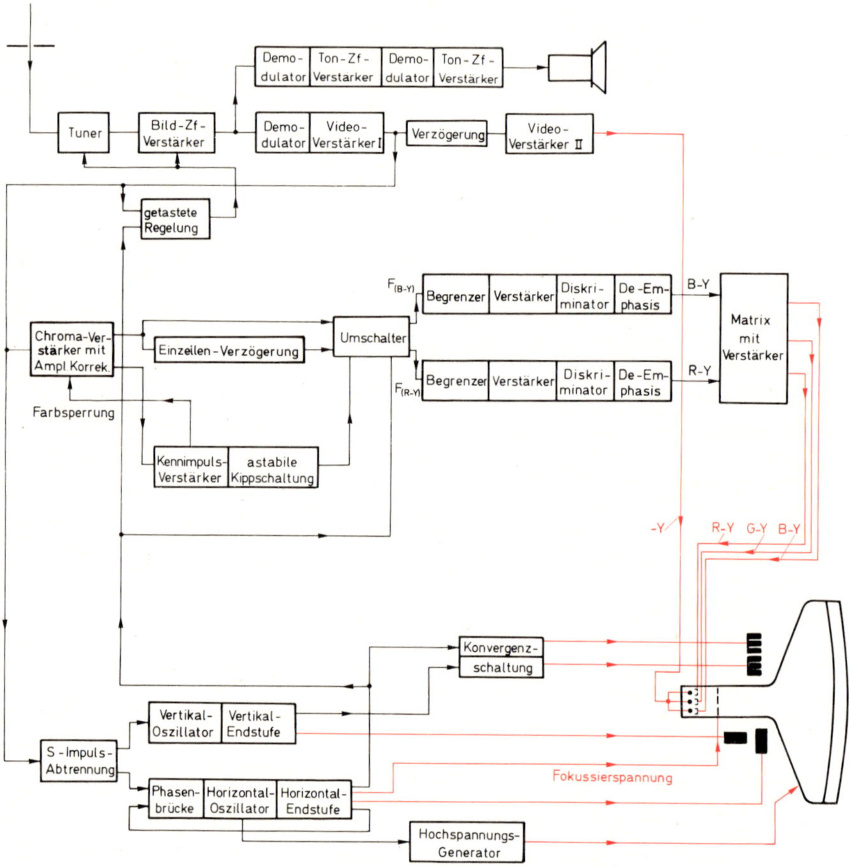

Farbträger-Frequenz

Frequenz

Bild 3.5
Lage des Farbhilfsträgers beim Secam-Verfahren
Blockschaltbild eines Farbfernsehempfängers, der nach dem Secam-Verfahren arbeitet (Telefunken)

Zusammenfassung 3

In jedem Fernsehgerät wird zunächst die empfangene Hochfrequenz verstärkt und auf die Zwischenfrequenz umgesetzt. Erst im Zf-Verstärker erfolgt die Nahselektion. Im Videodemodulator trennt man das Tonsignal vom Videosignal. Der Ton wird dann getrennt verarbeitet. Hinter der Videoendstufe selektiert man die Synchronisationsimpulse vom Bildinhalt. Die Bildröhre wandelt das Videosignal in Helligkeitssignale zurück.

Die Synchronisationsimpulse werden hinter dem Amplitudensieb in Bild- und Zeilenimpulse aufgetrennt. Sie synchronisieren die Ablenkgeneratoren, die wiederum die Ablenkendstufen ansteuern. Die Endstufen liefern dann die erforderlichen Ablenkströme, um das entsprechende Raster auf dem Bildschirm schreiben zu können.

Das NTSC-Verfahren, das heute noch in Amerika angewendet wird, ist das älteste realisierte Farbübertragungsverfahren. Bei diesem Verfahren wirken sich Phasenfehler als Farbfehler aus. Beim PAL-Verfahren wandelt man Phasenfehler in Sättigungsfehler um, die nicht sehr störend in Erscheinung treten. Das SECAM-Verfahren arbeitet bei der Farbübertragung mit der Frequenzmodulation. Der Farbhilfsträger wird nicht unterdrückt. Phasenfehler machen sich hier nicht bemerkbar. Nur bei kleinen Amplituden, wenn die Begrenzer noch nicht ansprechen, entstehen Farbsättigungsfehler.

Lerntest 3

1. Die Synchronisationsimpulse trennt man vom Bildinhalt
   a) in der Videoendstufe
   b) im Videodemodulator
   c) hinter dem Zf-Verstärker
   d) im Amplitudensieb

2. Die Videoendstufe hat die Aufgabe
   a) den Ton zu verstärken
   b) das Videosignal in Helligkeitswerte umzusetzen
   c) die Impulstrennung vorzunehmen
   d) die Synchronimpulse vom Bildinhalt zu trennen
   e) das Videosignal auf die zur Ansteuerung der Bildröhre erforderliche Größe zu verstärken

3. Die Ablenkstufen sollen
   a) das Bildraster erzeugen
   b) die Synchronimpulse verstärken
   c) die Bild- und Zeilenimpulse voneinander trennen
   d) die Synchronisation bewirken

4. Das NTSC-Verfahren hat folgenden Nachteil:
   a) Phasenfehler wirken sich als Entsättigungsfehler aus
   b) Phasenfehler ergeben Farbtonfehler
   c) es ist zu aufwendig
   d) kleine Farbsignalamplituden werden nicht verarbeitet

5. Bei welchen Farbübertragungsverfahren wird mit einer Zeilenspeicherung gearbeitet?
   a) nur beim NTSC-Verfahren
   b) nur beim PAL-Verfahren
   c) beim PAL- und NTSC-Verfahren
   d) beim PAL- und Secam-Verfahren
   e) beim NTSC- und Secam-Verfahren

(Antworten im Anhang)

4. VERARBEITUNG DES HOCHFREQUENZ- UND VIDEOSIGNALS

4.1 Kanalwähler (Tuner)

4.1.1. Blockschaltbild

Für den Fernsehempfang stehen im VHF-Bereich die Frequenzbänder I (47 MHz bis 68 MHz) und III (174 MHz bis 223 MHz), im UHF-Bereich die Bänder IV/V (470 MHz bis 854 MHz) zur Verfügung. Solche relativ hochfrequenten Signale lassen sich nur mit erheblichem Aufwand weiterverarbeiten. Der Kanalwähler, auch Tuner genannt (Tuner engl. = Abstimmer), hat deshalb die Aufgabe, die mit der Antenne empfangenen Hochfrequenzsignale zunächst in einem rauscharmen Vorverstärker zu verstärken. Dadurch läßt sich ein ausreichendes Nutz-Rauschverhältnis erhalten. In der anschließenden Mischstufe wird dieses hochfrequente Signal auf die genormte Zwischenfrequenz von 38,9 MHz für den Bildträger und 33,4 MHz für den Tonträger herunter gemischt. Aus Störstrahlungsgründen kapselt man den Kanalwähler in ein Extragehäuse ein. Das Blockschaltbild eines Kanalwählers ist im **Bild 4.1** wiedergegeben.

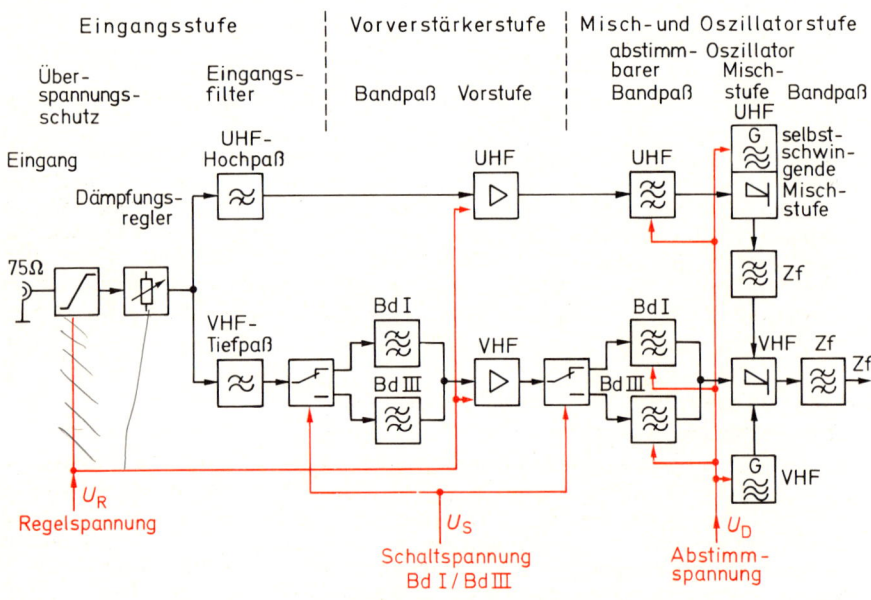

Bild 4.1
Blockschaltbild eines Kanalwählers

Das mit der Antenne empfangene Hochfrequenzsignal gelangt über den unsymmetrischen 75-Ω-Eingang in den Kanalwähler. Der nachfolgende Überspannungsschutz soll Spannungsspitzen, die z. B. bei Gewitter auftreten, verhindern. Dann wird das Signal über einen Dämpfungsregler, wenn erforderlich, abgeschwächt, um Übersteuerungen in den nachfolgenden Verstärkerstufen zu verhindern. Danach erfolgt im Eingangsfilter die Auftrennung in den VHF-Frequenzbereich und in den UHF-Frequenzbereich. Mittels eines elektronischen Schalters und Bandpässen trennt man die Bänder I und III voneinander.

Die UHF- und VHF-Signale werden dann in getrennten rauscharmen Vorverstärkerstufen oder in einer gemeinsamen Verstärkerstufe verstärkt. Danach erfolgt mit abstimmbaren Bandpässen die Trennung in die einzelnen Kanäle. Die Umsetzung des Hochfrequenzsignals in die genormte Zwischenfrequenz erfolgt dann in der sich anschließenden Mischstufe. Im UHF-Bereich wird meistens eine selbstschwingende Mischstufe verwendet. Im VHF-Teil sind Oszillator und Mischstufe voneinander getrennt. Die VHF-Mischstufe dient häufig für die UHF-Kanäle als zusätzliche Zf-Verstärkerstufe. Die Umschaltung zwischen den Bändern im VHF-Bereich erfolgt mit Schaltdioden, die Abstimmung mit Kapazitätsdioden.

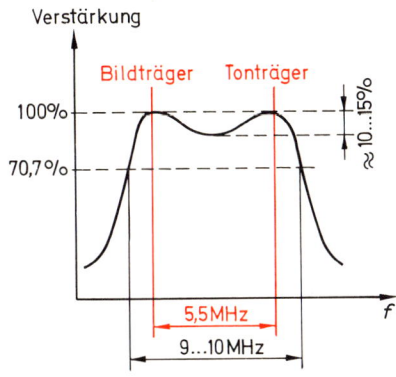

Bild 4.2
Normdurchlaßkurve eines Kanalwählers

Der Kanalwähler muß eine von der CCIR-Norm vorgeschriebene Durchlaßkurve besitzen (**Bild 4.2**). Ihre Form wird durch ein leicht überkritisch gekoppeltes Filter zwischen Vorverstärkerstufe und Mischstufe sowie dem Eingangskreis bestimmt. Die Bandbreite der Durchlaßkurve muß etwa 9 bis 10 MHz betragen. Bild- und Tonträger sollen dabei ungefähr in den Höckerpunkten liegen. Die Bandbreite muß weiterhin so groß sein, daß das obere Seitenband und das untere Restseitenband ohne Abschwächung übertragen werden. Die Einsattelung zwischen den Höckern darf nur etwa 10 bis 15% der Maximalamplitude betragen.

4.1.2. Eingangsstufe

4.1.2.1. Überspannungsschutz

Bei Gewitter und atmosphärischen Entladungen können sehr hohe Spannungsspitzen über die Antenne in den Kanalwähler gelangen. Diese Spannungsspitzen können Bauteile, insbesondere die Transistoren der Vorverstärkerstufe zerstören. Mit der in **Bild 4.3** gezeigten Schutzschaltung werden solche Überspannungen beseitigt. Je nach Polarität der auftretenden Überspannung wird eine der beiden Dioden leitend. Dabei lädt sich der Kondensator C auf. Nach der Spannungsspitze entlädt sich der Kondensator dann über die Spulen L1 und L2.

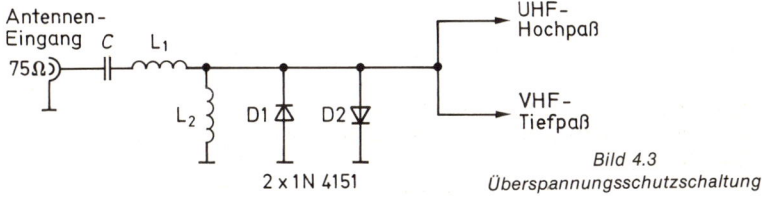

Bild 4.3
Überspannungsschutzschaltung

4.1.2.2. Dämpfungsregler

Einen störungs- und rauschfreien Empfang konnte man bisher durch eine entsprechende Verstärkungsregelung des Hf-Vorstufentransistors erreichen. Durch die immer größer werdende Fernsehsenderdichte, durch die Gemeinschaftsantennenanlagen und durch das Kabelfernsehen wird das dem Kanalwähler angebotene Hf-Eingangssignal immer größer. Damit kann es leichter passieren, daß trotz einer Regelung des Vorstufentransistors, dieser noch übersteuert wird. Die Folgen sind Verzerrungen und Kreuzmodulationsstörungen. Es wurde deshalb erforderlich, in die Eingangsstufe eine wirksamere Dämpfungsregelung einzubauen. Man verwendet dazu PIN-Dioden. Durch eine solche PIN-Dioden-Regelung wird das Signal vor dem Vorstufentransistor geregelt. Die Vorstufe bleibt dann ungeregelt und arbeitet stets mit maximaler Leistungsverstärkung.

PIN-Dioden sind Silizium-Dioden, deren hochdotierte p- und n-Schichten durch eine schmale Zone hochohmigen Siliziums getrennt sind. Diese Zone ist nahezu eigenleitend (intrinsic) und wird, davon abgeleitet, mit „i"-Zone bezeichnet (**Bild 4.4 a**). Dadurch ergibt sich für PIN-Dioden die Eigenschaft, daß sie in Durchlaßrichtung bei Frequenzen $\geqq 1$ MHz wie „ohmsche Widerstände" wirken. Dieser Widerstand läßt sich durch eine Gleichspannung von etwa 1 Ω bis 20 kΩ ändern (**Bild 4.4 b**).

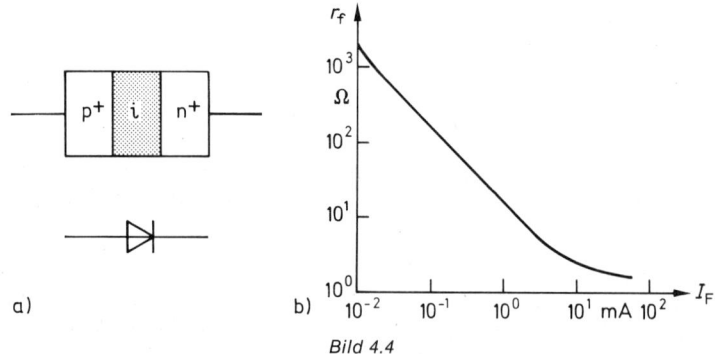

Bild 4.4
a) Schichtfolge und Schaltzeichen einer PIN-Diode
b) Durchlaßwiderstand einer PIN-Diode

Die PIN-Dioden in der Dämpfungsregler-Schaltung im **Bild 4.5** bilden ein Dämpfungsglied in π-Schaltung, dessen Dämpfungsfaktor bei niedriger Antennenspannung sehr klein und bei hoher Antennenspannung groß ist. Der Transistor dient in dieser Schaltung nur als Impedanzwandler zwischen Regelspannungserzeugung und der PIN-Dioden-Regelschaltung. Er hat mit der Kanalwählerschaltung im eigentlichen Sinne nichts zu tun.

Liegt an der Basis des Transistors eine Regelspannung von $U_R = +12$ V, so ist der Transistor leitend, und es fließt ein Strom durch den Transistor, durch die Spule L, durch die PIN-Diode D3 und durch den Widerstand R4. Die an R4 entstehende Gleichspannung sperrt die PIN-Dioden D2 und D1. Weil die Diode D3 leitet, ist der Dämpfungsfaktor des Dämpfungsgliedes sehr klein.

Liegt an der Basis des Transistors dagegen eine Regelspannung von nur $U_R = +1,5$ V, so ist der Transistor gesperrt. Jetzt ist aber folgender Gleichstromkreis geschlossen: $U_B - R1 - R3 - D1 - D2 - R4 -$ Masse. Die an R4 entstehende Gleichspannung sperrt jetzt die Diode D3. Die Dioden D1 und D2 sind leitend und schließen damit das Antennensignal über die Kondensatoren C1, C2 nach Masse kurz. In diesem Falle ist die Dämpfung des Dämpfungsgliedes ca. 30 dB und damit maximal. Durch die Variation der Regelspannung von 12 V bis 1,5 V ergeben sich alle Zwischenwerte der Übertragungsdämpfung.

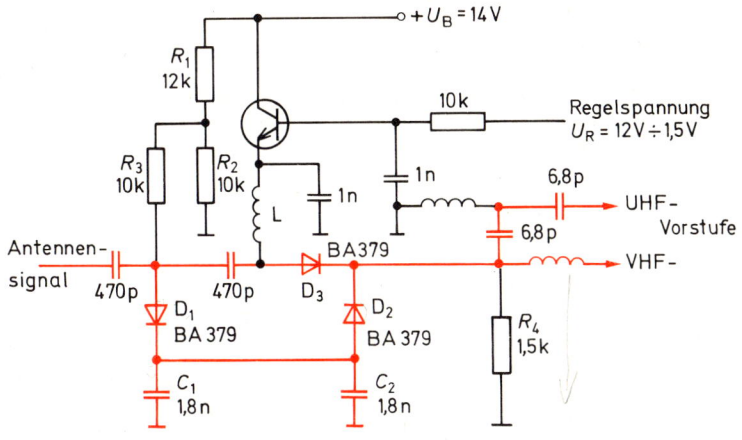

Bild 4.5
Dämpfungsregelung mit PIN-Dioden

4.1.2.3. Eingangsfilter

Nachdem das Antennensignal die Überspannungsschutzschaltung und die Dämpfungsregelung durchlaufen hat, muß die Trennung in den UHF- und in den VHF-Teil erfolgen. Das
Antennensignal mit Frequenzen oberhalb 470 MHz gelangt daher über einen UHF-Hoch-
paß bestehend aus zwei CL-Gliedern und einem kapazitiven Teiler auf die UHF-Vorstufe
(**Bild 4.6**). Das VHF-Signal mit Frequenzen unter etwa 230 MHz wird dagegen über einen
Tiefpaß bestehend aus einem LCL-Glied gegeben. Um Störungen aus dem Band II zu ver-
hindern, wird meistens in den VHF-Zweig eine sogenannte UKW-Bandsperre gelegt.
Danach gelangt das VHF-Signal über den Band-I/III-Bandpaß an die Vorstufe.

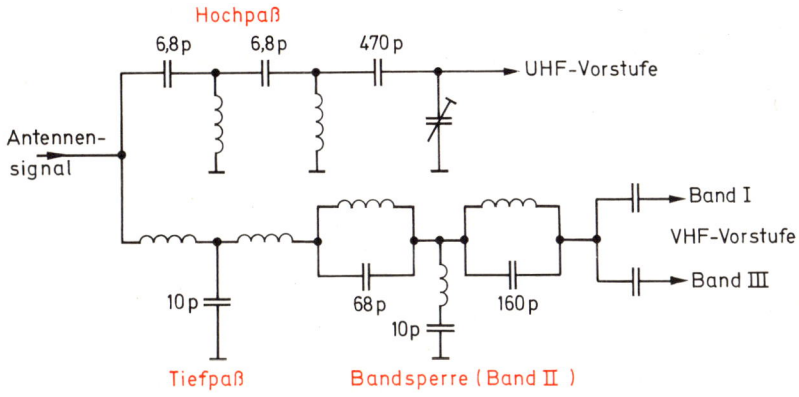

Bild 4.6
Eingangsfilter UHF/VHF

4.1.3. Vorverstärkerstufe

Die Vorverstärkerstufe hat die Aufgabe, die aus dem Eingangsfilter kommenden UHF-Signale mit Frequenzen oberhalb 430 MHz und die VHF-Signale mit Frequenzen bis 230 MHz zu verstärken. Weiterhin müssen in dieser Stufe im VHF-Bereich die Antennensignale in die Bänder I und III aufgeteilt werden.

Bei der Verstärkung solcher hochfrequenter Signale mit einer Bandbreite von 10 MHz treten Probleme hinsichtlich Rauschen und Schwingneigung auf. Es können deshalb nicht die aus der Nf-Technik her bekannten Transistor-Grundschaltungen verwendet werden. Weiterhin muß der Vorstufentransistor möglichst rauscharm sein, da Rauschen auf dem Bildschirm flimmernde Punkte, sogenannter Schnee oder Grieß, hervorruft.

Da auch in der nachfolgenden Mischstufe Rauschspannungen entstehen, soll die Leistungsverstärkung der Vorverstärkerstufe möglichst groß sein, damit nach dieser Stufe der Nutz-Rauschabstand groß genug ist. Das Verstärkungsmaß der Vorstufe beträgt deshalb im Band I etwa 8 dB, im Band III etwa 12 dB und im UHF-Bereich etwa 14 dB.

Wird der Hf-Vorstufen-Transistor geregelt, so wird meistens die Aufwärtsregelung angewendet. Bei dieser Regelung ändern sich die Ein- und Ausgangswiderstände des Transistors nur wenig, so daß die Eingangs- und Ausgangsschwingkreise gleichmäßig bedämpft werden. Dadurch ändert sich auch nicht die Kanalwähler-Durchlaßkurve in Abhängigkeit von der Höhe der Antennenspannung.

4.1.3.1. VHF-Vorverstärker mit Transistoren

Die elektrischen Daten von Transistoren, wie Eingangswiderstand, Verstärkung, Ausgangswiderstand und dgl. sind bei tiefen Frequenzen z. B. im Nf-Bereich, frequenzunabhängig. Dagegen machen sich die inneren Kapazitäten, Laufzeiterscheinungen und schließlich die Zuleitungsinduktivitäten mit steigender Frequenz immer stärker bemerkbar. Das führt dazu, daß selbst bei optimaler Anpassung am Eingang und Ausgang die Verstärkung immer mehr abnimmt und schließlich auf den Wert 1 absinkt.

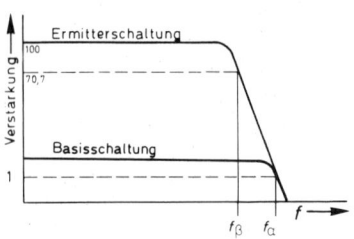

Bild 4.7
Prinzipieller Verlauf der Verstärkung
in Abhängigkeit von der Frequenz

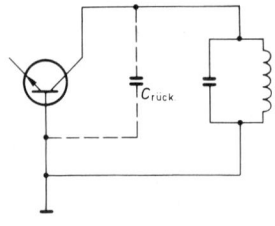

Bild 4.8
In der Basisschaltung
liegt die Transistorrückwirkungskapazität
parallel zum Ausgangskreis

Im **Bild 4.7** ist der prinzipielle Verlauf der Verstärkung über die Frequenz aufgetragen und zwar für die Emitter- und Basisschaltung. Hieraus erkennt man, daß die Emitterschaltung für tiefe Frequenzen, bis etwa 50 MHz, bevorzugt wird. Bei höheren Frequenzen findet man häufiger die Basisschaltung, die bei etwa gleicher Spannungsverstärkung geringere Rückwirkungen besitzt. Weil bei der Basis-Schaltung die Basis an Masse liegt, hat man eine gute Trennung zwischen Ausgang und Eingang. Die innere Rückwirkungskapazität liegt dadurch parallel zum Ausgangskreis, und eine Schwingneigung aufgrund des Huth-Kühn-Effektes kann nicht auftreten (**Bild 4.8**).

Der Empfindlichkeit jedes Empfängers oder Verstärkers ist eine Grenze durch das Rauschen gesetzt. Als Ursache für das Rauschen, in dem hier behandelten Frequenzgebiet, kommt das thermische Eigenrauschen von ohmschen Widerständen (Antennenwiderstand, Resonanzwiderstand der Schwingkreise, Basiswiderstand) und das sogenannte Schrotrauschen von Elektronenströmen in Betracht. Dieses Schrotrauschen entsteht durch die quantenhafte Struktur des Emitterstromes. Die erzielbaren Nutz/Rausch-Verhältnisse bei transistorisierten Eingangsschaltungen sind im großen und ganzen mit denen von Röhrenschaltungen vergleichbar; im UHF-Gebiet sind die Transistoren den Röhren sogar überlegen.

Das **Bild 4.9** zeigt die Rauschzahl als Funktion der Frequenz in ihrem prinzipiellen Verhalten. Der Anstieg bei den tiefen Frequenzen (etwa unterhalb 10 kHz) rührt vom sogenannten Funkelrauschen her. In diesem Bereich ist die Rauschzahl umgekehrt proportional der Frequenz. Der Anstieg bei den hohen Frequenzen ist stark vom Transistortyp abhängig und unter anderem mit dem Verstärkungsrückgang verknüpft. Die optimale Rauschzahl ist bei der Emitter- und Basisschaltung ungefähr gleich groß.

Bild 4.9
Prinzipielle Abhängigkeit der Rauschzahl von der Frequenz

Weil die Transistoren nur eine kurze, stark gekrümmte Steuerkennlinie besitzen, ist die Gefahr der Übersteuerung sehr groß. Vor allem beim Vorhandensein mehrerer starker Sender entstehen unerwünschte Mischprodukte, Kreuzmodulationen und verwandte Effekte. Durch eine sorgfältige Dimensionierung der Hf-Vorstufe lassen sich diese Schwierigkeiten weitgehend herabsetzen.

Weil die Transistoren in der Hf-Vorstufe nur mit geringer Verlustleistung belastet werden, spielen die Wärmeprobleme eine untergeordnete Rolle.

Die Schaltung im **Bild 4.10** soll als Beispiel einer VHF-Vorverstärkerstufe mit Transistor dienen. Das Antennensignal mit Frequenzen über 450 MHz gelangt über den UHF-Hochpaß in den UHF-Teil. Signale mit Frequenzen unter etwa 230 MHz gelangen dagegen über den VHF-Tiefpaß in den Bandpaß für Band I/III. Soll ein Kanal im Band I (Kanal 2–4) empfangen werden, so muß die Schaltspannung U_{SI} eingeschaltet werden, die Schaltspannung U_{SIII} ist dann 0 V. Dadurch sind die beiden Schaltdioden D1 und D2 vom Typ BA 243 gesperrt. Der Bandpaß für Band I, bestehend aus der Reihenschaltung L1–C1 und L2–C2 und dem Kondensator C3, ist jetzt wirksam.

Schaltet man die Schaltspannung U_{SIII} für das Band III (Kanal 5–12) ein, so sind die Schaltdioden D1 und D2 leitend. Die Diode D1 schließt das Signal des Bandes I kurz, und die Diode D2 läßt das Signal des Bandes III durch den Bandpaß, bestehend aus der Reihenschaltung L3–C4 und L5–C6 und dem Parallelschwingkreis L4–C5, hindurch. Das auf diese Weise schon vorselektierte Hf-Signal gelangt an den Emitter des Vorstufentransistors.

Der in dieser Schaltung verwendete Transistor vom Typ AF 109 R ist ein regelbarer VHF-Vorstufen-Transistor bis 260 MHz, der in Basisschaltung arbeitet. Beim Empfang des Bandes I erhält dieser Transistor über die Diode D4 die positive Schaltspannung U_{SI} an den

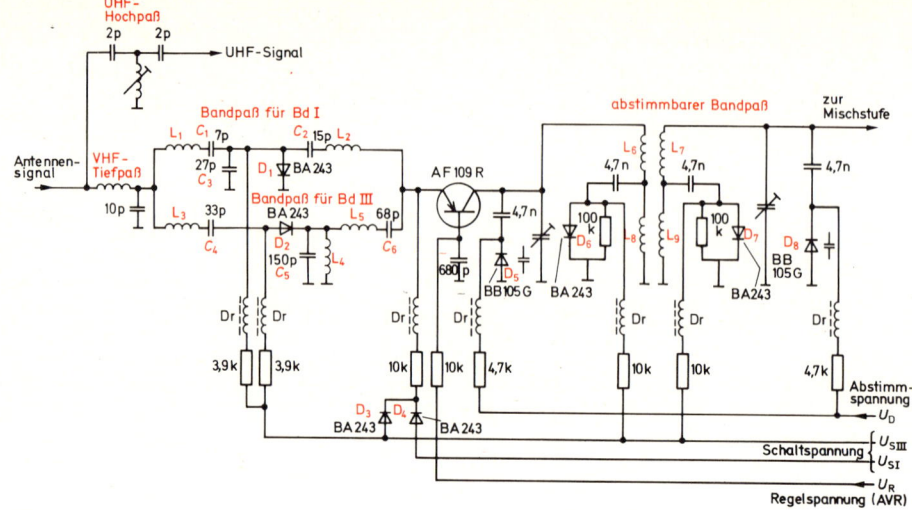

Bild 4.10
VHF-Vorverstärkerstufe mit Transistor

Emitter, bei Band III gelangt die positive Schaltspannung U_{SIII} über die Diode D3 auf den Emitter. Auf die Basis dieses Transistors wird eine Regelspannung gegeben. Bei zu großer Antennenspannung verringert diese Regelspannung, die aus dem Videosignal gewonnen wird, die Verstärkung des Transistors AF 109 R. Dadurch wird eine Übersteuerung der nachfolgenden Stufen vermieden.

In der Kollektorleitung des Vorstufen-Transistors liegt ein abstimmbarer Bandpaß. Mit diesem Bandpaß wird nicht nur die Hf-Spannung von der Vorstufe auf den Eingang der Mischstufe übertragen, sondern gleichzeitig die Kanalselektion vorgenommen. Im Band I sind für den Primärkreis des Bandpasses die Spulen L6 und L8 wirksam, für den Sekundärkreis die Spulen L7 und L9. Wird durch die Schaltspannung U_{SIII} das Band III eingeschaltet, so schließt die Schaltdiode D6 die Spule L8 und die Schaltdiode D7 die Spule L9 kurz. Dadurch sind jetzt nur noch die Spulen L6 und L7 wirksam, und die Resonanzfrequenz des Bandpasses erhöht sich.

Zum Empfang eines bestimmten Kanals muß dieser Bandpaß genau auf die Kanalfrequenz abgestimmt sein. Dazu gibt man auf die zu den Spulen liegenden Kapazitätsdioden D5 und D8 eine entsprechend hohe positive Abstimmspannung U_D. Diese Kapazitätsdioden vom Typ BB 105 G werden durch diese Abstimmspannung in Sperrichtung betrieben und ergeben mit ihrer Sperrschichtkapazität die erforderliche Schwingkreiskapazität.

4.1.3.2. VHF-Vorverstärker mit Dual-Gate-MOS-FET

Der Dual-Gate-MOS-FET ist die Sonderform eines selbstleitenden MOS-FETs. Er besitzt als Strombahn zwei in Reihe geschaltete Kanalbereiche. Jeder dieser beiden Kanalbereiche kann über ein eigenes Gate unabhängig voneinander in seiner Leitfähigkeit beeinflußt werden.

In **Bild 4.11** ist das Schaltzeichen eines selbstleitenden Dual-Gate-MOS-FETs vom N-Kanal-Typ dargestellt. Über das Gate G1 kann der untere Kanalbereich und über das

104

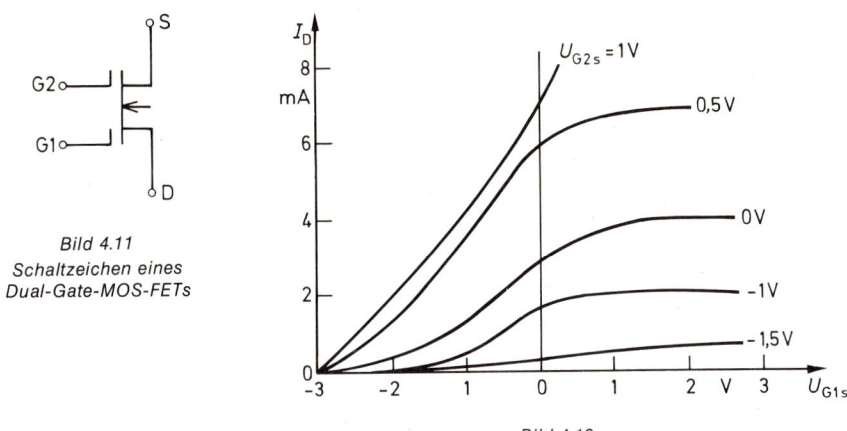

Bild 4.11
Schaltzeichen eines
Dual-Gate-MOS-FETs

Bild 4.12
Steuerkennlinie eines Dual-Gate-MOS-FETs

Gate G2 der obere Kanalbereich beeinflußt werden. Dadurch läßt sich der Drainstrom I_D weitgehend unabhängig voneinander durch zwei verschiedene Gatespannungen U_{GS1} und U_{GS2} steuern. **Bild 4.12** zeigt die Steuerkennlinie eines derartigen Dual-Gate-MOS-FETs.

Dual-Gate-MOS-FETs haben sehr gute Eigenschaften bezüglich Linearität, Rückwirkungsfreiheit, Grenzfrequenz und Regelverhalten. Man kann sich, wie das **Bild 4.13** zeigt, einen Dual-Gate-MOS-FET als eine Zusammenschaltung zweier FETs vorstellen. Dabei arbeitet der FET 1 in Sourceschaltung mit dem FET 2 in Gateschaltung als Last. Die erste Stufe hat einen hohen Eingangswiderstand. Sie liefert die Signalleistung für den niederohmigen Eingang der in Gateschaltung arbeitenden zweiten Stufe.

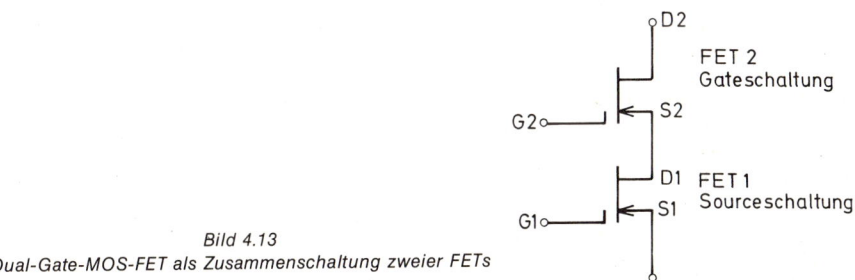

Bild 4.13
Dual-Gate-MOS-FET als Zusammenschaltung zweier FETs

Da der Lastwiderstand der ersten Stufe niederohmig ist, ergibt sich eine nur geringe Spannungsverstärkung und damit eine niedrige Eingangskapazität. Das bewirkt aber eine hohe obere Grenzfrequenz. Durch die Hintereinanderschaltung der beiden MOS-FETs wird die Kapazität zwischen Ausgang und Eingang so klein, daß eine Neutralisation nicht erforderlich ist. Dual-Gate-MOS-FETs sind daher in einem weiten Frequenzbereich rückwirkungsfrei und damit stabil durchstimmbar.

Die Verstärkungsregelung eines solchen Dual-Gate-MOS-FETs erfolgt leistungslos über das Gate 2. Die Regelung wird durch Steuerung der Gate-2-Spannung bewirkt. Dadurch funktioniert der FET 2 als ein veränderlicher Lastwiderstand für FET 1. Der Arbeitspunkt des FET 1 wandert auf der Kennlinie hin und her. Die Arbeitssteilheit dieses Bauteils ist somit eine Funktion der Gate-2-Spannung. Dabei bleiben die Ein- und Ausgangsimpedanzen

105

konstant. Dies bedeutet einen großen Vorteil gegenüber einer bipolaren Transistor-regelung, bei der sich die Grenzfrequenzen und Eingangsimpedanzen ändern. Der Regelbereich eines solchen Dual-Gate-MOS-FETs ist größer als bei einem einzelnen FET. Ohne Schwierigkeiten lassen sich 40 dB erreichen. Der Aussteuerbereich bleibt über den ganzen Regelhub praktisch konstant.

Die Schaltung einer VHF-Vorverstärkerstufe mit einem Dual-Gate-MOS-FET zeigt das **Bild 4.14**. Das von der Antenne kommende Signal durchläuft zunächst eine 27 MHz-Sperre. Im nachfolgenden Eingangsfilter wird das UHF-Signal über den UHF-Hochpaß ausgekoppelt. Das VHF-Signal gelangt über den VHF-Tiefpaß auf die Überspannungsschutzschaltung. Die erforderliche Transformation des niederohmigen Antenneneingangs auf den verhältnismäßig hochohmigen Gate-1-Eingang des Dual-Gate-MOS-FETs erfolgt über einen angezapften, abstimmbaren und umschaltbaren (Band I/III) Schwingkreis. Dieser Schwingkreis besteht aus den Spulen L1, L2, L3 und L4 sowie der Kapazitätsdiode D3, die als Kreiskapazität wirkt.

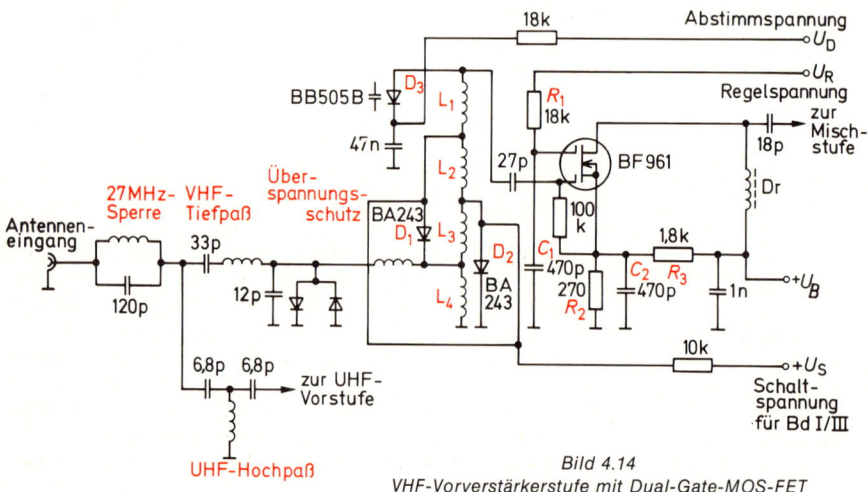

Bild 4.14
VHF-Vorverstärkerstufe mit Dual-Gate-MOS-FET

In Stellung Band III (Kanal 5–12) werden die Schaltdioden D1 und D2 durch eine positive Schaltspannung U_S leitend gemacht. Sie schließen die Spulen L2, L3, L4 kurz, so daß nur noch die Spule L1 mit der Kapazitätsdiode wirksam ist. Die Resonanzfrequenz dieses Kreises ist dann so hoch, daß der gesamte Frequenzbereich des Bandes III durch die Kapazitätsänderung der Kapazitätsdiode überstrichen werden kann. Beim Empfang des Bandes I ist die Schaltspannung 0 V, und die Schaltdioden sind gesperrt. Die Resonanzfrequenz dieses Eingangskreises sinkt.

Die Regelspannung wird über den Widerstand $R1$ auf das Hf-mäßig geerdete ($C1$ = 470 pF) Gate 2 geführt. Die volle Verstärkung erhält man, wenn die Spannung zwischen Gate 2 und Source etwa 5 V beträgt. Die vom Zf-Verstärker gelieferte minimale Regelspannung beträgt etwa 0,8 V. Um eine Abregelung von ca. 40 dB zu erzielen, muß die Gate-2-Spannung etwa 1,5 V unter dem Sourcepotential liegen. Das bedeutet, daß das Sourcepotential auf einem minimalen Wert von 0,8 V + 1,5 V = 2,3 V gehalten werden muß. Dies erreicht man durch den kapazitiv überbrückten ($C2$ = 470 pF) Sourcewiderstand $R2$. Um diesen Mindestwert von 2,3 V auch bei abnehmendem oder fehlendem Drainstrom zu garantieren, wird in dem Sourcewiderstand zusätzlich ein Querstrom über $R3$ eingespeist. Durch die Eigenschaften des Dual-Gate-MOS-FETs bleiben trotz Abregelung die Resonanzfrequenz und die Bandbreite des Vorkreises konstant.

4.1.3.3. Schwingkreis im UHF-Bereich

Im Gegensatz zu tiefen Frequenzen weist eine Leitung bei hohen Frequenzen entlang des Leiters gleichmäßig verteilt Kapazitäten und Induktivitäten auf. Damit ergibt sich für diese Leitung ein Wellenwiderstand von $Zw = \sqrt{L/C}$. Weiterhin können kurze Leitungen in diesen Frequenzbereichen als dämpfungsfrei angesehen werden. Damit tritt längs der Leitung keine Dämpfung sondern nur eine Phasendrehung der einfallenden und der reflektierten Wellen auf.

Schließt man nun eine Leitung nicht mit einem Widerstand ab, der dem Wellenwiderstand entspricht, $Ra \neq Zw$, so kann nicht die volle Energie am Leitungsende abgenommen werden. Bei einem offenen oder kurzgeschlossenen Leitungsende werden 100 % der ankommenden Energie reflektiert, und die Energie wandert zum Leitungsanfang zurück. Dabei bilden sich sogenannte stehende Wellen aus, d. h. Spannungs- und Stromwellen wandern nicht mehr weiter, sondern schwingen auf der Stelle. Es lassen sich Schwingungsbäuche und -knoten für Spannung und Strom nachweisen. Innerhalb dieser Grenzfälle, wenn also Ra kleiner oder größer als der Wellenwiderstand Zw ist, entstehen Teilreflexionen, d. h. nur ein Teil wird am Abschlußwiderstand abgegeben. Soll die Leitung zum Energietransport dienen, so ist dieser Zustand unerwünscht.

Kurzgeschlossene Leitung

Bei der Betrachtung der Strom- und Spannungsverteilung geht man stets vom Leitungsende aus, da die Art des Abschlusses den Strom- und Spannungsverlauf entlang der Leitung bestimmt. Gibt man eine HF-Schwingung mit der Wellenlänge λ auf eine ebenfalls λ-lange Doppelleitung, die am Ende nach **Bild 4.15** kurzgeschlossen ist, so hat der Strom am Ende der Leitung seinen Höchstwert, während die Spannung Null ist. Nach der Länge $\lambda/4$ kehren sich die Verhältnisse gerade um. Betrachtet man nun entlang dieser Leitung das Verhältnis U/I, so ist es nicht mehr an jedem Punkt konstant, wie es bei einer angepaßten Leitung der Fall ist. Es ist zu erkennen, daß diese Leitung am Leitungsende und bei $\lambda/2$ vom Leitungsende entfernt einen Widerstand von $R = 0$ hat und damit an diesen Stellen das Verhalten eines Reihenschwingkreises aufweist. Bei $\lambda/4$ bzw. $3/4\,\lambda$ vom Leitungsende entfernt hat diese Leitung einen unendlich hohen Widerstand und weist damit hier das Verhalten eines Parallelschwingkreises auf.

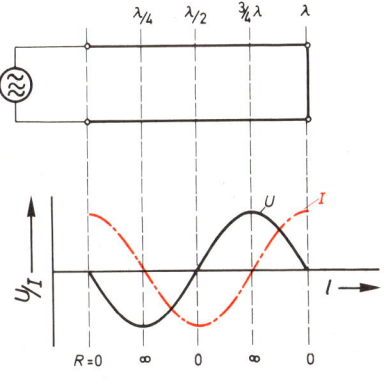

Bild 4.15

Spannungs- und Stromverlauf entlang einer λ-langen kurzgeschlossenen Leitung

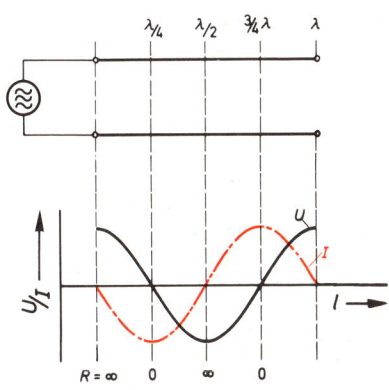

Bild 4.16

Spannungs- und Stromverlauf einer offenen λ-langen Leitung

Offene Leitung

Wie das **Bild 4.16** zeigt, liegen die Verhältnisse hier umgekehrt. Am Ende der Leitung ist der Strom Null, während die Spannung ihren Höchstwert hat. Die offene Leitung zeigt damit bei λ/4 und 3/4 λ ein Reihenschwingkreis-Verhalten und am Leitungsende, sowie bei λ/2 ein Parallelschwingkreis-Verhalten.

Topfkreise

Man kann also bei hohen Frequenzen einen Schwingkreis mittels einer Doppelleitung (Lecherleitung)* herstellen. Man geht dabei meistens von einer kurzgeschlossenen Leitung aus, da ein Kurzschluß exakter herzustellen ist als ein Leerlauf (stets eine Kapazität vorhanden). Zur Verwendung stehen verschiedene Kabelarten zur Verfügung:

1. Flachbandleitung
   Nachteile: Diese Leitung strahlt Energie ab. Die magnetischen und elektrischen Felder können von außen beeinflußt werden
2. Koaxialkabel
   Vorteil: Es ist abgeschirmt und von außen nicht zu beeinflussen (**Bild 4.17**).

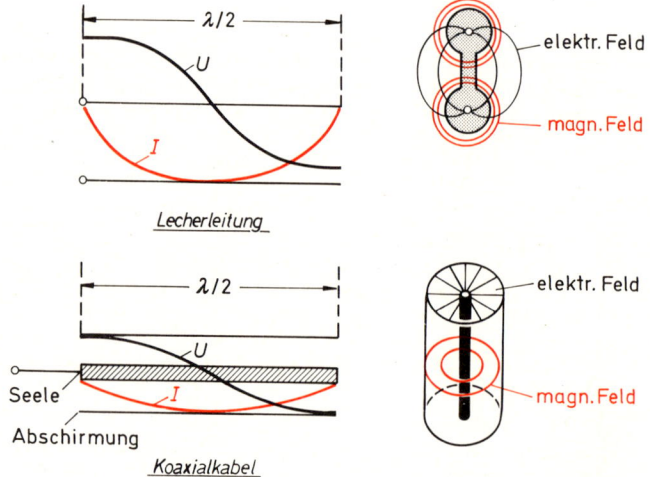

Bild 4.17
Vergleich Lecherleitung – Koaxialkabel

Dieses Koaxialkabel hat eine Topfform, und man kann daraus als Resonanzleitung einen Topfkreis herstellen. Ist der Topfkreis vollkommen geschlossen, so strahlt er nicht nach außen, und seine Güte wird nur durch die Verluste innerhalb des Topfes bestimmt. Durch Versilbern der Innenflächen kann man die Verluste sehr gering halten und gute elektrische Eigenschaften erzielen. Der Querschnitt darf dabei rund, rechteckig oder sogar quadratisch sein. In der Praxis benutzt man λ/4 lange kurzgeschlossene Topfkreise, die als Parallelschwingkreis wirken. Will man im UHF-Bereich für eine Wellenlänge von beispielsweise 50 cm eine λ/4-Leitung aufbauen, so hätte diese eine Länge von 12,5 cm. Das ergibt sehr große Abmessungen des Kanalwählergehäuses. Außerdem müßte man zum Durchstimmen des Bereiches ihre Länge ändern, was konstruktiv sehr kompliziert ist. Deshalb

* Lecher, deutscher Physiker, 1856 bis 1926

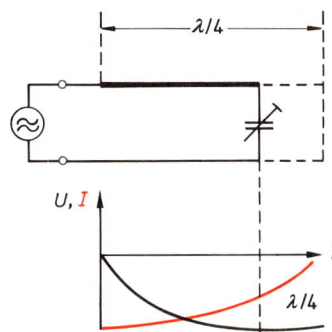

Bild 4.18
Spannungs- und Stromverlauf entlang einer
kapazitiv abgeschlossenen λ/4-Leitung

verkürzt man die Leitungskreise, wie **Bild 4.18** zeigt, durch einen am Ende liegenden veränderlichen Kondensator. Der Abstimmungskondensator wird bei diesen Leitungskreisen zwischen Innenleiter und Außenwand des Topfkreises am Ort des Spannungsbauches, also am Leitungsende angeordnet. Eine Kapazitätszunahme täuscht eine längere Leitung vor.

Im **Bild 4.19** ist ein UHF-Bandfilter wiedergegeben, wie es in der Topfkreistechnik ausgeführt wird. Die Ein- und Auskopplung erfolgt mit Drahtschleifen, die parallel zum Mittelleiter liegen und damit eine induktive Ankopplung darstellen. Die Kopplung der beiden Bandfilterkreise erfolgt hier durch die Schlitze in der Trennwand und damit auch induktiv.

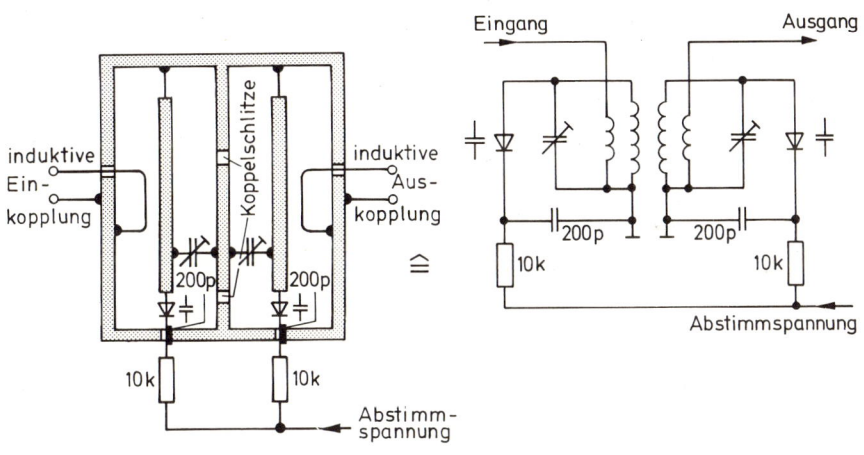

Bild 4.19
Aufbau eines kapazitiv verkürzten λ/4-Topfkreis mit Diodenabstimmung

4.1.3.4. UHF-Vorverstärker

Das **Bild 4.20** zeigt die Schaltung eines UHF-Vorverstärkers. Bei Frequenzen oberhalb 300 MHz wird es schwierig, Schwingkreise durch Parallelschaltung von Spulen und Kondensatoren, also mit diskreten Bauelementen, herzustellen. Man geht deshalb zu den Resonanzleitungen über, d. h. man nutzt in diesem Frequenzbereich die Resonanzeigenschaften von Leitungen zur Nachbildung der Schwingkreise aus. Die in dieser Schaltung verwendeten Leitungskreise werden als λ/4-Kreise bezeichnet. Die Leitungslänge müßte,

109

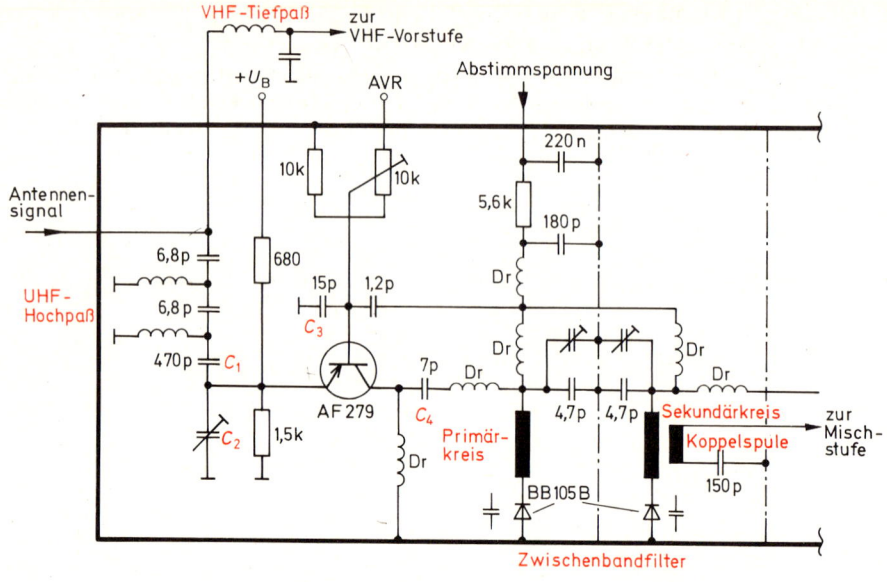

Bild 4.20
UHF-Vorverstärkerstufe

ohne kapazitive Verkürzung durch die Kapazitätsdioden, genau einem Viertel der Wellenlänge λ sein. Die Kapazitätsdiode dient hier gleichzeitig zur Leitungsverkürzung und zur Abstimmung. Aus diesem Grunde ist die tatsächliche Leitungslänge kürzer als λ/4.

Das Antennensignal gelangt in den Eingangskreis. Hier erfolgt durch den VHF-Tiefpaß und durch den UHF-Hochpaß die Aufteilung in das VHF- und UHF-Signal. Nachdem das UHF-Signal den Hochpaß passiert hat, gelangt es über einen kapazitiven Teiler ($C1-C2$) an den Emitter des Vorverstärker-Transistors vom Typ AF 279. Es ist ein rauscharmer, geregelter Vorstufen-Transistor, der bis zu Frequenzen von 900 MHz eingesetzt werden kann. Er arbeitet in der Basisschaltung und braucht deshalb nicht neutralisiert zu werden.

Da der Kollektor gleichspannungsmäßig an Masse liegt, wird dem Emitter über einen Spannungsteiler eine positive Spannung zugeführt.

Damit die Basis wechselspannungsmäßig an Masse liegt, wird der Kondensator $C3 = 15$ pF von der Basis an Masse gelegt. Dieser Kondensator muß sehr kurz eingelötet werden, weil sonst die Zuleitungsinduktivität die Verstärkung beeinflußt.

Auf die Basis dieses Transistors gelangt über einen Spannungsteiler die aus dem Videosignal gewonnene Regelspannung (AVR). Dadurch wird verhindert, daß bei sehr großen Antennensignalen die nachfolgenden Verstärkerstufen übersteuert werden.

In der Kollektorleitung liegt der über den Kondensator $C4$ angekoppelte Primärkreis des abstimmbaren Zwischenbandfilters. Dieses Bandfilter ist aus zwei λ/4-Topfkreisen aufgebaut, die über die beiden Kapazitätsdioden vom Typ BB 105 B abgestimmt und verkürzt sind. Damit der Eingangswiderstand des Mischstufentransistors den Sekundärkreis des Zwischenbandfilters nicht zu stark bedämpft, wird das Signal über eine induktiv angekoppelte Schleife ausgekoppelt.

4.1.4. Misch- und Oszillatorstufe

4.1.4.1. Transistor-Oszillator für hohe Frequenzen

Ein Oszillator arbeitet nur dann zuverlässig, wenn die Grenzfrequenz des Transistors nicht überschritten wird. Nun liegt aber die Grenzfrequenz einer Basisschaltung um den Faktor der Stromverstärkung höher als die Grenzfrequenz einer Emitterschaltung

$$f\alpha = \beta \cdot f\beta$$

mit $f\alpha$ = Grenzfrequenz der Basisschaltung
    β = Stromverstärkung
    $f\beta$ = Grenzfrequenz der Emitterschaltung

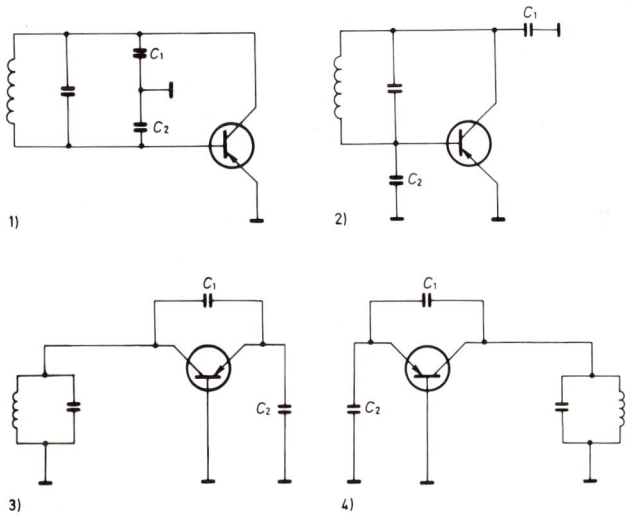

Bild 4.21
Umwandlung eines Colpitts-Oszillators in einen in Basis-Schaltung betriebenen Hf-Oszillator

So wird man bei Oszillatorschaltungen für hohe Frequenzen (ab ca. 80 MHz) die Basisschaltung bevorzugen. In **Bild 4.21** wird eine kapazitive Dreipunktschaltung (Colpitts-Oszillator) von der Emitterschaltung in eine Basisschaltung umgezeichnet. Dabei sind hier nur die wichtigsten Bauelemente eingezeichnet, die für das Hochfrequenzverhalten von Bedeutung sind.

Um einen Transistor zur Selbsterregung zu bringen, muß ein Teil der Ausgangsspannung u_2 auf den Transistoreingang phasenrichtig zurückgekoppelt werden. Das Verhältnis der rückgekoppelten Spannung u_1 zu u_2 wird als Rückkopplungsfaktor k bezeichnet. In der Schaltung von Bild 4.21 erfolgt die Rückkopplung über den kapazitiven Spannungsteiler $C1, C2$. Bei größer werdender Rückkopplung werden die Schwingkreisverluste schließlich ganz aufgehoben, die Schaltung schwingt dann mit der Frequenz des im Kollektorkreis liegenden Schwingkreises. Die Schwingungsamplitude würde unbegrenzt ansteigen, wenn nicht durch die Kennlinienkrümmung des Transistors eine Begrenzung der Amplitude einträte. Es stellt sich dann ein Gleichgewichtszustand ein, für den die Beziehung $k \cdot V = 1$ gilt. Hierbei ist V die Verstärkung des Transistors. Sowohl k als auch V sind im allgemeinen komplexe Größen. Für die Verstärkung des Transistors kann man setzen:

111

$$V = S \cdot Z_o,$$

wobei S die Steilheit $= y_{21}$ und Z_o der Resonanzwiderstand des Schwingkreises ist. Somit gilt:

$$k \cdot y_{21} \cdot Z_o = 1.$$

Bei hohen Frequenzen machen sich die Laufzeit der Ladungsträger im Transistor und der komplexe Eingangswiderstand des Transistors bemerkbar. Damit ist der Kollektorstrom Ic nicht mehr in Phase mit der Steuerspannung U_1 zwischen Emitter und Basis.

$$Ic = U_1 \cdot \exp j \varphi$$

Das Verhältnis Ic/U_1 ist jedoch die Vorwärtssteilheit eines Transistors.

$$y_{21} = Ic/U_1$$

Tritt zwischen dem Kollektorstrom und der Eingangswechselspannung bei höheren Frequenzen eine Phasendrehung auf, so hat die Steilheit auch einen Phasenwinkel. Man spricht deshalb von der Steilheitsphase oder vom Steilheitsphasenwinkel φ_{21b}. Damit wird die Schwingungsbedingung eines Oszillators

$$k \cdot V = k \cdot y_{21} \cdot Zo = k \cdot y_{21} \cdot \exp j \, (\varphi_k + \varphi_{21b}) \cdot Zo = 1$$

Hieraus erkennt man die zwei Forderungen für die Schwingungsbedingung, die gleichzeitig erfüllt sein müssen:

$$k \cdot y_{21} \cdot Zo = 1 \qquad \text{(Amplitudenbedingung)}$$
$$\varphi_k + \varphi_{21} = 0 \qquad \text{(Phasenbedingung)}$$

Bei tiefen Frequenzen ist $\varphi_{21b} = 0°$. Bei einer Emitterschaltung dreht der Transistor die Phase um 180° und damit muß $\varphi_k = 180°$ sein. Bei einer Basisschaltung sind die Ein- und Ausgangsspannung in Phase und φ_k müßte 0° betragen. Bei hohen Frequenzen macht sich jedoch die Phasendrehung der Steilheit (φ_{21b}) bemerkbar, die jetzt, um die Phasenbedingung zu erfüllen, im äußeren Rückkopplungszweig kompensiert werden muß.

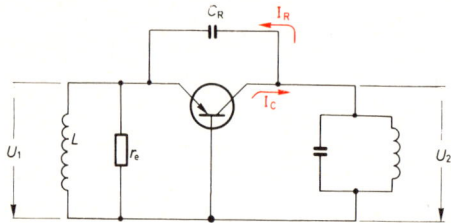

Bild 4.22
Prinzipschaltung für den Oszillator
mit Kompensation des Phasenwinkels
der Steilheit

Im **Bild 4.22** ist eine Oszillatorschaltung für hohe Frequenzen wiedergegeben. Das erforderliche phasendrehende Glied besteht hier aus dem Rückkopplungskondensator C_R, der mit dem komplexen Eingangswiderstand des Transistors, dem außerdem eine Spule parallelgeschaltet ist, in Reihe liegt.

Die Steuerspannung U_1 (**Bild 4.23**) zwischen Emitter und Basis ruft einen Kollektorstrom

$$I_2 = U_1 \exp j \varphi_{21b}$$

hervor. Die Phasendrehung der Steilheit ist bei 100 MHz etwa -90°. Der Kollektor-

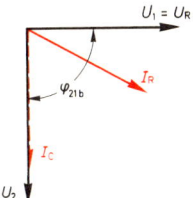

Bild 4.23
Zeigerdiagramm für den Oszillator aus Bild 4.22

strom I_C erzeugt am Resonanzkreis in der Kollektorleitung eine gleichphasige Wechselspannung U_2, die über den Rückwirkungskondensator und die weiteren Schaltglieder einen Rückkopplungswechselstrom I_R bewirkt. Da der Blindwiderstand des Kondensators C_R groß gegenüber dem Wechselstromeingangswiderstand re des Transistors ist, eilt I_R der Wechselspannung U_2 um weniger als 90° vor, das heißt, die durch I_R an re erzeugte Rückkopplungsspannung U_R ist nicht ganz mit U_1 in Phase. Durch die zusätzliche Induktivität L läßt sich jedoch die richtige Phasenlage zwischen der Rückkopplungsspannung und der Eingangsspannung erreichen. Vielfach macht man diese Kompensationsspule variabel, um Streuungen der Steilheitsphase der einzelnen Transistoren ausgleichen zu können.

Bei UHF-Oszillatoren ist dieser kleine Rückwirkungs-Kondensator nur als ein einseitig angelöteter Draht ausgebildet. Manchmal reichen schon die innere Kapazität des Transistors oder die Schaltkapazität zur Rückkopplung aus, so daß sie gar nicht im Schaltbild mit eingezeichnet werden.

Bei den Oszillatoren für den VHF-Kanalwähler ist eines der Hauptprobleme das Erzeugen einer einigermaßen gleichen Oszillatorspannung für die Mischstufe auf allen Kanälen. Die Oszillatorfrequenzen im Fernsehbereich III (Kanäle 5 bis 12) sind rund dreimal so hoch wie die im Bereich I (Kanäle 2 bis 4), die Verstärkung des Transistors und damit die „Schwingfreudigkeit" ist deshalb in beiden Bereichen verschieden. Außerdem ändert sich die Steilheitsphase (beim AF 106 z. B. um 45°). Bei den obersten Kanälen macht sich dann noch der größte Anteil der Zuleitungsinduktivitäten bemerkbar, die immer eine größere Dämpfung als konzentrierte Spulen haben.

In **Bild 4.24** ist eine praktische Schaltung eines VHF-Oszillators für die Bänder I und III wiedergegeben. Die Bandumschaltung erfolgt mittels der Schaltdiode BA 243. Diese Schaltdiode wird durch eine positive Schaltspannung beim Empfang des Bandes III leitend, so daß die Spule L3 kurzschließt. Soll das Band I empfangen werden, so ist diese Diode durch eine Schaltspannung von 0 V gesperrt. Die Kanalwahl erfolgt hier durch die Kapazitätsdiode BB 105 G, die über C3 an den Schwingkreis angekoppelt ist. Die Schwingkreiskapazität besteht aus der Parallelschaltung folgender Kondensatoren:

1. Schaltkapazitäten der Schaltung und des Transistors in Reihe mit C2
2. Kapazitätsdiode BB 105 G in Reihe mit C3
3. Koppelkondensator C4 zur Mischstufe, bei den höchsten Frequenzen vergrößert durch die Wirkung von L4.

Der Transistor dieser Oszillatorschaltung arbeitet in Basisschaltung. Zur Rückkopplung dient der Kondensator C1. Die erforderliche Phasenlage für die Rückkopplung wird für die hohen Frequenzen durch die Spule L1 korrigiert. Der Kondensator C2 bewirkt eine lose Ankopplung des Transistors an den Oszillatorkreis. Damit verbessert man die Amplituden- und Frequenzstabilität sowie die Einflüsse von Transistorstreuungen. Der Kollektor ist über die Drossel und R1 an Masse gelegt. Der Widerstand R1 verhindert einerseits das Umspringen der Oszillatorfrequenz auf einen durch die Drossel bestimmten tieferen Wert, andererseits bedämpft R1 den Oszillatorkreis. Damit erreicht man eine gleichgroße Oszillatorspannung für alle Kanäle.

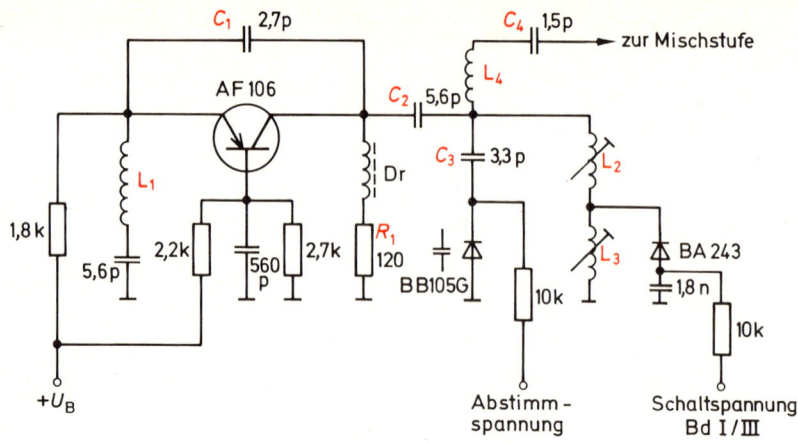

Bild 4.24
Oszillatorschaltung für die Fernsehbereiche I und III

4.1.4.2. Mischstufe

Fernsehempfänger arbeiten, genau wie die Rundfunkgeräte, ausschließlich als Über-lagerungsempfänger. In einer Mischstufe überlagert man die hohe Eingangsfrequenz mit der im Gerät erzeugten Oszillatorfrequenz, um so die tieferliegende Zwischen-frequenz zu bilden. Durch diese Aufteilung der Verstärkung auf verschiedene Fre-quenzen lassen sich mit einem solchen Empfänger hohe Selektionswerte und eine hohe Gesamtverstärkung ohne Selbsterregungsgefahr erreichen. Gerade mit einem Fernsehempfänger, der die hohe Eingangsfrequenz im VHF- und UHF-Bereich ver-arbeiten muß, erreicht man durch die Heruntermischung auf die relativ tiefe Zwischen-frequenz recht große Verstärkungswerte (Antennenspannung 1 mV und Zf-Verstärker-ausgang 10 V = 80 dB) bei hoher Selektion zu den Nachbarkanälen (größer >40 dB). Transistoren sind wegen ihrer stark gekrümmten Kennlinien vorzüglich für Misch-stufen geeignet. Da eine Transistormischstufe in erster Näherung als Diodenmisch-stufe mit nachgeschaltetem Zf-Verstärker aufgefaßt werden kann, gelten die nach-folgenden Überlegungen auch für Diodenmischstufen, die vor allem für UHF-Mischer noch manchmal Verwendung finden.

Allgemeine Eigenschaften von Mischstufen

Das **Bild 4.25** zeigt eine Transistor-Mischstufe in stark vereinfachter Form. Man steuert den Transistor zwischen Basis und Emitter mit der Hf-Eingangsspannung und der Oszillatorspannung.

In den meisten Fällen ist die Empfangsspannung U_{Hf} wesentlich kleiner als die Oszillatorspannung U_{osz}. Unter dieser Voraussetzung werden alle folgenden Über-legungen durchgeführt.

Grundsätzlich gibt es zwei verschiedene Mischungsarten, nämlich die additive und die multiplikative Mischung. Die multiplikative wird in der Röhrentechnik häufig ver-wendet und ist bei den Transistoren in besonderen Schaltungen auch möglich, eine große praktische Bedeutung hat sie bisher nicht erlangt, so daß die Überlegungen ganz auf die additive beschränkt bleiben können.

114

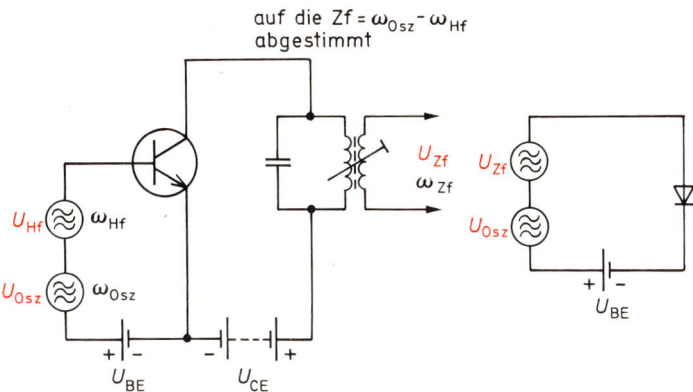

auf die Zf $= \omega_{Osz} - \omega_{Hf}$ abgestimmt

Bild 4.25
Prinzip einer Transistormischstufe

Weil man mit der Summe aus der Hf- und Oszillatorspannung eine gekrümmte Kennlinie durchsteuert, spricht man von einer „additiven Mischung". Die Empfangsspannung U_{Hf} mit der Kreisfrequenz ω_{Hf} und die Oszillatorspannung U_{osz} mit der Kreisfrequenz ω_{osz} liegen zusammen mit der zur Arbeitspunkteinstellung erforderlichen Basisvorspannung U_{BE} zwischen Basis und Emitter des Mischtransistors (Bild 4.25). Damit lautet die Gleichung der steuernden Spannung:

$$u(t) = U_{BE} + U_{Hf} \cos \omega_{Hf} t + U_{osz} \cos \omega_{osz} t$$

Die Strecke Basis-Emitter eines Transistors bildet eine Diode, und damit gibt man diese Steuerspannung auf eine nichtlineare Kennlinie.

Will man nun den zeitlichen Verlauf des Stromes ermitteln, so muß man für den Verlauf der Kennlinie $I = f(U)$ in der Umgebung des Arbeitspunktes eine Taylor-Reihe ansetzen zu:

$$f(a + h) = f(a) + \frac{h}{1!} f'(a) + \frac{h^2}{2!} f''(a) + \ldots + \frac{h^n}{n!} f^{(n)}(a) + \ldots$$

Da diese Reihe schnell konvergiert, reichen bei der Aussteuerung mit kleinen Signalen meist zwei oder drei Glieder aus, um den wesentlichen Einfluß des nichtlinearen Kennliniengliedes zu erfassen. Hier soll nach dem quadratischen Glied die Reihe schon abgebrochen werden, d. h. man nimmt als nichtlineare Kennlinie eine quadratische Parabel an. So wird der Strom

$$i(t) = i(U) + (U_{Hf} \cos \omega_{Hf} t + U_{osz} \omega_{osz} t) \frac{di}{dU} + (U_{Hf} \cos \omega_{Hf} t + U_{osz} \omega_{osz} t)^2 \cdot \frac{1}{2} \frac{d^2i}{dU^2}$$

Die erste Ableitung $\dfrac{di}{dU} = S$ entspricht der Kennliniensteilheit, und die zweite Ableitung $\dfrac{d^2i}{dU^2}$ entspricht der Kennlinienkrümmung $\dfrac{ds}{dU}$

So ergibt sich für den Strom nach entsprechender „Umformarbeit"

$$i(t) = i(U) + \frac{1}{4} \frac{ds}{dU} (U_{Hf}^2 + U_{osz}^2) + S (U_{Hf} \cos \omega_{Hf} t + U_{osz} \omega_{osz} t)$$

$$+ \frac{1}{4} \frac{ds}{dU} (U_{Hf}^2 \cos 2 \omega_{Hf} t + U_{osz}^2 \cos 2 \omega_{osz} t)$$

$$+ \frac{ds}{dU} \frac{1}{2} U_{Hf} \cdot U_{osz} [\cos (\omega_{Hf} + \omega_{osz}) t + \cos (\omega_{osz} - \omega_{Hf}) t]$$

115

Dieser Strom enthält also neben einem Gleichstromglied ein Wechselstromglied der beiden zugeführten Frequenzen ω_{Hf} und ω_{osz}, sowie deren Harmonischen und außerdem zwei Schwingungen mit den Kombinationsfrequenzen ($\omega_{Hf} + \omega_{osz}$) und ($\omega_{osz} - \omega_{Hf}$). Die Amplitude der Kombinationsschwingungen ist der Kennlinienkrümmung im Arbeitspunkt und den beiden Amplituden der zugeführten Schwingungen proportional.

Durch die Krümmung der Kennlinie entstehen Oberwellen und Kombinationsfrequenzen. Gerade die Kombinationsfrequenz $\omega_{osz} - \omega_{Hf}$ ist die gewünschte tieferliegende Zwischenfrequenz ω_{Zf}. Diese Frequenz wird durch den im Kollektorkreis liegenden Schwingkreis herausgesiebt und weiterverstärkt (Bild 4.25).

Der Kennlinienverlauf $I = f(U)$ einer Diode und damit auch der eines Transistors gehorcht einem Expontialgesetz.

$$I = Io \cdot e^{\frac{U}{U_T - 1}} \text{ mit } U_T = 26\,\text{mV}$$

Daraus folgt, daß man die Taylor-Reihe nicht schon nach dem quadratischen Glied hätte abbrechen dürfen. Es ergibt sich daher eine theoretisch unendlich große Zahl von Oberschwingungen und Kombinationsfrequenzen bei einer Transistor-Mischstufe.

Außer den Harmonischen der Hf- und Oszillatorfrequenz, also

$$2\,\omega_{Hf};\ 3\,\omega_{Hf};\ 4\,\omega_{Hf};\ \text{und}\ 2\,\omega_{osz};\ 3\,\omega_{osz};\ 4\,\omega_{osz};$$

entstehen Summen und Differenzen aller dieser Frequenzen, also

$$(2\,\omega_{osz} \pm 2\,\omega_{Hf});\ (3\,\omega_{osz} \pm 3\,\omega_{Hf});$$

Zur Gewinnung der Zwischenfrequenz benötigt man lediglich nur die Differenz $\omega_{osz} - \omega_{Hf}$, die man deshalb aus dem gesamten Frequenzgemisch herausfiltern muß.

Die mathematische Betrachtung zeigt, daß ein nichtlineares Bauelement mit einer parabelförmigen Kennlinie als Mischer geeignet ist. Diese Erkenntnis ist für Sonderfälle wichtig. So haben zum Beispiel Feldeffekttransistoren annähernd quadratische Kennlinien und sind deshalb zum Mischen besonders geeignet. Da eine quadratische Kennlinie nur die Hf- und Oszillatorfrequenz (ω_{Hf}; ω_{osz}) deren 2. Harmonische ($2\,\omega_{Hf}$; $2\,\omega_{osz}$) sowie die Summe und die Differenz ($\omega_{osz} + \omega_{Hf}$; $\omega_{osz} - \omega_{Hf}$) und keine weiteren Frequenzen ergibt (auch keine Kreuzmodulation), ist bei einer solchen Kennlinie auch mit wesentlich weniger Spiegelfrequenzstörungen zu rechnen.

Es ist nämlich grundsätzlich auf jeder Frequenz ein Empfang möglich, die in Verbindung mit dem Oszillator die Zwischenfrequenz ergibt. Um noch einige wichtige Forderungen für jede praktisch ausgeführte Mischstufe ableiten zu können, sei das Bild 4.25 nochmals herangezogen. Die hier wiedergegebene Prinzipschaltung stellt den Idealfall dar. Sowohl die Hf- als auch die Oszillatorfrequenz werden einer idealen Spannungsquelle mit dem Innenwiderstand Null entnommen. Dadurch bildet die eine Quelle für die andere Frequenz jeweils einen Kurzschluß. In der Praxis ist das jedoch nicht der Fall. Es tritt nämlich eine Spannungsteilung zwischen dem Innenwiderstand und dem Widerstand der Basis-Emitter-Diode auf, der den Wirkungsgrad der Mischstufe verringert. Genauso wichtig ist es aber auch, daß die Spannungsquellen einen guten Kurzschluß für die Zwischenfrequenz darstellen, denn sonst tritt eine Zf-Spannungsteilung gegen den Diodenwiderstand auf. Am besten erkennt man das durch eine genauere Betrachtung des Mischvorganges: Durch das Anlegen der Hf- und Oszillatorspannung fließt ein Strom durch die Diode, der alle Frequenzanteile enthält. Dieser Strom fließt auch durch die äußere Beschaltung der Diode. Im Falle einer echten

Diodenmischung legt man in diesen Stromkreis einen auf die Zf abgestimmten Schwingkreis, an dem darum eine hohe Zf-Spannung abfällt, die weiterverstärkt werden kann. Im Falle der Transistormischstufe dient die an der Basis-Emitter-Diode abfallende Zf-Spannung zum Steuern des Kollektorstroms. Deshalb muß für einen guten Zf-Kurzschluß im Steuerkreis des Mischtransistors gesorgt werden, denn eine außerhalb der Basis-Emitter-Diode abfallende Spannung ist für die Weiterverarbeitung im Mischtransistor verloren.

Die Hochfrequenz wird am Transistoreingang eingespeist, während am Transistorausgang eine der Hf-Spannung proportionale Zf-Spannung entsteht. Die Verknüpfung zwischen Eingang und Ausgang erfolgt jetzt nicht über die Vorwärtssteilheit y_{21}, sondern über die Mischsteilheit. Diese Misch- oder Überlagerungssteilheit Sm ist:

$$Sm = \frac{\text{Zf-Ausgangskurzschlußstrom}}{\text{Hf-Eingangsspannung}}$$

Dabei ist Sm natürlich eine Funktion der Oszillatorspannung, denn ohne Oszillator kann keine Zwischenfrequenz entstehen. **Bild 4.26** zeigt den typischen Verlauf der Mischsteilheit als Funktion der Oszillatorspannung. Bei etwa 100 bis 150 mV Oszillatorspannung hat Sm ihr Maximum erreicht. Übliche Oszillatorspannungen liegen deshalb bei etwa 200 mV, um noch eine Reserve bei Streuungen der Schaltung und der Transistorparameter sowie für Betrieb bei Unterspannung zu haben.

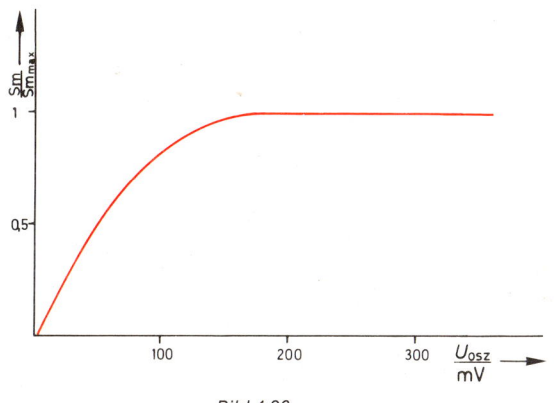

Bild 4.26
Mischsteilheit als Funktion der Oszillatorspannung

Statt der Oszillatorgrundfrequenz können auch Harmonische, also $2\,\omega_{osz}$, $3\,\omega_{osz}$ usw., zur Mischung verwendet werden. In Rundfunk- und Fernsehschaltungen hat diese Methode keine Bedeutung, da die erzielbaren Mischsteilheiten dann meistens merklich kleiner sind.

Beim Fernsehen empfängt man gleichzeitig zwei Sender, nämlich den Bild- und Tonsender. So müssen auch zwei Zwischenfrequenzen in der Mischstufe erzeugt werden. Man verwendet jedoch nur eine Oszillatorfrequenz, um somit eine leichtere Bedienung zu erreichen, denn die schwer vermeidbaren kleinen Frequenzwanderungen der Oszillatoren würden zwei getrennte Feineinstellungen für Bild und Ton erforderlich machen. Weiterhin wird der Schaltungsaufwand mit einem Oszillator geringer.

Wie **Bild 4.27** und **Bild 4.28** zeigen, muß also bei einem Oszillator in der Mischstufe eine Drehung in der Frequenzlage von Bild- und Tonträger erfolgen.

Für den Kanal 9 liegt der Bildträger auf 203,25 MHz und der Tonträger auf 208,75 MHz. Weil beim Fernsehen der Oszillator grundsätzlich oberhalb der Empfangsfrequenz liegt und die Zwischenfrequenz auf 38,9 MHz und 33,4 MHz durch die Norm festgelegt ist, ergibt sich

$$f_{osz} = f_{Bild} + f_{ZfBild} \text{ oder } f_{osz} = f_{Ton} + f_{ZfTon}$$

für die Oszillatorfrequenz im Kanal 9: 242,15 MHz.

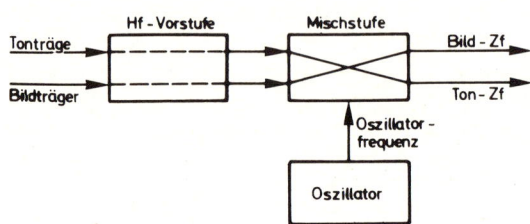

Bild 4.27
Frequenzumsetzung im Kanalwähler eines Fernsehgerätes

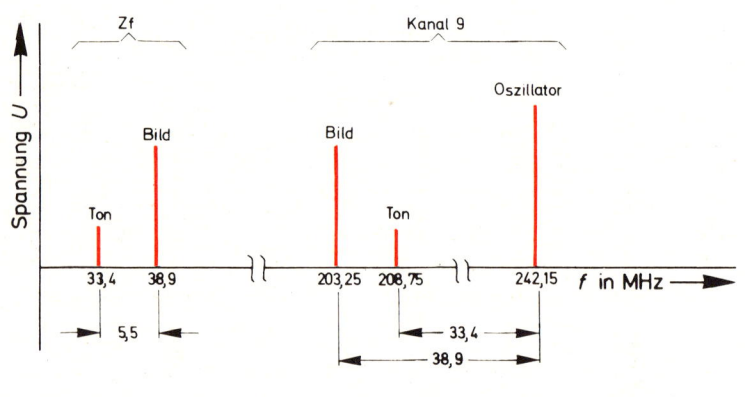

Bild 4.28
Lage der Frequenzen

So erkennt man:
1. im Hf-Teil liegt die Tonträgerfrequenz (208,75 MHz) oberhalb der Bildträgerfrequenz (203,25 MHz)
2. die Oszillatorfrequenz (242,15 MHz) ist höher als die Empfangsfrequenz
3. im Zf-Teil liegt die Tonträgerfrequenz (33,4 MHz) unterhalb der Bildträgerfrequenz (38,9 MHz).

Selbstverständlich muß man nicht nur diese beiden im Abstand von 5,5 MHz liegenden Frequenzen des Bild- und Tonträgers übertragen, sondern das gesamte zugehörige Modulationsband. So müssen der Hf-Verstärker, die Mischstufe und der Zf-Verstärker entsprechende Bandbreiten aufweisen.

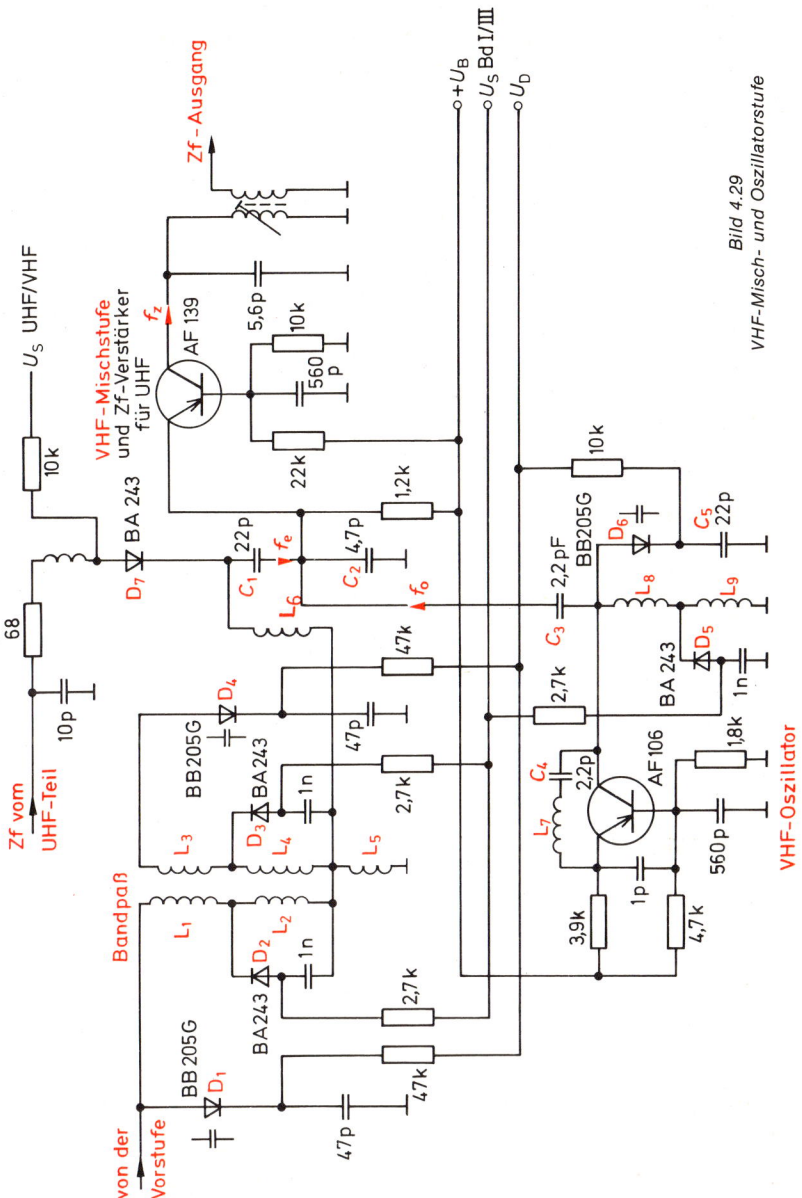

Bild 4.29
VHF-Misch- und Oszillatorstufe

119

4.1.4.3. VHF-Misch- und Oszillatorstufe

Im VHF-Kanalwähler verwendet man durchweg getrennte Misch- und Oszillatorstufen. Mit selbstschwingenden Mischstufen erzielt man nämlich keine große Stabilität der Oszillatorfrequenz und weiterhin kann mit ihnen keine große Frequenzvariation vorgenommen werden. Im VHF-Bereich ist jedoch eine große Frequenzänderung erforderlich, weil hier die Bänder I und III empfangen werden.

Im **Bild 4.29** ist eine VHF-Misch- und Oszillatorstufe mit getrennten Misch- und Oszillator-Transistoren wiedergegeben. Das in der Vorstufe verstärkte und im abstimmbaren Bandpaß ausgefilterte Eingangssignal (f_e) und das Oszillatorsignal (f_o) liegen am Emitter des Mischtransistors und werden dort additiv gemischt. Auch der Mischstufentransistor arbeitet in Basisschaltung. Am Kollektor des Mischstufen-Transistors kann die durch die Mischung entstandene Zwischenfrequenz ausgekoppelt werden.

Wird ein Kanal im Band I empfangen, so sind für den Primärkreis des Bandpasses die Spulen L1, L2 und L5 wirksam. Für den Sekundärkreis sind die Spulen L3, L4 und L5 eingeschaltet. Soll dagegen ein Kanal im Band III empfangen werden, so werden durch die positive Schaltspannung U_s die Schaltdioden D2 und D3 leitend und die Spulen L2 bzw. L4 werden überbrückt. Dadurch erhöht sich die Resonanzfrequenz der Schwingkreise. Die Abstimmung des Bandpasses auf die jeweilige Kanalfrequenz erfolgt mit den Kapazitätsdioden D1 und D4.

Die Spule L5 wirkt als Koppelspule zwischen beiden Kreisen (induktive Fußpunktkopplung). Das VHF-Eingangssignal gelangt dann über die Spule L6 auf den kapazitiven Spannungsteiler C1 und C2. Dadurch wird der Sekundärkreis des Bandpasses durch den Eingangswiderstand des in Basisschaltung arbeitenden Mischtransistors nicht zu stark bedämpft.

In der Oszillatorschaltung bilden L8, L9, die Kapazitätsdioden D6 und C5 den Oszillatorkreis. Im Band III wird die Spule L9 durch die Schaltdiode D5 überbrückt. Die Spule L7 und der Kondensator C4 wirken als Rückkopplungselemente für den in Basisschaltung arbeitenden Oszillatortransistor. Die Oszillatorspannung gelangt über C3 zur Mischstufe. Die Oszillatorspannung ist im Band I größer als im Band III. Damit die Mischstufe stets eine gleichgroße Oszillatorspannung erhält, wendet man eine frequenzabhängige Oszillatorankopplung an. Der Ankoppelkondensator erhält nur eine kleine Kapazität, wodurch der Abfall der Oszillatoramplitude bei den hohen Frequenzen kompensiert wird.

Beim UHF-Empfang wird die VHF-Mischstufe als erste Zf-Verstärkerstufe benutzt. Die in der UHF-Mischstufe erzeugte Zf-Spannung gelangt nämlich über die Schaltdiode D7 und C1 auf den Emitter des VHF-Mischtransistors. Die Spulen L6 und L5, sowie die Kondensatoren C1 und C2 bilden jetzt für die Zwischenfrequenz einen stark bedämpften Parallelschwingkreis. Dieses Schaltungsprinzip wird sehr häufig angewendet, weil die Gesamtverstärkung des UHF-Kanalwählers meistens geringer als die des VHF-Kanalwählers ist; außerdem wird die Bereichsumschaltung VHF/UHF vereinfacht.

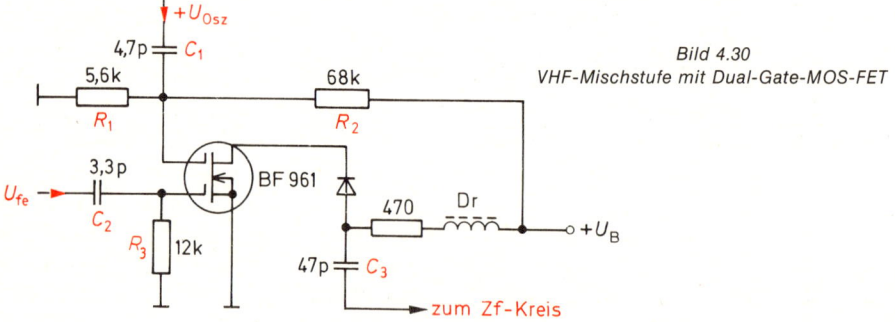

Bild 4.30
VHF-Mischstufe mit Dual-Gate-MOS-FET

Die Schaltung in **Bild 4.30** zeigt eine VHF-Mischstufe mit einem Dual-Gate-MOS-FET vom Typ BF 961. Durch die beiden vorhandenen Gates ist es möglich, daß der Drainstrom nicht nur durch das Eingangssignal, sondern auch durch das Oszillatorsignal geändert werden kann. Auf diese Weise wird die Steilheit des MOS-FETs geändert, wodurch sich eine multiplikative Mischung ergibt.

Um eine gute Mischverstärkung und Mischlinearität zu erhalten, ist der Arbeitspunkt für das Gate 2 durch den Spannungsteiler R1, R2 auf etwa 1 V gebracht worden. Dieser Gate-2-Arbeitspunkt wird mit der über den Kondensator C1 eingekoppelten, ca. 1,5 V bis 2 V betragenden Oszillatorspannung symmetrisch moduliert. Dabei wird der Dual-Gate-MOS-FET bei der positiven Oszillatorhalbwelle geöffnet bzw. bei der negativen gesperrt. Dies ergibt eine lineare Modulation der Steilheit. Die Mischverstärkung und -steilheit sind damit proportional der Amplitude des Oszillatorsignals. Das Gate 1 liegt über R3 und die Source direkt an Masse. Das Eingangssignal wird über den Kondensator C2 dem Gate 1 zugeführt. Am Drain-Anschluß kann über die Diode und den Kondensator C3 das Zf-Signal ausgekoppelt werden.

Solche VHF-Mischstufen, die mit einem Dual-Gate-MOS-FET aufgebaut sind, haben den Vorteil, daß sie nur wenige Mischprodukte erzeugen und damit leichter zu beherrschen sind. Weiterhin treten wegen der linearen Kennlinien weniger Kreuzmodulationsstörungen auf.

4.1.4.4. UHF-Misch- und Oszillatorstufe

Es wurden bereits viele Gesichtspunkte erörtert, die bei einer Dimensionierung von Mischstufen und Oszillatoren zu berücksichtigen sind. So ist es verständlich, daß eine Verknüpfung beider Stufen als selbstschwingende Mischstufe schwierig ist und in einigen Punkten Kompromisse erfordert. Trotzdem findet man nicht nur in vielen Rundfunkgeräten, sondern auch überwiegend in UHF-Kanalwählern selbstschwingende Mischstufen, weil sich damit besonders preisgünstige Schaltungen aufbauen lassen.

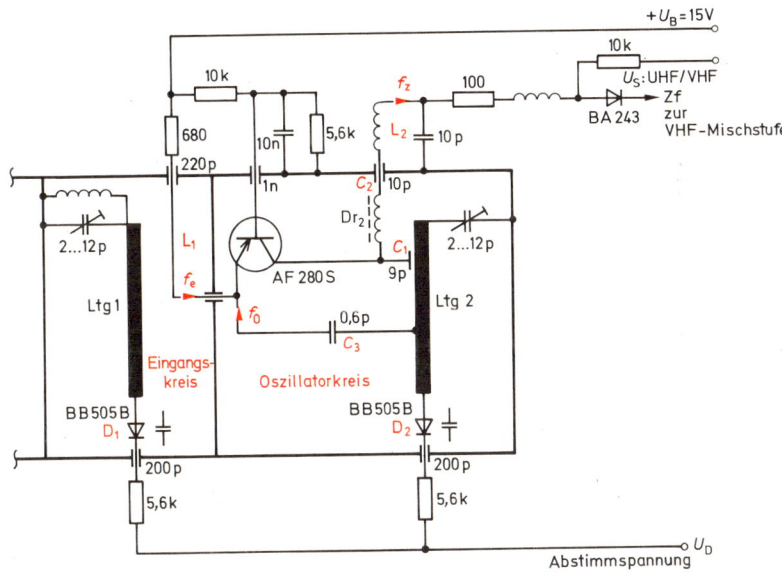

Bild 4.31
Selbstschwingende UHF-Mischstufe

Bei einer selbstschwingenden Mischstufe muß eine Dimensionierung gefunden werden, die den verschiedenen Forderungen bei den drei zu verarbeitenden Frequenzen, nämlich Empfangs-, Oszillator- und Zwischenfrequenz, entspricht. Ein prinzipieller Nachteil läßt sich jedoch nicht vermeiden: Da das gleiche Verstärkerelement zwei Aufgaben erfüllt, ergibt sich zwangsläufig eine gegenseitige Beeinflussung. So kann eine zu große Hf-Eingangsspannung die Oszillatorfrequenz und die Oszillatorspannung ändern. Aber auch eine zu große Zf-Spannung am Transistorausgang bewirkt durch Übersteuerung des Transistorausgangs eine Störung des Oszillators.

Bild 4.31 zeigt eine typische Schaltung einer selbstschwingenden UHF-Mischstufe. Der Hf-Schwingkreis (Ltg. 1) und der Oszillatorkreis (Ltg. 2) sind in der für die UHF-Technik typischen Leitungstechnik aufgebaut. Die elektrisch $\lambda/4$ langen Leitungen werden mit den Kapazitätsdioden D1 und D2 abgestimmt. Ltg. 1 ist der Sekundärkreis eines zweikreisigen Bandfilters, das am Ausgang der UHF-Vorstufe liegt. Über die Koppelschleife L1 gelangt die Empfangsfrequenz an den Emitter des in Basisschaltung arbeitenden Transistors. Die Zwischenfrequenz koppelt man über die Hf-Drossel Dr2 aus und führt sie an die Zf-Schwingkreisspule L2. Der Parallelkondensator für diesen Zf-Kreis wird durch die Parallelschaltung C1, C2 gebildet. Die Drossel Dr2 ist für die Zf praktisch ein Kurzschluß, für die Eingangs- und Oszillatorfrequenz jedoch ein sehr großer Widerstand.

Der Oszillatorkreis ist mit einer Leitungsanzapfung über C1 am Kollektor angeschlossen. Die Rückkopplung erfolgt über C3.

Die sorgfältige Verdrosselung und die Abblockung mit Durchführungskondensatoren aller aus der Oszillatorkammer nach außen führenden Leitungen ist wegen der scharfen Störstrahlungsbestimmungen unbedingt erforderlich.

4.1.5. Gesamtschaltung eines Kanalwählers

4.1.5.1. Kombikanalwähler mit Transistoren

Das **Bild 4.32** zeigt die Schaltung eines Kombikanalwählers mit PIN-Dioden Regelung und VHF-MOS-Mischstufe. Für den UHF- und für den VHF-Teil, die zwar in einem Gehäuse untergebracht sind, werden getrennte Transistoren verwendet. Zur Verbesserung der Großsignaleigenschaften des VHF-Teils wird in dieser Schaltung in der VHF-Mischstufe ein Dual-Gate-MOS-FET BF 961 eingesetzt. Damit ergibt sich eine Verbesserung der Kreuzmodulationsfestigkeit innerhalb der Kanäle um den Faktor zwei.

Das Antennensignal gelangt über den 75-Ω-Antenneneingang zunächst auf den **PIN-Dioden-Abschwächer,** der in der üblichen Schaltung (siehe Bild 4.5) aufgebaut ist. Der Regelverlauf dieses Abschwächers wird mit den Widerständen R1, R2, R3 und R5 festgelegt. Sie sind so dimensioniert, daß der Regeleinsatz bei 7 V erfolgt und volle Abregelung bei 1,5 V erreicht wird.

UHF-Vorstufe

Die Schaltung des UHF-Teils beginnt mit einem Hochpaß aus den Bauteilen C9, C14 und L6, der bandfremde Störsender unterdrückt. Die Serienspule L33 sorgt zusammen mit dem an der Basis liegenden Kondensator C19 für eine breitbandige Anpassung und Neutralisation der Vorstufe. Gleichzeitig verbessert L33 die Rauschanpassung im oberen Frequenzbereich. Im gewählten Arbeitspunkt (8 V/ 8 mA) hat der nicht geregelte Vorstufentransistor AF 379 sein Verzerrungsminimum. Die Drossel L13 wirkt mit der Ausgangskapazität des Transistors, mit C21 und den vorhandenen Schaltkapazitäten als breitbandiger Parallelschwingkreis, dessen Resonanzfrequenz knapp unterhalb des UHF-Bereiches liegt.

Aus dem großen L/C-Verhältnis dieses Schwingkreises resultiert im unteren Frequenzbereich eine sehr hohe Abschlußimpedanz des Transistors. Dies ergibt eine hohe Stufenverstärkung. Der sonst bei $\lambda/4$ abgestimmten Kanalwählern übliche Verstärkungsabfall am unteren Bandende wird dadurch ausgeglichen. Die Verstärkung bleibt im gesamten UHF-Bereich annähernd konstant.

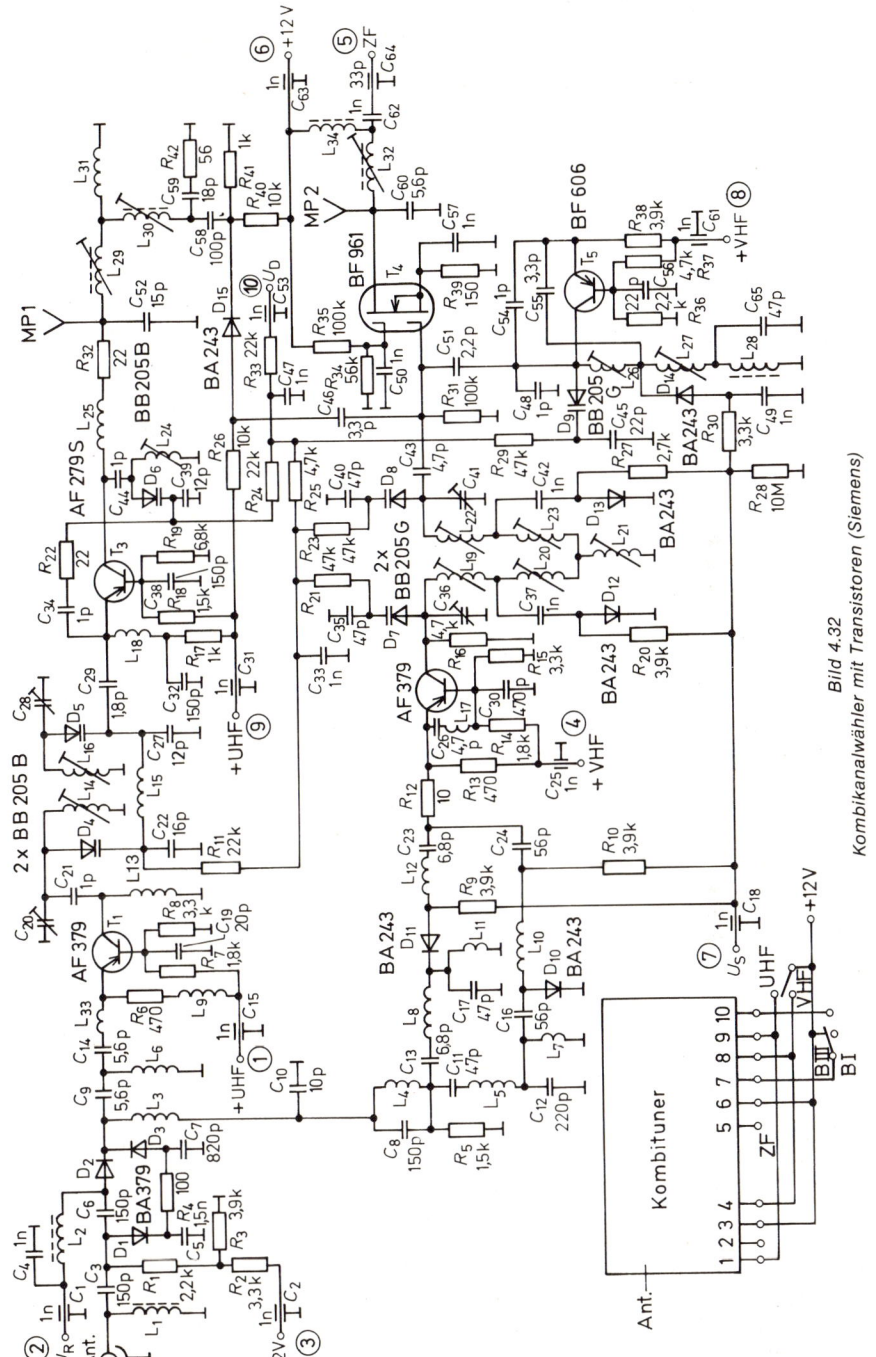

Bild 4.32   Kombikanalwähler mit Transistoren (Siemens)

123

Um bei gegebener Güte und Anfangskapazität der Abstimmdioden eine gute Selektion des Bandfilters zu erreichen, müssen die Resonanzwiderstände der Kreise möglichst hoch sein. Dazu ist es notwendig, einen kleinen Serienkondensator zu verwenden, was voraussetzt, daß die am Hochpunkt der Schwingkreise wirksame Parallelkapazität sehr gering ist. Das bedeutet den Verzicht auf die übliche Leitungstechnik mit ihren niedrigen Impedanzen und die Anwendung von konzentrierten Spulen auch im UHF-Bereich. Die gegenüber den Leitungskreisen kleinere Güte der konzentrierten Spulen wird durch die hochohmige Auslegung der Schwingkreise mehr als ausgeglichen. Das abgestimmte Bandfilter ist über das Streufeld der Spulen gekoppelt. Über L15 wird eine Zusatzkoppelung im unteren Frequenzbereich hergestellt.

Selbstschwingende Mischstufe

Der Oszillatorschwingkreis wird mit ebenso hohen Impedanzen betrieben wie die Bandfilterkreise. Zusammen mit einer schwach bemessenen Rückkopplung über C34 und R22 wurde im gesamten Frequenzbereich ein gleichmäßiges Schwingverhalten erzielt. Die Schwingfähigkeit im unteren Bereich wird durch die Tiefpaßdrossel L25 unterstützt, die eine ähnliche Wirkung wie L13 in der Vorstufe hat. Durch den Einbau von R22 wird eine zu starke Resonanzüberhöhung im Rückkopplungszweig vermieden. R32 dämpft die Resonanz von L25 mit den anliegenden Kapazitäten. Die Mischstufe wird über C29 an den Serienkondensator des zweiten HF-Bandfilterkreises angekoppelt. Durch die frequenzabhängige Spannungsteilung zwischen der Abstimmdiode D5 und dem Serienkondensator C27 ergibt sich eine mit steigender Frequenz absinkende primärseitige Belastung des Bandfilters. Das kommt der Forderung nach gleichmäßiger Selektion und konstanter Verstärkung entgegen.

Der Arbeitspunkt des Transistors AF 279 S wurde im Interesse einer guten Temperaturdrift der Oszillatorfrequenz auf 10,2 V/1,8 mA festgelegt.

Der Reihenschwingkreis L18, C32 legt den Emitter für die Zwischenfrequenz niederohmig an Masse und sorgt somit für eine optimale Mischsteilheit. Die Zwischenfrequenz wird über ein bedämpftes Bandfilter, die Schaltdiode D15 und eine kleine Kapazität auf Gate 1 des VHF-Mischers eingekoppelt, der im Betrieb des Tuners im UHF-Bereich als Zf-Verstärker arbeitet. Im Betriebsfall VHF ist die Schaltdiode über den Spannungsteiler R40, R41 negativ vorgespannt, um die schädlichen Kapazitäten an G1 klein zu halten.

VHF-Vorstufe

Der Eingangstiefpaß aus L3 und C10 entkoppelt die VHF- und UHF-Vorstufe. L4 und C8 bilden eine Zf-Sperre. Darauf folgen Bandpässe mit einer guten Selektion gegenüber bandfremden Störsendern. Der vor dem Emitter des Vorstufentransistors liegende Widerstand R12 verbessert die Aussteuerbarkeit der Vorstufe. Der durch ihn verursachte Anstieg der Vorstufenrauschzahl um etwa 1 dB kann toleriert werden. Der Kondensator C26 verhindert zusammen mit der Ferritperle L17 hochfrequente Schwingungen. Der Arbeitspunkt des Vorstufentransistors wurde auf 8 V/8 mA festgelegt.

Das abgestimmte HF-Bandfilter ist so ausgelegt, daß sich eine leicht eingesattelte Durchlaßkurve ergibt. Da die hohe Eingangsimpedanz der Mischstufe das Bandfilter nur schwach belastet, wurde primärseitig eine Bedämpfung mit R16 eingeführt. Die Strombegrenzungswiderstände R20 und R27 wirken bei Betrieb in Band I als zusätzliche Dämpfung. Dadurch wird die Verstärkung bis zum Eingang der Mischstufe im Interesse einer hohen Kreuzmodulationsfestigkeit relativ niedrig gehalten.

Die Kopplung der Bandfilterkreise erfolgt in Band III über das Streufeld von L19 und L22, für Band I wirkt die Fußpunktspule L21.

VHF-Mischstufe

In der VHF-Mischstufe wird der Dual-Gate-MOS-FET BF 961 in additiver Mischschaltung eingesetzt. Gegenüber der bisher verwendeten Mischstufe mit bipolarem Transistor ergeben sich folgende Vorteile:

– Hohe Kreuzmodulationsfestigkeit
– Einfache Ankopplung an das Bandfilter mit der kleinen Kapazität C43.
– Die niedrige Mischrauschzahl von etwa 6 dB erweitert wegen der kleineren erforderlichen Vorstufenverstärkung den Aussteuerbereich des Tuners in der Umgebung des eingestellten Kanals.
– Wegen der hohen Eingangsimpedanz kann im Hf-Bandfilter eine gute Selektion erzielt werden, dadurch werden Störungen durch Nachbarkanäle vermieden.
– Verbesserte Störstellenunterdrückung durch geringere Oberwellenausbildung.
– Störmodulationen werden wegen der nur gering von der Aussteuerung abhängigen Mischerimpedanz vom Oszillator fortgehalten.

VHF-Oszillator

Der Oszillator ist mit dem PNP-Si-Transistor BF 606 bestückt, der wegen seines epitaxialen Aufbaus für die Ansteuerung eines MOS-Mischers besonders geeignet ist. Die Schaltung ist so ausgelegt, daß in Band I und Band III am Gate 1 des Dual-Gate-MOS-FETs eine Oszillatorspannung von größer als 500 mV liegt. Für Band I ist C55 als zusätzlicher Rückkoppelkondensator vorgesehen. C65 wird in Band I in Reihe zu C45 als Verkürzungskondensator geschaltet, dadurch wird ein optimaler statischer und dynamischer Gleichlauf erreicht.

Der Arbeitspunkt des Oszillatortransistors ist mit 4,6 V / 1,9 mA festgelegt.

Das Zf-Signal wird über den Schwingkreis L32, C60 ausgekoppelt. Aus Störstrahlungsgründen ist die gesamte Schaltung dieses Kombikanalwählers in einem Gehäuse untergebracht.

4.1.5.2. Kombikanalwähler mit integrierter Schaltung

Die moderne hochfrequente Technologie ermöglichte die Entwicklung einer integrierten Schaltung für den VHF-Kanalwähler. Mit dem IC TUA 2000 ist es nun möglich, daß der Empfangsbereich des gesamten VHF-Bandes bis 400 MHz überstrichen werden kann. Somit ergeben sich für den Hf-Teil folgende Vorteile:

– Einfache Außenbeschaltung
– Frequenz- und amplitudenstabiler Oszillator mit sehr geringer Störstrahlung
– Optimale Unterdrückung von Oszillator- und Eingangsfrequenz am Zf-Ausgang durch gut entkoppelte aktive Ringmischerschaltung
– Hohe Störspannungsfestigkeit
– Hochohmiger Mischeingang, symmetrisch und unsymmetrisch beschaltbar
– Zf-Nachverstärker für das UHF-Signal

für den Zf-Teil ergeben sich die Vorteile:
– Optimale Unterdrückung des Übersprechens
– Große Signalaussteuerfähigkeit
– geringe Rauschzahl.

Das **Bild 4.33** zeigt das Blockschaltbild der Innenschaltung dieser integrierten Schaltung. Der TUA 2000 enthält einen symmetrischen Mischereingang sowie einen multiplikativen Mischer. Die Amplitude des Oszillators ist geregelt. Alle Betriebsströme und Spannungen des Oszillators sind stabilisiert, so daß die Oszillator-Amplitude und -Frequenz weitgehend unabhängig von Temperatur- und Betriebsspannungsänderungen ist. Der Eingang des Zf-Verstärkerteils ist hochohmig. Bei UHF-Betrieb werden Oszillator und Mischer abgeschaltet und die UHF-Entkoppelstufe aktiviert.

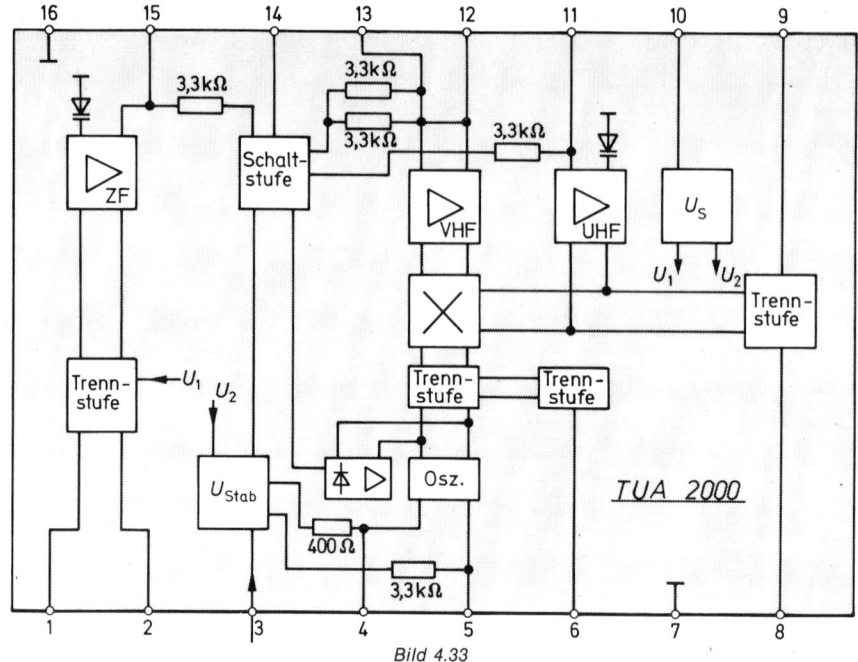

Bild 4.33
Blockschaltbild des VHF-ICs TUA 2000 (Siemens)

Im **Bild 4.34** ist das Schaltbild eines Kombikanalwählers mit der integrierten Schaltung TUA 2000 wiedergegeben. Das Antennensignal gelangt vom Antenneneingang über ein umschaltbares Eingangsfilter, das mit Kapazitätsdioden abgestimmt wird, auf die VHF-Vorstufe. Dieser Vorverstärker ist mit einem Dual-Gate-MOS-FET aufgebaut. Das Eingangssignal gelangt an Gate 1, während auf das Gate 2 die Regelspannung gegeben wird. Im Ausgang dieser VHF-Vorstufe liegt ein abstimmbarer Bandpaß. Beim Empfang eines Kanals im Band III werden die Spulen L23 und L24 durch Schaltdioden vom Typ BA 244 überbrückt.

Das so vorverstärkte und selektierte VHF-Signal gelangt dann auf das VHF-IC. In dieser integrierten Schaltung befindet sich die VHF-Misch- und Oszillatorstufe, so daß am Ausgang unmittelbar die Zf-Spannung abgenommen und auf den Zf-Verstärker gegeben werden kann. Beim Empfang des UHF-Bereiches gelangt das Antennensignal über den Überspannungsschutz (D8 und D9) auf den UHF-Hochpaß (C70, L70, C71).

Die Schwingkreise im UHF-Teil sind hier mit $\lambda/4$-Leitungen aufgebaut, die mit Kapazitätsdioden vom Typ BB 221 abgestimmt werden. Die UHF-Vorstufe ist mit einem Dual-Gate-MOS-FET bestückt, der am Gate 2 eine Regelspannung erhält. Das Eingangssignal gelangt dann über das abgestimmte 3-Kreis-Zwischenbandfilter auf die selbstschwingende additive Mischstufe. Der Oszillatorkreis besteht aus der Spule L93 und den Kapazitäten C98, C96 und der Kapazitätsdiode D90. L92 und C97 bewirken im unteren Bereichsende eine ausreichend große Oszillatoramplitude. Die Rückkopplung dieses Oszillators wird mit R93 und C91 erreicht, während L91 zur entsprechenden Phasendrehung dient. Das Zf-Signal wird über L94 auf den ersten, auf die Zf abgestimmten Schwingkreis L95, L97 und C100 auf das VHF-IC zur weiteren Verstärkung gegeben.

Die Transistoren V51, V52 und V53 dienen zur Verstärkung und Entkopplung der benötigten Schaltspannungen. Sie haben mit der eigentlichen Kanalwählerfunktion nichts zu tun.

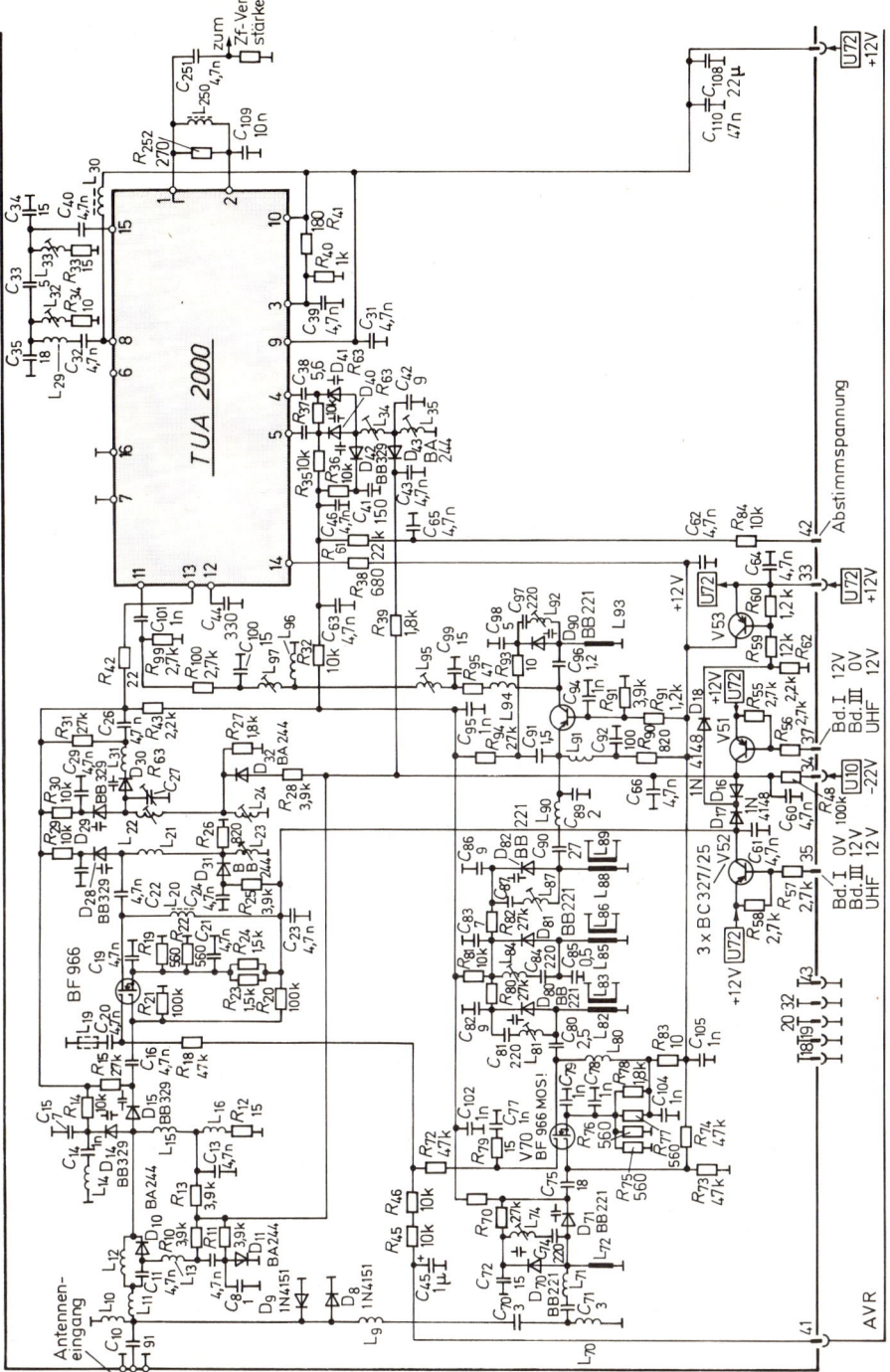

Bild 4.34   Kombikanalwähler mit integrierter Schaltung (Blaupunkt)

4.2. Bild-Zf-Verstärker

4.2.1. Aufgaben des Bild-Zf-Verstärkers

Der Bild-Zf-Verstärker hat vier Aufgaben:

1. Er muß die in der Mischstufe erzeugte Zwischenfrequenz-Spannung auf die zum Aussteuern der Videoendstufe erforderliche Spannung von 3 bis 4 V verstärken. Man erreicht mit einem 3- bis 4stufigen Transistorverstärker oder einer integrierten Schaltung eine Spannungsverstärkung von ca. 6000, die für diese Aufgabe ausreicht.

2. Er soll die nötige Nahtrennschärfe (Nahselektion) mit Hilfe der entsprechenden Fallen (Traps) herstellen.

3. Auf Grund des üblichen Intercarrierverfahrens (Zwischenträger-Verfahren) muß er die Tonträgerspannung, deren Frequenz auf 33,4 MHz liegt, mit verstärken.

4. Für eine gleichmäßige Aussteuerung der Bildröhre bei verschieden starken Eingangssignalen und zum Ausgleich von Feldstärkeschwankungen muß die Verstärkung des Bild-Zf-Verstärkers regelbar sein.

4.2.2. Normdurchlaßkurve

Die Bandbreite des Fernsehbild-Zf-Verstärkers soll etwa 5 MHz betragen. Jedoch genügt diese Angabe nicht zur Kennzeichnung der erforderlichen Durchlaßkurvenform. Um möglichst viele Sender in einem Band unterzubringen, wendet man das Einseitenbandverfahren an.

Bei der Amplitudenmodulation, die auch beim Fernsehbild benutzt wird, entstehen zwei symmetrische Seitenbänder, das obere und das untere Seitenband. Bei der Einseitenbandübertragung wird nur eines der Seitenbänder übertragen. Das zweite unterdrückt man mit entsprechenden Filtern.

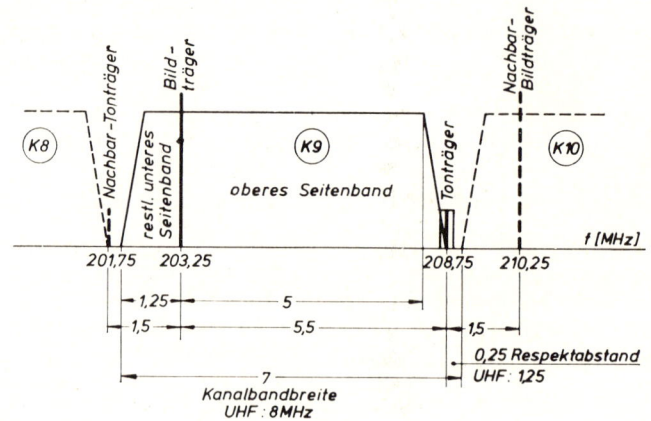

Bild 4.35
Fernsehsenderspektrum

Praktisch ist es allerdings nicht möglich, das untere Seitenband direkt am Träger zu unterdrücken, außerdem ist es beim Fernsehen unangebracht, da die Phasenverzerrungen proportional zur Flankensteilheit zunehmen. So überträgt man hier das obere Seitenband ganz und das untere nur zu einem Teil bis ca. 1 MHz (**Bild 4.35**).

Da sich nun bei der Demodulation die beiden Seitenbänder, falls sie gleichmäßig verstärkt werden, addieren, würde man für die Videofrequenzen von 0 bis 1 MHz die doppelte Amplitude erhalten wie für die übrigen Modulationsfrequenzen. Für das Fernsehbild würde das bedeuten, daß niederfrequente Videosignale mit doppeltem Kontrast im Vergleich zu hochfrequenten Signalen auf dem Bildschirm erscheinen würden.

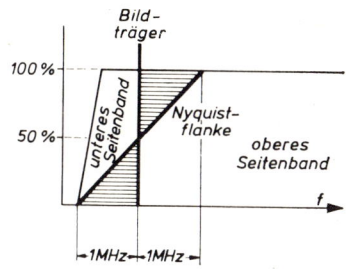

Bild 4.36
Lage des Bildträgers auf der Nyquistflanke

Aus diesem Grunde rüstet man den Zf-Verstärker mit der sogenannten Nyquistflanke aus, die in der Mitte (bei 50%) den Bildträger zu schneiden hat. So werden die Frequenzen, die noch in beiden Seitenbändern übertragen werden, mit geringerer Amplitude verstärkt als die Frequenzen, die nur im oberen Seitenband enthalten sind (**Bild 4.36**).

Eine weitere Besonderheit der Bild-Zf-Durchlaßkurve ist die Absenkung des Tonträgers bei 33,4 MHz. Da der Fernsehton der Bild-Information überlagert ist, darf die Ton-Amplitude nie größer als die minimale Bildamplitude (10% der Gesamtsignalgröße bei weiß) werden, da sonst die Tonamplitude einseitig, und zwar im Rhythmus kleiner Bildsignale begrenzt wird. Dies entspricht einer zusätzlichen Amplitudenmodulation des frequenzmodulierten Fernsehtons und führt zu Tonstörungen, sofern die AM-Unterdrückung des Ton-Zf-Verstärkers nicht groß genug ist (Intercarrierbrummen, Bild im Ton).

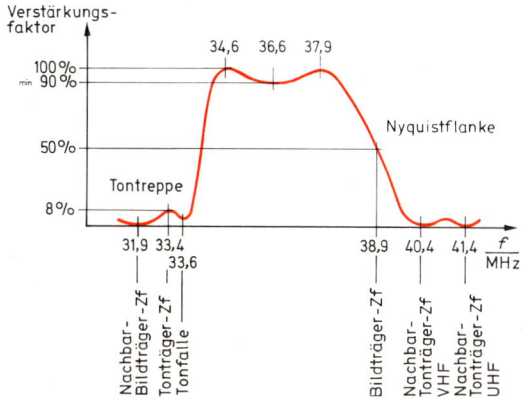

Bild 4.37
Normdurchlaßkurve eines Bild-Zf-Verstärkers im linearen Maßstab

129

Gleichzeitig erscheinen, wenn die Tonträgeramplitude zu groß ist, aber auch Tonstreifen auf dem Bildschirm (Ton im Bild). Es muß daher der Eigentonträger auf 5 – 8% abgesenkt werden. Außerdem soll die Verstärkung für diese Frequenz in einem Bereich ± 300 kHz möglichst konstant sein, um wiederum zusätzliche Amplitudenmodulation des Fernsehtons zu vermeiden. Man spricht von der sogenannten Tontreppe. Nachbar-Bildträger und Nachbar-Tonträger liegen nur jeweils um 1,5 MHz vom Eigen-Bildträger und Eigen-Tonträger entfernt.

Zum Vermeiden von störenden Mischprodukten bei der Demodulation müssen, falls die Nachbarkanäle belegt sind, deren Frequenzen bei 31,9 MHz und 40,4 MHz durch starke Fallen um 60 dB abgesenkt werden. In **Bild 4.37** ist die Normdurchlaßkurve im linearen Maßstab aufgezeichnet. Die in der Praxis erreichte Kurvenform erscheint mehr abgerundet.

Im **Bild 4.38** ist die Bild-Zf-Durchlaßkurve im logarithmischen Maßstab aufgetragen. Hier kann man die jeweiligen Dämpfungswerte der Fallen direkt ablesen. Damit der Farbhilfsträger in einem Schwarz/Weiß-Empfänger nicht störend in Erscheinung tritt, senkt man die Frequenz

$$38,9 \text{ MHz} - 4,43 \text{ MHz} = 34,47 \text{ MHz}$$

um etwa 20 dB ab. Damit ergibt sich der gestrichelte Kurvenverlauf.

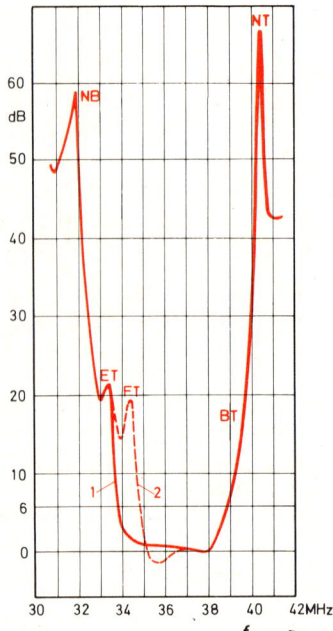

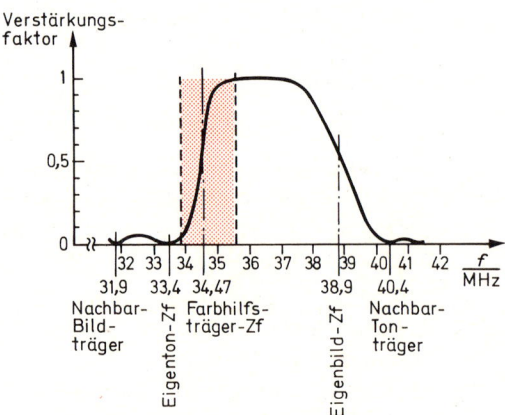

Bild 4.39
Lage der Farbinformation in der Zf-Durchlaßkurve

Bild 4.38
Zf-Durchlaßkurve im logarithmischen Maßstab

Im **Bild 4.39** ist die Durchlaßkurve des Bild-Zf-Verstärkers eines Farbfernsehempfängers wiedergegeben. Der in das Helligkeitssignal eingeschachtelte Farbträger mit seinen ungleich beschnittenen Seitenbändern liegt bei 34,47 MHz. Um im y-Kanal Störmodulationen, die durch den Farbhilfsträger hervorgerufen werden, zu vermeiden, senkt man den Farbträger generell um 6 dB ab, ähnlich wie den Eigenbildträger auf der Nyquistflanke.

4.2.3. Bild-Zf-Verstärker mit LC-Filtern

Der Bild-Zf-Verstärker muß nicht nur eine Bandbreite von mindestens 5 MHz besitzen, sondern auch eine entsprechende Durchlaßkurvenform aufweisen. Um die erforderliche Bandbreite zu erreichen, werden bei einem mit Transistoren aufgebauten Zf-Verstärker die einzelnen Verstärkerstufen durch Schwingkreise gekoppelt. Man verwendet zur Kopplung entweder Bandfilter mit unterschiedlichem Kopplungsgrad (**Bild 4.40**), versetzt abgestimmte Einzelkreise mit einem überkritisch gekoppelten Bandfilter oder versetzt abgestimmte Bandfilter. Um die erforderliche Bandbreite endgültig zu erreichen, legt man parallel zu den Schwingkreisen Dämpfungswiderstände.

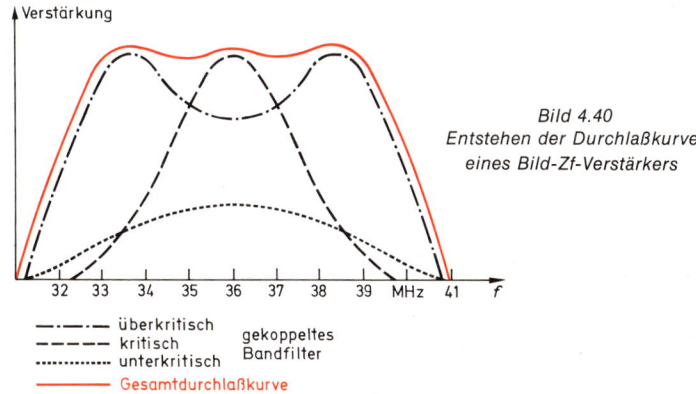

Bild 4.40
Entstehen der Durchlaßkurve
eines Bild-Zf-Verstärkers

Die erforderliche Durchlaßkurvenform kann nur durch entsprechende Filter (Fallen) erreicht werden. Diese Fallen müssen auf folgende Frequenzen abgestimmt werden:

1. um den Eigenton auf weniger als 10% abzusenken, benutzt man eine Eigentonfalle, die auf ca. 33,6 MHz abgestimmt ist. Meistens wird dazu ein kapazitiv oder induktiv angekoppelter Absorbtionskreis verwendet;
2. der Nachbarbildträger auf 31,9 MHz muß um ca. 50 dB abgesenkt werden;
3. der Nachbartonträger bei 40,4 MHz bzw. bei UHF-Empfang bei 41,4 MHz muß um ca. 40 dB abgesenkt werden.

Für Nachbarbild- und Nachbartonträger verwendet man zur Absenkung meistens Fallen in Form von Saugkreisen oder sogenannte Brückenfallen. Eine wirkungsvolle Absenkung erreicht man, wenn die Fallen gleich im Eingang des Zf-Verstärkers liegen.

Das **Bild 4.41** zeigt eine Eingangsschaltung eines Bild-Zf-Verstärkers. Das Eingangsbandfilter liegt zwischen dem Kanalwähler und der ersten Zf-Verstärkerstufe. Man erkennt ein dreikreisiges Bandfilter, einen Sperrkreis für 33,4 MHz und zwei Saugkreise für 40,4 MHz und 31,9 MHz. Der erste Kreis liegt am Mischerausgang des Kanalwählers und besteht aus L1, C1 und C2. Der folgende Sperrkreis ist auf den Eigentonträger abgestimmt. Das nachfolgende Bandfilter L2, L3 ist durch die beiden Saugkreise fußpunktgekoppelt. Mit den Saugkreisen wird die Nachbartonträger- und Nachbarbildträgerfrequenz abgesenkt.

Über den Kondensator C3 gelangt dann das Zf-Signal auf die Basis des geregelten ersten Zf-Verstärker-Transistors. Dieser Transistor arbeitet mit einer Aufwärtsregelung. Dadurch wird ein Regelumfang von 50 bis 60 dB und eine geringe Kreuzmodulation erreicht. Weil der Transistor bei dieser Aufwärtsregelung im geradlinigen Teil der Eingangskennlinie arbeitet, ergibt sich ein fast konstanter Eingangswiderstand, so daß das Eingangsbandfilter nicht bei Regelung des Transistors unterschiedlich bedämpft wird.

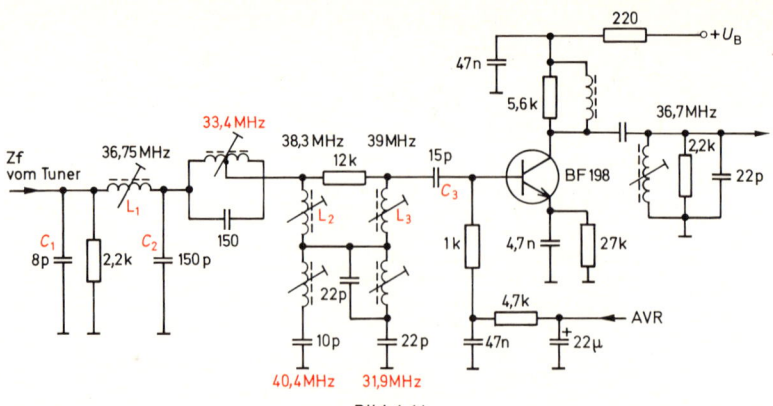

Bild 4.41
Eingangsbandfilter mit Fallen und angeschlossenem geregeltem 1. Zf-Transistor

Eine wirkungsvolle Absenkung läßt sich auch mit einem in **Bild 4.42** gezeigten Brücken-filter erreichen. Die Brücke ist im Gleichgewicht, wenn eine Spannung mit der Frequenz, auf die der Parallelschwingkreis der Falle abgestimmt ist, übertragen werden soll. Der Re-sonanzwiderstand des Parallelschwingkreises hat dann den gleichen Wert wie der Wider-stand R. Dann kann an den Brückenpunkten A und B keine Spannung dieser Frequenz abgenommen werden.

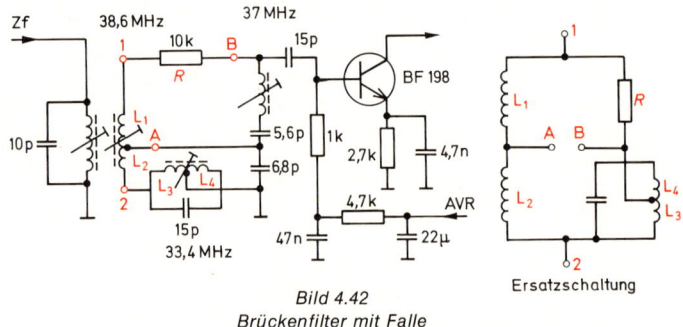

Bild 4.42
Brückenfilter mit Falle

Werden dagegen Frequenzen übertragen, die höher oder tiefer als die Resonanzfre-quenz der Falle sind, so ist das Brückengleichgewicht aufgehoben und an den Punkten A und B können Spannungen abgenommen und zur Verstärkung auf den Transistor gegeben werden. Wie stark die Absenkung durch eine solche Brückenschaltung sein soll, wird durch die Lage des Anzapfpunktes an der Fallenspule bestimmt. Im Prinzip bleibt die Wir-kungsweise eines solchen Brückenfilters auch dann gleich, wenn in dem einen Brücken-zweig mehrere Fallen liegen.

Einen vollständigen Bild-Zf-Verstärker mit Einzelbauelementen und LC-Filtern zeigt das **Bild 4.43**. Das aus dem Kanalwähler kommende Zf-Signal gelangt über das Eingangsband-filter zum geregelten Zf-Transistor BF 198. Alle erforderlichen Fallen sind im Eingangs-bandfilter untergebracht. So wird der Eigentonfall (33,4 MHz) durch einen angezapften Sperrkreis gebildet. Die für den Nachbartonträger (40,4 MHz) und den Nachbarbildträger (31,9 MHz) vorgesehenen Fallen sind über L1 angekoppelt. Weil alle notwendigen Fallen im

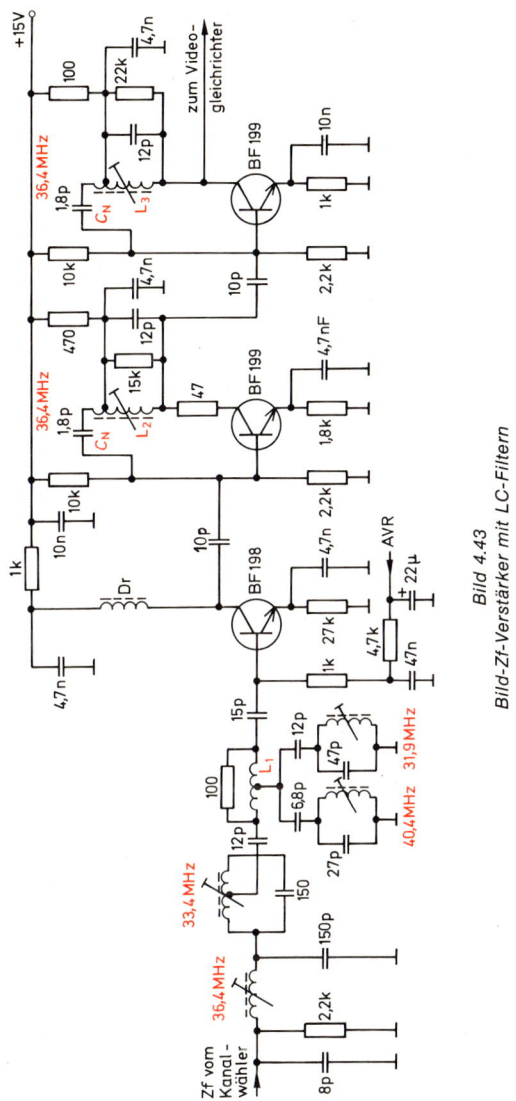

Bild 4.43
Bild-Zf-Verstärker mit LC-Filtern

Eingang untergebracht sind, ergibt sich eine wirkungsvolle Absenkung. Der nachfolgende Zf-Verstärker braucht dann nur noch auf maximale Verstärkung ausgelegt zu werden. So arbeitet der geregelte 1. Zf-Transistor auf eine Drossel Dr, die mit den Schaltkapazitäten wie ein auf Bandmitte abgestimmter Schwingkreis wirkt. Zur weiteren Selektion sind die Schwingkreise mit den Spulen L2 und L3 vorgesehen. Diese Schwingkreise werden bedämpft, um so die erforderliche Bandbreite zu erreichen.

Die nichtgeregelten Stufen werden mit C_N neutralisiert, um so Schwingneigungen zu verhindern.

133

4.2.4. Bild-Zf-Verstärker mit Oberflächenwellenfilter

Ein mit Transistoren und LC-Filtern aufgebauter Bild-Zf-Verstärker ist reparaturanfällig. Aufgrund der Alterung der Bauteile und bei einer Reparatur ist daher ein Nachgleichen der Filter und Fallen unumgänglich. Ein solcher Abgleich ist nicht nur zeitaufwendig, sondern auch kostspielig. Die Industrie hat deshalb ein mechanisches Filter entwickelt, das einen entsprechenden Durchlaßbereich besitzt und nicht mehr nachgestimmt werden muß. Ein solches Oberflächenwellen-Filter (OFW-Filter) löst die herkömmlichen LC-Filter in den Bild-Zf-Verstärkerstufen ab.

4.2.4.1. Oberflächenwellenfilter

Erste Untersuchungen über das Entstehen und Ausbreiten von Wellen auf den Oberflächen fester Körper beschrieb Lord Rayleigh (engl. Physiker, 1842 bis 1919) bereits 1885. Erst heute ermöglichen fortschrittliche Technologien und der Einsatz von Computern eine wirtschaftliche Anwendung dieser Erkenntnisse.

Auf einen einkristallinen, piezoelektrischen Körper aus Lithiumniobat (LiNbO$_3$) wird eine Metallschicht aufgedampft. Mit Hilfe der Fotoätztechnik arbeitet man feine, fingerartig ineinandergreifende Elektroden (Interdigitalstruktur) heraus (**Bild 4.44**), die drei Funktionsgruppen bilden:

Eingangswandler
Koppler
Ausgangswandler.

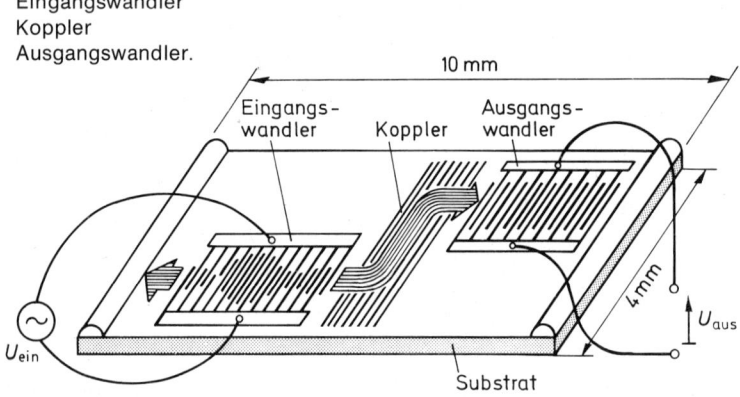

Bild 4.44
Prinzipaufbau eines OFW-Filters

Das Substrat aus Lithiumniobat wird nun auf ein Trägerblech aufgeklebt, und die Elektroden werden durch Bonden mit den Anschlüssen verbunden. Das System wird danach in ein Kunststoffgehäuse eingesetzt und vergossen.

Werden dem Eingangswandler elektrische Signale (U_{ein}) zugeführt, sendet er im gleichen Rhythmus in beiden Richtungen Oberflächenwellen aus. Die Welle, die sich nach links ausbreitet, wird vom Randmaterial absorbiert. Die Welle nach rechts wird vom Koppler aufgenommen und leitet diese zum Ausgangswandler. Hier werden diese sich auf der Oberfläche ausbreitenden Wellen wieder in elektrische Signale (U_{aus}) zurückgewandelt. Mit dem Koppler werden bei dieser Übertragung unerwünschte Wellen mit unterschiedlicher Ausbreitungsgeschwindigkeit vom Ausgangswandler ferngehalten. Durch eine Reihe weiterer technologischer Maßnahmen werden reflektierte und somit zeitverzögerte Wellen unterdrückt. Der hohe piezoelektrische Kopplungsfaktor von Lithiumniobat bewirkt eine geringe Durchgangsdämpfung des Filters. Die typische Signallaufzeit zwischen Eingangs- und Ausgangswandler liegt bei 1,5 µs.

Diese OFW-Filter, die auch SAW-Filter (**S**urface **A**coustic **W**ave) genannt werden, haben eine Durchlaßcharakteristik, die allein vom Entwurf bestimmt wird, d. h. von der Auswahl des piezoelektrischen Materials und besonders von der Struktur der darauf aufgebrachten Elektroden. Es ist daher leicht einzusehen, daß die doch komplizierte Durchlaßkurvenform eines Bild-Zf-Verstärkers mit allen ihren notwendigen Fallen leicht in eine entsprechende Elektrodenstruktur umgesetzt werden kann. Das mit dieser vorberechneten Struktur gefertigte OFW-Filter besitzt dann genau die Durchlaßcharakteristik, die der genormten Durchlaßkurve eines Bild-Zf-Verstärkers entspricht. Ein solches Filter braucht dann niemals mehr abgeglichen zu werden. Eine Veränderung der elektrischen Eigenschaften durch Alterung, Lagerung oder Transport tritt nicht ein. Auch der Einfluß der Umgebungstemperatur ist zu vernachlässigen.

Nach diesem Verfahren werden OFW-Filter für Bild-Zf-Verstärker für jede beliebige Norm hergestellt. Im **Bild 4.45** ist die Durchlaßcharakteristik eines OFW-Filters für die CCIR-NORM G wiedergegeben. Man erkennt, wie exakt selbst die Tontreppe auf 33,4 MHz eingestellt worden ist.

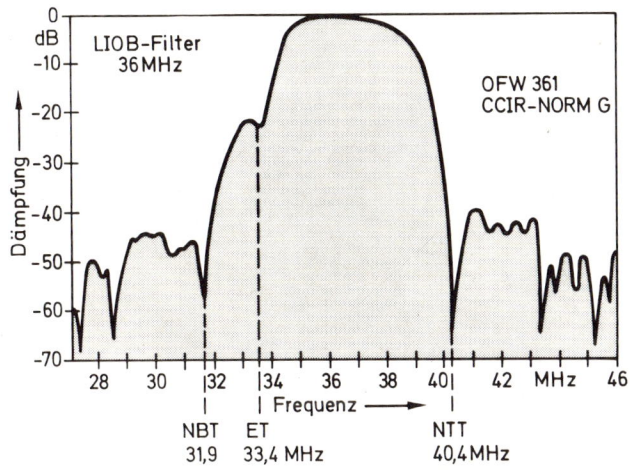

Bild 4.45
Durchlaßcharakteristik eines OFW-Filters für den Bild-Zf-Verstärker nach CCIR-Norm G (Siemens)

Die Anpassung an die OFW-Filter muß sehr sorgfältig vorgenommen werden, wenn nicht störende Erscheinungen (Geisterbilder) auftreten sollen. Der Eingang ist asymmetrisch, der Ausgang symmetrisch ausgebildet. So wird mit integrierten Zf-Verstärkern (z. B. TBA 1440 G, TDA 5500, TDA 5610) und mit Anpassungstransistoren (z. B. BF 199, BF 959) ein optimales Zusammenspiel erreicht.

4.2.4.2. Schaltung eines Bild-Zf-Verstärkers mit OFW-Filter

Wird ein Bild-Zf-Verstärker mit einem OFW-Filter aufgebaut, so wird durch dieses Filter die Durchlaßkurvenform und die Trennschärfe bestimmt. Der nachfolgende Verstärker braucht somit nur noch ein Breitbandverstärker zu sein, der die notwendige Verstärkung bringt. So ist es leicht einzusehen, daß dieser Breitbandverstärker eine integrierte Schaltung sein kann. Durch die Bestrebung, möglichst viele Funktionen in einer integrierten Schaltung unterzubringen, gibt es heute auf dem Markt kein reines Bild-Zf-Verstärker-IC. Die heute im Handel befindlichen Bild-Zf-Verstärker-ICs haben stets mitintegriert den Bild-Zf-Demodulator (Abschnitt 4.3) und die Regelspannungserzeugung (Abschnitt 4.4).

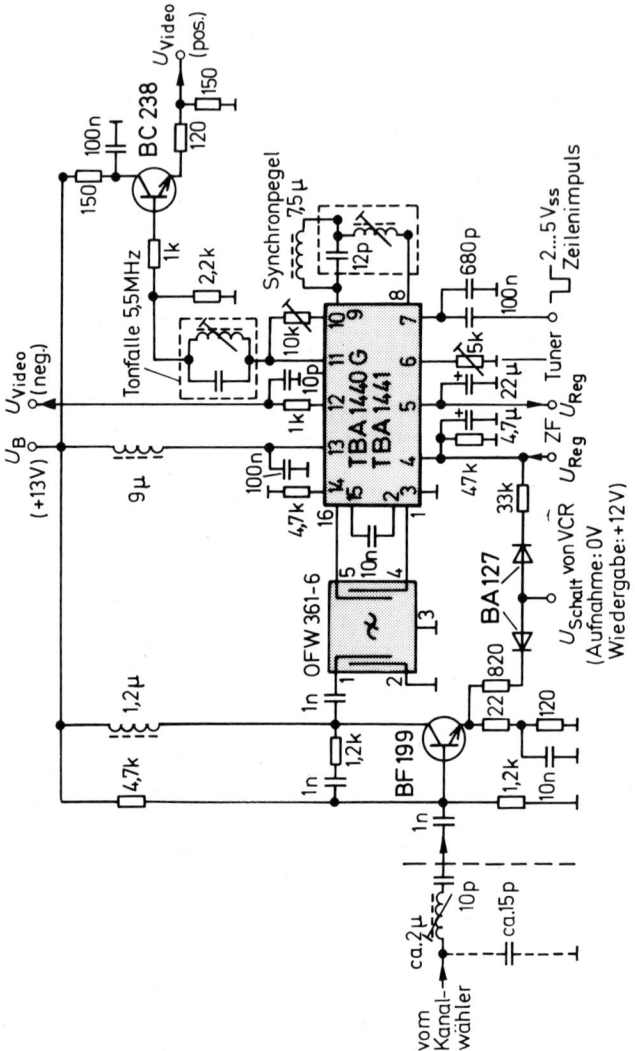

Bild 4.46
Bild-Zf-Verstärker mit OFW-Filter (Siemens)

136

Aus diesem Grund hat die integrierte Schaltung im **Bild 4.46** neben der Funktion der Zf-Signalverstärkung noch weitere Funktionen mit eingebaut. Die Schaltung in Bild 4.46 gliedert sich in folgende Teile auf:

Vorverstärkung mit dem Transistor BF 199
Oberflächenwellenfilter OFW 361-G
integrierter Bild-Zf-Verstärker mit TBA 1440 G (für PNP-Tuner) bzw. 1441 (für NPN-Tuner).

Die Funktion dieser Schaltung nun im Einzelnen:

Der Vorverstärker sorgt durch seinen niederohmigen Eingangswiderstand für eine unkritische Ankoppelung an den Tuner und kompensiert mit seiner Verstärkung von ca. 28 dB die Grunddämpfung des Oberflächenwellenfilters.

Der Tuner kann entweder direkt breitbandig an den Eingang angeschaltet werden, dann muß der Ausgangskreis des Tuners stark gedämpft sein, oder der Ausgangskreis des Tuners wird mit einem zweiten Kreis (links gestrichelt gezeichnet) zu einem 2-kreisigen Filter mit etwa kritischer Kopplung ergänzt.

Um ein gutes Kreuzmodulationsverhalten des Eingangsverstärkers zu gewährleisten, wird der BF 199 im Kennlinienbereich geringster Kreuzmodulation mit dem relativ hohen Kollektorstrom von 14 mA betrieben. Außerdem befindet sich im Emitterkreis ein für die Hochfrequenz nicht überbrückter Widerstand von 22 Ω als Stromgegenkopplung, und eine Spannungsgegenkopplung zwischen Kollektor und Basis. Die Spannungsgegenkopplung macht den Eingangswiderstand dieser Stufe niederohmig. Zum Abschalten der Stufen bei VCR-Wiedergabe wird über die Diode BA 127 eine Spannung von 12 V angelegt, die durch Anheben der Emitterspannung den BF 199 sperrt.

Es folgt das integrierte Oberflächenwellenfilter aus Lithiumniobat. Die genormte Durchlaßkurve, der Phasengang und die Sperrstellen (Fallen) sind durch die Kammstruktur festgelegt. Durch den Einsatz des Oberflächenwellenfilters entfällt der gesamte Bild-Zf-Abgleich.

Der integrierte Bild-Zf-Verstärker TBA 1440 G (1441) enthält einen hochverstärkenden, regelbaren Zf-Verstärker, einen gesteuerten Demodulator, 2 Videoausgänge mit positiv bzw. negativ gerichtetem Signal sowie eine getastete Regelung und die Tuner-Regelverzögerung. Der an seine Anschlüsse 8 und 9 angekoppelte Demodulatorkreis wird auf 38,9 MHz abgeglichen, er ist Teil der Bildträgerregenerierung. Die an ihm stehende Spannung wird dem integrierten Produkt-Demodulator zugeführt. Die hier gewählte Dimensionierung des Demodulatorkreises mit zusätzlichem 12 pF Serienkondensator ("Drei-Punkt-Kreis") ergibt eine wirksame Unterdrückung des sogenannten Schrifttafeleffektes (Schnarren im Ton). Am Anschluß 12 kann ein negatives Video-Signal von ca. 4 V_{ss} entnommen werden. Das positive Video-Signal am Anschluß 11 geht über den Emitterfolger mit dem Transistor BC 238. An dessen Emitter stehen 1 V_{ss} an 75 Ω zur Verfügung. Diese „Normspannung" wird für VCR-Geräte benötigt. Vor der Basis des BC 238 ist ein 5,5 MHz-Sperrkreis für den Tonträger mit einer Absenktiefe von 20 dB angeordnet. Das Trimmpotentiometer 10 kΩ zwischen Anschluß 10 und 11 dient zur Einstellung des Synchronpegels und damit der Größe des Video-Signals. Der Tunerregeleinsatz wird über den Einsteller 5 kΩ an Anschluß 6 beeinflußt. Die Stromergiebigkeit am Anschluß 5 ist so bemessen, daß auch PIN-Diodennetzwerke im Tuner ohne zusätzlichen Transistor geregelt werden können.

Bei Wiedergabe des Video-Recorders muß der Bild-Zf-Verstärker gesperrt sein. Neben der Sperrung des Vortransistors BF 199 wird die IS TBA 1440 durch eine positive Spannung von ca. 3 V am Anschluß 4 auf minimale Verstärkung abgeregelt. Über den intern eingebauten Regelverstärker erhält auch der Tuner eine Abregelung.

4.3. Bild-Zf-Demodulation

Das am Ausgang des Bild-Zf-Verstärkers stehende trägerfrequente Bild- und Tonsignal muß im anschließenden Video-Demodulator demoduliert werden, um das 5 MHz breite BAS- bzw. FBAS-Signal sowie den frequenzmodulierten Tonträger von 5,5 MHz zu gewinnen. Schaltungstechnisch ist ein Video-Demodulator ein einfacher AM-Demodulator in Reihenschaltung (**Bild 4.47**).

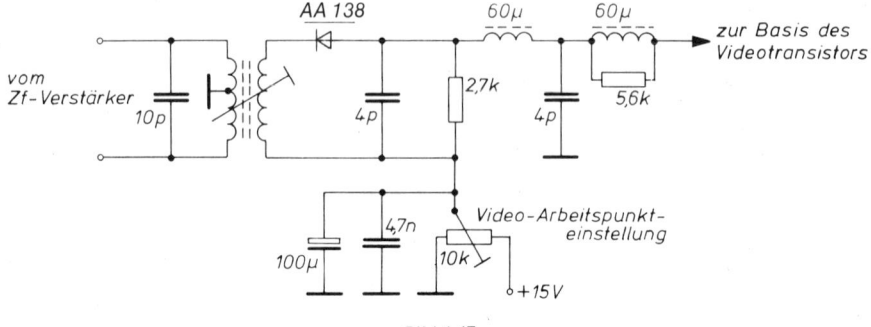

Bild 4.47
Schaltung eines Video-Demodulators

Für gute Auflösung des Bildes wird eine obere Grenzfrequenz von 5 MHz benötigt. Durch die gegebenen schädlichen Kapazitäten von mindestens 10 pF errechnet sich der Arbeitswiderstand nach der Formel:

$$R = \frac{1}{2\pi \cdot f_{grenz} \cdot C_{sch}} \qquad \text{zu ca. 3 k}\Omega.$$

Die Diode hat in Durchlaßrichtung einen bestimmten Innenwiderstand, so daß ein Spannungsteiler aus dem Diodendurchlaßwiderstand und dem Arbeitswiderstand gebildet wird. Bei einem Arbeitswiderstand von ca. 3 kΩ muß der Diodendurchlaßwiderstand kleiner als 100 Ω sein, um einen guten Wirkungsgrad zu erhalten. Damit man die Sperrwirkung der Diode voll ausnutzen kann, darf die Eigenkapazität in Sperrichtung nicht größer als 10 pF sein. Man benutzt deshalb spezielle Dioden für niederohmige Demodulationszweige mit geringen Eigenkapazitäten z. B. AA 138 usw.

Zur Kompensation der schädlichen Kapazitäten benutzt man sogenannte Höhenanhebungsdrosseln, die mit den Kapazitäten Schwingkreise bilden. Deren Resonanzfrequenz liegt bei 5 MHz. Die Zf-Reste werden ebenfalls durch diese Höhenanhebungsdrosseln in Verbindung mit $C_{schädl.}$ ausgesiebt. Bedämpfungswiderstände parallel zu den Spulen verhindern die Ausbildung von Resonanzspitzen.

Für die Gewinnung der Tonfrequenz von 5,5 MHz wirkt nun diese Demodulationsschaltung als ein Diodenmischer. Denn die Bildträger-Zwischenfrequenz von 38,9 MHz und die Tonträger-Zwischenfrequenz von 33,4 MHz liegen gemeinsam an der gekrümmten Kennlinie der Diode. So wirkt die Demodulationsdiode ebenfalls als eine additive Mischstufe, und es gelten die im Abschnitt „Allgemeine Eigenschaften von Mischstufen" abgehandelten Zusammenhänge. Damit ergibt sich unter anderem auch die Differenz aus

$$38,9 \text{ MHz} - 33,4 \text{ MHz} = 5,5 \text{ MHz}.$$

Das ist aber genau die frequenzmodulierte Tonträgerfrequenz. Dieses System wird Differenzton-Verfahren oder auch Intercarrier[1]-Verfahren genannt.

[1] Intercarrier (engl.) = Zwischenträger (siehe S. 310)

Diese Ton-Zwischenfrequenz von 5,5 MHz wird, wie **Bild 4.48** zeigt, hinter der Demodulationsdiode mittels eines Saugkreises ausgesiebt. Durch entsprechende Saug- und Sperrkreise im nachgeschalteten Videoverstärker muß verhindert werden, daß diese 5,5 MHz-Schwingung an die Katode der Bildröhre gelangt, denn sonst sind auf dem Bildschirm schwarze durchlaufende Tonstreifen sichtbar (Ton im Bild).

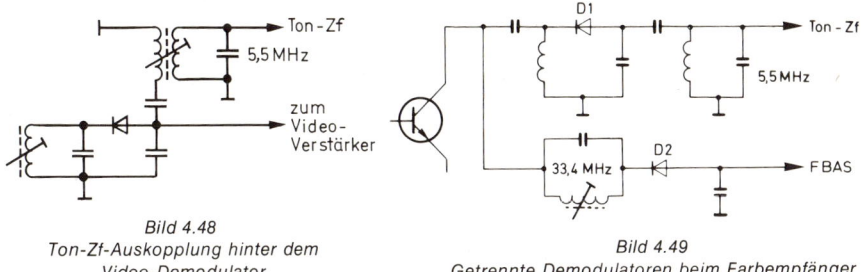

Bild 4.48
Ton-Zf-Auskopplung hinter dem
Video-Demodulator

Bild 4.49
Getrennte Demodulatoren beim Farbempfänger

Beim Farbfernsehen läßt sich diese einfache Schaltung nicht anwenden, da sonst außer den Differenzfrequenzen zwischen Bild- und Tonträger auch noch diejenigen zwischen dem Tonträger und dem neu hinzugekommenen Farbträger entstehen können. Eine dieser Differenzfrequenzen, nämlich diejenige zwischen Farb- und Tonträger, fällt in den Videobereich:

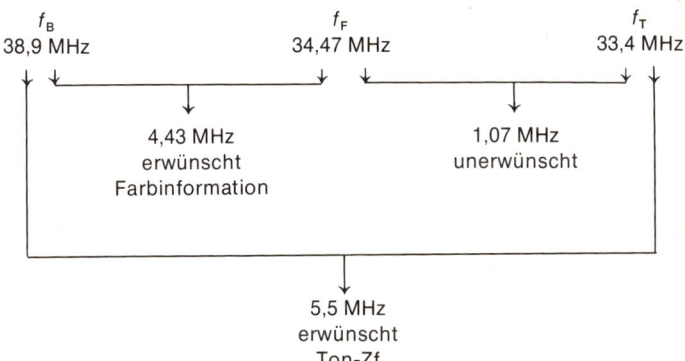

Die Amplitude dieser 1,07 MHz-Störspannung kann so groß werden, daß sie auf dem Bildschirm ein starkes streifenförmiges Muster hervorruft.

Um diese Störung zu vermeiden, wird das Ton-Zf-Signal von 33,4 MHz z. B. durch einen Sperrkreis von dem Videogleichrichter ferngehalten (**Bild 4.49**). Der Zf-Verstärker hat deshalb zwei getrennte Ausgänge. Der eine Ausgang liefert den ganzen Frequenzbereich, den der Zf-Verstärker durchläßt (38,9–33,4 MHz), der andere dagegen gibt nur den Videobereich (38,9–33,9 MHz) ab. Hinter dem Videogleichrichter steht also nur das FBAS-Signal mit dem eingeschachtelten modulierten Farbträger zur Verfügung. Der Gleichrichter für das Ton-Zf-Signal jedoch liefert neben dem FBAS-Signal auch die Differenzfrequenzen 5,5 MHz, 4,43 MHz und 1,07 MHz. Aus diesem Frequenzgemisch läßt sich der Bereich für den modulierten Tonträger (5,5 MHz) mit einem entsprechenden Bandfilter herausfiltern.

Der mit dem Helligkeitssignal verschachtelte modulierte Farbträger (4,43 MHz) kann nun sowohl hinter dem Videogleichrichter als auch hinter dem Gleichrichter für das Ton-Zf-Signal abgenommen werden, denn er wird, wie das Ton-Zf-Signal, mit einem Bandfilter ausgekoppelt.

4.4. Automatische Verstärkungsregelung (AVR)

4.4.1. Grundprinzip

Wie beim AM-Rundfunkgerät werden auch im Fernsehempfänger Zf-Stufen und die HF-Vorstufe im Tuner geregelt, um Feldstärkeschwankungen des zu empfangenden Sendersignals auszugleichen. Durch diese Maßnahme wird im Fernsehgerät die Video-spannung an der Bildröhre konstant gehalten, und ist dann nur noch von den jeweiligen Helligkeitswerten abhängig.

Ein wichtiger Unterschied besteht jedoch zwischen dem AM-Rundfunkempfänger und dem Fernsehgerät. Beim Rundfunkgerät bleibt nach **Bild 4.50** der Mittelwert U_m eines modulierten Trägers gleich groß, auch wenn die Amplitude der Modulations-Spannung sich ändert. Die Größe der Regelspannung entspricht diesem Mittelwert U_m. Bei Feldstär-keschwankungen wird sich die Trägeramplitude und damit der Mittelwert U_m ändern, was eine Regelspannungsänderung zur Folge hat.

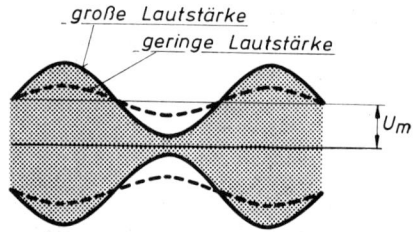

Bild 4.50
Im Rundfunkempfänger
bleibt der Mittelwert U_m eines Trägers
bei großer und geringer Lautstärke gleich

Im Gegensatz dazu kann im Fernsehgerät die gleichgerichtete HF-Spannung nicht als Regelspannung herangezogen werden, denn sie hängt hier vom jeweiligen Bildinhalt ab (**Bild 4.51**). Bei einer Zeile mit überwiegend weißem Bildinhalt (Bild 4.51a) ist der Gleich-spannungsmittelwert U_m klein gegenüber einer Zeile mit überwiegend schwarzem Bild-inhalt (Bild 4.51b). Wenn man eine hieraus gewonnene Regelspannung verwendet, dann würde die Regelung nicht von der empfangenen Senderfeldstärke, sondern vom zufällig übertragenen Bildinhalt abhängen. In diesem Falle würde so geregelt, daß dunkle Bild-stellen heller und helle Bildstellen dunkler werden.

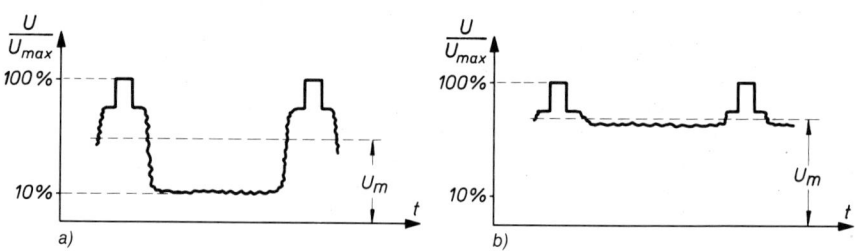

Bild 4.51

a) Gleichspannungsmittelwert U_m
eines Video-Signals bei Bildinhalt „weiß"

b) Gleichspannungsmittelwert U_m
eines Video-Signals bei Bildinhalt „schwarz"

Man muß deshalb zum Regeln eine Spannung verwenden, die unabhängig vom Bild-inhalt und unabhängig von Störimpulsen ist. In der Praxis sind es die Synchronimpulse. Sie haben stets die gleiche Größe auch bei wechselndem Bildinhalt und sind weiterhin ein direktes Maß für die Feldstärke des Senders. Sie eignen sich deshalb gut zur Erzeugung einer Regelspannung.

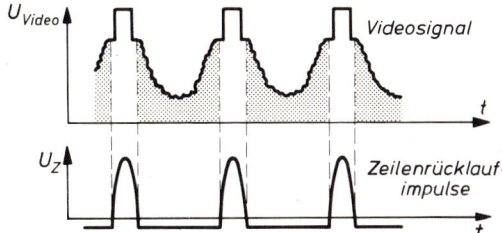

Bild 4.52
Nur aus den Synchronimpulsen
darf die Regelspannung gebildet werden

Um aus diesen Synchronimpulsen eine Regelspannung zu gewinnen, muß immer dann ein Gleichrichter leitend gemacht werden, wenn sie erscheinen. Während des Bildinhaltes ist dann diese Gleichrichterschaltung wieder zu sperren. Die Zeilenrücklaufimpulse fallen zeitlich genau mit den Synchronimpulsen zusammen. Deshalb kann man mit diesen eine Gleichrichterstrecke auftasten. Man bezeichnet daher diese Art der Regelspannungser-zeugung als „getastete Regelung" (**Bild 4.52**).

4.4.2. Prinzipschaltung

Die Prinzipschaltung einer „getasteten Regelung" zeigt das **Bild 4.53**. Über den Entkopp-lungswiderstand R1 wird das positiv gerichtete Videosignal auf die Basis des Transistors gegeben. Dieses Videosignal wird hinter dem Bild-Zf-Demodulator oder der Videostufe entnommen.

Positiv gerichtete Zeilenrücklaufimpulse aus einer Wicklung des Zeilentransformators werden über den Kondensator C1 an den Kollektor des Transistors gegeben. Damit erhält

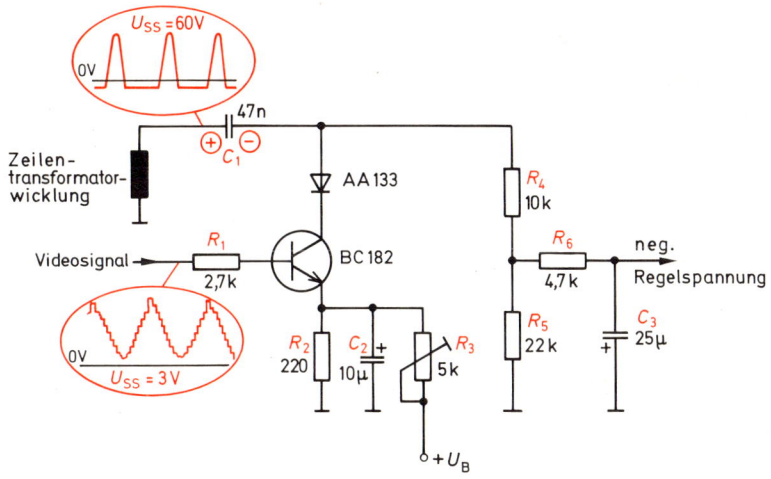

Bild 4.53
Prinzipschaltung einer getasteten Regelung

dieser Transistor nur während der Dauer der Zeilenrücklaufimpulse eine Kollektorspannung. Es kann also nur während dieser Zeit ein Kollektorstrom fließen.

Die Größe des Kollektorstromes wird vom Signal an der Basis bestimmt. An der Basis liegt aber zum Zeitpunkt des Zeilenrücklaufimpulses genau der Synchronimpuls (**Bild 4.54**). Auf diese Weise bestimmt die Größe des Synchronimpulses die Höhe des Kollektorstromes. Der Transistor wird also durch die Zeilenrücklaufimpulse genau zum Zeitpunkt der Synchronimpulse aufgetastet.

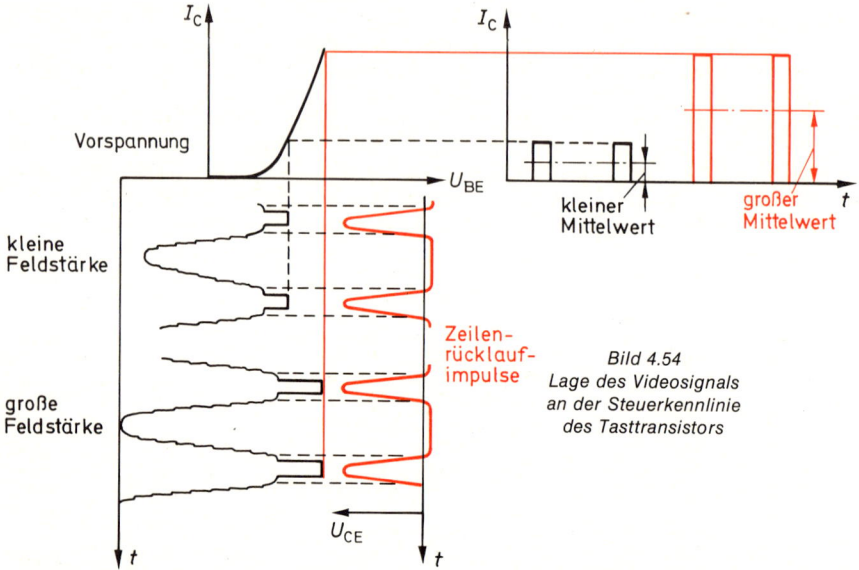

Bild 4.54
Lage des Videosignals
an der Steuerkennlinie
des Tasttransistors

Der Kollektorstrom lädt den Kondensator C1 mit der eingezeichneten Polarität auf. Während des Bildinhaltes ist kein Zeilenrücklaufimpuls vorhanden, der Tasttransistor hat somit keine Kollektorspannung und ist daher gesperrt. In dieser Sperrzeit entlädt sich der Kondensator C1 über die Widerstände R4, R5. Am Widerstand R5 kann eine negative Gleichspannung abgegriffen werden. Die Höhe dieser Gleichspannung ist direkt proportional der Größe der Synchronimpulse an der Basis des Tasttransistors. Diese Spannung kann deshalb zur Regelung des Bild-Zf-Verstärkers und des Kanalwählers verwendet werden. Um die Zeilenrücklaufimpulse aus der Regelspannung auszusieben, wird das Siebglied, bestehend aus R6 und C3, in die Regelspannungsleitung eingefügt.

Wie aus dem Bild 4.54 zu entnehmen ist, werden bei größer werdender Senderfeldstärke nicht nur das Videosignal, sondern auch die Synchronimpulse größer. Die Basisvorspannung des Tasttransistors wird dadurch höher. Es fließt ein größerer Kollektorstrom, wodurch der Kondensator C1 höher aufgeladen wird. Damit steigt auch die negative Regelspannung an, die Verstärkung des Bild-Zf-Verstärkers wird kleiner. Auf diese Weise werden Feldstärkeschwankungen ausgeregelt.

Der Emitter des Tasttransistors erhält über den Spannungsteiler R2, R3 eine konstante Vorspannung. Sie verhindert, daß der Transistor ohne Ansteuerung schon einen Kollektorstrom zieht. Mit dem Trimmer R3 läßt sich die Vorspannung des Tasttransistors einstellen. Durch diese Einstellung wird die Höhe der Regelspannung bestimmt.

Die in der Kollektorleitung des Tasttransistors liegende Diode hat die Aufgabe, den Transistor vor zu hohen, negativen Spannungsspitzen der Rücklaufimpulse aus der Zeilentransformatorwicklung zu schützen. Deshalb wird diese Diode auch als Schutzdiode bezeichnet.

4.4.3. Regelungsarten

Die Verstärkung einer Verstärkerstufe läßt sich auf verschiedene Weisen ändern. So läßt sich die Verstärkung dadurch regeln, daß ein Widerstand eines Spannungsteilers oder eines Dämpfungsgliedes durch eine Regelspannung verändert wird. Ebenfalls läßt sich die Verstärkung regeln, indem ein Widerstand in einem Gegenkopplungszweig durch eine Regelspannung geändert wird. Meistens wird jedoch der Arbeitspunkt eines Transistors durch eine Regelspannung verschoben.

Bei jedem Transistor steigt die Vorwärtssteilheit y_{21e} mit dem Kollektorstrom von Null bis zu einem Maximalwert an, um dann bei weiter zunehmendem Kollektorstrom wieder abzunehmen (**Bild 4.55**). Der Anstieg erklärt sich aus dem allmählichen Öffnen der Basis-Emitterdiode. Der Abfall der Steilheit ist auf die erhöhte Rekombination der Ladungsträger in der Basis zurückzuführen. Wenn nämlich durch einen großen Basisstrom eine erhöhte Konzentration von Ladungsträgern in der Basis auftritt, werden im Verhältnis zum Kollektorstrom mehr Ladungsträger über die Basis abfließen, wodurch die Vorwärtssteilheit sinkt. Durch eine spezielle Fertigung läßt sich diese Transistoreigenschaft besonders hervorheben. Aus diesem Grunde gibt es spezielle Regelungstransistoren.

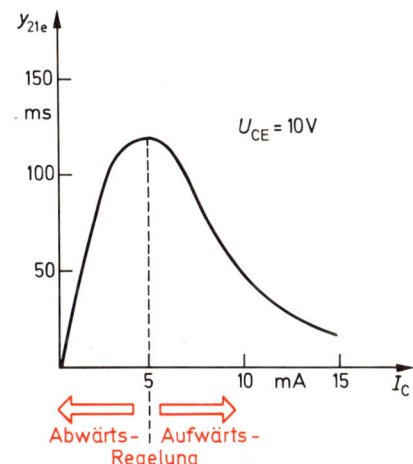

Bild 4.55
Vorwärtssteilheit eines Regeltransistors
in Abhängigkeit des Kollektorstromes

Es gibt nun zwei Möglichkeiten, bei einem Transistor eine Verstärkungsregelung vorzunehmen:

Bei der **Abwärtsregelung** wird durch Verringern der Basisvorspannung der Kollektorstrom sinken. Damit sinkt auch die Vorwärtssteilheit und somit sinkt die Verstärkung. Der Aussteuerbereich ist, wie aus Bild 4.55 zu entnehmen, bei einem abwärtsgeregelten Transistor klein. Dadurch können bei großen Signalen Modulationsverzerrungen und Kreuzmodulation auftreten. Außerdem ist bei kleinem Kollektorstrom der Arbeitspunkt des Transistors stark temperaturabhängig. Bei dieser Regelung wird jedoch nur eine geringe Regelleistung benötigt. Der geregelte Transistor arbeitet, wegen des kleinen Kollektorstromes, mit einer kleinen Verlustleistung. Fast jeder Hf-Transistor ist für eine Abwärtsregelung geeignet. In einer abwärtsgeregelten Bild-Zf-Verstärkerstufe läßt sich ein Regelumfang von 40 dB erreichen.

Durch die Abwärtsregelung ändern sich die Ein- und Ausgangswiderstände des Regeltransistors stark. Das führt zu einer unterschiedlichen Bedämpfung der Ein- und Ausgangsschwingkreise bei der Regelung. Dadurch ändern sich die Durchlaßkurven und damit die Übertragungseigenschaften. Damit die Durchlaßkurven der Bandfilter nicht zu stark von dem jeweiligen Arbeitspunkt des geregelten Transistors abhängig sind, werden sie entweder durch zusätzliche Widerstände bedämpft oder an den Transistor lose angekoppelt. In jedem Falle tritt ein Verstärkungsverlust auf.

Bei der **Aufwärtsregelung** wird durch Erhöhen der Basisvorspannung der Kollektorstrom ansteigen. Bei steigendem Kollektorstrom sinkt jedoch die Vorwärtssteilheit und damit nimmt auch die Verstärkung ab. Wie aus dem Bild 4.55 zu entnehmen ist, hat ein aufwärtsgeregelter Transistor einen großen Aussteuerbereich. Wegen des großen Aussteuerbereiches sind die Verzerrungen klein. Der Arbeitspunkt ist temperaturunabhängig, da ein relativ großer Kollektorstrom fließt. Für die Aufwärtsregelung werden jedoch besondere Hf-Transistoren mit höherer Verlustleistung benötigt. Ebenfalls ist eine höhere Regelleistung erforderlich. In einer aufwärtsgeregelten Bild-Zf-Verstärkerstufe läßt sich ein Regelumfang von etwa 60 dB erreichen. Die Ankopplung an die Ein- und Ausgangskreise ist unproblematisch, da die Ein- und Ausgangswiderstände des aufwärtsgeregelten Transistors sich nur unwesentlich ändern.

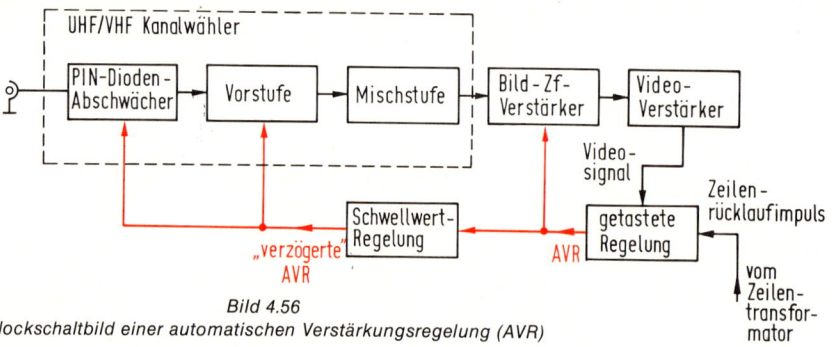

Bild 4.56
Blockschaltbild einer automatischen Verstärkungsregelung (AVR)

Um in einem Fernsehgerät eine wirkungsvolle automatische Verstärkungsregelung (AVR) zu erhalten, wird nicht nur der Bild-Zf-Verstärker, sondern auch die Hf-Vorstufe im Kanalwähler geregelt. Im Bild-Zf-Verstärker wird nur die erste Stufe oder das IC geregelt. Im Kanalwähler erfolgt die Regelung entweder am Antenneneingang im PIN-Dioden-Abschwächer oder in der Hf-Vorstufe, wenn kein PIN-Dioden-Abschwächer verwendet wird (**Bild 4.56**).

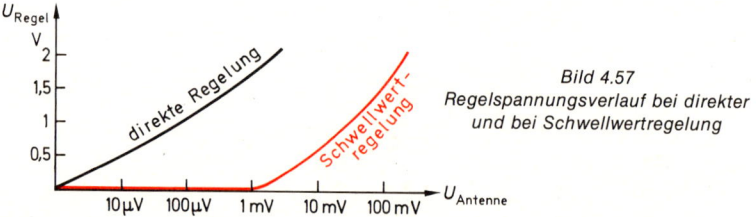

Bild 4.57
Regelspannungsverlauf bei direkter und bei Schwellwertregelung

Im Gegensatz zum Bild-Zf-Verstärker darf die Regelspannung dem Kanalwähler nicht direkt zugeführt werden. Dadurch würde nämlich ein Ansteigen sehr kleiner Antennenspannungen sofort ausgeregelt werden und damit eine Verschlechterung des Nutz-Rausch-Verhältnisses auftreten. Die Regelspannung darf am Kanalwähler deshalb erst dann wirksam werden, wenn das Antennensignal einen bestimmten Wert überschritten hat (**Bild 4.57**). Eine solche Regelung, die erst ab einem bestimmten Wert einsetzt, wird entweder Schwellwertregelung, Regelung mit Anfangsunterdrückung oder „verzögerte" Regelung genannt.

144

4.4.4. Gesamtschaltung einer automatischen Verstärkungsregelung

Im **Bild 4.58** ist eine Gesamtschaltung einer automatischen Verstärkungsregelung mit diskreten Bauelementen wiedergegeben. Der Transistor T1 arbeitet als Tasttransistor. Ihm wird auf die Basis das positivgerichtete Videosignal aus dem Videoverstärker gegeben. Auf den Kollektor wird der positiv gerichtete Zeilenrücklaufimpuls über C1 und die Schutzdiode gegeben.

Der Zeilenrücklaufimpuls tastet den Transistor T1 auf. Der dann fließende Kollektorstrom wird von der an der Basis dann anliegenden Größe des Synchronimpulses bestimmt. Der Kondensator C1 wird vom Kollektorstrom aufgeladen. Die Ladung dieses Kondensators ist damit proportional der Senderfeldstärke. Der Emitter des Tasttransistors T1 ist über den Spannungsteiler R1, R2, R3 positiv vorgespannt. Mit R2 kann somit die Höhe der Grundregelspannung eingestellt werden.

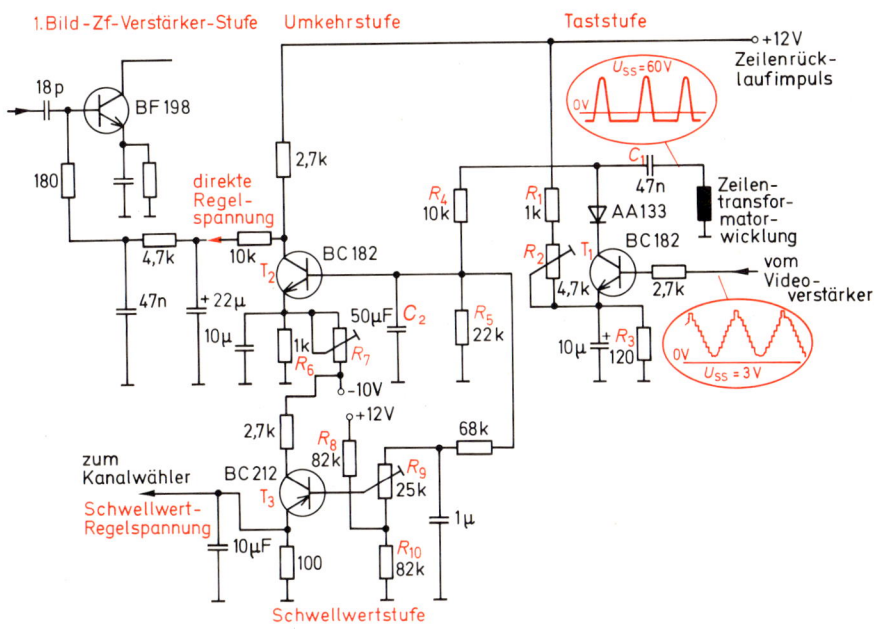

Bild 4.58
Gesamtschaltbild einer automatischen Verstärkungsregelung

Die in dieser Taststufe erzeugte negative Regelspannung wird über den Spannungsteiler R4, R5 herunter geteilt und über C2 ausgesiebt.

Die erste Bild-Zf-Verstärkerstufe ist mit einem Si-Transistor vom Typ BF 198 bestückt. Dieser Transistor soll aufwärtsgeregelt werden. Deshalb muß die in der Taststufe erzeugte negative Regelspannung in der Umkehrstufe mit dem Transistor T2 in eine positive Regelspannung umgewandelt werden. Aus diesem Grunde wird auf den Emitter von T2 über den Spannungsteiler R6, R7 eine solch hohe negative Vorspannung gegeben, daß der Transistor bei kleinen Senderfeldstärken voll leitend ist. Am Kollektor liegt jetzt eine kleine positive Spannung, die für den 1. Bild-Zf-Verstärkertransistor eine ausreichende Basisvorspannung darstellt. Der Transistor BF 198 hat jetzt seine höchste Vorwärtssteilheit und damit seine größte Verstärkung.

Bei hoher Senderfeldstärke gibt die Taststufe eine hohe negative Regelspannung ab. Diese große negative Spannung sperrt den Umkehrstufen-Transistor. Die Kollektorspannung von T2 ist nun hoch positiv. Dadurch erhält der 1. Bild-Zf-Verstärker-Transistor eine hohe positive Basisvorspannung, seine Vorwärtssteilheit sinkt und damit nimmt auch seine Verstärkung ab. Auf diese Weise erhält der Bild-Zf-Verstärker eine direkte, positive Regelspannung zur Aufwärtsregelung des Transistors BF 198.

Der Kanalwähler muß eine Schwellwertregelung erhalten. Die Regelung darf also erst einsetzen, wenn eine Mindest-Senderfeldstärke vorhanden ist. Sie muß aber voll wirksam sein, wenn sehr große Antennensignale empfangen werden. Auf diese Weise werden Übersteuerungen und Kreuzmodulationsstörungen verhindert.

Der Schwellwert wird mit der Schwellwertstufe im Bild 4.58 eingestellt. Die negative Regelspannung aus der Taststufe wird auf die Basis von T3 gegeben. Dieser PNP-Transistor erhält jedoch über den Spannungsteiler R8, R10 eine positive Vorspannung, die mit R9 so eingestellt wird, daß bei kleinen Antennenspannungen T3 gesperrt ist.

Am Emitter kann somit keine Spannung abgenommen werden. Bei hohen Senderfeldstärken steigt die negative Regelspannung aus der Taststufe an. Der Transistor T3 wird ab einem bestimmten Wert, der mit R9 eingestellt werden kann, leitend. Jetzt steht am Emitter von T3 eine negative Spannung, die mit steigender Regelspannung aus der Taststufe ebenfalls ansteigt. Auf diese Weise steht am Ausgang der Schwellwertstufe erst dann eine Regelspannung zur Verfügung, wenn eine bestimmte Mindestsenderfeldstärke vorhanden ist.

4.5. Video-Zf-Baustein

4.5.1. Allgemeines

Die Halbleitertechnologien haben es ermöglicht, daß auch komplizierte elektronische Schaltvorgänge in integrierten Schaltkreisen verwirklicht werden. So konnten IC's entwickelt werden, die in der Lage sind, das Bild-Zf-Signal eines Fernsehgerätes zu verstärken. Gleichzeitig integriert man in ein solches Bild-Zf-IC den Bild-Zf-Demodulator und die getastete Regelung. So ergibt sich ein Baustein, der den gesamten Zf- und Videobereich in einem IC zusammenfaßt. Der Schaltungsaufbau wird dadurch wesentlich vereinfacht.

Im **Bild 4.59** ist vereinfacht der interne Aufbau eines Video-Zf-Bausteins vom Typ TDA 5500 wiedergegeben. Dieser Baustein enthält einen dreistufigen Bild-Zf-Verstärker, den Bild-Zf-Demodulator und den Videovorverstärker. Außerdem ist in diesem Baustein noch ein Tastverstärker, ein Regelverstärker und ein Schwellwertverstärker für die AVR mit integriert. Das Bild-Zf-Signal gelangt vom Kanalwähler über ein Filter an die Anschlüsse 16 und 1. Hier wird das Bild-Zf-Signal zunächst in einem Differenzverstärker, der geregelt wird, verstärkt. Dann erfolgt die weitere Verstärkung in einem zweistufigen Verstärker.

Der Bild-Zf-Demodulator, auch Videogleichrichter genannt, arbeitet als trägergesteuerter Demodulator. Dieser Demodulator wird vom Bild-Zf-Signal gesteuert und entspricht in der Wirkungsweise einem Ringmodulator. Die in einem Ringmodulator benötigten Dioden werden in dieser integrierten Schaltung durch Transistoren ersetzt. Der zwischen den Anschlüssen 8 und 9 angeschlossene Schwingkreis siebt die Bildträger-Zf mit 38,9 MHz heraus. Dieses Bidträger-Zf-Signal wird in einem Begrenzerverstärker stark begrenzt und steuert dann den Demodulator. Am Ausgang des Demodulators entstehen das Differenz- und das Summensignal. Das Differenzsignal enthält das BAS- bzw. das FBAS-Signal und die Ton-Zf von 5,5 MHz. Das Summensignal wird ausgesiebt.

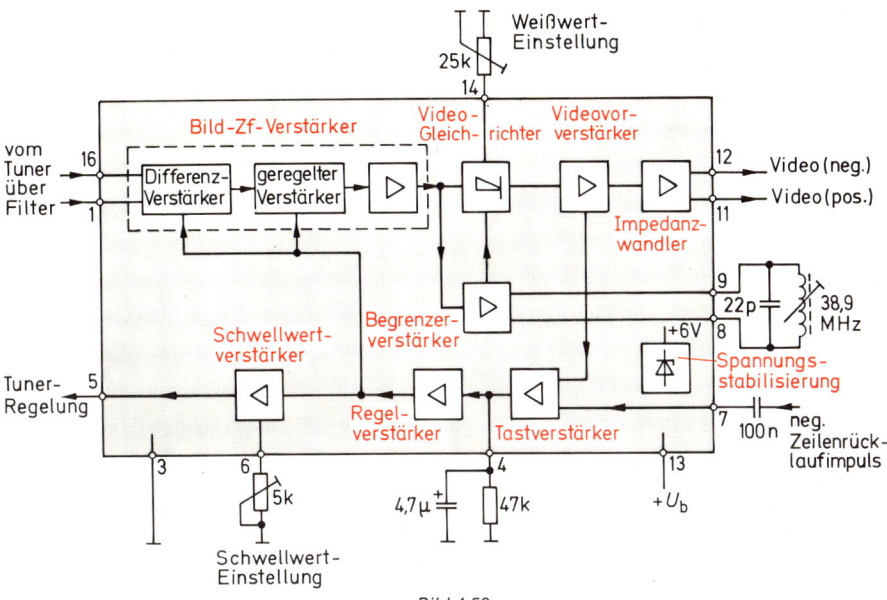

Bild 4.59
Prinzip der Innenschaltung des TDA 5500

Über den Videovorverstärker und den Impedanzwandler gelangt das Videosignal an den Ausgang. Dabei steht es am Anschluß 12 negativ, am Anschluß 11 positiv gerichtet zur Verfügung. Mit dem Widerstand am Anschluß 14 wird der Arbeitspunkt des Videovorverstärkers und damit der Weißwert eingestellt.

Dem Tastverstärker wird extern der negativ gerichtete Zeilenrücklaufimpuls und intern das Videosignal zugeführt. Mit der am Anschluß 4 liegenden RC-Kombination wird die Zeitkonstante des Regelkreises bestimmt. Über einen Regelverstärker wird die Regelspannung direkt den internen Bild-Zf-Verstärkerstufen zugeführt. Über einen Schwellwertverstärker wird dann die Regelspannung für den Kanalwähler am Anschluß 5 abgenommen.

4.5.2. Video-Zf-Baustein mit TDA 5500

Die Schaltung eines Video-Zf-Bausteins mit der integrierten Schaltung vom Typ TDA 5500, sowie mit einem Oberflächenwellen-Filter und einer automatischen Frequenznachstimmung (AFC) zeigt das **Bild 4.60**.

Das Anpassungsnetzwerk ist als Ergänzungskreis zum Tuner so dimensioniert, daß Tunerausgang und Anpaßschaltung zusammen ein Bandfilter mit der Güte $Q = 7$ ergeben. Die Ausgangsimpedanz des Bandfilters beträgt 75 Ω. Eine Ankopplung an die folgende Zf-Verstärkerstufe bleibt somit unkritisch.

Der einstufige Zf-Vorverstärker mit dem besonders rückwirkungsarmen Transistor BF 959 sorgt für eine Leistungsanpassung zwischen Tuner und Zf-Platine. Da das nachfolgende Oberflächenwellenfilter einen niederohmigen Innenwiderstand fordert, ist der Transistor spannungsgegengekoppelt. Die Spannungsverstärkung der Stufe beträgt bei einem Emitterstrom von 20 mA etwa 26 dB. Damit ist die Dämpfung von 22 dB des nachfolgenden Oberflächenwellenfilters ausreichend ausgeglichen. Beim Arbeitspunkt 20 mA liegt die maximale Aussteuerfähigkeit des BF 959. Bei richtiger Einstellung der verzögerten Tunerregelung ist an dieser Stelle mit keiner Kreuzmodulation zu rechnen.

147

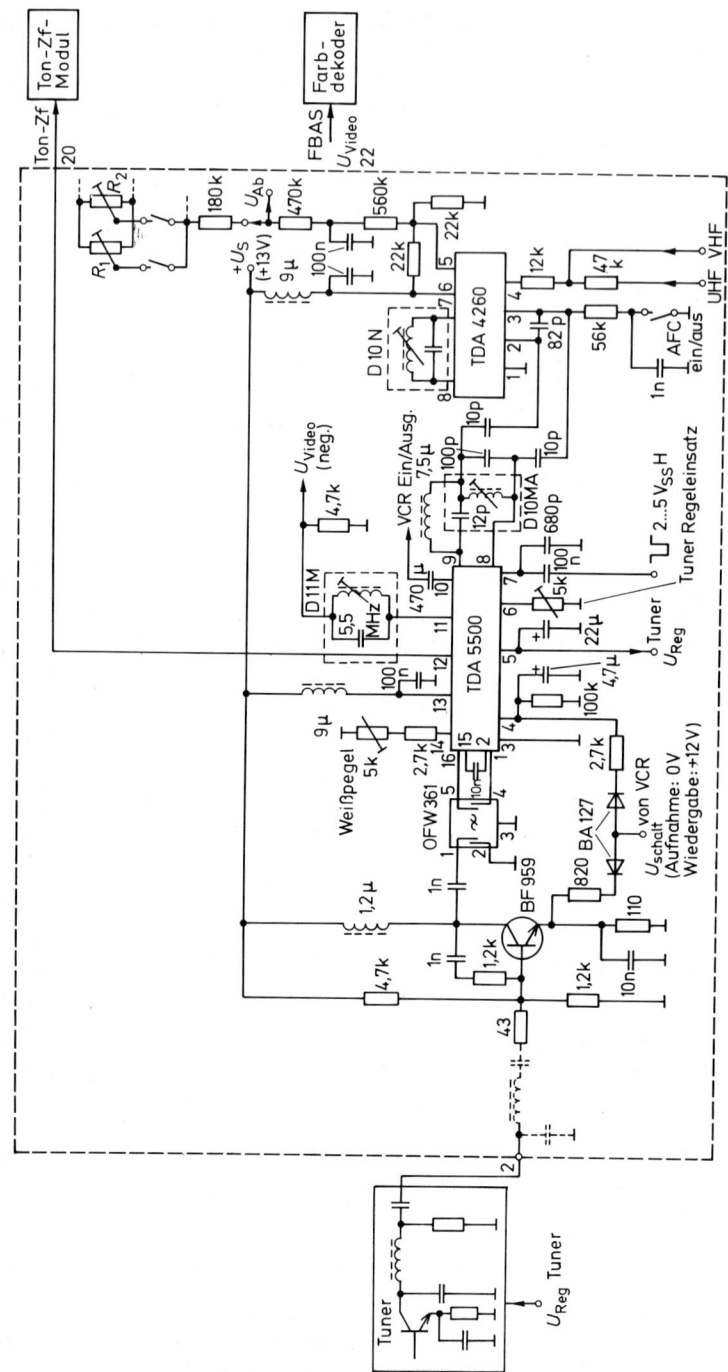

Bild 4.60
Video-Zf-Baustein mit TDA 5500 und AFC-Baustein

Das Oberflächenwellenfilter OFW 361 (G-Norm), aus Lithiumniobat hergestellt, ersetzt das herkömmliche Spulen-Kompaktfilter. Ein Abgleich sowie Nachgleich durch mögliche Alterung wird überflüssig. Der Frequenzgang und die Gruppenlaufzeit sind durch die Geometrie der interdigitalen Wandler fest vorgegeben und entsprechen der vorgegebenen Norm.

Im folgenden integrierten Bild-Zf-Verstärker TDA 5500 wird das symmetrisch einge-speiste Zf-Signal verstärkt. Eine getastete Regelung hält die Video-Ausgangsspannung in einem Spannungsbereich von maximal 55 dB konstant.

Der Ausgang eines internen, in der integrierten Schaltung untergebrachten Begren-zungsverstärkers führt über die Anschlüsse 8 und 9 auf einen Hilfskreis. Dieser ist auf die Trägerfrequenz 38,9 MHz abgestimmt. Durch eine zusätzliche Serienkapazität von 12 pF entsteht eine Saugstelle bei 36,15 MHz. Damit ergibt sich eine wirksame Unterdrückung des „Schrifttafeleffektes" (Schnarren im Ton). Die Videofrequenz wird aus der Bild-Zf durch einen mittels dieser 38,9 MHz gesteuerten Demodulator erzeugt. Das positive Video-signal (Anschluß 12) sowie das negative Videosignal (Anschluß 11) werden an nieder-ohmigen Ausgängen (100 Ohm) mit einer Signalamplitude von 3 V_{ss} bereitgestellt. Der ma-ximale Strom dieser Ausgänge beträgt 5 mA.

VCR-Betrieb ist über den Normanschluß 10 möglich (1 V_{ss} an 75 Ω). Mit einer Schalt-spannung von 12 V kann von Aufnahme auf Wiedergabe umgeschaltet werden. Diese Schaltspannung gelangt über eine Diode BA 127 und einen Widerstand 2,7 kΩ auf den An-schluß 4 und regelt den Bild-Zf-Verstärker zu. Gleichzeitig wird über eine weitere Diode und einen Widerstand 820 Ω das Emitterpotential des Vorstufentransistors BF 959 so weit angehoben, daß er gesperrt ist. Damit ist ein Durchschlagen eines Senders bei VCR-Wiedergabe mit Sicherheit vermieden.

Ein Abgleich des Weißpegels läßt sich mit dem Einsteller am Anschluß 14 vornehmen. Der Synchronpegel wird dabei stets festgehalten.

Im Videosignalweg sorgt eine Tonfalle (5,5 MHz) für die Abschwächung der Ton-Zf um etwa 20 dB.

Für die Regelung des Kanalwählers kann am Anschluß 5 eine Schwellwertregel-spannung abgenommen werden. Die Einsatzschwelle läßt sich mit dem Einsteller am An-schluß 6 beeinflussen.

Die automatische Frequenznachstimmung (AFC = automatic frequency control) wird in dieser Schaltung mit der speziellen integrierten Schaltung vom Typ TDA 4260 gewonnen.

Diese integrierte Schaltung enthält einen Begrenzerverstärker mit Koinzidenzdemodula-tor und einen Gleichspannungsverstärker mit niederohmigem Ausgangswiderstand für die Regelspannung der AFC. An den Anschlüssen 7 und 8 liegt ein auf 38,9 MHz abgestimmter Schwingkreis, der zusammen mit dem eingebauten Begrenzerverstärker und dem Koinzi-denzdemodulator als ein Frequenzdiskriminator wirkt.

Je nach Abweichung der Eingangsfrequenz vom Sollwert erscheint am Anschluß 5 ein positives oder negatives Signal. Dieses Frequenz-Korrektur-Signal wird über ein Wider-standsnetzwerk der Abstimmungsspannung für den Kanalwähler aufaddiert. Die Abstim-mungsspannungen für die einzelnen Kanäle werden mit den Widerständen R1, R2, ... usw. erzeugt. Für die Anpassung der unterschiedlichen Abstimmhübe zwischen UHF- und VHF-Bereich, ist die Möglichkeit gegeben, die Regelsteilheit mit dem Widerstandsnetz-werk am Anschluß 4 zu ändern.

Mit der relativ schwachen Ankopplung des TDA 4260 über zwei Kapazitäten von 10 pF an den Demodulatorkreis des TDA 5500 ist ein genügend enger und symmetrischer Fang-bereich, der auch bei eingeschalteter AFC ein Umschalten zwischen beliebigen Kanälen ermöglicht. Die Abschaltung der AFC geschieht über eine Sperrung des Begren-zerverstärkers im TDA 4260 durch Potentialverschiebung am Anschluß 3.

4.6. Videoverstärker

4.6.1. Allgemeines

Der Videoverstärker hat die Aufgabe, das im Bild-Zf-Demodulator gewonnene BAS-Signal auf den für die Aussteuerung der Bildröhre benötigten Wert zu verstärken. Am Ausgang des Bild-Zf-Demodulator steht das BAS-Signal mit einer Amplitude von $U_{ss} \approx 2\,V$ bis 4 V zur Verfügung. Zur Aussteuerung der Bildröhre sind für vollen Kontrast aber etwa $U_{ss} \approx 70\,V$ erforderlich. Diese geforderte Steuerspannung mit einem Frequenzbereich von 0 bis etwa 5,0 MHz kann nur durch einen Breitbandverstärker verzerrungsfrei erzeugt werden. Durchweg ist dieser gleichspannungsgekoppelte Breitbandverstärker zweistufig aufgebaut. Damit der Videoverstärker mit seinem Eingangswiderstand den Bild-Zf-Demodulator nicht zu stark belastet, läßt man die erste Stufe als Impedanzwandler arbeiten (**Bild 4.61**).

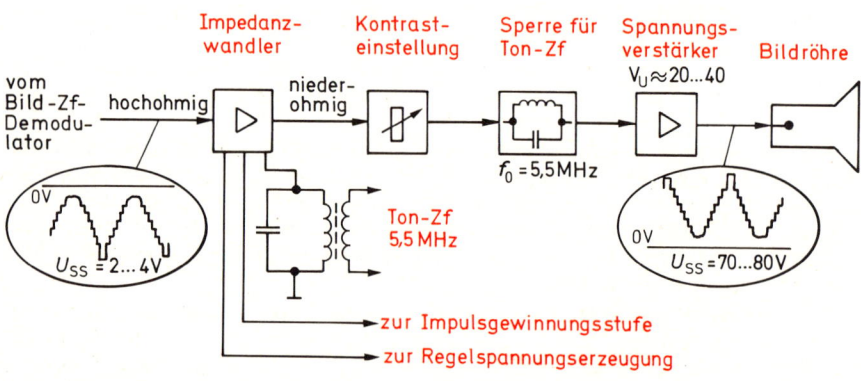

Bild 4.61
Blockschaltbild eines Videoverstärkers

Dem Videoverstärker wird nicht nur das Signal für die Ansteuerung der Bildröhre entnommen, sondern auch die Signale zur Ansteuerung der Impulsgewinnungsstufe (Amplitudensieb), der Tastregelstufe (AVR) und die Ton-Zf von 5,5 MHz. Meistens werden diese Signale der ersten Stufe entnommen.

Weiterhin muß im Videoverstärker die Kontrasteinstellung vorgenommen werden. Unter dem Kontrast versteht man den Unterschied zwischen dem dunkelsten Schwarz und dem hellsten Weiß. Damit das Ton-Zf-Signal von 5,5 MHz nicht als störende Moiré-Streifen auf dem Bildschirm sichtbar wird, baut man Sperrkreise in den Videoverstärker ein. Die erforderliche Spannungsverstärkung für das Videosignal von etwa 20- bis 40fach bringt dann die zweite Verstärkerstufe (Bild 4.61).

4.6.2. Prinzipschaltung

Die in **Bild 4.62** wiedergegebene Prinzipschaltung eines Videoverstärkers ist zweistufig aufgebaut. Die Vorstufe arbeitet in Kollektorschaltung und damit als Impedanzwandler. Die zweite Stufe ist in Emitterschaltung geschaltet und bringt somit die erforderliche Verstärkung. Diese zweite Stufe wird auch als Video-Endstufe bezeichnet.

Vom Ausgang des Bild-Zf-Demodulators bis zur Katode der Bildröhre muß eine gleichstrommäßige Kopplung bestehen, so daß Gleich- und Wechselgrößen unverfälscht über-

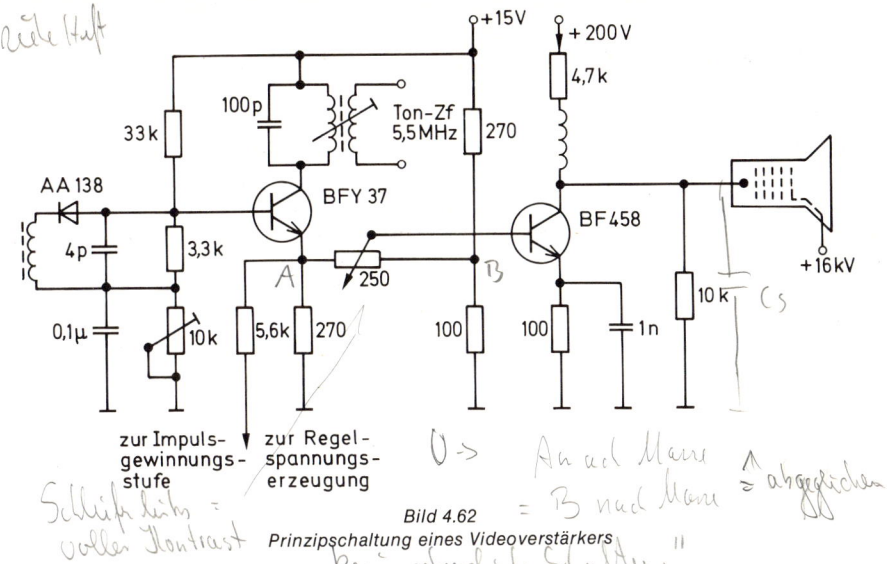

Handwritten annotations near the figure: *viele Heft*, *Schließlich = voller Kontrast*, *"Keine abgleiche Schalter"*, *U →*, *An aus Masse = B nach Masse ⌐ abgeglichen*

zur Impuls-
gewinnungs-
stufe

zur Regel-
spannungs-
erzeugung

Bild 4.62
Prinzipschaltung eines Videoverstärkers

tragen werden. Dadurch geht der Schwarzwert nicht verloren. Der 10-kΩ-Einstellwider-
stand im Fußpunkt des Bild-Zf-Demodulators dient zur Einstellung der Arbeitspunkte beider Video-Transistoren, da sie galvanisch gekoppelt sind. Das genaue Einstellen der Arbeitspunkte ist wichtig, weil Transistoren keine „weich" auslaufenden Kennlinien haben
und sich dadurch schon bei einer leichten Übersteuerung in Richtung Weiß auf dem Bildschirm häßliche Fahnen zeigen.

Damit der Bild-Zf-Demodulator durch den Eingangswiderstand des Vorstufentransistors
nicht zu stark belastet wird, arbeitet diese Stufe in Kollektorschaltung als Impedanzwandler. Sie hat somit einen hochohmigen Eingangs- und einen niederohmigen Ausgangswiderstand. Dadurch wird eine gute Anpassung zwischen Demodulator und Videoendstufe
erzielt. Weiterhin besitzt ein Impedanzwandler eine kleine und von der Ansteuerung unab-
hängige Eingangskapazität. Der Bild-Zf-Demodulator wird dadurch nur wenig kapazitiv
belastet, so daß die obere Grenzfrequenz des Breitbandverstärkers kaum beeinflußt wird.

Die Videospannung am Lastwiderstand des Bild-Zf-Demodulators beträgt etwa
$U_{ss} \approx 2\,V \ldots 4\,V$. Zur Aussteuerung der Bildröhre für vollen Kontrast sind aber etwa
$U_{ss} \approx 70\,V \ldots 80\,V$ an der Katode der Bildröhre erforderlich. Da der Impedanzwandler eine
Spannungsverstärkung von $V_u \approx 1$ hat, muß der Videoendstufen-Transistor eine Spannungsverstärkung von $V_u \approx 20 \ldots 40$ haben.

Die Videoendstufe soll eine obere Grenzfrequenz von $f_{go} = 5\,MHz$ haben. Die Transi-
stor-Ausgangskapazitäten und die unvermeidlich in jedem Schaltungsaufbau auftretenden Schaltkapazitäten setzen die obere Grenzfrequenz herab. Der Kollektorwiderstand des
Endstufen-Transistors muß deshalb bei $C \approx 10\,pF$ einen Wert haben von

$$R_C = \frac{1}{2\,\pi\,f_{go}\cdot C} = \frac{1}{2\,\pi\,\cdot\,5\,MHz\,\cdot\,10\,pF} \approx 3\,k\Omega$$

Damit an einem solchen niederohmigen Widerstand die erforderliche große Ansteuerspannung für die Bildröhre abfallen kann, muß ein entsprechend großer Kollektorstrom
durch den Video-Endstufen-Transistor fließen. Weiterhin muß der Endstufentransistor
eine zulässige Kollektor-Emitter-Spannung von mindestens $U_{CE\,max} > 100\,V$ aufweisen,
damit die Steuerspannung der Bildröhre an ihm entstehen kann. In Videoendstufen müssen deshalb besondere Hf-Transistoren eingesetzt werden.

Vom Kollektor des Videoendstufen-Transistors liegt ein 10-kΩ-Widerstand gegen Masse. Dieser Widerstand, der die Grundfunktion des Videoverstärkers nicht beeinflußt, schützt den Videoendstufen-Transistor vor zu hoher Spannung. Wird nämlich der Endstufentransistor durch einen Fehler in der Schaltung völlig gesperrt, so fließt kein Kollektorstrom mehr. Die Kollektorspannung würde in diesem – in der Praxis nicht auszuschließenden – Fall bis auf die Betriebsspannung ansteigen. Damit kann jedoch die maximal zulässige Kollektorspannung des Transistors überschritten werden. Der 10-kΩ-Widerstand bildet zusammen mit dem Arbeitswiderstand einen Spannungsteiler und verhindert, daß die Spannung einen bestimmten Wert überschreitet. Wechselspannungsmäßig liegt dieser Widerstand parallel zum Lastwiderstand des Endstufentransistors, so daß er auch mit für die Grenzfrequenzbetrachtung maßgebend ist.

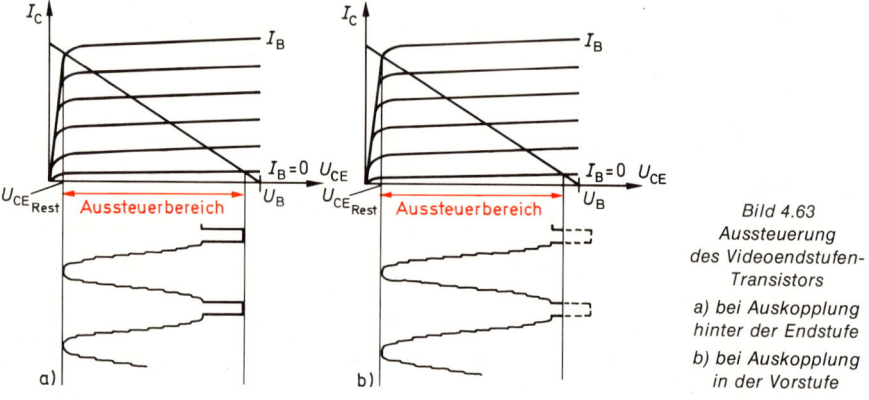

Bild 4.63
Aussteuerung
des Videoendstufen-
Transistors
a) bei Auskopplung
hinter der Endstufe
b) bei Auskopplung
in der Vorstufe

Werden die Synchronisierimpulse hinter dem Videoendstufen-Transistor für die Regelspannungserzeugung und für das Amplitudensieb ausgekoppelt, so müssen diese im Endtransistor mit verstärkt werden. Dadurch wird der Aussteuerbereich für das Videosignal jedoch eingeengt (**Bild 4.63**). Aus diesem Grunde koppelt man die Synchronisierimpulse durchweg aus der ersten Stufe aus. Somit kann der Videoendstufen-Transistor mit dem größtmöglichen Verstärkungsfaktor für den Bildinhalt (Videosignal) ausgelegt werden.

Wie aus der Prinzipschaltung (Bild 4.62) zu entnehmen ist, wird am Emitterwiderstand des Videovorstufen-Transistors nicht nur das BAS-Signal zur Ansteuerung der Videoendstufe abgenommen, sondern auch über einen Entkopplungswiderstand das BAS-Signal zur Impulstrennstufe und zur Regelspannungserzeugung ausgekoppelt. Dadurch sind diese Signale unabhängig von der mit dem Kontrasteinsteller gewählten Videospannung.

In der Kollektorleitung des Vorstufen-Transistors befindet sich ein Schwingkreis als Arbeitswiderstand. Dieser Schwingkreis ist auf die Ton-Zf von 5,5 MHz abgestimmt. Der Vorstufen-Transistor arbeitet demnach für die Ton-Zf nicht in Kollektorschaltung, sondern in Emitterschaltung. Wegen der durch den Emitterwiderstand entstehenden Gegenkopplung kann die Verstärkung dieses ersten Ton-Zf-Verstärkers nicht sehr hoch sein. Auf diese Weise läßt sich jedoch die 5,5 MHz-Ton-Zf ohne Beeinflussung des Videosignals auskoppeln.

Videoverstärker können auch einstufig aufgebaut werden. Von dieser Schaltungsart wird wegen der vielen Nachteile nur selten Gebrauch gemacht. Immer mehr setzen sich die Video-Gegentaktendstufen durch, wenn keine integrierte Schaltung verwendet wird. Da die ICs wegen ihres heute erreichten hohen Integrationsgrades, bereits mehrere Funktionsblöcke enthalten, werden in der Videoendstufe heute durchweg ICs eingesetzt.

4.6.3. Kontrasteinstellung

Bei einer Kontrasteinstellung wird die Amplitude des Videosignals stufenlos geändert. Dabei darf sich jedoch der Arbeitspunkt der Bildröhre für den Schwarzwert des Bildes nicht verschieben. Eine Kontrasteinstellung ist somit eine Verstärkungsänderung. Eine Kontrast-änderung ist auch im Bild-Zf-Verstärker möglich. Sie soll hier nicht weiter erläutert werden. Bei einer einfachen Verstärkungsänderung durch ein Potentiometer im Emitterkreis des Endstufentransistors tritt als nachteilige Begleiterscheinung eine Änderung des Schwarzwertes auf, was wiederum einer Korrektur der Helligkeitseinstellung bedarf.

Eine weit bessere Ausführung besteht darin, daß man zwischen Videovorstufe und Videoendstufe eine Gleichspannungsbrücke anordnet. Dadurch wird einmal erreicht, daß sich in der Festlegung der Arbeitspunkte und des Aussteuerbereiches nichts ändert, und zum anderen bleibt der Innenwiderstand des Endstufentransistors konstant. Die Prinzip-schaltung und die daraus abgeleiteten Ergebnisse sind in **Bild 4.64** dargestellt.

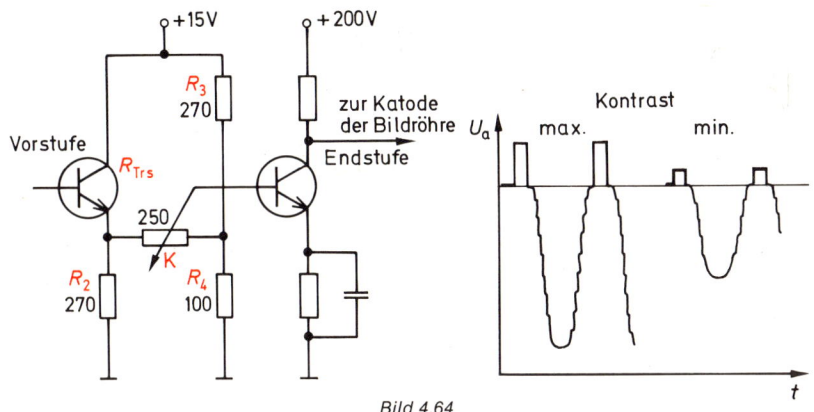

Bild 4.64
Kontrasteinstellung mit Brückenschaltung

Am Ersatzschaltbild in **Bild 4.65** soll die Wirkungsweise näher erläutert werden. Mit dem Schleifer des Potentiometers K kann das Videosignal, das zur Basis des Endstufentran-sistors gegeben wird, verändert werden. Die Spannungsteilerwiderstände R_1/R_2 und R_3/R_4 sind so bemessen, daß an den Brückenpunkten A und B das gleiche Gleichspannungs-potential herrscht. Damit hat man erreicht, daß das Schwarzwertpotential trotz Änderung des Signalwertes immer gleich bleibt.

Stimmt nicht hier;
abgeglichene Brücke

Bild 4.65
Ersatzschaltbild der Kontrasteinstellung
mit Brückenschaltung

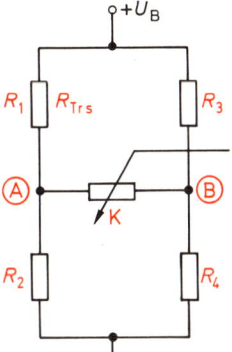

4.6.4. Frequenzverhalten

Beim Fernsehen werden hauptsächlich rechteckförmige Signale übertragen. Nun kann aber jedes rechteckförmige Signal in eine sinusförmige Grundschwingung und in eine Vielzahl sinusförmiger Oberschwingungen, deren Frequenzen ungeradzahlige Vielfache der Grundfrequenz sind, zerlegt werden (**Bild 4.66**). Soll mit einem Verstärker ein unverzerrter Rechteckimpuls übertragen werden, so müssen neben der Grundschwingung viele Oberwellen mit verstärkt werden, d. h. der Verstärker muß eine große Bandbreite besitzen. Je größer nämlich die Bandbreite des Verstärkers ist, um so größer ist auch die Flankensteilheit des rechteckförmigen Ausgangssignals. Die Anstiegszeit eines Rechtecksignals errechnet sich nach der Gleichung

$$t_r \approx \frac{0,35}{f}$$

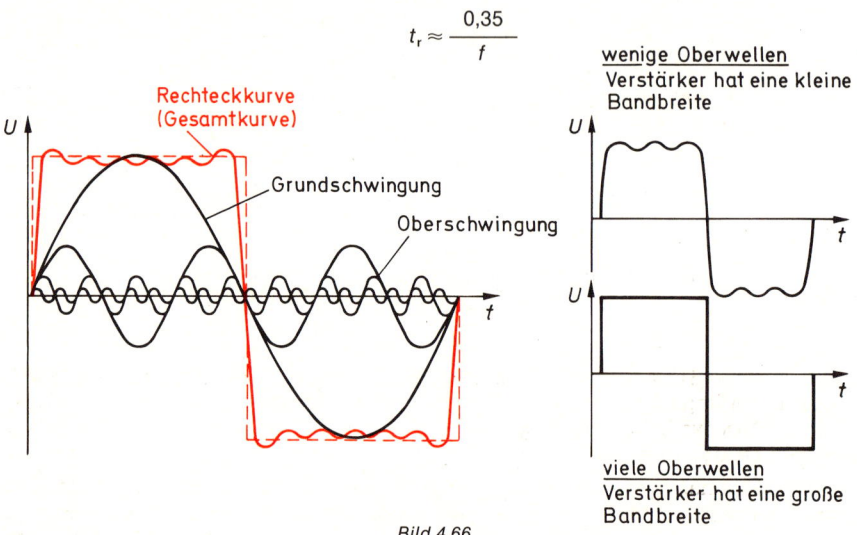

Bild 4.66
*Entstehung eines Rechtecksignals
aus sinusförmigen Signalen und Einfluß der Bandbreite
auf die Form des Rechtecksignals*

Der Videoverstärker muß deshalb ein Breitbandverstärker mit einer Bandbreite von 0 bis 5 MHz sein. Die in jeder Schaltung vorhandenen Schaltkapazitäten und die Ein- und Ausgangskapazitäten der Transistoren schließen die hohen zu übertragenden Frequenzen gegen Masse kurz. Die geforderte obere Grenzfrequenz kann deshalb so nicht erreicht werden. Alle vorhandenen schädlichen Kapazitäten müssen deshalb kompensiert werden (**Bild 4.67**).

Die Spule L1 bildet mit den Schalt- und Eingangskapazitäten einen 5 MHz-Tiefpaß. Die Schalt- und Ausgangskapazitäten am Kollektor des Vorstufen-Transistors T1 werden mit als Kreiskapazität des auf 5,5 MHz abgestimmten Schwingkreises einbezogen. Die Eingangskapazität C_{BE} des Endstufen-Transistors T2 wird durch die frequenzabhängige Stromgegenkopplung R3, R1, C1 in ihrer Wirksamkeit herabgesetzt. Die Schalt- und Ausgangskapazitäten am Kollektor von T2 bilden mit der Spule L2 einen Parallelschwingkreis, der auf etwa 5 MHz abgestimmt und durch R2 bedämpft ist. Ebenfalls bildet die Spule L3 mit den Schalt- und Ausgangskapazitäten einen Parallelschwingkreis, der auf 5,5 MHz abgeglichen wird, um somit als Ton-Zf-Sperre zu wirken.

Auf dem Bildschirm eines Schwarz-Weiß-Gerätes zeigt sich beim Empfang einer Farbsendung eine Perlenstruktur mit Bildaufhellungen (Moiré-Störungen). Verursacht wird

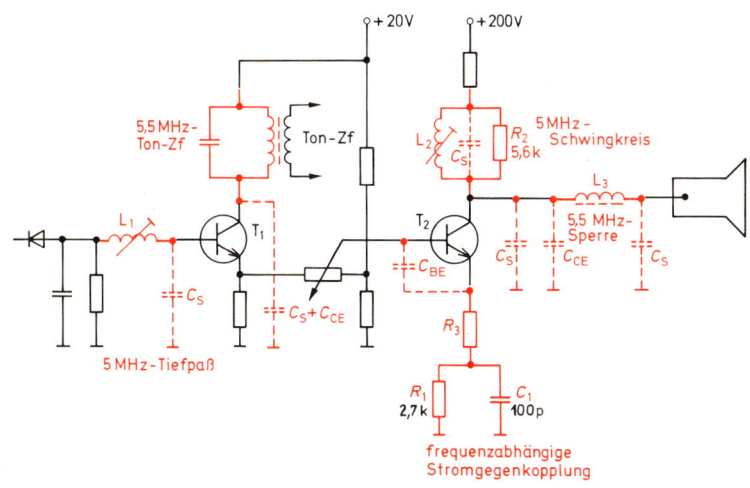

Bild 4.67
Beeinflussung des Frequenzganges bei einem Videoverstärker

dieser störende Effekt vom Farbhilfsträger. Er liegt mit seiner Frequenz von 4,43 MHz genau im Übertragungsbereich des Videoverstärkers. Durch einen Sperrkreis (Colorfalle), der in den Videoverstärker mit eingebaut und auf 4,43 MHz abgestimmt wird, kann diese Störung beseitigt werden.

Alle eingebauten „Höhenanhebungsspulen" bilden mit den schädlichen Kapazitäten Schwingkreise. Das Videosignal besteht durchweg aus steilen Impulsen, die wiederum Ein- und Ausschwingvorgänge gerade an diesen Schwingkreisen hervorrufen. Durch solches Überschwingen erscheinen bei einem Dunkel-Hell-Übergang bzw. Hell-Dunkel-Übergang auf dem Bildschirm sogenannte Fahnen (**Bild 4.68**). Das Bild wird dadurch oft etwas plastisch. Um diesen Effekt zu verhindern, müssen die Höhenanhebungsdrosseln durch Widerstände bedämpft werden. Beim Scharfzeichner wird wiederum gerade dieser Effekt des Überschwingens ausgenutzt, um Unschärfen auszugleichen, die auf dem Übertragungsweg entstanden sind.

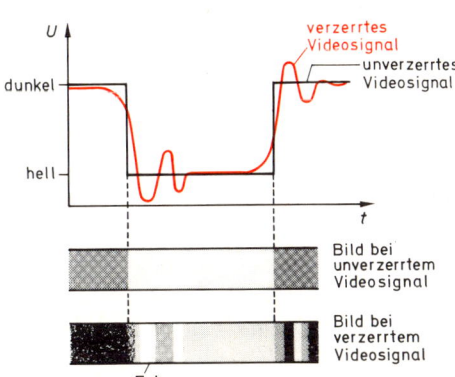

Bild 4.68
Fahnenbildung beim Überschwingen
des Videosignals

4.6.5. Gesamtschaltung eines Videoverstärkers

Bei dem üblich geschalteten Bild-Zf-Demodulator in **Bild 4.69** ist der Arbeitspunktein-steller kapazitiv überbrückt worden. Der 4,7-nF-Kondensator parallel zum 100-µF-Konden-sator soll die Induktivität des Elektrolytkondensators kurzschließen und damit den Fuß-punkt der Demodulationskombination auch für hohe Videofrequenzen mit Masse verbin-den. Anschließend an den Videogleichrichter folgt eine Transistortreiberstufe mit dem NPN-Siliziumtransistor BFY 37. Er arbeitet für die Videofrequenz in Kollektorschaltung mit einem Emitterwiderstand von 270 Ω. Diese Schaltung ergibt einen hochohmigen Ein-gangswiderstand und belastet dadurch den Videodemodulator wenig. Aus der Kollektor-leitung wird über einen Parallelschwingkreis die Ton-Zf von 5,5 MHz für den Tonteil aus-gekoppelt.

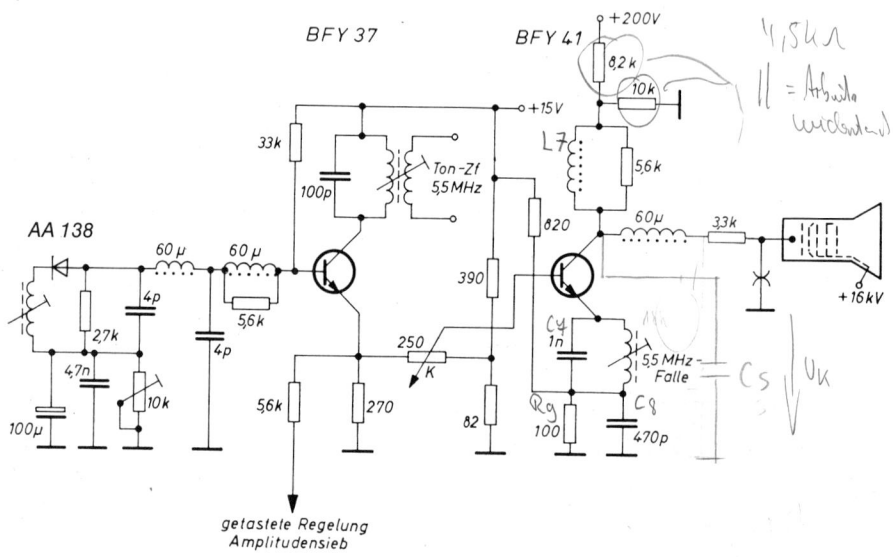

Bild 4.69
Gesamtschaltbild eines Videoverstärkers

Am Emitter wird niederohmig die Videospannung für die Endstufe, für die getastete Regelung (siehe Abschnitt 4.4) und für das Amplitudensieb (siehe Kapitel 6) entnommen. Die Größe der Videospannung und damit der Kontrast des Bildes wird an dem 250-Ω-Potentiometer K eingestellt.

Dieses Potentiometer liegt in der Diagonale einer Gleichstrombrücke. Der eine Brücken-zweig wird aus dem Vorstufentransistor und seinem Emitterwiderstand, der andere durch den 390-Ω-Widerstand von der Betriebsspannung und den 82-Ω-Widerstand gegen Masse gebildet. Diese Brücke ist so bemessen, daß an den beiden Enden des in der Diagonale lie-genden Potentiometers K je + 4,5 V liegen. Beim Verschieben des Schleifers ändert sich somit die Basisvorspannung des Videoendstufentransistors nicht, sondern nur die abge-griffene Videospannung und damit der Kontrast.

Der Endstufentransistor muß mit einer hohen Spannung betrieben werden, um eine ge-nügend große Videospannung zum Aussteuern der Bildröhre zu erzielen. Die eigentliche Betriebsspannung von 200 V wird deshalb aus der Zeilenendstufe bezogen. Der 10-kΩ-Widerstand in der Kollektorleitung gegen Masse dient als Schutz, falls durch einen Fehler im Basiskreis dieser Transistor gesperrt wird. Für das Videosignal liegen im Kollektorkreis die üblichen Höhenanhebungsspulen.

Im Emitterkreis des Endstufentransistors liegt ein 5,5-MHz-Sperrkreis. Er bewirkt eine Gegenkopplung und damit eine Absenkung der Ton-Zwischenfrequenz, damit sie im Bild nicht stört. Der 820-Ω-Widerstand zum Emitter des Endstufentransistors soll einen Vorstrom durch den Emitterwiderstand verursachen, so daß das Emitterpotential der Videoendstufe stabilisiert wird. Es wird damit nahezu unabhängig vom Emitterstrom. Indirekt stabilisiert man damit gleichzeitig den Eingangswiderstand des Videoendstufentransistors.

Gegen unkontrollierbare Überspannung an der Bildröhre muß der Videoendstufentransistor geschützt werden. Zu diesem Zweck hat man eine Funkenstrecke von der Bildröhrenkatode nach Masse angeordnet und davor noch einen zusätzlichen Schutzwiderstand von 3,3 kΩ geschaltet.

4.6.6. Aufgaben des Luminanzverstärkers [1]

Das im Videogleichrichter gewonnene FBAS-Signal muß auf den für die Steuerung der Farbbildröhre benötigten Wert von ca. 100 V gebracht werden. Es müssen ferner die Signalspannungen für die Impulstrennstufe und für die Regelspannungserzeugung geliefert werden. Außerdem ist für die Kontrasteinstellung (Verstärkungsänderung) zu sorgen.

Zusätzlich zu den aus einem Schwarzweiß-Gerät her bekannten Aufgaben des Videoverstärkers muß der Y-Verstärker noch das Signal für den Farbartsignalverstärker liefern. Meistens koppelt man das Farbsignal hinter der ersten Video-Verstärkerstufe aus dem Leuchtdichtesignal (Luminanzsignal) aus.

Dabei sind die unterschiedlichen Forderungen an die Bandbreite bei Schwarzweißempfang und bei Farbempfang zu berücksichtigen, denn in der vom Videogleichrichter gelieferten Leuchtdichteinformation (FBAS-Signal) ist auch die Farbinformation enthalten. Bei Schwarzweißempfang ist eine Bandbreite des Videoverstärkers von 5 MHz erforderlich. Die Farbträgerfrequenz von 4,43 MHz würde beim Farbempfang innerhalb der 5 MHz-Bandbreite liegen und ein störendes Moiré (Perlenstruktur und Bildaufhellung) verursachen. Um dies zu vermeiden, verzichtet man bei Farbempfang auf den Frequenzbereich oberhalb 4,4 MHz und begnügt sich mit einer geringeren Bandbreite.

Eine weitere Forderung an den Luminanzverstärker ist die Verzögerung des Y-Signals. Dies ist erforderlich, weil das breitbandige Leuchtdichtesignal und das schmalbandige Farbartsignal von ihrer Trennung bis zum Zusammenführen in den Addierstufen bzw. in der Farbbildröhre Stufen mit verschiedenen Bandbreiten durchlaufen. Das bedeutet aber unterschiedliche Laufzeiten der beiden Signale. Das Leuchtdichtesignal wäre um etwa 0,8 μs eher an der Bildröhre als das Farbsignal. Zum Ausgleich dieser Laufzeitunterschiede verzögert man das Y-Signal um 0,8 μs mit einer Verzögerungsleitung.

Merke:
Das Leuchtdichtesignal muß wegen der längeren Laufzeit des Farbartsignals verzögert werden.

4.6.7. Wirkungsweise und Aufbau der Y-Verzögerungsleitung

Das Leuchtdichtesignal mit seiner höchsten Frequenz von 5 MHz durchläuft den Videoverstärker mit seiner Bandbreite von ca. 5 MHz. Das schmalbandigere Farbartsignal wird im Farbkanal mit ca. 1,8 MHz Bandbreite verstärkt. Außerdem beinhaltet der Farbverstärker mehr Stufen als der Leuchtdichteverstärker. Bei einem sprunghaften Farbwechsel ändert sich nicht nur das Farbsignal, sondern auch das Leuchtdichtesignal. Aufgrund der unter-

---

[1] lumen (lat.) = Licht

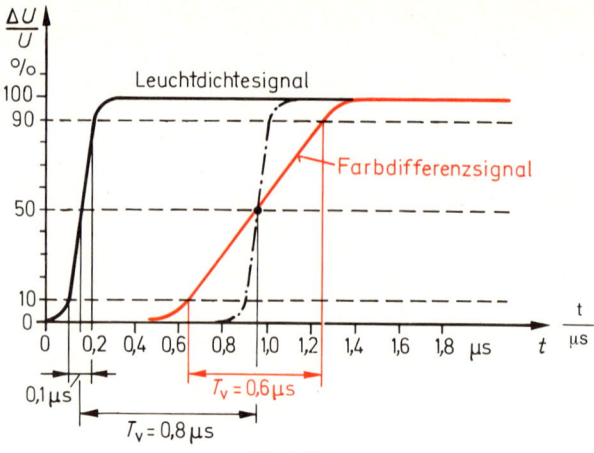

Bild 4.70
Spannungssprung des Farbdifferenzsignals und des Leuchtdichtesignals
vor und nach der Verzögerung

schiedlichen Bandbreiten der Verstärker wird das Farbsignal später den Spannungsend-
wert erreichen als das Leuchtdichtesignal (**Bild 4.70**). So ergeben sich verschmierte und
unscharfe Farbübergänge. Um diese Verschiebung und damit die Unschärfe herabzusetzen, verzögert man das Leuchtdichtesignal so lange, bis die Mitten der Anstiegsflanken
beider Signale zusammenfallen. Das ergibt eine Verzögerungszeit, die zwischen 0,5 μs bis
1 μs liegt. In der Praxis verzögert man das Y-Signal um 0,8 μs (Bild 4.70).

Eine exakte Berechnung der Verzögerungszeit ist nicht möglich, da diese nicht nur von
den Grenzfrequenzen der Verstärker, sondern auch von den Laufzeiten der Transistoren im
Video- und Farbverstärker abhängt.

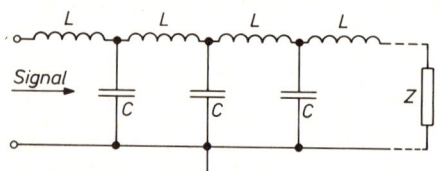

Bild 4.71
Ersatzschaltbild einer Laufzeitkette

Diese erforderliche Verzögerung kann entweder durch eine Laufzeitkette, ein Verzöge-
rungskabel, eine Verzögerungsleitung oder eine Verzögerungsspule erreicht werden. Bei
der Laufzeitkette hat man, wie **Bild 4.71** zeigt, Spulen und Kondensatoren zusammengeschaltet. Die Verzögerung erfolgt dadurch, daß hier durch den wechselweisen Auf- und
Abbau elektrischer und magnetischer Felder in den Kondensatoren und Spulen das Signal
von Bauteil zu Bauteil weitergegeben wird. Dabei wird die Laufzeit dieser Kette um so
größer, je größer die Induktivitäten und Kapazitäten und je höher die Signalfrequenz sind.

Da ein ideales Koaxialkabel auch wie eine Laufzeitkette aufgebaut ist, erfolgt hier die
Verzögerung in gleicher Weise. Wegen der mechanischen Stabilität und der geeigneten
Unterbringung des verhältnismäßig langen Kabels in einem Fernsehgerät, führt man sie
praktisch so aus, wie es z. B. das **Bild 4.72** zeigt und kommt so zu der Verzögerungsleitung.
Hier hat man an einem biegsamen Kunststoffkern, der zur Vergrößerung der Induktivität
reines Eisen enthält, den Innenleiter aus Kupferlackdraht dicht aufgewickelt. Um auf die erforderlichen Kapazitätswerte zu kommen, hat man die Innenleiterwicklung mit einer dünnen Kunststoffolie, die eine große Dielektrizitätszahl besitzt, abgedeckt. Der Außenleiter

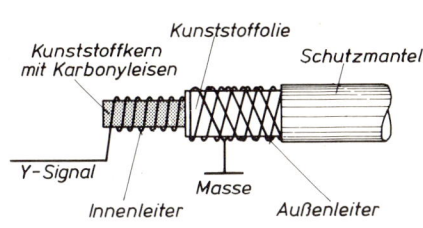

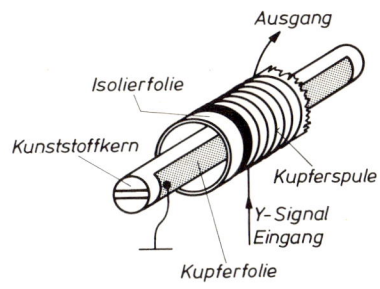

Bild 4.72
Aufbau einer Wicklungsanordnung bei einer
Y-Verzögerungsleitung

Bild 4.73
Aufbau und Wickelanordnung bei einer
Y-Verzögerungsspule

aus Kupferlackdraht ist darauf gewickelt. Zum äußeren Schutz wird ein Kunststoffmantel darüber gezogen. Über den Innenleiter läuft das Y-Signal, während der Außenleiter an Masse gelegt wird. Solche Verzögerungsleitungen haben eine Länge von 29 cm und bewirken eine Verzögerung von ca. 1 µs. Die Grenzfrequenz liegt bei 7 MHz, die Dämpfung beträgt bei 1 MHz etwa 0,5 dB/µs bzw. bei 4,43 MHz 1,5 dB/µs, und der Aus- und Eingangswiderstand liegt bei 1,5 bis 2 kΩ.

Häufig wendet man auch die Verzögerungsspulen an. Sie bestehen aus einem Hartpapierrohr, einem Kunststoffkern oder aus einem Keramikröhrchen, in dessen Längsrichtung ein Kupferstreifen aufgebracht ist, der von einer Isolierfolie umhüllt ist. Darauf wickelt man eine weitere Kupferspule. Diese bildet die Längsinduktivität. Die Querkapazität ergibt sich durch die Kapazität zwischen dem Kupferstreifen und der Spule (**Bild 4.73**). Solche Verzögerungsspulen lassen sich verhältnismäßig leicht herstellen. Bei einer Länge von ca. 7 cm erreicht man mit ihnen Verzögerungszeiten von 500 bis 800 ns. Weiterhin haben sie eine Bandbreite von 7 MHz, eine Dämpfung von 1 dB bei 1 MHz und einen Ein- und Ausgangswiderstand von 1,2 kΩ.

Damit alle Frequenzen des Leuchtdichtesignals eine möglichst gleiche Verzögerung erhalten, muß die Bandbreite der Verzögerungsleitung größer sein als die des zu übertragenden Signalgemisches. Weiterhin muß eingangs- und ausgangsseitig Anpassung vorliegen. Trifft dieses nicht zu, so treten auf dem Bildschirm auch bei Schwarz-Weiß-Empfang Geisterbilder auf, die durch Reflexion in der Verzögerungsleitung hervorgerufen werden.

4.6.8. Schaltung eines Y-Verstärkers

Das Y-Signal gelangt über eine 5,5-MHz-Sperre auf die Basis der ersten Videoverstärkerstufe T 1 (**Bild 4.74**). Am Kollektor dieses Transistors wird das Signal für die Impulsabtrennstufe und die getastete Regelung abgenommen. Am Emitter steht das für den Farbartverstärker und die Störaustastung nötige Signal zur Verfügung. Zwischen Transistor 1 und 2 liegen die Einstellpotentiometer für die Kontrasteinstellung, für die Helligkeits- und für die Grundhelligkeitseinstellung.

Der Transistor T 2 arbeitet in Basisschaltung und sorgt mit seinem hohen Ausgangs- und niederen Eingangswiderstand für die richtige Anpassung der Verzögerungsleitung. Der Wellenwiderstand der Y-Verzögerungsleitung beträgt etwa 1,8 kΩ. Der Ausgangswiderstand des speisenden Verstärkers muß dann ebenso $R = 1,8$ kΩ wie der Eingangswiderstand der nachfolgenden 3. Videostufe betragen. Da diese in Kollektorschaltung arbeitet

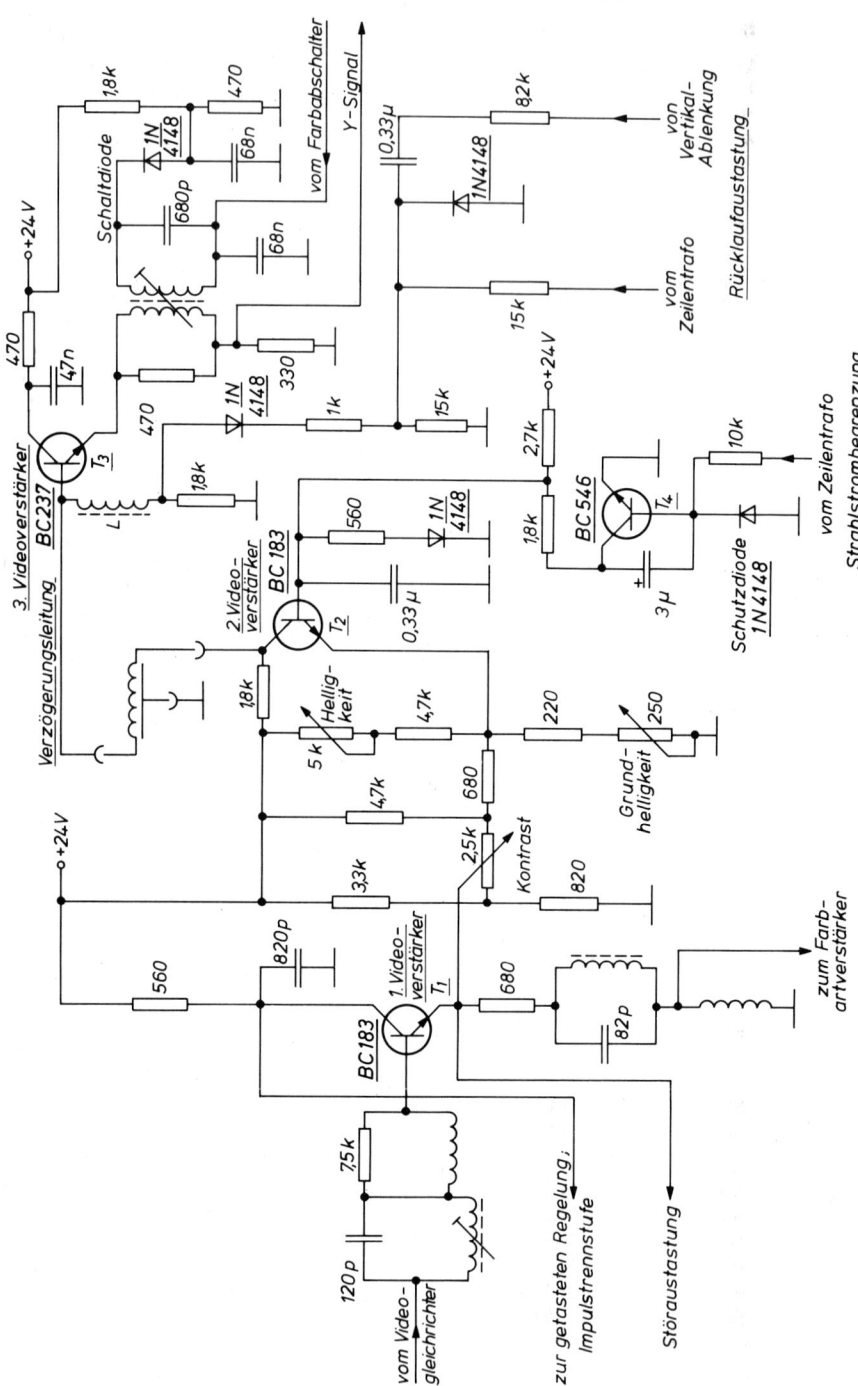

Bild 4.74
Schaltung eines Leuchtdichte(Y)-Verstärkers mit Y-Verzögerungsleitung,
Rücklaufaustastung und Strahlstrombegrenzung

und damit einen hohen Eingangswiderstand aufweist, schaltet man parallel zum Eingang einen 1,8 kΩ-Widerstand. Die Induktivität L kompensiert die Eingangskapazitäten dieses Transistors T3. Hier erfolgt gleichzeitig die Dunkeltastung der Bildröhre und zwar in der Weise, daß die Rücklaufimpulse der Zeile und des Bildes den Transistor sperren. Bei Farbfernsehgeräten ist eine Dunkeltastung an der Bildröhre wegen der drei Röhrensysteme schwierig. Sie müßten mit dem gleichen Rücklaufimpuls exakt dunkel gesteuert werden.

Das Y-Signal wird vom Emitter des Transistors T3 abgenommen und dann entweder zur Matrix oder zur Katode der Bildröhre weitergegeben. In der Emitterleitung des Transistors T3 liegt die 4,43 MHz-Sperre (Farbträgerfalle), die mit dem automatischen Farbabschalter (Colorkiller) gekoppelt ist. Beim Empfang von Farbsendungen ist die Schaltdiode gesperrt und dämpft dadurch das Filter nicht. Es wird wirksam und sperrt den Farbträger im Leuchtdichtekanal. Beim Empfang von Schwarzweiß-Sendungen gelangt an die Schaltdiode vom Farbabschalter eine negative Spannung, wodurch die Diode leitend wird und somit den Schwingkreis kurzschließt. Der Y-Verstärker arbeitet dann mit voller Bandbreite.

Der Y-Verstärker enthält zum Schutze der Farbbildröhre noch eine Strahlstrombegrenzung. Dazu wird der Transistor T4 aus dem Hochspannungszweig des Zeilentransformators gesteuert. Steigt nun der Strahlstrom der Farbbildröhre über einen bestimmten Wert (meist 1,2 mA) an, so ändert der Transistor T4 durch Herabsetzung des Katodenpotentials der Farbbildröhre seinen Strom in der Art, daß das Kollektorpotential und damit das Potential an der Basis des Transistors T2 und mithin alle Potentiale bis zum Katodenpotential der Farbbildröhre positiver werden. Diese Änderung läßt aber den Strahlstrom sinken.

Heute setzt man im Y-Verstärker durchweg integrierte Schaltungen ein. Weil in den ICs stets mehrere Funktionen integriert sind, sollen im Kapitel 5.9 Schaltungen mit ICs behandelt werden, die neben dem Leuchtdichteverstärker noch Teile des Farbkanals mit enthalten.

4.7. Bildröhre

4.7.1. Schwarz-Weiß-Bildröhre

4.7.1.1. Wirkungsweise

In einem Fernsehempfänger benutzt man zur Rückwandlung der elektrischen Signale in ein optisches Bild eine Bildröhre, deren Wirkungsweise anhand des **Bildes 4.75** erläutert wird.

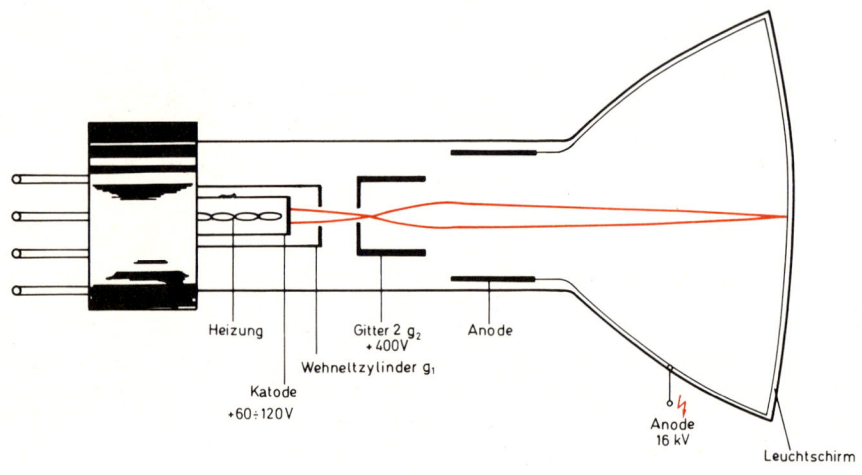

Bild 4.75
Schnitt durch eine Schwarz-Weiß-Bildröhre

Um den Elektronenstrahl in einer Bildröhre zu erzeugen, wird eine geheizte Katode mit einer emittierenden Schicht ähnlich wie eine Katode in einer Verstärkerröhre verwendet. Da sich das Bild aus einzelnen Punkten aufbaut, muß auch eine annähernd punktförmige Katode verwendet werden.

Um die Elektronenwolke, die an der Katode entsteht, zu einem Strahl auszuziehen, umgibt man die Katode im Abstand von einigen zehntel Millimeter mit einer zylinderförmigen Kappe, die an der Stirnfläche eine winzige Öffnung enthält (Lochblende). Dieser die Katode umgebende Zylinder wird nach seinem Erfinder »Wehnelt-Zylinder« genannt. Er liegt auf einem negativen Potential und hat Steuergitterfunktion (g_1). Die Elektronen werden daher zur Achse hin zusammengedrängt und treten unter dem Einfluß einer positiven Anodenspannung (Lochanode g_2) beschleunigt aus der engen Lochblende aus. Man kann somit am Wehneltzylinder die Grundhelligkeit einstellen. **Bild 4.76** zeigt die Kennlinie mit zugehörigem Helligkeitsverlauf einer Schwarz-Weiß-Bildröhre. Nähert sich die Wehneltspannung dem Wert 0 V, so wird der Strahlstrom groß und der Leuchtpunkt auf dem Bildschirm hell. Die Helligkeitssteuerung des Strahlstroms erfolgt demnach zwischen der Katode und dem Wehneltzylinder.

Damit der Elektronenstrahl auch punktförmig auf dem Bildschirm anlangt, muß noch eine zusätzliche Einrichtung zur Strahlenbündelung vorhanden sein. Man hat deshalb den weiteren Steuergittern besondere Formen gegeben. So ergibt sich, wie **Bild 4.77** zeigt, zwi-

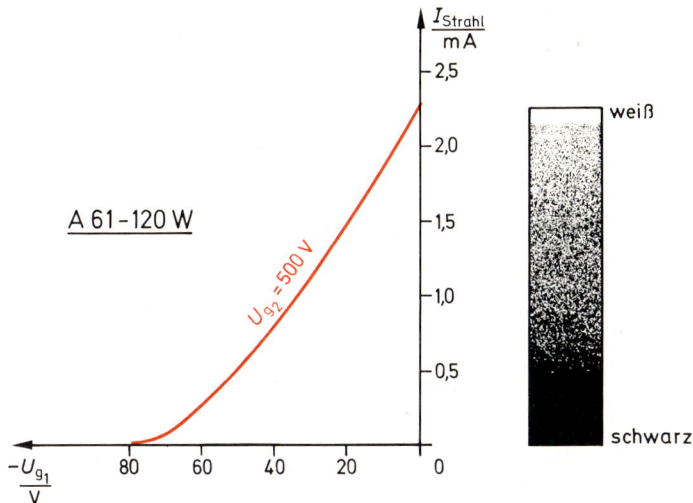

A 61–120 W

$U_{g_2} = 500\,V$

weiß

schwarz

Bild 4.76
Kennlinie mit zugehörigem Helligkeitsverlauf einer Bildröhre

schen g_1 und g_2 ein elektrisches Feld, dessen Äquipotentiallinien den im Bild gezeigten Verlauf einnehmen. Äquipotentiallinien sind Linien, auf denen die elektrische Feldstärke E stets konstant ist. Durch diese Linien werden die Elektronen so abgelenkt, daß sie sich auf

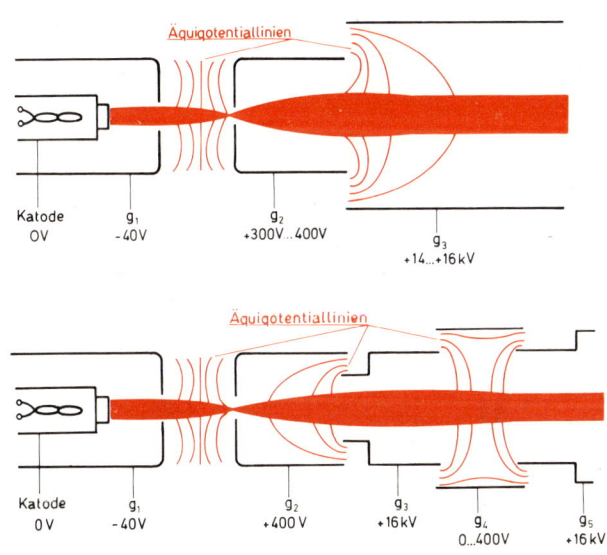

Bild 4.77
Fokussierung des Elektronenstrahls in einer Bildröhre

die Strahlenachse zu bewegen und diese in einem Punkt kreuzen. Auf diese Weise findet bereits eine Vorfokussierung statt. Bei dem Bildröhrensystem im Bild 4.77 folgt hinter dem Gitter 2 noch eine Zylinderelektrode g_3, die auf dem Endanodenpotential von $+ 14$ bis 16 kV liegt. So entsteht zwischen g_2 und g_3 eine schalenförmige Potentialverteilung, welche die eintretenden wieder auseinander-laufenden Elektronen auf parallele Bahnen bringt.

Bei der Abbildung des Bildes 4.77 hat man zwischen die auf Endpotential liegenden Zylinderanoden (g_3 und g_5) noch eine auf niedrigerem Potential liegende Elektrode g_4 eingeschoben. Die an dieser Elektrode anliegende Spannung kann von außen eingestellt werden. Damit erreicht man eine noch bessere Fokussierung, bzw. man kann hierüber die Strahlschärfe kontinuierlich einstellen. Außerdem wird durch diese symmetrische Anordnung eine gewisse Unabhängigkeit gegen Betriebsspannungsschwankungen gewonnen.

Neben dieser elektrostatischen Fokussierung gibt es noch die magnetische Fokussierung, die darauf beruht, daß die Elektronen durch magnetische Felder ebenfalls abgelenkt werden. Zur Erzeugung des Magnetfeldes kann man entweder eine Spule oder einen Permanentmagnetring verwenden.

Die Leuchtschicht des Bildschirms einer Schwarzweiß-Bildröhre besteht im wesentlichen aus zwei Bestandteilen: aus einem bläulich leuchtenden Stoff (Kalziumwolframat) und einem gelblich leuchtenden Stoff (Zinksulfid). Blau und Gelb sind Komplementärfarben und ergeben bei der additiven Mischung Weiß. Durch entsprechende Wahl des Mischungsverhältnisses kann man eine leicht bläuliche oder gelbliche Tönung erreichen. Entscheidend für die Wahl des Leuchtstoffes ist jedoch die Nachleuchtdauer, die nicht viel größer als die Vollbilddauer sein sollte, da sonst bewegte Bilder mit verschmierten Rändern wiedergegeben werden.

Weiterhin muß im Aufbau des Bildschirms noch beachtet werden, daß auf den Bildschirm auffallendes Fremdlicht eine Aufhellung und damit eine Kontrastminderung hervorruft. Aber auch das vom Leuchtfleck ausgehende Licht erzeugt in der Umgebung des Leuchtpunktes einen Lichthof. Wie das **Bild 4.78 a** zeigt, wird nämlich das vom Leuchtpunkt ausgehende Licht an der Grenzfläche Glas-Luft reflektiert und auf den Bildschirm zurückgeworfen. Beide Effekte können dadurch gemildert werden, daß man als Schirmglas leicht grau gefärbtes Filterglas verwendet. In beiden Fällen muß dann das störende Licht das Glas zweimal mehr durchlaufen als das vom Leuchtfleck kommende Licht, und es wird daher stärker geschwächt.

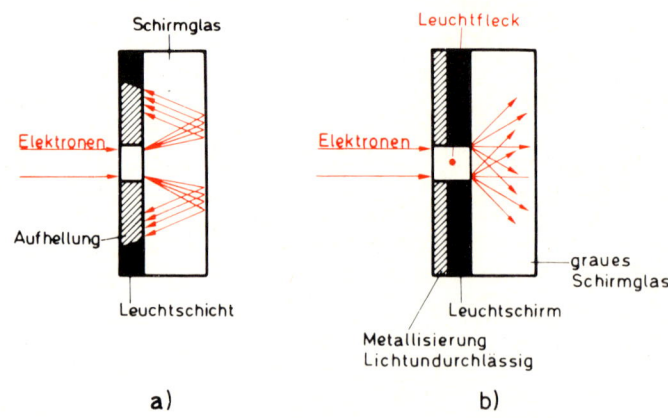

a)   **b)**

Bild 4.78
Schnitt durch den Bildschirm einer Bildröhre

Bei einem metallhinterlegten Bildschirm wird das Licht des Leuchtpunktes nach vorne reflektiert. Ohne Metallhinterlegung würde nämlich der Leuchtfleck nicht nur nach vorne, sondern auch ins Innere der Bildröhre strahlen. Aus dem Inneren der Bildröhre wird Streulicht zurückgestrahlt, was eine Aufhellung des ganzen Bildschirmes und damit ebenfalls eine Kontrastverschlechterung hervorrufen würde (**Bild 4.78 b**). Der Bildschirm ist rechteckförmig, wobei man ein Seitenverhältnis bei großen Röhren von 5 : 4 hat. Der senderseitige Normwert des Seitenverhältnisses ist jedoch 4 : 3. Somit geht etwa 6 % der Bildbreite verloren. Nur bei kleineren Bildröhren ist ein Seitenverhältnis von 4 : 3 technologisch leichter zu beherrschen.

4.7.1.2. Bildröhrendaten, Schaltsymbol und Typenbezeichnung

Die Bildröhrensysteme stellt man in Schaltungen wie ein Röhrensystem mit den entsprechenden Gittern dar. Wegen der hohen erforderlichen Anodenspannung (14 ...... 18 kV) legt man den Anodenanschluß weit entfernt von den übrigen Elektrodenanschlüssen. So ist die Anode an der Glaswand des Kolbens herausgeführt, während die anderen Anschlüsse in einem Stecksockel vereinigt sind. Die Anode setzt sich vom System aus in einem leitenden, aus Grafit bestehenden Innenbelag des Bildröhrenkolbens fort. Von außen hat man den Kolben metallisiert und verbindet ihn mit der Masse des Gerätes (**Bild 4.79 a**).

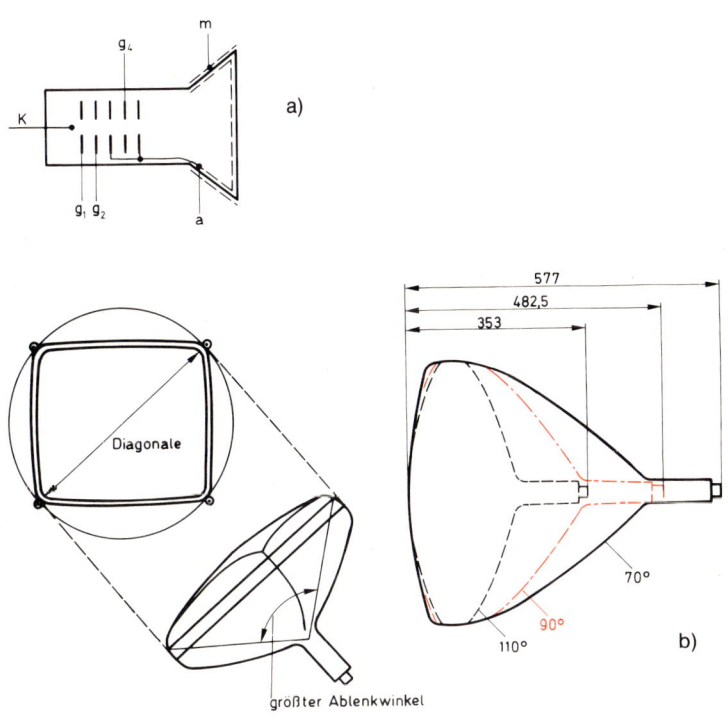

Bild 4.79
Schaltsymbol und Größenangaben bei einer Bildröhre

165

Die Typenbezeichnung der heutigen Schwarzweiß-Bildröhren besteht aus einem Buchstaben, zwei Zahlen oder Zahlengruppen und einer weiteren Buchstabengruppe. Der erste Buchstabe kennzeichnet die Art der Röhre bzw. deren Anwendung. Bei Fernsehbildröhren ist daher der erste Buchstabe immer ein A. Die nachfolgende zweistellige Zahl gibt die Schirmdiagonale in cm an. Die zweistellige Zahl hinter dem Strich ist eine Laufzahl, eine Typenbezeichnung. Die abschließende Buchstabengruppe kennzeichnet die Leuchtschirmfarbe. Bei Schwarzweiß-Bildröhren steht hier ein W für Weiß, bei Farbbildröhren findet man an dieser Stelle ein X.

Beispiel: A66–120X bedeutet:

A = Fernsehbildröhre
66 = Bildschirmdiagonale in Zentimeter
120 = Typenbezeichnung, Seriennummer (Bauart)
X = Farbschirm.

Dieses ist also eine Farbbildröhre.

Die frühere Bildröhrenbezeichnung bestand aus zwei Buchstaben mit nachfolgenden zwei Zahlengruppen. Dabei bedeutete AW Schwarz-Weiß-Bildröhre mit elektrischer Fokussierung, MW Schwarz-Weiß- Bildröhre mit magnetischer Fokussierung. Die ersten beiden nachfolgenden Zahlen gaben dann ebenfalls die Bildschirmdiagonale an. Bei den Bildröhren gibt man als Größenangabe stets die Bildschirmdiagonale und den Ablenkwinkel an. Die Schirmdiagonale ist, wie das **Bild 4.79b** zeigt, der Durchmesser des umschriebenen Kreises. Je größer der Ablenkwinkel des Elektronenstrahls ist, um so flacher braucht auch nur das Fernsehgehäuse zu sein. Als Maß hierfür gibt man den maximalen Ablenkwinkel für die Bildschirmdiagonale an. Die heute gebräuchlichen Bildröhren haben einen Ablenkwinkel von 110°. Die ersten Fernsehbildröhren hatten einen Winkel von 70°. Bald hatte man die Technik heraus, daß man Bildröhren mit 90° Ablenkwinkel bauen konnte. Weitere Konstruktionsmerkmale wie z. B. Röhren für Durchstecktechnik, Dünnhalsausführung, Arten der Halterungen haben für die grundsätzliche Wirkungsweise der Bildröhre keine Bedeutung.

4.7.1.3. Ablenkeinheit

Ohne Ablenkung würde der Elektronenstrahl nur auf der Mitte des Bildschirms einen hellen Punkt erzeugen. Zur Herstellung des vollständigen Rasters muß eine Ablenkung erfolgen. So könnte man eine elektrostatische oder eine magnetische Ablenkung benutzen. Die elektrostatische Ablenkung hat die Vorzüge:

1. Man braucht für sie nur Ablenkplatten in der Röhre und keine teuren Spulen

2. der Leistungsaufwand ist sehr gering.

3. man kann den Ablenkfrequenzbereich in weiten Grenzen wählen (siehe Oszilloskop)

Dabei treten nun folgende Nachteile im Bezug auf das Fernsehen auf:

1. Ablenkplatten innerhalb der Röhre würden eine größere Baulänge der Bildröhre erfordern

2. mit der elektrostatischen Ablenkung lassen sich nicht so ohne weiteres die großen Ablenkwinkel erzielen, die für Bildröhren, wieder im Hinblick einer kleineren Baulänge, erwünscht sind.

3. Bei einer elektrostatischen Ablenkung muß bei Erhöhung der Bildröhren-Anodenspannung U die Ablenkspannung U_x im gleichen Maße heraufgesetzt werden. Bei einer magnetischen Ablenkung ist jedoch die bei einem gleichen Ablenkwinkel erforderliche Magnetfelddichte nur der Wurzel aus der Anodenspannung proportional.

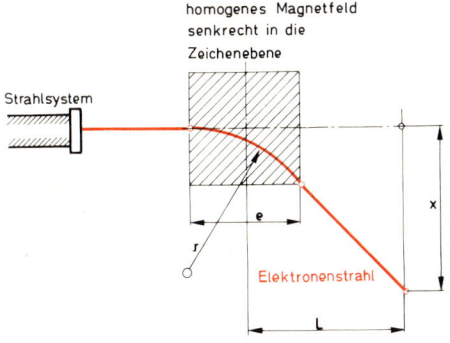

Bild 4.80
Verlauf des Elektronenstrahls bei magnetischer Ablenkung

Denn mit den Bezeichnungen des **Bildes 4.80** ergibt sich für eine magnetische Ablenkung

$$x \approx 0{,}3 \cdot \frac{e \cdot L \cdot B}{\sqrt{U}}$$

worin U in Volt, e, L und x in Zentimeter und B in Gauß eingesetzt werden.

Bei einer elektrostatischen Ablenkung ergibt sich

$$x \approx 0{,}5 \frac{e \cdot L}{d} \cdot U_x/U$$

worin d der Abstand zwischen den Ablenkplatten und U_x die zwischen den Ablenkplatten
herrschende Ablenkspannung ist.

Weil man beim Fernsehen jeweils mit einer festen Ablenkfrequenz arbeitet, ist es möglich,
eine magnetische Ablenkung so auszulegen, daß man mit verhältnismäßig geringer Leistung auskommt. So speichert man Arbeit, die beim Abbau des Magnetfeldes frei wird, um
sie nachher zum Ablenken wieder zu verwenden. Ferner nutzt man die elektromagnetische
Schwingung aus, deren Frequenz durch die Induktivität der Ablenkspulen des Zeilentransformators sowie durch die Wicklungskapazität gegeben ist, um den raschen Rücklauf
für die Zeilenablenkung zu erzwingen.

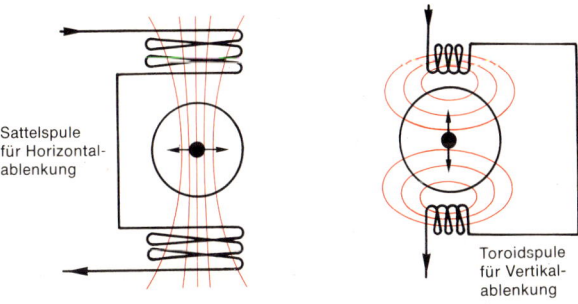

Bild 4.81
Sattel- und Toroid-Ablenkspule

Aus diesen Gesichtspunkten heraus wird beim Fernsehempfänger ein magnetisches Ablenkfeld durch die Ablenkspulen erzeugt, das senkrecht zur Ablenkeinrichtung liegt. Man unterscheidet nach **Bild 4.81** zwei Grundformen der Ablenkspulen, die **Sattelspule** (links) und die **Toroidspule**[1] (rechts).

In der praktischen Ausführung gemäß dem **Bild 4.82 a** liegen die beiden Hälften der Sattelspule wie zwei Sättel um den Röhrenhals. Bei der Toroidspule sind die Teilspulen auf einem Ring aus Ferrit angeordnet.

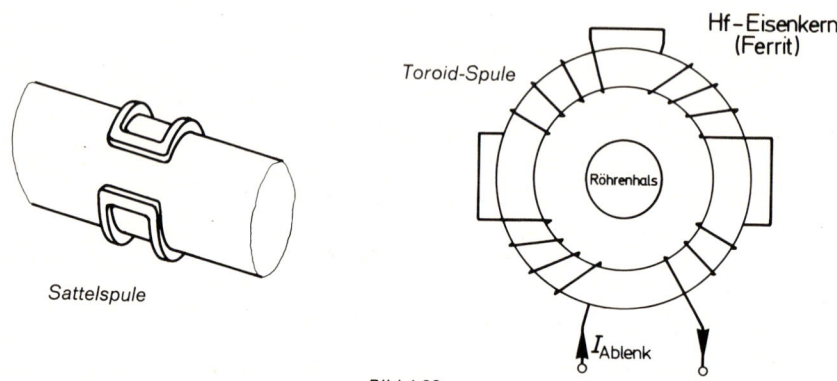

Bild 4.82 a
Praktische Ausführung einer Sattelspule und einer Toroidspule

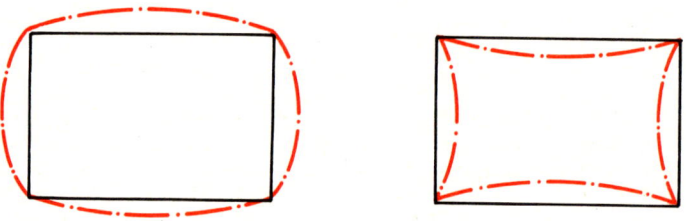

Bild 4.82 b
Kissen- und tonnenförmige Verzerrung

Ein wesentlicher Gesichtspunkt für die Konstruktion der Ablenkspulen ist die Homogenität des Ablenkfeldes. Verlaufen nämlich die magnetischen Feldlinien nicht parallel, so entstehen nichtlineare Ablenkfelder, die sich auf dem Bildschirm als **Kissen-** oder **Tonnen-verzerrungen** des rechteckförmigen Rasters auswirken (**Bild 4.82 b**). Eine vollständige Ablenkeinheit enthält zwei getrennte Spulensätze für die Horizontal- und die Vertikalablenkung. Die Einstellung der vertikalen und horizontalen **Bildlage** erfolgt mit Permanentmagnetblechen, die vor dem Strahleintritt in das Ablenksystem angeordnet sind. Zur Verbesserung der Homogenität der Ablenkfelder bringt man außerdem noch kleine, einstellbare Permanentmagnete in der Nähe der Ablenkspulen an.

---

[1] torus (lat.) = Ringfläche

4.7.1.4. Bildröhrenschaltung

Die Schaltung im **Bild 4.83** zeigt eine Bildröhre mit ihrer Beschaltung. Das aus dem Videodemodulator kommende Videosignal verstärkt der Videoendstufen-Transistor BF 457 soweit, wie es zur Bildröhrenansteuerung erforderlich ist. Die Frequenzgangkompensation wird hier im Kollektorkreis des Videoverstärkers mit dem 5,5 MHz-Sperrkreis, der bedämpften Höhenanhebungsdrossel und der Spule hinter dem Außenwiderstand (4,7 kΩ/4W) erreicht. Zwischen der Videoendstufe und der Bildröhre besteht eine Gleichstromkopplung, so daß der Gleichspannungsanteil des Videosignals direkt an die Katode der Bildröhre gelangt.

Die Kontrasteinstellung erfolgt im Emitterkreis der Videoendstufe durch Veränderung des resultierenden Widerstandes einer Brückenschaltung bestehend aus dem Emitterwiderstand R_1, dem Kontrasteinsteller R_2 und dem Spannungsteiler von + 20,5 V gegen Masse (R_3/R_4).

Die Helligkeitseinstellung erfolgt durch Verändern des Gleichspannungspotentials am Wehneltzylinder (g_1). Über das Helligkeitspotentiometer, das an + 140 V liegt, wird die entsprechende Spannung abgegriffen und über die Glimmlampe sowie den Schutzwiderstand von 220 kΩ an den Wehneltzylinder gegeben. Die Glimmlampe wird durch die positiven Zeilenrückschlagimpulse gezündet. Diese Impulse nimmt man von einer Anzapfung am Zeilentransformator ab und führt sie über das Impulsformerglied R_7/C_2 der Glimmlampe zu.

Damit die Zeilen- und Bildrückläufe des Fernsehbildes nicht als helle Streifen auf dem Bildschirm zu sehen sind und damit stören würden, wird stets eine Dunkeltastung für beide vorgenommen. Während der jeweiligen Rücklaufzeit sperrt man die Bildröhre, so daß der Bildschirm dunkel ist und die Rückläufe nicht mehr sichtbar sind. Für eine wirkungsvolle Bildrücklaufaustastung sind Sperrimpulse von mindestens 100 V am Wehneltzylinder der Bildröhre erforderlich. Durch die niedrige Betriebsspannung der Vertikalendstufe stehen in der ganzen Vertikalablenkschaltung keine so hohen Impulse zur Verfügung. Eine oft angewendete Methode zur Erzielung der benötigten Impulshöhe besteht in der Verstärkung der Impulse durch die Videoendstufe. Für die in Bild 4.83 angewendete Bildrücklauf-Dunkeltastung benutzt man auch diese Methode. Die positiven Bildrücklaufimpulse aus der Vertikalendstufe gelangen über die Diode D_1 auf den Emitter des Videoendstufen-Transistors. Damit wird zu diesem Zeitpunkt die Videostufe stromlos. Die Spannung an der Katode der Bildröhre steigt auf einen Wert, der durch + U_B = 540 V und der Spannungsteilung von R_5/R_6 bestimmt wird. So stehen an der Katode ca. + 150 V, wodurch die Bildröhre gesperrt wird und einen dunklen Bildschirm hat. Zur Zeilenrücklauf-Dunkeltastung gibt man die negativ gerichteten Zeilenrückschlagimpulse über den 4,7 nF-Kondensator auf das Gitter 2 der Bildröhre. Weil man diese Impulse vom Zeilentransformator abnimmt, hat man schon die ausreichende Impulshöhe, so daß eine weitere Verstärkung nicht nötig ist.

In der Katodenleitung der Bildröhre liegt die Kombination D_2/C_1, die zur Strahlstrombegrenzung dient. Die Wirkungsweise geht aus dem **Bild 4.84** hervor. Im normalen Betriebszustand ist der Punkt A positiver gegenüber dem Punkt B, so daß die Diode D_2 leitend ist. Es besteht also eine Gleichstromkopplung zwischen Endstufe und Bildröhre. Stellt man nun eine zu große Helligkeit ein oder ist das gesendete Bild sehr hell, so fließt ein größerer Strahlstrom, der für die Bildröhre gefährlich werden kann.

Dieser Strahlstrom fließt zwischen Masse und + 20 kV über den Widerstand R_6. Bei zu großem Strahlstrom entsteht an R_6 ein so großer Spannungsabfall, daß der Punkt B positiver wird gegenüber dem Punkt A. Jetzt sperrt die Diode D_2 schlagartig. Somit gelangt kein Gleichspannungsanteil mehr vom Kollektor des Video-Endtransistors auf die Katode der Bildröhre. Der Schwarzwert fehlt, und nur der Wechselspannungsanteil wird über den

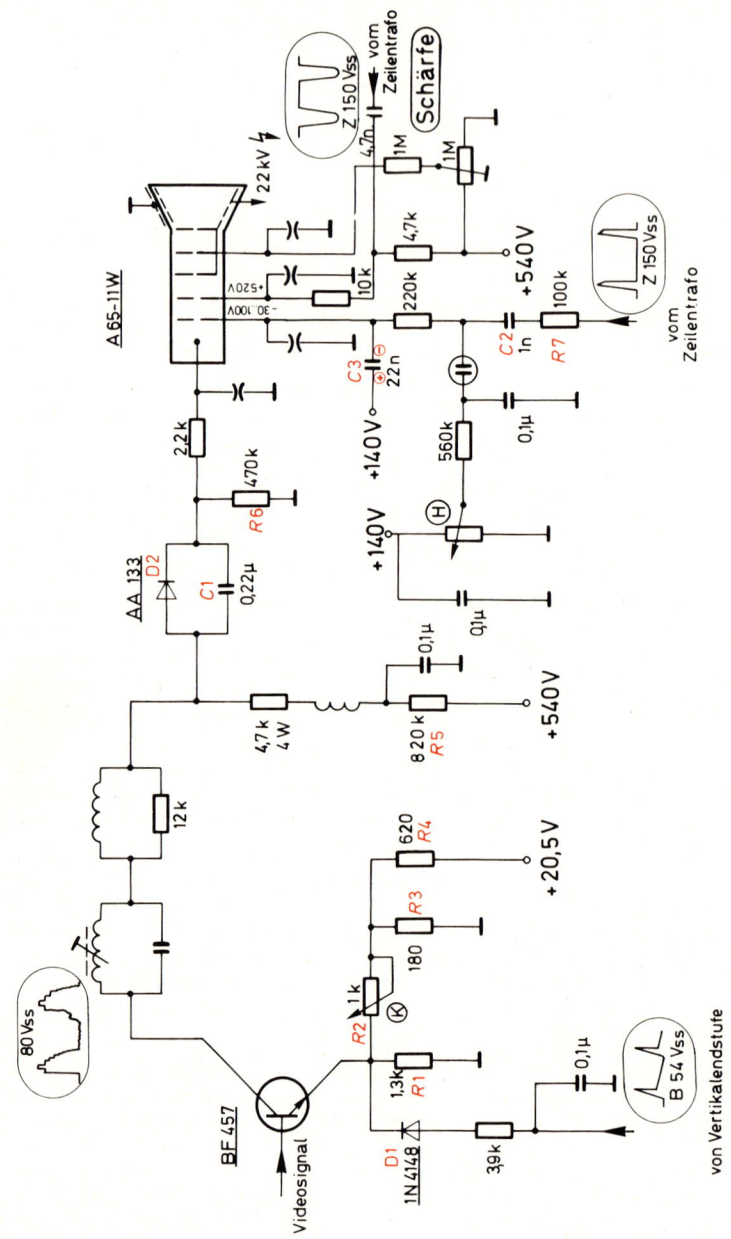

Bild 4.83
Bildröhrenschaltung

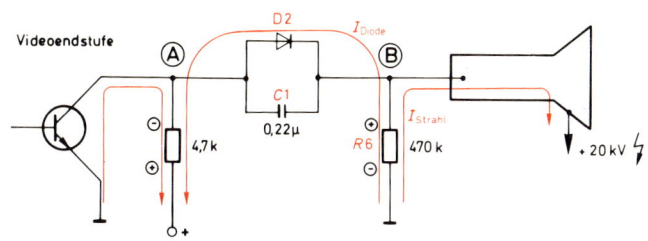

Bild 4.84
Strahlstrom-Begrenzer-Schaltung

Kondensator C_1 auf die Katode gegeben. Das Bild wird »flauer«, und die Bildröhre wird wirkungsvoll geschützt.

Beim Ausschalten eines Fernsehgerätes baut sich die Hochspannung wesentlich langsamer ab als die anderen Betriebsspannungen im Gerät. Da die aufgeheizte Katode der Bildröhre noch weiter Elektronen emittiert, die Hochspannung noch vorhanden, aber keine Ablenkung mehr wirksam ist, erscheint in der Mitte des Bildschirms ein Leuchtfleck, der sich mit der Zeit in die Leuchtschicht einbrennt. Um diesen Leuchtfleck zu unterdrücken, muß die Bildröhre sofort nach dem Ausschalten gesperrt werden. Für diese Brennfleck-unterdrückung hat man in die Schaltung in Bild 4.83 den Kondensator C_3 (22 nF) eingebaut. Dieser Kondensator lädt sich mit der eingezeichneten Polarität auf.

Beim Ausschalten des Fernsehgerätes fehlen die Zeilenrückschlagimpulse, wodurch die Glimmlampe auch keine Zündimpulse mehr erhält und damit sperrt. Damit kann sich der Kondensator C_3 nicht mehr über den Helligkeitseinsteller gegen Masse entladen. Weil die Betriebsspannung von + 140 V an C_3 sinkt, lädt dieser Kondensator den Wehneltzylinder negativ auf. Die noch von der Bildröhrenkatode emittierten Elektronen können somit nicht mehr zum Bildschirm gelangen, und es erscheint kein Leuchtfleck mehr.

Auf das Gitter g_4 der Bildröhre gibt man eine einstellbare positive Spannung, wodurch man die Schärfe des Elektronenstrahls beeinflussen kann. Man spricht auch von der Fokussierung. An alle Bildröhrenelektroden hat man Funkenstrecken angeschaltet. Diese Bauelemente sollen die Bildröhre vor Überspannungen schützen.

Die erforderliche Anodenspannung für die Bildröhre von z. B. 20 kV entnimmt man der Zeilenendstufe. Während des kurzen Zeilenrücklaufes entsteht im Zeilentransformator eine hohe Selbstinduktionsspannung, die man mittels einer Zusatzwicklung, der Hochspannungswicklung, auf ca. 8 kV herauftransformiert. Mit Hilfe einer Halbleiter-Kaskadenschaltung richtet man diese impulsförmige Spannung gleich. Je nach Bemessung ergeben sich Gleichspannungen, die zwischen 16 ... 15 kV liegen und damit ausreichend hoch sind, um sie als Anodenspannung für Schwarz-Weiß- oder Farbbildröhren zu verwenden.

Da die gleichgerichtete impulsförmige Spannung eine Grundfrequenz von 15,625 kHz hat und der Gleichrichterschaltung nur wenig Strom entnommen wird, braucht hier, im Gegensatz zum Netzgleichrichter, der Ladekondensator nur einen kleinen Kapazitätswert zu besitzen, um eine ausreichende Glättung zu erhalten. So reicht hierzu manchmal die natürliche Kapazität der Bildröhre aus, die sich zwischen der Anode und dem äußeren Bildröhrenbelag bildet und ca. 1,5 bis 2 nF beträgt. Das Dielektrikum dieses Kondensators besteht vorwiegend aus dem Glas des Bildröhrenkolbens und gibt somit diesem Kondensator die erforderliche Spannungsfestigkeit. Vielfach benutzt man ein abgeschirmtes Kabel, um die Hochspannung vom Zeilentransformator an die Bildröhre zu bringen. Die Eigenkapazität dieses Kabels geht dann mit als Ladekondensator ein und erhöht den Kapazitätswert.

4.7.2. Lochmasken-Farbbildröhre

4.7.2.1. Aufbau und Wirkungsweise

Wesentlicher Bestandteil eines jeden Farbfernsehempfängers ist die Farbbildröhre. Sie wandelt, wie in den bisherigen Ausführungen bereits mehrfach erwähnt wurde, die elektrischen Signale wieder in ein farbiges Bild zurück. Es gibt verschiedene Arten von Farbbildröhrentypen, von denen sich unter anderen die Lochmasken- oder Schattenmaskenröhre für eine Massenfabrikation durchgesetzt hat. Einen Längsschnitt durch eine solche Dreistrahl-Lochmaskenfarbbildröhre zeigt **Bild 4.85**.

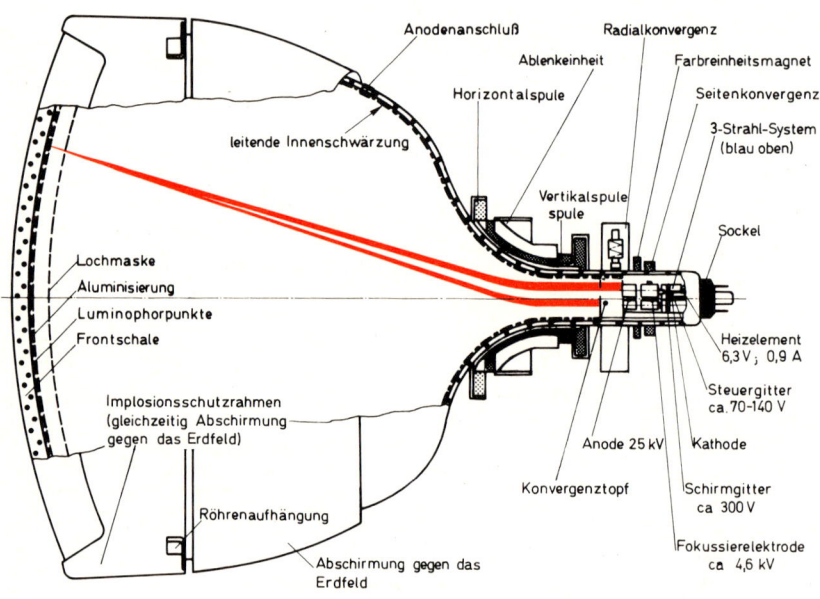

Bild 4.85
Schnitt durch eine Farbbildröhre A 63-11 X (Telefunken)

Die Bildröhre besteht aus einem luftleeren Glaskolben, in dessen Kolbenhals drei Strahlerzeugungssysteme eingebaut sind. Jedes entspricht etwa demjenigen einer Schwarz-Weiß-Bildröhre. Die drei Strahlsysteme sind, wie **Bild 4.86** zeigt, um 120° gegeneinander versetzt und gegen die Röhrenachse um 1,5° geneigt. Jedes Einzelsystem besteht aus einer Katode mit Heizfaden, die Elektronen emittiert, der Steuerelektrode g_1 (Wehneltzylinder), der Schirmgitterelektrode g_2, der Fokussierelektrode g_3 und der Anode, die mit dem Aluminiumbelag, der Lochmaske und der leitenden Innenschwärzung des Kolbens verbunden ist (**Bild 4.87**). Außerdem hat jedes Einzelstrahlensystem einen Konvergenzpolschuh zur dynamischen Korrektur des Elektronenstrahls. Die aus dem Steuergitterraum austretenden Elektronen werden durch die steigenden Potentiale zwischen Schirmgitter, Fokussierelektrode und Anode beschleunigt und elektrostatisch fokussiert.

172

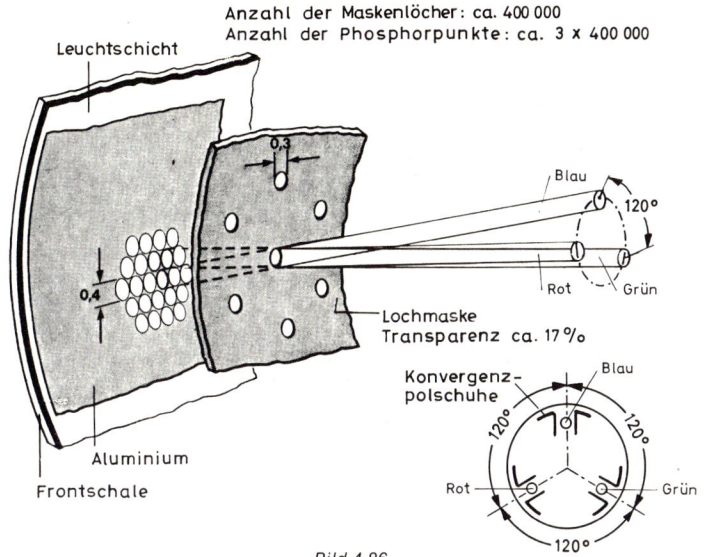

Anzahl der Maskenlöcher: ca. 400 000
Anzahl der Phosphorpunkte: ca. 3 x 400 000

Leuchtschicht

Blau
120°
Rot
Grün

Lochmaske
Transparenz ca. 17 %

Konvergenz-
polschuhe

Blau
120° 120°
Rot
Grün
120°

Aluminium
Frontschale

Bild 4.86
Prinzipielle Wirkungsweise einer Lochmaskenröhre (Telefunken)

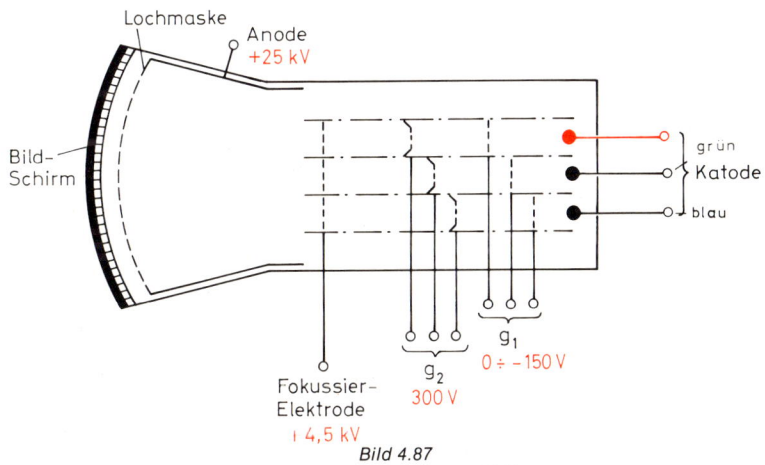

Lochmaske
Anode
+25 kV

Bild-
Schirm

grün
Katode
blau

g_1
0 ÷ –150 V

Fokussier-
Elektrode
+ 4,5 kV

g_2
300 V

Bild 4.87
Schaltsymbol einer Farbbildröhre

Die drei Systeme werden zwischen Katode und Wehneltzylinder mit den Spannungen der Farbinformationen R, G und B gesteuert. Damit ändert man die Helligkeit des betreffenden Strahles. Die drei Elektronenstrahlen durchlaufen, wie Bild 4.85 zeigt, zunächst die Ringmagnete zum Einstellen der Farbreinheit, dann die Polschuhe der Konvergenzeinheit und schließlich das Magnetfeld der Ablenkeinheit.

Der Leuchtschirm besteht aus etwa je 400 000 Leuchtstoffpunkten für jede der drei Grundfarben Rot, Grün und Blau. Insgesamt sind also 1,2 Millionen farbig leuchtende Phosphorpunkte vorhanden. Diese Leuchtpunkte sind so gegeneinander versetzt, daß die

Verbindungslinien ihrer Mittelpunkte ein gleichseitiges Dreieck darstellen (Bild 4.86). Von der Elektronenstrahlseite gesehen, liegen Rot und Grün nebeneinander und Blau zwischen beiden darunter. Je ein roter, grüner und blauer Leuchtpunkt bilden einen Farbtripel*. Ein Farbtripel entspricht einem Bildpunkt, d. h. ein Farbfernsehbild besteht aus etwa 400 000 Farbtripel.

Auf diese Leuchtschicht wird, wie bei der Schwarz-Weiß-Bildröhre, eine dünne Aluminiumschicht aufgedampft. Dieser Belag reflektiert das in der Leuchtstoffschicht entstehende Licht nach vorne, wodurch die Lichtausbeute erhöht wird. Außerdem macht es die sogenannte Ionenfalle entbehrlich.

Im Abstand von etwa 15 mm vor dem Leuchtschirm in Richtung zum Röhrenhals hin ist die sogenannte Lochmaske angebracht. Sie besteht aus 0,15 mm dickem Stahlblech, in das etwa 400 000 Löcher mit einem Durchmesser von etwa 0,25 mm geätzt sind. So gehört also zu jedem Loch der Lochmaske ein Farbtripel auf dem Leuchtschirm. Durch die geneigte und versetzte Anordnung der Elektronenkanonen schneiden sich die Elektronenstrahlen in der Ebene der Lochmaske und treffen dann auf ihren zugehörigen Phosphorpunkt. So kann der Elektronenstrahl des roten Systems nur auf einen roten Leuchtpunkt treffen, der grüne Strahl trifft nur die grünen Phosphorpunkte und der blaue Strahl nur die blauen Phosphorpunkte. Durch die Schattenwirkung der Lochmaske wird vermieden, daß während der Horizontalablenkung falsche Leuchtpunkte angeregt werden (Bild 4.86).

Das Bündel der drei Elektronenstrahlen wird, wie bei der Schwarz-Weiß-Bildröhre, mit Hilfe der Ablenkeinheit zeilenweise über den Bildschirm geführt. Entsprechend der Steuerung mit der Farbinformation leuchten dabei die einzelnen Farbpunkte mehr oder weniger auf. Bei reinen Farben Rot, Grün und Blau wird aus jedem Tripel nur ein einziger Leuchtpunkt angeregt.

Die Mischfarben entstehen durch gleichzeitiges Aufleuchten verschiedenfarbiger Phosphorpunkte. Das Auge integriert diese einzelnen Leuchtpunkte bereits aus einer geringen Entfernung zu dem entsprechenden Farbeindruck. Weiß entsteht durch Aufleuchten aller drei Farbpunkte im Verhältnis 30% Rot, 59% Grün und 11% Blau. Hier findet man wieder die Grundlagen der Farbfernsehtechnik, nämlich die additive Farbmischung. Damit man ein reines Weiß erhält, muß, wie im nächsten Abschnitt behandelt wird, der Weißabgleich vorgenommen werden.

Der Wirkungsgrad einer Lochmaskenröhre ist gegenüber einer Schwarz-Weiß-Bildröhre wesentlich geringer. Denn rund 80% des Strahlstromes eines jeden Systems prallt auf die Lochmaske auf und fließt über sie ab, so daß nur rund 20% eines Strahls seinen Leuchtpunkt auf dem Schirm trifft. Die Bildhelligkeit ist gegenüber einer vergleichbaren Schwarz-Weiß-Bildröhre wesentlich kleiner. Man betreibt, um das auszugleichen, eine Farbbildröhre deshalb mit einer Anodenspannung von 25 kV.

Bei einem mittleren Strahlstrom von je 0,5 mA ergibt sich ein Gesamtstrom von

$$3 \cdot 0,5 \text{ mA} = 1,5 \text{ mA}$$

80% dieser 1,5 mA $\triangleq$ 1,2 mA fließen über die Lochmaske ab. Weil die Lochmaske auf dem Anodenspannungspotential von ca. 25 kV liegt, entsteht eine Leistung an der Maske von

$$P = 1,2 \text{ mA} \cdot 25 \text{ kV} = 30 \text{ W}.$$

Die dabei entstehende Wärmemenge muß über die Lochmaske abgeführt werden. Ihre Ausdehnung würde die Maskenlöcher gegenüber den Leuchtstoffpunkten verschieben, was zu einer Farbunreinheit führen würde. So ist es verständlich, daß nur hochwertige Legierungen mit einem geringen Ausdehnungskoeffizienten als Lochmaskenmaterial benutzt werden können. Außerdem kompensiert man diese thermische Bewegung durch entsprechende Bimetall-Halterungen.

---

* Tripel = aus drei Teilen bestehende Einheit

Wie aus dem Schaltzeichen einer Farbbildröhre (Bild 4.87) hervorgeht, sind der Aluminiumbelag, die Lochmaske, die leitende Innenschwärzung und die Anode der drei Systeme miteinander verbunden und mit einer Spannung von 25 kV gespeist. Ebenfalls hat man die drei Fokussierelektroden miteinander verbunden und an sie ca. 4,5 kV gelegt. Im Betrieb beträgt die Katodenspannung etwa 120 V. An den getrennt herausgeführten Steuerelektroden der drei Systeme liegen ca. 80 V und an den getrennt herausgeführten Schirmgittern liegen ca. 400 V.

Zum Schluß sei erläutert, wie der Leuchtschirm einer Farbbildröhre hergestellt wird. Wie aus den vorangegangenen Ausführungen entnommen werden kann, wird nur ein einwandfreies Farbbild erzeugt, wenn jeder Elektronenstrahl nur den zugeordneten Leuchtstoffpunkt auf dem Schirm trifft und wenn sich die drei Farbbilder in jedem Punkt des Schirmes exakt decken. Dazu ist schon bei der Herstellung des Bildschirmes eine außerordentlich große Genauigkeit erforderlich.

In einem fotochemischen Verfahren wird die Lochmaske geätzt, bis ein Lochdurchmesser von 0,25 mm erreicht ist. Auf die Innenseite des unmontierten Bildschirms trägt man zuerst eine dünne Schicht des blauen Leuchtstoffes auf. Ihm ist ein Lack beigemengt, der unter Lichteinwirkung aushärtet. Jetzt montiert man die Lochmasken vorläufig. Mit einer starken Ultraviolettlampe, die im Ablenkmittelpunkt für den »blauen« Elektronenstrahl angeordnet ist, bestrahlt man die eingegossene Blauschicht durch die Löcher der Maske. An den bestrahlten Punkten erhärtet sich der Lack. Die nicht beleuchteten Flächen bleiben weich und werden mit Wasser weggespült. In gleicher Weise werden die Rot- und Grünraster gebildet. Die Lichtquelle strahlt dabei aus der Richtung der entsprechenden Elektronenkanone. Damit gehört zu jedem Loch der Maske ein Farbtripel. Anschließend dampft man, nachdem die Lochmaske wieder entfernt wurde, eine Aluminiumschicht auf diesen Leuchtschirm. Der hohe Preis einer Farbbildröhre erklärt sich z. T. dadurch, daß die Röhre schon Ausschuß ist, wenn nur ein einziger Leuchtstoffpunkt fehlt.

4.7.2.2. Weißbalance (Weißabgleich)

Wie bei der additiven Mischung ausführlich behandelt wurde, ergibt sich ein weißes oder graues Bild, wenn die Intensitäten der drei Primärfarben im richtigen Verhältnis zueinander stehen. Eine Farbbildröhre muß selbstverständlich auch Schwarz-Weiß-Bilder wiedergeben können. Die Farbdeckung muß hierbei besonders gut stimmen, und die Bilder dürfen nicht in irgendeiner Farbe getönt sein. Unter der Voraussetzung, daß alle Leuchtstoffe auf dem Bildschirm bei einem gleich großen Strahlstrom der drei Systeme eine gleich große Lichtausbeute ergeben, entsteht der Eindruck eines weißen Bildschirmes. Denn das menschliche Auge integriert die einzelnen roten, grünen und blauen Leuchtstoffpunkte aus einer entsprechenden Entfernung zu einem Weißeindruck.

Leider ist es bei der Herstellung und Anordnung der drei Strahlsysteme im Kolben nicht möglich, für die drei Systeme gleiche Daten zu erhalten. Wenn z. B. bei einer Gittervorspannung von −50 V das rote und das grüne System zufällig einen Strahlstrom von je 0,6 mA und das blaue System nur einen Strom von 0,3 mA besitzen, so würde der Bildschirm bei einer unbunten Übertragung nicht weiß, sondern gelblich erscheinen. Es ist daher erforderlich, die drei Kennlinien der drei Systeme einander anzupassen, d. h. bei gleicher Gittervorspannung müssen auch in allen drei Strahlsystemen gleiche Anodenströme fließen (**Bild 4.88**).

Wie aus der Röhrentheorie bekannt ist, kann man durch Ändern der Schirmgitterspannung die I_a-U_{g1}-Kennlinie parallel verschieben (**Bild 4.89**). Das nutzt man bei der Farbbildröhre zum Weißabgleich aus. Um bei einer konstanten Gittervorspannung gleiche Anodenströme bei den drei Systemen zu erreichen, müßte man, wenn die drei Kennlinien aus Bild 4.89 als Röhrenkennlinien der drei Systeme der Farbbildröhre zu Grunde gelegt sind, für den Weißabgleich die Schirmgitterspannung der Kennlinie 1 verkleinern, während

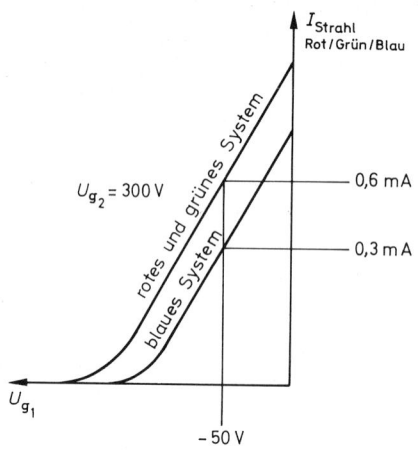

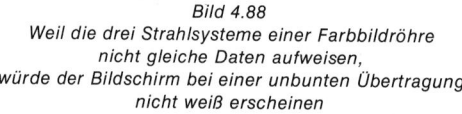

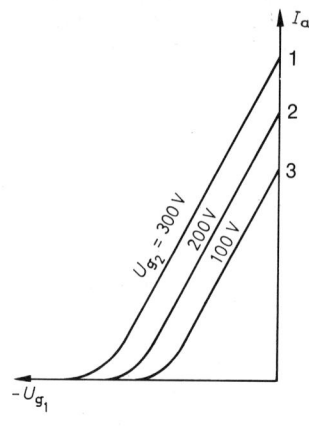

Bild 4.88
Weil die drei Strahlsysteme einer Farbbildröhre
nicht gleiche Daten aufweisen,
würde der Bildschirm bei einer unbunten Übertragung
nicht weiß erscheinen

Bild 4.89
Durch eine Änderung der Schirmgitterspannung kann man die Größe
des Anodenstromes variieren

Kennlinie 3 eine größere Schirmgitterspannung benötigt, um die mittlere Kennlinie zu erreichen. In den Farbfernsehgeräten findet man deshalb zum Weißabgleich drei Potentiometer, mit denen man die Schirmgitterspannungen der drei Systeme ändern kann, um somit die Kennlinien zur Deckung zu bringen. Der Weißabgleich wird deshalb auch dynamischer Abgleich genannt.

Meistens weisen die drei Strahlsysteme unterschiedliche Sperrpunkte auf. Das hat zur Folge, daß im Bereich dunkler Grauwerte bis Schwarz noch Farbänderungen der Grauwerte auftreten (**Bild 4.90**). Auf dem Bildschirm würde bei dem gezeichneten Kennlinienverlauf ein entsättigtes Cyan erscheinen. In diesem Fall müßte der Strahlstrom I_{a_B} und I_{a_G} auf I_{a_R} verkleinert, oder I_{a_R} und I_{a_B} auf I_{a_G} erhöht werden. Will man die Schirmgitterspannungen unverändert lassen, muß man in diesem Falle die Gittervorspannungen des grünen und blauen Systems so weit vergrößern, bis sich für beide der gleiche Anodenstrom wie I_{a_R} ergibt. In den meisten Fällen benutzt man nur zwei U_{g_1}-Einsteller, da es mit den Potentiometern zweier Systeme immer möglich ist, bei diesen geringfügigen Änderungen im unteren Kennlinienknick das Angleichen auf eine dritte Kennlinie zu erreichen. Der Grauabgleich wird manchmal auch als Unbuntabgleich bezeichnet.

Bild 4.91 zeigt eine prinzipielle Schaltung für einen Weißabgleich. Bei der Steuerung findet man hier wohl auch die drei Schirmgittereinsteller; jedoch erreicht man das Angleichen der drei Kennlinien im unteren Kennlinienbereich durch Ändern der Verstärkung der Farbendstufen für blau und grün.

Zum Weißabgleich darf kein Farbbild empfangen werden. Man schaltet deshalb einen Leerkanal oder ein echtes Schwarz-Weiß-Testbild mit genügenden Weißflächen ein. Mit den Schirmgittereinstellern und den U_{g_1}- oder Verstärkungs-Einstellern gleicht man dann ein unbuntes Bild ab. Man sollte die Abgleichanweisungen der Firmen beachten. Grundsätzlich gilt aber für alle Fälle:

Gelbstich entsteht durch Blaumangel, Purpurstich entsteht durch Grünmangel,
Cyanstich entsteht durch Rotmangel

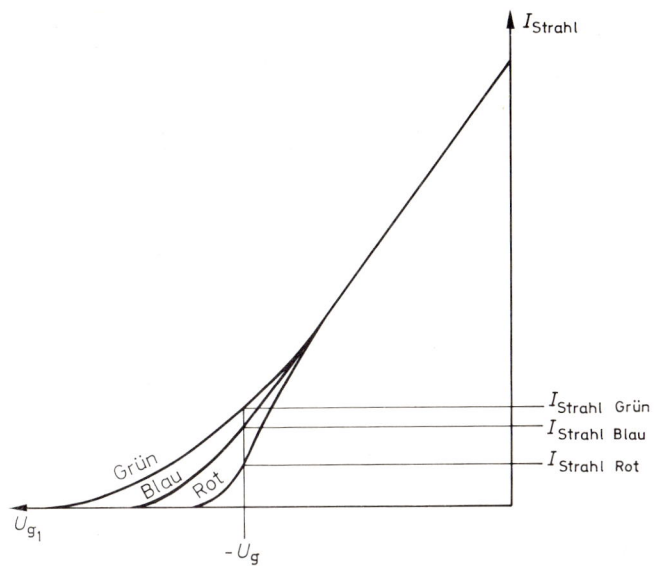

Bild 4.90
Kennlinienkorrektur im Sperrbereich einer Farbbildröhre

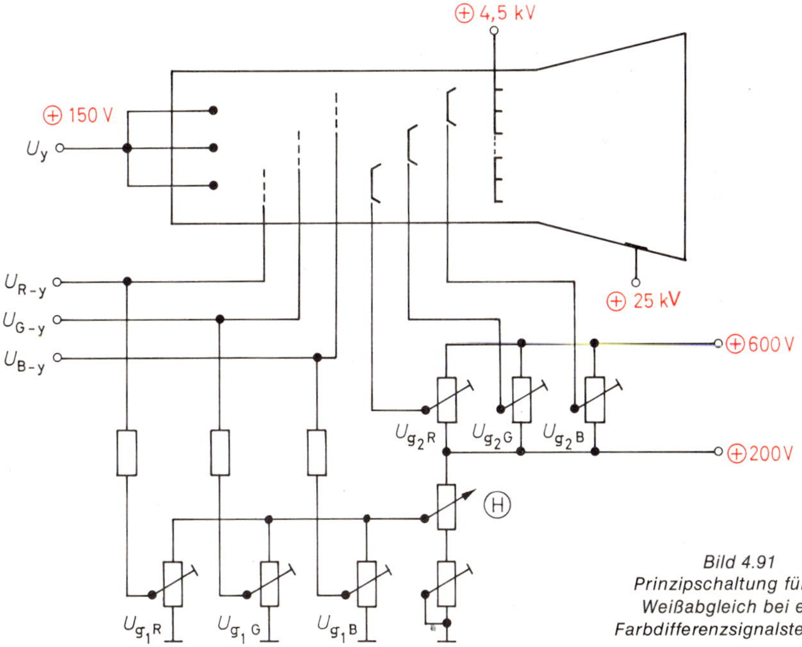

Bild 4.91
Prinzipschaltung für den
Weißabgleich bei einer
Farbdifferenzsignalsteuerung

4.7.2.3. Farbreinheit

Für den Ausdruck Farbreinheit findet man häufig das englische Wort »purity« (Reinheit, Feinheit). Es kann nur dann ein farbreines Bild wiedergegeben werden, wenn die Elektronenstrahlen der drei Systeme immer nur die ihnen zugeordneten Farbpunkte treffen – also z. B. der Elektronenstrahl des »Rotsystems« nur die roten Leuchtstoffpunkte.

Damit das auch tatsächlich der Fall ist, müssen die Elektronenstrahlen die Löcher der Lochmaske unter ganz bestimmten Winkeln passieren. Diese Winkel ändern sich selbstverständlich allmählich von Bildpunkt zu Bildpunkt. Schon geringe Abweichungen von dieser vorgeschriebenen Richtung können zur Folge haben, daß die Elektronenstrahlen außer den ihnen zugeordneten auch noch andersfarbige benachbarte Punkte zum Aufleuchten bringen (**Bild 4.92**). Farbreinheitsfehler können durch schief montierte Strahlenerzeugungssysteme, durch einen schief montierten Bildröhrenhals (Größenordnung dieser Fehler ca. 0,5°) oder durch unkontrollierte Magnetfelder auftreten.

Um die Farbreinheit beurteilen zu können, benutzt man die Farbe Rot, weil bei dieser Farbe alle Verfärbungen besonders deutlich wahrnehmbar sind. Damit der Bildschirm nur rot aufleuchtet, löscht man durch Herabsetzen der Schirmgitterspannungen das grüne und blaue System. Ist die Farbreinheit richtig eingestellt, so leuchtet der Bildschirm dann an allen Stellen einheitlich rot auf. Im anderen Fall zeigen sich stellenweise Verfärbungen. Meistens sind es hellere Flecken der gewählten Leuchtschirmfarbe.

Der Abgleich der Farbreinheit erfolgt mit zwei schwach magnetisierten, drehbar auf dem Bildröhrenhals angeordneten Blechringen (**Bild 4.93**). Dieser Farbreinheits- oder auch Puritymagnet unterscheidet sich äußerlich nicht von den Lageverschiebungsmagneten einer Schwarz-Weiß-Bildröhre. Dieser Farbreinheitsmagnet erzeugt ein homogenes magnetisches Feld, das senkrecht zur Richtung der drei Elektronenstrahlen steht (**Bild 4.94**).

Durch Verdrehen der beiden Magnetringe gegeneinander lassen sich die magnetischen Feldlinien variieren und die Elektronenstrahlen gemeinsam vor dem Eintritt in das Ablenkfeld um maximal 0,2 mm in jede beliebige Richtung verschieben.

Weiterhin kann man die Farbreinheit an den Rändern des Bildschirmes durch ein Verschieben der gesamten Ablenkeinheit auf dem Bildröhrenhals in axialer Richtung beeinflussen.

Eigentlich ist die Farbreinheits-Einstellung nur ein Ausgleichen der mechanischen Fertigungstoleranzen.

Beim Abgleich der Farbreinheit geht man wie folgt vor:

1. Gerät ca. 30 Minuten warmlaufen lassen, damit die Lochmaske richtig erwärmt ist.

2. Kontrasteinsteller auf Linksanschlag (geringster Kontrast), Helligkeitseinsteller auf Rechtsanschlag (volle Helligkeit) drehen.

3. Schirmgitterspannungen für das grüne und blaue Strahlerzeugungssystem zurückdrehen oder bei Geräten mit Service-Schalter auf »Rotes Raster« schalten.

4. Ablenkspulen nach dem Lösen der Flügelschrauben im Korb der Ablenkeinheit ganz nach vorne oder hinten schieben, so daß eine kleine rote Fläche auf dem Bildschirm entsteht.

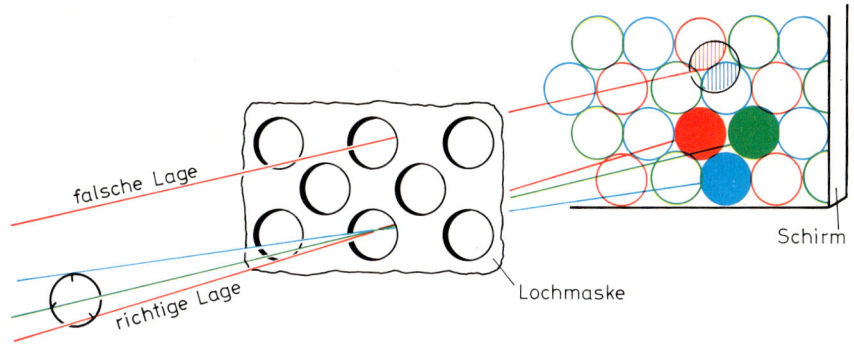

falsche Lage

richtige Lage

Schirm

Lochmaske

Bild 4.92
Bei einer falschen Lage des roten Strahles ergibt sich ein Farbreinheitsfehler (hier Purpur)

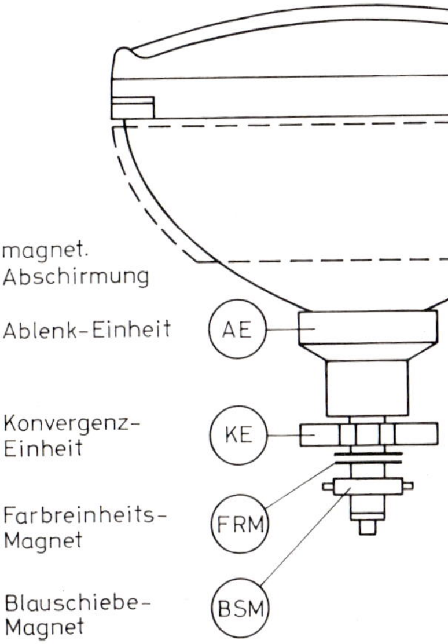

Bild 4.93 (links)
Anordnung
des Farbreinheitsmagneten
auf dem Bildröhrenhals

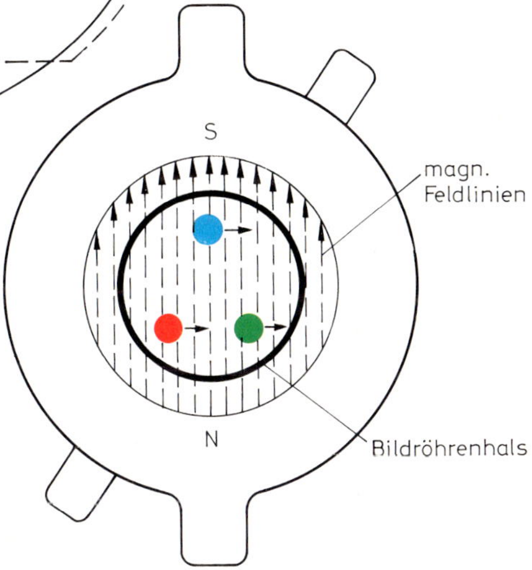

magnet.
Abschirmung

Ablenk-Einheit — AE

Konvergenz-
Einheit — KE

Farbreinheits-
Magnet — FRM

Blauschiebe-
Magnet — BSM

S

magn.
Feldlinien

N

Bildröhrenhals

Bild 4.94 (rechts)
Wirkungsweise
des Farbreinheitsmagneten

Leuchtstoff

vom
Elektronenstrahl
getroffene
Leuchtstofffläche

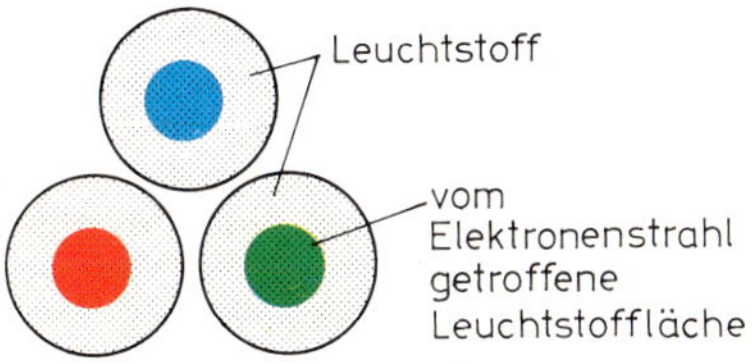

Bild 4.95
Farbpunkttripel unter dem Mikroskop

179

5. Abgleich der Farbreinheit in der **Bildmitte** durch Verstellen der zwei Magnetringe auf dem Bildröhrenhals. Verdreht man diese Ringe gegeneinander, so ändert man die Stärke ihres gemeinsamen magnetischen Feldes. Man bestimmt dadurch, wie stark die Elektronenstrahlen verschoben werden.

Durch Drehen beider Ringe gemeinsam in der gleichen Richtung legt man dagegen fest, in welcher Richtung diese Verschiebung erfolgen soll.

Farbreinheitsmagnet auf möglichst große rote Fläche in der Mitte des Bildschirms einstellen.

6. Farbreinheit am **Bildrand** erreicht man durch das Vor- oder Zurückziehen der Ablenkeinheit auf dem Bildröhrenhals, bis auf dem gesamten Bildschirm eine gleichmäßige rote Fläche entsteht. Die Ablenkspulen werden nämlich bei Farbfernsehgeräten nicht – wie bei Schwarz-Weiß-Empfängern – bis an den Bildröhrenkolben nach vorne geschoben, sondern so eingestellt, daß sich die Rotfläche gleichmäßig über den gesamten Bildschirm verteilt. Durch Verschieben der Ablenkeinheit ändert man den Winkel, unter dem die Elektronenstrahlen die Löcher der Lochmaske passieren und erreicht damit, daß die drei Elektronenstrahlen auch am Bildrand annähernd genau in der Mitte der ihnen zugeordneten Leuchtstoffpunkte auftreffen.

Zur genauen Kontrolle der Farbreinheit benötigt man eine Lupe mit ca. 20facher Vergrößerung und einer festmontierten Lampe. Eine Beleuchtung der beobachteten Bildschirmfläche ist erforderlich, damit man zur exakten Ausmittelung auch den nichtaufleuchtenden Teil der einzelnen Farbpunkte sieht (**Bild 4.95**).

7. Farbreinheit bei grünem, blauem und weißem Raster nochmals überprüfen, ggf. mit einer Lupe.

8. Flügelschrauben der Ablenkeinheit wieder fest anziehen.

4.7.2.4. Entmagnetisierung

Wirkt auf eine Farbbildröhre ein magnetisches Fremdfeld ein, so werden sowohl die Farbreinheit als auch die Konvergenz und die Geometrie beeinflußt. Solche Störungen können durch die in der Nähe der Farbbildröhre gebrachten Permanent- bzw. Elektromagnete (Spielzeugmotoren, Haushaltsgeräte usw.) entstehen. So werden bereits die Farbreinheit und die Konvergenz durch ein Magnetfeld von der Stärke des Erdfeldes (ca. $2 \cdot 10^{-4}$ Tesla) beeinträchtigt. Sogar ein Drehen des Farbgerätes im Erdfeld läßt solche Störungen auftreten. Um den Einfluß von solchen Fremdfeldern herabzusetzen, ist der Bildröhrenkonus durch einen Mantel aus kaltgewalztem Stahlblech abgeschirmt.

Weiterhin besteht die Lochmaske der Farbbildröhre aus einem ferromagnetischen Material. Durch ein äußeres magnetisches Feld kann die Maske vormagnetisiert werden, was ebenfalls zu Farbreinheits- und Konvergenzstörungen führt.

Um alle diese störenden Erscheinungen zu verhindern, wird jeder Farbfernsehempfänger mit einer automatischen Entmagnetisierung ausgestattet. Zwischen der Bildröhre und dem Abschirmmantel ordnet man eine Wicklung an, die bei jedem Einschalten des Gerätes die Lochmaske und alle Eisenteile in der Nähe der Bildröhre ent- bzw. ummagnetisiert.

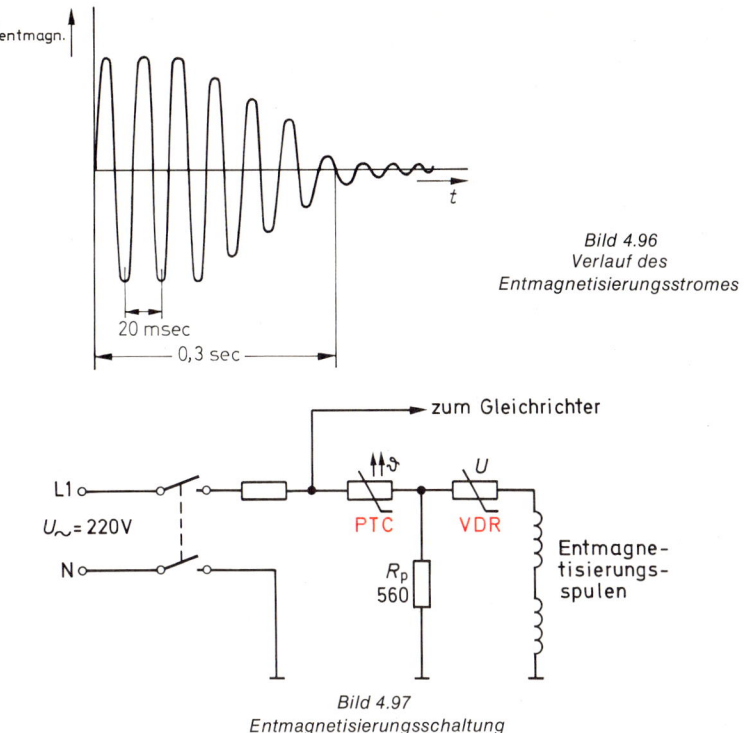

Bild 4.96
Verlauf des
Entmagnetisierungsstromes

Bild 4.97
Entmagnetisierungsschaltung

Zur Entmagnetisierung muß durch diese Spule ein Wechselstrom fließen, der von einem Maximalwert auf annähernd Null abklingt (**Bild 4.96**). Mit einer in **Bild 4.97** wiedergegebenen automatischen Entmagnetisierungsschaltung erreicht man diese erforderliche Stromform.

Im Einschaltmoment ist der PTC-Widerstand noch kalt und daher niederohmig. An der Reihenschaltung des VDR und der Wicklung liegt nahezu die volle Netzspannung. Es fließt durch die Spule ein hoher Anfangswechselstrom mit einer Frequenz von 50 Hz. Bei einem Kaltwiderstand von ca. 50 Ω des PTC-Widerstandes, einem Spulenwiderstand von 32 Ω und ca. 22 Ω des VDR ergibt sich ein Anfangsstrom von

$$ I = \frac{220 \text{ V} \cdot \sqrt{2}}{50 \ \Omega + 22 \ \Omega + 32 \ \Omega} \approx 3 \text{ A} $$

Dieser hohe Wechselstrom erzeugt ein starkes magnetisches Wechselfeld, das nun, um die Entmagnetisierung zu erreichen, allmählich abklingen muß. Das geschieht dadurch, daß mit der Zeit der durch den PTC-Widerstand fließende Strom diesen erwärmt und hochohmig macht. Damit liegt weniger Spannung an der Spule und dem VDR. Der VDR wird durch die kleine Spannung hochohmig. Der Strom ist nach ca. 0,2 bis 0,3 Sekunden auf 10% seines Anfangswertes zurückgegangen. Damit der jetzt noch fließende Reststrom nicht zu groß ist und unter Umständen farbige Störungen erzeugt, liegt parallel zum VDR und der Wicklung der Widerstand R_p. Durch ihn fließt ein Reststrom von ca. 6 bis 10 mA und hält den PTC-Widerstand auf einer bestimmten Temperatur. Über die Spule selbst fließt dadurch nur noch ein Strom von ca. 300 mA.

Im allgemeinen reicht diese automatische Entmagnetisierung aus, um die Störungen durch äußere Fremdfelder zu beseitigen. Trotzdem kann durch ein konzentriertes Magnetfeld eine langsame Aufmagnetisierung der Lochmaske erfolgen, z. B. bei der Montage eines permanentdynamischen Lautsprechers in einem Farbgerät. In diesem Falle müssen die Bildröhre und die benachbarten Eisenteile mit einer separaten Entmagnetisierungsdrossel entmagnetisiert werden. Die Daten einer solchen Drossel sind: Ringdurchmesser 300 mm, 500 Windungen aus 0,4 mm Cul-Draht.

Diese Drossel schließt man an 220 V Wechselspannung an. Man führt sie mit kreisenden Bewegungen vor dem Bildschirm entlang, entfernt sie dann langsam bis auf etwa 2 bis 3 Meter vom Gerät, dreht sie um 90°. In dieser Stellung trennt man sie vom Netz. Bevor man die Farbreinheitseinstellung und die Konvergenzeinstellungen vornimmt, soll man stets die Farbbildröhre auf diese Weise entmagnetisieren.

4.7.3. Schlitzmasken-Farbbildröhre

4.7.3.1. Aufbau und Wirkungsweise

Dieser Farbbildröhrentyp, der unter der Bezeichnung 20-AX-System eingeführt wurde, ist für die drei Standarddiagonalen 66, 56 und 47 cm konzipiert und hat einen Ablenkwinkel von 110°. Wie aus dem Namen „Schlitzmasken-Farbbildröhre" zu entnehmen ist, enthält auch diese Bildröhre eine Maske.

Die Löcher dieser Maske sind nicht rund, sondern länglich (**Bild 4.98**). Daher stammt auch der Name Schlitzmasken- oder Langlochmasken-Röhre.

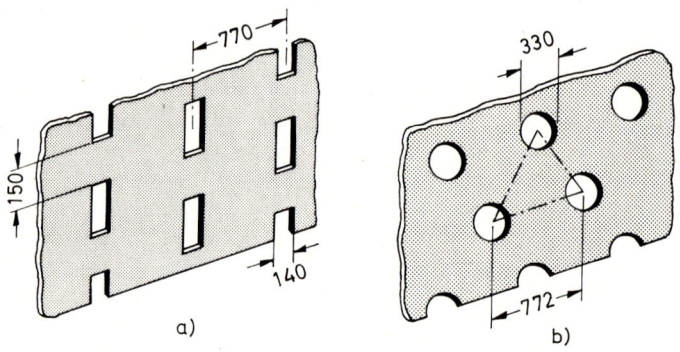

Bild 4.98
a) Lochmaske einer Schlitzmaskenröhre; b) Lochmaske einer Lochmaskenröhre

Eine zweite wichtige Änderung bei dieser Farbbildröhre liegt in der Anordnung der Elektronenkanonen, die nicht mehr in Form eines gleichseitigen Dreiecks, wie bei der Lochmasken- oder Delta-Röhre, sondern horizontal nebeneinander angeordnet sind. Sie liegen in einer Reihe oder Linie, wie aus **Bild 4.99** ersichtlich. Hierauf ist auch die andere Bezeichnung **„In-line-Bildröhre"** zurückzuführen.

Ein Grund für diese horizontale Anordnung der Strahlsysteme liegt darin, daß in Verbindung mit einem entsprechenden Ablenksystem auf eine dynamische Konvergenzeinstellung verzichtet werden kann, d. h. die Farbbildröhre mit einem 20-AX-System konvergiert sich selbst.

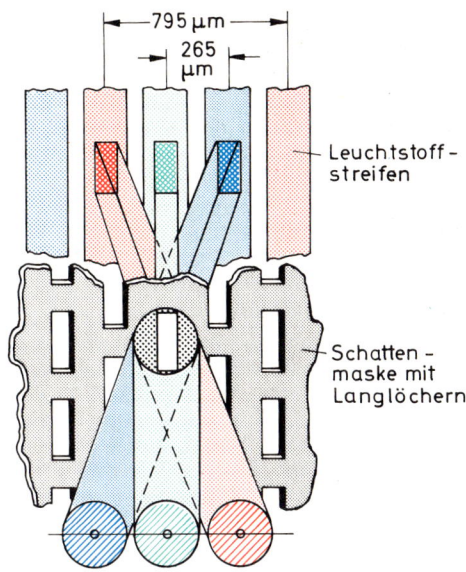

795 μm

265 μm

Leuchtstoff-streifen

Schatten-maske mit Langlöchern

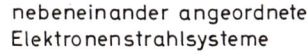

nebeneinander angeordnete Elektronenstrahlsysteme

Bild 4.99
Eine In-line-Farbbildröhre enthält
auf der Frontscheibe nebeneinander
angeordnete Leuchtstreifen,
die Elektronenstrahlsysteme liegen
ebenfalls nebeneinander.

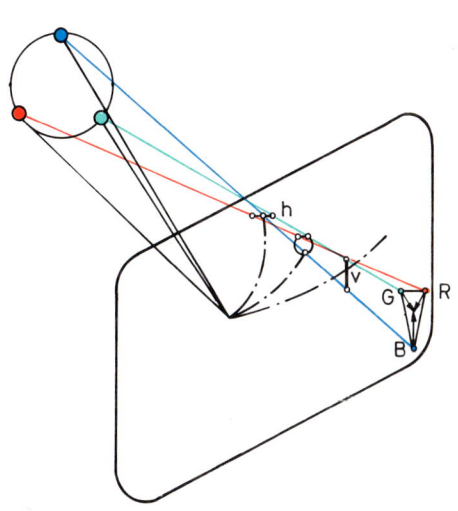

Bild 4.100
Bei einer Lochmaskenröhre konvergieren
die drei Strahlen in einem astigmatischen
Ablenkfeld nicht auf dem Schirm.
Die erforderliche Verschiebung für jeden Strahl
ist durch einen Pfeil gekennzeichnet,
damit sie konvergieren.

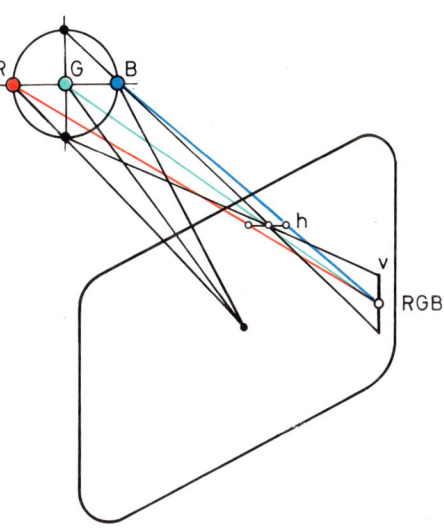

Bild 4.101
Bei einer Schlitzmaskenröhre liegen die drei
Strahlsysteme in einer horizontalen Ebene und
konvergieren in einem Punkt auf der vertikalen
Brennlinie. Legt man das horizontale Ablenkfeld
so aus, daß v immer auf dem Bildschirm liegt,
dann konvergieren auch die drei Strahlen
bei allen Ablenkwinkeln.

183

4.7.3.2. Prinzip der Konvergenz

Bei der herkömmlichen Dreiecksanordnung der Elektronenkanonen ist eine dynamische Konvergenzeinstellung unvermeidlich. Die drei Elektronenstrahlen schneiden sich bei den fast flachen Bildschirmen und der starken Bildfeldwölbung der Ablenkspulen schon tief im Inneren der Röhre und nicht auf dem Bildschirm. Im **Bild 4.100** ist einmal dargestellt, wie sich die drei Elektronenstrahlen einer herkömmlichen Lochmaskenröhre in einem astigmatischen Feld verhalten (Astigmatismus = Abbildungsfehler). Man erkennt, daß die Strahlen nur in der Bildmitte konvergieren. Damit auch auf dem gesamten Schirm eine Konvergenz erreicht werden kann, müssen Korrekturen für jeden der drei Strahlen angewendet werden, die mit der Größe und der Richtung der Ablenkung variieren. Bei Farbbildröhren mit 110° Ablenkwinkel sind dazu bis zu 18 Einstellungen erforderlich, was kompliziert und zeitraubend ist.

Ordnet man dagegen die drei Elektronensysteme in horizontaler Ebene an, wie bei der In-line-Röhre, so konvergieren die drei Elektronenstrahlen trotz eines astigmatischen Ablenkfeldes auf dem Bildschirm.

Das **Bild 4.101** verdeutlicht diesen Zusammenhang. Die drei Strahlen von den drei in horizontaler Ebene liegenden Strahlsystemen besitzen jetzt keine vertikale Ausdehnung mehr, und damit schrumpft die vertikale Brennlinie zu einem Punkt zusammen.

Nun legt man das horizontale Ablenkfeld so aus, daß diese vertikale Brennlinie bei allen Ablenkwinkeln auf dem Bildschirm liegt. Lediglich würde jetzt die vertikale Ablenkung eine kissenförmige Verzeichnung auf dem Bildschirm hervorrufen. Das gleicht man durch eine tonnenförmige vertikale Ablenkung aus.

4.7.3.3. Vorteile des 20-AX-Systems

Die Vorteile der Schlitzmaskenbildröhre liegen nicht nur in der Selbstkonvergenz, sondern auch in der guten Farbreinheit und Farbauswahl, weil die Strahlsysteme in einer Ebene liegen. Bei der Verwendung der Langlöcher in der Maske und den vertikalen Leuchtstoffstreifen auf dem Bildschirm, ergeben sich noch weitere Vereinfachungen, da die Farbreinheit in vertikaler Richtung unabhängig von den Landungsfehlern des Elektronenstrahls ist (Bild 4.99).

Weiterhin ist zum Betrieb einer solchen Bildröhre nur eine Ablenkeinheit und eine statische Abgleicheinrichtung erforderlich. Die dynamische Radialkonvergenz- und die Blaulateral-Korrektureinheit können daher entfallen, weil systembedingte dynamische Konvergenzfehler nicht mehr auftreten.

Zusammenfassung 4

Das mit der Antenne empfangene Signal wird im Kanalwähler zunächst in einem rauscharmen Vorverstärker verstärkt, um ein ausreichendes Nutz-Rauschverhältnis zu erhalten. In der anschließenden Mischstufe mischt man dieses hochfrequente Signal auf die genormte Zwischenfrequenz von 38,9 MHz für den Bildträger und 33,4 MHz für den Tonträger herunter. Aus Störstrahlungsgründen kapselt man den Kanalwähler in ein Extragehäuse ein.

In den Fernsehbändern IV und V im UHF-Bereich verwendet man an Stelle von Spulen und Kondensatoren als Schwingkreiselemente kurze Leitungsstücke und kommt so zu der Topfkreistechnik. Beim heute üblichen Allbereichskanalwähler erfolgt die Senderabstimmung durch Kapazitätsdioden.

Der Bild-Zf-Verstärker muß das in der Mischstufe des Kanalwählers erzeugte Zwischenfrequenz-Signal auf die zur Aussteuerung der Videoendstufe erforderliche Spannungshöhe verstärken. Dabei soll er die nötige Nahtrennschärfe mit Hilfe der entsprechenden Fallen herstellen. Auf Grund des üblichen Intercarrierverfahrens muß der Zf-Verstärker die Tonträgerspannung, deren Frequenz auf 33,4 MHz liegt, mit verstärken. Damit die Bildröhre auch bei verschieden starken Eingangssignalen gleichmäßig ausgesteuert wird und zum Ausgleich von Senderfeldstärkeschwankungen muß der Bild-Zf-Verstärker geregelt werden. In der modernen Schaltungskonzeption eines Bild-Zf-Verstärkers benutzt man einen breitbandigen integrierten Baustein, in dessen Eingang man alle für die gewünschte Durchlaßkurve erforderlichen Fallen zur Frequenzabsenkung legt, oder man verwendet ein Oberflächenwellen-Filter, das bereits ein entsprechendes Durchlaßverhalten besitzt.

Am Ausgang des Bild-Zf-Verstärkers erhält man das trägerfrequente Bild- und Tonsignal. Diese Signale müssen im Video-Demodulator demoduliert werden, um das 5 MHz breite BAS- bzw. FBAS-Signal sowie den frequenzmodulierten Tonträger von 5,5 MHz zu gewinnen.

Beim Farbfernsehen muß man zwei getrennte Demodulatoren verwenden, um nicht eine unerwünschte 1,07 MHz Störspannung zu erhalten. So wird z.B. ein Demodulator für die Ton-Zf und ein zweiter für das FBAS-Signal verwendet.

Der Video- oder Luminanzverstärker hat die Aufgabe, das am Videogleichrichter gewonnene Signal auf den für die Aussteuerung der Bildröhre benötigten Wert zu bringen. Dieser Verstärker wird deshalb stets mehrstufig aufgebaut.

Gleichzeitig erfolgt in dieser Stufe die Einstellung des Kontrastes (Verstärkungsänderung).

Es müssen ferner die Signalspannungen für die Impulstrennstufe, für die Regelspannungserzeugung und für den Farbartsignalverstärker geliefert werden. Beim Schwarz-Weiß-Empfang ist eine Bandbreite des Videoverstärkers von 5 MHz erforderlich. Die Farbhilfsträgerfrequenz von 4,43 MHz würde beim Farbempfang innerhalb der 5 MHz-Bandbreite liegen und ein störendes Moiré verursachen. Um dieses zu vermeiden, begnügt man sich beim Farbempfang mit einer geringeren Bandbreite im Luminanzverstärker.

Wegen der Laufzeitunterschiede der Signale im Luminanz- und im Farbverstärker würden bei Farbsprüngen diese unscharf und verwaschen wiedergegeben werden.

Es muß deshalb das Luminanzsignal durch die sogenannte Y-Verzögerungsleitung um ca. 0,8 µs verzögert werden. Zur Rückwandlung der elektrischen Signale in ein optisches Bild benutzt man eine Bildröhre. Zur Ablenkung des Elektronenstrahls setzt man die magnetische Ablenkung ein. Zur Erzeugung eines farbigen Bildes wird entweder eine Lochmasken- oder heute die Schlitzmaskenröhre verwendet. Grundsätzlich hat man drei Strahlsysteme eingebaut und auf dem Bildschirm Farbtripel mit den Farben Rot, Grün und Blau aufgebracht.

Durch die horizontale Anordnung der drei Elektrodensysteme bei der Schlitzmaskenröhre entfällt die systembedingte dynamische Konvergenz einer Lochmaskenröhre.

Um Feldstärkeschwankungen des zu empfangenden Sendersignals auszugleichen, werden der Bild-Zf-Verstärker und die Hf-Vorstufe im Kanalwähler geregelt. Damit die Regelspannung unabhängig vom Bildinhalt wird, tastet man nur die Stufe zur Regelspannungserzeugung während der Synchronimpulse auf; denn diese geben ein direktes Maß der Senderfeldstärke.

Lerntest 4

1. Aus welchen Gründen kapselt man die Hf-Vorstufe und die Mischstufe in ein Extragehäuse ein?
   a) Wegen der Modultechnik
   b) Wegen der Brummeinstreuungen
   c) Aus Störstrahlungsgründen
   d) Wegen der kleinen Signale
   e) Wegen der besseren Abstimmung

2. Welche Forderung stellt man an eine Hf-Vorstufe?
   a) hohe Verstärkung
   b) gute Regeleigenschaft
   c) Schmalbandigkeit
   d) rauscharm, kreuzmodulationsfest
   e) Breitbandigkeit

3. Auf welche Frequenzen (Bild- und Tonträger) wird das Sendersignal heruntergemischt?
   a) 34,47 MHz, 33,4 MHz
   b) 38,9 MHz, 34,47 MHz
   c) 40,4 MHz, 33,4 MHz
   d) 31,9 MHz, 38,9 MHz
   e) 38,9 MHz, 33,4 MHz

4. Welche Eigenschaften soll ein Bild-Zf-Verstärker besitzen?
   a) Breitbandigkeit und hohe Verstärkung
   b) Nahtrennschärfe und hohe Verstärkung
   c) selektiv für den Bild- und Tonträger
   d) große Bandbreite und gute Regelbarkeit

5. Welche Fallen muß ein Bild-Zf-Verstärker aufweisen?
   a) 38,9 MHz, 33,4 MHz, 34,4 MHz
   b) 31,9 MHz, 40,4 MHz
   c) 33,4 MHz, 34,4 MHz, 38,9 MHz
   d) 31,9 MHz, 33,4 MHz, 34,4 MHz, 40,4 MHz
   e) 30,9 MHz, 34,4 MHz, 38,9 MHz, 41,1 MHz

6. Welche Signale erhält man aus dem Videodemodulator?
   a) das Videosignal
   b) das Videosignal und das Tonsignal
   c) das FBAS-Signal und die Ton-Zf
   d) das Tonsignal und das Farbsignal

7. Aus welchem Grunde verwendet man im Farbfernsehempfänger zwei Videodemodula-
toren?
   a) Um die unerwünschte 1,07 MHz Schwingung nicht zu erhalten
   b) Um keine besondere Tonfalle im Zf-Verstärker benutzen zu müssen
   c) Um besser das Luminanz- und Chrominanzsignal trennen zu können
   d) Um einfacher die Farbinformation zu gewinnen
   e) aus Kostengründen

8. Welche Einstellung wird in der Videoendstufe vorgenommen?
   a) Helligkeitseinstellung
   b) Fokussierung
   c) Kontrasteinstellung
   d) Bildbreite
   e) Lautstärke

9. Warum hat der Videoendstufentransistor nur einen niederohmigen Außenwiderstand?
   a) Wegen seiner hohen Verstärkung
   b) Wegen der schädlichen Kapazitäten und der erforderlichen Bandbreite
   c) Wegen der Höhenanhebungsdrosseln
   d) Wegen der erforderlichen kleinen Verstärkung
   e) Wegen der Anpassung zur Bildröhre

10. Welches Signal nimmt man nicht in der Videoendstufe ab?
    a) zur Impulsabtrennstufe
    b) zum Farbartverstärker
    c) zur getasteten Regelung
    d) zum Ton-Zf-Verstärker
    e) zur Ansteuerung der Vertikalendstufe

11. Weshalb ist im Luminanzverstärker eine Verzögerungsleitung erforderlich?
    a) zur besseren Anpassung an die Endstufe
    b) zur Frequenzgangkorrektur
    c) um Laufzeitunterschiede zwischen Farb- und Luminanzsignal auszugleichen
    d) um Laufzeitunterschiede zwischen dem Videosignal und dem Bildraster auszu-
       gleichen
    e) um Laufzeitunterschiede zwischen dem Videosignal und dem Tonsignal auszu-
       gleichen

12. Welche Ablenkungsart verwendet man zur Erzeugung des Rasters bei der Bildröhre?
    a) elektrostatische
    b) magnetische und elektrostatische
    c) elektromagnetische
    d) permanentmagnetische

13. Weshalb muß eine Farbbildröhre mit einer höheren Anodenspannung betrieben
    werden als eine Schwarz-Weiß-Bildröhre?
    a) Weil sie drei Farben zum Aufleuchten bringen muß
    b) Weil sie größer ist
    c) Weil sie durch die Lochmaske einen geringeren Wirkungsgrad besitzt
    d) Weil sie, um Farben wiederzugeben, eine höhere Beschleunigung benötigt.

14. Warum wird die Schlitzmaskenröhre nur noch eingesetzt?
    a) Weil sie billiger ist.
    b) Weil sie leichter einzubauen ist.
    c) Weil sie sich selbst konvergiert.
    d) Weil sie eine bessere Farbreinheit besitzt.

15. Warum wendet man die getastete Regelung an?
    a) Weil sie eine höhere Regelspannung erzeugt.
    b) Weil sie nur eine Regelspannung erzeugt, die von der Höhe der Synchronimpulse abhängt.
    c) Weil sie eine Regelspannung erzeugt, die vom Bildinhalt abhängt.
    d) Weil sie schaltungstechnisch einfach zu realisieren ist.
    e) Weil sie nur wenig auf die Feldstärkeänderung eingeht.

16. Beschreiben Sie kurz, warum in der Mischstufe die Lage von Bild- und Tonträger vertauscht wird.

17. Warum ist die Nyquistflanke bei der Bild-Zf-Durchlaßkurve erforderlich?

18. Geben Sie die Bild-Zf-Durchlaßkurve an und markieren Sie alle für den Abgleich wichtigen Frequenzen.

19. Welche Forderungen werden an die Videogleichrichterdioden gestellt?

20. Geben Sie an, welche Mischfrequenzen im Videogleichrichter entstehen.

21. Beschreiben Sie kurz das Intercarrier-Verfahren mit seinen Vor- und Nachteilen.

22. Nach welchem Grundprinzip arbeitet eine Kontrasteinstellung?

23. Beschreiben Sie kurz, warum eine Verzögerungsleitung ein Signal verzögert.

24. Was bezeichnet man als Farbtripel?

25. Wie sind, von vorne betrachtet, die drei Elektronenstrahlsysteme angeordnet?

26. Weshalb ist ein Abgleich der Weißbalance erforderlich?

27. Wodurch können Farbreinheitsfehler auftreten?

28. Nach welchem Prinzip arbeitet die automatische Entmagnetisierung?

29. Beschreiben Sie kurz, warum sich eine Schlitzmaskenröhre selbst konvergiert.

30. Beschreiben Sie kurz das Prinzip einer getasteten Regelung.

5. VERARBEITUNG DER FARBINFORMATION

5.1. Blockschaltbild des Farbteils

Zum besseren Verständnis und zur besseren Übersicht der Funktionen der einzelnen Farbstufen und der im Farbteil vorkommenden Signale sind in **Bild 5.1** neben dem Blockschaltplan des Farbteils die wichtigsten Oszillogramme zusammengefaßt. Sie stellen die gezeichnete Idealform dieser Signale über den Verlauf zweier Zeilen dar. Dabei sind sie so untereinander angeordnet, daß die zeitlichen Zusammenhänge deutlich zu erkennen sind. Als Testsignal für diese Vorlage dient das Signal eines Testbildgenerators, das ein Farbstreifenmuster nach Bild 2.25, Seite 66 liefert. Es handelt sich um senkrechte Streifen mit den drei Primär- und den drei Komplementärfarben sowie Schwarz und Weiß.

5.2. Farbartverstärker

5.2.1. Grundsätzliche Wirkungsweise

Der Farbartverstärker eines Farbfernsehgerätes ist im Prinzip ein Resonanz-Verstärker, der nur den Frequenzbereich des modulierten Farbträgers (4,43 MHz) durchläßt, verstärkt und an den PAL-Decoder weitergibt. Er wird daher oft auch 4,43 MHz-Verstärker oder auch Chrominanzverstärker genannt und hat grundsätzlich die Aufgabe, den im Bild-Zf-Verstärker auf 50% abgesenkten Farbträger wieder auf 100% Pegel zu bringen.

Diese Zusammenhänge werden im **Bild 5.2** zum besseren Verständnis gezeigt. Im Bild-Zf-Verstärker wurde das Frequenzgebiet um den Farbhilfsträger auf 50% abgesenkt, damit möglichst wenig Farbinformationen in den Y-Kanal gelangen können. Sie wären sonst im Bild als Streifen sichtbar. Die Zf-Durchlaßkurve (**Bild 5.2 a**) wurde hier extra seitenverkehrt gezeichnet, um den Zusammenhang zum Farbartverstärker besser zu erkennen. In diese Kurve wurden die Zwischenfrequenzwerte eingetragen.

Nach dem Videogleichrichter verläuft die Kurve genauso, jedoch tritt jetzt statt der Frequenz 34,47 MHz die Farbträgerfrequenz 4,43 MHz auf. Um den Flankenabfall im Farbartverstärker auszugleichen, ordnet man am Eingang einen Schwingkreis an, der zunächst auf eine Resonanzfrequenz von 4,43 MHz abgeglichen ist. Dann ist der Kreis so zu verstimmen, daß bei 4,43 MHz nur noch 50% der Maximal-Spannung vorhanden ist. Diesen Kurvenverlauf zeigt das **Bild 5.2 b**.

Ein weiteres Bandfilter formt dann durch die Addition der beiden vorher erläuterten Kurven eine symmetrische Durchlaßkurve mit einer Höckerbandbreite von ca. 1,35 MHz (**Bild 5.2 c**). Man darf hierbei nicht vergessen, daß es sich immer noch um ein amplitudenmoduliertes Signal mit der Trägerfrequenz von 4,43 MHz handelt, das noch demoduliert werden muß.

Merke:
Beide Seitenbänder der Farbinformation werden vom Farbartverstärker in Verbindung mit dem Bild-Zf-Verstärker mit gleichen Amplituden übertragen!

Der Farbartverstärker wird meistens zweistufig aufgebaut. Am Ausgang der ersten Stufe koppelt man das gesamte FBAS-Signal aus, um es auf den Burstverstärker weiterzuleiten. Auf die zweite Stufe wirkt dann der Farbabschalter (Colorkiller).

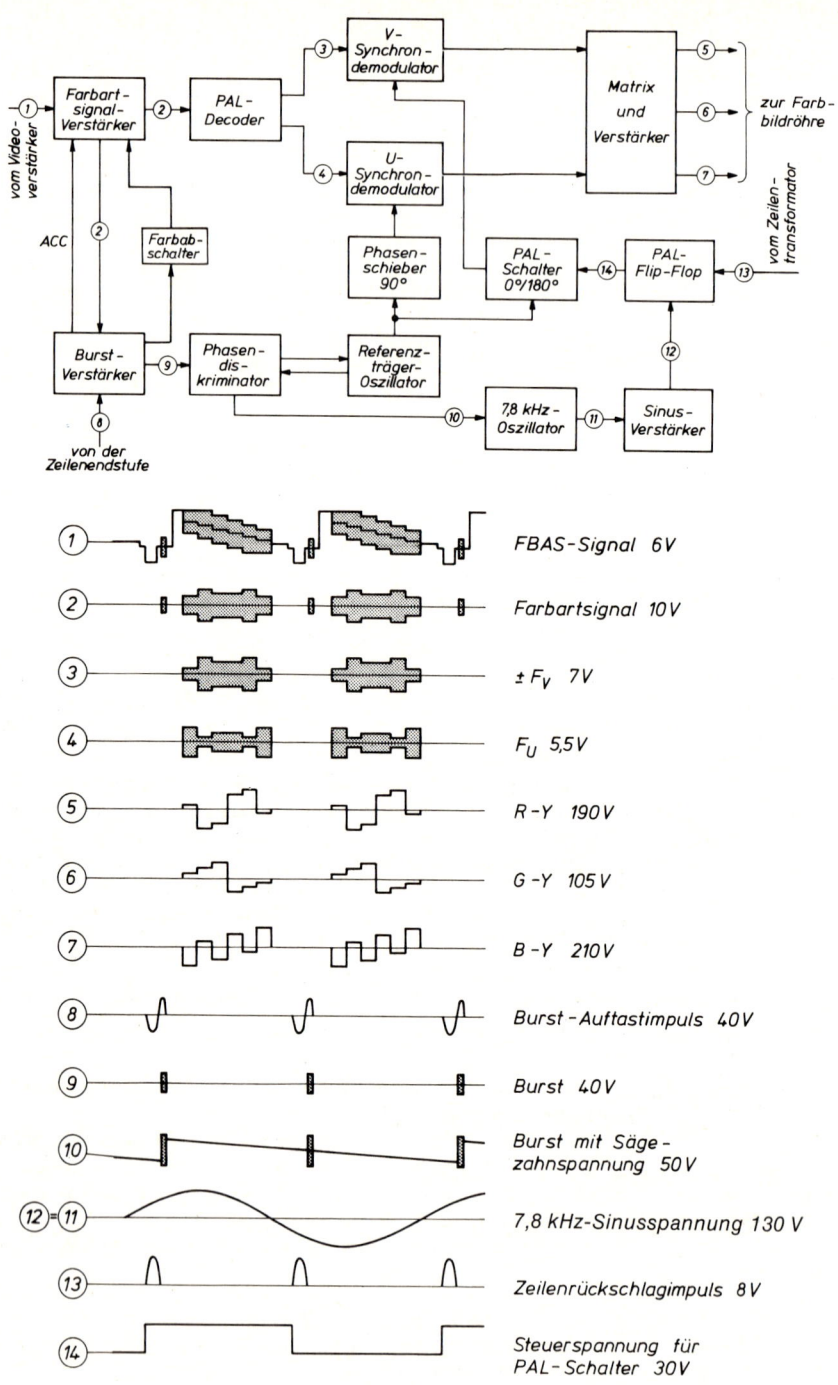

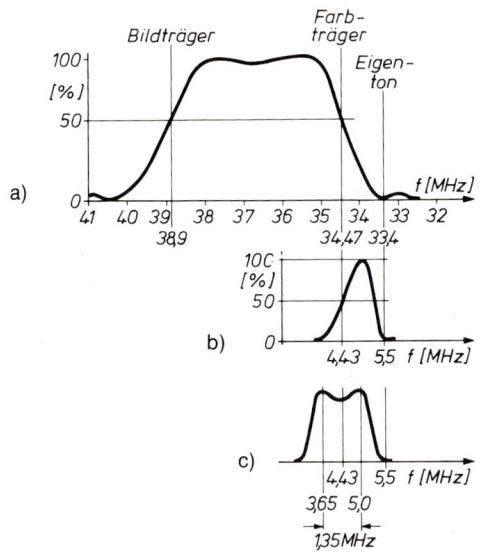

Bild 5.2
Aufbau der trägerfrequenten Farbinformation
im Farbartverstärker

Er sperrt diese Stufe jeweils dann, wenn kein Farbsynchronsignal – also kein Burst – vorhanden ist. Man verhindert damit, daß beim Schwarzweiß-Empfang Helligkeitssignale mit Frequenzen um 4,43 MHz durch den Farbkanal gelangen können und auf dem Bildschirm farbiges Rauschen hervorrufen.

Die erste Stufe des Farbartverstärkers wird meistens geregelt, so daß die Farbsignal-Amplitude, d. h. die Farbsättigung konstant bleibt. Die Ausgangsspannung des zweistufigen Farbartverstärkers bestimmt nämlich die Farbsättigung. Sie muß von Schwankungen der Eingangsspannung unabhängig sein. Die Eingangsspannung hängt außer vom Farbartsignal auch von der Abstimmung des Kanalwählers und von der Lage der Durchlaßkurve des Bild-Zf-Verstärkers ab. Verschiebt sich die Durchlaßkurve, z. B. durch Temperaturänderung, so ändert sich die Farbträger-Zf-Spannung und damit auch die Eingangsspannung des Farbartverstärkers.

Die Regelspannung wird aus dem Burst gewonnen, da der Burst vom Sender immer mit gleichbleibender Amplitude ausgestrahlt wird.

Merke:
Durch die Regelung des Farbartverstärkers werden die Farbartsignal-Spannung und die Burst-Spannung konstant gehalten.

Infolge der konstanten Burst-Spannung wird der Farbhilfsträger-Oszillator stets gleichmäßig synchronisiert. Diese Regelung wird auch Farbkontrastautomatik genannt. Häufig findet man dafür auch den Ausdruck ACC = automatic color control. Im Ausgang des zweistufigen Farbartverstärkers liegt der sogenannte Farbsättigungseinsteller. Hiermit kann von Hand die Amplitude des Farbartsignals und damit die Farbsättigung eingestellt werden.

Bild 5.1 (Seite 190)
Blockschaltbild mit den dazugehörigen Oszillogrammen des Farbteils. Die angegebenen Spannungen sind ungefähre Werte und von Spitze zu Spitze gemessen

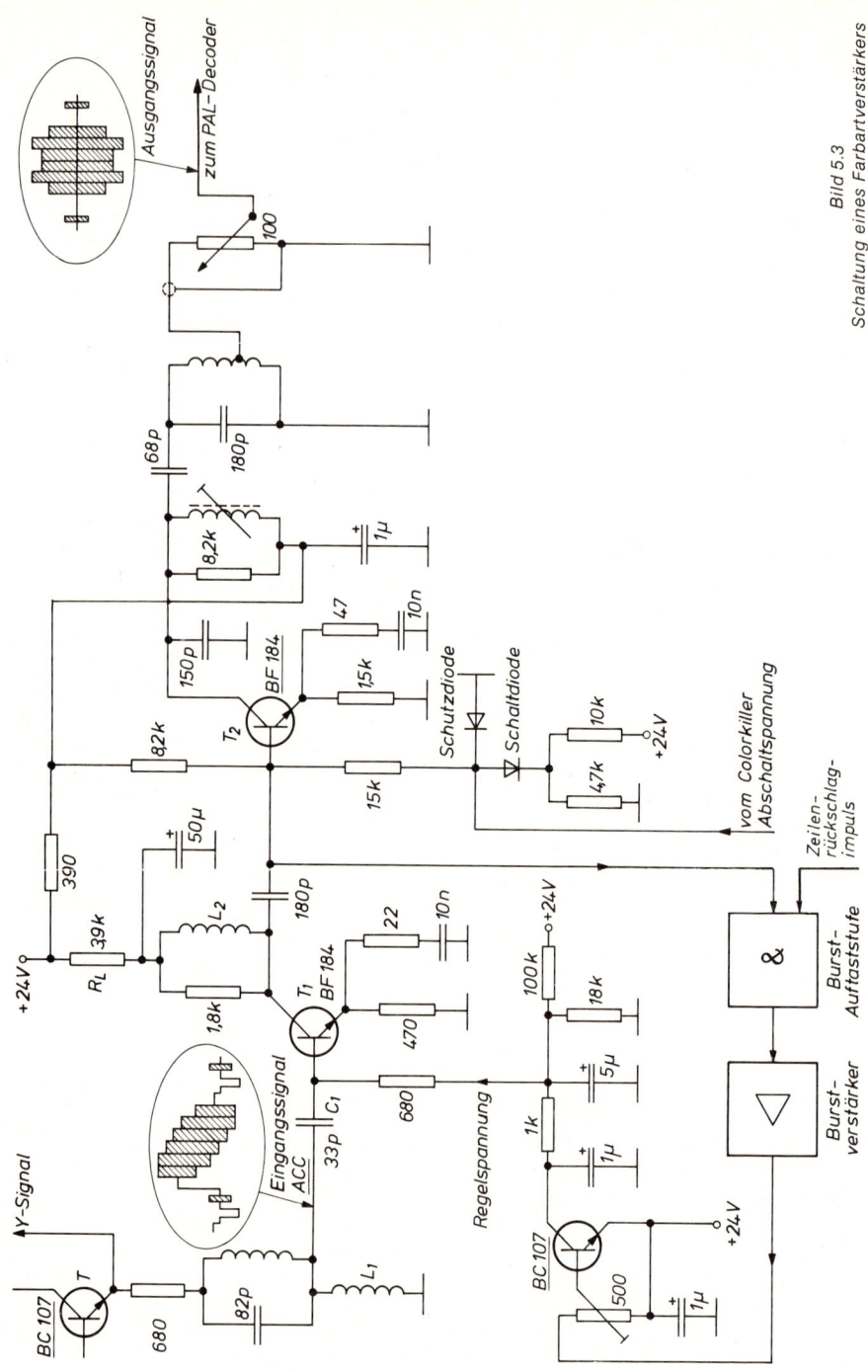

192

Bild 5.3
Schaltung eines Farbartverstärkers

5.2.2. Farbartverstärker mit Transistoren

Der in **Bild 5.**3 wiedergegebene Farbartverstärker ist zweistufig aufgebaut. Als Eingangssignal erhält er das am Emitter des 1. Videoverstärker-Transistors T abgenommene und über einen Hochpaß (L_1/C_1) geführte FBAS-Signal. Der Hochpaß ist so ausgelegt, daß nur Frequenzen über 3 MHz durchgelassen werden. Somit wird bereits die 1. Vorselektion vorgenommen. Die erste Stufe des Farbartverstärkers mit dem Transistor T 1 wird geregelt. Diese Regelung (ACC) sorgt für ein konstantes Farbartsignal am Ausgang des gesamten Verstärkers, d. h. sie hält die Farbsättigung konstant. Zu diesem Zweck greift man am Kollektor des Transistors T 1 das Farbartsignal ab und gibt es auf die Burst-Auftaststufe (Kapitel 5.5.2). Hier wird nur der Burst herausgefiltert, um aus ihm eine Regelspannung zu gewinnen. Dazu wird die Burstspannung durch die Basis-Emitterstrecke des Transistors T3 gleichgerichtet, dann verstärkt und anschließend gesiebt. Steigt die Eingangsspannung des Farbartverstärkers an, so steigt auch die Burstamplitude. Der Transistor T 3 wird leitend, so daß die am Kollektor abzunehmende Regelspannung positiver wird. Der Transistor T 1 erhält somit eine größere Basisvorspannung, und sein Kollektorstrom steigt an. Da der Arbeitspunkt dieses Transistors so liegt, daß er mit Aufwärtsregelung arbeitet (siehe dazu Abschnitt 4.4.3.), wird bei großem Eingangssignal und damit positiver Regelspannung seine Verstärkung absinken, was auch erreicht werden sollte.

In der Kollektorleitung des Transistors T 1 liegt ein Parallelschwingkreis, der aus der Spule L_2, der Ausgangskapazität von T 1, der Eingangskapazität von T 2 und den Schaltkapazitäten gebildet wird. Dieser Schwingkreis ist auf ca. 6,5 MHz abgestimmt, jedoch durch den 1,8 kΩ-Widerstand so stark bedämpft, daß eine Änderung der Ausgangskapazität des Transistors T 1 durch die Regelung keine nennenswerte Verstimmung bringt.

Das am Kollektor des Transistors T 1 abgenommene Farbartsignal wird im Transistor T 2 weiter verstärkt und gelangt so auf das in der Kollektorleitung von T 2 liegende scheitelpunktgekoppelte Bandfilter. Hiermit wird hauptsächlich die erforderliche Durchlaßkurve des Farbartverstärkers bestimmt. An einer Anzapfung des Sekundärkreises liegt ein 100 Ω-Potentiometer, an dem man das Ausgangssignal und damit die Farbsättigung einstellen kann. Man hat den Ausgang des Farbverstärkers so niederohmig ausgelegt, um zu verhindern, daß dieser an der Frontplatte des Fernsehempfängers angebrachte Farbsättigungs-Einsteller Störspannungen aufnehmen kann. Über diesen Farbsättigungs-Einsteller gelangt das Farbartsignal zum PAL-Decoder.

Auf die Basis des zweiten Transistors T 2 führt man das Steuersignal des Farbabschalters. Bei Schwarz-Weiß-Empfang sperrt diese Schaltspannung den Transistor, so daß keine hohen Videofrequenzen den Farbkanal weiter durchlaufen können und dann farbiges Rauschen auf dem Bildschirm erzeugen würden.

5.2.3. Farbartverstärker in integrierter Schaltung

Aus wirtschaftlichen Gründen wird man Farbartverstärker als integrierte Schaltungen nicht als Einzelbauteile fertigen. Meistens wird der Leuchtdichteverstärker mit dem Farbartverstärker in einem IC kombiniert. Es sind aber auch verschiedene andere Kombinationen auf dem Markt. Als typisches Beispiel einer Leuchtdichte- und Farbart-Kombination soll hier der Schaltkreis TDA 2560 dienen.

Wie aus dem Blockschaltbild des TDA 2560 (**Bild 5.4**) zu entnehmen ist, wird das Leuchtdichtesignal in einem Zweig, das Farbartsignal in dem parallelliegenden Zweig verstärkt. Das Leuchtdichtesignal gelangt über die extern anzuschließende Y-Verzögerungsleitung in das IC. Hier gelangt das Leuchtdichtesignal zunächst in den Anpaßverstärker und durchläuft dann anschließend die Kontrasteinstellung. In einer weiteren Stufe erfolgt die

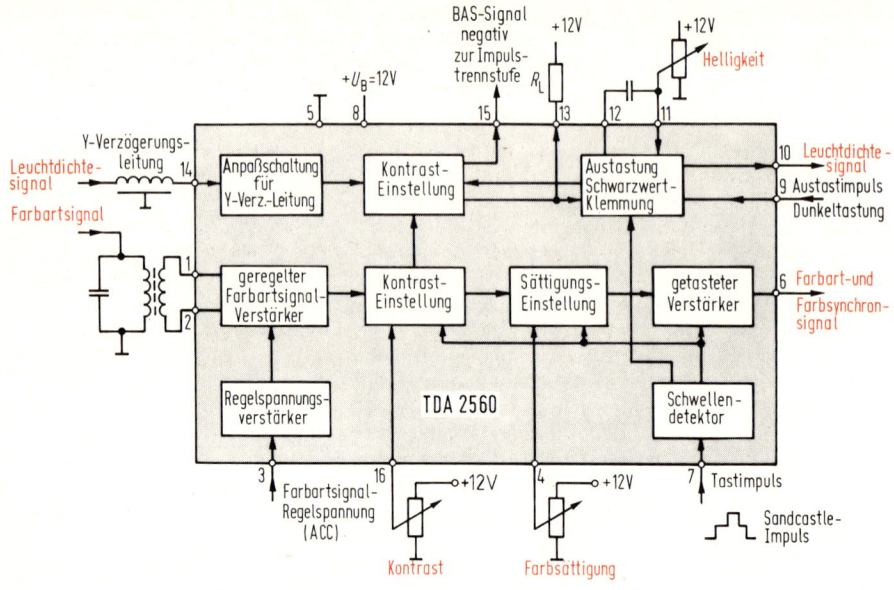

Bild 5.4
Blockschaltbild des Leuchtdichte-Farbart-ICs TDA 2560 (Siemens)

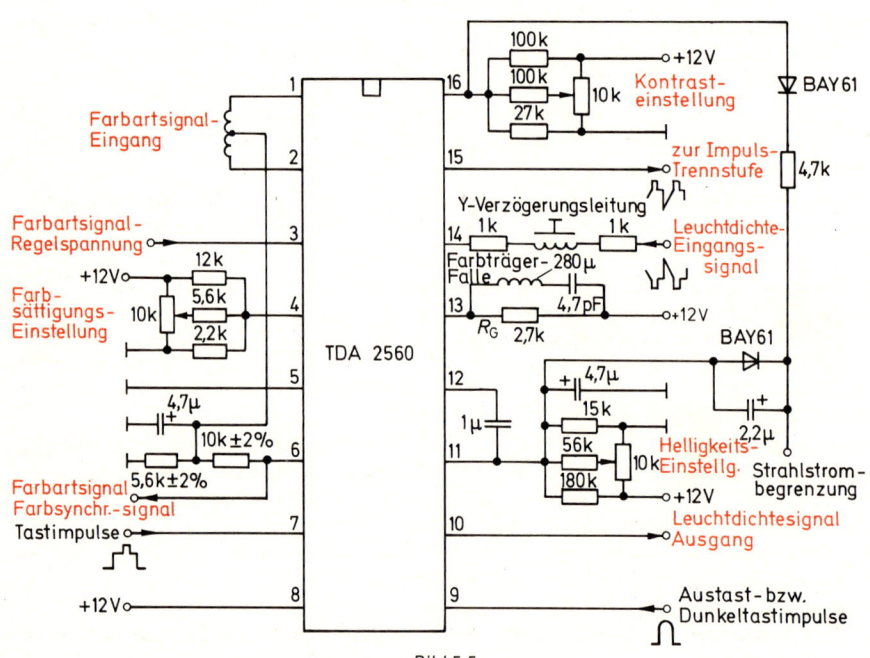

Bild 5.5
Anwendungsschaltung der Leuchtdichte-Farbart-Kombination TDA 2560 (Siemens)

Schwarzwertklemmung; hier werden auch die Dunkeltastimpulse dem Leuchtdichtesignal zugeführt. In dieser Stufe wird ebenfalls die Helligkeitseinstellung vorgenommen. Das Farbartsignal wird über ein Filter aus der ersten Stufe des Leuchtdichteverstärkers ausgekoppelt. Im IC erfolgt die Verstärkung in einem geregelten Verstärker. In einer Extrastufe nimmt man die Farbsättigungseinstellung vor.

Die Tastimpulse zur Farbsynchronsignal-Tastung und zur Schwarzwert-Klemmung werden Anschluß 7 zugeführt. Die Tastimpulse müssen dabei zeitlich so liegen, daß die Klemmung nur während der hinteren Schwarzschulter wirksam ist. Das bewirkt der sogenannte Sandcastle-Impuls an diesem Anschluß 7. Das Farbartsignal und Farbsynchronsignal stehen gemeinsam am Anschluß 6 zur Verfügung. Das Farbsynchronsignal wird durch die Kontrast- und Sättigungs-Einstellung nicht beeinflußt; es wird durch die extern zugeführte Regelspannung konstant gehalten.

Das **Bild 5.5** zeigt die Schaltung einer Leuchtdichte-Farbart-Kombination mit der integrierten Schaltung TDA 2560 und ihrer externen Beschaltung.

5.3. PAL-Decoder

5.3.1. Grundsätzliche Wirkungsweise

Im PAL-Decoder, der auch vielfach PAL-Laufzeit-Demodulator genannt wird, teilt man das Farbartsignal in die beiden Komponenten Fu und $\pm Fv$ auf. Um die auf dem Übertragungsweg auftretenden Phasenfehler auszugleichen, will man gleichzeitig die PAL- und die NTSC-Zeile addieren. Dazu benötigt man die sogenannte PAL-Verzögerungsleitung mit einer Verzögerungsdauer von einer Zeile, also 64 μs.

Hier sei noch einmal kurz das Grundprinzip des PAL-Verfahrens erläutert, das im Kapitel 2.2.8. »Kompensation der Phasenfehler durch das PAL-System« schon ausführlich behandelt wurde.

Beim NTSC-Verfahren würde ein auf dem Übertragungsweg entstehender Phasenfehler zur Farbverfälschung im Empfänger führen. Beim PAL-System versucht man, die auftretenden Phasenfehler auf folgende Weise aufzuheben:

Im Sender wird bei jeder Zeile das V-Signal um 180° gedreht. Tritt jetzt auf dem Übertragungsweg ein über mehrere Zeilen voreilender Phasenfehler auf, so wird dieser im Empfänger durch das Zurückschalten des V-Signals wieder aufgehoben. Deshalb muß das V-Signal im Empfänger bei jeder 2. Zeile von − V auf + V zurückgeschaltet werden. Bei diesem Umschaltvorgang wird aus einem voreilenden Phasenfehler ein nacheilender (siehe dazu Bild 2.43 im Kapitel 2).

Durch die Verzögerung der PAL-Verzögerungsleitung von 64 μs kann jetzt z. B. die 1. und 3. Zeile zusammengegeben werden. Die erste Zeile besaß einen voreilenden Phasenfehler, die 3. hat durch das Zurückschalten um 180° einen nacheilenden Phasenfehler. Bei der Addition dieser beiden Zeilen hebt sich dann der Phasenfehler auf. Lediglich die resultierende Amplitude wird etwas kleiner, was eine Entsättigung verursacht. Im Empfänger muß deshalb folgende Schaltung vorgenommen werden:

1. Das Signal muß um 64 μs verzögert werden.
2. Die Signale von der laufenden und der vorhergehenden Zeile müssen zusammengeschaltet werden.
3. Das V-Signal muß von Zeile zu Zeile umgeschaltet werden.

Von diesen drei aufgeführten Schaltvorgängen wird im PAL-Decoder die Verzögerung um 64 μs und die Zusammenschaltung der Signale vorgenommen. Im anschließenden Synchrondemodulator wird dann erst die Zurückschaltung des V-Signals getätigt.

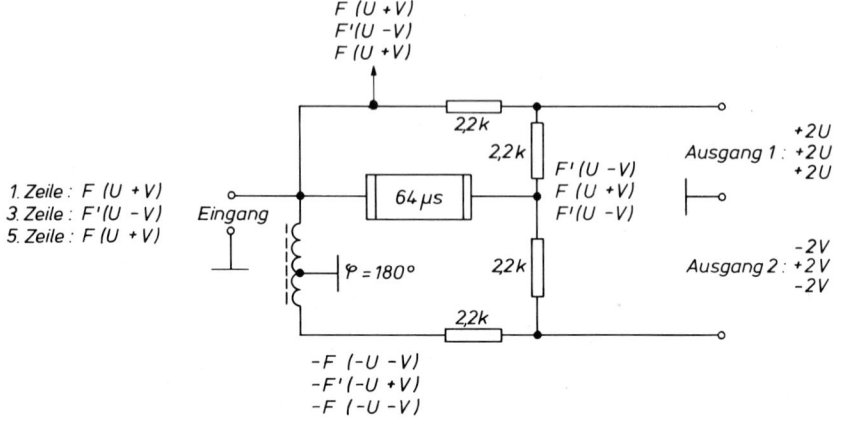

Bild 5.6
Prinzipschaltung eines Pal-Decoders

Bild 5.6 zeigt die Prinzipschaltung eines PAL-Decoders. Er besteht aus einer Ultraschall-Verzögerungsleitung, deren Wirkungsweise im nächsten Abschnitt 5.3.2. erläutert wird, sowie aus einer Addier- und einer Subtrahiermatrix, die durch je zwei gleichgroße Widerstände gebildet werden. Die Subtrahierstufe enthält noch zusätzlich einen Umkehr-Übertrager. Dies ist eine Spule, bei der die Mittelanzapfung an Masse geschaltet ist, wobei hierdurch ein Signal um 180° gedreht bzw. umgepolt wird. Die Verzögerungsleitung speichert das Farbartsignal für die Dauer einer Zeile (64 μs), so daß in der Addier- und in der Subtrahierstufe jeweils die Signale zeitlich aufeinanderfolgender Zeilen addiert bzw. subtrahiert werden.

Mit den Zeigerdiagrammen in **Bild 5.7** soll gezeigt werden, wie sich die Ausgangsspannungen des PAL-Decoders zusammensetzen. Wenn z.B. während der Zeile 1 das Farbartsignal F am Eingang erscheint, erhält man das Farbartsignal F' während der Zeile 3 am Eingang. Das ist die nächste Zeile desselben Halbbildes. Gestrichelt dargestellt sind die Komponenten F_U und F_V, aus denen das Farbartsignal F auf der Senderseite zusammengesetzt wird.

Durch die Addition entsteht am Ausgang 1 für die Zeile 1 das Signal $F' + F$ und für die Zeile 3 das Signal $F + F'$, d.h. es ergibt sich für jede Zeile die geometrische Summe der Zeiger F und F', die in Richtung der Modulationsachse U liegt. Am Ausgang 1 erhält man dann das Signal U.

Am Ausgang 2 der Subtrahierstufe ergibt sich für die Zeile 1 das Signal $F' - F$, das gleich $- V$ ist, und für die Zeile 3 das Signal $F - F'$, das dann $+ V$ ergibt, wie aus dem Zeigerdiagramm hervorgeht.

Das Farbartsignal setzt sich, wie bereits im Abschnitt 2.2.4. erläutert, aus dem mit U modulierten Farbhilfsträger, also $U \cdot \sin \omega_F t$ und dem mit V modulierten und um 90° gedrehten Farbhilfsträger, also $V \cdot \cos \omega_F t$, zusammen. Dabei wurde noch, wegen des PAL-Verfahrens, das V-Signal von Zeile zu Zeile um 180° gedreht. Damit ergibt sich für das Farbartsignal

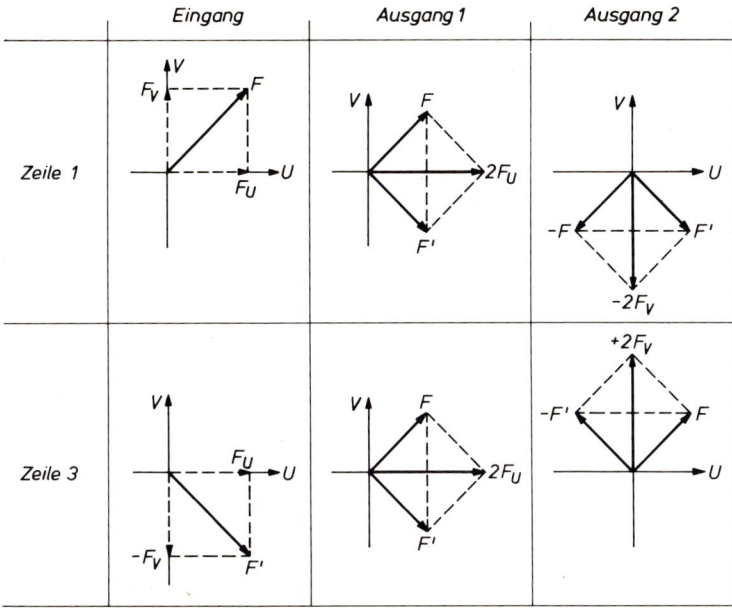

Eingang	Ausgang 1	Ausgang 2

Bild 5.7
Zerlegung des Farbartsignals in seine Komponenten

$$F = U \cdot \sin \omega_F t \pm V \cdot \cos \omega_F t.$$

Während der Zeile 1 gelangt das Farbartsignal

$$F = U \cdot \sin \omega_F t + V \cdot \cos \omega_F t$$

auf den Eingang des PAL-Decoders. In der Zeile 3 gibt man das Signal

$$F' = U \cdot \sin \omega_F t - V \cdot \cos \omega_F t$$

auf den PAL-Decoder.

Während der Zeile 1 gelangt das Signal *F* direkt, d. h. ohne Verzögerung und ohne Drehung an den Ausgang 1. Aber gleichzeitig erhält man aus der Verzögerungsleitung das Signal der vorhergehenden Zeile, das *F'* entspricht. Addiert man nun über die beiden 2,2 kΩ-Widerstände das unverzögerte mit dem verzögerten Signal, so erkennt man, daß am Ausgang 1 das Signal:

$$\begin{aligned} F &= U \sin \omega_F t + V \cos \omega_F t \\ + F' &= U \sin \omega_F t - V \cos \omega_F t \\ \hline F + F' &= 2U \sin \omega_F t \pm 0 \end{aligned}$$ erscheinen muß.

Weil aber gleichzeitig das Eingangssignal $F = U \sin \omega_F t + V \cos \omega_F t$ auch über die Spule mit der Mittelanzapfung an den Ausgang 2 gegeben wird, ergibt sich nun durch das Zusammenschalten des phasengedrehten und des verzögerten Signals:

$$\begin{aligned} -F &= -U \sin \omega_F t - V \cos \omega_F t \\ + F' &= U \sin \omega_F t - V \cos \omega_F t \\ \hline -F + F' &= 0 \qquad - 2V \cos \omega t \end{aligned}$$

Gelangt nun das Farbartsignal der Zeile 3 an den Eingang, so ergibt sich am Ausgang 1:

$$F' = U \sin \omega_F t - V \cos \omega_F t \quad \text{(Zeile 3)}$$
$$+ F = U \sin \omega_F t + V \cos \omega_F t \quad \text{(verzögerte Zeile 1)}$$

$$F' + F = 2U \sin \omega_F t \quad \pm \quad 0$$

und am Ausgang 2 ergibt sich

$$- F' = - U \sin \omega_F t + V \cos \omega_F t \quad \text{(Zeile 3 gedreht)}$$
$$+ F = \quad U \sin \omega_F t + V \cos \omega_F t \quad \text{(verzögerte Zeile 1)}$$

$$- F' + F = \quad 0 \quad + 2V \cos \omega_F t$$

Während der Zeile 5 erhält man am Ausgang 1 dann wieder $2U \sin \omega_F t$ und am Ausgang 2 entsteht $-2V \cos \omega_F t$.

Die Ausgänge des PAL-Decoders liefern also die beiden Komponenten F_u und $\pm F_v$ des Farbartsignals, und zwar unabhängig von der Phasenlage des Farbsynchronsignals. Diese beiden Komponenten sind die gleichen, wie sie auf der Senderseite in den Modulatoren gebildet und durch Addition zum Farbartsignal zusammengesetzt werden. Der PAL-Decoder zerlegt also das aus dem Farbartverstärker kommende Farbartsignal wieder in seine Komponenten. Durch phasenrichtiges Zusetzen des Farbhilfsträgers und durch anschließende Demodulation gewinnt man aus diesen Komponenten wieder die Modulationsspannungen, nämlich die reduzierten Farbdifferenzsignale U und V. Die hierfür verwendeten Synchrondemodulatoren werden im Abschnitt 5.4. behandelt.

5. 3. 2. PAL-Verzögerungsleitung

Aus dem Abschnitt 5. 3. 1. ist zu entnehmen, daß es notwendig ist, das Farbartsignal um die Dauer einer Zeile, also um etwa 64 µs zu verzögern. Bei der Auswahl einer dafür bestimmten Verzögerungsanordnung ist zu berücksichtigen, daß ein Frequenzband von etwa 3,4 bis 5,2 MHz zu übertragen ist. Zur Auswahl stehen im Prinzip drei Gruppen von Verzögerungsleitungen:

die elektromagnetischen Leitungen, die Allpässe und die Schalleitung (akustische Leitungen).

Eine elektrische Verzögerungsleitung, etwa ein Kabel mit einer Verzögerungszeit von 64 µs, ist so lang, daß sie in einem Fernsehempfänger nicht verwendet werden kann. Eine Verzögerung von 64 µs über ein Allpaß-Glied bringt zu viel Dämpfung.

Man benutzt deshalb den Umweg über eine Ultraschall-Verzögerungsleitung, weil die Ausbreitungsgeschwindigkeit von Schall sehr viel kleiner ist. Das Farbartsignal wird an der Stirnfläche eines viereckigen Spezialglasstabes (**Bild 5.8**) mit einem piezoelektrischen Umsetzer in eine Ultraschallschwingung von 4,43 MHz umgesetzt. Diese piezoelektrischen Umsetzer sind dünne Keramikscheiben.

Die Schwingungen des eingespeisten Farbartsignals breiten sich nun mit einer Geschwindigkeit von 2650 m/s durch den Glasstab zum anderen Ende hin aus. Dort befindet sich ein zweiter Wandler, der diese mechanischen Schwingungen in elektrische zurück verwandelt. Dieses Ausgangssignal wird bei einer Länge des Glasstabes von etwa 17 cm um 64 µs verzögert, d. h. das Ausgangssignal ist also um die Dauer einer Zeile gegenüber dem Eingangssignal verzögert. Zur Dämpfung austretender Ultraschallwellen ist er mit einem Mantel aus Gießharz umgeben.

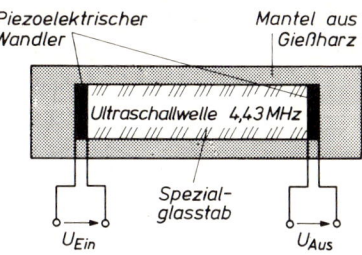

Die einfachste Ausführung einer solchen PAL-Laufzeitleitung besteht aus einem geraden Glasstab, wie ihn auch Bild 5.8 zeigt. Eine günstigere Form zeigt **Bild 5.9**, mit der sogenannten V-Ultraschall-Verzögerungsleitung, bei der das Signal V-förmig durch den Glasstab geleitet wird. Die Baulänge des Glasstabes kann bei dieser Ausführungsform auf 8,5 cm verkürzt werden, weil man hier die totale Reflexion der Schwingung an der Stirnfläche des Glaskörpers ausnutzt. Ein weiterer Vorteil ist, daß in der Fertigung die Leitung durch Abschleifen der Reflexionsebene während des Meßvorganges auf die gewünschte Verzögerungszeit abgestimmt werden kann. Noch kleinere Bauformen der Leitung lassen sich mit der M-Ultraschall-Leitung erreichen. Bei dieser Ausführung durchläuft das Signal M-förmig den Glasstab, d. h. mit doppelter Reflexion, wie es auch **Bild 5.10** zeigt.

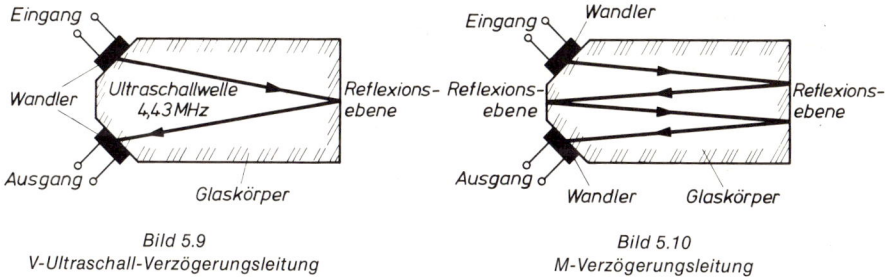

Bild 5.9
V-Ultraschall-Verzögerungsleitung

Bild 5.10
M-Verzögerungsleitung

Wie im Abschnitt 5.3.1. gezeigt ist, müssen die beiden Komponenten der zu addierenden Signale entweder in der Phase übereinanderstimmen oder genau 180° Phasenverschiebung haben. Dieser Punkt muß bei der Bemessung der Verzögerungsleitung berücksichtigt werden.

Für die Farbträgerfrequenz muß demnach der Unterschied in der Phasenlage – gemessen am Eingang und Ausgang der Verzögerungsleitung – 0° oder 180° sein. Das bedeutet, daß die Farbträgerfrequenz während der Laufzeit durch die Verzögerungsleitung ein ganzzahliges Vielfaches einer halben Schwingung durchführen muß (**Bild 5.11**).

Im Abschnitt 2.2.4.1 ist erläutert worden, daß in eine Zeilenperiode 283,75 Schwingungen des Farbhilfsträgers fallen, d. h. also 283 volle Schwingungen und eine 3/4 Schwingung.

Diese Phasendifferenz zwischen Eingang und Ausgang der Leitung beträgt also 270° und nicht 0° oder 180°.

Die Verzögerungsleitung muß also kürzer als 64 µs oder etwas länger sein.

So ergibt sich

$$567/2 \cdot 1/f_{HT} = 63,943 \ \mu s \quad \text{oder} \quad 568/2 \cdot 1/f_{HT} = 64,057 \ \mu s$$

Üblicherweise wird der erste Fall benutzt.

Da das verzögerte Farbartsignal phasenmäßig mit dem unverzögerten genau übereinstimmen muß, sind auch die zulässigen Toleranzen wesentlich kleiner als die Schwingungsdauer des Farbhilfsträgers, die etwa

$$t = 1/f = 1/4,43 \text{ MHz} = 225 \text{ ns}$$

beträgt. Im allgemeinen fordert man, daß die Phasenlaufzeit $t_{Ph} = 63,943 \text{ µs}$ auf ± 5 ns eingehalten wird. Ausgedrückt in Winkelgrad bedeuten 5 ns etwa $8°$,

$$8° = 5 \text{ ns}/63,943 \text{ µs} \cdot 283,75 \cdot 360°$$

Das entspricht einer Genauigkeit von 1/10 000. Deshalb werden für diese Verzögerungsleitungen Glassorten (Bleisilikatglas) verwendet, die bei einer Temperaturschwankung zwischen 25 und 50 °C ihre Verzögerungszeit nur um etwa 2 ns verändern.

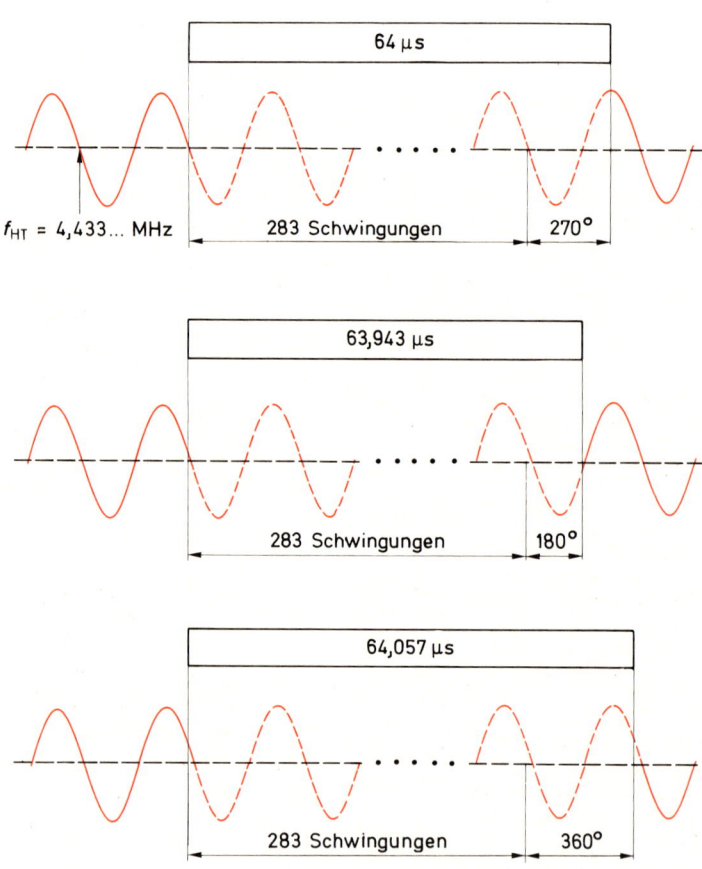

Bild 5.11
Bestimmung des genauen Wertes der Verzögerungszeit

5.3.3. Schaltung eines PAL-Decoders

Im **Bild 5.12** ist die Schaltung eines PAL-Decoders mit Eingangsverstärker wiedergegeben. Das Farbartsignal aus dem Farbartverstärker gelangt über den Farbsättigungs-Einsteller auf die Basis des in Kollektorschaltung arbeitenden PAL-Eingangsverstärkers. An der Basis dieser Verstärkerstufe wirkt die Schaltspannung des Farbabschalters. Die Kollektorschaltung wurde aus Anpassungsgründen gewählt, um die Verzögerungsleitung mit einem Eingangswiderstand von ca. 400 Ω niederohmig ansteuern zu können. Das Farbartsignal am Emitter der Verstärkerstufe teilt sich auf und gelangt einmal über die Verzögerungsleitung zum anderen direkt an den im Ausgang liegenden Übertrager. Die Spule L 1 bildet mit der Eingangskapazität der PAL-Verzögerungsleitung (ca. 2 nF) und der mechanischen Resonanz des Ultraschall-Umsetzers ein Bandfilter mit einer Mittenfrequenz von 4.43 MHz. In dem im Ausgang liegenden Übertrager setzen sich das verzögerte und das unverzögerte Farbartsignal derart zusammen, daß sich in der Spule L 3 die Signale addieren und in der Spule L 4 die Signale subtrahieren. Weil im Sender das F_v-Signal von Zeile zu Zeile um 180° umgeschaltet wird, entsteht hier bei der Addition des verzögerten und unverzögerten Signals zweier aufeinander folgender Zeilen das Farbartsignal $2 F_u$, dagegen bei der Subtraktion das Signal $\pm 2 F_v$.

Damit die verzögerten und unverzögerten Farbartsignale in der Amplitude und Phasenlage richtig zusammen gegeben werden können, dienen das Potentiometer und die Abstimmung der Spulen im Ausgang.

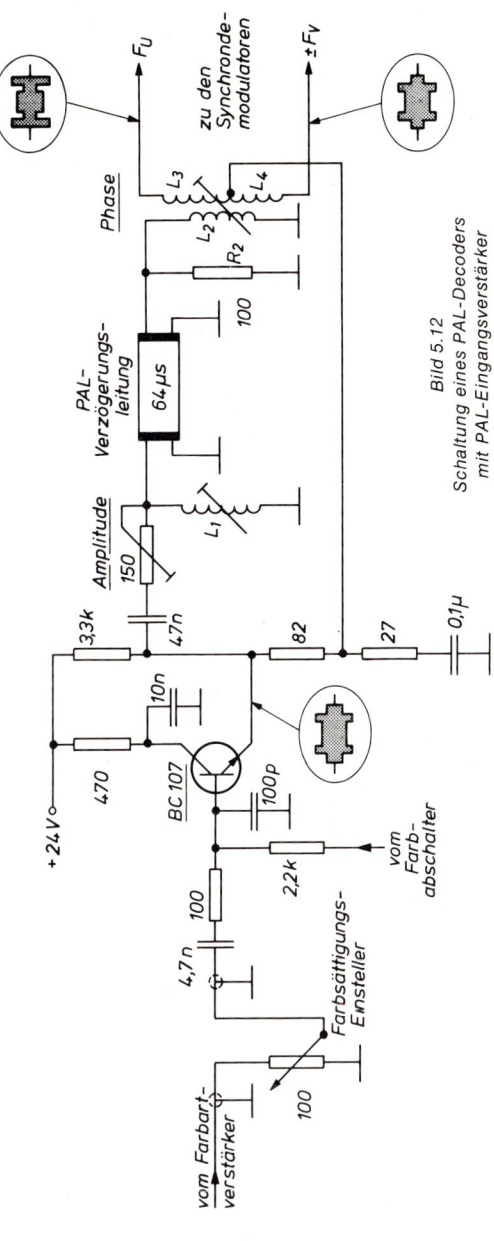

Bild 5.12
Schaltung eines PAL-Decoders
mit PAL-Eingangsverstärker

5.4. Synchrondemodulator und PAL-Schalter

5.4.1. Synchrondemodulator

5.4.1.1. Grundsätzliche Wirkungsweise

Die beiden Ausgänge des PAL-Decoders liefern die Signale F_U und $\pm F_V$. Das sind aber noch trägerfrequente Signale. Um die Farbdifferenzsignale zur Ansteuerung der Farbbildröhre zu erhalten, muß noch demoduliert werden. Dazu gibt man die beiden Ausgangssignale des PAL-Decoders auf den B-Y- bzw. auf den R-Y-Synchrondemodulator. Hier wird mit einer Amplitudenmodulation mit Trägerunterdrückung gearbeitet.

Solche Modulationssignale lassen sich nicht mit einem einfachen AM-Gleichrichter demodulieren, wie es **Bild 5.13** deutlich zeigt. Das Modulationsprodukt muß deshalb erst in ein Signal mit eindeutiger Phasenlage umgewandelt werden. Das ist dadurch zu erreichen, daß der auf der Senderseite unterdrückte Farbhilfsträger mit der richtigen Phasenlage wieder zugesetzt wird. Die Amplitude dieses Referenzträgers, auch Hilfsträger genannt, muß größer sein als die größte Amplitude des Modulationsproduktes. Ein solcher Gleichrichter mit Trägerzusatz, der *synchron* zum senderseitigen Träger geschaltet werden muß, heißt „Synchrondemodulator".

Die beiden Signale F_U und $\pm F_V$ gibt man nach **Bild 5.14** auf zwei Demodulatoren. Diese werden von der im Empfänger neu erzeugten, aber synchron zum Sender laufenden Trägerfrequenz von 4,43 MHz, geschaltet. In Bild 5.14 wird die Referenzträgerschwingung für den R-Y-Synchrondemodulator (auch V-Demodulator genannt) über einen 90°-Phasenschieber geschickt. Dadurch sind die Farbträgerschwingungen der beiden Demodulatoren um 90° phasenverschoben. Diese Phasenverschiebung muß hergestellt werden, weil auch im Sender die beiden Signale F_U und F_V um 90° verschoben wurden, damit man sie zum Farbartsignal addieren konnte.

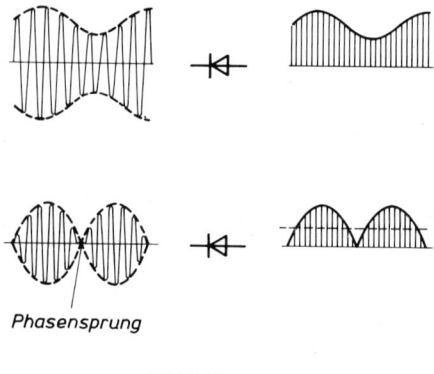

Phasensprung

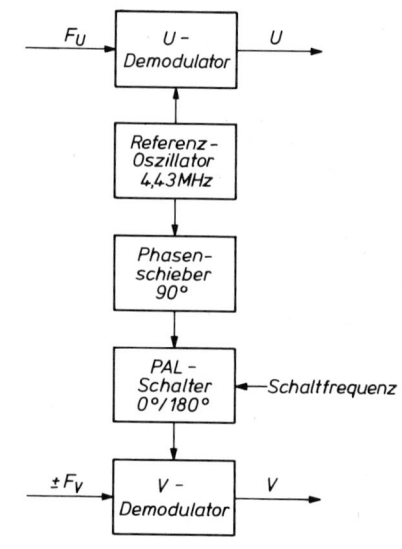

Bild 5.13
Bei der Gleichrichtung einer Schwebung
erfolgt eine Frequenzverdopplung
des Modulationssignals

Bild 5.14
Rückgewinnung der U- und V-Signale
durch Demodulieren mit phasenverschobenen
Trägerfrequenzen

Beim PAL-Verfahren wird aber noch das F_V-Signal von Zeile zu Zeile umgeschaltet. So kommt aus dem PAL-Decoder das F_V-Signal mit wechselnder Polarität heraus. Dieser Schaltrhythmus muß wieder rückgängig gemacht werden, indem man den zuzuführenden Referenzträger von Zeile zu Zeile umschaltet. Also, wenn $+ F_V$ kommt, wird der Referenzträger auch positiv zugeführt. Ist jedoch F_V negativ, so gibt man den Träger auch negativ gerichtet auf den Demodulator. So kommt in beiden Fällen aus dem Synchrondemodulator immer ein positives V-Signal heraus. Hier dreht er die Phase der Trägerschwingung von Zeile zu Zeile um 180°.

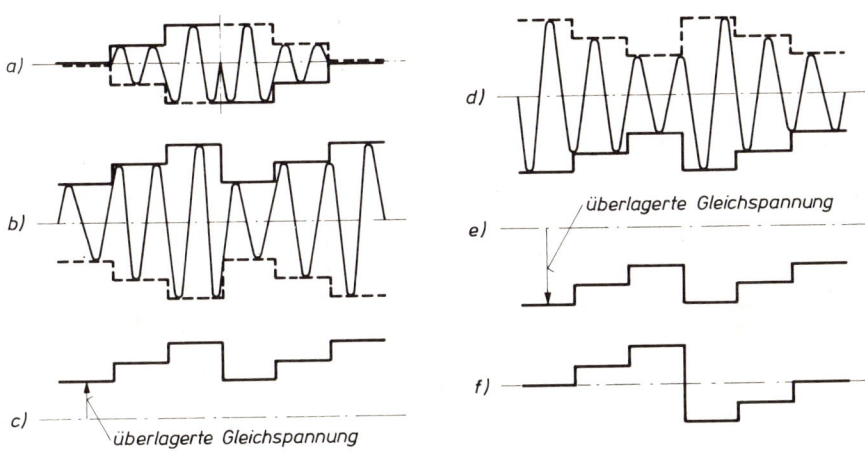

Bild 5.15
Signalverlauf im Synchron-Demodulator
Wird zu dem Modulationsprodukt (a) der Referenzträger addiert, entsteht das Signal (b),
wird er subtrahiert, ergibt sich das Signal (d). Werden diese Signale gleichgerichtet,
entstehen die Verläufe (c) und (e), aus denen sich die Addition (f) ergibt.

In **Bild 5.15** ist der Vorgang des Trägerzusatzes grafisch dargestellt. Zu dem Modulationsprodukt (a) wird der Referenzträger addiert; das ergibt z. B. das amplitudenmodulierte Signal (b). Wird dieses Signal mit einer Diode gleichgerichtet, entsteht das Nachrichtensignal (c), das jedoch mit einer Gleichspannung überlagert ist, deren Größe von der Amplitude des Referenzträgers abhängt. Diese Gleichspannung kann durch einen Koppelkondensator von der folgenden Stufe ferngehalten werden, wobei die Gleichspannungskomponente des Nachrichtensignals verloren geht.

In einer Gegentaktschaltung gelingt es jedoch, die durch den Referenzträger entstehende Gleichspannung zu kompensieren. Das Ausgangssignal kann dann galvanisch, d. h. ohne Koppelkondensator auf die folgende Stufe übertragen werden.

Bild 5.16 zeigt die Prinzipschaltung eines Synchrondemodulators, wie er auch als U- bzw. V-Demodulator im Farbfernsehempfänger verwendet wird. Der Übertrager $Ü_1$ erhält den Referenzträger, der Übertrager $Ü_2$ das zu demodulierende Farbartsignal z. B. F_u. Die Sekundärseite des Übertragers $Ü_1$ hat eine Mittelanzapfung, an die mit dem Übertrager $Ü_2$ das Farbartsignal F_u herangeführt wird. Es hat einen Spannungsverlauf nach Bild 5.15a. Der Referenzträger am Punkt 1 (gemessen gegen die Mittelanzapfung) hat die Phasenlage 0°, am Punkt 2 dagegen 180°. Diese gegenphasigen Spannungen sind in ihren Amplituden gleich.

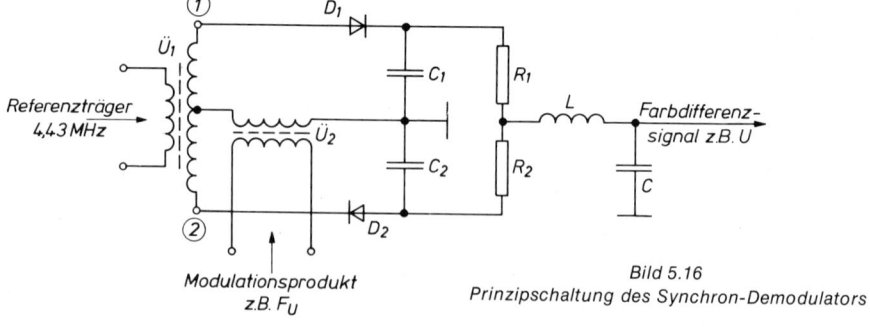

Bild 5.16
Prinzipschaltung des Synchron-Demodulators

Da die Sekundärseite des Übertragers $Ü_2$ und die Wicklungshälften des Übertragers $Ü_1$ in Reihe geschaltet sind, addieren sich die Spannungen dieser Wicklungen. Am Punkt 1 (gegen Masse gemessen) entsteht die Summe aus dem Modulationsprodukt (F_u) und dem Referenzträger, am Punkt 2 dagegen ergibt sich deren Differenz, da hier der Referenzträger die Phasenlage 180° besitzt, also negativ ist. In Bild 5.15 b und c ist das Ergebnis dieser Summen- und Differenzbildung dargestellt. Bei der Differenz, die Bild 5.15 d zeigt, sind im Vergleich zur Summe (Bild 5.15 b) die beiden Hüllkurven vertauscht und die Trägerschwingung gegenphasig.

Die beiden im Synchrondemodulator (Bild 5.16) angeordneten Dioden $D1$ und $D2$ richten die Signale an den Punkten 1 und 2 gleich, wobei an den Ladekondensatoren $C1$ und $C2$ die Spannungen nach Bild 5.15 c und e entstehen. Diese Spannungen stellen das Nachrichtensignal dar, jedoch ist die eine, bedingt durch die Polung der Diode, mit einer positiven und die andere mit einer negativen Gleichspannung überlagert. Die Widerstände setzen diese Spannungen (c) und (e) additiv zusammen. Dabei heben sich die überlagerten Gleichspannungen auf, denn sie sind gleich groß und entgegengesetzt gepolt. Bild 5.15 f zeigt das Nachrichtensignal U am Ausgang des Synchron-Gleichrichters. Im Ausgang der im Bild 5.16 wiedergegebenen Prinzipschaltung liegt ein LC-Tiefpaß, mit dem die restliche Farbhilfsträgerschwingung von 4,43 MHz ausgesiebt wird.

5.4.1.2. Schaltung eines Synchrondemodulators

Um die reduzierten Farbdifferenzsignale U_u und U_v zu erhalten, müssen die beiden trägerfrequenten Ausgangssignale des PAL-Decoders in den beiden Synchrondemodulatoren (**Bild 5.17**) getrennt gleichgerichtet werden. Ein einwandfreies Ausgangssignal ergibt sich nur dann, wenn der im Sender unterdrückte Farbhilfsträger von 4,43 MHz hier wieder phasenrichtig zugeführt wird.

Damit im Sender überhaupt das Farbartsignal gebildet werden konnte, mußten die beiden Signale F_v und F_u um 90° phasenverschoben zueinander stehen. So besteht auch hier zwischen den Modulationsprodukten F_u und F_v eine Phasenverschiebung von 90°. Es muß deshalb zur phasenrichtigen Demodulation die Farbhilfsträgerschwingung mit 90° Phasenverschiebung den beiden Synchrondemodulatoren zugeführt werden. So speist man den Farbhilfsträger über den auf 4,43 MHz abgestimmten Reihenschwingkreis $L1/C1$ und über den Übertrager $L1/L2$ in die Synchrondemodulatoren ein. Durch das aus $R2$ und $C2$ bestehende RC-Glied wird das Farbhilfsträgersignal um 90° in seiner Phasenlage verschoben und auf den U-Synchrondemodulator gegeben. Gleichzeitig führt man die Referenzträgerschwingung über den 47pF-Kondensator dem PAL-Schalter zu. Um die im Sender von Zeile zu Zeile vorgenommene Umschaltung des F_v-Signals wieder rückgängig zu machen, ändert der PAL-Schalter die Phasenlage der Farbhilfsträgerschwingung von Zeile zu Zeile zwischen 0° und 180°. Somit besitzen das Modulationsprodukt und das Farbhilfsträgersignal zu jedem Zeitpunkt die gleiche Phasenlage. Die Einspeisung der Referenz-

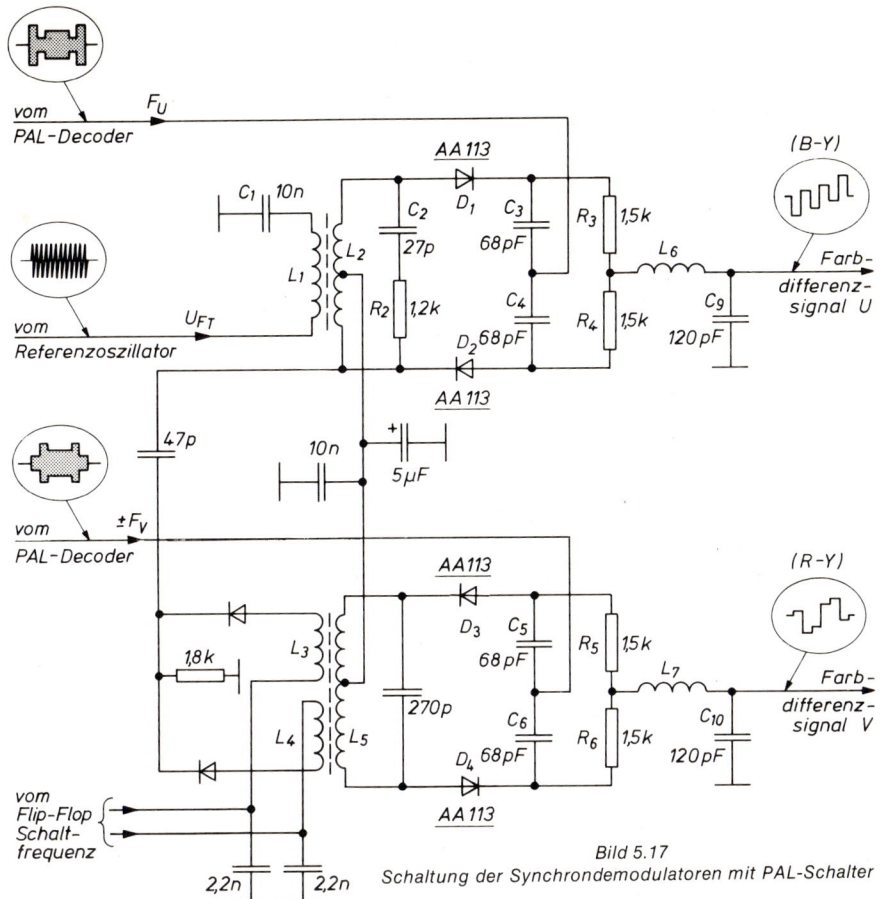

vom PAL-Decoder F_U

vom Referenzoszillator U_{FT}

vom PAL-Decoder $\pm F_V$

vom Flip-Flop Schaltfrequenz

Bild 5.17
Schaltung der Synchrondemodulatoren mit PAL-Schalter

trägerschwingung in den V-Synchrondemodulator erfolgt über den Übertrager L 3, L 4 und L 5.

Die Demodulation wird in einer Brückenschaltung, wie man sie von den symmetrischen Ratiodetektoren her kennt, vorgenommen. So gelangt das F_U-Signal über den Verbindungspunkt zwischen den Kondensatoren C 3 und C 4 in den U-Demodulator, das F_v-Signal über den Verbindungspunkt zwischen $C5$ und C 6 in den V-Demodulator. Die Farbhilfsträgerschwingung steht an der Spule L 2 bzw. L 5, deren Mittelanzapfung jeweils über die beiden Kondensatoren (5 µF und 10 nF) an Masse liegen. Die Dioden D 1 und D 2 bzw. D 3 und D 4 liegen in Reihe und bewirken eine Spitzengleichrichtung. Während der positiven Halbwelle der Farbhilfsträgerschwingung sind die Dioden leitend und laden den Kondensator C 3 bzw. C 6 auf die Summenspannung aus Farbhilfsträgersignal und F_U- bzw. F_V-Signal auf. In den Sperrzeiten der Dioden entladen sich die Kondensatoren über die Widerstände R 3 und R 4 bzw. R 5 und R 6. Das gleichgerichtete Signal und damit das reduzierte Farbdifferenzsignal U_u bzw. U_v kann in der Brückendiagonalen zwischen R 3 und R 4 bzw. R 5 und R 6 und der jeweiligen Mittelanzapfung von L 2 bzw. L 5 abgenommen werden. Im Ausgang liegt ein Tiefpaß, bestehend aus L 6 / C 9 bzw. L 7 / C 10, um damit die Reste der Farbhilfsträgerschwingung aus den Farbdifferenzsignalen U_u und U_v auszusieben.

5.4.2. PAL-Schalter

5.4.2.1. Grundsätzliche Wirkungsweise

Beim PAL-Verfahren schaltet man das Farbdifferenzsignal U_{R-Y} von Zeile zu Zeile um. Dieser Schaltvorgang muß im Empfänger wieder aufgehoben werden. Wie schon im Abschnitt 5.4.1. ausgeführt wurde, speist man in den (R-Y)-Synchrondemodulator die Referenzträgerschwingung so ein, daß diese von Zeile zu Zeile ihre Phasenlage um 180° ändert. Weil die Referenzträgerschwingung im gleichen Rhythmus umgeschaltet wird wie das Fv-Signal, wird dieser Wechselvorgang im (R-Y)-Signal aufgehoben. Um die Phasenlage des Referenzträgers von Zeile zu Zeile zwischen 0° und 180° wechseln zu lassen, gibt man die Ausgangsspannung des Referenzoszillators über den PAL-Schalter, dessen Schaltung **Bild 5.18** zeigt, auf den (R-Y)-Synchrondemodulator.

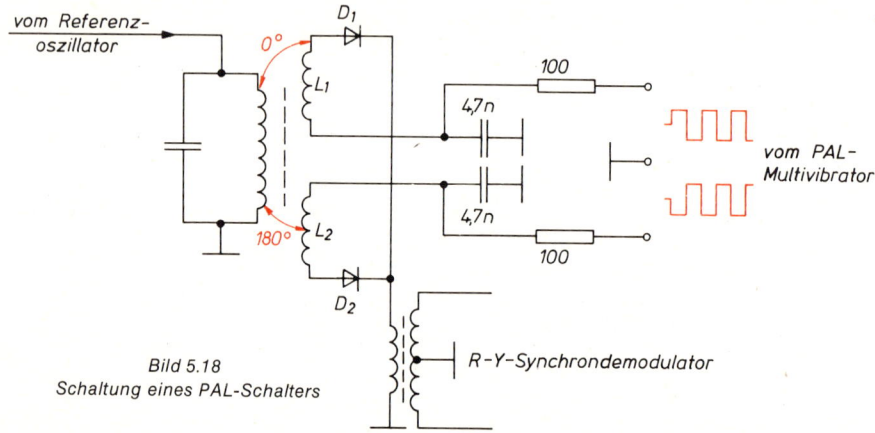

Bild 5.18
Schaltung eines PAL-Schalters

An den Ausgangskreis des Referenzoszillators sind zwei Spulen induktiv angekoppelt. Der Wicklungssinn ist so, daß die Spannungen gegenüber den inneren Anschlüssen 180° phasenverschoben sind. Die Referenzträgerschwingung gelangt von diesen Spulen über jeweils eine Diode auf den (R-Y)-Synchrondemodulator. Diese Dioden schaltet man durch die rechteckförmigen Ausgangsimpulse des PAL-Flip-Flops in Durchlaßrichtung. Gibt man auf die Diode D 1 den positiven Teil der Rechteckspannung, so wird die Referenzträgerschwingung über die Spule L1 mit 0° Phasenverschiebung auf den Synchrondemodulator gegeben. Die Diode D2 ist gesperrt. Wenn aber die Diode D2 leitend wird, so gelangt die Referenzträgerschwingung über L2 mit 180° Phasendrehung auf den Demodulator.

Die beiden Kondensatoren an den Fußpunkten der Spulen L_1 und L_2 müssen so klein sein, daß zum Beginn einer jeden Zeile der Umpolungsvorgang abgeschlossen ist, andererseits so groß, daß an ihnen keine wesentliche Oszillatorspannung mehr auftritt. Kapazitätswerte in der Größenordnung um 4,7 nF sind deshalb hier angebracht.

Durch diese Schaltungsmaßnahme erscheint der Referenzträger mit zeilenweise wechselnder Phasenlage (0°/180°) am V-Demodulator. Mit ihm wird die senderseitige Phasenumschaltung der V-Komponente des Farbsignals rückgängig gemacht.

Diese in Bild 5.18 wiedergegebene Schaltung ist die gebräuchlichste Schaltungsvariante eines PAL-Schalters in einem Farbfernsehempfänger, der mit diskreten Bauelementen aufgebaut ist. Im Zuge der Integration hat man auch diese Stufe mit in eine integrierte Schaltung einbezogen. So ist in dem Blockschaltbild der integrierten linearen Schaltung eines Synchrondemodulators vom Typ TBA 520 (Bild 5.21) zu erkennen, daß hier der PAL-Schalter und der PAL-Flip-Flop mit aufgenommen worden sind.

5.4.2.2. PAL-Flip-Flop

Damit der PAL-Schalter die Referenzträgerschwingung von Zeile zu Zeile umschalten kann, muß er mit rechteckförmigen Spannungen angesteuert werden. Diese rechteckförmigen Signale gewinnt man im PAL-Flip-Flop. Es ist eine bistabile Kippstufe, die im Werkstatt-Slang „Flip-Flop" genannt wird (**Bild 5.19**). Ist der Transistor T1 leitend, so ist seine Kollektorspannung praktisch Null. Da der Transistor T2 seine Basisvorspannung über den Widerstand R1 vom Kollektor des Transistors T1 erhält, hat er keine Basisvorspannung und ist gesperrt. Seine Kollektorspannung hat den Wert der Betriebsspannung angenommen. Da der Transistor T1 seine Basisvorspannung über den Widerstand R2 vom Kollektor des Transistors T2 erhält, hat er eine solch hohe Basisvorspannung, daß er leitet.

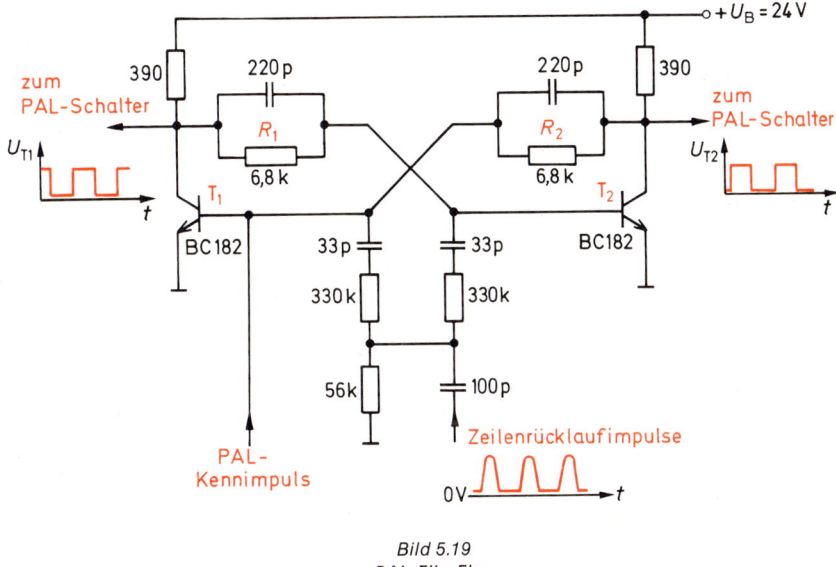

Bild 5.19
PAL-Flip-Flop

Dieser stabile Zustand besteht so lange, bis vom Zeilentransformator ein positiver Zeilenrücklaufimpuls kommt. Die Basisvorspannung des Transistors T2 wird durch diesen Impuls so groß, daß dieser Transistor zu leiten beginnt. Da dieser positive Zeilenimpuls auch auf die Basis des Transistors T1 gelangt, kann der schon leitende Transistor durch dieses positive Signal nicht noch weiter geöffnet werden. Wird der Transistor T2 leitend, so sinkt seine Kollektorspannung, und der Transistor T1 erhält keine ausreichende Basisvorspannung mehr.

Jetzt beginnt der Transistor T1 zu sperren. Seine Kollektorspannung ist nun auf die Betriebsspannung angestiegen, wodurch der Transistor T2 eine ausreichend hohe Basisvorspannung erhält und leitend bleibt.

Dieser stabile Zustand bleibt wiederum so lange bestehen, bis ein neuer Zeilenrücklaufimpuls auf die Basen der beiden Transistoren gelangt. Dadurch wird die Basisvorspannung von T1 so groß, daß dieser Transistor wieder zu leiten beginnt und der Transistor T2 sperrt. Damit wäre der Ausgangspunkt der Betrachtung erreicht.

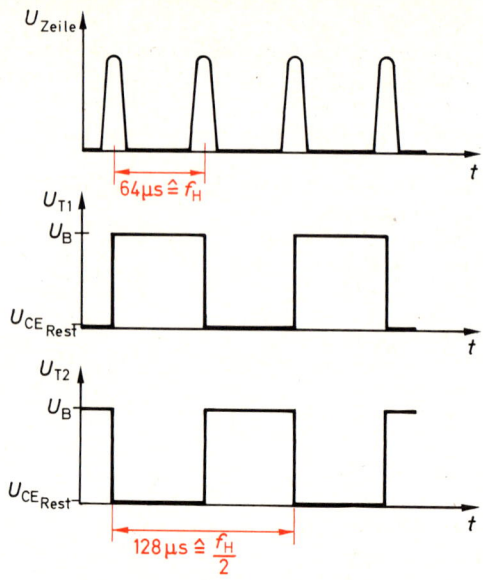

Bild 5.20
Bei jedem zweiten Zeilenrücklaufimpuls kippt der PAL-Flip-Flop in die Anfangslage zurück

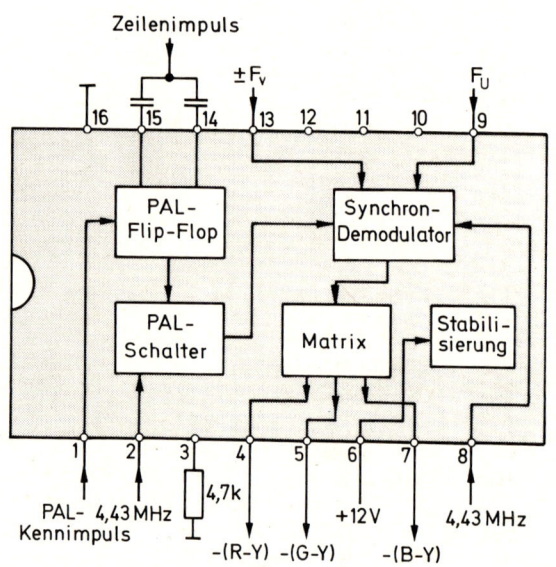

Bild 5.21
Blockschaltbild der Innenschaltung des TBA 520

An den Kollektoren stehen somit Rechteckimpulse zur Verfügung, mit denen der PAL-Schalter unmittelbar angesteuert werden kann. Das Umschalten erfolgt, wie das **Bild 5.20** zeigt, direkt mit den Zeilenrücklaufimpulsen. Beim Einschalten des Fernsehgerätes oder beim Umschalten auf andere Sender, muß der PAL-Schalter dem Synchrondemodulator die Referenzträgerschwingung mit genau der gleichen Phasenlage wie im Sender zuführen. Um das sicherzustellen, wird der PAL-Flip-Flop vom PAL-Kennimpuls (Burst) synchronisiert. Bei der entsprechenden Phasenlage des Burstes wird durch den Kennimpuls dafür gesorgt, daß z. B. der Transistor T 1 leitend ist. Somit wird dann dem Synchrondemodulator über den PAL-Schalter die Referenzträgerschwingung mit der richtigen Phasenlage zugeführt.

5.4.3. Synchrondemodulator und PAL-Schalter in integrierter Schaltung

Das **Bild 5.21** zeigt das Funktionsschema der integrierten Schaltung TBA 520. Dieser Baustein beinhaltet alle erforderlichen Stufen, um aus den Ausgangssignalen des PAL-Decoders die drei Farbdifferenzsignale zu erzeugen. Gleichzeitig hat man in diesem Chip den PAL-Flip-Flop und den PAL-Schalter mit integriert, da diese Stufen unmittelbar zum Synchrondemodulator gehören. Die ebenfalls mit integrierte Stabilisierungsschaltung liefert konstante Spannungen für die interne Stromversorgung sowie Vorspannungen für die Farbdifferenz-Ausgangsspannungen. Sie sind erforderlich, weil die dort anzuschließende RGB-Matrix galvanisch angekoppelt wird.

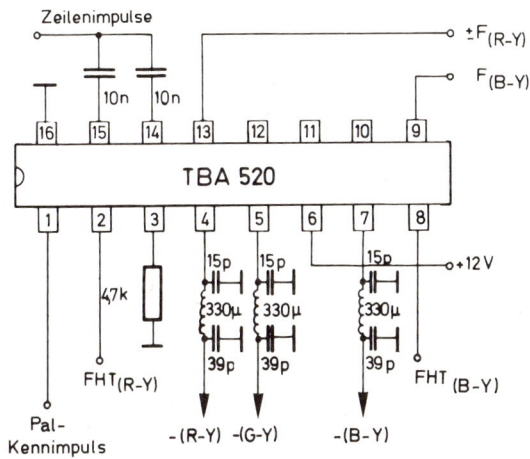

Bild 5.22
Außenbeschaltung des Bausteins TBA 520 (Telefunken)

Damit schrumpfen in der Gesamtschaltung eines Farbfernsehgerätes die Schaltungen des Synchrondemodulators, der Matrix-Schaltung, des PAL-Schalters und des Flip-Flops zu der Blockschaltung in **Bild 5.22** zusammen. Extern müssen dann nur drei Tiefpaßfilter zur Unterdrückung der Farbträgerreste angeschaltet werden.

5.5. Farbträger-Regenerierung

5.5.1. Allgemeines

Der Farbhilfsträger wurde mit Rücksicht auf die Kompatibilität und zur Vermeidung von Kreuzmodulationsstörungen im Sender unterdrückt. So enthält das vom Sender ausgestrahlte Hochfrequenzsignal neben dem Helligkeitssignal (Leuchtdichtesignal) und dem Tonsignal nur die Seitenbänder des Farbträgers. Zur Wiedergewinnung der Farbinformation in den Synchrondemodulatoren ist es deshalb notwendig, daß der Farbträger im Fernsehempfänger wieder erzeugt und den Farb-Seitenbandsignalen wieder zugesetzt wird. Dazu muß der im Empfänger erzeugte Farbträger exakt die gleiche Frequenz und Phasenlage haben wie der Farbträger im Sender.

Damit der im Fernsehempfänger erzeugte Farbträger die gleiche Frequenz und Phasenlage besitzt, wird vom Sender ein Farbsynchronsignal, der sogenannte Burst, ausgestrahlt. Der Burst besteht aus etwa 10 Schwingungen des Farbträgers und wird auf der hinteren Schwarzschulter des Zeilensynchronimpulses übertragen (**Bild 5.23**). Seine Phasenlage ändert sich von Zeile zu Zeile zwischen 135° und 225°. Während des Bildwechsels wird kein Burst übertragen.

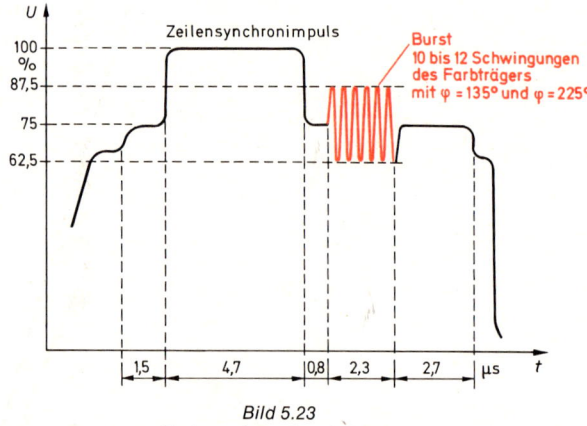

Bild 5.23
Farbsynchronsignal (Burst)

Der Burst erfüllt in einem Farbfernsehgerät folgende Aufgaben:

1. Die Frequenz und die Phasenlage ist die Bezugsfrequenz und Bezugsphasenlage für den Referenzoszillator.
2. Durch das Umschalten seiner Phasenlage von Zeile zu Zeile (135° oder 225°) synchronisiert er den PAL-Flip-Flop (PAL-Kennung).
3. Das Vorhandensein des Burstes ist ein Zeichen dafür, daß vom Sender eine Farbsendung ausgestrahlt wird. Der Burst löst deshalb den Farbschalter aus.
4. Die Burstamplitude ist ein Maß für die Amplitude des Farbartsignals. Sie dient daher zur Regelspannungserzeugung (ACC) für den Farbartverstärker.

In dem Blockschaltbild (**Bild 5.24**) sind alle Stufen eingezeichnet, die mittelbar oder unmittelbar mit der Farbträgeraufbereitung zu tun haben. Im Empfänger wird ein quarzgesteuerter Oszillator eingebaut, dessen Frequenz- und Phasenlage über eine Nachstimmschaltung mit dem vom Sender ausgestrahlten Farbträger synchronisiert werden. Dazu wird in einem Phasendiskriminator die Oszillatorspannung des Empfängers mit dem Farbsynchronsignal (Burst) verglichen. Dabei gewinnt man eine Regelspannung, mit deren Hilfe der Oszillator nachgestimmt wird.

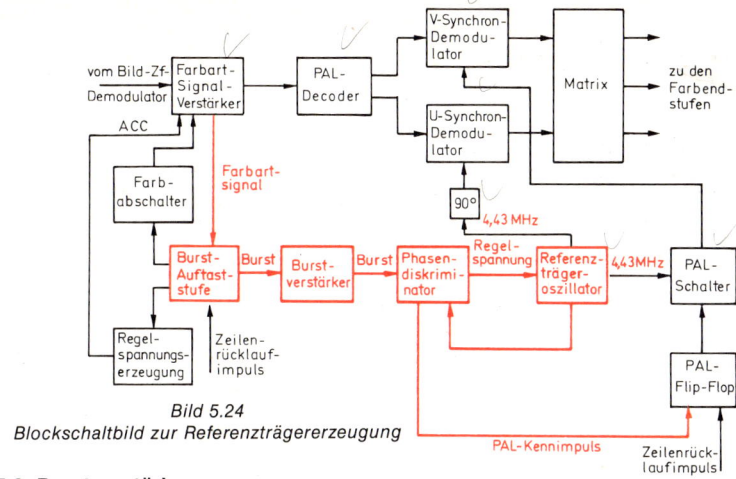

Bild 5.24
Blockschaltbild zur Referenzträgererzeugung

5.5.2. Burstverstärker

Der Farbfernsehsender strahlt ein Farbsynchronsignal, *Burst* genannt, mit aus. Der Burst besteht aus etwa zehn Schwingungen des Farbträgers und wird auf der hinteren Schwarzschulter des Zeilensynchronimpulses übertragen (Bild 5.23). Dieses Farbsynchronsignal durchläuft alle Stufen eines Farbempfängers bis zum Farbartverstärker. Von dort gelangt es über einen Koppelkondensator zum Burstverstärker, für dessen Schaltungstechnik **Bild 5.25** ein Beispiel zeigt.

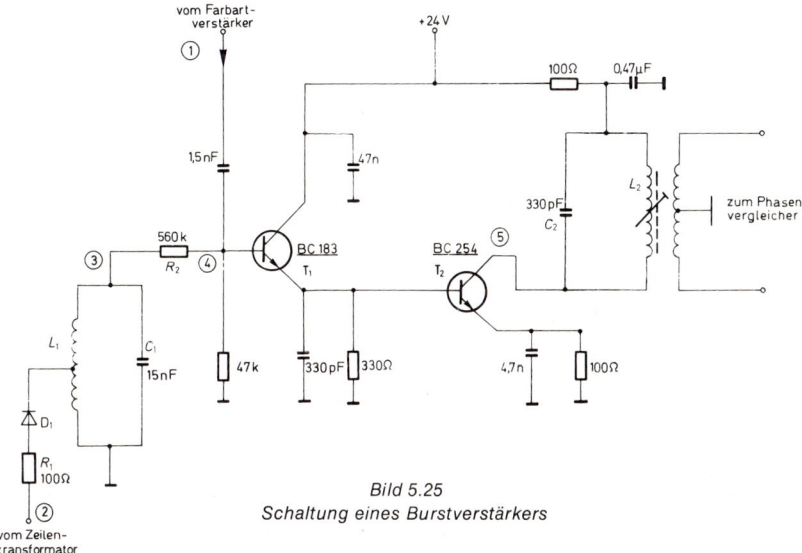

Bild 5.25
Schaltung eines Burstverstärkers

Auf die Basis des Transistors T1, der in Kollektorschaltung arbeitet, wird neben dem Farbartsignal auch der im Empfänger erzeugte Burstauftastimpuls gegeben. Er wird über den Widerstand *R* 2 eingekoppelt und öffnet den Transistor in zeitlicher Übereinstimmung mit dem Burst. Am Ausgang der Kollektorschaltung erscheint deshalb nur noch der Burst, der im Transistor T 2 verstärkt wird. Die im **Bild 5.26** wiedergegebenen Oszillogramme verdeutlichen diese Wirkungsweise.

Der Auftastimpuls wird in einem Schwingkreis ($L\,1$, $C\,1$) erzeugt, der über den Widerstand $R\,1$ und die Diode D1 von einem negativen Zeilenrücklaufimpuls angestoßen wird. Während des Zeilenhinlaufes ist D1 leitend und der Kreis dadurch stark bedämpft. Der Transistor T1 wird gleichzeitig über diese leitende Diode D1 gesperrt. Der negative Zeilenrücklaufimpuls sperrt nun die Diode, so daß der auf etwa 60 bis 70 kHz abgestimmte Kreis, beginnend mit der negativen Halbwelle, frei schwingen kann. Die darauf folgende positive Halbwelle fällt zeitlich mit dem Burst zusammen. Dieser positive Impuls gelangt an die Basis von T1 und öffnet den Transistor, so daß die Burstschwingungen verstärkt werden.

Der Burst wird mit dem Transistor T2 weiter verstärkt und am Schwingkreis $L\,2$, $C\,2$, der auf 4,43 MHz abgestimmt ist, induktiv abgenommen.

Diese eben beschriebene Schaltung nennt man auch **getasteter Burstverstärker**, weil dieser Verstärker nur während der Burstschwingungen aufgetastet wird. Diese Maßnahme ist erforderlich, weil nur der Burst die exakte Phasenlage beinhaltet. Wie schon früher ausgeführt wurde, ist ja die Phasenlage ausschlaggebend für die Farbwiedergabe. Zwar beinhaltet auch das Farbsignal 4,43-MHz-Schwingungen. Deren Phasenlagen ändern sich aber laufend, so daß sie nicht zur Synchronisation des Referenzoszillators herangezogen werden können.

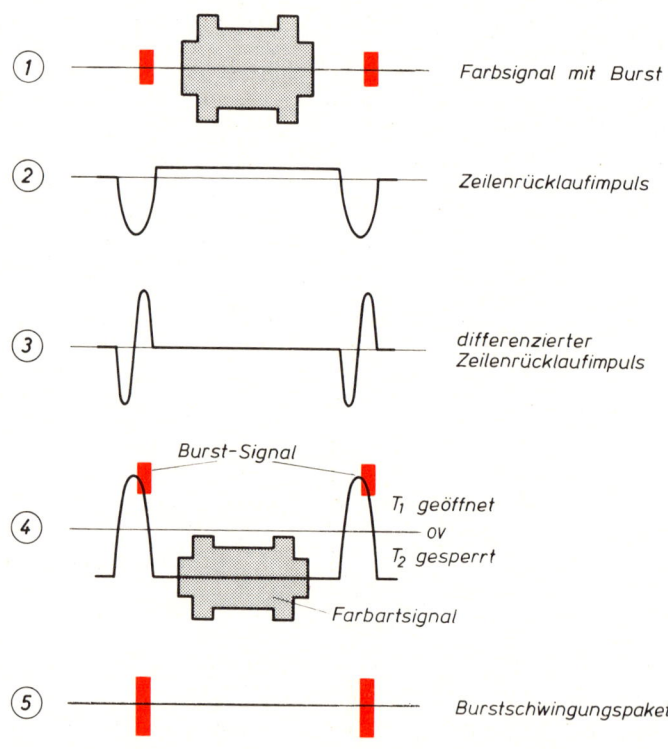

Bild 5.26
Signalverlauf im Burstverstärker

5.5.3. Phasendiskriminator

Da der Referenzträger mit seinen 4,43 MHz in seiner Frequenz mit dem senderseitigen Farbhilfsträger genau übereinstimmen muß, ist im Farbfernsehempfänger neben einem Quarzoszillator ein Phasenvergleicher oder Phasendiskriminator vorgesehen. Weiterhin muß der Referenzträger vor dem Einspeisen in den (R-Y)-Synchrondemodulator noch von Zeile zu Zeile um 180° gedreht werden, um die senderseitige Drehung wieder aufzuheben. Deshalb durchläuft die Referenzträgerschwingung den PAL-Schalter, der wiederum vom alternierenden Burst synchronisiert werden muß.

Das geschieht aus Stabilitätsgründen auf einem Umweg. Dieser gesamte Zusammenhang ist im Blockschaltbild des Farbsynchronteils in Bild 5.24 zu sehen.

Der Burst aus dem getasteten Burstverstärker speist den Phasendiskriminator. Dieser erzeugt durch einen Vergleich der Oszillatorfrequenz mit dem Farbsynchronsignal eine Regelspannung, die von der Frequenz- oder Phasenabweichung vom Sollwert abhängt. Sie zieht die Oszillatorfrequenz über eine Reaktanzstufe (zum Beispiel eine Kapazitätsdiode) auf die richtige Frequenz beziehungsweise Phasenlage nach.

Der Quarzoszillator steuert nun den (B-Y)-Synchrondemodulator und über den PAL-Schalter den (R-Y)-Synchrondemodulator.

Die Synchronisation des PAL-Schalters erfolgt auf folgende Weise: Der Phasendiskriminator gibt neben der Regelspannung noch Impulse ab, deren Frequenz die halbe Zeilenfrequenz ist. Diese Impulse stoßen einen Schwingkreis an, der auf diese halbe Zeilenfrequenz abgestimmt ist. Mit dem Ausgangssignal dieser Schwingkreisstufe (PAL-Kennimpuls) steuert man eine bistabile Kippschaltung an, die wiederum die Umschaltimpulse für den PAL-Schalter liefert.

Im Folgenden soll die Wirkungsweise eines solchen Phasendiskriminators besprochen werden, der in ähnlicher Form auch bei der Zeilensynchronisation verwendet wird. In **Bild 5.27** ist die Grundschaltung eines Phasendiskriminators wiedergegeben.

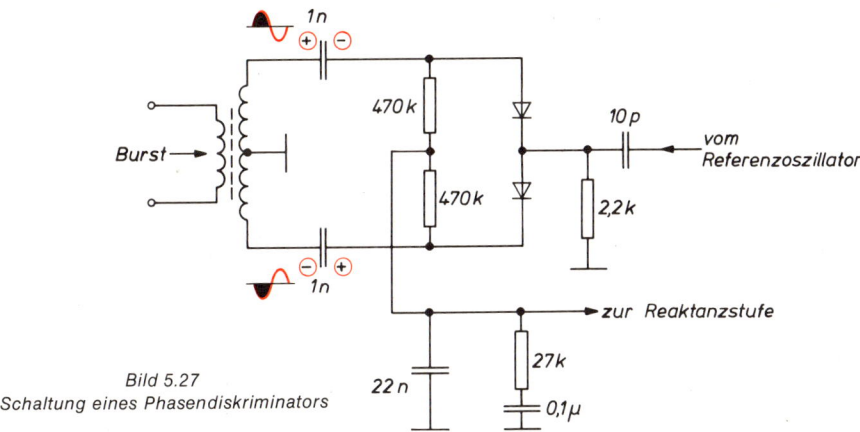

Bild 5.27
Schaltung eines Phasendiskriminators

Der aufgetastete Burst wird über den Übertrager dem symmetrischen Phasendiskriminator zugeführt. Dieser Übertrager liefert zwei symmetrische 4,43-MHz-Sinus-Schwingungen, die gegen das Mittenpotential (Masse) jeweils um 180° gedreht sind. Diese Signale werden über die beiden 1-nF-Kondensatoren den Dioden zugeführt. Es ergibt sich ein Gleichrichtervorgang, der die beiden Kondensatoren (1 nF) auf die gleiche Spannung in der angezeigten Polarität auflädt. Der ohmsche Widerstand des 4,43-MHz-Übertragers ist klein, so daß sich in **Bild 5.28** eine symmetrische Brückenschaltung aus den Ladespannungen der beiden Kondensatoren und den Spannungen an den beiden 470 kΩ-Entlade-Widerständen ergibt. Die Differenz-Spannung innerhalb der Brücke ist 0 V.

Dem Verbindungspunkt der beiden Dioden in Bild 5.27 wird die Vergleichsspannung vom Referenzträgeroszillator zugeführt.

Das RC-Glied verschiebt die Phase der Vergleichsschwingungen etwas.

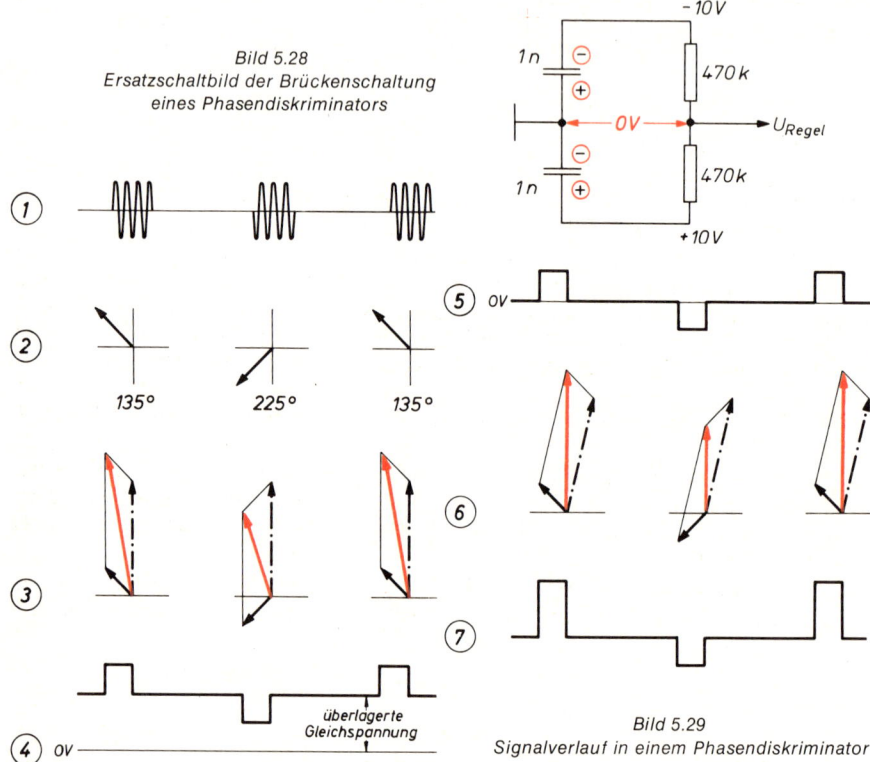

Bild 5.28
Ersatzschaltbild der Brückenschaltung
eines Phasendiskriminators

Bild 5.29
Signalverlauf in einem Phasendiskriminator

Das **Bild 5.29** verdeutlicht, wie ein solcher Diskriminator arbeitet. In der ersten Reihe ist der Signalverlauf der Farbsynchronimpulse wiedergegeben, die ja in einem Abstand von 64 μs mit jeweils 10−12 Schwingungszügen erscheinen. In der Reihe 2 sind die zugehörigen Zeigerdiagramme aufgezeichnet, aus denen die von einer Zeile zur anderen wechselnden Phasenlagen (alternierender Burst) zu ersehen sind.

Wird zu diesen Burstimpulsen der Referenzträger (Reihe 3, gestrichelter Zeiger) in der angegebenen Phasenlage addiert, ergeben sich die roten Zeiger, die je nach Phasenlage des Burstes abwechselnd kleiner und größer sind als der Zeiger des im Empfänger erzeugten Referenzträgers. Es entsteht also ein amplitudenmoduliertes Signal und daraus nach Gleichrichtungen mit einer Diode eine Impulsfolge mit überlagerter Gleichspannung (4).

Nun benutzt man aber in einer Phasendiskriminatorschaltung zwei Gleichrichterstrecken, so daß man an der anderen Diode die gleiche Impulsfolge erhält. Ihr ist eine Gleichspannung gleicher Größe, aber mit entgegengesetzter Polarität überlagert. In der Brückendiagonalen wirkt deshalb eine Impulsfolge ohne Gleichspannungsanteil (5).

214

Dem Phasendiskriminator ist, wie Bild 5.27 zeigt, ein Siebglied nachgeschaltet, dessen Zeitkonstante sehr groß im Vergleich zur Zeilendauer ist. Dadurch verschwinden die Impulse, und die Regelspannung hat in dem hier gezeigten Beispiel den Wert Null. Der Oszillator schwingt also genau auf der richtigen Frequenz und besitzt die gewünschte Phasenlage gegenüber dem Burst.

Stimmt die Phasenlage des Oszillators nicht, weil er zum Beispiel langsamer schwingen will, so ergibt sich am Ausgang des Phasendiskriminators eine Impulsfolge mit vergrößerten positiven und verkleinerten negativen Impulsen (Bild 5.29, Reihe 6 und 7). Hinter dem Siebglied entsteht dann eine positive Regelspannung, die über die Reaktanzstufe den Oszillator nachzieht, bis seine Phasenlage mit der vorgebenen wieder übereinstimmt.

5.5.4. Referenzoszillator

Für eine phasenrichtige Demodulation im Empfänger muß der 4,43-MHz-Träger den Seitenbändern wieder phasenrichtig zugeführt werden. Es ist deshalb erforderlich, im Empfänger die Farbträgerschwingung von 4,43361875 MHz zu erzeugen.

An die Phasenkonstanz dieses Generators werden hohe Anforderungen gestellt, weil sich bei einer Frequenzabweichung Farbfehler einstellen. Diese notwendige hohe Frequenzstabilität wird grundsätzlich über einen 4,43-MHz-Schwingquarz erreicht. Weiterhin muß man berücksichtigen, daß im Ausgang des Phasendiskriminators ein Siebglied liegt, um Störspannungen aus der Regelspannung auszufiltern. Dieser Tiefpaß begrenzt jedoch den Fangbereich, denn höhere Frequenzen, die sich bei stärkeren Frequenzabweichungen ergeben, werden durch ihn abgeschnitten. Der Fangbereich liegt deshab bei $\pm$ 200 bis 800 Hz.

Ein so kleiner Fangbereich $-$ 400 Hz bei 4,43 MHz $\approx 1 \cdot 10^{-4}$ $-$ ist nur durch einen quarzgesteuerten Oszillator realisierbar. Denn die Abgleichgenauigkeit des Empfängerquarzes, bei tragbarem Aufwand für den Quarz, liegt bei 50×10^{-6}, was auf 4,43 MHz bezogen $\pm$ 200 Hz sind.

Es gibt sehr viele verschiedene Schaltungsvarianten für Quarzoszillatorschaltungen. An den Quarzoszillator in einem Farbfernsehempfänger stellt man folgende Anforderung:

1. Der Oszillator muß verstimmbar sein, damit er auf die Sollfrequenz synchronisiert werden kann.

2. Er soll möglichst oberwellenfrei sein, damit sich bei der Synchrondemodulation keine zusätzlichen Ausgangsspannungen ergeben,

3. die Kopplung zwischen Schwingquarz und Transistoroszillator soll genügend lose sein, damit Änderungen der Transistorparameter, insbesondere der Kapazitäten, die Frequenz nicht beeinflussen.

4. Die Farbträgerschwingung soll rückwirkungsfrei ausgekoppelt und den Synchrondemodulatoren zugeführt werden.

So hat sich die im **Bild 5.30** wiedergegebene Quarzoszillatorschaltung in den Farbempfängern durchgesetzt.

Der Referenzträger-Oszillator ist eine sogenannte Eco-Schaltung, bei der der Transistor für die Mitkopplung in Kollektorschaltung betrieben wird. Die am Emitter abgenommene Ausgangsspannung wird entsprechend dem Blindwiderstandsverhältnis der beiden Kondensatoren herauftransformiert, so daß V · k = 1 wird. Der Quarz wird in Serienresonanz betrieben und anstelle der Induktivität verwendet. Eine solche Oszillatorschaltung nennt man auch »Clapp-Oszillator«.

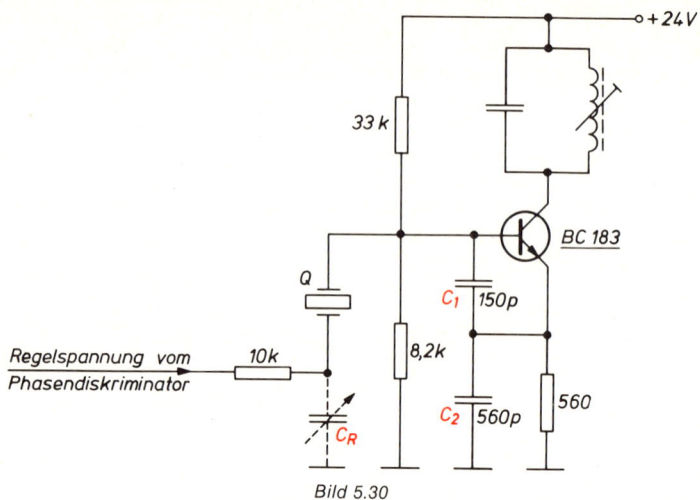

Bild 5.30
Schaltung eines Referenzträgeroszillators mit Quarz

Dadurch, daß sie zwischen Basis und Emitter schwingt, kann am Kollektor ohne Rückwirkung die Referenzträgerschwingung abgenommen werden. Die Resonanzfrequenz wird durch den Quarz, der hier als Induktivität wirkt, die in Reihe liegende Kapazität C_R der Kapazitätsdiode und die Kondensatoren C_1 und C_2 bestimmt.

Bei der strengen Forderung nach möglichst exakter Einhaltung der Farbträgerfrequenz dürfen andere veränderliche Blindwiderstände nicht auf den frequenzbestimmenden Quarz einwirken.

So haben die Transistorparameter Cein und C_{CR} durch ihre Temperatur- und Spannungsabhängigkeit einen wesentlichen Einfluß.

So gilt für die Transistoreingangskapazität

$$C_e \approx \frac{I_c}{U_T \cdot \beta \cdot 2\pi \cdot f\beta}$$

mit U_T = Temperaturspannung, β = Kurzschlußstromverstärkung und $f\beta$ = Grenzfrequenz und für die Kollektor-Basis-Kapazität

$$C_{CB} \approx \frac{1}{\sqrt{U_{CB}}}$$

Aus diesen beiden Gleichungen erkennt man, daß

1. die Verwendung von Si-Transistoren vorteilhaft ist, weil bei ihnen die Temperaturabhängigkeit des Reststromes geringer ist.

2. Der Transistor eine hohe Kurzschlußstromverstärkung β und eine hohe Grenzfrequenz $f\beta$ haben sollte, da dann der Einfluß von Kollektorstromänderungen auf die Eingangskapazität reduziert wird.

Weiterhin ist eine Gleichstromgegenkopplung in der Emitterleitung ebenso sinnvoll wie eine stabilisierte Kollektorgleichspannung.

Mit steigender Temperatur erhöhen sich die Eingangs- und die Kollektorbasis - Kapazitäten, was eine Frequenzverschiebung zu tiefen Werten bedeutet. Man kann dieses Verhalten kompensieren, wenn die Parallel-Kapazitäten auf einen negativen Temperaturbeiwert hin ausgesucht werden.

Eine zusätzliche lose Ankopplung des Transistors an den frequenzbestimmenden Kreis mindert natürlich den Einfluß der Transistorparameter. So sind auch die beiden in der Schaltung (Bild 5.30) zur Ziehkapazität C_R in Reihe liegenden Kondensatoren groß gegen diese, d. h. der Hauptteil der Quarzwechselspannung steht an C_R und wird von Änderungen der Transistorwiderstände nicht beeinflußt. Das vermindert auch gleichzeitig die Bildung von Oberwellen.

Zur Nachstimmung des Referenzoszillators kann entweder eine Reaktanzstufe oder eine Kapazitätsdiode benutzt werden. Heute wird grundsätzlich eine Kapazitätsdiode verwendet. Hier ist jedoch zu beachten, daß die Sperrschichtkapazität in erster Näherung umgekehrt proportional zur Wurzel aus der angelegten Spannung verläuft (**Bild 5.31**).

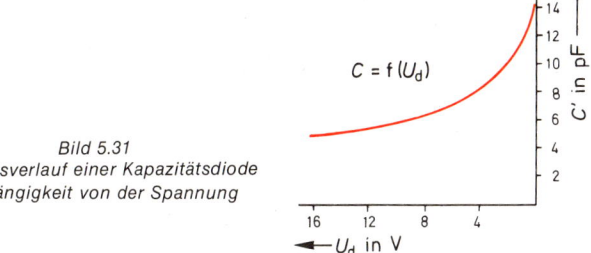

Bild 5.31
Kapazitätsverlauf einer Kapazitätsdiode
in Abhängigkeit von der Spannung

Folglich ist die Kapazitätsänderung um so größer, je kleiner die Spannung ist. Das zwingt dazu, in der Nähe des Nullpunktes zu arbeiten.

Nun liegt jedoch außer der Regelspannung an dieser Diode noch die Wechselspannung des Oszillatorkreises an. Überschreitet der Spitzenwert der Wechselspannung die Sperrspannung, so tritt Gleichrichtung auf. Damit entsteht nicht nur eine Bedämpfung des Schwingkreises, sondern es geht auch die Regelfähigkeit verloren.

Will man nun diesen Einfluß, daß die Wechselspannung die Diode in den Durchlaßbereich bringt, verkleinern, so kann man in die Regelleitung einen Transistor nach **Bild 5.32** schalten. Durch eine Stromgegenkopplung gibt man ihm einen hohen Innenwiderstand und verkleinert so die Belastung der Regelspannungsquelle, den Phasendiskriminator. Gleichzeitig wird die Regelspannung verstärkt und die Polarität geändert. Selbstverständlich liegt der weitere Vorteil einer Regelspannungsverstärkung darin, daß man wegen der höheren Regelspannung im flacheren Teil der Kennlinie $C = f(U_d)$, in Bild 5.31, also bei höheren Sperrspannungen arbeiten kann.

Bild 5.32
Schaltung einer Kapazitätsdiode
parallel zum
Serien-Ziehkondensator
(Bürdekondensator)

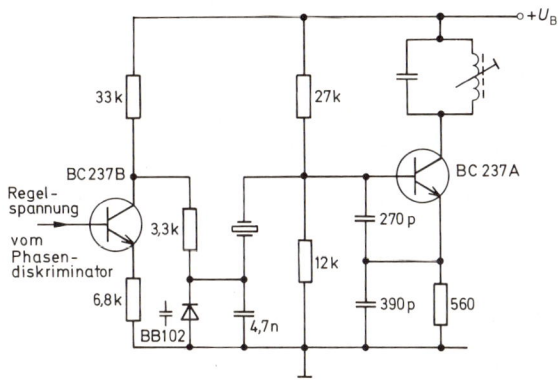

5.5.5. Vollständige Schaltung der Farbträgererzeugung

Nach dem allgemeinen Überblick in den vorangegangenen Abschnitten läßt sich nun die ausführliche Schaltung in **Bild 5.33** zur Farbträgererzeugung übersehen. Der Transistor T 1 arbeitet als Burstverstärker. Das gesamte Farbsignal einschließlich Burst wird vom Ausgang des Farbartverstärkers an dessen Basis geführt. Hier wird der Burst vom Farbartsignal getrennt und verstärkt. Der Transistor T 1 ist während des Zeilenhinlaufs gesperrt.

Der Schwingkreis L1/C1, der auf die dreifache Zeilenfrequenz abgestimmt ist, wird während der Schwarzschulter von einem positiven Zeilenrücklaufimpuls angestoßen und ist durch die Diode so bedämpft, daß er nur eine positive Halbschwingung ausführt. Diese Halbschwingung gelangt an die Basis des Transistors T 1 und öffnet diesen während einer bestimmten Zeit. In ihm wird der Burst verstärkt und am Schwingkreis L2/C2, der auf 4,43 MHz abgestimmt ist, induktiv abgenommen. Das Burstschwingungspaket wird über einen Spulensatz dem Phasendiskriminator zugeführt.

Die mittlere Koppelwicklung auf diesem Spulensatz leitet die Burstspannung dem Transistor T 4 zu. An seiner Basis-Emitter-Diode wird der Burst gleichgerichtet und lädt den 47-nF-Koppelkondensator in Abhängigkeit von der Burstamplitude auf. Diese negative Spannung wird verstärkt und als Regelspannung über ein Siebglied aus 10 kΩ und 2,2 µF dem Farbartsignalverstärker zugeleitet (siehe hierzu Kapitel 5.2. „Farbartverstärker").

Die Oszillatornachstimmspannung aus dem Phasendiskriminator gelangt über den Tiefpaß an den Gleichspannungsverstärker T 2. Vom Kollektor dieses Transistors führt man die verstärkte Regelspannung über einen Widerstand der Kapazitätsdiode zu, die als Stelloder Nachstimmglied dient. Der Referenzoszillator arbeitet mit dem Transistor T 3 und dem Quarz Q als Clapp-Oszillator. Die Quarzfrequenz wird durch die Kapazitätsdiode entsprechend der Größe der Regelspannung so beeinflußt, daß sich die gewünschte Frequenz einstellt, der Quarz wird „nachgezogen". Das andere Ende der Kapazitätsdiode liegt gleichstrommäßig über den Widerstand an Masse. Der Trimmer dient zum Abgleich des Oszillators. Der Quarz hat bei einer Parallelkapazität von 21 pF seine Sollfrequenz von 4,43361875 MHz.

Vom Kollektor des Transistors T 3 nimmt man die Oszillatorspannung ab und führt sie über ein RC-Phasenschieberglied dem Phasendiskriminator zu (Istwert der Quarzfrequenz). Der Kollektorschwingkreis dieses Transistors ist auf 4,43 MHz abgestimmt und dient als Auskoppelkreis. Von der Sekundärspule wird über 82 pF der Schwingkreis des (B-Y)-Synchrondemodulators gespeist, während der (R-Y)-Synchrondemodulator erst über den PAL-Schalter die Referenzträgerschwingung erhält. Der PAL-Schalter wird durch die Rechteckimpulse vom PAL-Multivibrator gesteuert.

Der Phasendiskriminator liefert nicht nur eine Regelspannung zur Nachstimmung des Quarzoszillators, sondern man kann ebenfalls an ihm eine sägezahnförmige Schwingung mit halber Zeilenfrequenz über ein RC-Glied abnehmen, die dann zur Synchronisation des PAL-Multivibrators geeignet ist. Weiterhin steuert diese Schwingung noch den Farbabschalter.

5.6. Farbabschalter

Der Farbabschalter, auch Colorkiller genannt, sorgt für eine automatische Sperrung des Farbkanals, wenn eine Schwarzweiß-Sendung empfangen wird oder bei schwachem Empfang das Farbbild stark verrauscht ist.

Die oberhalb von 3,5 MHz liegenden Videofrequenzen eines Y-Signals würden ohne diese Sperrung über den Farbartsignalverstärker an die Synchrondemodulatoren gelangen, dort demoduliert werden und die Bildröhre mit einer nicht zu definierenden farbigen Information ansteuern, die sich sehr störend auf ein Schwarzweißbild auswirken würde.

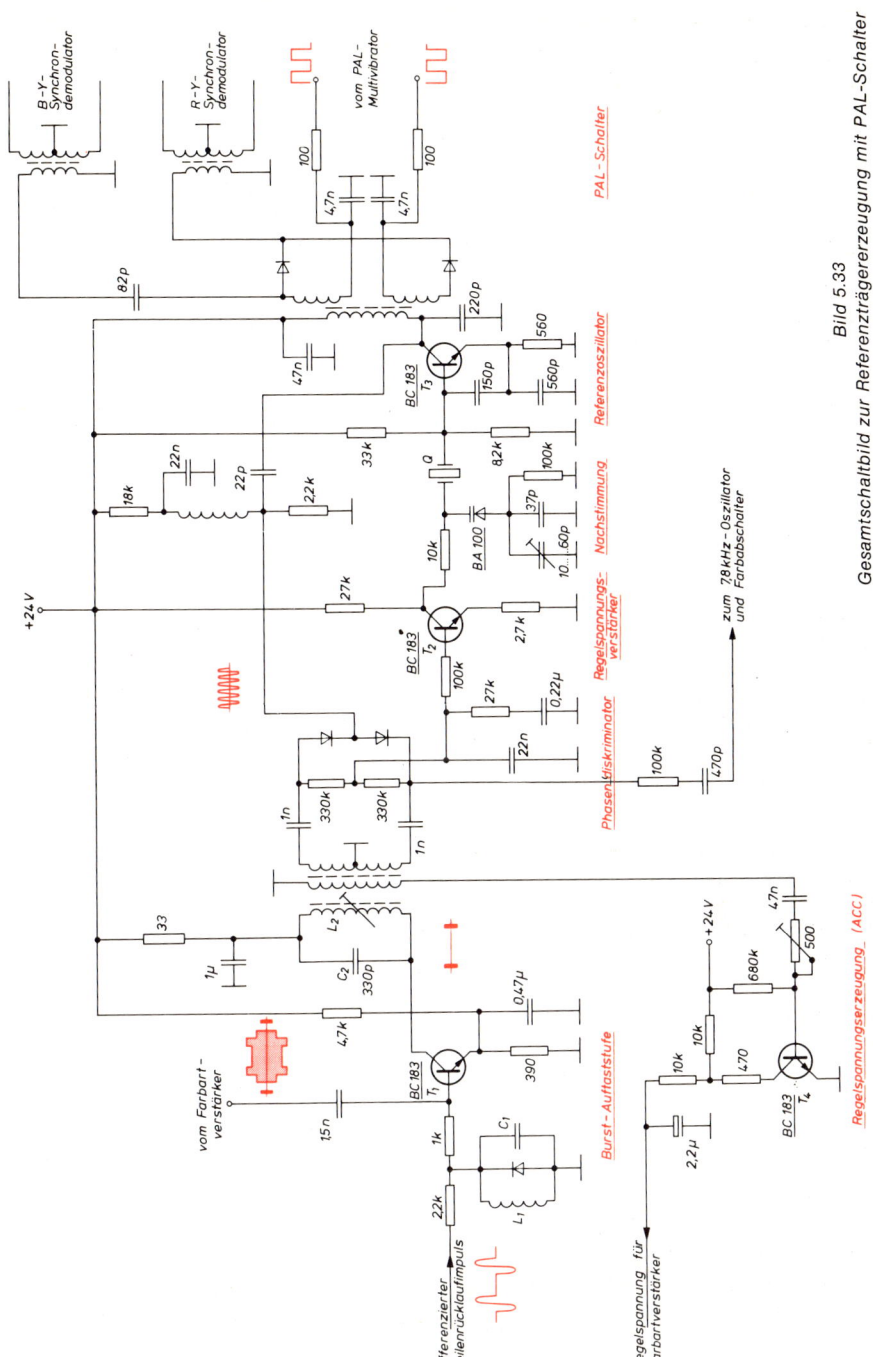

Bild 5.33
Gesamtschaltbild zur Referenzträgererzeugung mit PAL-Schalter

219

Das Farbsynchronsignal (Burst) wird nur während einer Farbsendung ausgestrahlt, es fehlt in einer Schwarzweiß-Sendung. Man benützt es deshalb auch zur Steuerung des Farbabschalters. Der Phasendiskriminator erzeugt, wie schon im Abschnitt 5.5.3 erwähnt wurde, die Schaltspannung für den Farbabschalter.

Eine der vielen Schaltungsmöglichkeiten eines Farbabschalters, zeigt das **Bild 5.34**. Die gesiebte Ausgangsspannung des Phasendiskriminators gibt man auf die Basis des Farbabschalter-Transistors T1, der die Basisvorspannung des PAL-Eingangsverstärker-Transistors T2 liefert.

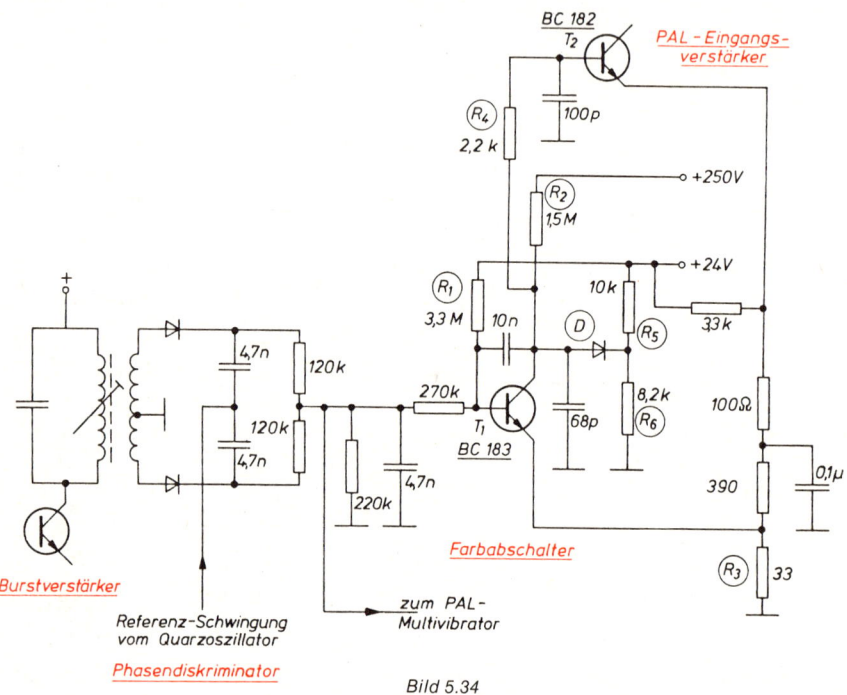

Bild 5.34
Gesamtschaltbild eines Farbabschalters

Beim Empfang einer Schwarz-Weiß-Sendung oder bei zu kleiner Burstamplitude oder bei der Nichtübereinstimmung der Phasenlage zwischen Burst und Referenzträgerschwingung gibt der Phasendiskriminator eine positive Ausgangsspannung ab. Diese positive Regelspannung läßt den Transistor T 1 voll leitend werden. So liegt jetzt die Basis des Transistors T2 über den Widerstand R 4, den durchgeschalteten Transistor T 1 und den Widerstand R 3 an Masse und erhält somit eine so geringe Vorspannung, daß er sperrt. Die Farbinformation kann nicht an die Bildröhre gelangen.

Bei Farbsendungen mit ausreichender Burstamplitude und richtiger Phasenlage liefert der Phasendiskriminator eine negative Regelspannung, die den Transistor T 1 sperrt. So erhält der Transistor T 2 über R 4 und R 2 eine solche positive Basisvorspannung, daß er leitet. Diese positive Basisspannung bei gesperrtem Transistor T 1 begrenzt man über die Diode D und den Spannungsteiler R 5, R 6. Weiterhin bewirkt diese über die Widerstände vorgespannte Diode, daß die Umschaltung schlagartig erfolgt, d. h. der Farbabschalter nur die beiden Zustände EIN und AUS kennt.

5.7. Synchrondemodulator-Kombination in integrierter Schaltung

In der integrierten Schaltung TDA 2522 (**Bild 5.35**) hat man alle Stufen des Farbteils außer Farbartverstärker und PAL-Decoder zusammengefaßt. Die vom PAL-Decoder gelieferten hochfrequenten Signale F_U und F_V gelangen über die Anschlüsse 5 und 6 der integrierten Schaltung auf die Synchrondemodulatoren. Hier werden die Farbdifferenzsignale durch Hinzufügen des Referenzträgers und durch Gleichrichtung gebildet. In einer Matrix-Schaltung entsteht das vom Sender nicht mit ausgestrahlte Farbdifferenzsignal G-Y. Über jeweils einem Ausgangsverstärker liegen die drei Farbdifferenzsignale negativ gerichtet an den Anschlüssen 1, 2 und 3. Sie stehen damit in ausreichender Höhe zur Ansteuerung der Farbendstufen zur Verfügung.

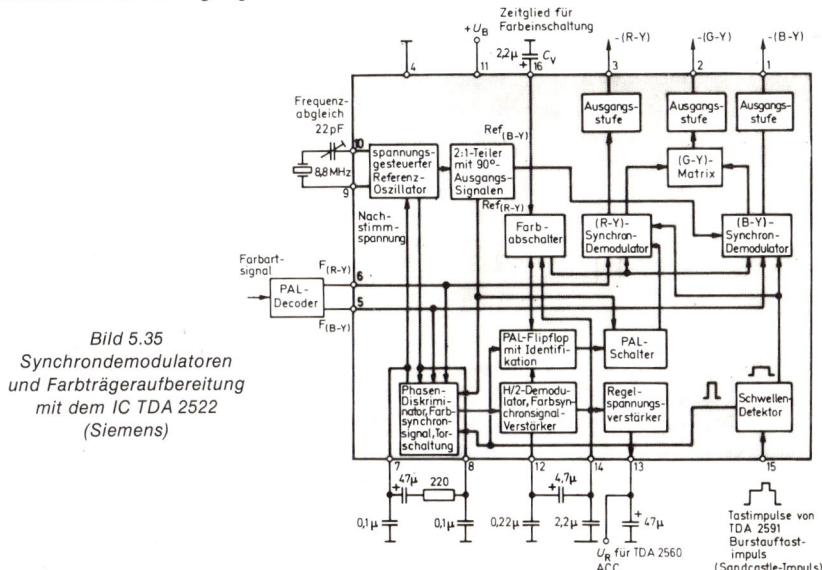

Bild 5.35
Synchrondemodulatoren
und Farbträgeraufbereitung
mit dem IC TDA 2522
(Siemens)

Der Farbträger wird in einem spannungsgesteuerten Quarz-Oszillator erzeugt, der vom Phasendiskriminator nachgesteuert wird. Um eine hohe Frequenzstabilität zu erreichen, schwingt der Referenz-Oszillator auf 8,8 MHz. Am Ausgang des 2:1-Frequenzteilers stehen dann zwei um 90° phasenverschobene Referenzträgerschwingungen für die Synchrondemodulatoren zur Verfügung.

Die Referenzträgerschwingung für den (R-Y)-Synchrondemodulator gelangt zum PAL-Schalter, um hier die zeilenfrequente Umschaltung des Farbträgers vorzunehmen. Der PAL-Schalter wiederum wird vom PAL-Flip-Flop gesteuert. Der PAL-Flip-Flop erhält seine zeilenfrequenten Auslöseimpulse vom Schwellendetektor. Die Synchronisierung des PAL-Flip-Flops erfolgt durch die PAL-Kennimpulse, die vom Phasendiskriminator abgenommen und über den H/2-Demodulator gegeben werden.

Mit in diese Synchrondemodulator-Kombination TDA 2522 ist der Farbabschalter integriert. Er wird vom Burst angesteuert, der im Farbsynchronverstärker verstärkt wurde. Der Farbabschalter sperrt die Synchrondemodulatoren und den PAL-Flip-Flop, wenn keine Farbsendung empfangen wird. Ebenfalls entnimmt man dem Farbsynchronverstärker aus dem Burst für die Regelspannungserzeugung ACC, die im Regelspannungsverstärkerblock entsteht und hier verstärkt wird. Diese Regelspannung kann am Anschluß 13 abgenommen und dem Farbartverstärker zugeführt werden.

221

5.8. Ansteuerung der Farbbildröhre

5.8.1. Matrix-Schaltung

5.8.1.1. Allgemeines

Aus den beiden Synchrondemodulatoren erhält man die beiden reduzierten Farbdifferenzsignale

$$U_v = \frac{U_{R-Y}}{1,14} \quad \text{und} \quad U_u = \frac{U_{B-Y}}{2,03},$$

wie in dem vorangegangenen Abschnitt ausführlich erläutert wurde. Damit die Bildröhre des Empfängers das richtige Bild erzeugt, müssen ihre drei Elektronensysteme aber mit den Signalen U_R, U_G und U_B gesteuert werden, also mit den gleichen Signalen, wie sie die Farbkamera im Studio abgegeben hat.

Es entstehen dadurch im Empfänger drei Aufgaben, die ausschließlich in der Matrix oder auch Addierstufe genannt, bewältigt werden.

1. Aus den übertragenen Signalgemischen muß eine Grün-Information abgeleitet werden, die sich gut weiterverwenden läßt – das Grün-Differenzsignal U_{G-Y}.

2. Es ist notwendig, die im Sender vorgenommene unterschiedliche Reduzierung der Signale U_{R-Y} und U_{B-Y} wieder auszugleichen.

3. Die drei Differenzsignale müssen mit dem Leuchtdichtesignal U_Y so zusammengesetzt werden, daß die Steuerung der Bildröhre schließlich mit U_R, U_G und U_B erfolgt.

5.8.1.2. Bildung von U_{G-Y}

Grundsätzlich entsteht das Farbdifferenzsignal U_{G-Y} aus der Addition der Farbdifferenzsignale U_{R-Y} und U_{B-Y}. Um diesen Zusammenhang besser verstehen zu können, muß man sich noch einmal die Farbzerlegung ansehen.

Das Leuchtdichtesignal U_Y setzt sich aus 30% Rotanteil, 59% Grünanteil und 11% Blauanteil zusammen. Man schreibt das in folgender Formel:

$$U_Y = 0,3\, U_R + 0,59\, U_G + 0,11\, U_B$$

Entsprechendes gilt für die Farbdifferenzsignalspannungen:

$$U_Y - U_Y = 0 = 0,3\,(U_R - U_Y) + 0,59\,(U_G - U_Y) + 0,11\,(U_B - U_Y)$$

Durch Umformen dieser letzten Gleichung läßt sich das Farbdifferenzsignal für U_G ausdrücken:

$$0,59\,(U_G - U_Y) = -0,3\,(U_R - U_Y) - 0,11\,(U_B - U_Y)$$

$$U_G - U_Y = -\frac{0,3}{0,59}\,(U_R - U_Y) - \frac{0,11}{0,59}\,(U_B - U_Y)$$

und damit ergibt sich $\quad -U_{G-Y} = 0,51\, U_{R-Y} + 0,19\, U_{B-Y}$

Wenn man also 51% von U_{R-Y} und 19% von U_{B-Y} addiert, erhält man ein umgepoltes G-Y-Signal.

Im **Bild 5.36** ist eine Schaltung wiedergegeben, mit der sich die drei Farbsignale rückgewinnen lassen. Die Transistoren $T1$ und $T3$ arbeiten zur Gewinnung des G-Y-Signals in Kollektorschaltung, deren Verstärkung ca. 1 ist. Außerdem wirkt das Steuersignal, das der Basis zugeführt wird, mit gleicher Phasenlage am Emitter. So kann man annehmen, daß am Emitter des Transistors $T3$ das R-Y-Signal und am Emitter des Transistors $T1$ das B-Y-Signal vorhanden sind.

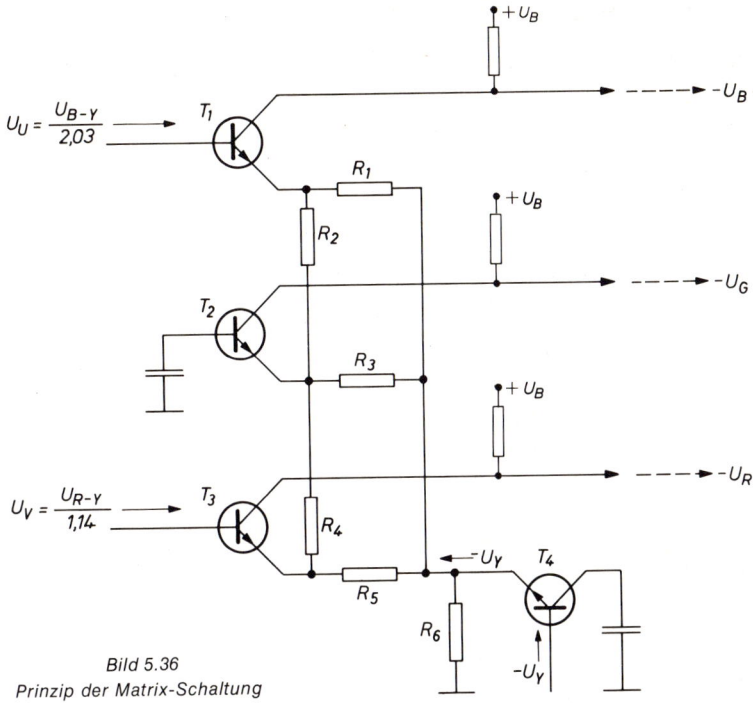

Bild 5.36
Prinzip der Matrix-Schaltung

Diese beiden Signale werden über $R2$ und $R4$ nach dem Emitter von T2 zu so aufgeteilt, daß dort das richtige Verhältnis von 51 : 19 zwischen U_{R-Y} und U_{B-Y} besteht. Für diese Spannung arbeitet dieser Transistor in Basisschaltung. Als Ergebnis erhält man schließlich am Kollektor des Transistors T2 ein G-Y-Signal.

Da die Transistoren T1 und T3 in Emitterschaltung arbeiten, sind deren Ausgangssignale gegenüber den Eingangssignalen umgepolt.

An den drei Kollektoren der Matrix-Transistoren liegen dann die drei Differenzsignale wieder phasenrichtig zueinander (**Bild 5.37**).

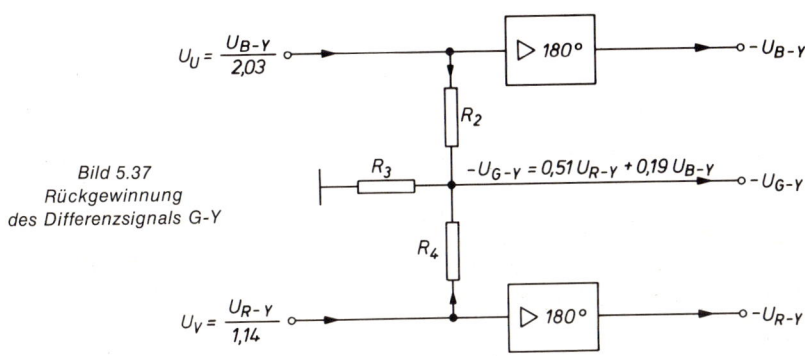

Bild 5.37
Rückgewinnung
des Differenzsignals G-Y

5.8.1.3. Ausgleich der Signal-Reduzierung

Da die Verstärker an ihren Ausgängen die nicht reduzierten Farbdifferenz-Signale abgeben sollen, müssen die von den Synchrondemodulatoren gelieferten Signale U und V verschieden verstärkt werden, und zwar so, daß die senderseitige Reduktion wieder aufgehoben wird. Die Verstärkerfaktoren ergeben sich folgendermaßen:

Es war in der Norm festgelegt worden, daß

$$U = \frac{B - Y}{2,03}$$

$$V = \frac{R - Y}{1,14} \text{ ist.}$$

Durch Umstellung ergibt sich:

$$B - Y = 2,03\ U$$
$$R - Y = 1,14\ V$$

Daraus folgt das Verhältnis

$$\frac{B - Y}{R - Y} = \frac{2,03\ U}{1,14\ V} = 1,78$$

d. h. die Verstärkung für das U-Signal muß um den Faktor 1,78 größer sein als die für das Signal V. Da keine zusätzliche Verstärkerstufe verwendet werden soll, wird der Verstärkungsunterschied durch Verkleinern des V-Signals um den Faktor 1,78 erreicht. In der Schaltung in Bild 5.36 erreicht man diesen Verstärkungsunterschied durch unterschiedliche Bemessung der Emitterwiderstände der Transistoren T1 und T3. Dadurch erhalten die Stufen unterschiedliche Gegenkopplungsgrade.

5.8.1.4. Bildung des RGB-Signals

Die Farbdifferenz-Signale und das Leuchtdichtesignal müssen die Farbbildröhre so ansteuern, daß die Strahlströme der drei Elektronenkanonen immer das gleiche Verhältnis zueinander haben wie die Signale R, G und B am Ausgang der Kamera. Hierfür gibt es zwei verschiedene Möglichkeiten. Entweder werden die Farbdifferenzsignale und das Leuchtdichtesignal in einer Widerstandsmatrix addiert, wie es im Bild 5.36 angedeutet ist, oder aber die drei Elektronenkanonen der Farbbildröhre dienen als Matrixschaltung für diese Addition.

Speist man dann über den Widerstand $R\,6$ das Y-Signal mit richtiger Größe und Phasenlage in das Widerstandsnetzwerk $R\,1$ bis $R\,5$ ein, so setzt sich dieses in den Matrixstufen mit den Differenzsignalen so zusammen, daß an den Kollektoren der drei Transistoren nur noch die Signale U_R, U_G und U_B auftreten. In Formeln ausgedrückt sieht das so aus:

$$U_R - U_Y + U_Y = U_R$$
$$U_G - U_Y + U_Y = U_G$$
$$U_B - U_Y + U_Y = U_B$$

Die Einspeisung des Y-Signals muß allerdings niederohmig erfolgen, damit ein Übersprechen der drei Farbinformationen ineinander vermieden wird.

Bei Schwarz-Weiß-Empfang erfolgt die Steuerung der drei Matrix-Transistoren nur durch das Y-Signal. Durch die Widerstände $R\,2$ und $R\,4$ fließen dann keine Ausgleichsströme, da die drei Emitter auf gleichem Potential liegen.

5.8.2. Farbendstufen

5.8.2.1. Grundsätzliche Wirkungsweise

Wie schon im vorangegangenen Abschnitt kurz erwähnt wurde, wird die Farbbildröhre entweder mit Farbsignalen oder mit Farbdifferenzsignalen gesteuert.

Bei der Steuerung mit Farbsignalen, der sogenannten **RGB-Steuerung** werden die Spannungen U_R, U_G und U_B, die in der Matrix-Stufe gebildet wurden, in den drei Farbsignal--Endstufen verstärkt und den Katoden der Farbbildröhre zugeführt (**Bild 5.38**).

Vorteile der RGB-Steuerung:

Die drei Farbsignale R, G und B werden in der Matrix gebildet, wodurch Serviceeinstellungen und Kontrollen einfacher auszuführen sind. Die erforderlichen Ansteuerspannungen für die Bildröhre sind mit ca. 100 V geringer als bei der Farbdifferenzsteuerung. Da die Ansteuerung an der Katode der Farbbildröhre erfolgt, bleiben die Steuergitter für Einstellungen, z. B. Weißabgleich, frei. Weiterhin werden für diese Konzeption nur drei Endstufen benötigt.

Nachteile der RGB-Steuerung:

Die drei Endstufen müssen auch das Leuchtdichtesignal mit verstärken. Aus diesem Grunde müssen die Endstufen eine Bandbreite von 0 bis 5 MHz haben. Wegen der großen Bandbreite sind niederohmige Lastwiderstände erforderlich, wodurch in den Endstufen große Verlustleistungen auftreten. Weiterhin müssen alle drei Endstufen möglichst genau aufeinander abgestimmt sein, um keine Farbverfälschungen entstehen zu lassen.

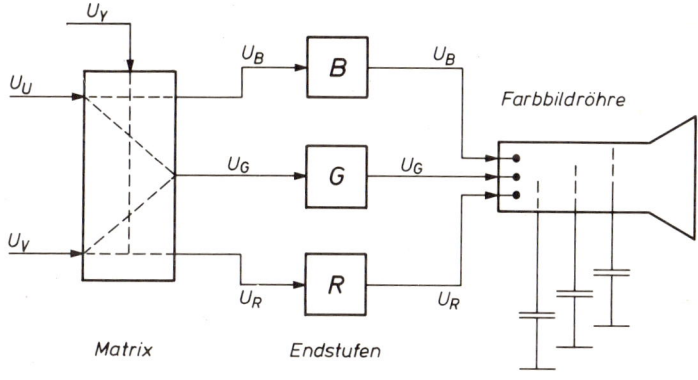

Bild 5.38
Blockschaltbild der RGB-Ansteuerung

Bei der **Farbdifferenzsignal-Steuerung** liegt das Leuchtdichtesignal an den parallel geschalteten Katoden der Bildröhre, die Farbdifferenzsignale liegen an den Wehneltzylindern. Die Spannung des Leuchtdichtesignals an den Katoden wird mit den Spannungen der Farbdifferenzsignale in der Bildröhre überlagert. Die Strahlströme werden dadurch mit den Summenspannungen U_R, U_G und U_B gesteuert (**Bild 5.39**).

Vorteile der Farbdifferenz-Steuerung:

Es ist nur eine Endstufe mit einer Bandbreite von 0 bis 5 MHz erforderlich (Leuchtdichtesignal-Endstufe). Für die Farbdifferenzsignale sind nur drei relativ schmalbandige Endstufen mit einer Bandbreite bis ca. 1,5 MHz notwendig. Bei Schwarz-Weiß-Empfang sind die drei Farbdifferenz-Endstufen wirkungslos.

225

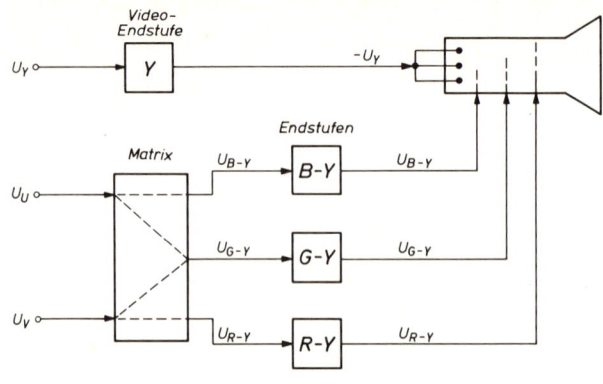

Bild 5.39
Blockschaltbild der Farbdifferenzsignal-Ansteuerung

Nachteile der Farbdifferenz-Steuerung:

Für diese Schaltungskonzeption sind insgesamt vier Endstufen erforderlich. Die Farbdifferenz-Endstufen müssen hohe Ausgangsspannungen von etwa 180 V liefern. Damit ergibt sich die Notwendigkeit, entsprechend spannungsfeste Transistoren zu verwenden. Die endgültige Herstellung der Farbsignale erfolgt an der gekrümmten Bildröhrenkennlinie. Hierdruch machen sich bei stark gesättigten Farben Farbton- und Farbsättigungsfehler bemerkbar. Der Gleichspannungswert muß durch Klemmschaltungen wiederhergestellt werden.

5.8.2.2. Schaltung einer RGB-Steuerung

In **Bild 5.40** ist eine komplette Schaltung einer RGB-Steuerung mit Matrix-Stufe und Endstufe wiedergegeben. Der Matrix werden die in den Synchrondemodulatoren gewonnenen Farbdifferenzspannungen U_U und U_V sowie das Helligkeitssignal U_Y zugeführt. Somit stehen am Ausgang der Matrix-Stufe die Spannungen U_R, U_G und U_B, die in den nachfolgenden getrennten Farbsignal-Enstufen soweit verstärkt werden, bis sie die zur Steuerung der Farbbildröhre erforderlichen Werte besitzen. Man führt sie dann direkt den Katoden der Bildröhre zu. Die Kanäle Rot, Grün und Blau sind praktisch gleich aufgebaut, so daß für die Funktionserläuterungen der Rot-Kanal ausreicht.

Der Marix-Transistor T 1 ist nur für die Y-Information als Basisschaltung anzusehen. Das Leuchtdichtesignal gelangt nämlich über den Spannungsteiler $R 1/R 2$ auf den Emitter dieses Transistors. Die Basisvorspannung des Matrix-Transistors und somit der Arbeitspunkt der folgenden Farbendstufe, wird bestimmt durch den Spannungsteiler $R 3/R 4/R 5$. Der Spannungsteiler wird mit $R 5$ so eingestellt, daß der Schwarzwert des Y-Signals an der Rotkatode der Bildröhre eine Spannung von 175 V ergibt. Auf diesen Spannungsteiler gibt man gleichzeitig eine Hochvoltspannung, um damit zu erreichen, daß eine Änderung der Hochvoltspannung zu keiner Verschiebung des Arbeitspunktes der Farbendstufe führt.

Das Y-Signal liegt am Emitter des Matrix-Transistors T1 mit positiver Polarität für die Übertragung von Weiß an. Diese postive Steuerspannung verursacht eine Verringerung des Kollektorstroms durch T 1. Damit vergrößert sich die Kollektorspannung. Sie steuert den nachfolgenden Treibertransistor T 2, der den Steuerstrom für den Leistungstransistor T 3 aufzubringen hat. Das Signal wird im Treiber nicht gedreht. Der Leistungstransistor T 3 wird über den Widerstand $R 6$ angesteuert. Dieser Widerstand soll eine mögliche Schwingneigung der Endstufe unterdrücken. Die positive Basissteuerspannung hat zur Folge, daß der Kollektorstrom von T 3 zunimmt und die Kollektorspannung sinkt. Das Bild wird hell.

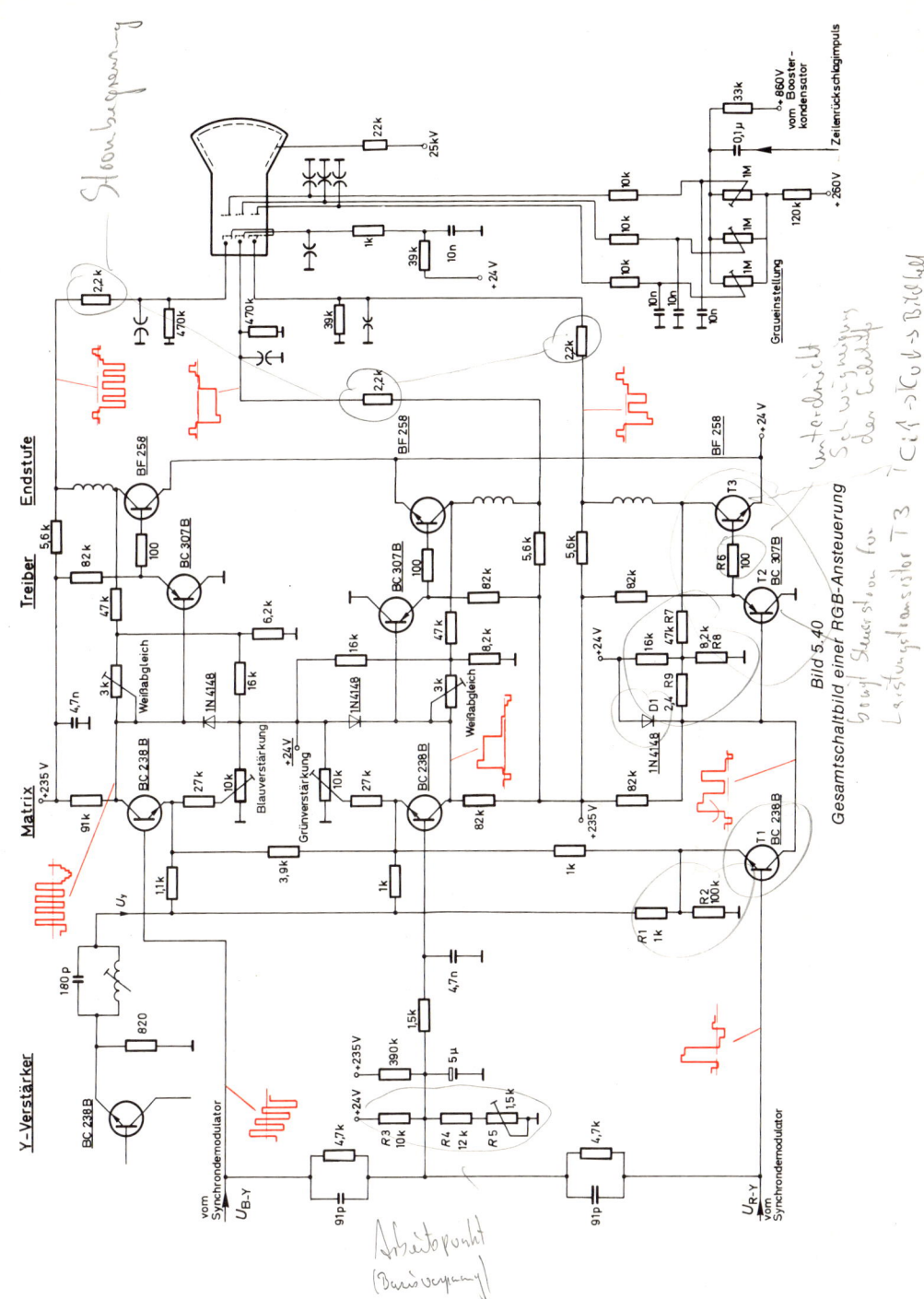

Bild 5.40
Gesamtschaltbild einer RGB-Ansteuerung

227

Die Endstufe und der Treiber sind über die Widerstände $R\,7$, $R\,8$ und $R\,9$ spannungsgegen-gekoppelt. Der Vorteil ist eine konstante Verstärkung der drei Endstufen untereinander sowie eine gute Stabilisierung gegen Temperaturschwankungen und Toleranzstreuungen der Bauelemente. Die Bandbreite der Farbendstufen beträgt 5 MHz. Um den Verstärkungsabfall im oberen Übertragungsbereich auszugleichen, legt man in die Kollektorleitung eine Drossel. Bei der Übertragung von Schwarzwerten kann der End-stufen-Transistor $T\,3$ stromlos werden. Dann ist die Gegenkopplung wirkungslos,und der Transistor $T\,2$ wird durch die negative Y-Steuerspannung in die Sättigung gesteuert. Dieser Effekt hätte bei Schwarz-Weiß-Sprüngen eine Kantenverschmierung zur Folge und wird deshalb durch die Stromübernahme-Diode $D\,1$ verhindert. Die Diode ist auf + 24 V geklemmt, so daß ein Absinken der Kollektorspannung von $T\,1$ unter diesen Wert nicht möglich ist.

Die Rotendstufe stellt mit ihrem Verstärkungsfaktor eine Grundgröße dar, auf die die Blau- und Grünfarbendstufen durch Abgleich eingestellt werden. Wegen der unterschied-lichen Phosphorwirkungsgrade der Bildröhre sind unterschiedliche Verstärkungen der drei Kanäle erforderlich. Die Rot-Endstufe arbeitet dabei mit einer festen Verstärkung. Die in Reihe mit der Bildröhre liegenden Widerstände (2,2 kΩ) bewirken eine Strombegren-zung bei Überschlägen in der Farbbildröhre und schützen so die Endstufentransistoren vor Zerstörung. Die Funkenstrecken an den Bildröhren-Elektroden schützen wiederum die Bildröhre vor Überspannung.

5.8.2.3 Schaltung einer Farbdifferenzsignal-Steuerung

Bei dieser Steuerungsart gelangt das Leuchtsignal U_y an die Katoden der Farbbildröhre, und die Farbdifferenzsignale liegen an den Wehneltzylindern. Eine komplette Schaltung einschließlich der Matrix zeigt **Bild 5.41.**

Matrixschaltung

Die beiden Transistoren $T\,1$ und $T\,2$ arbeiten als Impedanzwandler, indem sie die hoch-ohmigen Ausgänge der Synchrondemodulatoren an die niederohmigen Eingänge der Farbdifferenzsignalstufen für das (R-Y)- und (B-Y)-Signal anpassen. Sie liefern ferner durch Drehung der (R-Y)- und (B-Y)-Signale um 180° an ihren Kollektoren das (G-Y)-Signal.

Die Sperrkreise in den Basisleitungen beseitigen den 4,43 MHz-Träger der von den Syn-chrondemodulatoren gelieferten Farbdifferenzsignalspannungen. So gelangen die Si-gnale -(B-Y) und -(R-Y) an die Basis des jeweiligen Transistors. Von den Emittern aus, wo die Signale etwa gleiche Amplitude und gleiche Phasenlage haben, werden die Endstufen angesteuert. An den Kollektoren dagegen stehen die Signale um 180° gedreht und mit ca. 3-facher Verstärkung. Von hier aus werden über die beiden 10 kΩ-Widerstände die für die (G-Y)-Matrizierung erforderlichen Anteile der Signalspannungen (B-Y) und (R-Y) an die Basis des (G-Y)-Endstufentransistors gebracht.

Der 22-kΩ-Widerstand und der 1-kΩ-Widerstand bestimmen als Basisspannungsteiler den Arbeitspunkt des (G-Y)-Endtransistors. Die 0,1-μF-Kondensatoren dienen lediglich als galvanische Trennung wegen der zu hoch liegenden Kollektorpotentiale der Matrixtransi-storen für die nachfolgende Endstufe.

Endstufe

Die drei Endstufen sind bis auf den Kollektorwiderstand des (B-Y)-Verstärkers in ihrem Aufbau gleich. Für die (B-Y)-Stufe wird ein Transistor mit höherer Sperrspannung verwen-det, um eine größere Aussteuerbarkeit für das (B-Y)-Signal zu bekommen. Es besitzt bekanntlich die größte Amplitude.

Bei den beiden anderen Verstärkern wird die maximale Kollektorspannung durch den Spannungsteiler 12 kΩ/56 kΩ auf ca. 230 V begrenzt. Die Verstärkung ist bei allen drei Stu-fen mit ihrer 100-Ω-Gegenkopplung ca. 80-fach. Das RC-Glied und der dazu parallellie-

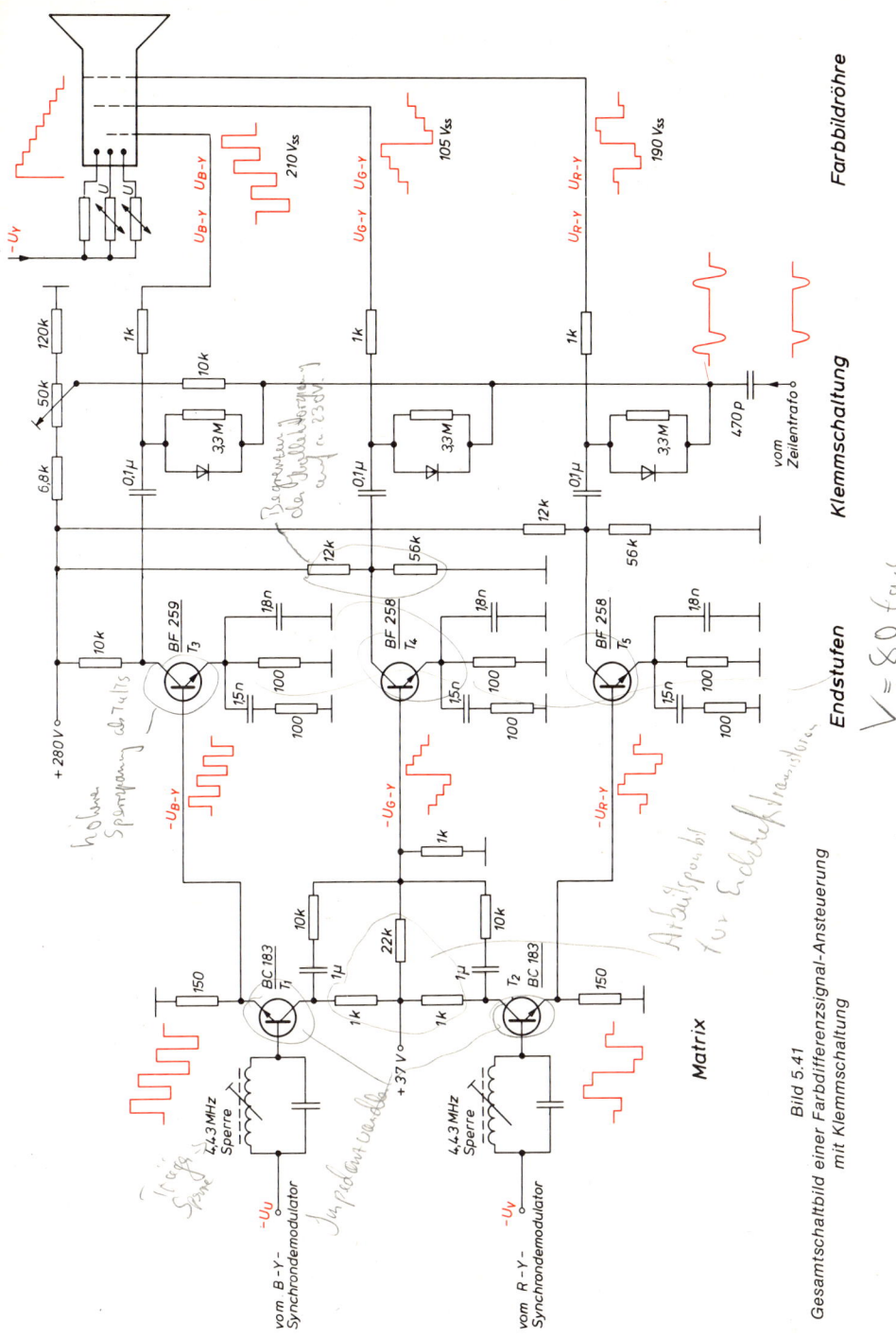

Farbbildröhre

Klemmschaltung

Endstufen

Matrix

Bild 5.41
Gesamtschaltbild einer Farbdifferenzsignal-Ansteuerung
mit Klemmschaltung

229

gende Kondensator am Emitter dienen zur Frequenzgangkorrektur. Über die 0,1-μF-Kondensatoren gelangen die verstärkten Differenzsignale galvanisch getrennt an die Klemmschaltung und von dort aus über 1-kΩ-Widerstände an die Wehneltzylinder der Farbbildröhre.

Der Sinn der Klemm- oder Klammerschaltung ist es, eine Trennung zwischen Farbbildröhre und Endstufen zu erhalten, wobei aber die in jedem Farbdifferenzsignal enthaltene Gleichspannungskomponente nicht verloren gehen darf, sonst ergeben sich auf dem Bildschirm Farbtonfehler.

Eine solche galvanische Trennung verhindert, daß Gleichspannungsverschiebungen, die nicht vom Nutzsignal herrühren (z. B. bei Erwärmung der Farbendstufentransistoren) an die Bildröhre gelangen, wo sich dann Farbverfälschungen einstellen würden. An den Kollektoren der Transistoren T3, T4 und T5 stehen die entsprechenden Farbdifferenzsignale mit ihren horizontalen Austastlücken zur Verfügung. Diese Austastlücken haben unabhängig vom Signalinhalt immer das gleiche Niveau, und sie können daher als Bezugsniveau für die Klemmschaltung herangezogen werden.

5.8.2.4. Klemmschaltungen

Klemmschaltungen verwendet man ganz allgemein dazu, einem Wechselspannungssignal eine daraus abgeleitete Gleichspannung zu überlagern. Dazu ist stets eine Spitzengleichrichtung erforderlich. Das **Bild 5.42** zeigt eine einfache Möglichkeit einer getasteten Klemmschaltung. Hinter der galvanischen Trennung durch den Kondensator würde ohne die nachfolgende Klemmschaltung der jeweilige Gleichstromwert abhängig vom Bildinhalt schwanken, und die eigentlichen Gleichstromkomponenten gingen verloren. Nun ändern sich jedoch die Amplituden des eigentlichen Farbsignals während des Zeilenverlaufes ständig. So muß man, um auf ein definiertes Gleichspannungspotential zu kommen, den vom Sender ausgestrahlten Zeilensynchronimpuls zur Bildung der Gleichspannung heranziehen. Deshalb tastet man die Klemmschaltung nur während dieser horizontalen Austastlücke ab.

Über den Kondensator $C2$ und die anschließende ohmsche Last wird ein negativer Zeilenrücklaufimpuls (300 Vss) differenziert, so daß der negative Impulsteil die zeitliche Lage des Zeilensynchronimpulses hat. Dieser Impuls ist mit einer positiven Gleichspan-

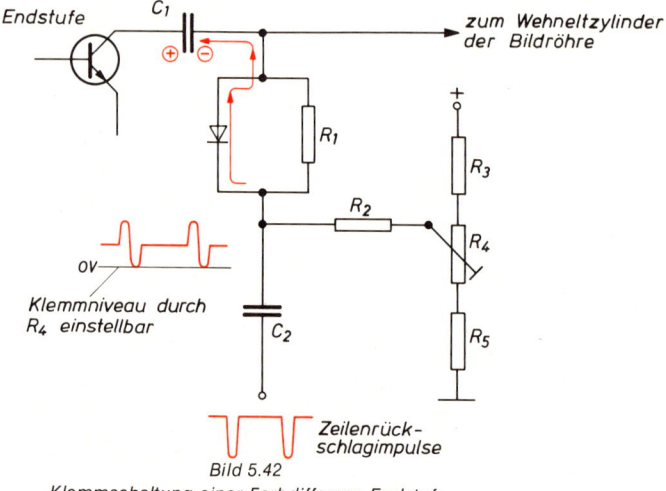

Bild 5.42
Klemmschaltung einer Farbdifferenz-Endstufe

nung überlagert, die durch den Einsteller R4 in den Grenzen von 190 V bis 270 V eingestellt werden kann. Die Diode ist so gepolt, daß sie während der negativen Impulsspitzen leitend ist, und es somit erlaubt, daß der Kondensator C 1 auf das Potential des Impulses aufgeladen wird.

Da das Potential des Impulses auf der Katodenseite der Diode während der übrigen Zeit des Impulses und während des Zeilenhinlaufes positive Werte annimmt, ist die Diode in dieser Zeit gesperrt. Es kann also während dieser Zeit praktisch keine Entladung von C 1 stattfinden. Der Widerstand R 1 verhindert, daß sich der Kondensator C 1 aus irgendwelchen anderen Gründen (z. B. Gitterstrom der Bildröhre) so negativ auflädt, daß der Zeilenimpuls nicht mehr in der Lage ist, die Diode zu öffnen.

Auf diese Weise erzeugt man also einen Gleichspannungsanteil, der dem vorher abgetrennten Anteil voll entspricht. Trotz galvanischer Trennung zwischen Endstufen und Bildröhre, erhält man wieder das tatsächliche Farbdifferenzsignal mit Wechsel- und Gleichspannungsanteil. Es wird nun direkt auf die Wehneltzylinder der Farbbildröhre geführt.

Allerdings hat diese Schaltung den Nachteil, daß sich der Gleichspannungspegel bei sehr starken Amplitudenänderungen des Zeilensignals etwas mitändert und deshalb vom gewünschten Bezugswert abweicht.

Aus diesem Grunde geht man zur **Gegentakt-Klemmschaltung** über. Wie **Bild 5.43** zeigt, besteht diese Schaltung aus einer symmetrischen Brücke mit zwei Dioden und zwei Widerständen. Dabei sind die Brückenpunkte mit A-B und C-D bezeichnet. Über die Kondensatoren C 1 und C 2 führt man den Dioden den Zeilenrückschlagimpuls gegenphasig und symmetrisch gegen Masse zu. Diese Impulse schalten die Dioden kurzzeitig durch. Genau während dieser Zeit nimmt der Punkt A der Brückenschaltung über die Widerstände R 1 und R 2 das Potential des Punktes B an, d. h. der Wehneltzylinder der Bildröhre erhält jetzt seine richtige Vorspannung.

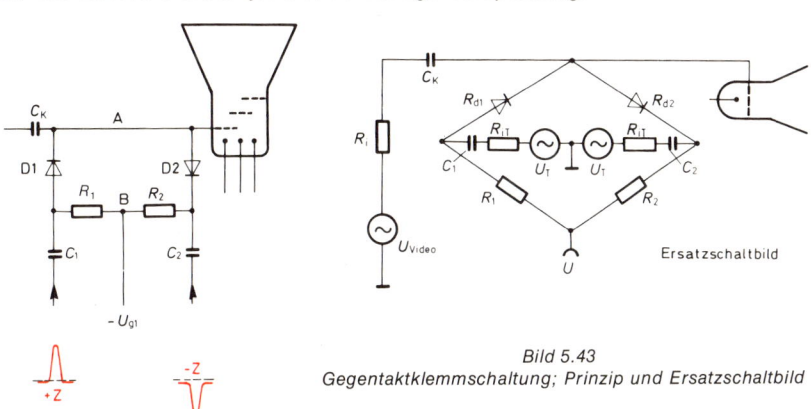

Bild 5.43
Gegentaktklemmschaltung; Prinzip und Ersatzschaltbild

Gleichzeitig liegt über den Kondensator C_K zugeführt das Bezugspotential, der Zeilensynchronimpuls, an. Der Koppelkondensator C_K lädt sich dann auf diese Spannungsdifferenz zwischen Bezugspotential und Vorspannung auf. Dadurch wird der Bezugspegel während der horizontalen Austastlücke mit der Vorspannung des Bildröhrengitters geklemmt. Während der nun folgenden Zeilenhinlaufs werden die Dioden in Sperrichtung geschaltet. Auch der übrige Gitterkreis der Bildröhre wird jetzt hochohmig, so daß der Kondensator C_K sich nur langsam entladen kann, und das Klemmpotential erhalten bleibt. Somit steuert das Zeilensignal die Bildröhre richtig vom Arbeitspunkt nach beiden Seiten hin aus.

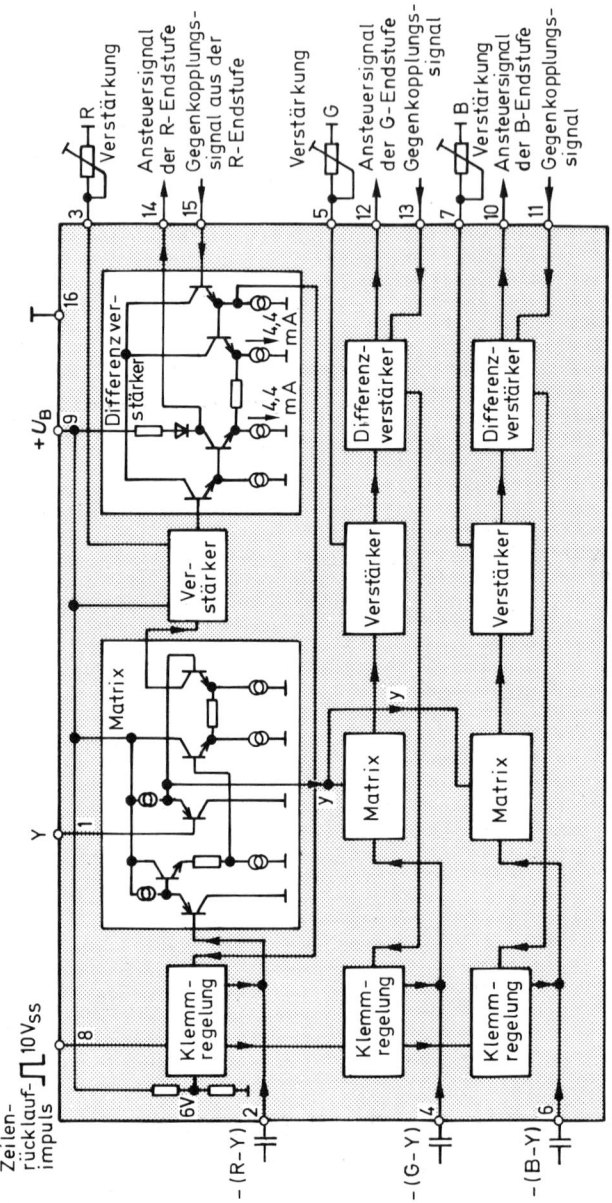

Bild 5.44
Blockschaltbild der Innenschaltung des TDA 2530 (Siemens)

232

5.8.3. RGB-Schaltung mit integrierter Schaltung

Die integrierte Schaltung TDA 2530 dient zur Ansteuerung von RGB-Endstufentransistoren. Wie aus der internen Schaltung dieses Bausteines (**Bild 5.**44) hervorgeht, werden die drei Farbdifferenzsignale in je einem Kanal verstärkt und in das Farbsignal R, G und B umgewandelt. So besteht jeder Kanal aus einer Klemmregelung, einer Matrix-Schaltung, einem Zwischenverstärker und einem Differenzverstärker.

In der Klemmregelung wird der Schwarzwert wieder hergestellt. In der anschließenden Matrix-Schaltung wird dem Farbdifferenzsignal das Y-Signal zugeführt und so das Farbsignal gebildet. Dann folgt ein Zwischenverstärker, bei dem von außen die Verstärkung eingestellt werden kann. Der Differenzverstärker bringt das Farbsignal auf die erforderliche Höhe zur Ansteuerung der Endstufen-Transistoren. Damit keine Verzerrungen auftreten, gibt man auf diesen Differenzverstärker ein Teil des Ausgangssignals der Endstufe als Gegenkopplungssignal.

Das **Bild 5.45** zeigt das Zusammenwirken der integrierten Schaltung TDA 2530 mit komplementären Endstufen im AB-Betrieb. Über die Koppelkondensatoren von 33 nF gelangen die Farbdifferenzsignale an die Eingänge des TDA 2530. Das Y-Signal wird mit einem Gleichspannungspegel von 1,5 V dem Anschluß 1 zugeführt. Nach der RGB-Matrizierung und einer Klemmung in diesem IC stehen die Farbsignale zur Ansteuerung eines Endverstärkers an den Klemmen 10, 12 und 14 des TDA 2530 zur Verfügung.

Die Endstufen sind mit den Komplementär-Typen BF 469 und BF 470 aufgebaut. Da die Ausgänge der integrierten Schaltung auf einem Gleichspannungsniveau von 8,2 V liegen, sind die Emitter der Transistoren BF 469 über eine Z-Diode auf 7,5 V hochgelegt. Die Basen der NPN-Transistoren vom Typ BF 469 werden direkt, die Basen der PNP-Transistoren BF 470 über Koppelkondensatoren von 4,7 nF angesteuert. Im Emitterkreis dieser Transistoren sind 470 Ω-Emitterwiderstände eingebaut, die eine Gleichspannungs-Gegenkopplung bewirken. Der Arbeitspunkt und damit auch der Ruhestrom des BF 470 werden durch den Spannungsteiler an der Basis bestimmt. Ein Ruhestrom ist zur Vermeidung von Übernahmeverzerrungen nötig. Außerdem erhalten die Basen der PNP-Transistoren durch den Hochpaßcharakter der kapazitiven Ankopplung bei tiefen Video-Frequenzen kaum ein Steuersignal, und der Transistor arbeitet als Konstantstrom-Quelle. Mit seinem Ruhestrom stellt sich dann an der Bildröhrenkatode ein positives Potential ein.

Die Ausgangssignale der Endstufen werden über Schutzwiderstände von 1,8 kΩ den jeweiligen Bildröhrenkatoden zugeführt. Ferner wird das Ausgangssignal über die Widerstände 68 kΩ/1 kΩ heruntergeteilt und den Gegenkopplungseingängen 11, 13 und 15 zugeführt. Das Gegenkopplungssignal kann zur Schwarzwertjustierung mit einem zusätzlichen Gleichstrompegel beaufschlagt werden. Man kann dadurch den Schwarzwert um etwa 50 V verschieben.

Zur Klemmung des Ausgangssignals dient ein positiver Zeilenrückschlagimpuls, der über einen Spannungsteiler an den Anschluß 8 des TDA 2530 geführt wird. An diesem Punkt soll die Impulshöhe etwa 10 V betragen. Zur Verstärkungseinstellung werden an die Anschlüsse 3, 5 und 8 Gleichspannungen zwischen 0 und 12 V geführt, die über die Verstärkungseinsteller einstellbar sind. Die Verstärkung läßt sich um 6 dB verändern.

233

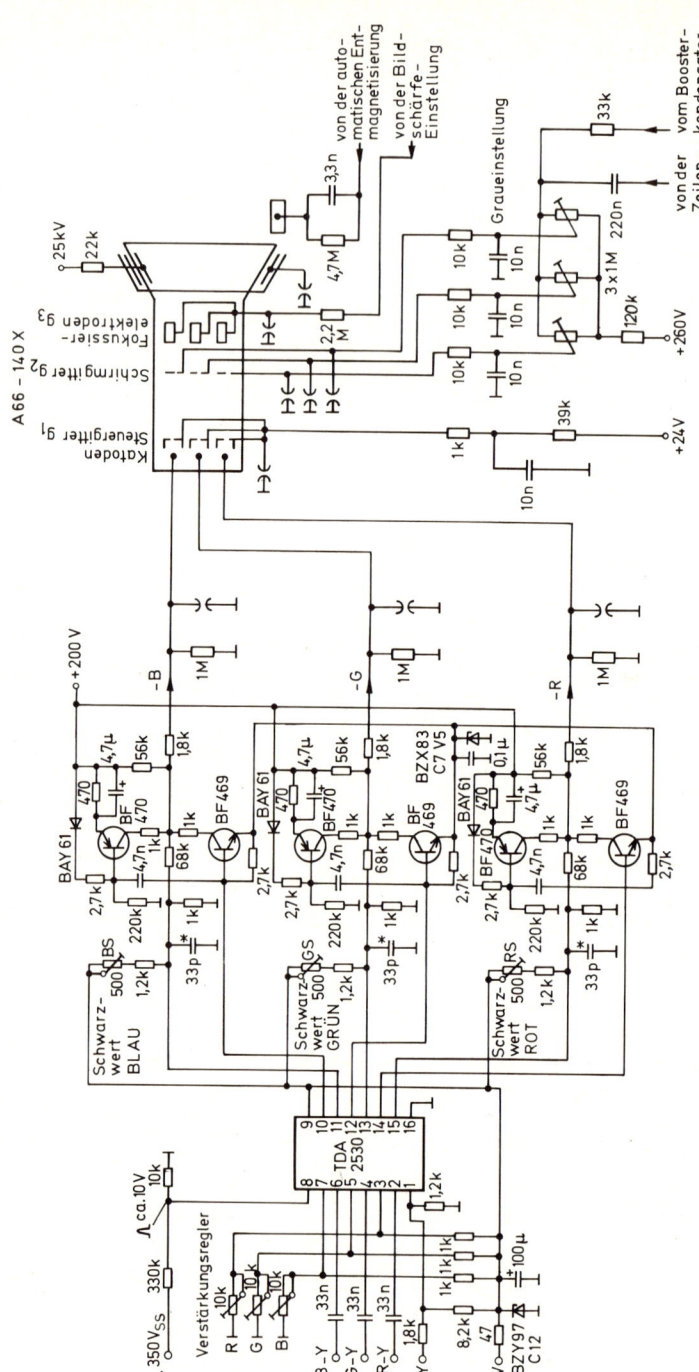

Bild 5.45
RGB-Schaltung mit integrierter Schaltung TDA 2530

234

5.9. Farbteil mit integrierten Schaltungen

Mit der Schaltung im **Bild 5.46** läßt sich das nach der Demodulation im Video-Zf-Verstärker-Baustein (z. B. TBA 1440) entstandene FBAS-Signal in die Farbsignale Rot, Grün und Blau für die Ansteuerung der einzelnen Katoden der Farbbildröhre umwandeln. Für diese gesamte Farbaufbereitung stehen die integrierten Schaltungen TDA 2522, TDA 2530 und TDA 2560 zur Verfügung.

Das FBAS-Signal gelangt einmal über die Y-Verzögerungsleitung, zum anderen über das Filter Fi 2 auf den Baustein TDA 2560. Dabei dient der TDA 2560, nach dieser Auftrennung des Videosignals in einen Luminanz- und Chrominanzanteil, als kombinierter Leuchtdichte- und Farbartverstärker. Das Filter Fi 1 ist auf 5,5 MHz abgestimmt, um die Ton-Zf aus dem FBAS-Signal herauszufiltern. Das Filter Fi 2 ist dann auf die Frequenz des Farbträgers (4,43 MHz) abgestimmt. Eine Kontrast-, Helligkeits- und Farbsättigungseinstellung befindet sich zusätzlich im TDA 2560. Diese Einstellungen lassen sich mit den extern anzuschließenden Potentiometern vornehmen. Aus diesem Baustein läßt sich das Leuchtdichtesignal (Anschluß 10) und das Farbartsignal (Anschluß 6) abnehmen.

Das Farbartsignal wird dann über den extern anzuschließenden PAL-Decoder gegeben. In diesem PAL-Decoder erfolgt die Auftrennung des Farbartsignals in die hochfrequenten F_U- und F_V-Signale. Die im TDA 2522 integrierten beiden Synchrondemodulatoren demodulieren schließlich diese beiden hochfrequenten Signale.

Durch die im TDA 2522 eingebaute Matrix-Schaltung stehen an den Ausgängen dieser integrierten Schaltung die drei Farbdifferenzsignale R-Y (Anschluß 3), G-Y (Anschluß 2) und B-Y (Anschluß 1) zur Verfügung. Bei der Referenzträgeraufbereitung wird im TDA 2522 von der doppelten Farbhilfsträgerfrequenz ausgegangen. Die zur Demodulation nötigen, um 90° versetzten Farbhilfsträgerkomponenten können damit mittels 2:1-Teiler ohne Abgleichaufwand bereitgestellt werden.

Die drei Farbdifferenzsignale und das Leuchtdichtesignal werden dann anschließend der integrierten Schaltung TDA 2530 zugeführt. Im TDA 2530 werden in einer Matrixschaltung durch Addition des Leuchtdichteanteils zu den Farbdifferenzsignalen die zur Bildröhrenansteuerung nötigen Farbsignale Rot, Grün und Blau gewonnen. Damit die Farbsignale auf die erforderliche Größe der Ansteuerspannung kommen, werden drei Komplementärendstufen, die im AB-Betrieb arbeiten, angeschlossen.

Damit die Farbbausteine TDA 2522 und TDA 2560 den für die Farbdekodierung wichtigen Sandcastle-Impuls erhalten, wird empfohlen, die Horizontalkombination TDA 2591 zu verwenden.

Zusammenfassung 5

Der Farbartverstärker, auch Chrominanzverstärker genannt, ist ein Resonanz-Verstärker, der nur den Frequenzbereich des modulierten Farbträgers (4,43 MHz) verstärkt und an den PAL-Decoder weitergibt. Eine aus dem Burst gewonnene Regelspannung regelt den Farbartverstärker so, daß das Farbartsignal und die Burst-Spannung konstant gehalten werden. Eine aus dem Farbabschalter gewonnene Schaltspannung sperrt bei Schwarz-Weiß-Sendungen den gesamten Verstärker. Am Ausgang des Farbartverstärkers liegt der Farbsättigungseinsteller, mit dem man die Größe des Farbsignals von Hand einstellen kann.

Im PAL-Decoder, auch PAL-Laufzeit-Demodulator genannt, teilt man das Farbdifferenzsignal in die beiden Komponenten Fu und $\pm Fv$ auf. Damit gleicht man die auf dem Übertragungsweg auftretenden Phasenfehler aus. Um das zu erreichen, muß das Signal um 64 µs verzögert und die Signale von der laufenden und der vorhergehenden Zeile müssen zusammengeschaltet werden. Am Ausgang des PAL-Decoders erhält man die auf den Farb-

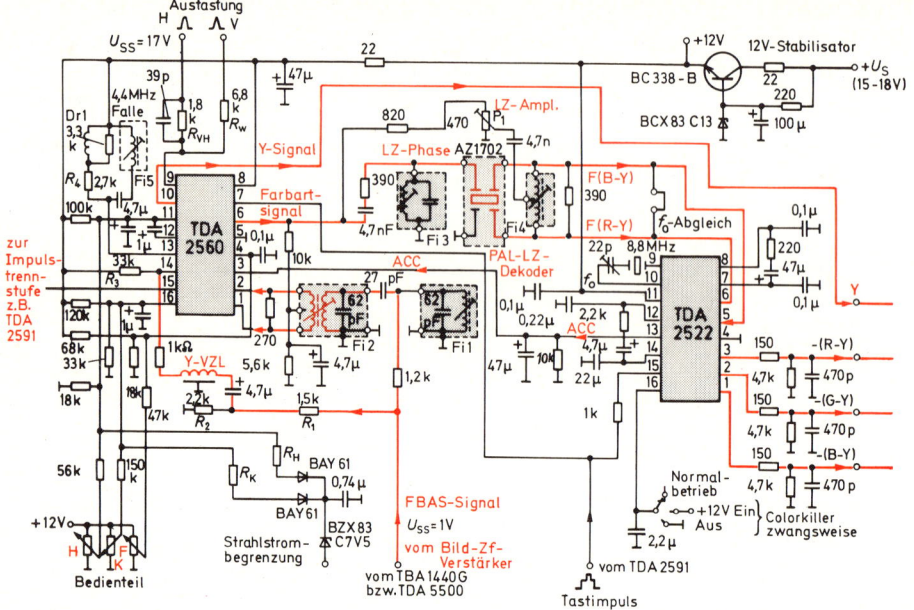

Bild 5.46
Farbsignalverarbeitung mit integrierten Schaltungen (Siemens)

hilfsträger aufmodulierten Signale Fu und $\pm Fv$. Um die erforderlichen Ansteuersignale für die Farbbildröhre zu erhalten, müssen beide Signale demoduliert werden. Im Sender hatte man bei der Modulation den Farbhilfsträger unterdrückt. Um bei der Demodulation ein unverzerrtes Signal zu erhalten, muß der Farbhilfsträger phasenrichtig den Synchrondemodulatoren zugeführt werden. Dabei muß die 90°-Phasenverschiebung zwischen beiden Signalen berücksichtigt werden. Weiterhin macht man die senderseitige Umschaltung des Fv-Signals dadurch wieder rückgängig, daß man den Farbhilfsträger von Zeile zu Zeile um 180° phasengedreht zuführt. Der im Empfänger erzeugte Farbhilfsträger wird deshalb vom PAL-Schalter in seiner Phasenlage geändert.

Aus den beiden Synchrondemodulatoren erhält man die beiden reduzierten Farbdifferenzsignale Uv und Uu. In der Matrix-Schaltung muß nun einerseits diese Reduzierung wieder aufgehoben werden, zum anderen muß noch aus den beiden Farbdifferenzsignalen und dem Leuchtdichtesignal die Grün-Information gewonnen werden.

Die Farbbildröhre wird entweder mit den Farbsignalen direkt an der Katode oder mit den Farbdifferenzsignalen an den Wehneltzylindern und mit dem Leuchtdichtesignal an der Katode angesteuert. In jedem Falle müssen Endstufen vorhanden sein, um das erforderliche Ansteuersignal der Farbbildröhre zu gewinnen.

Zur Rückgewinnung des Farbhilfsträgers wird der Burst herangezogen, indem man ihn mit dem getasteten Burstverstärker aus dem gesamten Farbartsignal heraustastet. Er syn-

236

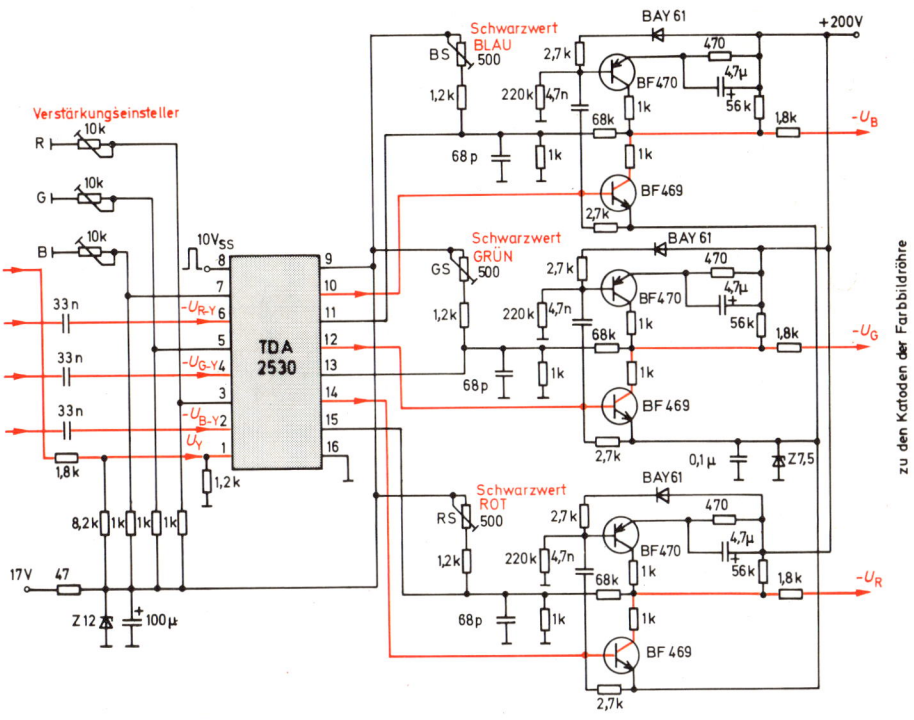

chronisiert über eine Phasenvergleichsschaltung einen Quarzoszillator, der auf der Farbhilfsträgerfrequenz schwingt. Da der Burst seine Phasenlage von Zeile zu Zeile ändert, erhält man aus der Phasenvergleichsschaltung noch eine 7,8 kHz-Schwingung. Diese Halb-
zeilenfrequenz synchronisiert den PAL-Multivibrator, der die Umschaltimpulse für den
PAL-Schalter liefert.

Lerntest 5

1. Welche ungefähre Bandbreite besitzt ein Farbartverstärker?
   - a) 5 MHz
   - b) 1,35 MHz   d) 600 kHz
   - c) 4,4 MHz   e) sehr breitbandig
2. Warum läßt man den Farbabschalter auf den Farbartverstärker wirken?
   - a) Weil das schaltungstechnisch einfacher geht.
   - b) Weil dann bei Schwarz-Weiß-Sendungen kein farbiges Rauschen auf dem Bild-
     schirm entsteht.
   - c) Weil somit der PAL-Decoder ausgeschaltet wird.
   - d) Weil sonst der Y-Verstärker bei Schwarz-Weiß-Sendungen nicht seine erforder-
     liche Bandbreite von 5 MHz erhält.
   - e) Weil sonst der Burstverstärker bei Schwarz-Weiß-Sendungen eingeschaltet bleibt.

3. Welche Signale erhält man am Ausgang eines PAL-Decoders?
   a) F_v und F_u
   b) U_{R-Y} und U_{B-Y}
   c) F_v und $\pm F_u$
   d) $\pm F_v$ und F_u
   e) $\pm U_{R-Y}$ und U_{B-Y}

4. Mit welcher Geschwindigkeit durchlaufen die Schwingungen des Farbartsignals die PAL-Verzögerungsleitung?
   a) $v = 225$ m/ns
   b) $v = 200$ m/ns
   c) $v = 300\,000$ km/s
   d) $v = 2650$ m/s
   e) $v = 330$ m/s

5. Welche Aufgabe haben die Synchrondemodulatoren?
   a) Sie sollen den Farbhilfsträger wieder zusetzen
   b) Sie sollen die beiden trägerfrequenten Farbartsignale demodulieren
   c) Sie sollen die Phasenfehler aufheben
   d) Sie sollen die Ansteuerungssignale der Farbbildröhre erzeugen

6. Welche Phasenlage muß der Farbhilfsträger gegenüber den Modulationsprodukten haben?
   a) für $F_u\,0°$, $F_v\,90°$
   b) für $F_u\,90°$, $F_v\,0°$ und $180°$
   c) für $F_u\,0°$ und $180°$, $F_v\,90°$
   d) für $F_u\,90°$, $F_v\,0°$
   e) für $F_u\,90°$, $F_v \pm 90°$

7. Welche obere Grenzfrequenz besitzt das Farbdifferenzsignal in der Matrix-Stufe?
   a) 600 kHz
   b) 1,2 MHz
   c) 2 MHz
   d) 4,4 MHz
   e) 5 MHz

8. Welchen Nachteil hat die RGB-Steuerung der Farbbildröhre?
   a) Sie hat eine zu geringe Verstärkung.
   b) Sie benötigt eine zu hohe Betriebsspannung.
   c) Sie bereitet Schwierigkeiten bei Schwarz-Weiß-Sendungen.
   d) Sie benötigt drei aufeinander abgestimmte breitbandige Endstufen.
   e) Sie bringt bei stark gesättigten Farben Farbton- und Farbsättigungsfehler.

9. Welche Aufgabe hat der getastete Burstverstärker?
   a) Er soll die Burstschwingungen zerhacken.
   b) Er soll nur die Schaltspannung für den PAL-Schalter erzeugen.
   c) Er soll nur den Burst verstärken, indem der Verstärker nur während der Burst-schwingungen geöffnet wird.
   d) Er darf nur das Farbartsignal durchlassen, indem man den Burst austastet.

10. Weshalb ist ein Quarzoszillator als Referenzoszillator erforderlich?
   a) Weil die Phasenkonstanz sehr groß sein muß.
   b) Weil Frequenzabweichungen ein verzerrtes Signal bei der Demodulation ergeben.
   c) Weil der PAL-Schalter sonst nicht richtig synchronisiert wird.
   d) Damit man die Frequenz automatisch nachregeln kann.

11. In welcher Kippstufen-Grundschaltungsart arbeitet der PAL-Flip-Flop?
    a) astabile Kippstufe
    b) monostabile Kippstufe
    c) bistabile Kippstufe
    d) Schmitt-Trigger

12. Welches Signal wird im PAL-Schalter geschaltet?
    a) das Farbartsignal
    b) das Halbzeilensignal
    c) das R-Y-Signal
    d) das Farbhilfsträgersignal
    e) das Burst-Signal

13. Nennen Sie die grundsätzlichen Aufgaben des PAL-Decoders.

14. Warum muß auf die Synchrondemodulatoren die Farbhilfsträgerschwingung eingespeist werden?

15. Weshalb müssen die Widerstände in einer Matrixschaltung eng toleriert sein?

16. Erklären Sie kurz die Wirkungsweise einer Klemmschaltung.

17. Welche Aufgaben erfüllt die Phasenvergleichsschaltung (Phasendiskriminator)?

18. Weshalb ist in einem Farbfernsehempfänger ein Referenzoszillator erforderlich?

19. Warum verwendet man im Farbfernsehempfänger vorzugsweise eine Oszillatorschaltung mit Emitterrückkopplung (Clapp-Oszillator)?

20. Welche Aufgabe erfüllt der PAL-Schalter in einem Farbempfänger?

21. Woher bekommt der PAL-Schalter seine Schaltimpulse?

22. Auf welche Weise erreicht man eine Nachstimmung des Quarzoszillators?

23. Was würde geschehen, wenn die 7,8 kHz-Schwingung nicht den PAL-Multivibrator synchronisieren würde?

24. Umreißen Sie kurz die Aufgabe des Farbabschalters!

25. Geben Sie andere Bezeichnungen für den Farbabschalter an!

6. IMPULSSTUFEN

6.1 Allgemeines

Zur Erzeugung des Fernsehrasters auf dem Bildschirm werden Sägezahnströme mit einer Frequenz von 50 Hz für den Rasterwechsel und von 15 625 Hz für die Zeilenablenkung benötigt. Um den Gleichlauf zwischen Sender und Empfänger zu gewähren, strahlt der Fernsehsender die Synchromimpulse aus. Man könnte zwar diese Gleichlaufimpulse direkt zu Sägezähnen verformen und zur Ablenkung heranziehen. Das hätte jedoch den Nachteil, daß bei fehlendem Sendersignal keine Ablenkung erfolgt, d. h. nur ein Punkt auf dem Bildschirm zu sehen wäre. Deshalb baut man in die Fernsehgeräte Sägezahngeneratoren ein. Diese Generatoren schwingen frei und ergeben damit immer eine Ablenkung des Elektronenstrahls in der Bildröhre. Durch die Sendersynchronimpulse werden die Generatoren synchronisiert, d. h. so angestoßen, daß sie auf der gleichen Ablenkfrequenz wie der Sender schwingen. Auf diese Weise wird der Gleichlauf zwischen Sender und Empfänger hergestellt (**Bild 6.1**).

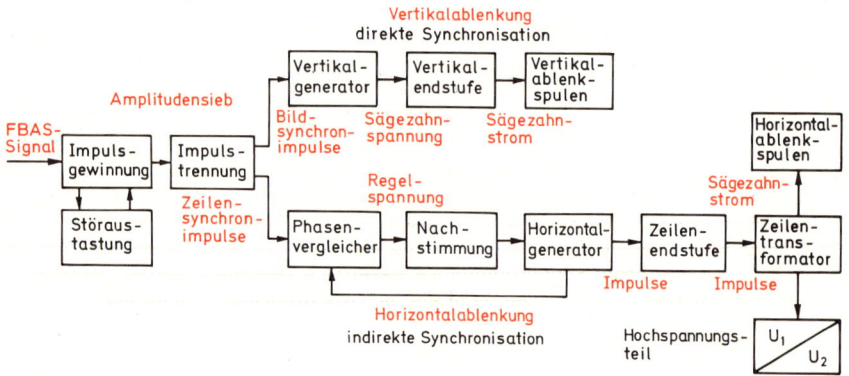

Bild 6.1
Blockschaltbild des Impulsteils eines Fernsehgerätes

Direkte und indirekte Synchronisation

Bei der Synchronisation unterscheidet man zwischen der direkten und indirekten Synchronisation. Bei der direkten Synchronisation wird der Kippgenerator direkt vom Sendersynchronimpuls angestoßen. Der Generator muß also unterhalb der Sollfrequenz schwingen und wird durch den Synchronimpuls auf die richtige Ablenkfrequenz gebracht. Wenn der Synchronimpuls einmal fehlt, dann „läuft" das Bild durch, d. h. es besteht dann kein Gleichlauf zwischen Sender und Empfänger mehr. Diese Synchronisationsart wird für die Vertikalablenkung verwendet.

Bei der Horizontalablenkung mit der Frequenz von 15 625 Hz benutzt man die indirekte Synchronisation. Denn bei dieser hohen Anzahl von Synchronimpulsen kann leicht einer fehlen. Die Zeilen würden dann nicht mehr synchron mit denen des Senders laufen. Hier läßt man einen Horizontalgenerator auf der Sollfrequenz frei schwingen. Wenn eine Frequenzabweichung auftritt, dann wird er mit einer Regelspannung wieder auf die Sollfrequenz gebracht. Dazu benötigt man natürlich eine Hilfsschaltung. Diese muß die Frequenz bzw. die Phasenlage zwischen dem Sendersynchronimpuls und der im Empfänger erzeugten Sägezahnspannung vergleichen. Bei einer Abweichung liefert diese Phasenvergleichsschaltung eine Regelspannung zur Frequenzkorrektur des Sägezahngenerators (Bild 6.1).

Aus diesen Überlegungen kann man die Vor- und Nachteile der direkten und indirekten Synchronisation herleiten. Die Vorteile der direkten sind gleichzeitig die Nachteile der indirekten Synchronisation.

Tabelle 6.1: Synchronisation

	direkte	indirekte
Vorteile	geringer Aufwand	der Generator kann zu Frequenzen oberhalb und unterhalb der Sollfrequenz abweichen und wird dann immer wieder auf die Sollfrequenz zurückgebracht. Unabhängig von Stör- und fehlenden Impulsen.
Nachteile	Synchronisation nur möglich, wenn der Generator unterhalb der Sollfrequenz schwingt.	Erhöhter Aufwand durch einen Phasenvergleicher.

Anzumerken sei noch, daß bei der indirekten Synchronisation die in der Phasenvergleichsschaltung erzeugte Regelspannung anschließend stets in einem Siebglied geglättet wird. Infolge dieser Mittelwertsbildung kann die Frequenz des Horizontalgenerators erst durch eine größere Anzahl Synchronimpulse wesentlich beeinflußt werden. Kurzzeitige Impulsstörungen können sich daher nicht auf die Synchronisation auswirken.

Amplitudensieb

Das Amplitudensieb (Bild 6.1) besteht aus den Stufen Impulsgewinnung, Impulstrennung und der Störaustastung. Bei der Impulsgewinnung trennt man vom FBAS-Signal den Bildinhalt ab, so daß nur noch die Synchronimpulse übrig bleiben. Dies geschieht durch das Übersteuern einer Verstärkerstufe, bei der der Arbeitspunkt so eingestellt ist, daß nur die Synchronimpulse verstärkt werden. Störimpulse, die eine größere Amplitude als die Synchronisierimpulse haben, können die Kippgeneratoren zum falschen Zeitpunkt auslösen und somit den Gleichlauf stören. Aus diesem Grunde müssen sie in der Störaustaststufe unterdrückt werden. Damit der Vertikalgenerator nur von den Bildsynchronimpulsen, der Horizontalgenerator nur von den Zeilensynchronimpulsen angesteuert wird, müssen die in der Impulsgewinn-Stufe entstandenen Synchronisierimpulse in Bild- und Zeilensynchronimpulse aufgetrennt werden. Meistens werden die Synchronisierimpulse durch Differenzier- und Integrierglieder in Zeilen- und Bildsynchronimpulse aufgespalten.

Vertikalablenkung

Im Vertikalgenerator wird eine sägezahnförmige Spannung mit der Rasterfrequenz 50 Hz erzeugt. Die Vertikalendstufe wandelt diese sägezahnförmige Spannung in einen sägezahnförmigen Strom mit ausreichender Größe um. Dieser sägezahnförmige Strom erzeugt in den Vertikalablenkspulen ein solches Magnetfeld, daß der Elektronenstrahl in der Bildröhre von oben nach unten langsam und danach von unten nach oben schnell abgelenkt wird. Damit der Elektronenstrahl immer zu dem Zeitpunkt am oberen Rand des Schirmes ist, wenn ein neues Bild beginnt, muß der Vertikalgenerator durch die Bildsynchronimpulse auch jeweils zu Beginn eines Halbbildes ausgelöst werden.

Horizontalablenkung

Bei der Horizontalablenkung wird die indirekte Synchronisation angewendet. Der Horizontalgenerator wird hierbei durch eine Regelspannung synchronisiert. Diese Regelspannung wird gewonnen, indem die Zeilensynchronimpulse mit Impulsen aus dem Horizontalgenerator in der Phasenvergleich-Stufe verglichen werden. Die Regelspannung ist dabei abhängig von der Phasenlage dieser beiden Impulse zueinander.

Nach dem Einschalten des Fernsehgerätes oder nach starken Störungen schwingt der Horizontalgenerator nicht mit der Zeilenfrequenz oder hat eine andere Phasenlage. Es dauert eine bestimmte Zeit, bis sich eine Synchronisation einstellt. Bei manchen Geräten wird deshalb der vom Amplitudensieb kommende Zeilensynchronimpuls über eine Torschaltung direkt dem Horizontalgenerator so lange zugeführt, bis sich die Regelspannung aufgebaut hat. Dadurch tritt ein sofortiger Gleichlauf ein. Unmittelbares Synchronisieren des Horizontalgenerators mit den Zeilensynchronimpulsen hat jedoch den Nachteil, daß beim Fehlen von Zeilensynchronimpulsen oder bei starken Störimpulsen der Generator überhaupt nicht oder falsch synchronisiert wird. Aus diesem Grund wird nur im Störungsfall direkt synchronisiert.

Der Horizontalgenerator erzeugt Impulsspannungen mit der Zeilenfrequenz 15 625 Hz. Mit diesen Impulsen wird die Zeilenendstufe angesteuert, die als Schalter wirkt. Die Zeilenendstufe arbeitet entweder mit einem Schalttransistor oder mit einem Thyristor. Die Zeilenendstufe arbeitet direkt auf den Zeilentransformator, durch den ein sägezahnförmig ansteigender Strom fließt, wenn die Zeilenendstufe durch den Ansteuerimpuls eingeschaltet wird. Dadurch wird der Elektronenstrahl in der Bildröhre durch das in den Horizontalablenkspulen entstehende Magnetfeld gleichmäßig waagerecht abgelenkt. Damit der Elektronenstrahl der Bildröhre schnell wieder vom rechten an den linken Bildrand kommt, wird die Zeilenendstufe schlagartig gesperrt. Während dieses schnellen Rücklaufs ändert sich der Strom im Zeilentransformator auch sehr schnell. Es entsteht eine hohe Selbstinduktionsspannung. Dieser hohe Spannungsimpuls (Zeilenrücklaufimpuls) wird in der Hochspannungswicklung noch weiter herauftransformiert. Nach der Gleichrichtung und Siebung steht dann diese Hochspannung für die Anodenspannung der Bildröhre zur Verfügung. Sie beträgt etwa 17 kV bei Schwarz-Weiß-Geräten. Bei Farbfernseh-Geräten wird eine Hochspannung von etwa 25 kV benötigt. Diese wird auf dem gleichen Weg erzeugt. Hier wird zur Gleichrichtung jedoch eine Hochspannungskaskade verwendet.

6.2 Amplitudensieb

Das FBAS-Signal beinhaltet neben dem Bildinhalt, der Farbinformation und dem Austastpegel auch die Synchronisierzeichen zur Erzeugung eines feststehenden Rasters. Diese Synchronimpulse müssen vom übrigen Signal abgetrennt und nach Zeilen- und Bildsynchronimpulsen sortiert werden. Diese Aufgabe wird mit dem Amplitudensieb oder der Impulsabtrennstufe gelöst.

6.2.1. Aufgaben des Amplitudensiebes

Das Amplitudensieb hat grundsätzlich folgende Aufgaben zu erfüllen:

1. Den Bildinhalt von den Synchronimpulsen zu trennen.
   Es kommt dabei darauf an, daß keine Reste der Bildinformation die Ablenkgeneratoren falsch synchronisieren.
2. Die Synchronimpulse mit konstanter Amplitude herzustellen,
   damit die Synchronisation bei kleinen und großen Empfangsfeldstärken sichergestellt wird.

242

3. Die Zeilen- und Bildsynchronimpulse voneinander zu trennen,
   damit nur die Zeilensynchronimpulse den Horizontalgenerator und nur die Bildsynchronimpulse den Vertikalgenerator synchronisieren können.
4. Die Störaustastung vorzunehmen,
   damit bei auftretenden Störspannungen den Ablenkgeneratoren keine Synchronimpulse vorgetäuscht werden und es so zu Fehlsynchronisationen kommt.

6.2.2. Grundprinzip der Impulsabtrennstufe

Durch den Basisspannungsteiler ist die Basisvorspannung des Transistors in **Bild 6.2** so klein, daß der Arbeitspunkt im B-Betrieb liegt (**Bild 6.3**). Über den Koppelkondensator C gelangt das FBAS-Signal an die Basis des Transistors. Das positiv gerichtete Videosignal bewirkt eine Erhöhung der Basisvorspannung, so daß ein Basisstrom fließt und den Kondensator C mit der eingezeichneten Polarität auflädt. Da die Ladung des Kondensators über den Widerstand R nicht so schnell abfließen kann, vermindert sich die Basisvorspannung. Der Arbeitspunkt des Transistors verschiebt sich weiter in Richtung Sperrpunkt. Die Vorspannung sinkt also so weit ab, daß nur noch die Synchronimpulse des Videosignals im Aussteuerungsbereich des Transistors liegen (Bild 6.3). Am Kondensator stellt sich ein Gleichgewicht ein zwischen der während der Synchronimpulse aufgenommenen Ladung und der in den Impulspausen (Bildinhalt) über den Widerstand R abgegebenen Ladung. Auf diese Weise werden nur die Synchronimpulse vom Transistor übertragen und der Bildinhalt abgetrennt. Durch den in der Kollektorleitung liegenden Widerstand kann der Kollektorstrom nur einen bestimmten Höchstwert erreichen. Die statische Kennlinie muß daher bei einem bestimmten Kollektorstromwert abknicken. Es ergibt sich somit die dynamische Kennlinie (Bild 6.3). Dadurch werden die Synchronimpulse auf einer konstanten Amplitude gehalten. Störspitzen, die auf den Synchronisierzeichen sitzen, werden auf diese Weise beseitigt.

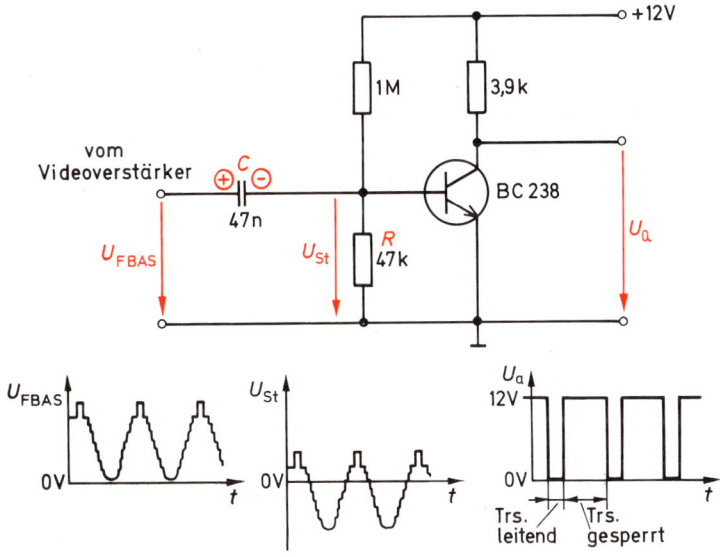

Bild 6.2
Prinzipschaltung einer Impulsabtrennstufe

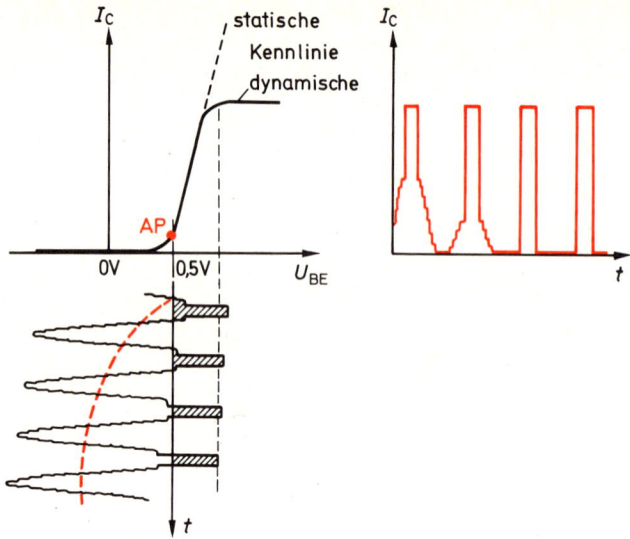

Bild 6.3
Steuerkennlinie eines Transistors als Impulsabtrennstufe

6.2.3. Störaustastung

Treten Störimpulse auf, die die Höhe der Synchronimpulse erreichen, so bewirken diese ebenfalls einen Basisstrom, der den Kondensator C im Bild 6.2 weiter auflädt. Dadurch er-

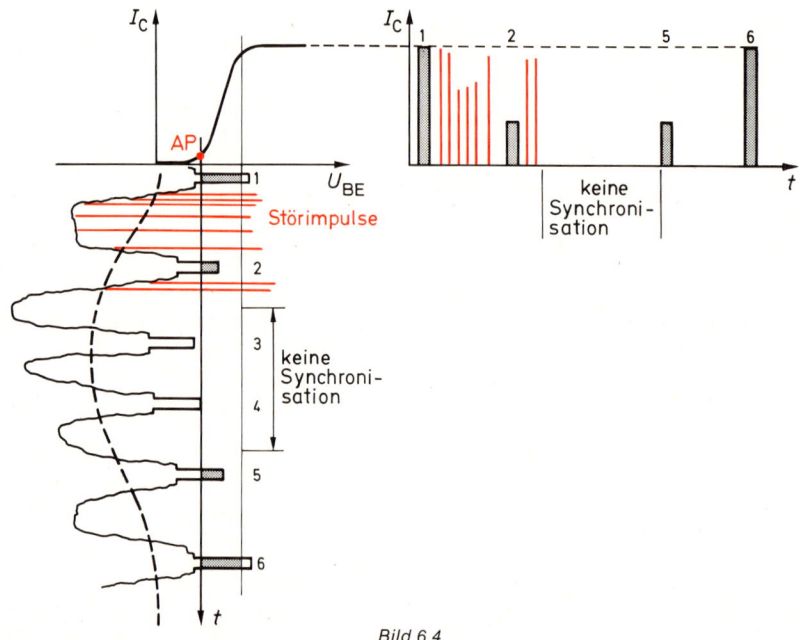

Bild 6.4
„Wegdrücken" der Synchronimpulse durch Störimpulse

hält der Transistor eine höhere negative Basisvorspannung, die den Arbeitspunkt weiter in den Sperrbereich verschiebt (**Bild 6.4**). Das gesamte Signal wird, wie Bild 6.4 zeigt, weggedrückt, und die Synchronisation fällt während dieser Zeit aus.

Man legt, um ein solches Wegtauchen des Signals zu verhindern, vor die Basis des Begrenzer-Transistors eine RC-Kombination (**Bild 6.5**). Treten kurzzeitig Störimpulse auf, so werden jetzt die beiden in Reihe liegenden Kondensatoren C1 und C2 aufgeladen. Da sich bei einer Reihenschaltung von Kondensatoren der Kondensator mit der kleinsten Kapazität auf die höchste Spannung auflädt, wird in diesem Fall der Kondensator C2 = 4,7 nF die höchste Spannung erhalten. Dem Kondensator C2 ist der Widerstand R2 = 47 kΩ parallelgeschaltet, über den er sich rasch wieder entladen wird. Auf diese Weise ändert sich die Basisvorspannung nur sehr kurzzeitig, so daß kurz nach dem Abklingen der Störungen das Amplitudensieb wieder normal arbeitet. Dieses RC-Glied verhindert also unmittelbar nach dem Auftreten kurzzeitiger, starker Störungen ein weiteres Aufladen des Kondensators C1 und damit die unerwünschte Arbeitspunktverschiebung des Transistors. Man bezeichnet diese RC-Kombination als Schluckglied oder Korrekturkombination.

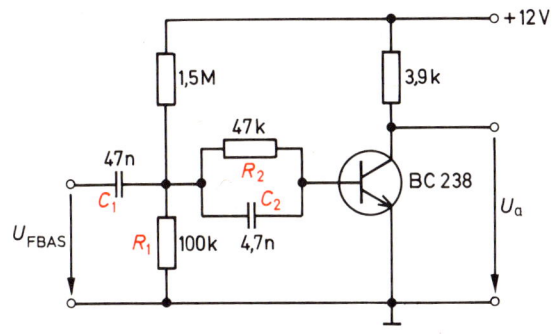

Bild 6.5
Prinzipschaltung einer Impulsabtrennstufe mit Schluckglied

Bei langanhaltenden, starken Störungen kann ein solches Schluckglied jedoch ein weiteres Aufladen des Kondensators C1 nicht mehr verhindern, und der oben erwähnte Wegtauch-Effekt würde trotzdem auftreten. Man konstruiert deshalb Amplitudensiebschaltungen mit einer sogenannten Störaustastung (**Bild 6.6**). Der als Begrenzer arbeitende Transistor T1 hat in seinem Emitterzweig den zur Störaustastung wirkenden Transistor T2 liegen. Dieser Transistor T2 erhält eine solche positive Basisvorspannung, daß er voll leitend ist und somit den Emitter von T1 an Masse legt. Er stellt damit für den Begrenzer-Transistor einen nicht überbrückten Emitterwiderstand dar und verursacht eine Gegenkopplung. Durch diese erhöht sich sogar der Stufeneingangswiderstand auf etwa 20 bis 30 kΩ. Außerdem wird die erforderliche Grenzfrequenz für die Bildsynchronimpulse erreicht.

Auf die Basis des Transistors T2 wird über den Kondensator C und die Diode D das aus dem Videoverstärker ausgekoppelte negativ gerichtete Videosignal gegeben. Dabei erhält die Diode an der Katode eine positive Vorspannung von etwa + 2 V. Das negativ gerichtete Videosignal ist nur so groß, daß es die Vorspannung der Diode nicht aufhebt. Treten jedoch Störimpulse auf, die größer sind als die Diodenvorspannung, wird die Diode leitend, und der Transistor T2 erhält kurzzeitig eine negative Basisvorspannung und sperrt. Auf diese Weise wird der Transistor T2 immer nur während der Dauer eines Störimpulses gesperrt. Damit wird der Strom im Transistor T2 und gleichzeitig auch der Strom in T1 unterbrochen. Somit ist das gesamte Amplitudensieb während der Dauer eines Störimpulses gesperrt (**Bild 6.7**).

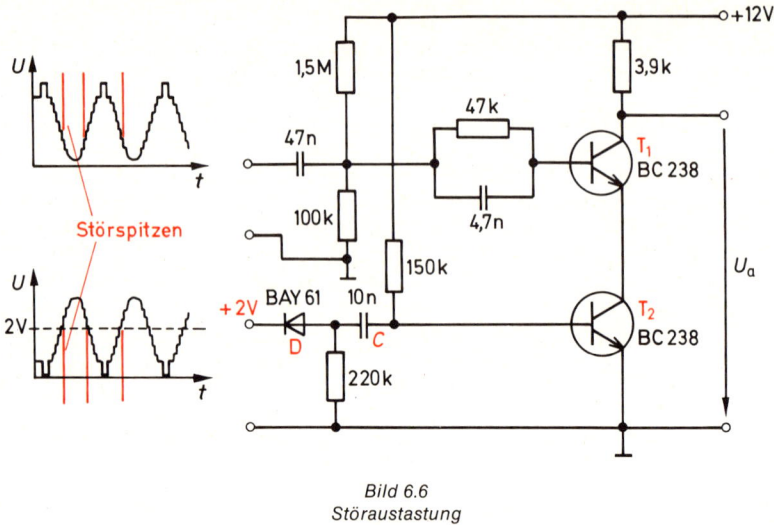

Bild 6.6
Störaustastung

Im Ausgang erscheinen keine Störimpulse mehr, und die Kondensatoren an der Basis von T1 können nicht weiter aufgeladen werden. Dadurch wird ein Wegtauchen der Synchronimpulse verhindert.

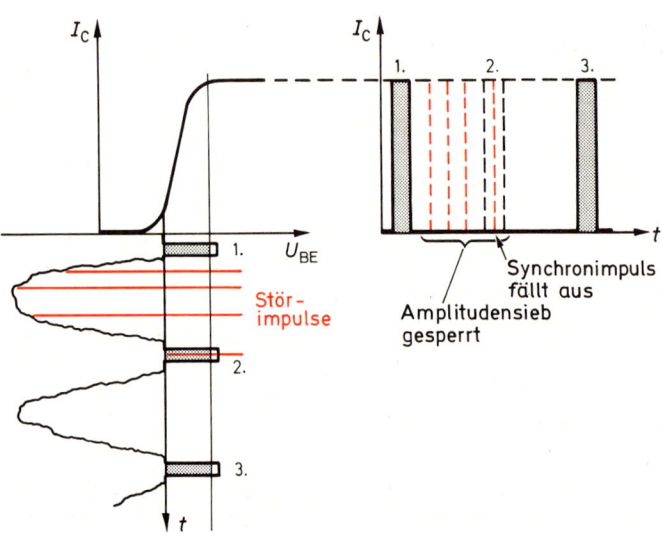

Bild 6.7
Funktion der Störaustastung an der Transistor-Steuerkennlinie

6.2.4. Impulstrennung

Nachdem in der Begrenzerstufe die Synchronisierzeichen vom Bildinhalt und von den Störimpulsen befreit worden sind, und sie infolge der Begrenzung alle die gleiche Amplitude besitzen, müssen nun die 50-Hz-Bildsynchronimpulse und die 15 625-Hz-Zeilensynchronimpulse voneinander getrennt werden. Durch eine Amplitudenselektion ist jedoch eine Trennung der beiden Impulsfolgen nicht möglich, da sie im Bereich von 75–100% der Senderamplitude liegen. Weil die Zeilensynchronimpulse eine Dauer von ca. 5 µs, die Bildsynchronimpulse eine Dauer von 27 µs besitzen, ist eine Auftrennung nur durch eine Zeitselektion möglich. Durch einfache RC-Glieder, sogenannte Differenzier- und Integrierglieder, lassen sich die horizontalen Synchronisierzeichen von den vertikalen trennen. Am Ausgang eines Differenziergliedes erhält man Impulse, mit denen der Horizontalgenerator synchronisiert werden kann.

Zunächst sei die Gewinnung der Zeilensynchronisierimpulse betrachtet. Um eine rechteckförmige Spannung elektrisch zu differenzieren, gibt man sie nach **Bild 6.8** auf ein als Hochpaß geschaltetes RC-Glied mit kleiner Zeitkonstante. Die Ausgangsspannung greift man am Widerstand ab. Der Spannungsabfall am Widerstand ist aber proportional dem Auf- und Entladestrom des Kondensators. Damit erhält man den in Bild 6.8 skizzierten Verlauf.

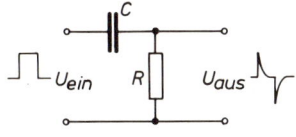

Bild 6.8
Differenzieren eines Rechteckimpulses mit einem RC-Glied

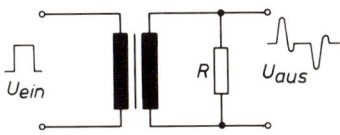

Bild 6.9
Differenzierende Wirkung eines gedämpften Impulstransformators

Nicht nur mit einem RC-Glied, sondern auch mit einem Transformator lassen sich Rechteckspannungen differenzieren. Legt man an die Primärseite eines Übertragers nach **Bild 6.9** einen Rechteckimpuls, so wird nur während einer Spannungsänderung – also beim Anstieg und beim Abfall – auf der Sekundärseite eine Spannung induziert.

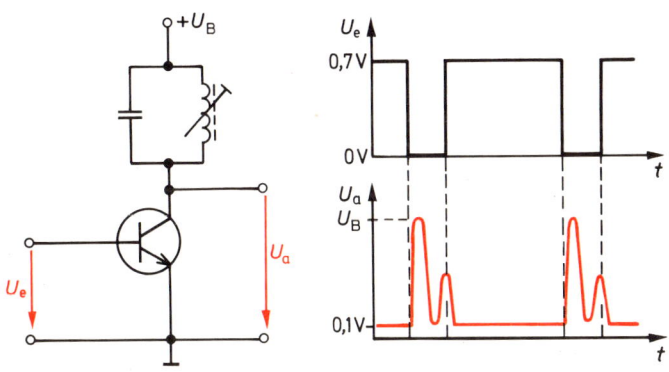

Bild 6.10
Differenzieren mittels eines Schwingkreises

Nun stellt aber jede Übertragerwicklung mit den Schaltkapazitäten einen Schwingkreis dar. So ensteht bei jedem Spannungsstoß eine gedämpfte Schwingung, die durch einen passend bemessenen niederohmigen Widerstand bedämpft wird. Am Ausgang eines solchen Impulstransformators kann man die differenzierten Zeilensynchronimpulse abnehmen. Gibt man die 50-Hz-Bildsynchronimpulse auf einen solchen Transformator, so werden diese Impulse wegen ihrer tiefen Frequenz kurzgeschlossen.

Manchmal findet man einen Schwingkreis im Ausgang des Begrenzertransistors, um damit die Zeilenimpulse von den Bildimpulsen zu trennen (**Bild 6.10**). Der auf ca. 150 kHz abgestimmte Resonanzkreis wird durch den Zeilensynchronisationsimpuls angestoßen. Er schwingt einmal durch, so daß ein S-förmiger Impuls entsteht. Wird der Transistor wieder leitend, so wird der Kreis so stark durch den Gleichstrom-Innenwiderstand, der parallel zum Schwingkreis wirkt, bedämpft, daß ein weiteres Schwingen nicht möglich wird. Die 50-Hz-Bildsynchronimpulse werden durch die bei dieser Frequenz sehr niederohmige Spule kurzgeschlossen.

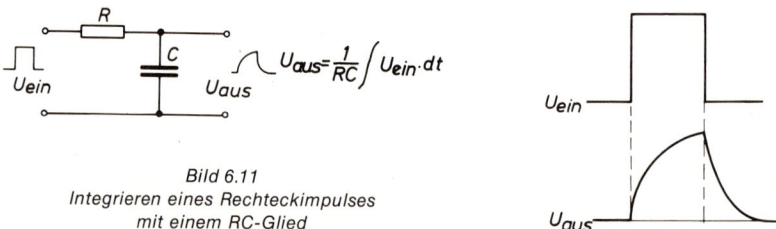

Bild 6.11
Integrieren eines Rechteckimpulses
mit einem RC-Glied

Die Bildsynchronimpulse kann man nur durch Integrierglieder von den Zeilensynchronimpulsen trennen. Ein Integrierglied ist ein als Tiefpaß geschaltetes RC-Glied mit großer Zeitkonstante, wie es in **Bild 6.11** gezeigt ist. Hier nimmt man die Spannung am Kondensator ab, die dem Ladezustand des Kondensators entspricht. Gelangen 15 625-Hz-Zeilensynchronimpulse auf ein solches Integrierglied, so werden sie durch den Kondensator kurzgeschlossen. Nur die relativ niederfrequenten 50-Hz-Rasterwechselimpulse können die Ladung des Kondensators nennenswert ändern.

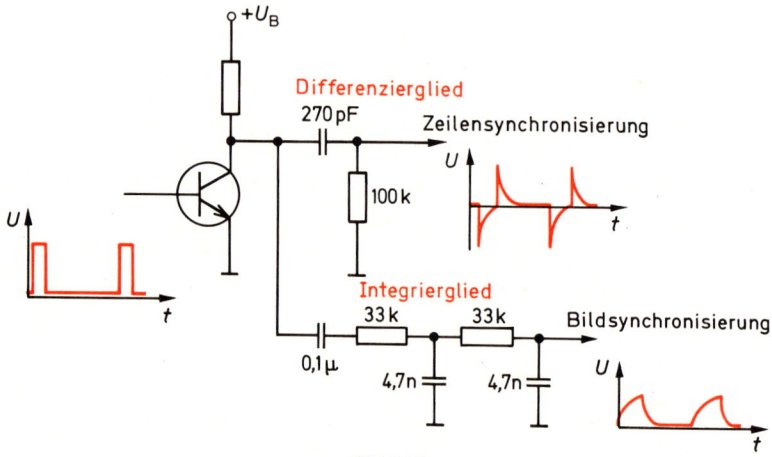

Bild 6.12
Impulstrennung mittels Differenzier- und Integriergliedern

Im **Bild 6.12** ist eine Schaltung wiedergegeben, mit der sich die Auftrennung von Zeilen- und Bildsynchronisiersignalen vornehmen läßt. Die Zeilensynchronimpulse erzeugen am Differenzierglied nadelförmige Impulse. Die 50-Hz-Bildsynchronimpulse werden vom 270-pF-Kondensator des Differenziergliedes gesperrt, so daß sie am Ausgang keinen Spannungsabfall hervorrufen. Dagegen laden die Bildsynchronimpulse die Kondensatoren der Integrierglieder nennenswert auf, so daß am Ausgang des Integriergliedes eine Spannung abgenommen werden kann. Die 15 625-Hz-Zeilensynchronimpulse werden dagegen durch die Kondensatoren der Integrierglieder kurzgeschlossen. Dadurch können am Ausgang der Integrierglieder keine Impulse dieser Frequenz abgenommen werden.

6.2.5. Bedeutung der Ausgleichsimpulse

In der Norm für das Synchronisiergemisch befinden sich vor und hinter dem Bildwechselimpuls Ausgleichsimpulse (Vor- und Nachtrabanten) im halben Zeilenabstand

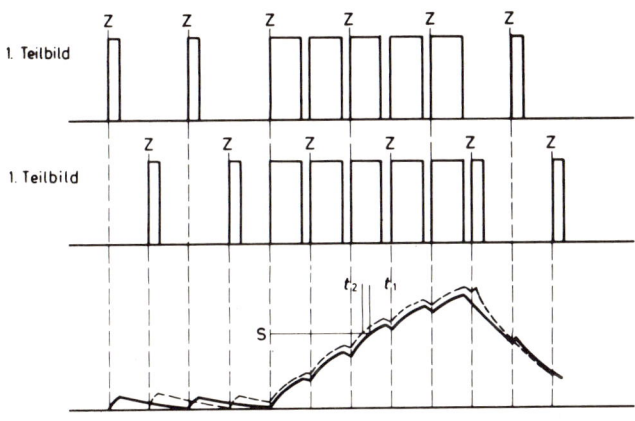

Bild 6.13
Zeitunterschied zwischen zwei Halbbildern bei fehlenden Ausgleichsimpulsen

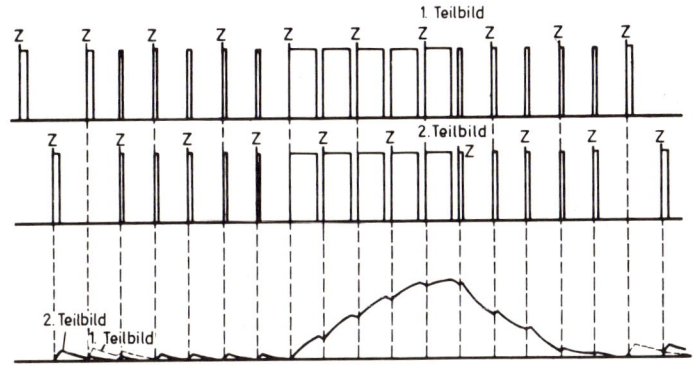

Bild 6.14
Vermeiden des Zeitunterschiedes durch die Ausgleichsimpulse

(**Bild 6.14**). Im **Bild 6.13** sind nun die Bildwechselimpulse der beiden Halbbilder ohne Vortrabanten gezeichnet. Beim 1. Halbbild liegt der letzte Zeilenimpuls eine ganze Periode T_H vor Beginn des Bildwechselimpulses. Wegen des Halbzeilenversatzes (Zeilensprungverfahren) beginnt der Bildwechselimpuls beim zweiten Halbbild bereits nach $T_H/2$. Der Integrationskondensator hat deshalb bei diesem 2. Halbbild vom vorherigen Impuls zu Beginn des Bildwechselimpulses noch einen kleinen Spannungswert. Der sich damit ergebende Spannungsverlauf am Integrationskondensator ist gestrichelt eingezeichnet.

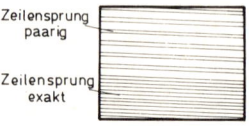

Bild 6.15
Paarigkeit der Zeilen als Folge des Zeitunterschiedes

Das Auslösen des Bildwechsels durch den Vertikalgenerator erfolgt bei der Spannung S. Da beide Kurven bei verschiedenen Abfangswerten beginnen, ergibt sich ein Zeitunterschied von $t_2 - t_1$, der den Kippgenerator unterschiedlich auslöst. Damit beginnt der Bildwechsel nicht genau in der Zeilenmitte oder am Zeilenanfang. Die Zeilen liegen paarig, das heißt, die Zeilen des einen Rasters liegen nicht genau in der Mitte zwischen den Zeilen des anderen Rasters. Dies bedeutet einen schlechten Zeilensprung (**Bild 6.15**). Abhilfe dagegen bringen die Vortrabanten, wie es **Bild 6.16** zeigt. Durch diese Ausgleichsimpulse wird dafür gesorgt, daß die Spannung am Integrationskondensator zum Beginn der Bildwechselimpulse bei beiden Halbbildern gleichgroß ist.

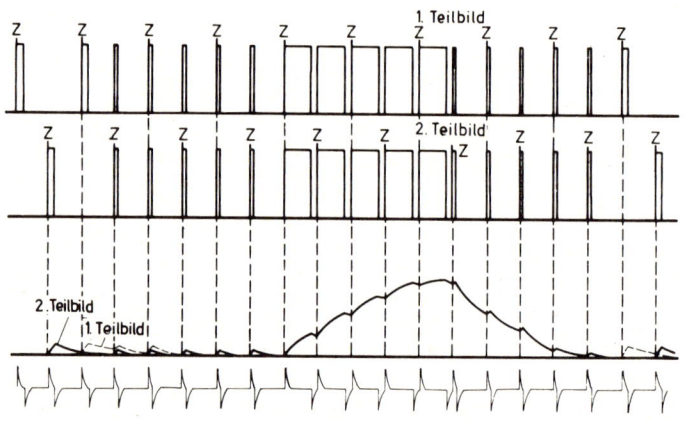

Bild 6.16
Bildwechselimpuls beider Halbbilder mit Vor- und Nachtrabanten und den dazugehörigen
Ausgangssignalen von Differenzier- und Integrier-Glied

Damit besteht vom ersten vorderen bis zum letzten hinteren Ausgleichsimpuls für beide Halbbilder die gleiche Impulsfolge. Im Bild 6.16 ist gleichzeitig einmal der Ausgangsspannungsverlauf eines Differenziergliedes für die Zeilensynchronisation hinzu gezeichnet. Hieraus erkennt man, daß die Zeilensynchronisation unbeeinflußt von diesen Vor- und Nachtrabanten ist.

6.2.6. Gesamtschaltbild eines Amplitudensiebes

Das Gesamtschaltbild eines Amplitudensiebes mit Störaustastung zeigt das **Bild 6.17**. Das positiv gerichtete Videosignal wird am Kollektor des Videovorstufen-Transistors abgenommen und auf die Basis des Begrenzer-Transistors gegeben. Durch den Basisspannungsteiler erhält dieser Transistor eine solche Basisvorspannung, daß der Arbeitspunkt im B-Betrieb liegt. Durch die Synchronimpulse wird der Kondensator C aufgeladen und verschiebt den Arbeitspunkt weiter in den Sperrbereich. Dadurch wird erreicht, daß nur die Synchronimpulse am Ausgang erscheinen und der Bildinhalt abgetrennt wird. Die in der Basisleitung dieses Transistors T1 liegende RC-Kombination arbeitet als Schluckglied für kurzzeitige, starke Störimpulse.

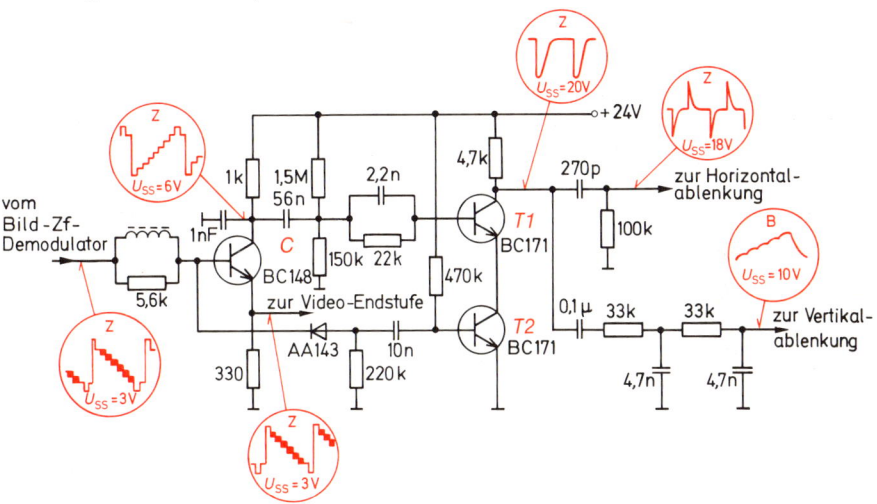

Bild 6.17
Gesamtschaltbild eines Amplitudensiebes

Bei langanhaltenden, starken Störungen wird der in Reihe mit dem Transistor T1 liegende Transistor T2 durch negativ gerichtete Störimpulse gesperrt. Dadurch wird auch der Transistor T1 mit gesperrt. Damit können keine Störimpulse am Ausgang erscheinen. Weiterhin wird hierdruch verhindert, daß der in der Basis vor T1 liegende Ladekondensator C sich weiter auflädt, und ein Wegtauchen des Signals bewirkt.

Im Ausgang des Begrenzer-Transistors T1 werden die Zeilen- und Bildsynchronimpulse mittels Integrier- und Differenzierglieder voneinander getrennt. Die so gewonnenen Synchronisiersignale werden dann zur Synchronisierung den Ablenkgeneratoren zugeführt.

Heute baut man ein Amplitudensieb nicht mehr mit diskreten Bauteilen auf. Es wird stets mit in die integrierte Schaltung eines Horizontal- oder eines Vertikal-Bausteins mit einbezogen.

6.3 Kippspannungsgeneratoren

6.3.1. Allgemeines

Die Ablenkstufen haben die Aufgabe, ein Raster auf den Schirm der Fernsehbildröhre zu schreiben. Dazu ist es erforderlich, daß durch die Ablenkspulen ein sägezahnförmiger Strom mit ausreichender Größe fließt. Diese großen Ströme können aber nur von einer Leistungsendstufe geliefert werden. Die Ablenkstufen eines Fernsehgerätes bestehen daher grundsätzlich aus einem Ablenkgenerator, einer Treiberstufe und einer Endstufe (**Bild 6.18**).

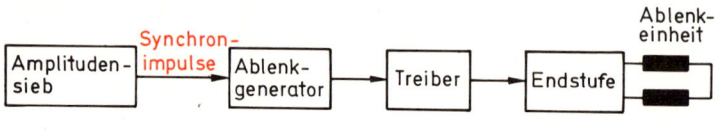

Bild 6.18
Blockschaltbild des Ablenkteils

Damit der Elektronenstrahl der Bildröhre auch ohne vorhandenes Sendersignal abgelenkt wird, müssen die Ablenkgeneratoren frei schwingen. Ist ein Sendersignal vorhanden, so werden die frei schwingenden Ablenkgeneratoren von Synchronimpulsen aus dem Amplitudensieb auf die richtige Frequenz eingerastet – 15 625 Hz für die Horizontal- oder Zeilenablenkung und 50 Hz für die Vertikalablenkung (Bildkipp).

Die Ablenkgeneratoren liefern somit das erforderliche Ansteuersignal für die Endstufen. Manchmal ist eine Treiberstufe zwischen Generator und Endstufe notwendig, um die richtige Anpassung und die notwendige Ansteuerleistung für die Endstufe zu erreichen. Die Vertikalendstufe muß mit einem sägezahnförmigen Signal, die Horizontal- oder Zeilenendstufe muß mit einem rechteckförmigen Signal angesteuert werden. Diese unterschiedlichen Ansteuersignale sind auch durch die Schaltungskonzeptionen der jeweiligen Endstufe bedingt.

An die Ablenkgeneratoren werden somit folgende Anforderungen gestellt:
1. Sie müssen frei schwingen,
   damit auch ohne Sendersignal der Elektronenstrahl der Bildröhre abgelenkt wird.
2. Sie müssen sich synchronisieren lassen,
   damit sich ein feststehendes Bild beim Empfang eines Senders ergibt.
3. Sie müssen das erforderliche Ansteuersignal für die jeweilige Endstufe liefern,
   damit nicht noch zusätzliche Impulsformerstufen eingebaut werden müssen.

Werden die Ablenkgeneratoren mit diskreten Bauteilen aufgebaut, so findet man folgende Generatortypen:
Sperrschwinger, Astabile Kippstufe, Sinusgenerator und Sägezahngenerator.

Bei der fortschreitenden Integration der Stufen eines Fernsehgerätes sind heute auch die Ablenkgeneratoren mit in eine integrierte Schaltung einbezogen.

6.3.2. Sperrschwinger

6.3.2.1. Wirkungsweise

Im Prinzip ist ein Sperrschwinger, auch blocking oscillator genannt, ein Oszillator mit einer sehr festen Rückkopplung mittels eines Transformators (**Bild 6.19**). So wird vom Kollektorkreis in den Basiskreis eine hohe Spannung zurückgeführt.

Durch den Spannungsteiler R1, R2 erhält der Transistor eine so hohe Basisvorspannung, daß nach dem Einschalten der Betriebsspannung sofort ein Kollektorstrom durch den

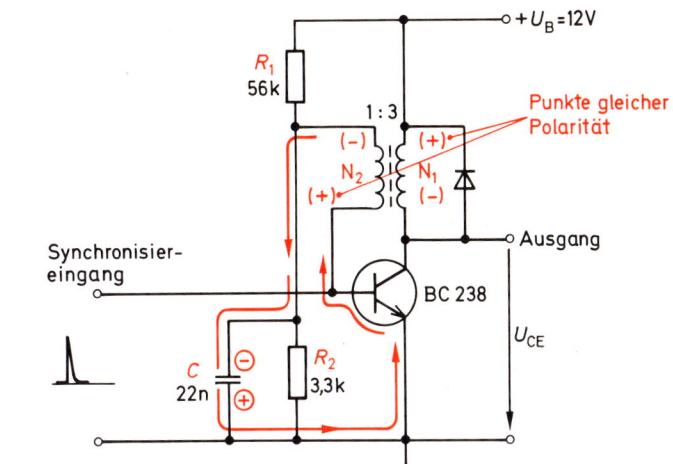

+U_B = 12V

R_1 56k

1:3

Punkte gleicher Polarität

N_2 N_1

(−) (+)

(+) (−)

Synchronisier-eingang

Ausgang

BC 238

U_{CE}

C 22n

R_2 3,3k

Bild 6.19
Prinzipschaltung eines
Sperrschwingers

Transistor fließt. Dieser Strom erzeugt an der Transformatorwicklung N1 einen Span-nungsabfall mit der in Bild 6.19 eingezeichneten Polarität. Durch den Wicklungssinn der Transformatorwicklungen wird diese Spannungsänderung mit umgekehrter Polung in die Wicklung N2 transformiert. Dadurch erhöht sich die Basisvorspannung so weit, daß ein großer Basisstrom fließt und den Kondensator C mit eingezeichneter Polarität auflädt. Bedingt durch den jetzt fließenden großen Kollektorstrom, ist die Kollektorspannung U_{CE} bis zur Rest- oder Sättigungsspannung abgesunken (**Bild 6.20**).

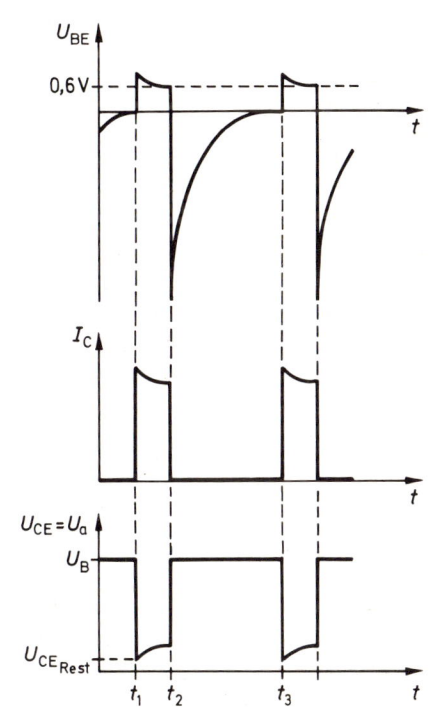

U_{BE}

0,6 V

t

I_C

t

$U_{CE} = U_a$

U_B

$U_{CE_{Rest}}$

t_1 t_2 t_3 t

Bild 6.20
Oszillogramme eines
Sperrschwingers

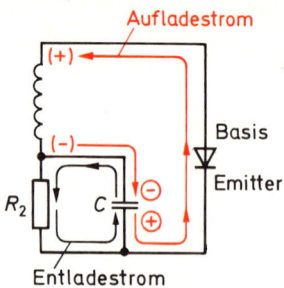

Aufladestrom

(+)

(−)

Basis

Emitter

R_2 C

Entladestrom

Bild 6.21
Ersatzschaltbild zur Auf- und Entladung
des Kondensators

Wie aus dem Ersatzschaltbild (**Bild 6.21**) zu entnehmen ist, wird die Basis-Emitterspannung des Transistors immer weiter absinken, je mehr sich der Kondensator C auflädt. Dadurch sinkt auch der Kollektorstrom (Zeitpunkt t_1 bis t_2). Hat der Kondensator sich auf die Spannung der Transformatorwicklung aufgeladen, so hat der Transistor nur noch eine kleine konstante Basisvorspannung, die von R1 und R2 bestimmt wird. Der Kollektorstrom ändert sich jetzt nicht mehr.

Bei einem konstanten Strom durch die Transformatorwicklung N1 wird in die Wicklung N2 keine Spannung mehr induziert. Jetzt überwiegt die negative Ladung des Kondensators, und die Basisvorspannung wird so negativ, daß der Transistor sperrt. Weil der Kollektorstrom plötzlich auf Null absinkt, wird im Transformator eine hohe Selbstinduktionsspannung entstehen. Diese hohe Spannungsspitze läßt auch die Spannung auf einen hohen negativen Wert absinken (Zeitpunkt t_2). Jetzt entlädt sich der Kondensator über den Widerstand R2 nach einer e-Funktion (Zeitpunkt t_2 bis t_3). Hat sich der Kondensator vollständig entladen, so wird der Transistor durch den Basisspannungsteiler wieder leitend, und es fließt ein Kollektorstrom (Zeitpunkt t_3). Damit ist der Ausgangspunkt der Betrachtung erreicht.

Die Sperrzeit eines solchen Sperrschwingers läßt sich durch die Größe des Kondensators C, des Widerstandes R2 und durch die Höhe der Basisvorspannung beeinflussen. Bei einer kleinen Basis-Emitterspannung U_{BE} dauert die Entladung des Kondensators länger als bei einer großen positiven Vorspannung. Hieraus erkennt man, daß die Schwingfrequenz eines Sperrschwingers nicht nur durch Verändern der frequenzbestimmenden Bauteile R2 und C beeinflußt werden kann, sondern auch durch Verändern der Basisvorspannung.

Parallel zu der in der Kollektorleitung liegenden Transformatorwicklung N1 liegt eine Diode (Bild 6.19), die als Schutzdiode wirkt. Beim schlagartigen Sperren des Kollektorstromes entsteht im Transformator eine hohe Selbstinduktionsspannung. Diese Selbstinduktionsspannung addiert sich zur Betriebsspannung und würde somit die zulässige Kollektor-Basis-Spannung U_{CB} überschreiten und den Transistor zerstören. Die parallel zur Transformatorwicklung liegende Diode ist so gepolt, daß sie beim Auftreten dieser Selbstinduktionsspannung leitend wird und die Spannungsspitze kurzschließt. Vielfach wird diese Diode auch als Freilaufdiode bezeichnet.

6.3.2.2. Impulsformung

Zur Ablenkung des Elektronenstrahls in der Bildröhre wird ein sägezahnförmiger Ablenkstrom benötigt. Der Sperrschwinger gibt, wie aus den Oszillogrammen in Bild 6.20 zu entnehmen ist, ein rechteckförmiges Signal ab. Zur Ansteuerung der Zeilenendstufe hat dieses Ausgangssignal genau die richtige Form. Die Vertikalendstufe muß jedoch mit einem sägezahnförmigen Signal angesteuert werden. Das rechteckförmige Ausgangssignal des Sperrschwingers für die Vertikalablenkung muß deshalb in ein sägezahnförmiges Signal umgeformt werden. Man legt deshalb in den Ausgang ein RC-Glied (**Bild 6.22**)

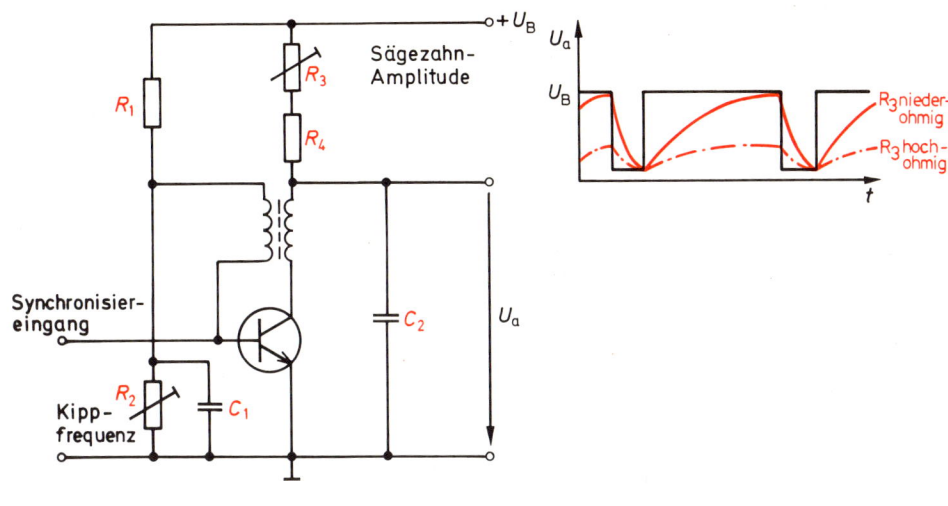

Bild 6.22
Sperrschwinger mit Impulsformung

bestehend aus den Widerständen R3, R4 und dem Kondensator C2. Ist der Transistor gesperrt, so lädt sich der Kondensator C2 langsam über die Widerstände R3, R4 auf. Wird der Transistor leitend, so entlädt sich der Kondensator C2 schnell über den niederohmigen Gleichstrominnenwiderstand des Transistors. Man kann am Kondensator C2 daher eine sägezahnförmige Spannung abnehmen.

Man bemißt die Zeitkonstante dieses Impulsformergliedes so, daß der Kondensator sich nicht während der Sperrzeit des Transistors bis auf die Betriebsspannung aufladen kann. Auf diese Weise erreicht man, daß nur ein kleiner Teil der exponentiell verlaufenden Aufladekurve des Kondensators ausgenutzt wird. Dieser kleine Anteil hat einen annähernd linearen Verlauf.

Durch Verändern des Widerstandes R3 läßt sich die Zeitkonstante des Impulsformergliedes ändern. Damit ändert man nicht nur die Kurvenform, sondern auch die Amplitude des Sägezahnes (Bild 6.22).

6.3.2.3. Synchronisation

Die Kippfrequenz eines Sperrschwingers muß durch die Synchronimpulse so gesteuert werden, daß ein Gleichlauf zum Fernsehsender hergestellt wird. Wie aus den Oszillogrammen in **Bild 6.23** hervorgeht, läßt man den Sperrschwinger unterhalb der Sollfrequenz schwingen. Durch positive Synchronisierimpulse, die auf die Basis des Transistors gegeben werden, wird der Transistor früher leitend. Dadurch wird der Sperrschwinger vorzeitig zu einer Schwingung veranlaßt. Auf diese Weise bestimmen die Gleichlaufimpulse an der Basis die Schwingfrequenz des Sperrschwingers.

Diese Synchronisation ist aber nur bei der direkten Synchronisation in der Vertikalablenkung möglich. Beim Fehlen eines Synchronimpulses würde der Sperrschwinger sofort auf der tieferen Frequenz schwingen.

Ein Zeilensynchronimpuls kann auf dem Übertragungsweg leicht verloren gehen. Aus diesem Grund wird bei der Horizontalablenkung die Frequenz des Sperrschwingers durch eine Regelspannung auf der Sollfrequenz gehalten. Wie im Abschnitt 6.3.2.1. schon erläu-

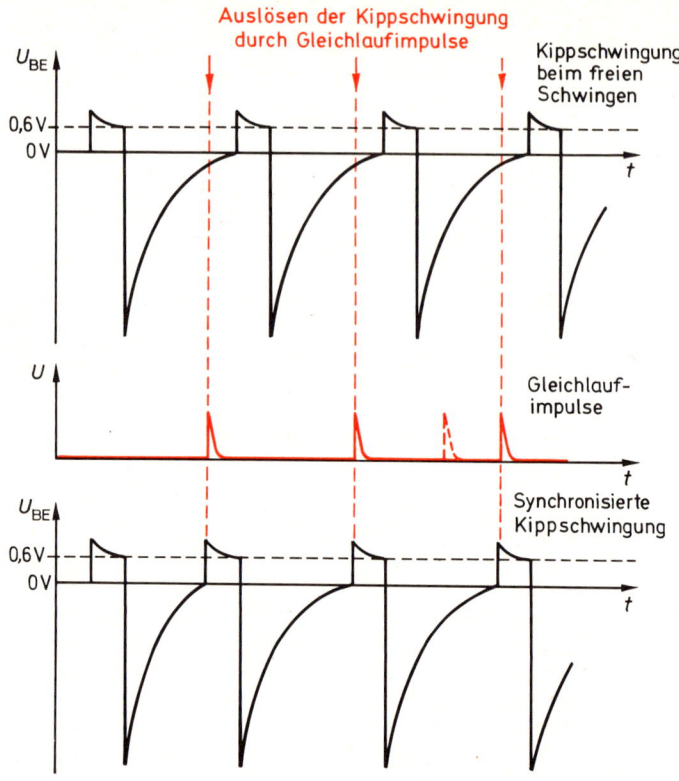

Bild 6.23
Synchronisierung eines Sperrschwingers mit Gleichlaufimpulsen

tert, läßt sich bei einem Sperrschwinger die Kippfrequenz auch durch Verändern der Basisvorspannung einstellen. Hiervon wird bei einem Sperrschwinger in der Horizontalablenkung Gebrauch gemacht.

6.3.3. Astabile Kippstufe

6.3.3.1. Wirkungsweise

Eine astabile Kippstufe ist ein zweistufiger RC-gekoppelter Verstärker, dessen Ausgang über den Kondensator C1 mit dem Eingang verbunden ist (**Bild 6.24**). Bei einer solchen Schaltung wechselt fortlaufend der Betriebszustand der beiden Transistoren. Wenn der eine Transistor leitet, ist der andere gesperrt und umgekehrt. Es ergeben sich für die Transistoren keine stabilen Betriebszustände, daher der Name astabile Kippstufe. Manchmal wird diese Schaltung auch Multivibrator (Vielfachschwinger) genannt.

Ist der Transistor T1 gesperrt, so muß der Transistor T2 leitend sein (**Bild 6.25**). Über den leitenden Transistor T2 kann sich der vorher aufgeladene Kondensator C1 entladen. Der Entladestrom fließt von Minus kommend über den Transistor T2, den Kondensator C1 und über den Widerstand R2 zum Pluspol der Betriebsspannung (**Bild 6.26**). Durch diese Entladung des Kondensators C1 liegt an der Basis des Transistors T1 ein negatives Potential, so daß dieser Transistor gesperrt ist. Die Kollektor-Emitterspannung dieses gesperrten Transistors ist auf den Wert der Betriebsspannung angestiegen. Damit kann ein Auflade-

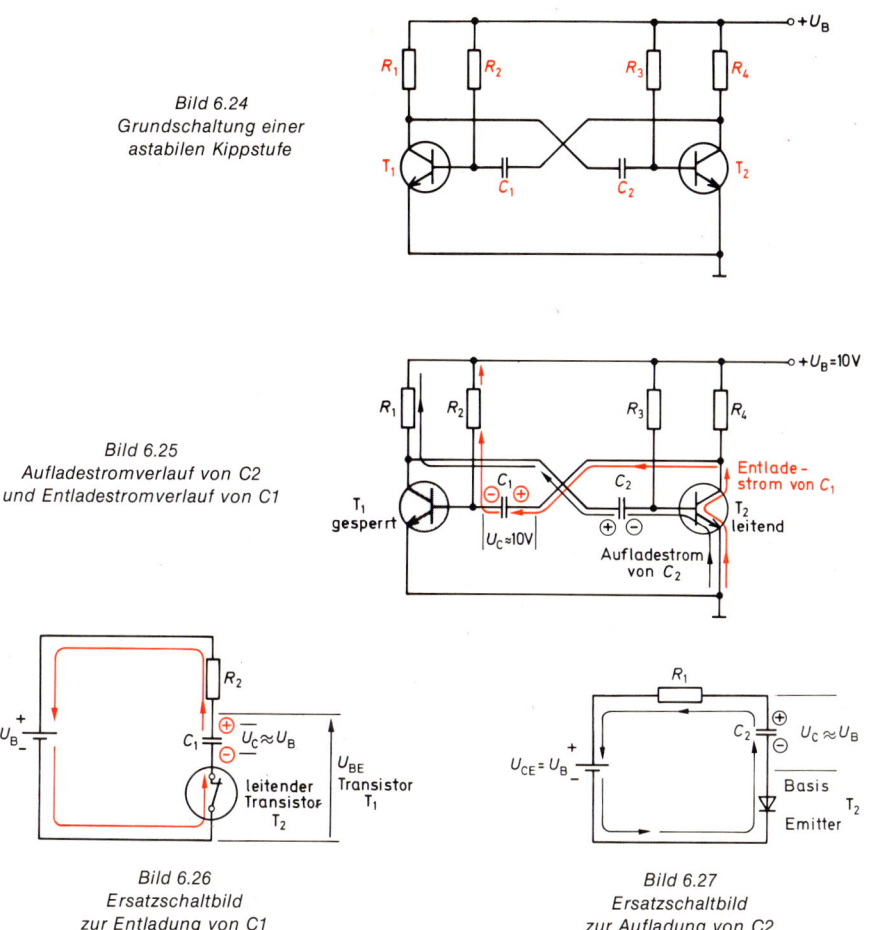

Bild 6.24
Grundschaltung einer
astabilen Kippstufe

Bild 6.25
Aufladestromverlauf von C2
und Entladestromverlauf von C1

Bild 6.26
Ersatzschaltbild
zur Entladung von C1

Bild 6.27
Ersatzschaltbild
zur Aufladung von C2

strom für den Kondensator C2 fließen. Dieser Aufladestrom fließt von Minus kommend über die Basis-Emitterstrecke des leitenden Transistors T2, über den Kondensator C2 und über den Widerstand R1 zum Pluspol der Betriebsspannung (**Bild 6.27**) und lädt diesen Kondensator auf $U_C \approx U_B$ auf.

Der Transistor T2 bleibt durch die positive Basisvorspannung über den Widerstand R3 auch nach dem Aufladen des Kondensators C2 so lange leitend, bis sich der Kondensator C1 entladen hat. Dann erhält der Transistor T1 über den Widerstand R2 eine positive Basisvorspannung, so daß er schlagartig leitend wird (**Bild 6.28**).

Ist jedoch der Transistor leitend, so kann sich der auf $U_C \approx U_B$ aufgeladene Kondensator C2 über T1 und R3 entladen. Bei dieser Entladung liegt an der Basis des Transistors T2 im ersten Moment eine negative Spannung von $\approx U_B$, so daß T2 sicher gesperrt wird. Während sich der Kondensator C2 entlädt, wird der Kondensator C1 über die Strecke Basis—Emitter von T1 und über R4 auf $U_C \approx U_B$ aufgeladen. Der Transistor T1 bleibt jetzt so lange leitend, bis sich der Kondensator C2 vollständig über R3 entladen hat. Dann wird T2 wieder leitend und T1 gesperrt. Damit wäre der Ausgangspunkt der Betrachtung erreicht.

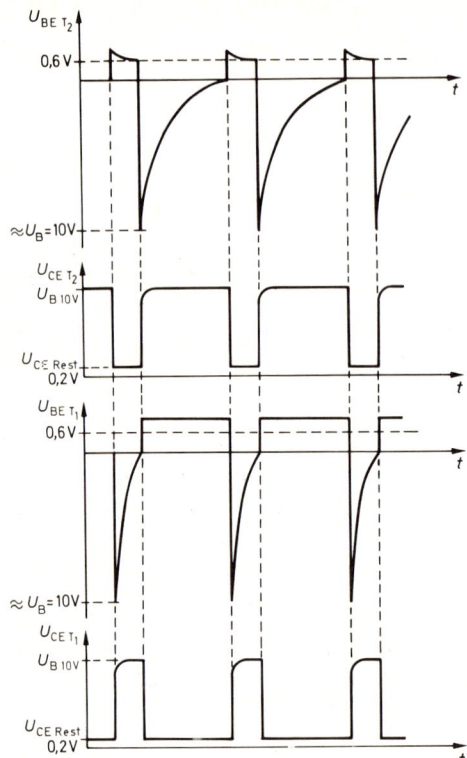

Bild 6.28
Oszillogramme
einer astabilen Kippstufe

Die Wirkungsweise einer solchen astabilen Kippstufe läßt sich besonders gut an den im Bild 6.28 wiedergegebenen Oszillogrammen erkennen. Die Entladezeit eines Kondensators läßt sich mit der Gleichung:

$$t = 0{,}7 \cdot R \cdot C$$

bestimmen. Die Entladezeit eines Kondensators bestimmt wiederum die Sperrzeit des Transistors und damit die Impulsdauer des Kollektorsignales.

Werden beide RC-Glieder gleich dimensioniert, so ergeben sich symmetrische Rechtecksignale. Wird eine astabile Kippstufe als Ablenkgenerator in einem Fernsehgerät eingesetzt, müssen beide RC-Glieder unterschiedlich bemessen werden, weil der Hinlauf länger als der Rücklauf dauert.

6.3.3.2. Impulsformung

An den Kollektoren der Transistoren einer astabilen Kippstufe können rechteckförmige Spannungen abgenommen werden. Damit hätte man schon die richtige Form des Ansteuerungssignal für die Zeilenendstufe. Für die Vertikal-Endstufe wird jedoch ein sägezahnförmiges Ansteuersignal benötigt. Das rechteckförmige Ausgangssignal einer astabilen Kippstufe muß deshalb mittels eines Impulsformergliedes in ein sägezahnförmiges Signal umgewandelt werden. Bei der im **Bild 6.29** wiedergegebenen Schaltung besteht das Impulsformerglied aus der RC-Kombination R6 und C4. Mit dem Widerstand R6 läßt sich die Sägezahn-Amplitude und -Form beeinflussen. Mit dem Widerstand R3 kann die Entladezeit und damit die Kippfrequenz dieser Kippschaltung variiert werden.

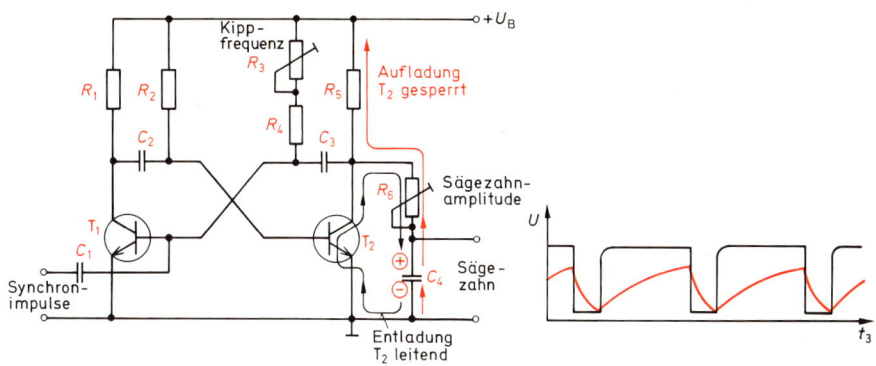

Bild 6.29
Astabile Kippstufe mit Synchronisation und Impulsformung

6.3.3.3. Synchronisation

Die Synchronisation einer astabilen Kippstufe kann an einer Basis erfolgen. Positive Synchronisierimpulse ausreichender Größe, die kurz vor dem Kippen der Schaltung auf die Basis eines gesperrten Transistors gegeben werden, verursachen ein vorzeitiges Öffnen des gesperrten Transistors. Auf diese Weise wird der astabilen Kippstufe die durch die Synchronimpulse vorgegebene Frequenz aufgezwungen.

Die Synchronisation läßt sich aber auch durch eine Regelspannung erreichen. Durch eine Regelspannung, die einer Basis zugeführt wird, verändert man die Basisvorspannung, so daß der gesperrte Transistor früher oder später in den leitenden Zustand umkippt.

6.3.4. Sinusgenerator

6.3.4.1. Grundprinzip des Sinusgenerators

In Fernsehempfängern werden zum Erzeugen der Zeilenfrequenz Rückkopplunsschaltungen mit LC-Schwingkreisen verwendet. Man bezeichnet sie als Sinusgeneratoren. Die Frequenz eines solchen Generators ist gegen Spannungsschwankungen und impulsartige Störungen bedeutend stabiler als ein Sperrschwinger oder astabile Kippstufen. Bei einem solchen LC-Oszillator kann man eine Frequenzänderung, wie sie zur Synchronisation erforderlich ist, nicht mit einer Gleichspannung erzielen.

Die Frequenznachstimmung kann nur mit einer Induktivitäts- oder Kapazitätsänderung erreicht werden. Parallel zum Schwingkreis eines Sinusgenerators liegt deshalb entweder eine Nachstimmstufe oder eine Kapazitätsdiode als Stellglied. Eine Nachstimmstufe arbeitet als steuerbare Induktivität oder Kapazität. Sie wird Impedanz-, Reaktanz- oder Blindstufe genannt. Die Frequenz der vom Sender kommenden Synchronimpulse wird in der Phasenvergleichsschaltung mit der Frequenz des Sinusgenerators verglichen. Die Phasenvergleichsschaltung leitet daraus eine Regelspannung ab. Diese steuert die Reaktanzstufe oder die Kapazitätsdiode in der Weise, daß der Sinusoszillator genau auf die richtige Frequenz hingezogen wird.

Die Sinusschwingung des Oszillators muß noch in die zur Ablenkung benötigte Spannung umgeformt werden. Hierzu dient eine dritte Stufe, die Impulsformerstufe (**Bild 6.30**). Die Basis dieses Transistors wird stark negativ vorgespannt. Man führt ihr die Sinusschwingung mit großer Amplitude zu, so daß nach **Bild 6.31** nur noch die höchsten positiv gerichteten Sinuskuppen kurze impulsartige Kollektorströme erzeugen. Die Kollektorspannung besitzt dann einen rechteckförmigen Verlauf.

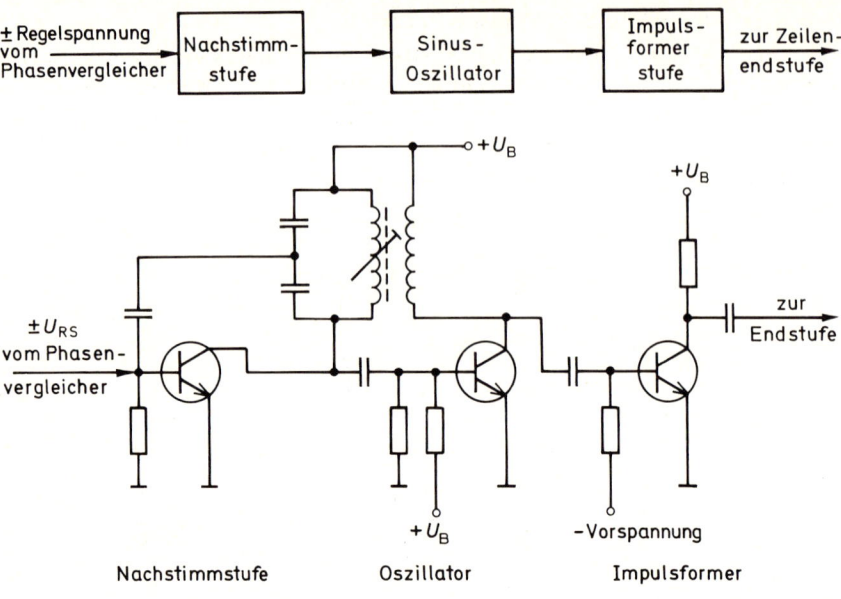

Bild 6.30
Prinzip eines Zeilen-Ablenkteils mit Sinusgenerator und Frequenznachregelung

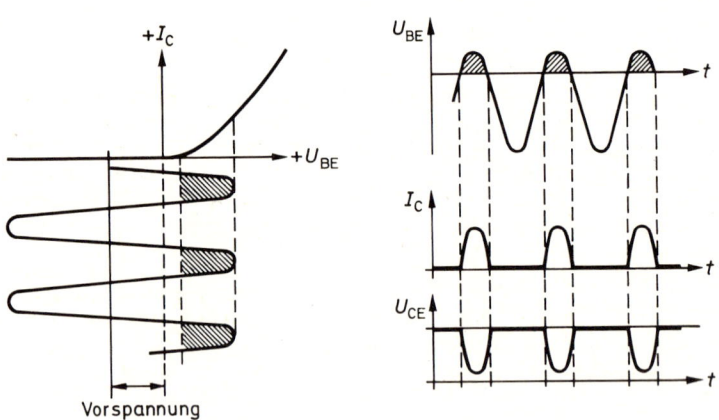

Bild 6.31
Durch richtige Vorspannung des Impulsformertransistors
erhält man am Kollektor eine Rechteckspannung

6.3.4.2. Gesamtschaltung eines Sinusgenerators

Die Schaltung eines gebräuchlichen Sinusgenerators ist im **Bild 6.32** wiedergegeben. Der Transistor T1 arbeitet als Nachstimmstufe. Der Transistor T2 übernimmt die Funktion des Oszillatortransistors und dient gleichzeitig als Impulsformer.

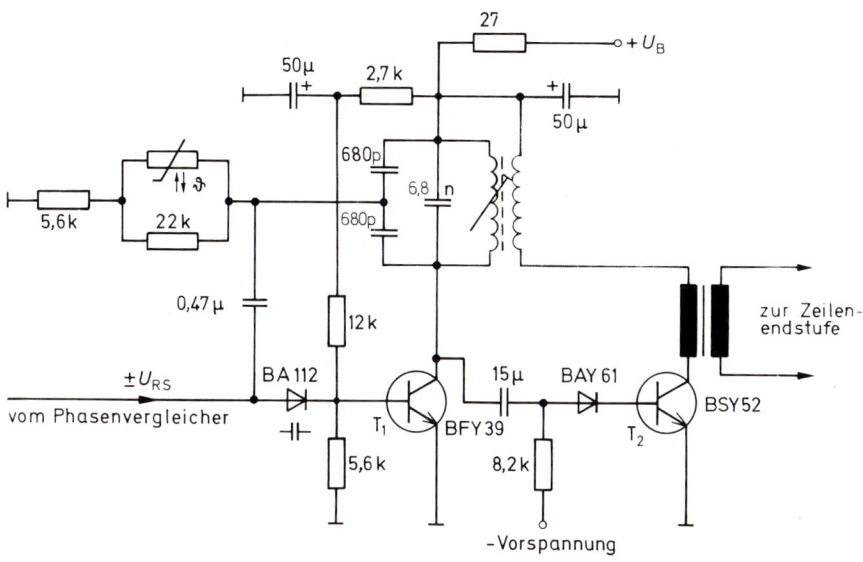

Bild 6.32
Gesamtschaltbild eines Sinusgenerators

Aus der Phasenvergleichsschaltung erhält man eine Regelspannung zum Nachstimmen des Oszillators. Diese Gleichspannung gibt man auf die Nachstimmstufe, die folgendermaßen arbeitet: An Hand des Ersatzschaltbildes **Bild 6.33** erkennt man, daß ein Teil der Oszillatorspannung über die Kapazitätsdiode BA 112 auf die Basis des Transistors T1 zurückgegeben wird. Die Diode bildet mit dem Widerstand R_1 einen Spannungsteiler. Der Strom i_{CR} durch diese Reihenschaltung verursacht einen Wechselspannungsabfall am Widerstand R_1, der in Phase mit ihm ist.

Der Spannungsabfall am Kondensator eilt um 90 Grad gegenüber diesem Strom i_{CR} nach. Die Summe aus beiden Teilspannungen U_R und U_C ergibt eine Gesamtspannung, die mit der Kollektor-Emitter-Wechselspannung U_{CE} in Phase ist. Der Spannungsabfall am Widerstand R_1 ist aber gleichzeitig die Steuerspannung $U_R = U_{BE}$ des Transistors. Der Kollektorstrom eines Transistors ist immer in Phase mit der Eingangswechselspannung, also $U_R = U_{BE} \triangleq i_C$.

Durch den Schwingkreis fließt nun ein Strom i_C, der um den Phasenwinkel der am Kreis stehenden Spannung U_{CE} voreilt. Auch bei einem Kondensator eilt der Strom gegenüber der Spannung vor. So wirkt diese Schaltung als Kapazität. Diese Nachstimmstufe liegt wechselspannungsmäßig parallel zum Schwingkreis und geht deshalb mit als Kreiskapa-

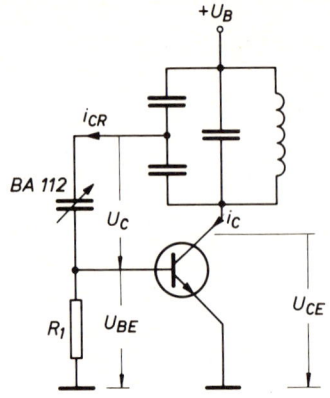

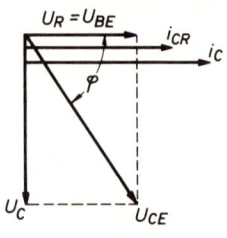

Bild 6.33
Ersatzschaltbild der Nachstimmstufe
mit Zeigerdarstellung

zität ein. Durch die Regelspannung aus der Phasenvergleichsstufe wird die Kapazität der Kapazitätsvariationsdiode verändert, wodurch sich auch die Kapazität dieser Nachstimmstufe mit verändert. So wird durch diese Regelspannung die Schwingkreiskapazität geändert, was eine Frequenzänderung nach sich zieht.

Der Transistor T2 arbeitet als Meißneroszillator. Der Schwingkreis liegt im Basiskreis, während die Rückkopplungsspule in die Kollektorleitung geschaltet ist. Der kapazitive Spannungsteiler im Schwingkreis liefert die Spannung für die Nachstimmstufe. Dadurch bedämpft der niederohmige Eingangswiderstand des Transistors T1 den Kreis nicht so stark. Weiterhin liegt parallel zu einem Teil des Schwingkreises eine Widerstandskombination mit einem NTC-Widerstand.

Der NTC-Widerstand stabilisiert die Schwingkreisamplitude auf folgende Weise: Durch den NTC-Widerstand fließt ständig ein Wechselstrom. Dadurch hat er eine bestimmte Temperatur und damit einen bestimmten Widerstandswert. Wird die Schwingkreisamplitude größer, so fließt auch ein größerer Strom durch den NTC. Seine Temperatur wird erhöht, und sein Widerstand nimmt ab. Dieser niederohmige Widerstand bedämpft den Kreis aber stärker, so daß die Schwingkreisamplitude auf den ursprünglichen Wert wieder absinkt.

Die Diode in der Basisleitung des Transistors T2 wird so vorgespannt, daß nur die positiven Spannungsspitzen der Sinusspannung den Transistor leitend machen. Man erhält einen impulsförmigen Kollektorstrom. Dieser erzeugt auf der Sekundärseite des Anpaßtransformators zur Zeilenendstufe eine rechteckförmige Spannung. Da die Frequenz der Kollektorstromimpulse genau der Schwingkreisfrequenz entspricht, wird der Oszillatorkreis über die Rückkopplungsspule immer im richtigen Moment wieder angestoßen.

6.3.5. Sägezahngenerator

6.3.5.1. Grundprinzip

Man geht heute immer mehr von den in den vorangegangenen Abschnitten beschriebenen Kippspannungsgeneratoren ab. So wurde z. B. für den Vertikaloszillator eine Halbleiterschaltung entwickelt, die aufgrund einer auftretenden negativen Strom-Spannungs-Charakteristik eine Kippschwingung erzeugt, wie es auch mit einer Glimmlampe, einem Unijunktion-Transistor, einer Vierschichtdiode oder mit einem gesteuerten Gleichrichter möglich ist. Die Vorteile einer derartigen Oszillatorschaltung sind: sofortiges und sicheres Anschwingen, leichte und exakte Synchronisierbarkeit, hohe Stabilität der Freifrequenz und vor allem ein verhältnismäßig einfacher, unkomplizierter Aufbau.

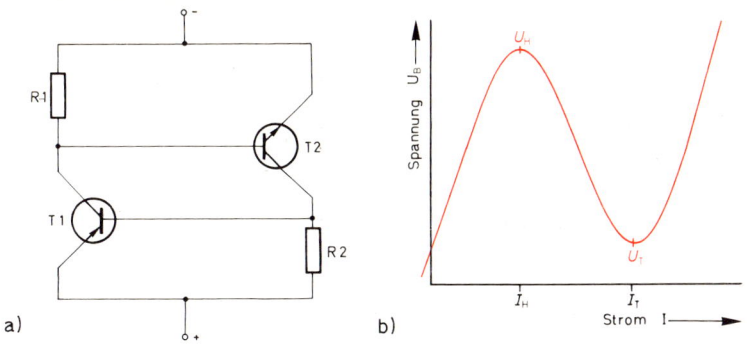

a)   b)

Bild 6.34
Schaltung (a) und Kennlinie (b) eines Zweipols mit negativer Impedanz

Die im **Bild 6.34 a** mit einem NPN- und PNP-Transistor aufgebaute Schaltung hat den im **Bild 6.34 b** gezeigten Strom-Spannungsverlauf mit einer negativen Arbeitskennlinie. Denn zunächst sind die beiden Transistoren gesperrt, und es ergibt sich bei ansteigender Betriebsspannung ein in positiver Richtung verlaufender Kennlinienast. Dieser bis zum Punkt U_H steil ansteigende Kurventeil ergibt sich durch die sehr hochohmigen Sperrwiderstände der beiden Transistoren. Im Punkt U_H hat der Gesamtstrom den Wert I_H und damit jedoch eine Größe erreicht, daß die beiden Transistoren basisseitig aufgesteuert werden. So steigt trotz sinkender Klemmenspannung U_E der Strom I an, d. h. der Kennlinienverlauf kehrt sich um. Diese Schaltung verhält sich damit in diesem Bereich zwischen $I_H - I_T$ wie ein negativer Widerstand. Denn hier wird mit kleinerer Spannung der Strom größer. Dieser Effekt ist nun darin begründet, daß von der Spannung U_H ab beide Transistoren durch die Spannungsabfälle an R_1 und R_2 sich gegenseitig mehr und mehr in den Durchlaßbereich steuern. Bei der Spannung U_T sind die beiden Transistoren soweit durchgesteuert, daß sie sich im Sättigungsbereich befinden. Hier sind nun ihre Durchlaßwiderstände praktisch Null. Damit wird der Gesamtwiderstand dieser Schaltung ab dem Spannungswert U_T nur noch durch die Parallelschaltung von R_1 und R_2 bestimmt. Die Kennlinie geht deshalb wieder in einen ansteigenden Kurventeil über. Will man mit einer solchen Schaltung nun entdämpfte Schwingungen erzeugen, so ist es notwendig, daß der Arbeitspunkt in dem negativ verlaufenden Kurvenbereich zwischen U_H und U_T liegen muß.

Das **Bild 6.35** zeigt die Oszillatorschaltung für eine Vertikalablenkung mit den dazugehörigen Impulsen. Hierbei handelt es sich um die Zusammenschaltung eines NPN- und eines PNP-Transistors zu der in Bild 6.34 a gezeigten Schaltung. Die Kippschwingungen werden durch Auf- und Entladen des Kondensators $C_1 = 47$ nF erreicht.

Zunächst sind beide Transistoren gesperrt, denn der Basisspannungsteiler für den Transistor T 1, bestehend aus R_4, R_6 und R_7, ist so ausgelegt, daß T 1 gesperrt ist. Damit ist auch T2 gesperrt, weil seine Basis mit dem Kollektor von T1 verbunden ist. Der Kondensator C_1 liegt über R_3 an $+ U_B$ und wird sich deshalb e-funktionsförmig aufladen, (Verlauf a). Damit wird auch das Potential am Emitter von T1 mit ansteigen, bis eine Basis-Emitterspannung erreicht ist, die den Transistor 1 leitend werden läßt. Sein Kollektorstrom erzeugt am Widerstand R_2 einen solch großen Spannungsabfall, daß T2 mit leitend wird. Der jetzt leitend gewordene NPN-Transistor steuert T1 noch weiter auf. Durch die Mitkopplung zwischen den beiden Transistoren springen sie nun schlagartig vom gesperrten in den leitenden Zustand. Der Kondensator C_1, der diesen

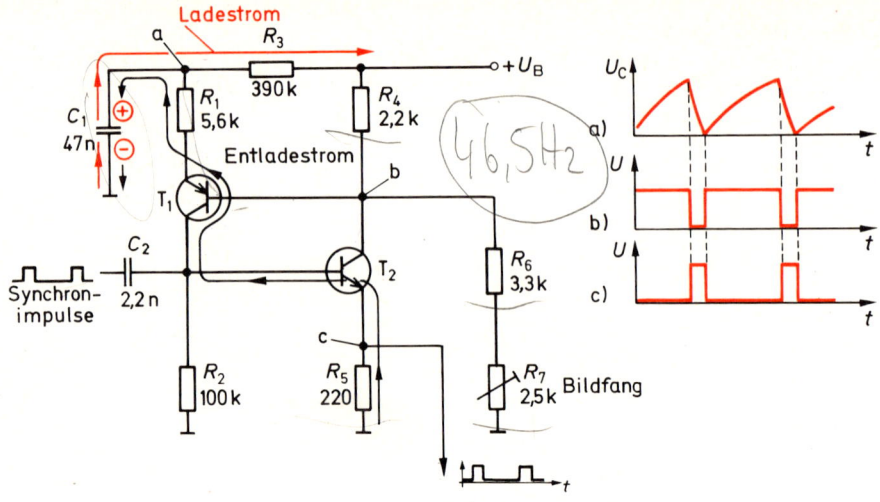

Bild 6.35
Schaltung eines Sägezahngenerators für die Vertikalablenkung
a) Ladeimpuls am Kondensator C_1; b) Rechteckimpuls am Kollektor des NPN-Transistors;
c) Ausgangsimpuls am Emitter des NPN-Transistors

Zustand einleitete, kann sich jetzt über R_1, T_1, T_2 und R_5 wieder entladen. Hat er sich soweit entladen, daß die Basis-Emitterspannung vom PNP-Transistor unterhalb der notwendigen Vorspannung dieses Transistors liegt, so sperrt T1 wieder. Damit erhält T2 auch keinen Basisstrom mehr, und er beginnt ebenfalls zu sperren. Wieder erfolgt über den Mitkopplungseffekt ein schlagartiges Umspringen der Transistoren vom leitenden in den gesperrten Zustand. Jetzt beginnt der Kondensator C_1, sich wieder aufzuladen, und der Ausgangspunkt der Betrachtung ist erreicht. Jetzt muß beachtet werden, daß die Hinlaufzeit $t_{Hin} = 18{,}72$ ms und die Rücklaufzeit $t_{Rück} = 1{,}28$ ms betragen soll. So muß die Aufladezeit des Kondensators wesentlich länger sein als die Entladezeit.

$$T_A > T_E$$

Daraus folgt, daß $R_3 > R_1 + R_5 + R_{Trs}$ sein muß.

Der Trimmwiderstand R_7 dient zur Einstellung der Oszillator-Freifrequenz. Die Frequenzvariation entsteht durch die Verschiebung der Öffnungsspannung von T1, d. h. von der Höhe der Basisvorspannung hängt es ab, welcher Wert der exponentiell ansteigenden Ladespannung von C_1 ausreicht, den Kippvorgang auszulösen.

Die Einspeisung der Synchronisierimpulse in diese Oszillatorschaltung erfolgt über C_2. An dieser Stelle, dem Basiskreis von T2, ist eine exakte Beeinflussung der Oszillator-Schwingfrequenz durch positiv gerichtete Synchronimpulse möglich.

Am Punkt a könnte man eine fast sägezahnförmige Spannung abnehmen. Ihre Linearität reicht jedoch nicht zur Aussteuerung der Vertikalendstufe aus. So koppelt man am Emitterwiderstand R_5 niederohmig Rechteckimpulse aus, die man dann in einer nachfolgenden Miller-Integrator-Schaltung in sehr lineare Sägezahnspannungen umwandelt.

264

6.3.5.2. Miller-Integrator

Beim Miller-Integrator wird der Ladekondensator nicht parallel zum Verstärkereingang (Basis-Masse), wie im **Bild 6.36** gezeigt, sondern zwischen Verstärkereingang und Verstärkerausgang (Basis-Kollektor), wie in **Bild 6.37** dargestellt, geschaltet. Über diesen Miller-Kondensator wird dabei durch die Phasenumkehrung des Signals am Kollektor eine starke Gegenkopplungsspannung vom Verstärkerausgang in den Basiskreis eingespeist.

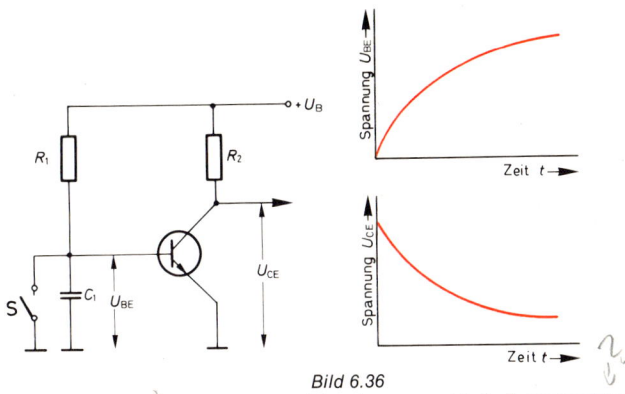

Bild 6.36

Liegt der Ladekondensator parallel zum Verstärkereingang, so ist die Ausgangsspannung nicht linear

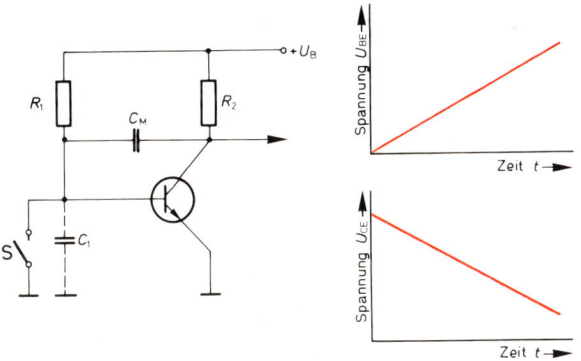

Bild 6.37

Prinzipschaltung und Spannungsverläufe beim Miller-Integrator

Versucht die Basisspannung U_{BE} in positiver Richtung anzusteigen, so wirkt über C_M die sich in negativer Richtung verändernde Kollektorspannung U_{CE} dem Ladevorgang entgegen. Über C_M wird eine Gegenkopplungsspannung eingespeist, die den Ladevorgang von $C1$ verlangsamt. Die Höhe der Beeinflussung wird durch den Verstärkungsfaktor der Schaltung bestimmt, so daß sich die Zeitkonstante um den Verstärkungsfaktor $(V + 1)$ vergrößert.

$$T = R \cdot C \, (V + 1), \text{ mit } C = \frac{C_M}{V + 1},$$

Durch diese Vergrößerung der Zeitkonstanten bewirkt man, daß der Ladeimpuls sehr gedehnt wird und man nur den praktisch geradlinig verlaufenden Teil der exponentiellen Ladekurve ausnutzt. Dabei ist die Amplitude des ausgenutzten Teils bereits so groß, daß sie zur Aussteuerung der Vertikalendstufe ausreicht.

6.3.5.3. Gesamtschaltung

Das **Bild 6.38** zeigt die Schaltung eines Sägezahngenerators, der in der Vertikalablenkung eingesetzt wird. Die Transistoren T1 und T2 bilden einen selbstschwingenden Vertikalgenerator mit den beiden komplementären Transistoren BC 308 A / BC 237 A nach der Grundschaltung im Bild 6.35. Am Kollektor des Transistors T2 entstehen negative Impulse.

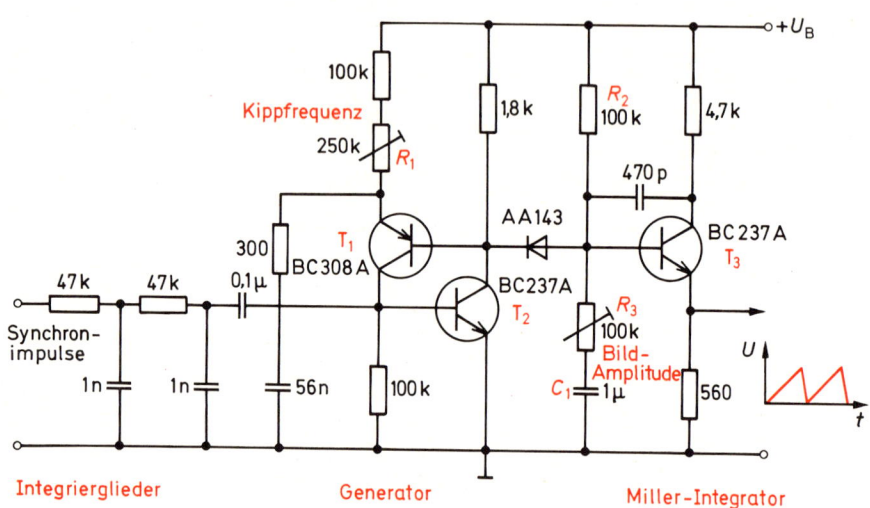

Bild 6.38
Gesamtschaltung eines Vertikalgenerators

Dieser Generator wird direkt synchronisiert. Die Synchronimpulse aus dem Amplitudensieb werden über ein zweifaches Integrierglied den beiden Transistoren zugeführt. Mit dem Einstellwiderstand R1 läßt sich die Grundfrequenz dieses Generators einstellen.

Der Kondensator C1 arbeitet als Ladekondensator und lädt sich über die Widerstände R2 und R3 auf. Dieser Ladevorgang wird immer dann unterbrochen, wenn am Kollektor von T2 ein negativer Impuls entsteht. Die Diode schaltet bei diesem negativen Impuls durch, und der Kondensator entlädt sich über die Diode und T2. Dieser Entladevorgang dauert etwa 5 μs. Danach sperrt die Diode wieder, und eine neue Aufladung beginnt. Auf diese Weise entsteht an der Basis des Transistors T3 eine sägezahnförmige Spannung, deren Amplitude mit R3 eingestellt werden kann. Der Transistor T3 arbeitet als Miller-Integrator, um den Sägezahn zu linearisieren. Gleichzeitig ist dieser Transistor als Emitterfolger geschaltet, um für die Vertikalendstufe die richtige Anpassung zu schaffen.

266

6.4 Vertikalablenkung

6.4.1. Grundprinzip

Für die Vertikalablenkung des Elektronenstrahles in der Bildröhre muß durch die Ablenk-spulen ein sägezahnförmiger Ablenkstrom mit einer Größe bis ca. 2 A fließen (**Bild 6.39**). Die vom Vertikalgenerator erzeugte Sägezahnspannung reicht nicht aus, den erforderli-chen Ablenkstrom durch die Ablenkspulen fließen zu lassen. Es wird deshalb zwischen den Vertikalgenerator und die Ablenkspulen ein Leistungsverstärker geschaltet. Diese Vertikalendstufe ist im Prinzip wie eine Nf-Endstufe aufgebaut. Sie muß so ausgelegt und dimensioniert sein, daß sie den notwendigen Ablenkstrom in Form und Größe für die Ablenkspulen liefern kann. Die Grundschaltung einer solchen Vertikalendstufe ist eine Gegentaktendstufe mit Komplementär-Transistoren (**Bild 6.40**).

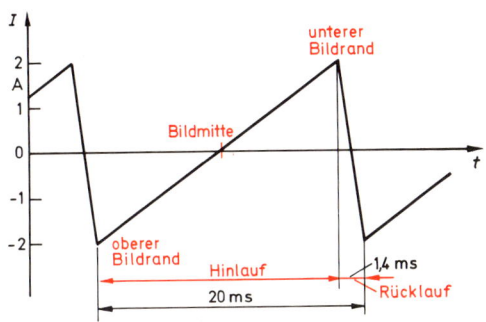

Bild 6.39
Ablenkstrom der Vertikalablenkung

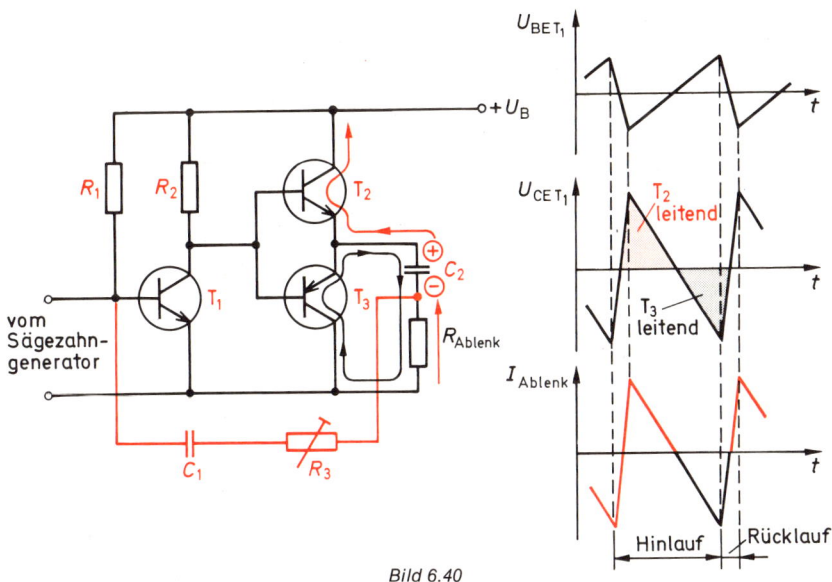

Bild 6.40
Prinzipschaltung einer Vertikalendstufe

267

Im Prinzip müßte der Strom innerhalb der Vertikalablenkung vom oberen zum unteren Bildrand linear ansteigen, damit der Abstand von Zeile zu Zeile immer gleich bleibt. In der Praxis muß aber nach den Bildrändern zu von der Forderung nach einem linearen Stromhub abgewichen werden. Der Grund dafür liegt im Tangensfehler, der besonders bei großen und planen Bildschirmen sowie bei großen Bildröhren-Ablenkwinkeln eine Rolle spielt. Ist nämlich der Krümmungsradius der Frontscheibe der Bildröhre wesentlich größer als die Entfernung vom Ablenkmittelpunkt bis zur Bildschirmmitte, dann wird nach den Rändern zu der Weg des Elektronenstrahles auf der Frontplatte, bezogen auf gleiche Änderung des Ablenkwinkels, größer (**Bild 6.41**).

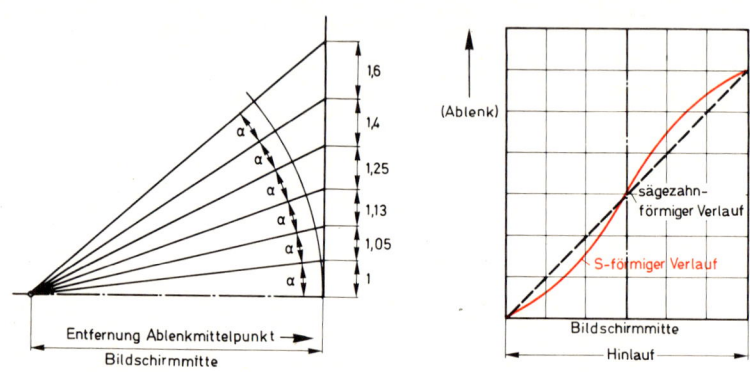

Bild 6.41
Bei sehr flachen Schirmen steigt die Ablenkgeschwindigkeit zu den Bildschirmrändern hin. Trotz gleichen Ablenkwinkels ist die vom Elektronenstrahl am Rand zurückgelegte Strecke wesentlich größer als in der Bildschirmmitte. Eine Korrektur dieses Tangensfehlers ist durch einen S-förmig ansteigenden Ablenkstrom möglich.

Auf Grund dieses Tangensfehlers muß der durch die Ablenkspulen fließende Strom einen S-förmigen Verlauf aufweisen. Nur dann werden die Unlinearitäten am oberen und unteren Bildrand verhindert. Die Vertikalendstufe muß deshalb eine frequenzabhängige Gegenkopplung aufweisen, mit der es möglich ist, dem Ablenkstrom einen solchen Verlauf zu geben. In der Prinzipschaltung einer Vertikalendstufe im Bild 6.40 wird diese Gegenkopplung mit dem Trimmwiderstand R3 und dem Kondensator C1 erreicht.

Der Treibertransistor T1 in der Prinzipschaltung (Bild 6.40) wird mit einer Sägezahnspannung angesteuert. Am Kollektor dieses Transistors erscheint der Sägezahn um 180° gedreht. Der NPN-Transistor T2 der beiden Komplementär-Transistoren wird beim positiven Anteil des Sägezahnes leitend. Dadurch fließt ein Strom, der den Kondensator C2 auf $U_B/2$ auflädt. Beim negativen Anteil des Sägezahns leitet der PNP-Transistor. Da der NPN-Transistor gesperrt ist, erhält er seine Betriebsspannung vom eben aufgeladenen Kondensator C2. Jetzt fließt der Strom durch die Ablenkspulen in umgekehrter Richtung. Auf diese Weise fließt durch die Ablenkspulen ein sägezahnförmiger Strom.

Weil die Ablenkspulen einen großen induktiven Anteil besitzen, wird eine sägezahnförmige Spannung einen parabelförmigen Ablenkstrom erzeugen (**Bild 6.42**). Um dem Ablenkstrom in den Ablenkspulen die erforderliche Form zu geben, wird die an den Ablenkspulen stehende Spannung über das Gegenkopplungsnetzwerk auf den Eingang zurückgegeben.

Da ein sägezahnförmiger Spannungsverlauf nach der Fourieranalyse aus der Grundschwingung und den gerad- und ungeradzahligen Oberschwingungen besteht, kann man einen sägezahnförmigen Spannungsverlauf durch eine frequenzabhängige Gegenkopp-

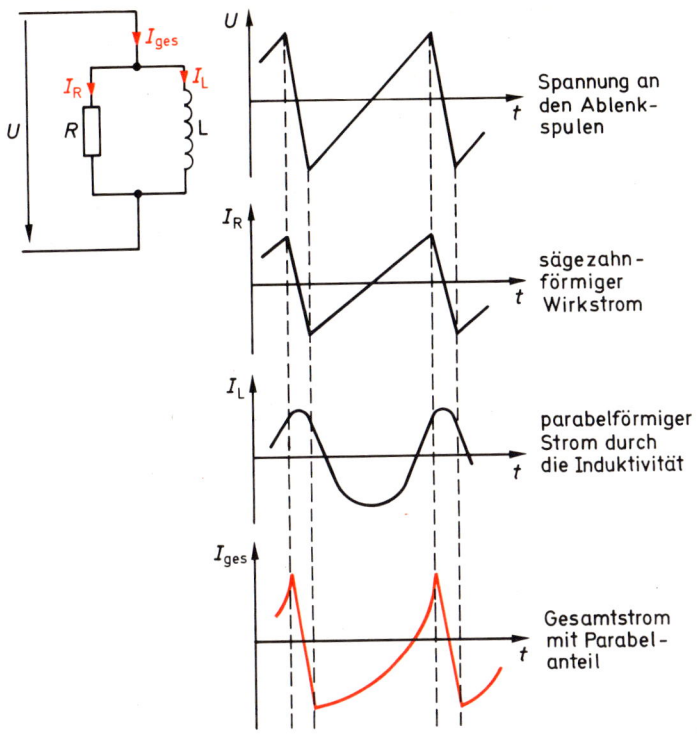

Spannung an den Ablenkspulen

sägezahnförmiger Wirkstrom

parabelförmiger Strom durch die Induktivität

Gesamtstrom mit Parabelanteil

Bild 6.42
Spannungs- und Stromverläufe in den Ablenkspulen

lung verändern. Bei einer solchen frequenzabhängigen Gegenkopplung werden nämlich die Amplituden der Oberwellen verändert. Mit dem Einstellwiderstand R3 kann der Grad der Gegenkopplung und damit die Linearität eingestellt werden.

6.4.2. Gesamtschaltung mit Transistoren

Im **Bild 6.43** ist die Gesamtschaltung einer Vertikalendstufe wiedergegeben. Zum besseren Verständnis sind hier die Bauelemente, die die gleichen Aufgaben wie die Widerstände und Kondensatoren in der Grundschaltung ausführen, entsprechend gekennzeichnet. Normalerweise entsteht während der Rücklaufphase durch die Umwandlung der in den Vertikalablenkspulen eingespeicherten magnetischen Energie eine relativ hohe Rückschlagspannung, die über den 2500 µF-Kondensator auch an die Emitter der Endtransistoren gelangt. Damit diese hohe Spannung die Transistoren nicht gefährden kann, hat man hier das Prinzip der Bootstrap[1]-Schaltung angewandt. So gibt man über den 22 µF-Kondensator den Rückschlagimpuls auf die Mitte des unterteilten Widerstandes R_2. Damit leitet man den Impuls über diese Anordnung auf die Basis des NPN-Transistors, was ein sofortiges Durchsteuern bewirkt. Somit kann schon zum Beginn der Rücklaufzeit am Emitter der auftretende Rückschlagimpuls kaum über das maximal vorhandene Spannungsniveau ansteigen.

[1] Bootstrap (amerik.) = Schnürschuh

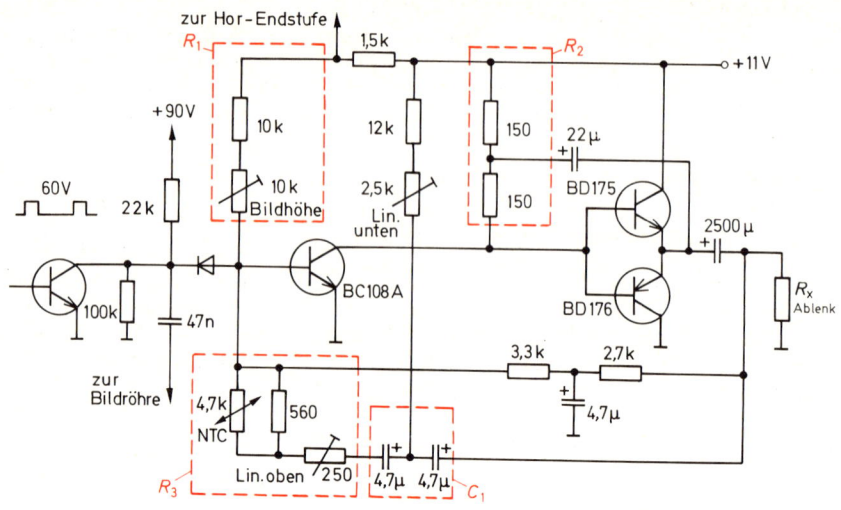

Bild 6.43
Gesamtschaltbild einer Vertikalendstufe (Blaupunkt)

Wegen der Tangensverzerrung muß während der Hinlaufphase der lineare Spannungs-
anstieg am Anfang und am Ende so verlangsamt werden, daß sich durch diese Vorverzerrung eine gleichmäßige Schreibgeschwindigkeit ergibt. Für die Tangensentzerrung ist das Integrationsglied R/C zuständig, das zwischen den Vertikalausgang und
den Basisanschluß des Treibers geschaltet ist. Damit ergeben sich die im **Bild 6.44** gezeigten Oszillogramme.

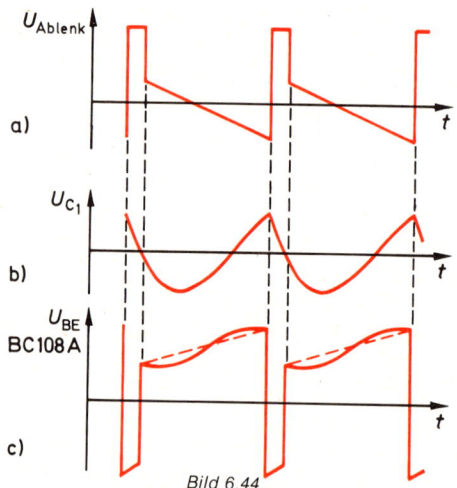

Bild 6.44
Tangensentzerrung: Durch Integration entsteht aus der Ausgangsspannung a) am Kondensator C
die Parabelspannung b). Zwischen der Parabelspannung und der Hinlaufspannung
kommt es zu einer Addition bzw. Subtraktion, so daß die Hinlaufspannung c) an der Basis
des Transistors BC 108A einen S-förmigen Verlauf aufweist (Blaupunkt).

6.4.3. Gesamtschaltung mit integrierter Schaltung

Die in der Vertikalablenkung eingesetzten integrierten Schaltungen enthalten grundsätzlich eine Synchronisierschaltung, den Vertikalgenerator und die Vertikalendstufe. Je nach Größe der Endstufe ist es bei großen Bildröhren erforderlich, daß der integrierten Schaltung noch ein Leistungsverstärker mit Transistoren nachgeschaltet werden muß.

6.4.3.1. Schwarz-Weiß-Gerät

Das **Bild 6.45** zeigt die Schaltung einer Vertikalablenkung für 110°-Schwarz-Weiß-Empfänger mit der monolithisch integrierten Schaltung TDA 1044. Diese integrierte Schaltung enthält alle Stufen der Vertikalablenkung. Der integrierte lineare Sägezahngenerator läßt sich sowohl mit positiven als auch mit negativen Impulsen synchronisieren. Die Amplitude dieses Sägezahngenerators läßt sich durch Ändern der Versorgungsspannung (Anschluß 12) verändern. Damit ändert sich auch die Bildhöhe. Dadurch ist eine Regelung der Bildamplitude, z. B. gekoppelt mit der Regelung der Zeilenamplitude, möglich. Die interne Geometrieschaltung, die keine RC-Glieder erfordert, sorgt für die erforderliche Tangenskorrektur. Durch eine externe Widerstandsbeschaltung kann diese an die verschiedenen Bildröhrenkrümmungen angepaßt werden.

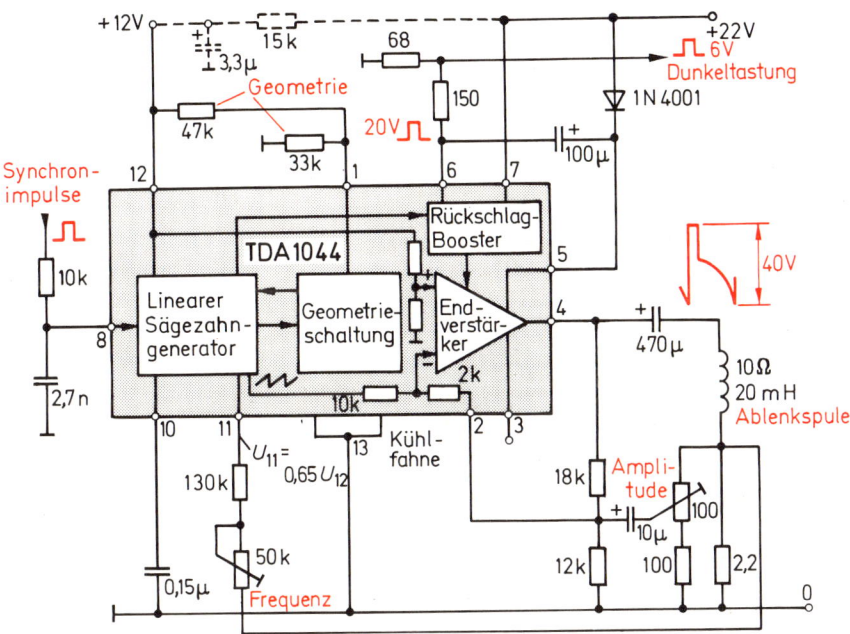

Bild 6.45
Vertikalablenkung eines 110°-Schwarz-Weiß-Fernsehempfängers
mit dem IC: TDA 1044 (ITT)

Beim TDA 1044 steuert der integrierte Endverstärker den Ablenkstrom, und die integrierte Rückschlag-Boosterschaltung hält die Verlustleistung im IC klein. Eine stromproportionale Spannungsgegenkopplung, die am 2,2-Ω-Widerstand abgenommen wird, bewirkt, daß der Ablenkstrom der Sägezahnspannung proportional ist. Deshalb gehen temperaturbedingte Änderungen des Widerstandes der Ablenkspulen nicht in die Bildröhre ein, und es entfällt der bisher erforderliche NTC-Widerstand in Reihe zur Ablenkspule.

Der TDA 1044 ist für eine Versorgungsspannung im Bereich von 11 V bis 27 V vorgesehen und liefert einen maximalen Ausgangsstrom von $I_{ss} = 1$ A. Am Anschluß 6 können positive Dunkeltastimpulse von maximal 20 V Amplitude über einen Spannungsteiler abgenommen werden. Die Grundfrequenz des Sägezahngenerators läßt sich mit dem 50-kΩ-Einstellwiderstand einstellen. Die Bildamplitude, d. h. die Bildhöhe kann mit dem in der Gegenkopplungsleitung liegenden 100-Ω-Einstellwiderstand verändert werden.

6.4.3.2. Farbfernsehgerät mit TDA 1044

Die Schaltung im **Bild 6.46** zeigt die Vertikalablenkung eines Farbfernsehempfängers mit der integrierten Schaltung TDA 1044. Weil diese integrierte Schaltung nicht den erforderlichen Ablenkstrom für die Ablenkspulen einer Farbbildröhre liefern kann, ist ein Leistungsverstärker nachgeschaltet. Die Geometriebeschaltung an Anschluß 1 ist für In-Line-Farbbildröhren ausgelegt und muß für andere Bildröhren modifiziert werden.

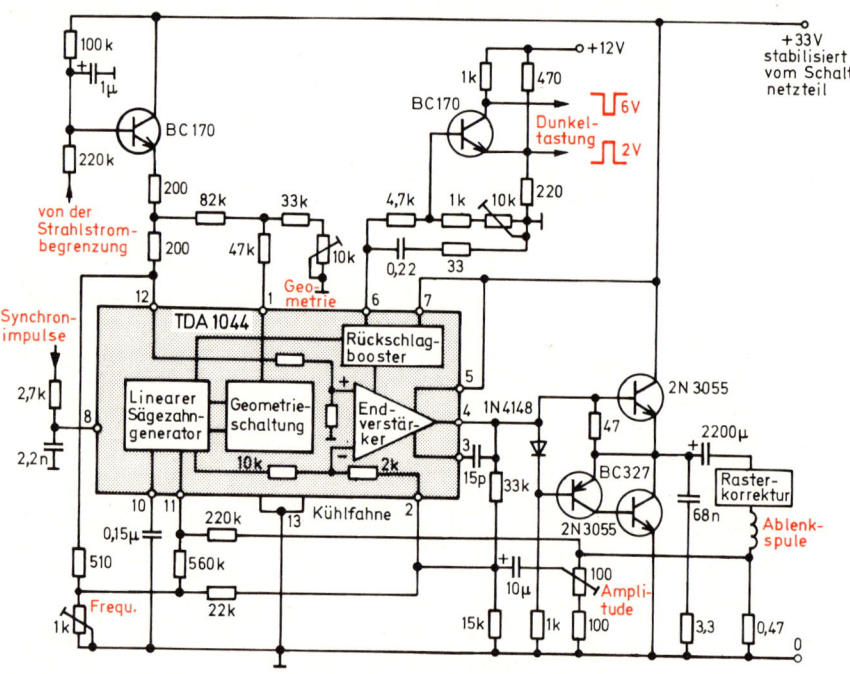

Bild 6.46
Vertikalablenkung eines Farbfernsehempfängers mit der Vertikalablenk-Kombination TDA 1044 und nachgeschaltetem Leistungsverstärker (ITT)

Der 15-pF-Kondensator zwischen Anschluß 3 und Anschluß 4 sowie das Boucherot-Glied 68 nF/3,3 Ω am Ausgang sind Kompensationsglieder gegen Schwingen des Endverstärkers. Die Dimensionierung dieser beiden Glieder hängt vom L/R-Verhältnis der Vertikal-Ablenkspulen ab. Je größer dieses Verhältnis wird, umso stärker muß die Kompensation sein (größere Kapazität und kleinerer Widerstand). Am Anschluß 6 können Dunkeltastimpulse entnommen werden. Hier ist jedoch eine Impulsformer-Stufe mit dem Transistor BC 170 nachgeschaltet worden. Diese Stufe gewährleistet eine konstante Dauer der Dunkeltastimpulse von etwa 1,2 µs unabhängig von der Dauer des Bildrücklaufes und vom L/R-Verhältnis der Vertikal-Ablenkspulen.

Durch Verstellen des „Frequenz"-Potentiometers wird bei dieser Schaltung die Bildhöhe nicht beeinflußt. Über den Transistor BC 170 beeinflußt die Strahlstrombegrenzung die Versorgungsspannung des Sägezahngenerators an Anschluß 12 und damit die Bildhöhe. Ein höherer Strahlstrom ergibt eine kleinere Hochspannung und damit ein größeres Bild (bei konstantem Ablenkstrom). Durch Verkleinerung der Oszillatoramplitude über die Versorgungsspannung an Anschluß 12 wird die Bildhöhe konstant gehalten.

6.4.3.3. Farbfernsehgerät mit TDA 2653

Die integrierte Schaltung TDA 2653 ist eine Vertikal-Ablenk-Kombination für Farbfernsehgeräte mit 110°-Ablenkwinkel. Sie ist für eine Betriebsspannung von 25 V vorgesehen und liefert einen Ablenkstrom von I_{ss} = 2,2 A. Damit ist es möglich, die Ablenkspulen direkt ohne nachgeschalteten Leistungsverstärker anzusteuern, was einer weiteren Schaltungsvereinfachung entspricht. Diese Vertikal-Ablenk-Kombination beinhaltet (**Bild 6.47**) eine Synchronisierschaltung, den Vertikal-Oszillator, der einen Sägezahngenerator mit Trennstufe steuert, einen Vorverstärker, die Endstufe mit Thermo- und Kurzschlußschutzschal-

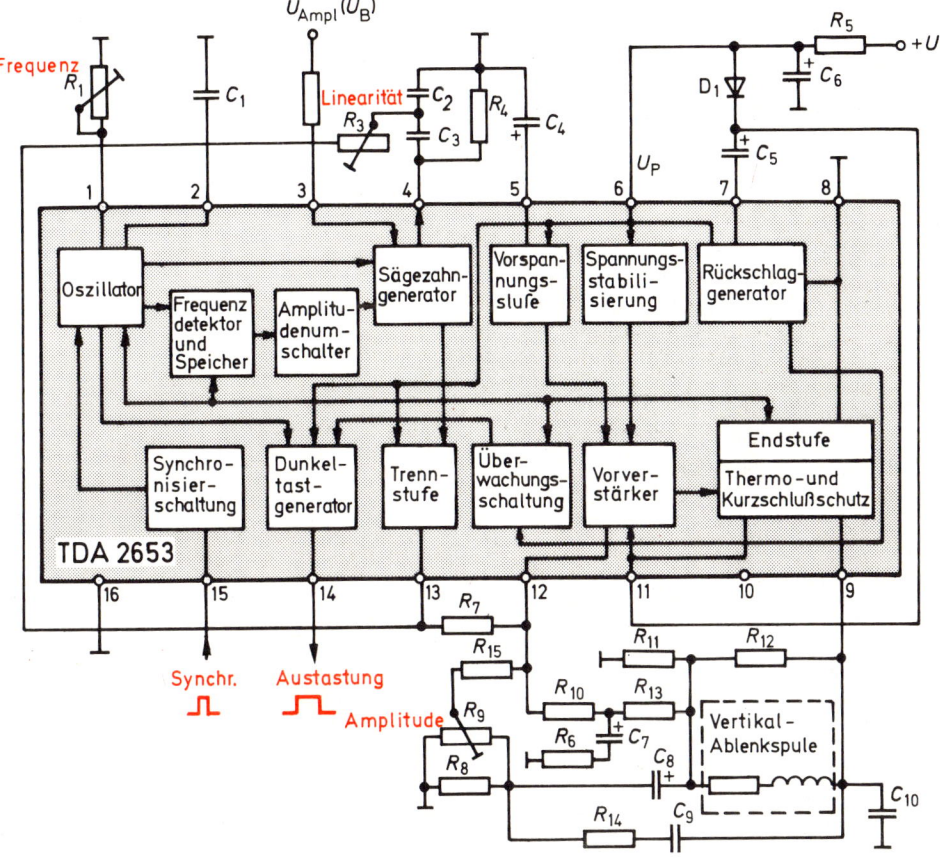

Bild 6.47
Blockschaltbild der integrierten Vertikal-Ablenk-Kombination TDA 2653 (Valvo)

tung, einen Dunkeltastgenerator, einen Frequenzdetektor mit Speicher, einen Amplitudenumschalter, eine Vorspannungsstufe, eine Spannungsstabilisierung, einen Rückschlaggenerator und eine Überwachungsschaltung.

Diese integrierte Schaltung wurde den speziellen Anforderungen der 30 AX-Ablenktechnik angepaßt. Durch interne Schaltungsmaßnahmen, so durch das Einbauen eines Rückschlaggenerators und durch das Herabsetzen der Kollektor-Emitterrestspannungen bei den Endstufentransistoren konnte auch die notwendige Versorgungsspannung auf $U = 25$ V herabgesetzt werden. Dadurch verringert sich auch die auftretende Verlustleistung im IC. Der integrierte Frequenzdetektor mit Speicher und der Amplitudenschalter ermöglichen es, daß diese Vertikal-Ablenk-Kombination bei gleichzeitigem Amplitudenausgleich mit 50 Hz oder 60 Hz synchronisiert werden kann.

Im **Bild 6.48** ist die Schaltung einer Vertikalablenkung eines Farbfernsehgerätes mit der Vertikal-Ablenk-Kombination TDA 2653 wiedergegeben. Positiv gerichtete Vertikal-Synchronimpulse gelangen über das Integrierglied auf den Anschluß 15 des ICs. Von hier gelangen sie über die Synchronisierschaltung auf den Oszillator. Der nach dem Schwellwertschaltprinzip arbeitende RC-Oszillator hat durch die Synchronisationsschaltung einen auf ca. 28% erweiterten Synchronisationsbereich. Damit ist es möglich, daß nach einmaliger Einstellung seiner Freilauffrequenz mit R1 der Oszillator auf 50 Hz- oder 60 Hz-Vertikalsynchronimpulse synchronisiert werden kann.

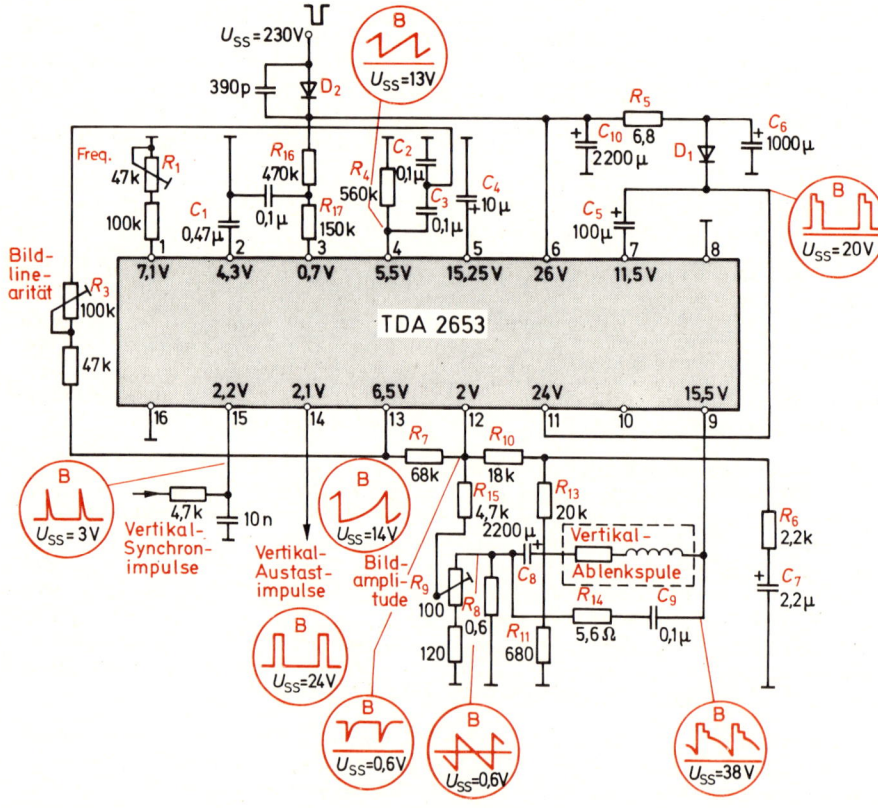

Bild 6.48
Schaltung einer Vertikalablenkung mit TDA 2653 (Grundig)

Der Oszillator steuert den Dunkeltastgenerator, so daß am Anschluß 14 ein Dunkeltastimpuls von 1,4 µs Dauer zur Verfügung steht. Die Länge des Dunkeltastimpulses wird von der Rücklaufzeit des Oszillators bestimmt. Bei fehlender Vertikalablenkung entsteht am Anschluß 14 statt des Dunkelimpulses eine Gleichspannung gleicher Höhe. Mit dieser Gleichspannung läßt sich die Bildröhre dunkel steuern, um einen Einbrennstrich zu verhindern.

Der Oszillator synchronisiert weiterhin einen Sägezahngenerator, der eine kurze Entladezeit besitzt. Über eine Trennstufe steht somit am Anschluß 13 ein Sägezahnimpuls zur Verfügung. Die Amplitude dieses Sägezahnes wird vom Strom durch die Widerstände R16 und R17 am Anschluß 3 bestimmt. Dieser Strom lädt die Kapazität des Generators, die aus der Reihenschaltung von C2 und C3 am Anschluß 4 besteht, auf. Der Widerstand R4 am Anschluß 4 hat die Aufgabe, diesem Sägezahnstrom die notwendige erste S-förmige Korrektur für die Tangensverzerrung zu geben. Der endgültige Verlauf des Sägezahnstromes wird mit dem vom Anschluß 13 abgehenden Bildlinearitäts-Einsteller R3 in Verbindung mit dem Kondensator C3 erreicht.

Die Vorstufe des dreistufigen Endverstärkers wird mit dem am Anschluß 13 stehenden sägezahnförmigen Signal über den Widerstand R7 am Anschluß 12 angesteuert. Die Vorstufe arbeitet als Differenzverstärker. An einem Eingang dieses Verstärkers steht eine der Betriebsspannung proportionale Vorspannung, die mit dem Kondensator C4 am Anschluß 5 geglättet wird. Dieses bewirkt, daß auch bei Schwankungen der Betriebsspannung ein symmetrischer Arbeitsbereich der Endstufe erhalten bleibt. Der andere Eingang des Differenzverstärkers liegt am Anschluß 12 und wird dort mit dem Sägezahn über R7 angesteuert. Die der Vorstufe nachgeschaltete Treiberstufe steuert die Gegentakt-B-Quasi-Komplementär-Endstufe an. Vom Anschluß 9 fließt der sägezahnförmige Ablenkstrom über die Vertikal-Ablenkspulen, den Kondensator C8 und die parallelgeschalteten Widerstände R11, R8 und R9 nach Masse.

Das parallel zur Ablenkspule liegende Dämpfungsglied R14 und C9 verhindert das Entstehen höherfrequenter Schwingungen in der Ablenkeinheit.

Die Gegenkopplung des Endverstärkers erfolgt vom Ausgang über ein Netzwerk auf den Eingang des Vorverstärkers am Anschluß 12. Über die Widerstände R13 und R10 erfolgt eine Gleichspannungsgegenkopplung, die den Arbeitspunkt der Endstufe und damit die Höhe der Ausgangsgleichspannung bestimmt. Das RC-Glied R6/C7 sorgt durch seine Frequenzbeeinflussung, daß die am Auskoppelkondensator C8 auftretende Parabelspannung eine weitere S-Korrektur erhält. Im Wechselstromgegenkopplungszweig kann mit dem Einstellwiderstand R9 die Bildamplitude eingestellt werden.

Durch den Einbau des Rückschlaggenerators in diese Vertikal-Ablenk-Kombination konnte die Betriebsspannung für die Endstufe, die am Anschluß 11 über die Diode D1 zugeführt wird, auf eine Größe gesenkt werden, die ausreicht, während des Hinlaufes einen genügend großen Aussteuerbereich zu garantieren. Zu Beginn des Rücklaufs entsteht am Anschluß 7 eine Erhöhung der dort stehenden Spannung auf Betriebsspannungspotential. Diese Spannungserhöhung addiert sich über C5 zu der am Anschluß 11 stehenden Speisespannung der Endstufe bei jetzt gesperrter Diode D1. Diese höhere Speisespannung während des Vertikalrücklaufes reicht aus, um in der kurzen Zeit von ca. 1 µs den Ablenkstrom vom negativen Maximum auf sein positives Maximum umzupolen. Dieser Rückschlaggenerator bewirkt somit eine Leistungsersparnis von ca. 30%.

Die Endstufe arbeitet in Verbindung mit einer Thermoschutzschaltung, die bei ungenügender Kühlung ein Überschreiten der zulässigen Kristalltemperatur verhindert. Die eingebaute Kurzschlußschutzschaltung sperrt die Endstufen-Transistoren, wenn am Ausgang Kurzschlüsse verursacht werden. Auf diese Weise wird ein Zerstören der Endstufe ausgeschlossen.

Die Diode D2 ist während des Zeilenhinlaufes leitend. Der Kondensator C10 wird während dieser Zeit auf ca. 26 V aufgeladen. Das ist die Betriebsspannung der Vertikal-Ablenk-Kombination. Die dem Anschluß 6 zugeführte Spannung wird intern stabilisiert. Die Betriebsspannung der Endstufe wird über R5/C6 weiter ausgesiebt.

Die Betriebsspannung dieser Vertikalablenkung wird aus den Zeilenimpulsen aus dem Zeilentransformator gewonnen. Wenn auch der Einzelimpuls je Zeile eine relativ geringe Energie liefert, so addieren sich die Werte 312,5mal für ein Teilbild. Erst dann, nach 20 ms, wird die Energie des aufgeladenen Kondensators für die Umschaltung auf das nächste Halbbild benötigt.

Dieses Verfahren zur Gewinnung der Betriebsspannung für die Vertikalablenkung wird mit SSVD = **s**ynchronized **s**witched **v**ertical **d**eflection, d. h. synchron geschaltete Vertikalablenkung, bezeichnet. Diese Anordnung hat einen guten Wirkungsgrad, und man kann damit die Leistungsaufnahme aus dem Netz um etwa 20 W verringern.

6.5 Horizontalablenkung

6.5.1. Grundprinzip

Für die Horizontalablenkung des Elektronenstrahls in der Bildröhre muß, wie bei der Vertikalablenkung, ein sägezahnförmiger Strom durch die Ablenkspule fließen. Auch dieser Ablenkstrom muß eine Größe von etwa $I_{ss} = 2$ A haben. Die Horizontalablenkung besteht deshalb auch aus einem Generator und einer Endstufe (**Bild 6.49**). Die Frequenz der Zeilenablenkung ist 15 625 Hz und liegt damit um 312,5mal so hoch wie die der Vertikalablenkung. Bei dieser hohen Frequenz ist als Endverstärker eine Schaltstufe wirtschaftlicher als ein Leistungsverstärker wie in der Vertikalendstufe. Durch den Schalterbetrieb in der Endstufe läßt sich dann auf einfache Weise auch die erforderliche Hochspannung für die Anodenspannung der Bildröhre erzeugen.

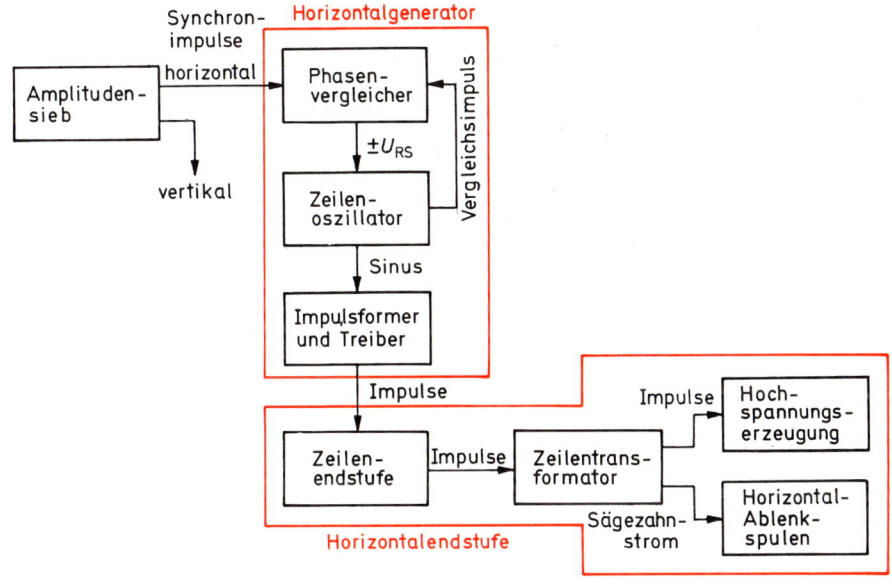

Bild 6.49
Blockschaltbild der Horizontalablenkung

Die Horizontalendstufe muß durch rechteckförmige Signale, die im Horizontalgenerator erzeugt werden, angesteuert werden. Weil der Horizontalgenerator indirekt synchronisiert werden muß, besteht er aus einem Phasenvergleicher und dem eigentlichen Zeilenoszillator, sowie einem Impulsformer und Treiber. Im Phasenvergleicher wird der vom Sender kommende Synchronimpuls mit einem im freischwingenden Zeilenoszillator erzeugten Signal verglichen. Besteht zwischen beiden Signalen eine Phasenverschiebung, so gibt der Phasenvergleicher eine Regelspannung ab. Mit dieser Gleichspannung läßt sich dann der Zeilenoszillator auf die Sollfrequenz (Senderfrequenz) hinziehen. Der dem Zeilenoszillator nachgeschaltete Impulsformer und Treiber hat die Aufgabe, die erforderliche Form des Ansteuersignals für die Endstufe zu erzeugen und die richtige Anpassung zur Endstufe herzustellen.

6.5.2. Horizontalgenerator

6.5.2.1. Phasenvergleicher

Zur indirekten Synchronisation muß eine Regelspannung erzeugt werden, deren Größe von der Frequenzabweichung zwischen der Sender- und Eigenfrequenz abhängig ist. Die vom Sender stammenden Zeilensynchronimpulse werden durch einen Schwingkreis differenziert und dann auf die Anzapfung zwischen den beiden Diskriminatordioden gegeben. Gleichzeitig gibt man auf diese Dioden sowohl den positiven als auch den negativen Zeilenrücklaufimpuls, der frequenzmäßig vom Horizontal-Oszillator des Empfängers abhängt. Diese Zeilenrücklaufimpulse werden nach der Abnahme aus einer Zeilentransformatorwicklung über einen kapazitiven Teiler gegeben. Beide Impulse, der Sendergleichlauf- und der Zeilenrücklaufimpuls, werden durch die Dioden addiert und gleichzeitig gleichgerichtet (**Bild 6.50**).

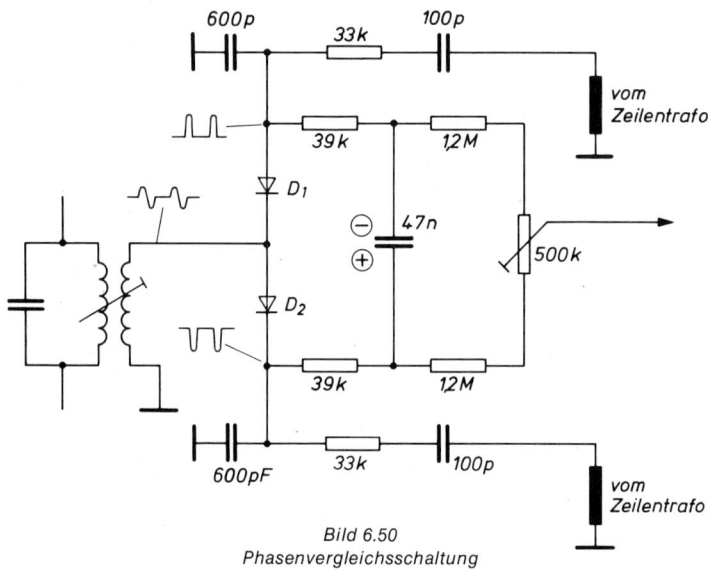

Bild 6.50
Phasenvergleichsschaltung

Der 47-nF-Kondensator lädt sich mit der eingezeichneten Polarität auf. Die beiden 39-kΩ-Widerstände bilden Entkopplungswiderstände, damit die Impulse nicht über den 47-nF-Kondensator kurzgeschlossen werden. Die 1,2-MΩ-Widerstände sowie das 500 kΩ-Potentiometer bilden mit den beiden Dioden eine Brückenschaltung, wie **Bild 6.51** zeigt.

In der Brückendiagonalen kann die Regelspannung abgenommen werden. Besteht Gleichlauf zwischen dem Sender und Empfänger, so sind die beiden Impulse, parallel zu den Dioden, gleich groß. Die Brücke ist abgeglichen, und die Ausgangsspannung beträgt dann 0 V (Bild 6.51 und Bild 6.52 a).

Bei einer Frequenzabweichung $f < f_{soll}$ wird die Frequenz des Zeilenoszillators kleiner als die der Synchronimpulse. Dann kommt die Brücke aus dem Gleichgewicht, und die Ausgangsspannung erhält einen negativen Wert. Führt man diese negative Spannung der Basis des Zeilensperrschwinger-Transistors zu, so wird die Frequenz des Sperrschwingers höher. Schwingt der Zeilenoszillator auf einer höheren Frequenz als die Synchronimpulsfrequenz, dann wird die Regelspannung positiv. Das Impulsdiagramm in **Bild 6.52** läßt die Wirkungsweise der Schaltung erkennen.

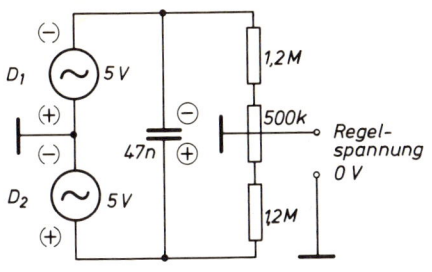

Bild 6.51
Ersatzschaltbild der Brücke
eines Phasenvergleichers

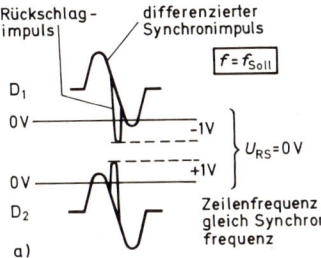

a)

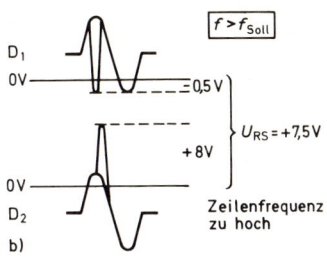

b)

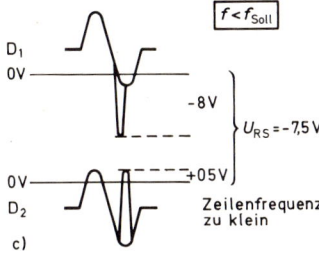

c)

Bild 6.52
Impulsdiagramme zur Wirkungsweise
des Phasenvergleichers

In **Bild 6.53** ist das komplette Schaltbild eines Phasendiskriminators mit zwei Dioden und einem nachfolgenden Impedanzwandler gezeigt. Die zwei in Kollektorschaltung betriebenen Transistoren T1 und T2 passen die relativ hohe Ausgangsimpedanz des Phasenvergleichers an die sehr kleine Eingangsimpedanz des Horizontaloszillators an.

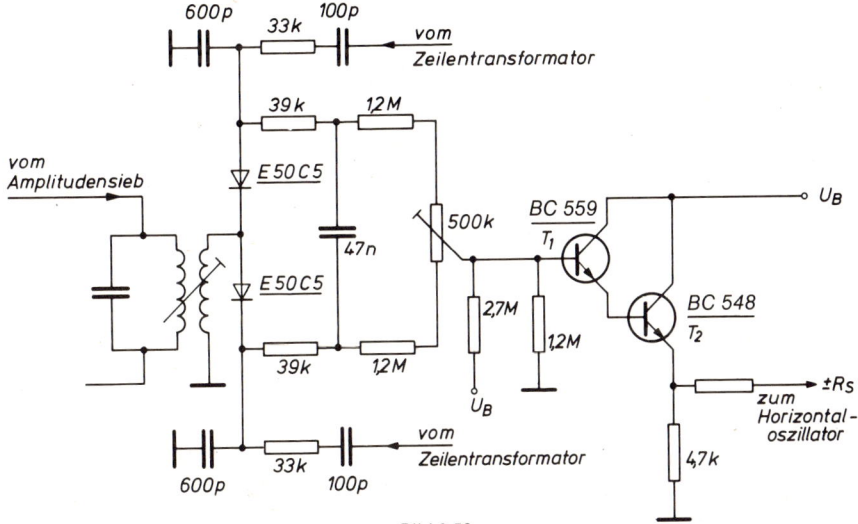

Bild 6.53
Gesamtschaltbild einer Phasenvergleichsschaltung mit nachfolgendem Regelleistungsverstärker

6.5.2.2. Gesamtschaltung mit Transistoren

Die Gesamtschaltung einer Horizontalgeneratorschaltung ist im **Bild 6.54** wiedergegeben. Die Zeilensynchronimpulse aus dem Amplitudensieb und die Vergleichsimpulse aus dem Sinusoszillator werden in dem unsymmetrischen Phasenvergleicher ausgewertet. Soll- und Istfrequenz werden in diesem Phasenvergleicher in ihrer gegenseitigen Phasenlage verglichen. Je nach Abweichung entsteht eine positive oder negative Regelspannung. Diese Nachstimmspannung wird sorgfältig gesiebt und der Basis des Transistors T1 der Nachstimmstufe zugeführt. Der Arbeitspunkt dieses Transistors T1 verschiebt sich durch die Regelspannung, wodurch sich das kapazitive Verhalten dieser Reaktanzstufe ändert.

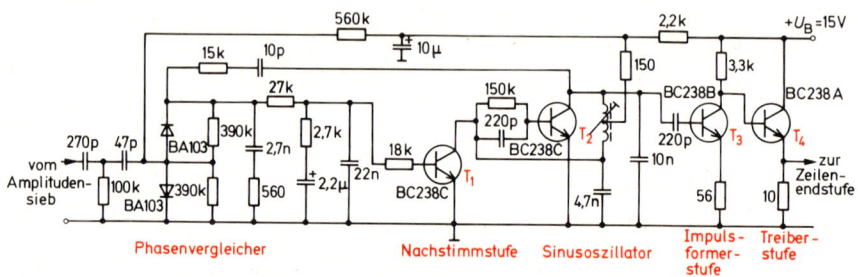

Bild 6.54
Gesamtschaltung eines Horizontalgenerators

Der Sinusoszillator ist mit dem Transistor T2 aufgebaut. Dieser Oszillator arbeitet in induktiver Dreipunktschaltung (Hartley-Oszillator). Das sinusförmige Ausgangssignal des Zeilenoszillators muß in ein rechteckförmiges Signal zur Ansteuerung der Zeilenendstufe umgewandelt werden. Diese Umwandlung nimmt der Transistor T3 vor. Die negativen Spitzen des sinusförmigen Ausgangssignals des Zeilenoszillators sperren den Transistor kurzzeitig und erzeugen am Kollektor Spannungsimpulse. Mit diesen Impulsen, die schon die richtige Form des Ansteuersignals für die Zeilenendstufe haben, wird der Transistor T4 gesteuert. Dieser Transistor arbeitet in Kollektorschaltung und wirkt somit als Impedanzwandler. Er stellt damit die richtige Anpassung zur Zeilenendstufe her.

6.5.2.3. Gesamtschaltung mit integrierter Schaltung

Die gesamten Funktionsstufen des Amplitudensiebes und des Horizontalgenerators werden durch die Horizontalkombination TDA 2593 abgedeckt (**Bild 6.55**). Der TDA 2593 enthält das Amplitudensieb mit Störaustastung, die Phasenvergleichsschaltung, den Zeilenoszillator sowie eine Schaltung zum automatischen Umschalten des Fangbereiches. Mit diesem Baustein werden die konventionellen Stufen einer Horizontalablenkung eines Fernsehempfängers ersetzt.

Die Eingänge des Amplitudensiebes und der Störausstattung weisen eine Strombegrenzung auf. Damit wird bei großen Störungen ein übermäßiges Aufladen der Koppelkondensatoren an den Eingängen verhindert und das Verhalten bei Störungen verbessert.

Die Signale vom Amplitudensieb gelangen über eine Torschaltung an den Phasendiskriminator φ_1. Diese Torschaltung sperrt den Eingang des Phasenvergleichers während des Vertikalsynchronimpulses. Damit werden Störungen durch die im Halbzeilenabstand auftretenden fünf Vertikalimpulse reduziert, und das Einlaufen der senkrechten Linien am oberen Bildrand wird verbessert. Zusätzlich sorgt ein Tastimpulsgenerator dafür, daß nur für die Zeit von ca. 7,5 µs Impulse an den Eingang des Phasenvergleichers gelangen.

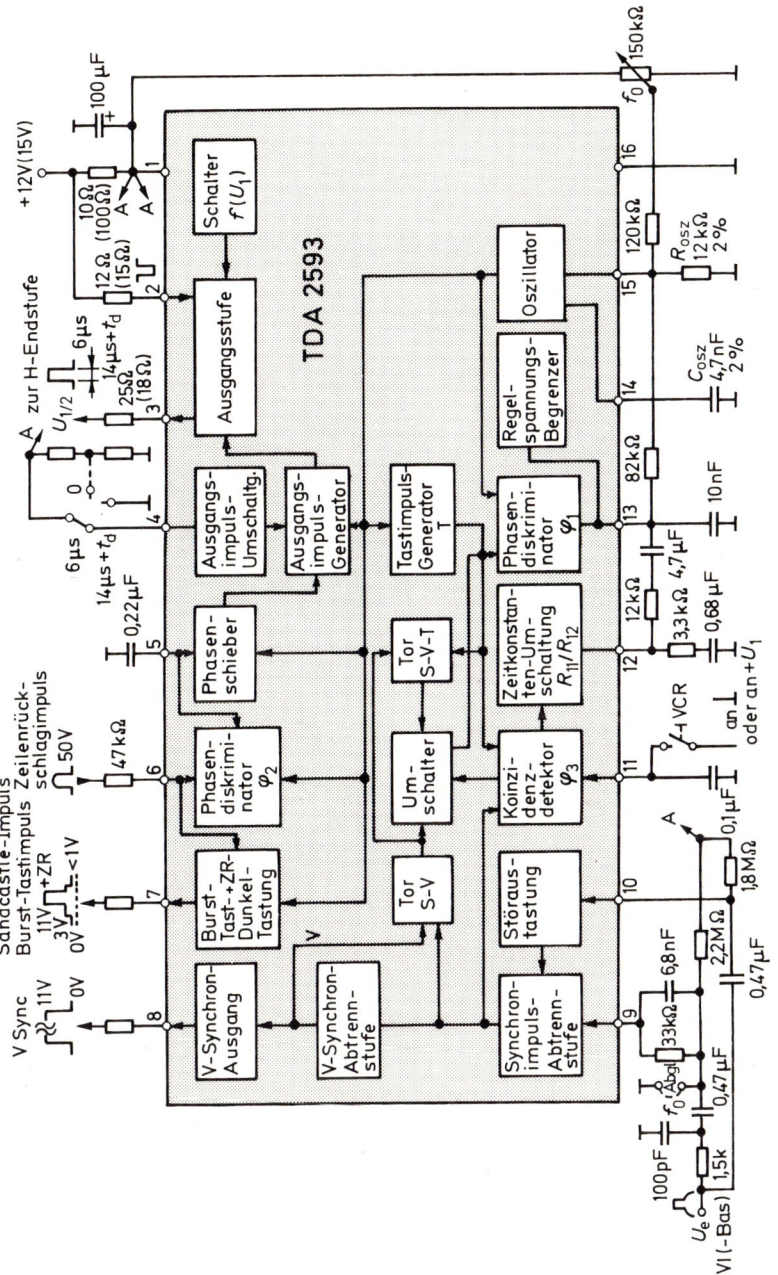

Bild 6.55
Blockschaltbild der Horizontalkombination TDA 2593 (Siemens)

281

Damit werden Störungen durch den Bildinhalt und Störimpulse außerhalb des Tastimpulses unterdrückt. Um das Bild schneller zu synchronisieren und die großen Phasensprünge von VCR-Geräten auszuregeln, werden die Tastimpulse im unsynchronisierten Zustand und in Stellung VCR abgeschaltet.

Die für die Phasenvergleichsstufe notwendigen Zeilenimpulse werden innerhalb des Bausteines aus dem Zeilenoszillator und nicht der Zeilenendstufe entnommen. Gleichzeitig werden in dieser integrierten Schaltung alle notwendigen Impulsformungen durchgeführt. Um eine Induktivität für den Schwingkreis des Zeilenoszillators zu sparen, ist dieser als RC-Oszillator ausgebildet, der nach dem Schwellwertschalterprinzip arbeitet. So braucht man extern nur noch einen Kondensator und einen Widerstand anzuschließen. Der Feinabgleich der Frequenz erfolgt mit Hilfe einer veränderlichen Gleichspannung.

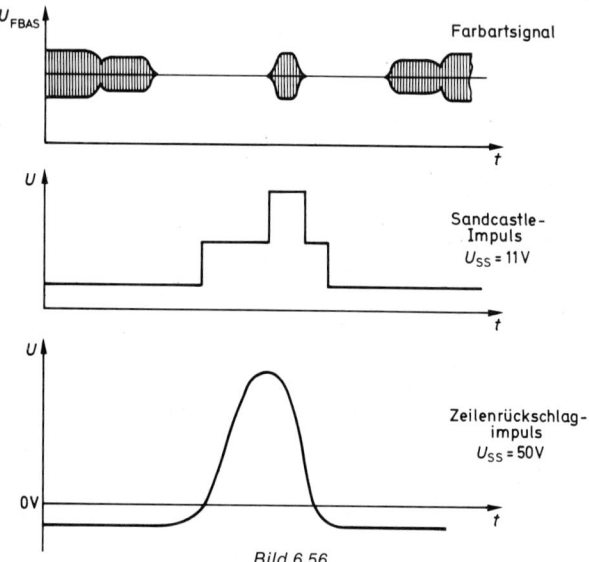

Bild 6.56
Sandcastle-Impuls in zeitlicher Zuordnung zum Farbartsignal und zum Zeilenrückschlagimpuls

In dieser integrierten Schaltung wird gleichzeitig der Burst-Tastimpuls, der sogenannte Sandcastle-Impuls, erzeugt. **Bild 6.56** zeigt den Sandcastle-Impuls in der zeitlichen Zuordnung zum Farbartsignal und zum Zeilenrückschlagimpuls. Der Sandcastle-Impuls setzt sich zusammen aus einem Bursttastimpuls und einem Dunkeltastimpuls. Der Bursttastimpuls wird vom Oszillatorsignal abgeleitet und ist bei synchronisiertem Bild über den Phasenvergleicher φ_1 mit dem Videosignal phasenstarr verkoppelt. Damit sind seine Breite und Phasenlage unabhängig von der eingestellten Phasenlage (Phasenvergleicher φ_2) und den Zeilenrückschlagimpulsen. Der Dunkeltastimpuls wird direkt von den angelegten Rückschlagimpulsen abgeleitet. Der Impuls fällt zeitlich mit den Nulldurchgängen des Rückschlagimpulses zusammen. Der Pegel des Dunkeltastanteils beträgt bei 12 V Betriebsspannung 4,5 ± 0,5 V. Fehlen die Rückschlagimpulse, so fehlt auch der Dunkeltastanteil, und es sind nur die Bursttastimpulse von ca. 11 V vorhanden.

Am Anschluß 8 des ICs steht ein aufbereiteter Vertikal-Synchronimpuls zur Verfügung. **Bild 6.57** zeigt seine Dauer und Lage bezogen auf das Videosignal. Er weist eine Verzögerung gegenüber dem Videosignal von 15 μs ≈ ¹/₄ Zeilendauer auf. Damit liegt er in beiden Halbbildern zwischen zwei Zeilenimpulsen, so daß die Vertikalsynchronisation nicht durch eingestreute Zeilenimpulse gestört wird und sich eine gute „Zwischenzeile" ergibt.

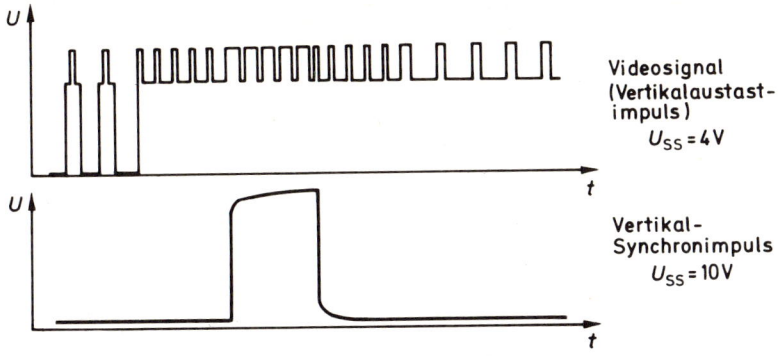

Bild 6.57
Vertikalsynchronimpuls in zeitlicher Zuordnung zur Vertikalaustastlücke

Das Synchronimpulsgemisch lädt und entlädt mit Hilfe von integrierten Stromquellen eine interne Kapazität. Erreicht die Spannung an diesem Kondensator die Schaltpegel eines Schwellwertschalters, so wird der Vertikal-Synchronimpuls ein- bzw. ausgeschaltet. Dadurch wird ein sauberer Rechteckimpuls erzeugt. Der TDA 2593 ist für die Ansteuerung von Fernsehgeräten mit Thyristor- und Transistor-Zeilenendstufen ausgelegt. Durch das Umschalten der Spannung am Anschluß 4 des ICs kann die entsprechende Ansteuerungsart gewählt werden.

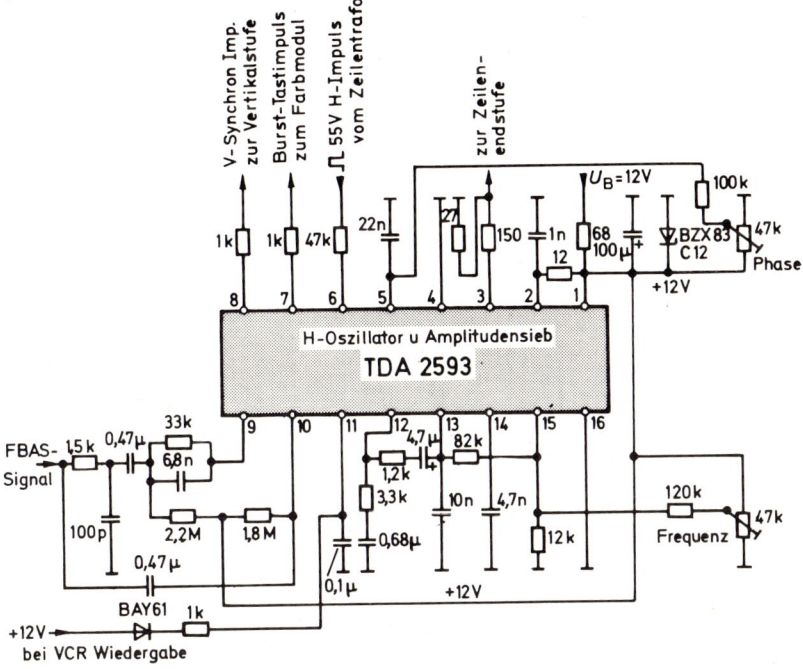

Bild 6.58
Gesamtschaltung eines Horizontalablenkgenerators mit der Horizontalkombination TDA 2593
(Siemens)

283

Beträgt die Spannung am Anschluß 4 $U= 12$ V, so steht am Anschluß 3 ein Ansteuersignal für eine Thyristor-Zeilenendstufe mit einer konstanten Breite von ca. 6 µs zur Verfügung. Liegt der Anschluß 4 auf Masse, so steht am Anschluß 3 ein Steuerimpuls von 15 µs Breite zur Ansteuerung einer Transistor-Zeilenendstufe zur Verfügung. Beträgt die Spannung am Anschluß 4 $U = 6$ V, so sind die Steuerimpulse am Ausgang (Anschluß 3) abgeschaltet. Dabei schwingt der Oszillator jedoch weiter.

Das **Bild 6.58** zeigt die Beschaltung des ICs TDA 2593. Auf den Eingang Anschluß 9 wird entweder das FBAS-Signal (bei Farbempfang) oder das BAS-Signal (bei Schwarz-Weiß-Empfang) gegeben. Das Amplitudensieb arbeitet mit einer doppelten Zeitkonstanten 0,47 µF/2,2 MΩ und 6,8 nF/33 kΩ. Am Anschluß 8 liefert diese Schaltung den Vertikalsynchronimpuls für die Vertikalablenk-Schaltung, am Anschluß 7 steht der Burst-Tastimpuls für die Farbstufen und am Anschluß 3 steht der Ansteuerimpuls für die Zeilenendstufe zur Verfügung. Die Grundfrequenz des Zeilenoszillators wird durch den Kondensator 4,7 nF am Anschluß 14 und durch den Widerstand 12 kΩ am Anschluß 15 bestimmt. Eine Feineinstellung der Frequenz wird mit dem Einstellwiderstand 47 kΩ vorgenommen. Die Phase kann ebenfalls durch einen 47 kΩ-Einstellwiderstand beeinflußt werden. Bei VCR-Betrieb wird mit einer Schaltspannung die Zeitkonstante des Phasenvergleichers verkleinert (Anschluß 11).

6.5.3. Horizontalendstufe

6.5.3.1. Aufgaben einer Zeilenendstufe

Eine Zeilenendstufe hat folgende Aufgaben:
1. Sie muß die erforderliche Leistung aufbringen, um den Elektronenstrahl in der Bildröhre in horizontaler Richtung zeitproportional über den Bildschirm abzulenken.
2. Sie erzeugt die Anodengleichspannung für die Bildröhre. Für Schwarz-Weiß-Geräte etwa 15 kV, für Farbgeräte etwa 25 kV.
3. Sie liefert eine Gleichspannung von ca. 150 V für die Betriebsspannung des Videoendstufen-Transistors bzw. für die Farbendstufen.
4. Sie muß den Zeilenrücklaufimpuls liefern, der zur Dunkeltastung der Bildröhre während des Zeilenrücklaufes benötigt wird. Weiterhin ist dieser Zeilenrücklaufimpuls für die Erzeugung der Tastregelspannung und zur Herstellung des Burstauftastsignales erforderlich.
5. Sie muß eine Gleichspannung von ca. 350 V für die g2-Spannung der Bildröhre bereitstellen.

6.5.3.2. Transistor-Zeilenendstufe

Bild 6.59 zeigt die Prinzipschaltung einer Zeilenendstufe. In **Bild 6.60 a** sind die dazugehörigen Impulse phasenrichtig zueinander aufgetragen. Zum Zeitpunkt 1 wird der Zeilenendstufentransistor durch den positiven Impuls an der Basis geöffnet. Dabei bleibt der Transistor während der Zeitpunkte 1 bis 2 so leitend, daß seine Kollektor-Emitter-Spannung auf die Rest- oder Sättigungsspannung abgesunken ist. Damit steht während dieser Zeit auch eine konstante Spannung an der Transformatorwicklung (**Bild 6.60 b**).

Legt man an eine Spule eine konstante Spannung, so steigt der hindurchfließende Strom linear an. Wenn man den ersten Teil des Anstieges benutzt (**Bild 6.61**), kann man ihn als zeitproportional ansehen. Demnach wird auch der in Bild 6.60 b fließende Kollektorstrom proportional mit der Zeit ansteigen, wodurch der Elektronenstrahl der Bildröhre von der Bildmitte zum rechten Rand abgelenkt wird.

Im Zeitpunkt 2 ist der Hinlauf beendet. Durch die impulsförmige Basisspannung wird der Transistor schlagartig gesperrt und sein Eingangswiderstand R_{CE} fast unendlich. Nun bricht das in der Transformatorwicklung aufgebaute Magnetfeld zusammen und lädt den Kondensator C1 mit der in **Bild 6.62** eingezeichneten Polarität auf.

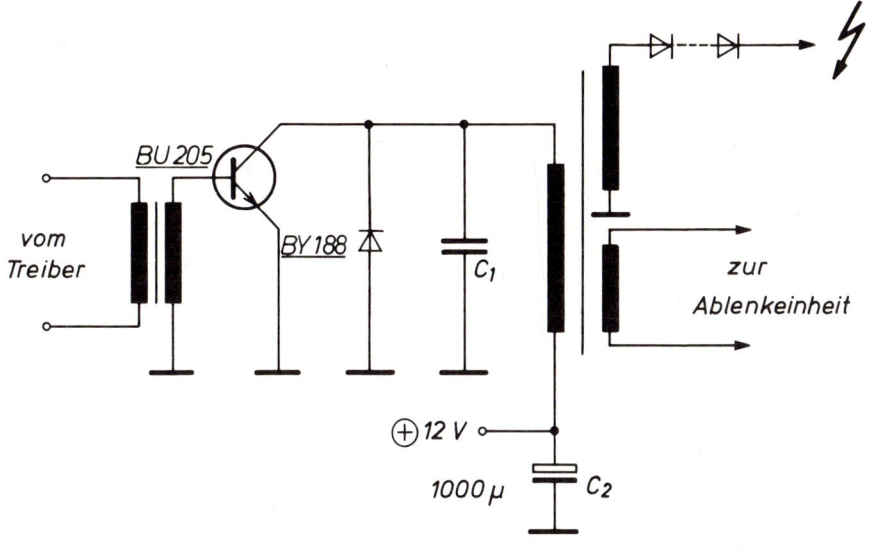

Bild 6.59
Prinzipschaltbild einer Zeilenendstufe

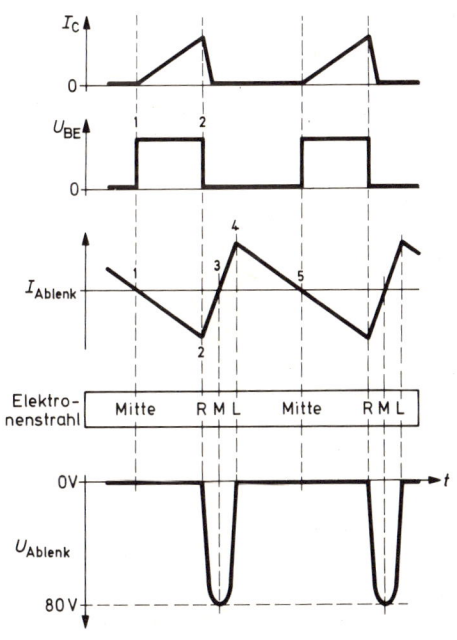

Bild 6.60 a
Oszillogramme einer Zeilenendstufe
phasenrichtig zueinander gezeichnet

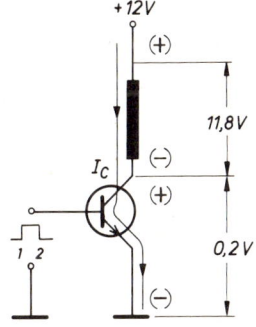

Bild 6.60 b
Ersatzschaltbild für den rechten Hinlauf
(von der Mitte bis zum rechten Bildrand)

Bild 6.61
Vom linearen Stromanstieg durch eine Spule
benutzt man nur den ersten Anstieg,
der dann zeitproportional zunimmt

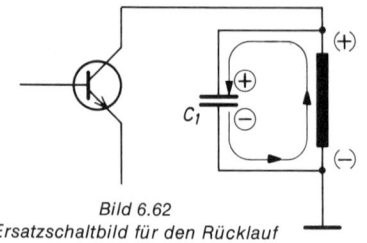

Bild 6.62
Ersatzschaltbild für den Rücklauf

Die Induktivität des Zeilentransformators bildet mit der Eigen- und dieser Zusatzkapazität C_1 einen Schwingkreis. Wenn also das magnetische Feld in der Spule abgebaut ist und der Strom Null geworden ist, hat sich der Kondensator voll aufgeladen (Punkt 3). Die magnetische Energie ist damit in elektrostatische Energie umgewandelt worden.

Jetzt beginnt der Kondensator, sich wieder über die Spule zu entladen (Zeitpunkt 3 bis 4) und bewirkt einen Strom in umgekehrter Richtung durch die Spule. Dabei wird die Spannung Null. Der Strom erreicht seinen Maximalwert. Das so aufgebaute magnetische Feld hat damit den Elektronenstrahl der Bildröhre an den linken Rand zurückgebracht. Im Zeitpunkt 4 ist dieser Vorgang beendet.

Wenn man diesen Schwingkreis sich selbst überläßt, dann führt er eine gedämpfte Schwingung aus, bis der Transistor durch die Basisspannung wieder geöffnet wird. Das verhindert man durch eine zwischen Kollektor und Emitter geschaltete Dämpfungs- oder Rückgewinnungsdiode. Im Zeitpunkt 4 ist die Spulenspannung Null. Die Energie im Schwingkreis will in den Kondensator zurückpendeln. Er wird dabei mit umgekehrter Polarität (also $-U$ am Kollektoranschluß) aufgeladen. Seine Spannung erreicht sehr schnell den Wert der Betriebsspannung. Jetzt wird die Diode leitend. Der Spulenstrom fließt nun, wie **Bild 6.63** zeigt, über die Diode in den Kondensator C2 und führt ihm zusätzliche Energie zu. Das bedeutet, daß die in der Transformatorwicklung gespeicherte Energie wieder zurückgewonnen wird.

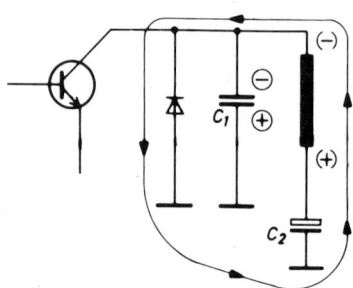

Bild 6.63
Ersatzschaltbild für den linken Hinlauf
(vom linken Bildrand zur Mitte)

Das magnetische Feld im Transformator nimmt dabei stetig ab, wodurch der Elektronenstrahl vom linken Bildrand bis zur Bildmitte abgelenkt wird (Zeitpunkt 4 bis 5). Spätestens im Zeitpunkt 5 muß der Zeilenendtransistor wieder durch den Steuerimpuls an der Basis leitend gemacht werden. Dadurch erfolgt dann wieder der Hinlauf der rechten Zeilenhälfte.

Man erkennt aus dem eben beschriebenen Vorgang, daß die eine Hälfte des Hinlaufes (vom linken Bildrand bis zur Mitte) von der beim Rücklauf im Transformator eingespeicherten Energie aufgebracht wird. Die zweite Hälfte (von der Bildmitte bis zum rechten Rand) muß vom Kollektorstrom des Endtransistors geleistet werden.

Während des Rücklaufes wird eine halbe Schwingung des Schwingkreises ausgenutzt. Dieser Kreis besteht aus der Induktivität der Zeilenablenkeinheit und des Transformators zusammen mit der Eigen- und Zusatzkapazität C1. Man spricht deshalb bei der Zeilenendstufe oft von einem schwingenden Rücklauf. Die Rücklaufzeit beträgt im Mittel etwa 12 µs. Damit wird die Rücklauffrequenz:

$$f = \frac{1}{t} = \frac{1}{12\,\mu s} = \frac{1}{1{,}2\,\cdot\,10^{-5}\,s}$$

$$\underline{f = 83{,}5\,\text{kHz}}$$

Weil aber die Rücklaufzeit nur eine halbe Schwingungsperiode ist, wird die Schwingkreisfrequenz:

$$f_r = \frac{f}{2} = \frac{83{,}5\,\text{kHz}}{2}$$

$$\underline{f_r \approx 42\,\text{kHz}}$$

Damit man mit den gegebenen Eigeninduktivitäten und -kapazitäten auf diese Resonanzfrequenz kommt, muß man noch die Zusatzkapazität C_1 hinzuschalten.

Von großer Bedeutung bei einer transistorbestückten Zeilenendstufe ist die Form des Steuerimpulses. Denn damit wird der Wirkungsgrad der gesamten Schaltung und die Linearität des Ablenkstromes bestimmt. Dabei ist auf die genaue Einhaltung der jeweils vom Hersteller angegebenen Impulsform zu achten.

Vom verwendeten Zeilenendstufentransistor wird verlangt, daß er den Spitzen/Spitzen-Strom von etwa 10 A in einer Zeit von etwa 5 µs schalten kann. Die Transit- oder Schwingfrequenz muß deshalb bei etwa 15 MHz liegen. Die beim Sperren des Transistors auftretende Selbstinduktionsspannung ist etwa 80 V, was bedeutet, daß dieser Transistor eine noch höhere zulässige Kollektor-Emitter-Spannung haben muß. Die Diode muß ebenfalls eine Sperrspannung von mindestens 80 V haben und einen Durchlaßstrom von etwa 10 A vertragen können.

Die während der Rücklaufzeit entstehenden Spannungsspitzen werden in einer besonderen Wicklung (Hochspannungswicklung) auf den Wert von etwa 15 bis 25 kV transformiert und in einem Gleichrichter gleichgerichtet. Man verwendet sie als Beschleunigungsspannung für die Bildröhre. Der Innenbelag der Bildröhre und die Abschirmkapazität des Hochspannungskabels bilden den Ladekondensator. Ferner müssen in der Zeilenendstufe noch eine gesonderte Spannung von 150 V für den Betrieb der Videoendstufe und eine Spannung von rund 350 V für die Gitter-2-Spannung der Bildröhre gewonnen werden. Dazu benutzt man ebenfalls den Zeilenrücklaufimpuls, der über eine Zusatzwicklung ausgekoppelt und dann gleichgerichtet wird. Hier können kleinere Lade- und Siebkapazitäten als im Netzteil verwendet werden, da nicht 50 Hz sondern 15 625 Hz der Gleichspannung überlagert sind.

Bild 6.64 zeigt das Gesamtschaltbild einer Zeilenendstufe. Der Steuerstrom an der Basis des Endtransistors hat einen Spitzen/Spitzen-Wert von etwa 2 A. Durch den Widerstand, der von der Basis in Reihe mit der Treibertransformatorwicklung liegt, wird der Steuerstrom begrenzt und erhält den notwendigen Verlauf. Da dieser Steuerstrom nicht vom Zeilenoszillator aufgebracht werden kann, ist vielfach zwischen Endtransistor und dem Oszillator eine Treiberstufe geschaltet.

Der Zeilentransformator selbst weist neben den Wicklungen für die Hochspannung, der Ablenkeinheit und den Zusatzversorgungsspannungen noch eine Wicklung mit Mittelanzapfung für den Phasenvergleicher auf. Aus dieser Wicklung nimmt man auch den Rücklaufimpuls für die Tastregelstufe ab. In Reihe mit der Ablenkeinheit liegt eine RL-Kombination, mit der die Zeilenlinearität geändert werden kann. Man schiebt einen Permanentmagneten in die Spule, wodurch sich deren Induktivität ändert.

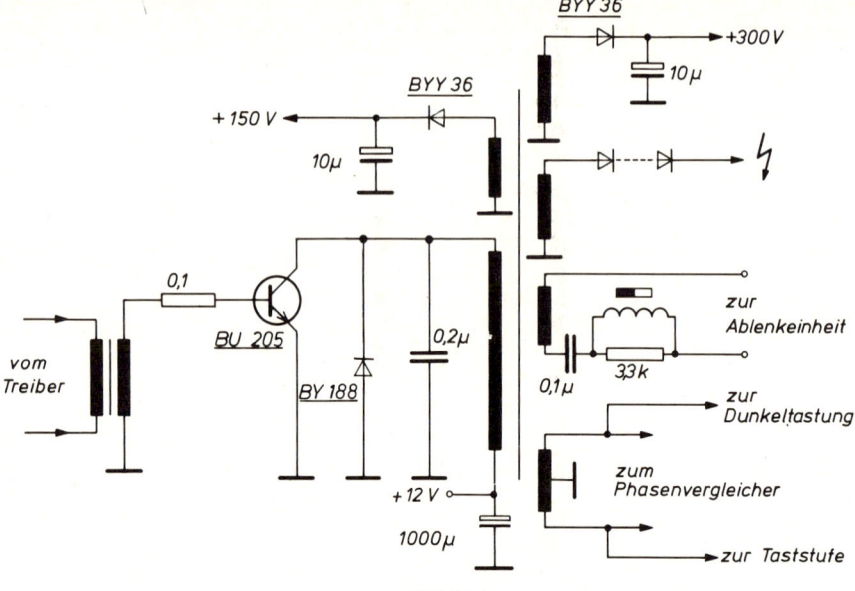

Bild 6.64
Gesamtschaltbild einer Transistor-Zeilenendstufe

6.5.3.3. Thyristor-Zeilenendstufe

Wie das Blockschaltbild im **Bild 6.65** zeigt, besteht eine Thyristorablenkschaltung aus zwei Resonanzkreisen, dem Kommutatorkreis (Rücklaufkreis) im Block B mit L_K und dem Speicherkondensator C_K sowie dem Ablenkkreis (Hinlaufkreis) im Block C mit L_Y und dem Tangensentzerrungs-Kondensator C_Y. Beide Kreise werden durch je einen bipolaren Schalter – bestehend aus einem Thyristor und einer antiparallel geschalteten Diode – zu genau festgelegten Zeitpunkten ein- und ausgeschaltet. Die Energie jedes Kreises pendelt dabei im Rhythmus der von L und C festgelegten Resonanzfrequenz zwischen Spule und Kondensa-

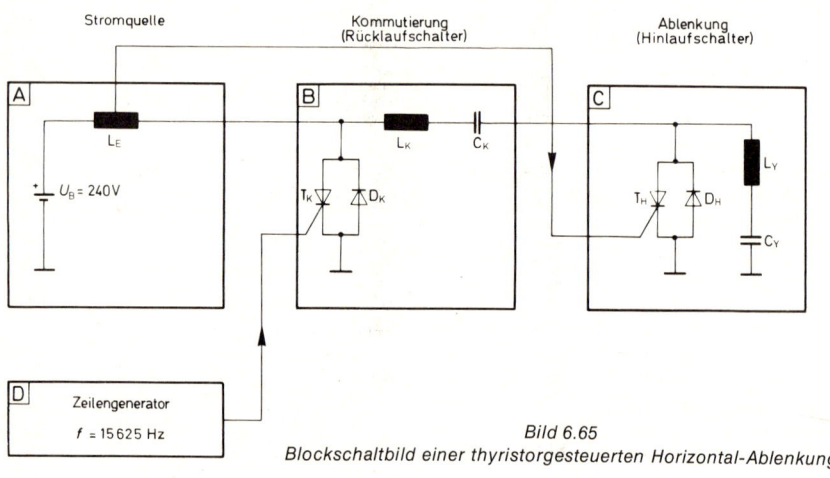

Bild 6.65
Blockschaltbild einer thyristorgesteuerten Horizontal-Ablenkung

tor hin und her. Zur Deckung der auftretenden Verluste wird dem Kommutierungskreis während des Zeilenhinlaufs von der im Block A erzeugten positiven Versorgungsspannung über die Drossel L_E Energie zugeführt. Der Kommutierungsschalter T_K erhält seine Zünd-impulse vom Zeilengenerator (Block D).

Erste Hinlaufhälfte

Geht man davon aus, daß zum Zeitpunkt t_0 die Spule L_Y aus der vorangegangenen Rück-laufperiode magnetische Energie gespeichert hat, so verursacht das nun zusammenbre-chende Magnetfeld einen Ablenkstrom I_Y, der den Kondensator C_Y auflädt (**Bild 6.66 a**). Der Hinlaufthyristor T_H ist während dieses Zeitraumes $t_0 - t_2$ gesperrt, so daß dieser Ablenk-strom über die in Durchlaßrichtung gepolte Hinlaufdiode D_H fließt. Zum Zeitpunkt t_2 ist I_Y Null, wodurch D_H gesperrt wird und der Hinlaufkondensator C_Y aufgeladen ist.

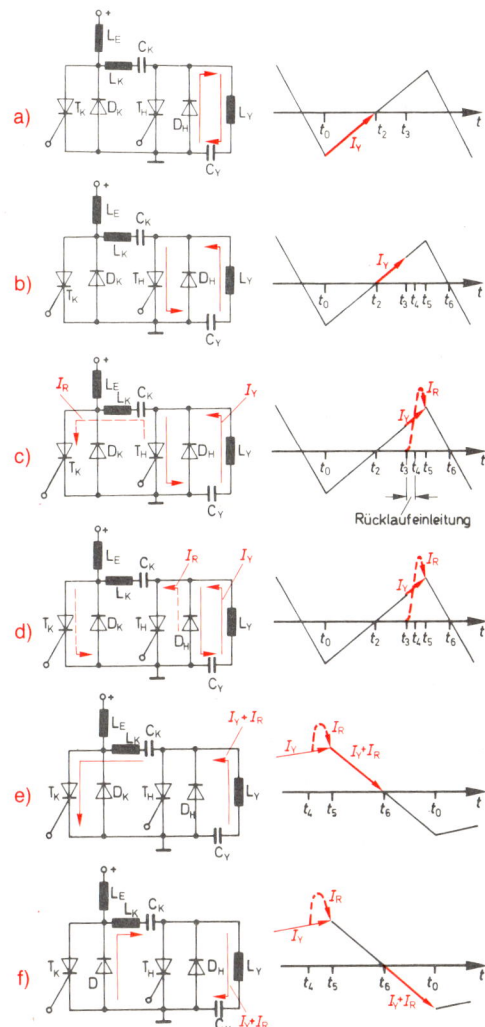

Bild 6.66
Prinzipschaltbild und Ablenkstrom
bei den verschiedenen Zeitpunkten
(Blaupunkt)

Zweite Hinlaufhälfte

Bei Erreichen der Nullinie schaltet die Diode D_H ab, und der bereits am Gate durch einen Steuerimpuls aus dem Kommutierungskreis vorbereitete Thyristor T_H übernimmt den weiteren Stromfluß. Der Strom fließt nunmehr in umgekehrter Richtung durch die Ablenkwicklung L_Y (**Bild 6.66 b**). Die Energie des Ablenkkreises, die beim Stromwechsel im Kondensator C_Y gespeichert war, fließt nun wieder in die Spule L_Y zurück.

Synchronisierung der Kommutatorstufe

Etwa 3 µs vor Beendigung der 52 µs langen Ablenkperiode (t_3) wird durch einen Triggerimpuls an der Steuerelektrode der Kommutierungsthyristor T_K leitend, und im Kommutierungskreis beginnt nun ebenfalls Strom zu fließen. Die Energie bezieht dieser Kreis vom Speicherkondensator C_K, der während der Hinlaufperiode von der positiven Betriebsspannung aufgeladen wurde. Die Energie wird nun in die Kommutierungsspule L_K verlagert. Dabei ist der Stromkreis über die beiden Thyristoren geschlossen. Durch die weit höhere Resonanzfrequenz dieses Kreises L_K/C_K gegenüber dem Ablenkkreis L_Y/C_Y ergibt sich ein sehr steiler Stromanstieg (**Bild 6.66 d**). Im Ablenkthyristor T_H verringert dieser Resonanzstrom den Ablenkstrom. Wenn beide Ströme I_R und I_Y gleich groß sind, liegt zwischen Anode und Katode des Transistors T_H keine Spannung mehr, und dieser Thyristor schaltet ab.

Vorbereitung des Zeilenrücklaufs

Der Resonanzstrom wird durch das Sperren des Hinlaufthyristors T_H nicht unterbrochen, denn jetzt leitet die Diode D_H im Ablenkkreis. Diese Diode ist so lange leitend, bis infolge der Resonanzverhältnisse der Strom im Kommutatorkreis wieder den Wert des Ablenkstromes erreicht (**Bild 6.66 d**). Nun schaltet die Diode D_H ab. Der Hinlaufschalter T_H und D_H ist nun völlig gesperrt, und der Zeilenrücklauf beginnt.

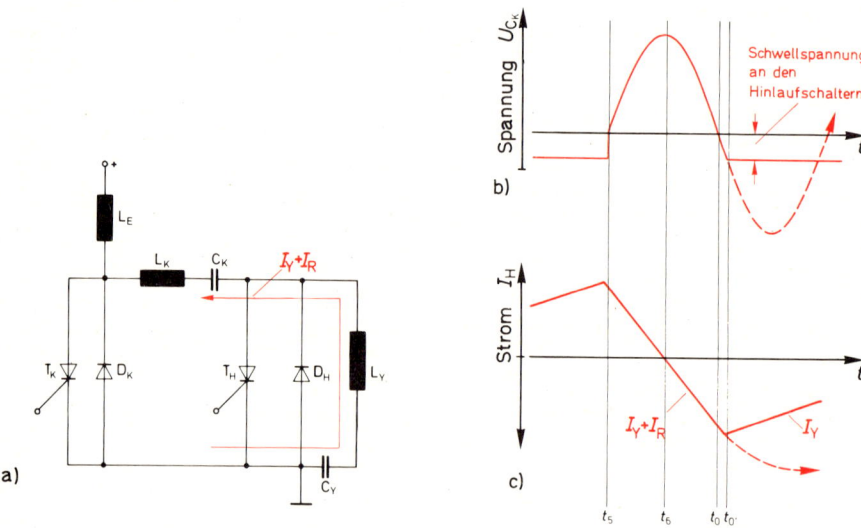

Bild 6.67
a) Prinzipschaltung; b) Rücklaufspannung am Punkt A; c) Horizontalablenkstrom

Erste Rücklaufhälfte

Während der ersten Hälfte des Rücklaufs ist der Kommutierungsthyristor T_K leitend. Die Resonanzfrequenz, die nun durch die Reihenschaltung beider Spulen und beider Kondensatoren (L_K, L_Y, C_K und C_Y) bestimmt wird, liegt bei etwa 42,5 kHz und damit höher als die des Ablenkkreises. Somit ergibt sich eine steile Abschaltflanke (**Bild 6.66 e**). Die Rückschaltzeit beträgt etwa 10 µs.

Zweite Rücklaufhälfte

Beim Nulldurchgang des Ablenkstromes befindet sich die gesamte Energie in den beiden Kondensatoren. Nun erfolgt die Entladung der Kondensatoren, wodurch der Strom in der Ablenkspule umgekehrt und die Diode D_K im Kommutierungskreis leitend wird. Die Energie wird nun wieder in der Ablenkwicklung gespeichert. Am Umkehrpunkt des Resonanzstromes leitet die Ablenkdiode D_H wieder, und die nächste Hinlaufperiode beginnt (**Bild 6.66 f** und **Bild 6.67**).

Zusammenfassung

Um die bisherigen Betrachtungen besser zu untermauern, dient das **Bild 6.68**. Hier sind phasenrichtig zueinander die Spannungs- und Stromverläufe untereinander angeordnet.

Zu Beginn des Hinlaufs, während des Zeitraums $t_0 - t_1$, setzt sich der Ablenkstrom (**Bild 6.68 a**) aus dem der Hinlaufdiode D_H (**Bild 6.68 b**) und dem Strom der Rücklaufdiode D_K (**Bild 6.68 g**) zusammen. Es ist zu erkennen, daß D_H den Ablenkstrom bis zum Zeitpunkt t_1 kontinuierlich von der Rücklaufdiode übernimmt. Da in diesem Zeitintervall beide Dioden leitend sind, wird eine ausgezeichnete Dämpfung der Partialschwingungen erreicht.

Die Stromübernahme durch den Hinlaufthyristor T_H erfolgt erst zum Zeitpunkt t_2 **Bild 6.68 c**, auch wenn er zeitlich schon viel früher durch einen positiven Impuls am Gate zum Durchschalten vorbereitet ist. Daß T_H nicht früher durchschaltet, liegt daran, daß im Zeitraum $t_0 - t_2$ ein Strom durch die Hinlaufdiode fließt und somit an D_H eine negative Flußspannung abfällt. Erst zum Zeitpunkt t_2 wird die Ablenkspannung Null, und T_H kann durchschalten. Da T_H schon vor seinem Einschaltpunkt durch den Gate-Impuls vorbereitet ist, ergibt sich keine „starre" Einschaltung. T_H schaltet sich von selbst ein, d. h. für eine exakte Stromübernahme von D_H auf T_H ist im Bereich der Hinlaufmitte gesorgt.

Anders verhält sich in dieser Hinsicht der Rücklauf-Thyristor T_K (**Bild 6.68 e**). Er soll nicht nur im Zeitpunkt $t_3 - t_5$ den Strom des Hinlaufthyristors T_H übernehmen, sondern er muß zu einem vom Sender bestimmten Zeitpunkt den Rücklauf einleiten. Um dieses zu erreichen, bekommt er einen positiven Steuerimpuls (**Bild 6.68 f**) vom synchronisierten Zeilengenerator, zum anderen muß er sofort durchschaltbereit sein. Das wird dadurch erreicht, daß seine Anode über L_E mit der positiven Betriebsspannung verbunden ist.

Der Zeitraum $t_4 - t_5$ steht dem Hinlaufthyristor als Schonzeit (Erholzeit) zur Verfügung. In diesem Zeitintervall fällt nämlich an der zum zweiten Mal geöffneten Hinlaufdiode D_H eine negative Flußspannung ab. Erst zum Zeitpunkt t_5 baut sich an der T_H-Anode die positive Rücklaufspannung auf.

Die Erholzeit des Rücklaufthyristors T_K liegt im Zeitraum $t_6 - t_1$. In diesem Intervall ist die Rücklaufdiode D_K leitend (**Bild 6.68 g**). Es fällt an ihr eine negative Flußspannung ab, und außerdem ist die an L_E abfallende positive Betriebsspannung bis t_1 über D_K nach Masse kurzgeschlossen (**Bild 6.68 i**).

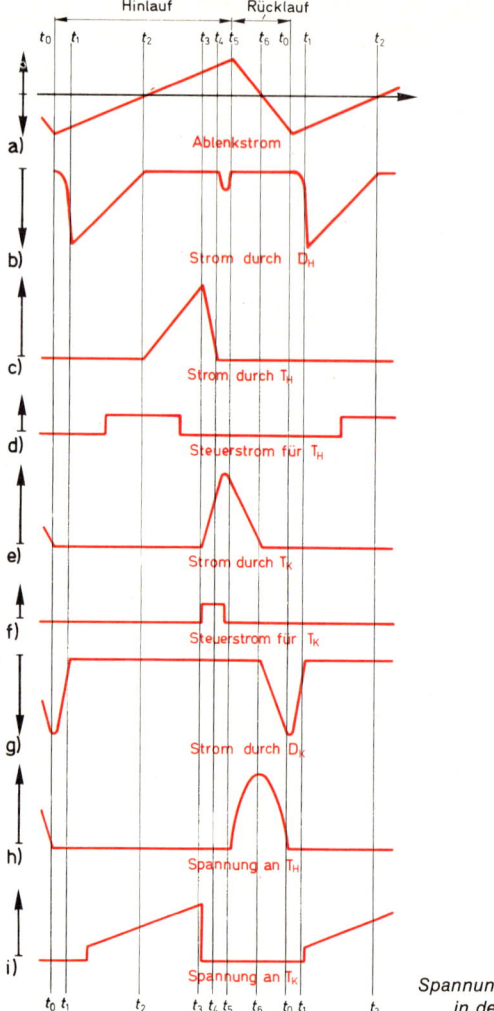

Bild 6.68
Spannungs- und Stromverläufe
in der Prinzipschaltung

Gesamtschaltung

Bild 6.69 zeigt die Horizontalablenkung mit Ablenkkreis. Über die Eingangsinduktivität $L\,1130$ (L_E) führt man die gesiebte Betriebsspannung $U_1 = +240\,V$ zu. Der Kommutierungskreis besteht hier aus der Spule $L\,1131$ und der Reihenschaltung aus $C\,1141$ und $C\,1151$. Die Kombination $C\,1150$ in Reihe mit der bedämpften Spule $L\,1150$ verhindert Entladestromspitzen sowie die damit verbundenen Einschwingvorgänge bei der Stromübernahme der Hinlaufdiode zu Beginn des Hinlaufs. Außerdem dient sie zur Begrenzung der Stromanstiegsgeschwindigkeit (di/dt) und schützt damit den Thyristor. Die Bildbreiteneinstellung wird hier durch Zu- bzw. Abschalten der parallel zu $C\,1150$ liegenden Kondensatoren erreicht. Um die Spannungsanstiegsgeschwindig-

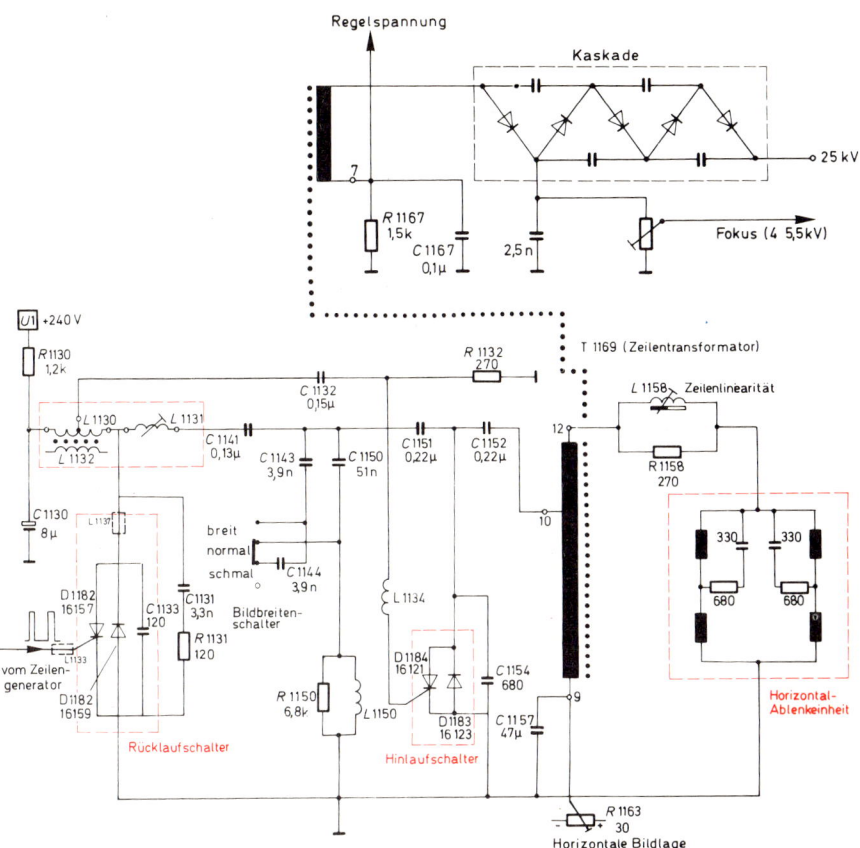

Bild 6.69
Gesamtschaltbild einer thyristorgesteuerten Zeilenendstufe (Blaupunkt)

keit du/dt auf das notwendige Maß zu begrenzen, liegt parallel zum Kommutierungsschalter (Thyristor und Diode) ein RC-Glied C 1131 und R 1131 (TSE[1])-Beschaltung).

Da beim Ein- und Ausschalten des Rücklaufschalters hochfrequente Schwingungen entstehen, die auf dem Bildschirm als störende senkrechte Streifen in Erscheinung treten, liegt noch der Kondensator C 1133 parallel zu diesem Schalter. Außerdem verhindern die Ferritperlen L 1133 und L 1137 ein Austreten dieser Hf-Störfrequenz.

Der Zündimpuls für den Hinlaufthyristor wird einem Anzapf von L 1130 entnommen und zwecks Formung über das Netzwerk C 1132, R 1132, L 1134 der Steuerelektrode zugeführt. Der Hinlaufkreis besteht aus C 1152 (C_y) und der Induktivität des Zeilentransformators. Neben der im Grundprinzip erklärten Funktion wirkt C 1152 auch zur Tangensentzerrung des Hinlaufstromes. Aufgrund der niederohmigen Impedanz von Primärkreis und Toroid-Ablenkspule ist eine quasi-direkte Ankopplung möglich, so daß dieser Zeilentransformator nur als Spartransformator ausgebildet zu werden braucht.

[1] TSE = Träger-Stau-Effekt

293

Die mit R 1158 bedämpfte sowie vormagnetisierte Spule L 1158 dient zur Einstellung der Zeilenlinearität.

Am oberen Ende des Hochspannungswickels stehen Rückschlagimpulse von ca. 8,6 kV zur Gleichrichtung und Spannungsverdreifachung zur Verfügung. Zur Verdreifachung wird die sogenannte Kaskaden-Schaltung benutzt, die hier als Se-Kaskade verwendet wird. Im Fußpunkt der Hochspannungsspule liegt das RC-Glied R 1167/C 1167. Der Spannungsabfall an R 1167 ist mit dem Bildröhrenstrom verknüpft. Er dient daher zur Steuerung der Strahlstrombegrenzung der Bildröhre.

6.5.3.4. Spannungserzeugung in der Zeilenendstufe

Im Zeilentransformator entsteht durch das schlagartige Abschalten des Stromflusses mit einer Frequenz von 15625 Hz eine hohe Selbstinduktionsspannung, die auf verschiedene Weisen im Fernsehgerät ausgenutzt wird. Der Zeilentransformator hat aus diesem Grund eine ganze Reihe von Wicklungen und Anzapfungen (**Bild 6.70**).

Für die Erzeugung der Bildröhrenhochspannung wird der Zeilenrückschlagimpuls durch die Hochspannungswicklung N_2 auf ca. $U_s = 5$ kV herauftransformiert. Die Gleichrichter-Kaskade arbeitet als Spannungsvervielfacher und erhöht dadurch die Spannung auf

$$U = n \cdot U_s \quad \text{mit n-Anzahl der Gleichrichterstrecken}$$
$$U = 5 \cdot 5 \text{ kV} = 25 \text{ kV}$$

Am Kondensator C6, das ist die Anoden-Masse-Kapazität der Bildröhre, steht somit eine Gleichspannung von 25 kV als Anodenspannung der Bildröhre zur Verfügung. Solche Hochspannungskaskaden werden als kompakt geschaltete und vergossene Bauelemente geliefert, um der hohen Spannungsbelastung von 25 kV gewachsen zu sein.

Am ersten Ladekondensator C1 dieser Kaskade wird gleichzeitig über einen Spannungsteiler die Fokussierspannung von ca. 5 kV für die Bildröhre abgegriffen. Damit diese Spannung nicht einen Höchstwert überschreiten kann und dadurch die Bildröhre beschädigt, ist der eine Spannungsteiler-Widerstand ein VDR.

Über die in der Kaskade mit eingebaute Diode D wird eine Regelspannung gewonnen, die zur Strahlstrombegrenzung und zur Auslösung der elektronischen Sicherung des Thyristor-Netzteils benutzt wird. Bei zu großem Strahlstrom wird der Zeilentransformator zu stark belastet, so daß die Hochspannung in der Wicklung N2 kleiner wird. Dadurch sinkt auch die Regelspannung für die Strahlstrombegrenzung. Diese Regelspannung sperrt einen Transistor, so daß die Bildröhre dunkel gesteuert wird.

Ebenfalls von der Wicklung N2 greift man über einen Spannungsteiler Zeilenimpulse ab, die zur Betriebsspannungsversorgung der Vertikalablenkung herangezogen werden. Über einen weiteren Spannungsteiler mit nachfolgender Gleichrichtung gewinnt man die G2-Spannung von ca. $U = 500$ V für die Bildröhre.

Die Zeilenendstufe arbeitet direkt auf die Wicklung N1. An diese Wicklung ist auch die Horizontalablenkspule angeschlossen. Der horizontale Ablenkstrom fließt über den Zeilenlinearitäts-Einsteller zu den Ablenkspulen. Von der Wicklung N3 greift man Zeilenimpulse für die dynamische Konvergenz ab. Die Wicklung N5 liefert positive und negative Zeilenrücklaufimpulse, die für verschiedene Aufgaben im Fernsehgerät benötigt werden, so z. B. für die Dunkeltastung der Bildröhre und für die Erzeugung der Tastregelspannung. Die für die Heizung der Bildröhre erforderliche Spannung $U = 6,3$ V wird der Wicklung N6 entnommen.

Durch das Umformen der magnetischen Energie einer Zeilenendstufe können eine ganze Reihe Versorgungsspannungen gewonnen werden, die den Vorteil haben, daß sie gleichzeitig durch die Endstufe stabilisiert sind. So kann aus der Wicklung N4 eine Niedervoltspannung gewonnen werden, die zur Versorgung von Transistorstufen im Empfänger benutzt werden kann.

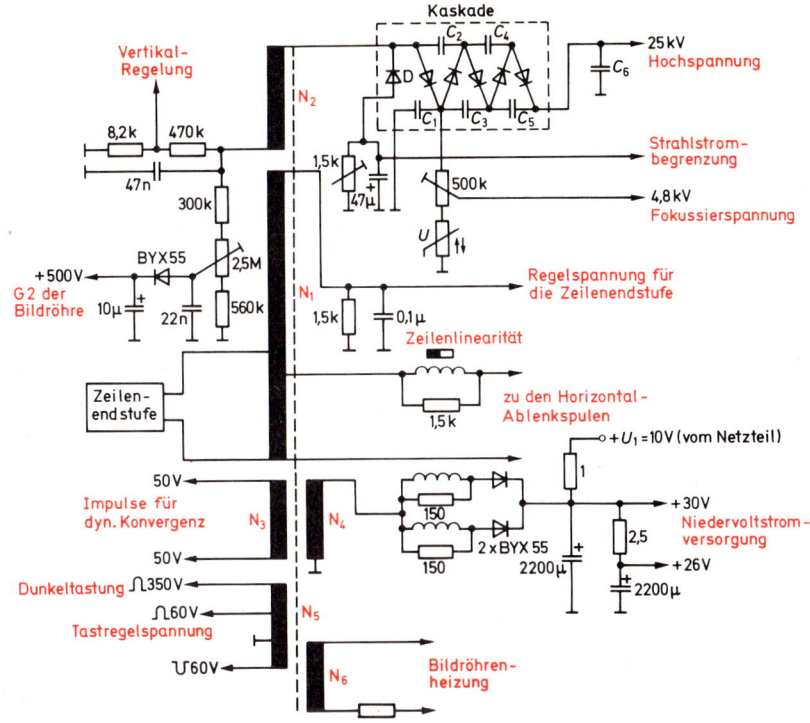

Bild 6.70
Zeilentransformator mit möglichen Spannungserzeugungen

Die beiden im Prinzip parallel liegenden Dioden BYX 55 richten die in der Wicklung N4 induzierte zeilenfrequente Spannung gleich. Am Ladekondensator steht somit eine Gleichspannung von 30 V. Hinter einer zusätzlichen Siebung stehen noch +26 V für andere Stufen zur Verfügung. Die an den beiden Dioden vorgeschalteten Drosseln und Widerstände teilen die Belastung gleichmäßig auf, auch wenn die Dioden unterschiedliche Eigenschaften besitzen.

Die beiden Drosseln verhindern außerdem die infolge der steilflankigen Wechselspannung auftretenden hohen Ladeströme. Das ist besonders beim Einschalten des Gerätes wichtig, weil dann die Ladekondensatoren leer sind. Dabei würden so hohe Ladeströme fließen, daß der Zeilentransformator über die Wicklung N4 so belastet und die Zeilenablenkung unsicher arbeiten, sowie verzögert anschwingen würde. Diese Verzögerung wird dadurch verhindert, daß der Ladekondensator sofort beim Einschalten des Gerätes aus dem Netzteil eine „Startspannung" von $U_1 = 10$ V erhält. Damit hat er schon eine kleine Ladung, so daß die etwa 150 µs später anschwingende Zeilenendstufe keine extrem hohen Ladestromstöße mehr zu liefern braucht.

6.6. Konvergenz

Für eine farbrichtige Wiedergabe ist zwar die Farbreinheit notwendig, sie bringt jedoch noch nicht allein ein zufriedenstellendes Ergebnis. Jeder der drei Elektronenstrahlen zeichnet nämlich für sich auf dem Bildschirm der Lochmaskenröhre ein Raster in seiner Farbzuordnung. Alle drei Farbraster übereinander geschrieben ergeben durch Addition das entsprechende Farbbild. Decken sich nun diese Bilder nicht exakt in allen Punkten des Bildschirms, so entsteht ein ähnlicher Effekt, wie er auch bei einem fehlerhaften Farbdruck auftritt: Die Farbkonturen liegen nicht übereinander, und die Bilder erscheinen verschmiert.

Natürlich machen sich solche Deckungsfehler besonders beim Schwarz-Weiß-Empfang unangenehm bemerkbar. Bei Bildern mit Übergängen von Schwarz auf Weiß, z. B. Schautafeln, sieht man dann bei diesen großen Helligkeitssprüngen farbige Ränder, die gerade bei solchen unbunten Bildern sichtbar werden und stören.

Will man solche Erscheinungen vermeiden, so muß man dafür sorgen, daß die zu einem gegebenen Bildpunkt gehörenden drei Strahlen in diesem zusammenlaufen, d. h. an diesem Punkt **konvergieren**.[1] Der Konvergenzpunkt liegt, genau gesagt, nicht auf dem Leuchtschirm, sondern in der Ebene der Lochmaske, also ca. 15 mm vor dem Schirm. Die drei Elektronenstrahlen laufen hinter der Lochmaske auseinander, und zwar um die Strecke, die zum Treffen des zugehörigen Leuchtstoffpunktes nötig ist (**Bild 6.71**).

In der Praxis muß man also die drei geschriebenen Farbbilder so zurechtschieben, daß sie genau übereinanderliegen. Mit einem gleichmäßigen Verschieben des roten, grünen und blauen Bildes in waagerechter und senkrechter Richtung, kann man allerdings nur in der Gegend um die Bildmitte konvergieren. Man bezeichnet dies als **statische Konvergenz**.

Nach den Bildrändern zu, also überall dort, wo die Elektronenstrahlen stärker abgelenkt werden, macht sich die Tatsache bemerkbar, daß die Elektronenstrahlsysteme im Bildröhrenhals versetzt zur Systemachse und schräg zur Schirmfläche gerichtet sind. Dadurch wird für die eine Farbe die Auslenkung nach der einen Bildecke etwas verkürzt, nach der anderen verlängert. So muß man auch noch jedes der drei Farbbilder individuell in Abhängigkeit von der jeweils bestehenden senkrechten und waagerechten Ablenkung korrigieren. Man spricht in diesem Falle von der **dynamischen Konvergenz**.

> **Merke:**
> **statische Konvergenz = Konvergenz der drei Strahlen im Mittelfeld des Bildschirms**
> **dynamische Konvergenz = Konvergenz im abgelenkten Zustand.**

6.6.1. Konvergenzeinheit

Um diese Korrekturen durchführen zu können, sitzt auf dem Röhrenhals außer der sonst üblichen Ablenkeinheit noch die zusätzliche Konvergenzeinheit. Sie besteht aus drei getrennten Magnetsystemen (für jede Farbe eines), die gegeneinander um 120° versetzt sind (**Bild 6.72**). Jedes dieser Systeme enthält einen drehbaren Dauermagneten. Weiterhin sind auf die Schenkel des Magnetjoches je zwei Spulenpaare gewickelt. Der durch die Spulen und durch den Permanentmagnet erzeugte magnetische Kraftlinienfluß wird durch das Glas des Bildröhrenhalses hindurch in zwei Polschuhe geleitet. Damit durchläuft jeder der drei Elektronenstrahlen ein solches Polschuhpaar und kann durch das zwischen ihm erzeugte Feld in radialer Richtung abgelenkt werden.

Zur Einstellung der statischen Konvergenz verdreht man den jeweils zu Rot, Grün oder Blau gehörigen Dauermagneten, oder man ändert den jeweiligen Spulengleichstrom. Damit variiert man die Stärke und Richtung des Magnetfeldes zwischen den Polschuhen.

---

[1] konvergieren (lat.) = zusammenlaufen

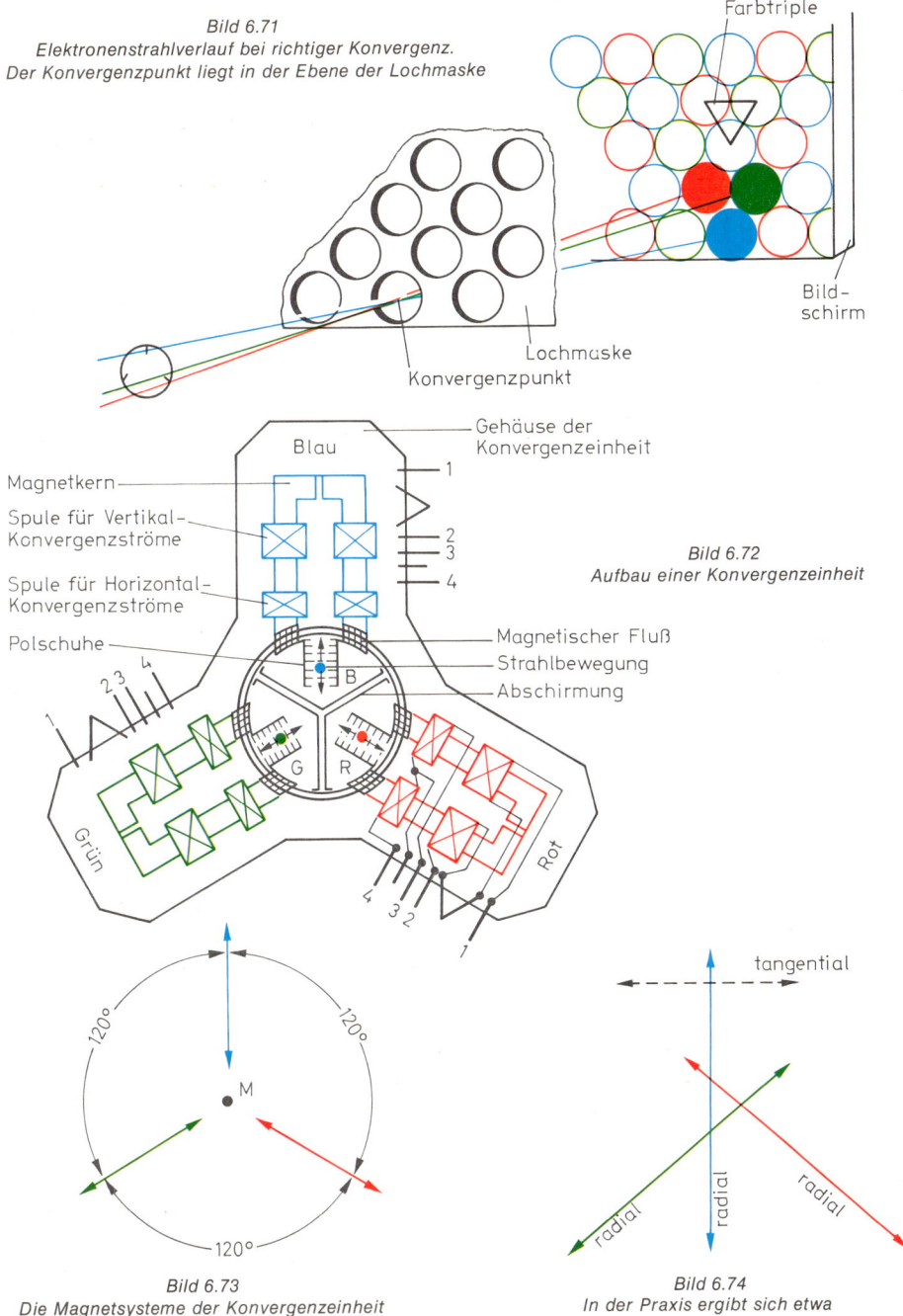

Bild 6.71
Elektronenstrahlverlauf bei richtiger Konvergenz.
Der Konvergenzpunkt liegt in der Ebene der Lochmaske

Farbtriple

Bild-
schirm

Lochmaske

Konvergenzpunkt

Gehäuse der
Konvergenzeinheit

Blau

Magnetkern

Spule für Vertikal-
Konvergenzströme

Spule für Horizontal-
Konvergenzströme

Polschuhe

Magnetischer Fluß
Strahlbewegung
Abschirmung

Bild 6.72
Aufbau einer Konvergenzeinheit

Grün

Rot

Bild 6.73
Die Magnetsysteme der Konvergenzeinheit
können die jeweils zugehörigen Elektronenstrahlen immer nur in eine Richtung
verschieben

tangential

radial

radial

radial

Bild 6.74
In der Praxis ergibt sich etwa
die hier wiedergegebene Abweichung
vom Idealzustand

Man kann so das rote, grüne oder blaue Farbbild als Ganzes verschieben und dadurch die drei Farbbilder aber nur in der Gegend um die Bildmitte zur Deckung bringen.

Auf den jeweiligen Magnetjochen befinden sich noch je zwei Spulenpaare (Konvergenzspulen), von denen eines mit bild-, das andere mit zeilenfrequenten Strömen gespeist wird. Will man auch an den Bildrändern die drei Farbbilder zusammenschieben, also auch eine dynamische Konvergenz erreichen, so muß man die Größe und die Form der durch diese Konvergenzspulen fließenden Ströme verändern.

Merke:
Durch magnetische Gleichfelder stellt man die statische Konvergenz, durch Wechselfelder die dynamische Konvergenz ein.

Nochmals sei vermerkt, daß die Magnetsysteme der Konvergenzkorrektur so aufgebaut sind, daß sie die Strahlen des zugehörigen Elektronensystems immer nur in Richtung der Bildröhrenachse ablenken können, wie es auch im **Bild 6.73** wiedergegeben ist. Danach kann das blaue Raster nur senkrecht, das grüne und rote Raster nur schräg unter 120° hin- und herverschoben werden.

6.6.2. Statische Konvergenz

Wenn man in der Gegend um die Bildschirmmitte die drei Farbraster zur Deckung bringen will, so müßten alle drei in Bild 6.73 eingezeichneten Verschiebeachsen einen gemeinsamen Schnittpunkt besitzen. Gegebene Fertigungstoleranzen bewirken aber, daß dies in der Regel nicht der Fall ist. In der Praxis ergibt sich etwa die in **Bild 6.74** gezeigte Abweichung vom Idealzustand. Man erkennt hieraus, daß man immer nur zwei Farben zur Deckung bringen kann. So benötigt man für das Blausystem noch eine zusätzliche Justiermöglichkeit. Ein vierter Dauermagnet wird dazu – getrennt vom eigentlichen Konvergenzsystem – so angeordnet, daß man mit ihm das blaue Raster in horizontaler Richtung verschieben kann (**Bild 6.75**).

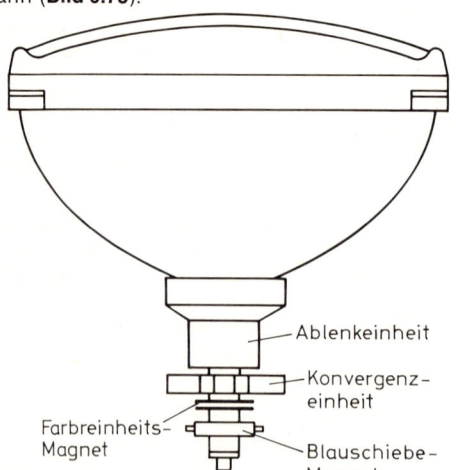

Ablenkeinheit

Konvergenz-
einheit

Farbreinheits-
Magnet

Blauschiebe-
Magnet

Bild 6.75
Anordnung des Blauschiebe-Magnets
auf dem Bildröhrenhals einer Farbbildröhre

6.6.2.1. Blauseitenmagnet (Blau-Lateralmagnet)

In **Bild 6.76** ist die Ausführung eines Blau-Lateralmagnets[1] wiedergegeben. Hier entstehen im Bildröhrenhals zwei gegensinnig gerichtete Magnetfelder. Dadurch können die drei Elektronenstrahlen horizontal verschoben werden; aber Blau entgegengesetzt zu Rot und Grün.

[1] lateral (lat.) = seitlich

6.6.2.2. Herstellung der statischen Konvergenz

Durch Radialverschiebung bringt man zunächst Rot und Grün zur Deckung, was bekanntlich Gelb ergibt (**Bild 6.77 a**). Anschließend verschiebt man Blau mit dem Konvergenzmagneten in vertikaler Richtung soweit, daß Blau in gleicher Höhe wie Rot und Grün liegt (**Bild 6.77 b**). Zum Schluß verschiebt man mit dem Blau-Lateralmagneten Blau horizontal soweit (**Bild 6.77 c**), daß Blau mit Gelb (Rot-Grün) zur Deckung kommt (**Bild 6.77 d**).

6.6.3. Dynamische Konvergenz

Wie schon am Anfang dieses Abschnittes erläutert wurde, muß man nach den Bildrändern zu, also überall dort, wo die Elektronenstrahlen stärker abgelenkt werden, die dynamische Konvergenzeinstellung vornehmen.

Bei einer Farbbildröhre ergeben sich Rasterverzerrungen, die sich aus den beiden folgenden Verzeichnungen zusammensetzen:

1. die **Kissenverzeichnung**, die von der Schwarz-Weiß-Bildröhre her bekannt ist und
2. die **Trapezverzeichnung**, bedingt durch die Systemanordnung bei einer Lochmaskenröhre.

Kissenverzeichnung

Wie alle Schwarz-Weiß-Bildröhren besitzt auch die Farbbildröhre einen flachen Bildschirm. Betrachtet man das **Bild 6.78**, so erkennt man, daß bei gleichem Ablenkwinkel auf einem flachen Schirm gegenüber einem kugelförmigen eine Verlängerung des Abstandes l um die Differenz Δl entsteht. Diese Verlängerung Δl führt dazu, daß das Raster auf dem Bildschirm kissenförmig vergrößert erscheint (**Bild 6.79**).

Trapezverzeichnung

Die Trapezverzeichnung findet ihre Ursache darin, daß bei einer Lochmaskenröhre die drei Elektrodensysteme versetzt zur Systemachse und schräg zum Schirm angeordnet sind. Soll ein von der Aufnahmekamera abgetastetes Quadrat mit einer Farbbildröhre wiedergegeben werden, so wird es, wegen der schiefen Projektion, vom roten, grünen und blauen System in einer anderen Weise wiedergegeben. Es entstehen trapezförmig verschobene Kissen, die sich nicht decken (**Bild 6.80**).

Wie bereits im Abschnitt 4.7.3 behandelt wurde, konvergieren bei einer Schlitzmaskenfarbbildröhre die drei Elektronenstrahlen trotz eines astigmatischen Ablenkfeldes auf dem Bildschirm. Eine Konvergenzkorrektur durch eine zusätzliche Konvergenzeinheit, wie bei der Lochmaskenröhre, ist hier deshalb nicht erforderlich.

Zur Einstellung der statischen Konvergenz und der Farbreinheit hat man mehrpolige Permanentmagnetringpaare direkt hinter die Ablenkeinheit auf den Bildröhrenhals montiert. Die Farbreinheit justiert man mit einem der beiden Permanentmagnetringpaare, die je zwei Pole besitzen und deren magnetische Felder in vertikaler Richtung wirken. Mit einem weiteren Zweipol-Ringpaar, dessen magnetisches Feld in horizontaler Richtung verläuft, kann die horizontale Mittellinie optimal eingestellt werden.

Die statische Konvergenz stellt man mit Vierpol- und Sechspol-Ringpaaren ein. Man verstellt sie durch ein Ritzelgetriebe so, daß entweder ihre Felder gleich- oder gegensinnig wirken. Grundsätzlich verschiebt man den blauen und roten Strahl, bis sie sich mit dem grünen decken.

Die dynamische Konvergenz erreicht man mit zusätzlichen Korrektur-Strömen durch die Spulen der Ablenkeinheit. Wegen der Selbstkonvergenz der In-line-Röhre benötigt sie, im Gegensatz zur Delta-Röhre, nur eine geringe dynamische Korrektur. Lediglich Fertigungstoleranzen der Bildröhre und der Ablenkeinheit erzeugen geringe dynamische Konvergenzfehler. Diese Ablenkkorrekturen können ohne nachteiligen Einfluß auf die Strahllandung direkt mit magnetischen Vierpolfeldern in der Ablenkeinheit vorgenommen werden.

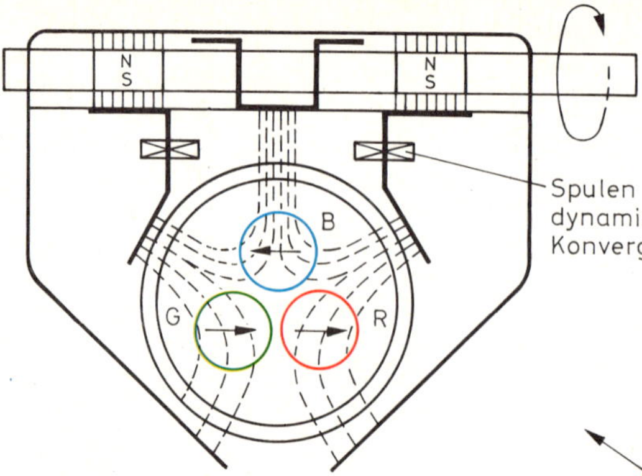

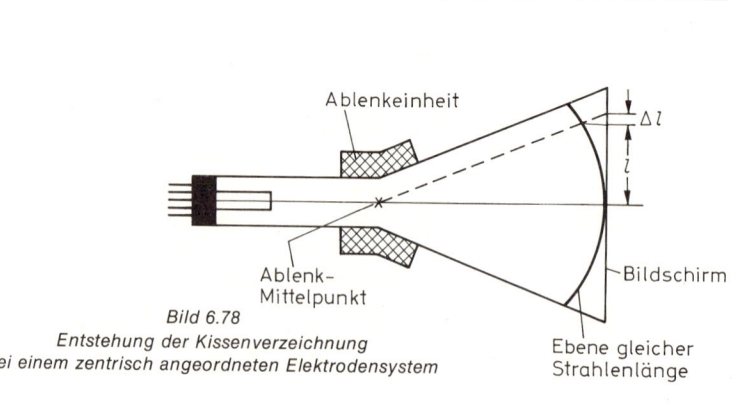

Bild 6.76
Aufbau eines Blau-Lateralmagneten

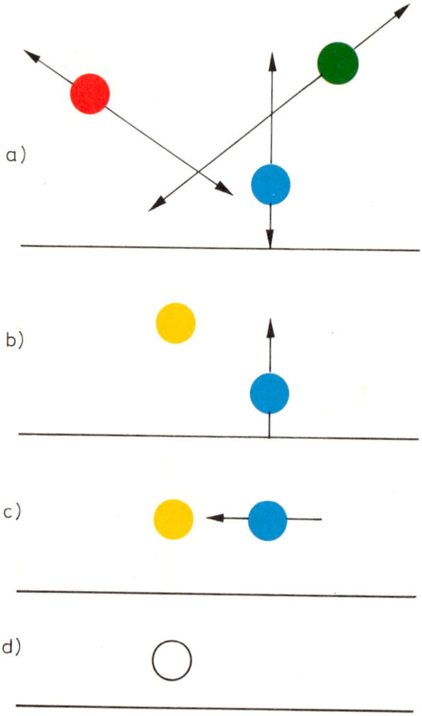

Spulen für
dynamische
Konvergenz

B

G   R

a)

b)

c)

d)

Bild 6.77
Herstellung der statischen Konvergenz

Ablenkeinheit

Δl

l

Ablenk-
Mittelpunkt

Bildschirm

Ebene gleicher
Strahlenlänge

Bild 6.78
Entstehung der Kissenverzeichnung
bei einem zentrisch angeordneten Elektrodensystem

6.3.3. Dynamische Konvergenz

6.6.3.1. Herstellen der dynamischen Konvergenz

Will man die dynamische Konvergenz herstellen, so muß man für sich getrennt den roten, grünen und blauen Elektronenstrahl während der Horizontal- und Vertikal-Ablenkung zusätzlich in seiner Lage beeinflussen. Dazu läßt man entsprechende Ströme durch die Spulen der Konvergenzeinheit und durch die Spulen des Blau-Lateralmagnets fließen.

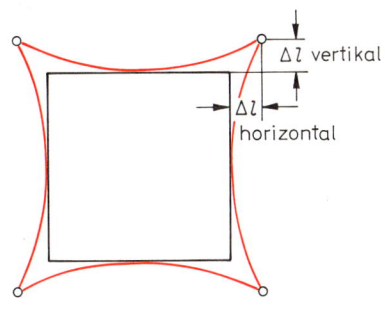

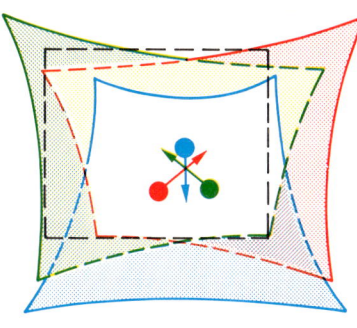

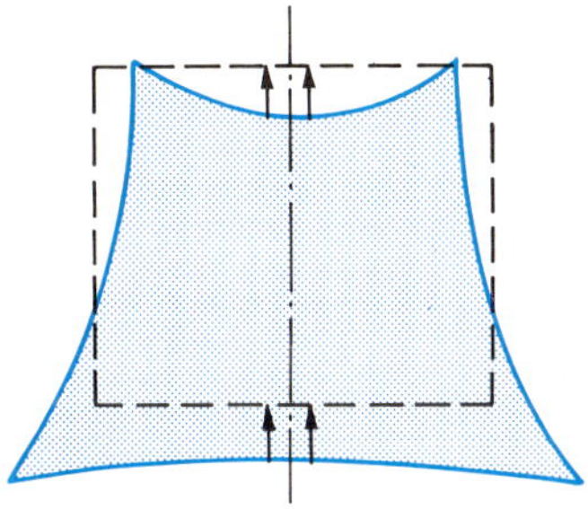

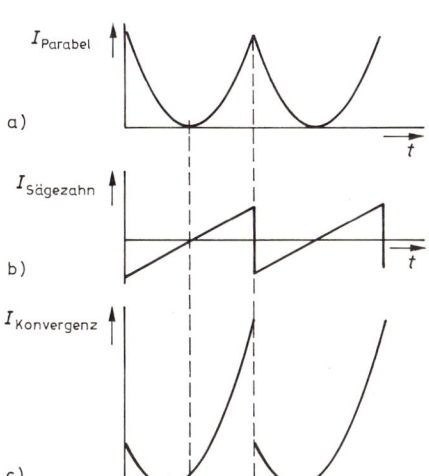

Bild 6.79 (oben links)
Die Verlängerung Δl aus dem Bild 6.78 führt dazu, daß das Raster auf dem Bildschirm kissenförmig vergrößert erscheint

Bild 6.80 (oben rechts)
Trapez- und Kissenverzeichnung bei einer Farbbildröhre

Bild 6.81 (links)
Verzeichnung des blauen Rasters

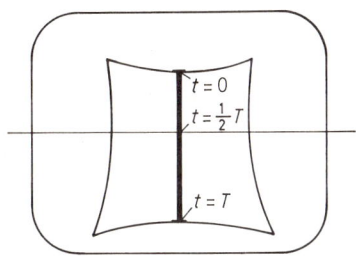

Bild 6.83

Unterschiedliche Weglängen für die Ablenkung in der oberen und unteren Bildhälfte erfordern einen unsymmetrischen Parabelstrom zur Konvergenzeinstellung

Bild 6.82 (links)
Zusammensetzung des Konvergenzstromes aus Parabel- und Sägezahnströmen

Diese Ströme entnimmt man für die Vertikalkonvergenz der Vertikalablenkschaltung und für die Horizontalkonvergenz der Zeilenablenkschaltung. Diese Konvergenzströme setzen sich aus parabel- und sägezahnförmigen Anteilen zusammen, deren Frequenz verständlicher Weise gleich der Zeilenfrequenz (15 625 Hz) bzw. der Halbbildfrequenz (50 Hz) entspricht.

6.6.3.2. Konvergenzströme

Auf den ersten Blick ist es leicht einzusehen, daß die Korrekturströme einen parabelförmigen Verlauf haben sollen. Denn betrachtet man einmal nur das blaue Raster und hierin die senkrechte Rastermittellinie (**Bild 6.81**), so erkennt man, daß sowohl an der oberen als auch an der unteren Bildkante die Auftreffpunkte nach oben, also in gleicher Richtung verschoben werden müssen. In der Bildmitte ist durch die statische Konvergenz die geforderte Deckung der drei Raster bereits erreicht. Ein parabelförmiger Konvergenzstrom hat also die richtige Form zur Rasterkorrektur, denn er hat am Anfang und am Ende gleiche Größe und gleiches Vorzeichen. In der Bildmitte ist er Null, so daß sich hier keine zusätzlichen Strahlverschiebungen ergeben (**Bild 6.82**).

Betrachtet man nochmals das blaue Raster, so sieht man, daß der Auftreffpunkt am oberen Bildrand weniger als am unteren angehoben werden muß. Trägt man nämlich, wie in **Bild 6.83**, die benötigte Ablenkzeit in das Raster ein, so erkennt man, daß der Strahl zum Durchlaufen der oberen Bildhälfte zwar die gleiche Zeit wie für die untere benötigt, jedoch sind die Weglängen unterschiedlich. Das bedingt, daß die Parabel des Korrekturstroms zwei unterschiedliche Äste besitzen muß. Um diese geforderte Form zu erlangen, überlagert man der Parabelspannung eine Sägezahnspannung (**Bild 6.82 b**). Damit wird die Parabel unsymmetrisch, und ihr Scheitel liegt jetzt nicht mehr in der Mitte der gesamten Ablenkstrecke. Solche parabel- und sägezahnförmigen Spannungen entnimmt man den Ablenkstufen. Durch Änderung der Größe und Polarität der Speisespannungen kann man Größe und Form des durch die Konvergenzspule fließenden Stromes in weiten Grenzen verändern (**Bild 6.84 a und b**).

Weil in einer Farbbildröhre die Systeme symmetrisch zueinander und zum Bildschirm angeordnet sind, ergeben sich für den roten und grünen Strahl ähnliche Verhältnisse.

Man kann sich merken, daß die Konvergenzeinstellung für die vertikale Rastermittellinie mit Hilfe der Vertikalkonvergenzspule und des Vertikalkonvergenzstromes erfolgt. Für die horizontale Rastermittellinie nimmt man die Einstellung mit Hilfe der Horizontalkonvergenzspule und des Horizontalkonvergenzstromes vor.

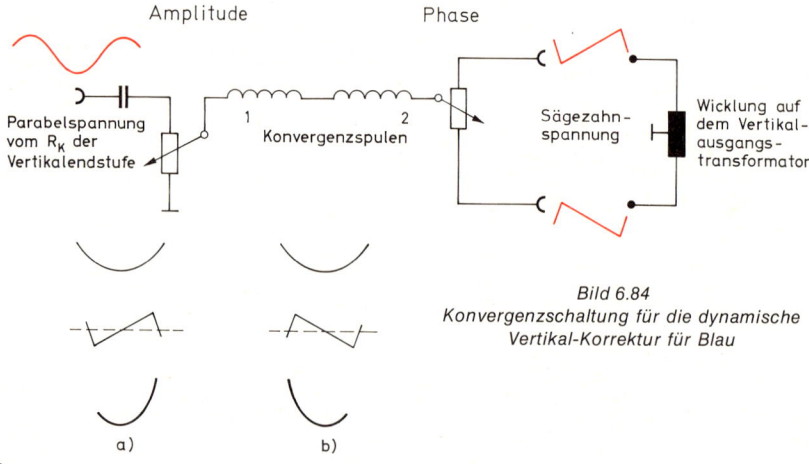

Bild 6.84
Konvergenzschaltung für die dynamische
Vertikal-Korrektur für Blau

Diese Einstellungen gelten natürlich nicht nur für die Mittellinien alleine, sondern auch für die angrenzenden Bereiche sowohl links und rechts als auch oben und unten. Trotzdem bleiben in den Ecken Konvergenzfehler zurück. Diese versucht man dadurch zu beseitigen, daß man die Wicklungen und die Wicklungsverteilung der Horizontal- bzw. Vertikalablenkspulen entsprechend dimensioniert.

6.6.4. Kissenentzerrung

Durch die zweckmäßige Konstruktion der Ablenkspulen und durch die richtige Einstellung der Konvergenzströme erreicht man, daß — von kleinen Abweichungen in den Bildschirmecken abgesehen — die drei Farbraster sich überall decken. Somit wird das aus den drei Elektronenstrahlen bestehende Bündel, ganz gleichgültig bei welcher Ablenkung, in der Maskenebene fokussiert und damit stets richtig auf den Bildschirm treffen. Man hat damit wieder die gleichen Verhältnisse wie bei einer Schwarz-Weiß-Bildröhre vorliegen. Denn bei ihr wird der Strahl auf dem Bildschirm fokussiert. Allerdings kann durch die Konvergenzschaltung nicht auch gleichzeitig die Kissenverzeichnung aufgehoben werden.

Bei einer Schwarz-Weiß-Bildröhre wird der Kissenfehler durch entsprechende Vorverzerrung des Ablenkfeldes kompensiert. Das geschieht durch entsprechende Verteilung der Wicklung in der Ablenkeinheit und durch justierbare Permanentmagnete, die als Kissenentzerrungsmagnete an der Ablenkeinheit befestigt sind.

Bei einer Farbbildröhre würde ein hinter dem Ablenkfeld angeordneter Permanentmagnet einen unzulässigen Farbreinheitsfehler hervorrufen. Man muß deshalb bei Farbbildröhren die Kissenentzerrung durch zusätzliche Ströme in den Ablenkspulen vornehmen.

Eine Kissenverzeichnung infolge des flachen Bildschirmes zeigt das **Bild 6.85**. Hier erkennt man deutlich, daß die Zeilen oben und unten verbogen und in der Mitte zu kurz sind. Solche

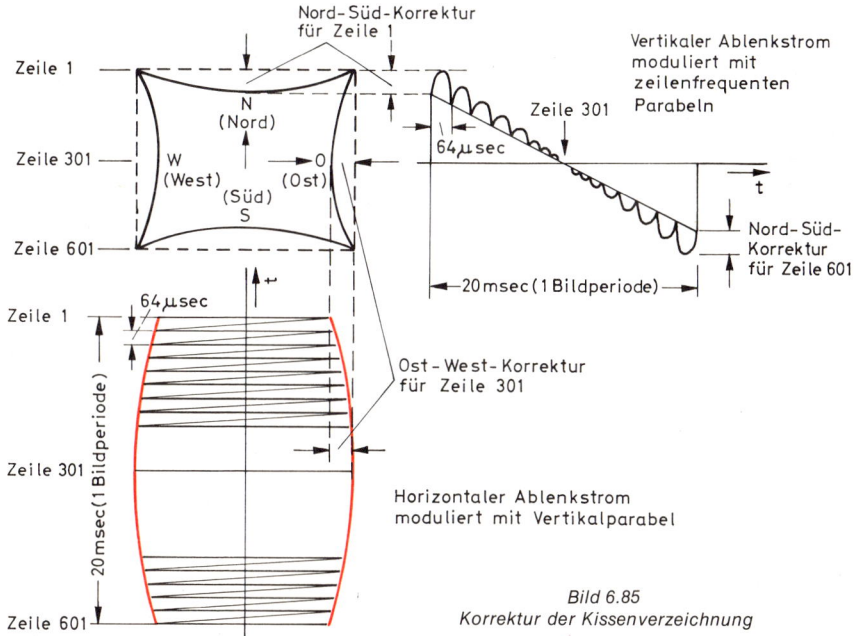

Bild 6.85
Korrektur der Kissenverzeichnung

303

gekrümmten Linien bezeichnet man in der Mathematik als Parabeln. Mitunter spricht man beim Bildschirm auch statt von einer senkrechten oder waagerechten Richtung von der Nord-Süd- oder Ost-West-Richtung.

Hier soll angenommen werden, daß das Raster nur aus 601 Zeilen besteht und die **restlichen** 24 Zeilen für den Bildrücklauf benötigt werden (was übrigens etwa stimmt). **Danach** ist dann die Zeile 1 zu lang und hängt nach unten durch. Die mittlere Zeile **301** ist zwar geradlinig, aber zu kurz. Zeile 601 ist wiederum zu lang und wird nach **oben** durchgebogen.

Betrachten wir zunächst nur die Zeilenlängen. Den Ost-West-Fehler kann man dadurch korrigieren, daß man elektrisch die Zeilenamplitude in der Bildschirmmitte größer als oben und unten macht. Dazu muß man nach Bild 6.85 während einer Bildablenkung die Amplitude des Zeilenablenkstromes so modulieren, daß die Zeilenamplitude für die Zeile 301 gerade um diese Ost-West-Korrektur länger ist, als es die Zeilen am oberen und unteren Bildrand sind. Dabei muß die Modulationshüllkurve die Form einer Parabel zeigen, die jedoch gerade entgegengesetzt verläuft, wie die Parabel der Kissenverzeichnung. So erreicht man, daß sich aus der optischen Verzerrung auf dem Bildschirm und der elektrischen Vorverzerrung des Zeilenablenkstromes dann als Mittelwert exakte senkrechte Begrenzungskanten des Bildrasters ergeben.

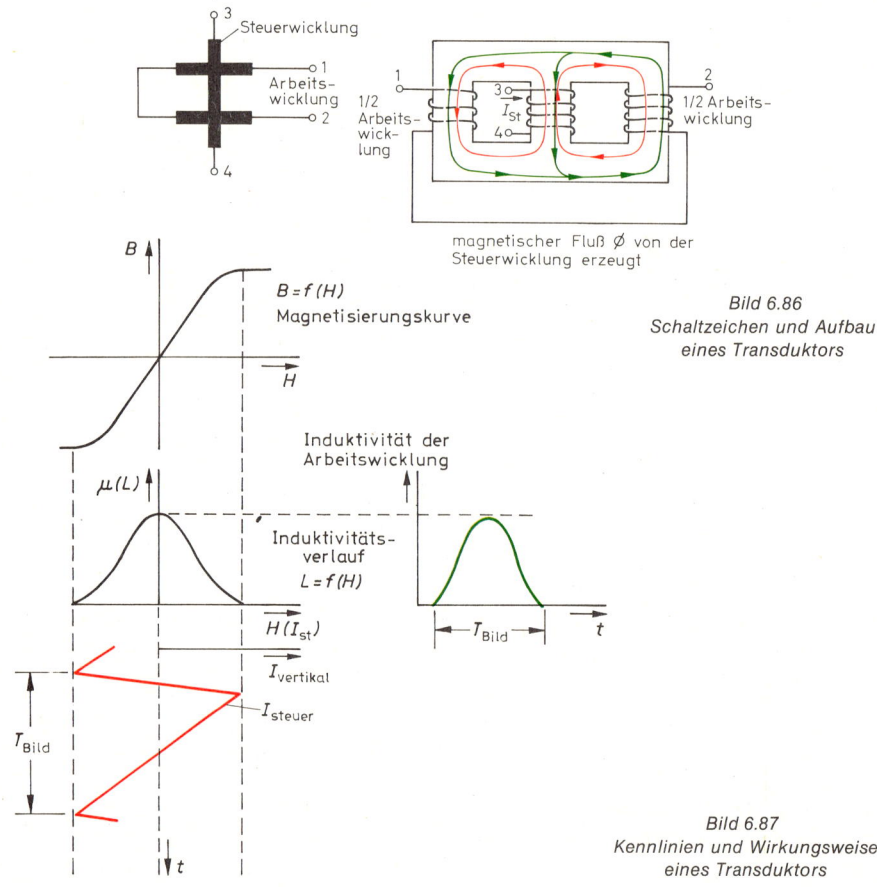

Bild 6.86
Schaltzeichen und Aufbau
eines Transduktors

Bild 6.87
Kennlinien und Wirkungsweise
eines Transduktors

Bei der Nord-Süd-Korrektur sieht es nun etwas anders aus. Bei einer Farbbildröhre lenkt man die drei Elektronenstrahlen während einer Vertikalablenkung mit einem stetig verlaufenden Sägezahnstrom von oben nach unten ab. Die Zeile 1 hängt jedoch in der Mitte nach unten durch. Man muß deshalb dem Ablenkstrom während der Dauer der Zeile 1 einen Parabelanteil überlagern, der gegenläufig zur Kissenverzeichnung verläuft und nur 64 μs dauern darf. Bei den nachfolgenden Zeilen muß diese Parabelkorrektur immer kleiner werden, und bei der Zeile 301 braucht nichts kompensiert zu werden, da sie ohnehin geradlinig verläuft. Zum unteren Bildrand wiederholt sich dieser Vorgang in umgekehrter Richtung.

Folgendes kann man sich zur Kissenentzerrung merken:

Der Vertikalablenkstrom muß mit horizontalfrequenten Parabeln und der Zeilenablenkstrom muß mit bildfrequenten Parabeln moduliert werden, um die Kissenverzeichnungen oben und unten und an den Seiten zu entzerren.

Diese Modulation der Ablenkströme kann u. a. mit einem **Transduktor** (Magnetverstärker) erfolgen. Ein Transduktor (**Bild 6.86**) ist eine Drossel mit einem ferromagnetischen Kern. Den Scheinwiderstand dieser Drossel kann man durch einen Steuerstrom verändern. Dieser Steuerstrom fließt durch eine zweite auf dem Kern aufgebrachte Wicklung, die sog. Steuerwicklung. DIese ist so auf die Schenkel des Kernes verteilt, daß keine Kopplung zur Arbeitswicklung besteht, d. h. es wird von der Steuerwicklung im Gegensatz zum Transformator keine Spannung in die Arbeitswicklung induziert. Deshalb wird auch ein Transduktor im allgemeinen als aus zwei gekreuzten Induktivitäten bestehend dargestellt.

Die Steuerspannung U_{34} induziert in den beiden auf die Außenschenkel aufgebrachten Arbeitswicklungen gleich große Spannungen. Da aber die Arbeitswicklungen entgegengesetzt gepolt sind, heben sich diese induzierten Spannungen auf, und an den herausgeführten Klemmen 1 und 2 der Arbeitswicklung wird keine von der Steuerwicklung induzierte Spannung gemessen.

Durch das **Bild 6.87** soll die Wirkungsweise eines Transduktors verdeutlicht werden. Unter der Magnetisierungskurve $B = f(H)$ ist der Induktivitätsverlauf der Arbeitswicklung in Abhängigkeit von dem Steuerstrom I_{st} aufgetragen. Die gleiche Abhängigkeit besteht zwischen der Permeabilität μ und der Feldstärke H, denn $H \approx I$

$$\left(H = \frac{L \cdot N}{I} \right) \text{ und } \mu \sim L \left(L = N^2 \cdot \mu_o \cdot \mu_r \cdot \frac{A}{I} \right) .$$

Durch den Steuerstrom wird das Kernmaterial in die Sättigung gesteuert, wodurch die Permeabilität verringert wird. Damit nimmt auch die Induktivität der Arbeitswicklung ab. Es verringert sich der Blindwiderstand der Arbeitswicklung $X_L = \omega \cdot L$, und der Arbeitsstrom steigt. Auf diese Weise kann man den Strom durch die Arbeitswicklung durch den Steuerstrom amplitudenmodulieren.

Die Schaltung in **Bild 6.88** zeigt nun eine Möglichkeit, wie man mit einem Transduktor die beiden Ablenkströme gegenseitig modulieren kann. Als Arbeitswicklung gelten einmal die Wicklungen $1/2$ und $3/4$, die vom bildfrequenten Ablenkstrom durchflossen werden, für die Ost-West-Korrektur und zum anderen die in Reihe geschalteten Wicklungen $7/8$ und $9/10$, die vom zeilenfrequenten Sägezahnstrom durchflossen werden, für die Nord-Süd-Korrektur. Die Bildtransduktorspulen liegen direkt in Reihe mit den Vertikalablenkspulen. Die Zeilentransduktorspulen sind dagegen einer Sekundärwicklung des Zeilentransformators parallel geschaltet und damit praktisch auch den Zeilenablenkspulen.

Die zeilenfrequenten Spulen $7/8$ und $9/10$ des Transduktors sind so geschaltet, daß kein Vertikalmagnetfluß in die horizontalen Spulen und kein horizontaler Magnetfluß in die vertika-

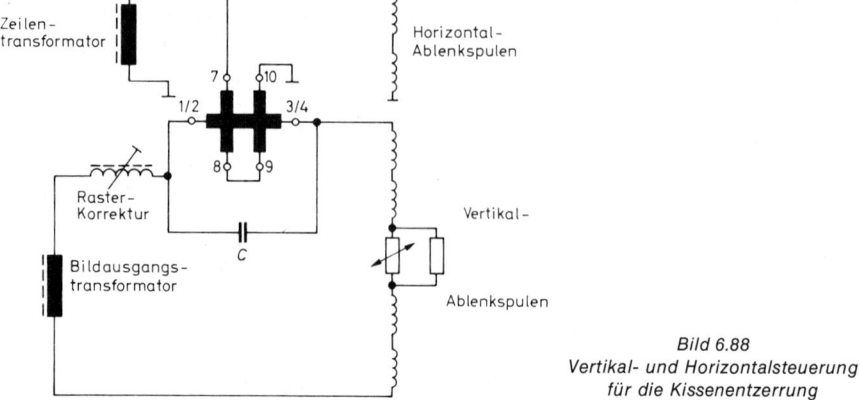

Bild 6.88
Vertikal- und Horizontalsteuerung
für die Kissenentzerrung

len Spulen einen Strom induzieren kann, wenn der Ferroxcubekern nicht gesättigt ist. Wird dieses Gleichgewicht durch Sättigung des Kernes gestört, dann transformieren sich horizontale und vertikale Ströme in die entsprechenden Vertikal- und Horizontalspulen des Transduktors ein. Der Kondensator C sorgt für die Polaritätsänderung der aufmodulierten Zeilenparabeln nach dem Nulldurchgang des Vertikalsägezahnstromes.

Die Ost-West-Kissenfehler sind bei 110°-Bildröhren nahezu doppelt so groß wie bei 90°-Bildröhren. Um trotzdem eine zufriedenstellende Kissenentzerrung zu erhalten, würde die ohnehin schon stark belastete Zeilenendstufe noch mehr beansprucht, was man durch die Zwei-Transduktor-Schaltung verhindern kann. Mit dieser Technik läßt sich auf relativ einfache Weise durch komplementäre Transduktorkennlinien und eine entsprechende Gegentaktansteuerung eine rückwirkungsfreie Kissenentzerrung erreichen. Allerdings ist der Aufwand sehr hoch. Wesentlich günstiger sind die Voraussetzungen bei Thyristor-Ablenkschaltungen, da sie viel niederohmiger sind und über größere Leistungsreserven verfügen. So kommt man dann wieder mit nur einem Transduktor aus, oder man geht zur aktiven Kissenentzerrungsschaltung über. Bei dieser Schaltungskonzeption erfolgt die gegenseitige Modulation der Ablenkströme durch Transistoren.

Zusammenfassung 6

Die Impulsabtrennstufe soll den Bildinhalt von den Synchronimpulsen trennen, die Synchronisierzeichen auf eine konstante Amplitude bringen und sie nach Zeilen- und Bildsynchronimpulsen aufteilen. Damit Störimpulse die Synchronisation nicht aus dem Tritt bringen können, wird während ihres Erscheinens die Impulsabtrennstufe gesperrt. Die Aufteilung nach Bild- und Zeilenimpulsen nimmt man mit Differenzier- und Integriergliedern vor.

Bei der direkten Synchronisation, wie man sie für die Vertikalablenkung einsetzt, wird der Kippgenerator direkt vom Sendersynchronimpuls angestoßen. Der Generator muß also unterhalb der Sollfrequenz schwingen und wird durch den Synchronimpuls auf die richtige Ablenkfrequenz gebracht. In der Horizontalablenkung benutzt man die indirekte Synchronisation. Bei der hohen Zeilenfrequenz von 15 625 Hz ist auch eine große Anzahl von Synchronimpulsen erforderlich. Hiervon kann leicht einer fehlen. So läßt man den Horizontalgenerator auf der Sollfrequenz frei schwingen, und nur bei einer Frequenzabweichung wird der Generator durch eine Regelspannung auf die Sollfrequenz wieder zurückgebracht. Hier ist eine Phasenvergleichsschaltung erforderlich, in der die Phasenlage zwischen dem Sender- und Empfängerimpuls verglichen wird. Je nach Abweichung gibt diese Schaltung eine positive oder negative Regelspannung ab.

Die Kippgeneratoren erzeugen das erforderliche Ansteuersignal für die Ablenkendstufen. Die Endstufen lassen dann den nötigen sägezahnförmigen Strom durch die Ablenkeinheiten fließen.

So erzeugt man im Vertikalgenerator ein sägezahnförmiges Signal, das dann in einer Komplementärleistungsendstufe in den erforderlichen Ablenkstrom umgewandelt wird. Durch einen S-förmigen Verlauf des Sägezahnstromes können Linearitätsfehler ausgeglichen werden.

Der Horizontalgenerator liefert ein impulsförmiges Ansteuersignal für die Zeilenendstufe. Denn erst die Endstufe erzeugt durch das schlagartige Ein- und Ausschalten den sägezahnförmigen Ablenkstrom. Man arbeitet hier mit der Energierückgewinnung. Der Rückschlagimpuls wird in der Hochspannungswicklung herauftransformiert und in einer Kaskade gleichgerichtet, so daß man die erforderliche Anodenspannung für die Bildröhre von ca. 25 kV erhält. Man geht heute immer mehr dazu über, statt eines Zeilenendstufentransistors Thyristoren einzusetzen.

Um bei einer Farbbildröhre alle drei Farbraster exakt an jeder Stelle des Bildschirmes übereinander schreiben zu können, muß man durch zusätzliche Korrekturfelder für jede Farbe die Konvergenz herstellen.

Durch magnetische Gleichfelder erreicht man im Mittelfeld des Bildschirmes eine Deckung der drei Strahlen, was man mit statischer Konvergenz bezeichnet. Die dynamische Konvergenz ist die Konvergenz im abgelenkten Zustand, die man nur durch magnetische Wechselfelder erreichen kann.

Lerntest 6

1. Weshalb muß der Bildinhalt von den Synchronimpulsen in der Impulsabtrennstufe abgetrennt werden?
   a) damit die Synchronimpulse auf dem Bildschirm nicht stören
   b) damit man besser in die Zeilen- und Bildimpulse aufteilen kann
   c) damit kein Bildinhalt die Ablenkströme auslöst
   d) damit der Phasenvergleicher überhaupt arbeiten kann.

2. Mit welcher Schaltung kann man die Bildsynchronimpulse heraussieben?
   a) mit einem Differenzierglied   c) mit einem Transformator
   b) mit einem Integrierglied   d) mit einem Schwingkreis

3. Welche Hauptaufgabe haben die Vor- und Nachtrabanten?
   a) sie lösen den Bildrücklauf aus
   b) sie verhindern, daß die Zeilensynchronisation während des Bildrücklaufs aussetzt
   c) sie verhindern paarige Zeilen
   d) sie lösen den Zeilenrücklauf während des Bildrücklaufs aus

4. Was versteht man unter der direkten Synchronisation?
   a) die Synchronimpulse steuern die Endstufe aus
   b) die Synchronimpulse werden im Phasenvergleicher verarbeitet
   c) die Synchronimpulse stoßen direkt den Kippgenerator an
   d) die Synchronisation erfolgt direkt auf den Zeilengenerator.

5. Bei welcher Ablenkung wird die indirekte Synchronisation angewendet?
   a) bei der Vertikalablenkung
   b) bei der Horizontalablenkung
   c) bei der vertikalen und horizontalen Ablenkung
   d) bei keiner

6. Welche Form muß das Ausgangssignal des Vertikalkippgenerators haben?
   a) sinusförmig
   b) rechteckförmig
   c) trapezförmig
   d) sägezahnförmig
   e) s-förmig

7. Was ist ein Miller-Integrator?
   a) Ein Generator, der direkt das Ansteuersignal für die Zeilenendstufe liefert
   b) er erzeugt aus einem Sinus- einen Rechteckimpuls
   c) er linearisiert eine Sägezahnspannung
   d) er erzeugt aus einem Trapez einen Sägezahn
   e) ein Generator für die Vertikalablenkung

8. Weshalb ist eine Tangenskorrektur erforderlich?
   a) um die Vertikalendstufe nicht zu überlasten
   b) um die Zeilenbreite einstellen zu können
   c) um den Tangensfehler, der durch den Krümmungsradius des Bildschirms auftritt, auszugleichen
   d) um die Bildhöheneinstellung zu erleichtern

9. Mit welcher Signalform muß der Zeilenendstufentransistor angesteuert werden?
   a) mit einem Sägezahn
   b) mit einem Sinus
   c) mit einem Rechteck
   d) mit einem Trapez
   e) mit einem Dreieck

10. Was versteht man unter dynamischer Konvergenz?
    a) Es ist die Konvergenz in der Bildschirmmitte
    b) Es ist die Konvergenz im abgelenkten Zustand
    c) Es ist die Konvergenz für den blauen Strahl
    d) Es ist die Konvergenz für das weiße Gittermuster

11. Erklären Sie das Prinzip der Störaustastung.

12. Wie werden kurzzeitig auftretende Störungen im Amplitudensieb verhindert?

13. Nennen Sie mindestens 4 Sägezahngeneratoren, die im Fernsehgerät Verwendung finden.

14. Welche Aufgabe hat die Impulsformerstufe bei einem Sinusgenerator?

15. Welche Aufgabe hat der Phasenvergleicher?

16. Erklären Sie, wie durch eine Gleichspannung ein Sinusgenerator in seiner Frequenz geändert werden kann.

17. Erklären Sie die Funktion eines Sägezahngenerators, der aus einem NPN- und einem PNP-Transistor aufgebaut ist.

18. Erklären Sie das Grundprinzip eines Miller-Integrators.

19. Erklären Sie das Prinzip der Energierückgewinnung bei einer Zeilenendstufe.

20. Wie erzeugt man die Hochspannung?

21. Wodurch entstehen dynamische Konvergenzfehler?

22. Wodurch erfolgt die Einstellung der dynamischen und statischen Konvergenz?

23. Wodurch entstehen Kissen- und Trapezverzeichnungen?

24. Wie stellt man die Konvergenzströme her?

25. Erklären Sie die Funktion eines Transduktors!

7. TONTEIL

7.1 Allgemeines

Ein Fernsehsender muß neben dem Bildinhalt auch die Toninformation mit ausstrahlen. Es wird deshalb der Bildträger mit dem Bildinhalt, ein im Abstand von 5,5Hz liegender Tonträger mit der Toninformation moduliert (**Bild 7.1**). Im Kanalwähler eines Fernsehgerätes werden der Bild- und der Tonträger nicht nur auf tiefere Frequenzen umgesetzt, sondern auch in ihrer frequenzmäßigen Lage vertauscht. Der Abstand zwischen beiden bleibt jedoch stets 5,5 MHz. Während der Bildinhalt auf der schon beschriebenen Weise weiterverarbeitet wird, koppelt man die Toninformation aus dem Frequenzgemisch heraus, verstärkt diese frequenzmodulierte Hochfrequenz weiter, demoduliert diese und gewinnt so die Niederfrequenz. In einem nachgeschalteten Nf-Verstärker erfolgt eine weitere Verstärkung bis zum Lautsprecher.

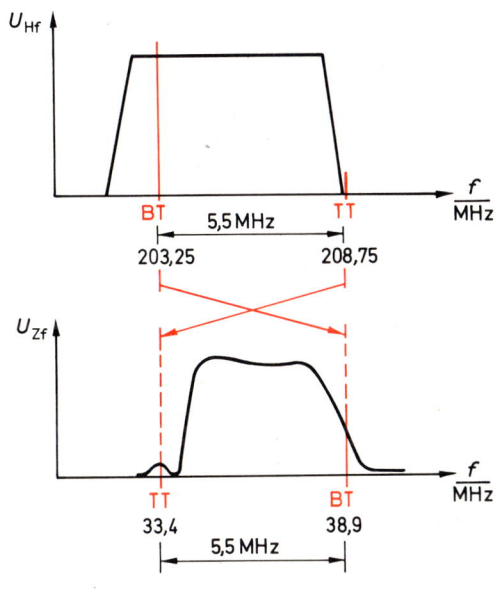

Bild 7.1
Lage des Bild- und Tonträgers im Hf- und Zf-Frequenzspektrum

Es gibt drei Möglichkeiten, die Toninformation von der Bildinformation zu trennen:
1. Das Parallelton-Verfahren
2. Das Intercarrier-Verfahren auch Differenzträger-Verfahren genannt
3. Das Quasi-Parallelton-Verfahren.

7.1.1. Parallelton-Verfahren

Beim klassischen Parallelton-Verfahren (**Bild 7.2**) wird die Ton-Zf von 33,4 MHz am Kanalwählerausgang abgezweigt und in einem zweiten, speziell auf die Ton-Zf ausgelegten Verstärker aufbereitet und demoduliert.

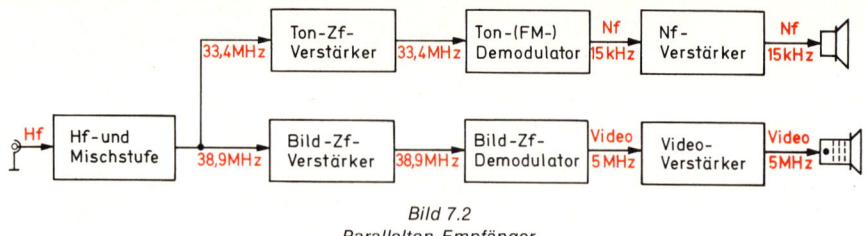

Bild 7.2
Parallelton-Empfänger

Dieses Verfahren hat den Vorteil, da der Ton vom Bild getrennt ist, erfährt er keinerlei Beeinflussung durch das Bildsignal, wie es beim Intercarrier-Verfahren möglich ist. Selbst bei Ausfall des Bildsenders ist der Ton noch vorhanden, und das lästige Rauschen des Gerätes entfällt. Dieses Verfahren weist aber für die hier genutzte Frequenzmodulation des Tonträgers einige wesentliche Nachteile auf, die die Verbreitung des Parallelton-Verfahrens bisher vermindert haben.

Verstimmung des Kanalwählers

Wird der Kanalwähler verstimmt – sei es gewollt, um einen bestimmten Bildeindruck zu erhalten, oder unbeabsichtigt, beispielsweise durch Temperaturdrift hervorgerufen – so wird damit auch die Ton-Zf von 33,4 MHz verstimmt. Der Ton-Zf-Verstärker liegt dadurch nicht mehr in seinem optimalen Arbeitsbereich, was zu einer Verschlechterung der AM-Unterdrückung und damit wiederum zu einer Verschlechterung des Störabstandes führt. Außerdem entsteht dabei ein höherer Klirrfaktor, weil der FM-Demodulator nicht mehr im linearen Bereich der S-Kurve arbeitet.

Störhub des Oszillators

Ändert sich die Abstimmspannung des UHF-Oszillators nur um etwa 4 mV, so ändert der Oszillator seine Frequenz um ca. 100 kHz. Wird auf diese Abstimmspannung Netzbrummen oder Störspannungen aus den Ablenkstufen eingestreut, so ändert der Oszillator periodisch seine Schwingfrequenz und damit wird die Ton-Zf zusätzlich frequenzmoduliert. Diese Einstreuungen sind als Nf-Störungen hörbar, da sie durch eine AM-Begrenzung nicht zu beseitigen sind. Auch bei Geräten mit AFC oder Synthesizern entstehen in den Regelschleifen zwangsläufig Spannungsschwankungen die ebenfalls zu Ton-Störungen führen. Man könnte zwar durch eine Vergrößerung der Regelzeitkonstanten und durch eine stärkere Siebung der Tunerabstimmspannung diese Nf-Störungen vermindern, die Folge wäre aber ein Versagen des Sendersuchlaufes und eine unnötig lange Umschaltzeit bei der Programmwahl.

Mikrofonie des Kanalwählers

Mechanische Erschütterungen des Kanalwählers, hervorgerufen z. B. durch die Bässe eines qualitativ hochwertigen Nf-Verstärkers, können zu einer periodischen Verstimmung des Oszillators führen. Diese mechanisch hervorgerufene Verstimmung des Oszillators ist gleichzusetzen mit einem frequenzmodulierten Signal, das demoduliert natürlich wieder hörbar ist. Dies kann im Extremfall sogar zu einer Rückkopplung zwischen Lautsprecher und Kanalwähler und damit zur Selbsterregung führen.

7.1.2. Intercarrier-Verfahren

Im Bild-Zf-Verstärker werden Bild und Ton gemeinsam verstärkt. Um den Tonträger zu demodulieren und den Ton im Lautsprecher hörbar zu machen, müssen Bild- und Tonträger getrennt werden. Bei den Geräten für die europäische 625-Zeilen-Fernsehnorm be-

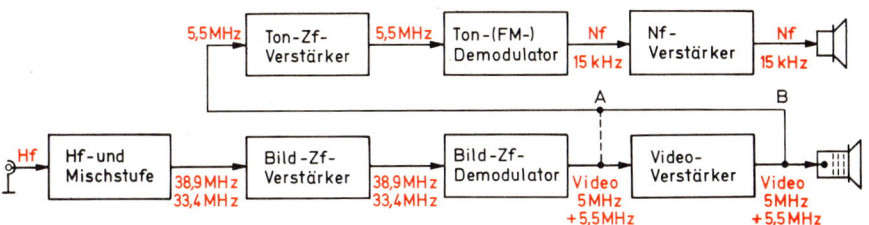

Bild 7.3
Blockschaltbild des Intercarrier-Verfahrens;
A = Auskopplung der Ton-Zf hinter dem Videogleichrichter,
B = Auskopplung der Ton-ZF hinter dem Videoverstärker

dient man sich dazu eines besonderen Verfahrens. Es wird in Amerika, wo es gleichfalls angewendet wird, Intercarrier-Verfahren genannt, d. h. übersetzt: Zwischenträger-Verfahren. Man bezeichnet es bei uns auch als Differenzträger-Verfahren (**Bild 7.3**).

Der Bildträger auf 38,9 MHz und der Tonträger auf 33,4 MHz bilden, da sie dicht beieinander liegen, eine Schwebung. Dabei erhält man eine weitere Frequenz, die der Differenz aus Bild- und Tonträger entspricht. Diese Schwebung wird im Videogleichrichter gleichgerichtet. Hier gewinnt man die Differenzfrequenz 38,9 − 33,4 MHz = 5,5 MHz. Dabei hängt die Amplitude der Differenzfrequenz von der Spannung der kleineren der beiden Einzelfrequenzen ab. Sorgt man nun dafür, daß stets der Tonträger die niedrigere Spannung hat, eben durch die Eigentonfalle im Bild-Zf-Verstärker, so enthält bei moduliertem Tonträger die Differenzfrequenz auch die Toninformation.

Die Differenzfrequenz kann unmittelbar hinter dem Videogleichrichter bei A mit Hilfe eines auf 5,5 MHz abgestimmten Kreises herausgebildet werden, wie auch in Bild 7.3 angedeutet. Man kann sie aber auch erst hinter dem Video-Verstärker bei B heraussieben und braucht dann weniger Verstärkung im eigentlichen Tonteil.

Die Schwebung wird aus dem amplitudenmodulierten Bildträger und dem frequenzmodulierten Tonträger gebildet, so daß auch die Umhüllende beide Modulationsarten enthalten muß. Der Ton ist aber frequenzmoduliert auf den Träger aufgebracht, so daß die Amplitudenänderungen durch eine Begrenzerschaltung beseitigt werden können. So wird man im Eingang eines jeden Ton-Zf-Verstärkers eine Begrenzerschaltung vorfinden.

Wird die Tonträgeramplitude auf Grund eines Fehlabgleiches im Bild-Zf-Verstärker zu groß, so erscheint nicht nur der „Ton im Bild" durch schwarze durchlaufende Streifen auf dem Bildschirm sichtbar, sondern auch „Bild im Ton". Denn bei nicht ausreichender Begrenzerwirkung gelangen die Amplitudenänderungen des Bildinhaltes mit in den Tonkanal. Zwar kann man keine Videofrequenzen bis 5 MHz hören, jedoch erscheinen die 50-Hz-Bildwechselsynchronimpulse als dauernder Brummton im Lautsprecher, den man als Intercarrier-Brumm bezeichnet. Die Höhe des Brummtones wird sich dabei sogar mit der Bildvorlage z. B. bei einer Schautafel verändern.

Nachdem die Ton-Zf von 5,5 MHz begrenzt wurde, erfolgt die Verstärkung in einem schon aus dem AM/FM-Rundfunkgerät her bekannten FM-Zf-Verstärker. In dem anschließenden FM-Demodulator, meistens ein Ratiodetektor, wird die Ton-Zf demoduliert. Die am Ausgang stehende Niederfrequenzspannung wird weiter verstärkt und dem Lautsprecher zugeführt.

Durch das Zusammenbringen des Bild- und Tonträgers zur Gewinnung der Ton-Zwischenfrequenz von 5,5 MHz, hat man eine Verkopplung von Bild und Ton, so daß sich beide gegenseitig beeinflussen können.

311

Die Vorteile des Intercarrier-Verfahrens sind trotzdem:

1. Der Schaltungsaufwand wird geringer, als wenn man Bild und Ton gleich hinter der Mischstufe im Tuner voneinander trennen und einen besonderen Ton-Zf-Verstärker vorsehen würde (Paralleltonverfahren).

2. Die Differenzfrequenz wird durch Gleichrichtung der Schwebung aus Bild- und Tonträger erzeugt und nicht durch den Empfängeroszillator. Damit wirken sich Frequenzwanderungen dieses Tuner-Oszillators überhaupt nicht auf den Tonkanal aus. Man braucht also den Empfänger nur auf ein gutes Bild abzustimmen, dann ist der Ton automatisch einwandfrei, auch bei geringfügigen Abweichungen der Oszillatorfrequenz.

7.1.3. Quasi-Parallelton-Verfahren

Um die Nachteile des Parallelton-Verfahrens und des Intercarrier-Verfahrens zu umgehen, wurde das Quasi-Parallelton-Verfahren entwickelt (**Bild 7.4**). Bei diesem Verfahren wurde im Prinzip das Intercarrier-Verfahren, also die Mischung der beiden Träger und die daraus resultierende zweite Ton-Zf von 5,5 MHz beibehalten, um die Mängel des Parallelton-Verfahrens zu eliminieren. Die Nachteile des Intercarrier-Verfahrens entstehen aber bekanntlich dadurch, daß beide Träger in einem gemeinsamen Verstärker verarbeitet werden, der zwar für die Bild-Zf, jedoch nicht für die Ton-Zf optimal ausgelegt ist.

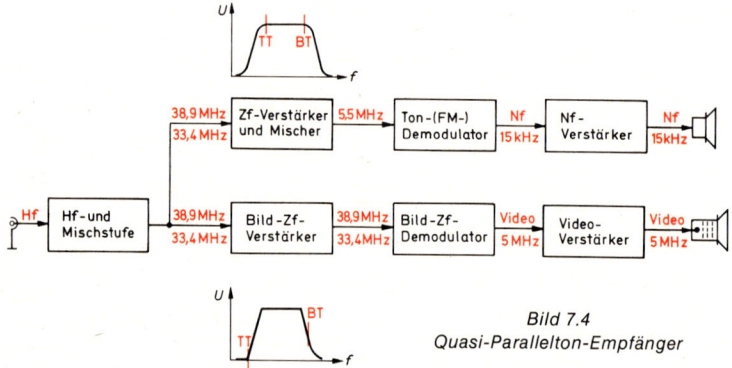

Bild 7.4
Quasi-Parallelton-Empfänger

Beim Quasi-Parallelton-Verfahren werden nun beide Träger (38,9 und 33,4 MHz) vor der Selektion durch z. B. einen Oberflächenwellenfilter mit gleicher Amplitude abgenommen und in einem zweiten, mit Spitzenwertregelung versehenen Verstärker gesondert verarbeitet (Bild 7.4). Trotz der Frequenzmodulation des Tonträgers darf dieser Verstärker aber nicht als Begrenzer arbeiten, da sonst der schwächere Träger unterdrückt würde und somit nicht mehr für die Mischung zur Verfügung stünde.

Durch die gleichwertige Verarbeitung beider Träger (keine Tontreppe mehr) erscheint die 33,4 MHz-Ton-Zf gegenüber dem Intercarrier-Verfahren um 20 dB angehoben. Die in der Mischstufe entstehende 5,5 MHz-Ton-Zf ist also im Vergleich um 20 dB höher. Infolge dieses höheren Pegels ist eine wirkungsvollere Begrenzung möglich. Damit tritt auch die Störanfälligkeit gegenüber Übermodulation des Senders nicht mehr auf, da der Ton-Zf-Verstärker immer in der Begrenzung bleibt. Durch die breitbandige Verarbeitung beider Träger ist die Verstimmbarkeit des Empfängers über einen weiten Bereich gegeben, ohne daß dabei der Störabstand nennenswert verschlechtert wird. Bei diesem Verfahren ist es möglich geworden, den Störabstand auf > 50 dB anzuheben. Selbst bei einem total übermodulierten Sender (Restträger 1%) und farbigen Schrifteinblendungen bleibt immer noch ein Störabstand von 40 dB erhalten, während dies beim Intercarrier-Verfahren zu einem 0-dB-Störabstand führen würde.

7.2 Einkanal-Tonübertragung

7.2.1. Intercarrier-Verfahren

7.2.1.1. Ton-Zf-Verstärker

Im Videogleichrichter entsteht die Differenzfrequenz von 5,5 MHz, die als Zwischenfrequenz für die Toninformation benutzt wird. Diese Signalspannung ist sowohl frequenz- als auch amplitudenmoduliert. Die Toninformation wird vom Sender jedoch nur frequenzmoduliert ausgestrahlt. So hat der Ton-Zf-Verstärker nicht nur die Aufgabe, die Ton-Zf-Spannung mit einer Frequenz von 5,5 MHz zu verstärken, sondern sie auch gleichzeitig so wirksam zu begrenzen, daß die durch den Bildinhalt bedingten Amplitudenänderungen in der Toninformation keine Störungen verursachen (Intercarrier-Brummen). Der Ton-Zf-Verstärker muß deshalb ein selektiver Verstärker mit Begrenzereigenschaften sein. An den Ausgang des Ton-Zf-Verstärkers muß ein FM-Demodulator angekoppelt werden, um die niederfrequente Toninformation zu gewinnen.

Bei den heute benutzten integrierten Bausteinen faßt man den Begrenzerverstärker und den FM-Demodulator in eine integrierte Schaltung zusammen. So enthält z. B. der mono-

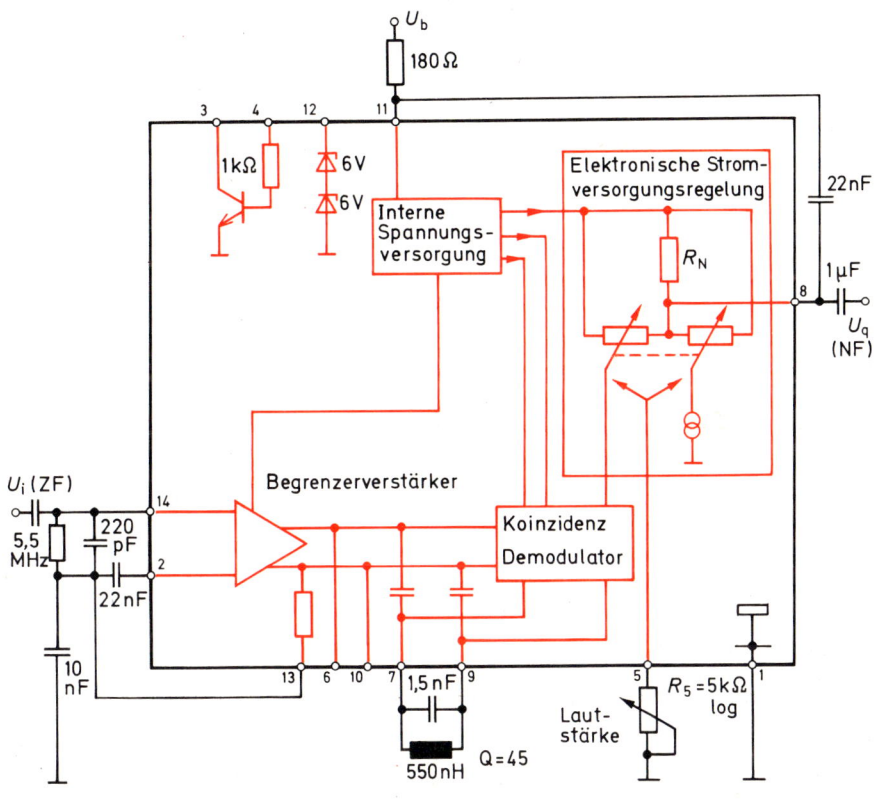

Bild 7.5
Blockschaltbild der Innenschaltung der integrierten Schaltung TBA 120 S. (AEG-Telefunken)

313

lithisch integrierte FM-Zf-Verstärker TBA 120 S, der vorzugsweise für den Ton-Zf-Teil eines Fernsehempfängers entwickelt worden ist, einen achtstufigen, symmetrischen Begrenzerverstärker, eine Koinzidenz-Schaltung zur FM-Demodulation und einen breitbandigen, symmetrischen Nf-Vorverstärker (**Bild 7.5**). Dieser Nf-Verstärker ist mit einer elektronischen Stromverteilungsregelung ausgestattet, so daß am Anschluß 5 ein Potentiometer zur Lautstärkeeinstellung angeschlossen werden kann. Dieses Potentiometer wird dabei nur von Gleichstrom durchflossen und ist damit brummunempfindlich. Eine einfache Fernbedienung ist somit möglich. Eine interne Spannungsversorgung stabilisiert die Betriebsspannung für die eingebauten Verstärker.

Ebenso sind in diese integrierte Schaltung noch ein Transistor und zwei in Reihe geschaltete Z-Dioden eingebaut, die zur beliebigen Verwendung benutzt werden können. So kann der Transistor als Nf-Vorverstärker oder als Klangschalter zum gleichstromgesteuerten Anschalten eines Klangnetzes verwendet werden.

Diese integrierte Schaltung TBA 120 S besitzt eine Gesamtverstärkung von 68 dB und hat eine hervorragende Begrenzereigenschaft, indem eine AM-Unterdrückung von 55 dB erreicht wird.

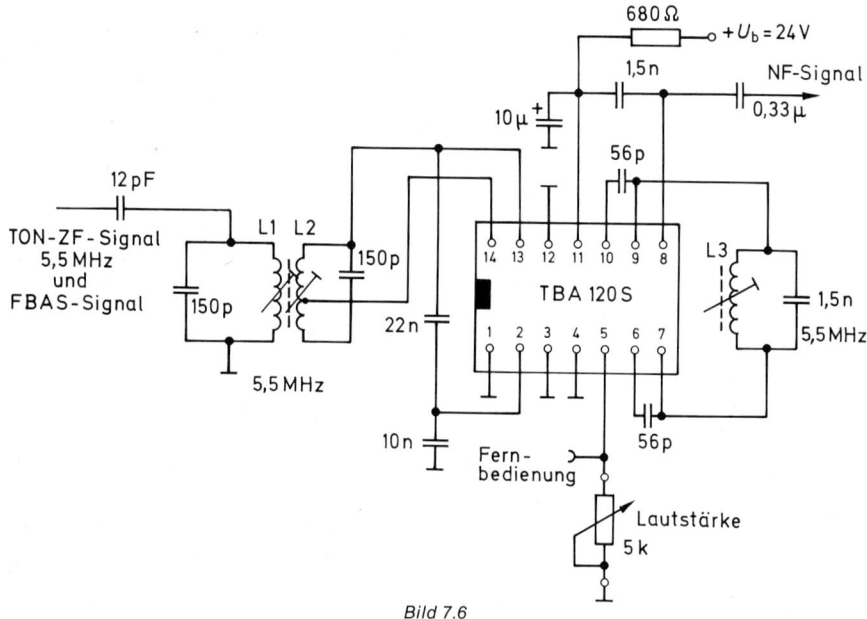

Bild 7.6
Schaltung eines Ton-Zf-Verstärkers mit der integrierten Schaltung TBA 120 S.

Die im **Bild 7.6** wiedergegebene Schaltung eines Ton-Zf-Verstärkers ist mit dieser integrierten Schaltung TBA 120 S aufgebaut. Das 5,5 MHz-Ton-Zf-Signal koppelt man aus dem Y-Kanal aus und speist es über den 12-pF-Ankoppelkondensator in ein auf 5,5 MHz abgestimmtes Bandfilter. Der Sekundärkreis des Bandfilters liegt direkt parallel zum Hf-Eingang des TBA 120 S. Das Bandfilter hat die Aufgabe, das Ton-Zf-Signal selektiv von FBAS-Anteilen zu trennen.

Das 5,5 MHz-FM-Signal wird in der integrierten Schaltung zunächst durch den achtstufigen Begrenzerverstärker ausreichend verstärkt und begrenzt. Dann wird es einmal direkt und einmal über ein Phasenschiebernetzwerk (integrierte Kapazitätsdiode und außen angeschlossener Phasenschieberkreis *L* 3) an den Koinzidenzdemodulator angelegt und in ein Nf-Signal umgewandelt. Das so gewonnene Nf-Signal verstärkt der interne Nf-Verstärker. Am Anschluß 8 kann dann eine niederfrequente Spannung abgenommen werden, die bei einem 25 kHz-FM-Hub ca. 0,7 V beträgt. Die Lautstärkeeinstellung kann am Anschluß 5, auch über eine Fernbedienung, eingestellt werden. Die Betriebsspannung für das gesamte IC wird am Punkt 11 zugeführt.

7.2.1.2. Niederfrequenzverstärker

Auch in Niederfrequenzverstärkern setzt man heute überwiegend integrierte Schaltungen ein. So hat man z. B. alle aktiven Bauteile eines Nf-Verstärkers einschließlich der Leistungstransistoren der Endstufe in der integrierten Schaltung TBA 800 untergebracht. Das Blockschaltbild der Innenbeschaltung dieses ICs zeigt das **Bild 7.7**. Diese integrierte Schaltung besitzt einen Vorverstärker in Darlington-Schaltung mit einem hochohmigen Eingangswiderstand, einen Hauptverstärker und eine Endstufe mit zwei NPN-Transistoren in Quasikomplementärschaltung mit einer Ausgangsleistung von 5 W. Der Ruhestrom der Endstufe ist gegen thermische Einflüsse durch Dioden und Transistoren stabilisiert. Ebenso wird die Mittelspannung der beiden Endtransistoren in der integrierten Schaltung konstant gehalten. Werden die beiderseits aus dem Gehäuse des ICs herausragenden Kühlfahnen auf eine ausreichend große kupferkaschierte Fläche der Printplatte gelötet, so sind 5 W Ausgangsleistung zu erzielen. Diese Nf-Leistung erreicht man beim TBA 800 bereits bei einer Eingangswechselspannung von 80 mV.

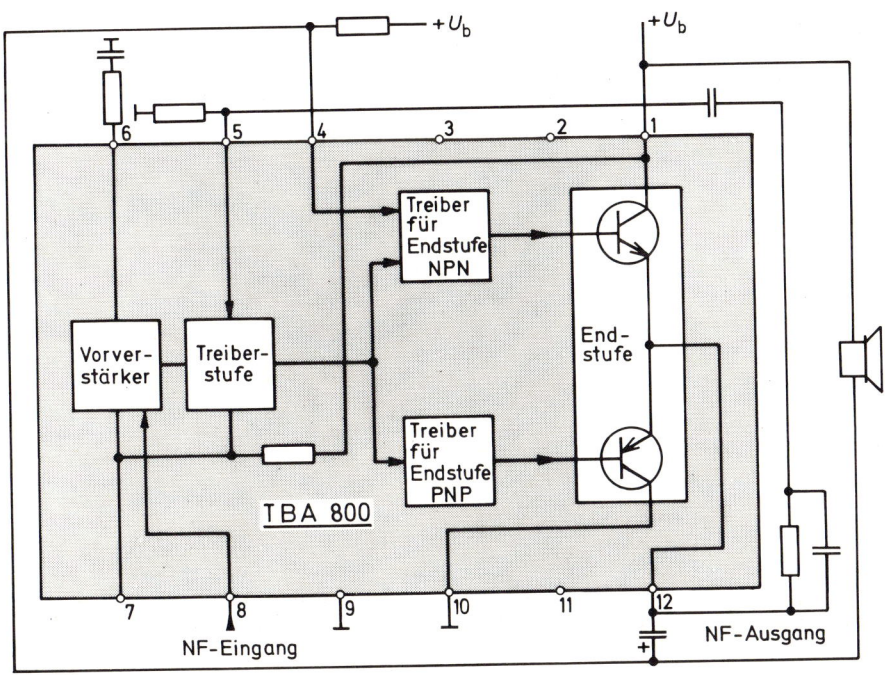

Bild 7.7
Blockschaltbild der Innenschaltung der integrierten Schaltung TBA 800

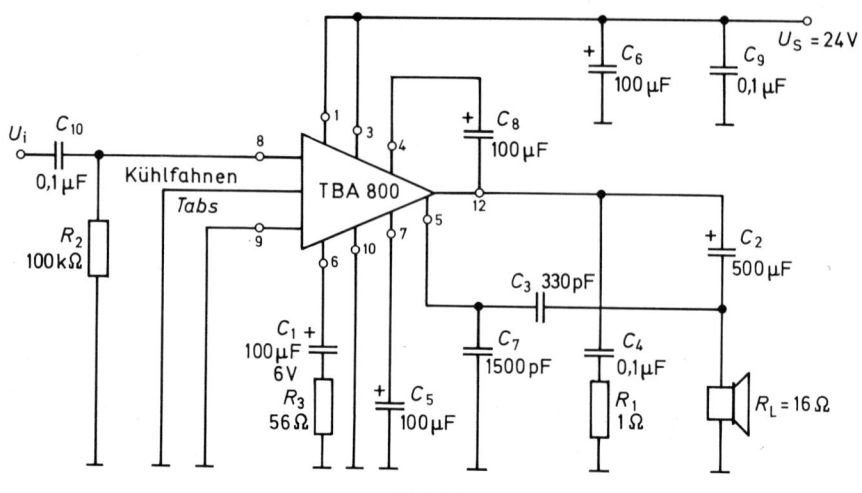

Bild 7.8
Niederfrequenzverstärker mit der integrierten Schaltung TBA 800 (AEG-Telefunken)

Die Außenbeschaltung der integrierten Nf-Schaltung TBA 800 zeigt das **Bild 7.8**. Der Lautsprecher liegt am Minuspol der Versorgungsspannung, an Masse. Der 100-μF-Bootstrap-Kondensator zwischen den Anschlüssen 12 und 4 bewirkt, daß bei kleinen Amplituden die positiven Halbwellen nicht abkappen und damit den Klirrfaktor ansteigen lassen. Eine gute Siebung gegen Brumm und andere der Versorgungsspannung überlagerte Störspannungen erreicht man durch den 100-μF-Kondensator am Anschluß 7 nach Masse. Das am Anschluß 12 liegende RC-Glied C 4 und R 1 sorgt in Verbindung mit dem Lautsprecher für einen konstanten Verlauf der Ausgangsimpedanz über den gesamten Niederfrequenzbereich. Über den kapazitiven Spannungsteiler, gebildet aus C 3 und C 7, wird in den Vorverstärker eine nur bei hohen Frequenzen wirksame Gegenkopplungsspannung eingespeist. Ebenso erreicht man über das RC-Glied, C 1 und R 3, am Anschluß 6 eine Gegenkopplung in der Eingangsstufe.

7.2.1.3. Tonkanalschaltung

Im **Bild 7.9** ist die Schaltung eines kompletten Ton-Teils für S/W- und Farbfernsehempfänger mit Nf-Anschluß für VCR-Geräte wiedergegeben. Als FM-Zf-Verstärker findet hier die integrierte Schaltung TBA 120 U Anwendung. Gegenüber dem im Abschnitt 7.2.1.1. besprochenen Typ TBA 120 S besitzt der Typ TBA 120 U einen zusätzlichen Nf-Ausgang vor der Lautstärkeeinstellung und einen zusätzlichen Nf-Eingang vor der elektronischen Lautstärkeeinstellung. Die IS ist gegen Brummspannungen aus der Stromversorgung relativ unempfindlich. Die Nf-Ausgänge haben sehr kleine Zf-Restspannungen, deshalb sind Oberwellenstörungen der Video-Zf durch die Ton-Zf nicht zu befürchten.

Die 5,5 MHz-Ton-Zf gelangt über den Anschluß 10 an das auf 5,5 MHz abgestimmte Keramikfilter. Der Ausgang des Keramikfilters führt auf den Stift 14 der IS TBA 120 U. In einem hochempfindlichen Begrenzerverstärker wird das FM-Signal von der Amplitudenmodulation befreit und dem Koinzidenz-Demodulator zugeführt. Der Phasenschieberkreis L 1/C 1 für den Demodulator ist mit den Stiften 7 und 9 verbunden. Die Koppelkondensatoren zur Phasenschiebung sind mit in die Schaltung integriert. Das ungeregelte Niederfrequenzsignal steht am Stift 12 zur Verfügung. Es gelangt über den als Emitterfolger geschalteten Transistor T 1, den Widerstand R 1 und den Kondensator C 2 über den Anschluß 2 der Pla-

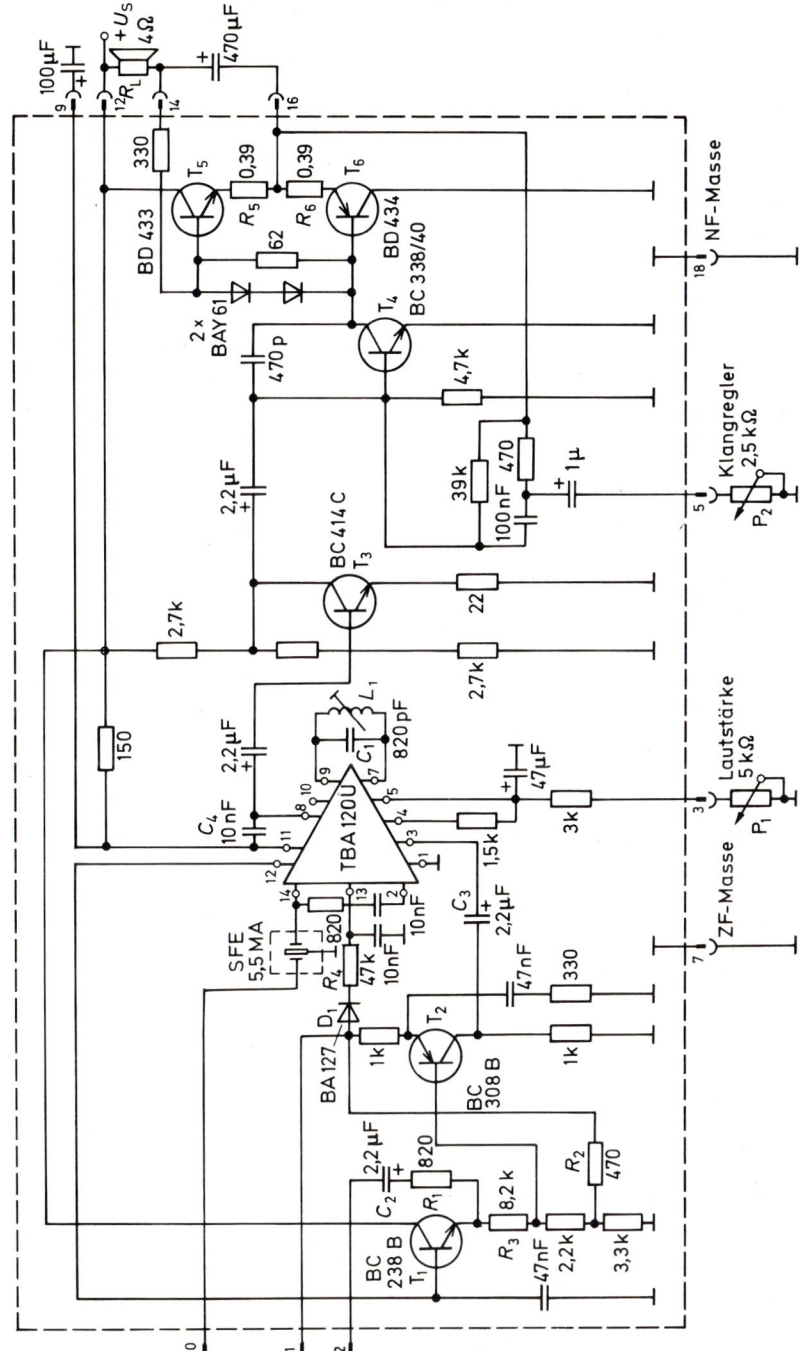

Bild 7.9

Kompletter Ton-Teil eines Fernsehempfängers mit Nf-Anschluß für VCR-Geräte. (Siemens)

317

tine zum VCR-Recorder bei einer Aufnahme, wenn am Platinen-Anschluß 1 keine Schaltspannung von + 12 V angelegt ist. Gleichzeitig gelangt die Niederfrequenzspannung über den Transistor T 2 und über C 3 an den Anschluß 3 der integrierten Schaltung, um hier weiterverstärkt zu werden.

Bei einer Wiedergabe aus einem VCR-Recorder wird an den Platinen-Anschluß 1 eine Schaltspannung von + 12 V gelegt. Dadurch wird der Transistor T 1 gesperrt, indem über den Widerstand R 2 der Emitter des Transistors T 1 eine positive Spannung erhält, die größer als die Basisspannung ist. Die Niederfrequenz gelangt jetzt vom Anschluß 2 über den Kondensator C 2 und die beiden Widerstände R 1 und R 3 auf die Basis des Transistors T 2. Die verstärkte, am Kollektor abgenommene Niederfrequenz-Spannung wird über den Kondensator C 3 auf Stift 3 der IS gekoppelt.

Die an Anschluß 1 der Platine bei Wiedergabe liegende Schaltspannung von + 12 V gelangt über die Diode D 1 und den Widerstand R 4 gleichzeitig auf den Anschluß 13 der IS und setzt dort den Begrenzerverstärker der Ton-Zf außer Funktion. So arbeitet jetzt die integrierte Schaltung nur noch als Niederfrequenz-Verstärker.

Am Anschluß 8 der IS steht die Niederfrequenz nach der elektronischen Lautstärkeeinstellung zur Verfügung. Die Lautstärkeeinstellung besitzt einen Hub von 85 dB. Der Kondensator C 4 von Stift 8 nach Stift 11 ergibt zusammen mit dem Innenwiderstand der Ausgangsstufe ein Deemphasisglied. Die Niederfrequenzspannung wird anschließend mit den Transistoren T 3 und T 4 verstärkt und gelangt dann einmal direkt auf die Basis des End-

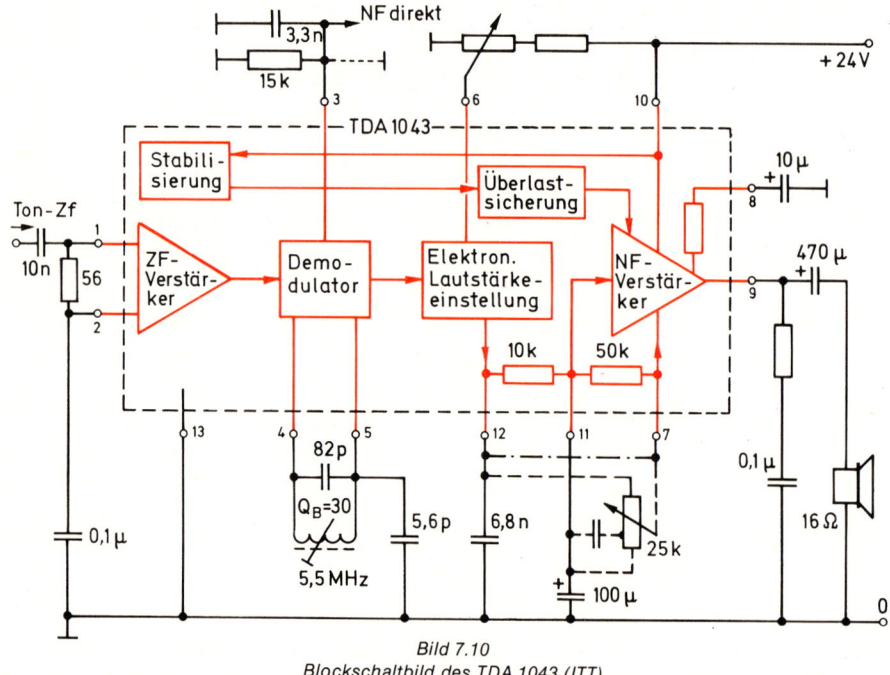

Bild 7.10
Blockschaltbild des TDA 1043 (ITT)

Es bedeutet:
---- Nf-Ausgang Anschluß 3 wird nicht benutzt
-·-· Lautstärke wird elektronisch eingestellt
– – Lautstärke kann sowohl elektronisch als auch konventionell eingestellt werden.

transistors T 6, das andere Mal über zwei Dioden auf die Basis von Transistor T 5. Die beiden Dioden dienen zusammen mit den beiden Emitterwiderständen R 5 und R 6 zur Temperaturstabilisierung der Endstufe.

Die Gegenkopplung vom Ausgang zur Basis des Transistors T 4 stellt den Arbeitspunkt der Endstufen symmetrisch ein. Sie ist außerdem frequenzabhängig ausgebildet, und kann mit dem Klangeinsteller P 2 variiert werden. Für die Basisvorspannung des Endtransistors T 5 wird eine Bootstrap-Schaltung angewendet. Sie hat den Vorteil einer kleineren Restspannung am Transistor T 5 bei Vollaussteuerung.

Eine monolithische integrierte Schaltung, die alle Stufen für den Tonkanal eines Fernsehempfängers enthält, ist der TDA 1035. Das Blockschaltbild seiner Innenschaltung zeigt das **Bild 7.10**. Der TDA 1035 benötigt, wie aus dem Blockschaltbild und der Anwendungsschaltung **Bild 7.11** hervorgeht, nur wenige externe Bauelemente. Er besteht aus einem begrenzenden FM-Zf-Verstärker, an dem ein Koinzidenz-Demodulator angeschlossen ist. Die aus dem Demodulator kommende niederfrequente Spannung wird in einer Schaltung zur elektronischen Lautstärkeeinstellung weiter verstärkt. Mit dem anschließenden kompletten Nf-Verstärker, bestehend aus Vorverstärker, Treiber und Endstufe in Gegentaktschaltung, erzielt man eine Ausgangsleistung von 2 W ohne Kühlung oder 4 W mit Kühlung.

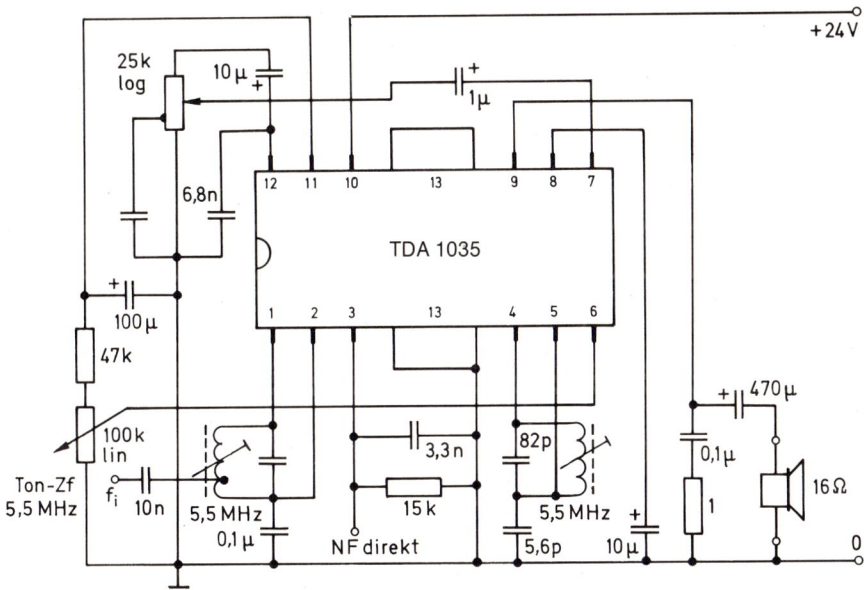

Bild 7.11
Anwendungsschaltung des TDA 1035 mit elektronischer und konventioneller Lautstärkeeinstellung
(ITT)

Für den Anschluß eines Videorecorders besitzt die integrierte Schaltung TDA 1035 einen direkten Demodulatorausgang Stift 3. Diese Signalverbindung zwischen Demodulator und Nf-Verstärker kann aber auch zum Einspeisen von externen Nf-Signalen dienen. So könnte man beispielsweise hier den Ton bei der Wiedergabe vom Videorecorder zuführen. Um dann keine Störungen aus der Ton-Zf zu erhalten, wird der Begrenzerverstärker außer Betrieb gesetzt, indem man an den Anschluß 2 eine positive Spannung legt.

319

7.2.2. Quasi-Parallelton-Verfahren

7.2.2.1. Auskopplung der Toninformation

Zur besseren Tonwiedergabe in Fernsehgeräten wird heute bevorzugt das Quasi-Parallelton-Verfahren verwendet. Hierzu wird die Bild-Zf (38,9 MHz) in einem separaten Verstärker aufbereitet und die Ton-Zf (33,4 MHz) parallel selektiv verstärkt, wobei aber der Bildträger mitläuft. Ein multiplikativer Mischer erzeugt die Differenzfrequenz von 5,5 MHz, die die Toninformation enthält (**Bild 7.12**). Diese Differenzfrequenz wird weiter verstärkt und im anschließenden FM-Demodulator demoduliert. Die so gewonnene Niederfrequenz wird auf dem schon bekannten Wege weiter verarbeitet. Gegenüber dem Intercarrier-Verfahren ist beim Quasi-Parallelton-Verfahren der Störabstand zwischen Bild- und Tonträger deutlich größer, und Bildstörungen werden vermieden.

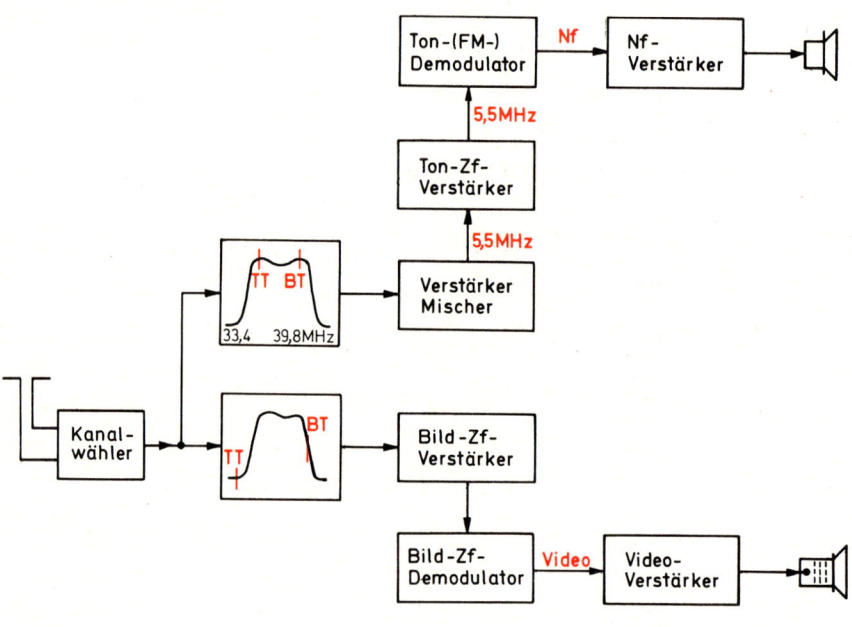

Bild 7.12
Blockschaltbild des Quasi-Parallelton-Verfahrens

Damit im multiplikativen Mischer aus dem Bild- und Ton-Träger die Differenzfrequenz gewonnen werden kann, muß das Signal vor dem selektiven Filter des Bild-Zf-Verstärkers ausgekoppelt werden. So ist eine Auskopplung nach dem **Bild 7.13** möglich. Hier ist der Tonträger noch nicht durch die Ton-Falle abgesenkt und steht damit in voller Höhe zur Verfügung.

Eine Auftrennung ist aber auch mit einem Oberflächenwellenfilter nach **Bild 7.14** möglich. Wie die Durchlaßkurven zeigen, steht am Ausgang 6–7 das Bild-Zf-Signal mit der Normdurchlaßkurve, am Ausgang 4–5 das Ton-Zf-Signal mit gleichgroßen Bild- und Tonträgern.

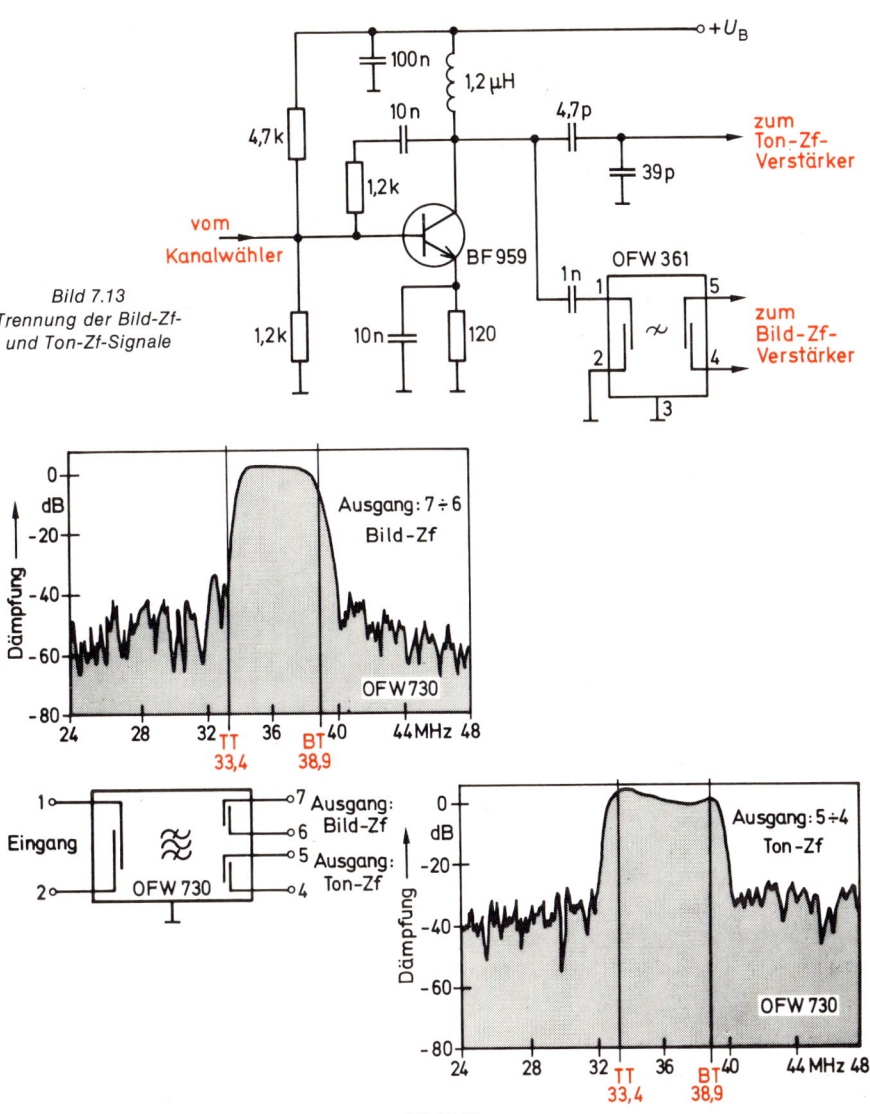

Bild 7.13
Trennung der Bild-Zf-
und Ton-Zf-Signale

Bild 7.14
Schaltzeichen und Durchlaßkurven des Oberflächenwellenfilters OFW 730 (Siemens)

7.2.2.2. Ton-Zf-Verstärker

Die Schaltung eines Bild-Zf-Verstärkers kombiniert mit einem Ton-Zf-Verstärker, der nach dem Quasi-Parallelton-Verfahren arbeitet, ist im **Bild 7.15** wiedergegeben. Der Bild-Zf-Verstärker ist mit der integrierten Schaltung TDA 5610 aufgebaut. Diese integrierte Schaltung enthält neben den geregelten Bild-Zf-Verstärkerstufen und dem Videodemodulator noch die automatische Frequenz-Nachstimmung und die getastete Regelspannungserzeugung.

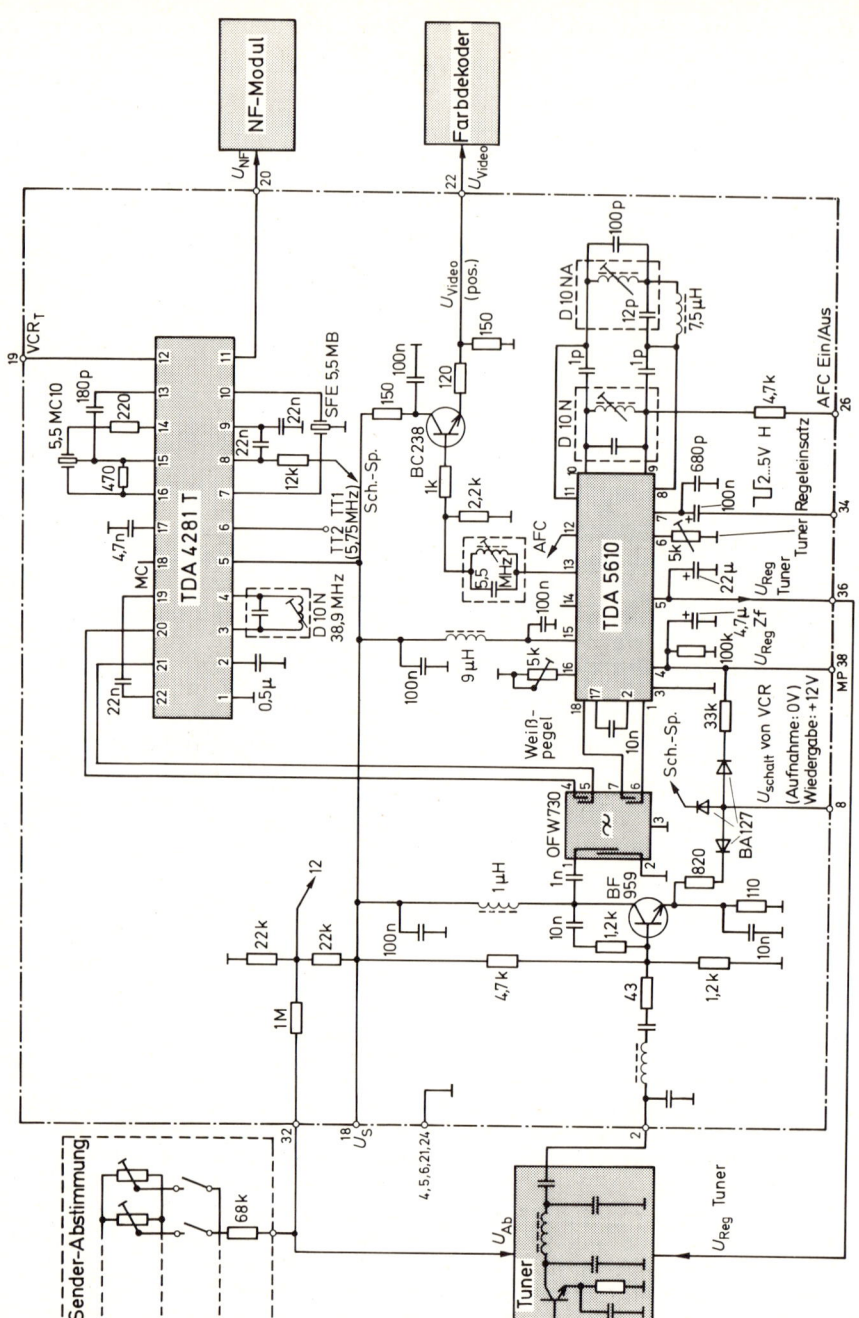

Bild 7.15
Zf-Verstärker beim Quasi-Parallelton-Verfahren (Siemens)

Das aus dem Kanalwähler kommende Zf-Signal wird dem einstufigen Zf-Vorverstärker zugeführt. Der mit dem besonders rückwirkungsarmen Transistor BF 959 aufgebaute Vorverstärker sorgt für eine Leistungsanpassung zwischen Tuner und Zf-Platine. Es schließt sich das Quasiparallelton-Oberflächenwellenfilter OFW 730 mit zwei symmetrischen Zf-Ausgängen für die Bild-Zf und die Quasiparallelton-Ton-Zf an. Im Gegensatz zu dem im Abschnitt 4.2.4.1. behandelten OFW 361 hat das hier verwendete OFW 730 zwei getrennte Selektionswege mit unterschiedlichem Frequenzgang und unterschiedlicher Gruppenlaufzeit für Bild-Zf und Ton-Zf-Gewinnung. Der Bild-Zf-Zweig enthält die Tontreppe. Der Tonträger (33,4 MHz) wird dadurch um $\geq$ 40 dB abgesenkt. Im Zweig zur Gewinnung der Ton-Zf werden hingegen Bildträger (38,9 MHz) und Tonträger (33,4 MHz) mit annähernd gleicher Amplitude bei konstanter Gruppenlaufzeit ausgefiltert (Bild 7.14).

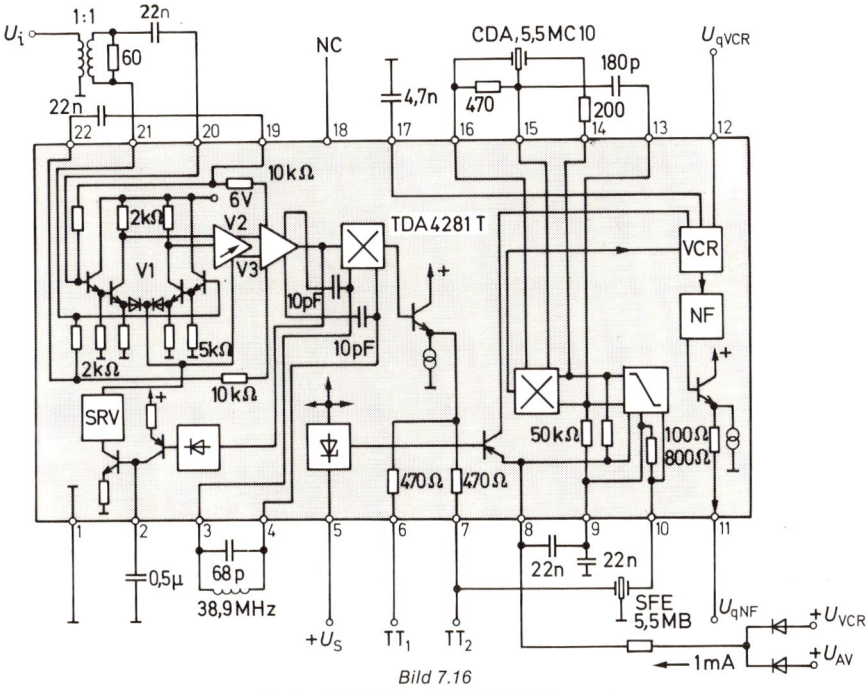

Bild 7.16
Blockschaltbild des TDA 4281 T (Siemens)

Die integrierte Schaltung TDA 4281 T (**Bild 7.16**) besteht aus zwei Funktionsblöcken. Im ersten Block werden die Bild- und Ton-Träger über einen dreistufigen, regelbaren Zf-Verstärker geführt und einem Mischer mit Regenerationskreis (Anschluß 3 und 4), dessen Mittenfrequenz auf 38,9 MHz abgestimmt ist, zugeleitet. Das aus Bild- und Tonträger entstehende Differenzsignal von 5,5 Mz wird am Anschluß 7 herausgeführt. Der Differenzträger wird über ein keramisches Filter selektiert und in Anschluß 10 wieder eingespeist.

Der zweite Block enthält in üblicher Form einen mehrstufigen Begrenzerverstärker mit einem Begrenzereinsatz von 60 µV, einen Koinzidenz-Demodulator mit an den Anschlüssen 14, 15 und 16 extern angeschaltetem keramischen Demodulationskreis. Die Niederfrequenz (U_{eff} = 300 µV an Anschluß 11) wird einem nachfolgenden Niederfrequenz-Verstärker zugeführt. Für VCR-Aufnahme und -Wiedergabe ist ein getrennter Ein- und Ausgang (Pegel U_{eff} = 600 µV) am Anschluß 12 vorgesehen. Der Schaltspannungseingang für VCR-Aufnahme und Wiedergabeumschaltung befindet sich am Anschluß 8.

7.3 Zweikanal-Tonübertragung

7.3.1. Allgemeines

Aus verschiedenen Gründen besteht Interesse, auch beim Fernsehempfang eine zweite Toninformation zu erhalten. So könnte man eine Stereo-Tonübertragung, mehrsprachigen Begleitton zum Fernsehbild oder Filmsendungen mit Originalton und Übersetzung mit zwei Toninformationen erhalten. Umfangreiche Untersuchungen wurden angestellt, um die verschiedenen Möglichkeiten zu ergründen, eine zweite Toninformation im Sender-spektrum unterzubringen. Bei allen Untersuchungen stand stets die Kompatibilität des Verfahrens mit dem eingeführten Fernsehsystem im Vordergrund. Drei Möglichkeiten haben sich als praktikabel herausgestellt.

Zweitonträger-Verfahren

Das Zweitonträger-Verfahren erfordert empfängerseitig den geringsten Aufwand. Bei diesem Verfahren wird zwischen dem ersten Tonträger auf 5,5 Mz und dem Nachbarkanal bei 5,742 MHz ein zweiter Tonträger eingefügt (**Bild 7.17**). Dieses Verfahren wird heute an-gewendet.

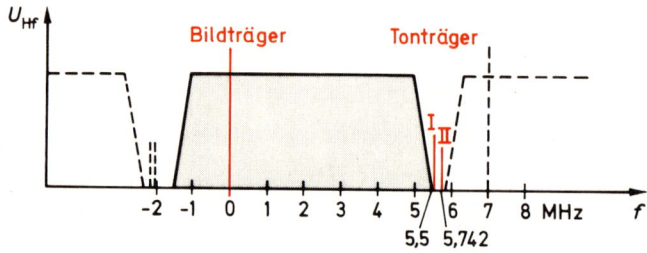

Bild 7.17
Zweitonträger-Verfahren

Frequenzmultiplex-Verfahren

Ähnlich dem Stereo-Multiplex-Verfahren beim Rundfunk wird das zweite Tonsignal einem Hilfsträger aufmoduliert, der noch mit im erweiterten Nf-Frequenzbereich liegt (**Bild 7.18**).

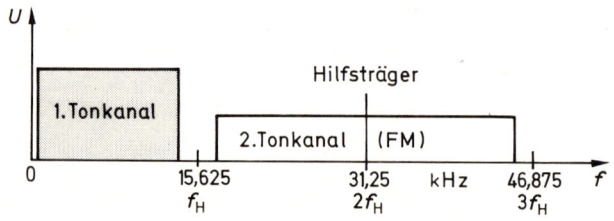

Bild 7.18
Frequenzmultiplex-Verfahren

Zeitmultiplex-Verfahren

Bei diesem Verfahren wird die zweite Toninformation durch eine Pulscodemodulation (PCM) in eine Digitalinformation umgewandelt. Diese digitalisierte Information wird im Zeitmultiplex während der vom Bildinhalt nicht belegten Zeitabschnitte im FBAS-Signal übertragen. Das Einfügen dieser zusätzlichen Information kann zeilenweise innerhalb der Horizontal-Austastlücke erfolgen (**Bild 7.19**).

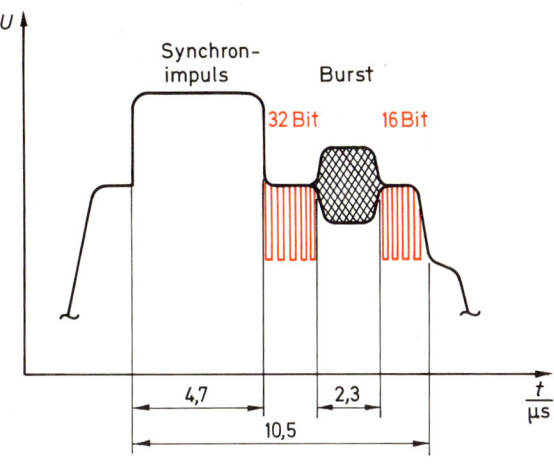

Bild 7.19
Zeitmultiplex-Verfahren TV-PCM 2
(Horizontale Austastlücke im FBAS-Signal)

Bei dem heute benutzten **Zweitonträger-Verfahren**, das auch häufig Mehrkanal-Tonübertragung genannt wird, strahlt der Fernsehsender zusätzlich zum bisherigen Tonträger I einen zweiten Tonträger II mit aus (Bild 7.17). Der Tonträger I liegt im Abstand von $352 \cdot f_H = 5,5$ MHz vom Bildträger, der Tonträger II im Abstand von $367,5 \cdot f_H = 5,7421875$ MHz.

Bei dieser neuen Tonübertragung gibt es drei Betriebsarten:

die Monofonie: Tonübertragung monoton wie bisher.
die Stereofonie: Tonübertragung in Stereo
die Zweitonübertragung: gleichzeitige Übertragung zweier völlig getrennter Toninformationen, z. B. Sprache und Musik, Originalton und Synchronisation.

Die jeweilige Betriebsart muß dem Fernsehempfänger jedoch mitgeteilt werden, damit der Tonkanal entsprechend eingestellt wird. Zu diesem Zweck wird der Tonträger II neben der eigentlichen Toninformation zusätzlich mit einem 54 kHz-Pilotton frequenzmoduliert. Dieser Pilotton wird wiederum mit einer entsprechenden Kennfrequenz amplitudenmoduliert. Im Fernsehempfänger wertet eine Schaltung diese Kennfrequenz aus und stellt den Tonkanal auf die entsprechende Betriebsart ein.

Bei **Monobetrieb** wird der Tonträger I frequenzmoduliert mit Sprache und Musik wie bisher auch. Der Tonträger II wird ebenfalls mit der gleichen Toninformation frequenzmoduliert. Der 54 kHz-Pilotton erhält keine Modulation.

Bei **Stereobetrieb** wird der Tonträger I frequenzmoduliert mit der Toninformation „linker und rechter Kanal", der Tonträger II mit der Toninformation „rechter Kanal". Außerdem ist der Tonträger II mit dem Pilotton 54 kHz frequenzmoduliert, wobei der 54 kHz-Hilfsträger mit der Stereo-Kennfrequenz von 117 Hz amplitudenmoduliert wird.

Bei **Zweitonbetrieb** wird der Tonträger I mit der Toninformation 1 und der Tonträger II mit der Toninformation 2 frequenzmoduliert. Der 54 kHz-Hilfsträger wird aber bei diesem Betriebsfall mit der Zweiton-Kennfrequenz von 274 Hz amplitudenmoduliert.

In der **Tabelle 7.1** sind die Daten des Zweitonträger-Verfahrens zusammengestellt.

Tabelle 7.1: Zweitonträger-Verfahren

	Kanal 1	Kanal 2
Allgemeine Daten		
Frequenz	BT + **5,5 MHz** ($\pm$ 500 Hz)	BT + **5,7421875 MHz** ($\pm$ 500 Hz)
Bild/Ton-Leistungs-verhältnis	13 dB	20 dB
Nf-Bandbreite	40 Hz . . . 15 kHz	40 Hz . . . 15 kHz
Frequenzhub bei 500 Hz für Vollaussteuerung	$\pm$ 30 kHz	$\pm$ 30 kHz
Frequenzhub durch unmodulierten Pilotton	—	$\pm$ 2,5 kHz ($\pm$ 0,5 kHz)
Preemphase	50 μs	50 μs
Betriebsartenkennung		
Pilotträgerfrequenz	—	$3,5 \cdot f_H$ = **54,6875 kHz** ($\pm$ 5 Hz)
Modulation des Pilottons	—	AM
Modulationsgrad	—	50%
Kennfrequenzen	—	0 Hz / 117,5 Hz / 274,1 Hz

Die Kennfrequenzen für die verschiedenen Betriebsarten gehen aus der **Tabelle 7.2** hervor.

Tabelle 7.2: Signalzuordnung

Betriebsart	Kanal 1	Kanal 2	Pilotton-Modulation
Mono	Mono (M1)	Mono (M1)	0 Hz
Stereo	$\dfrac{L + R}{2} = M$	R	$f_H/133 \approx$ **117,5 Hz**
Zweiton	Mono 1	Mono 2	$f_H/57 \approx$ **274,1 Hz**

Wie aus dem Blockschaltbild eines Fernsehempfängers (**Bild 7.20**) zu entnehmen ist, werden die Tonträger I und II demoduliert. Es stehen dann folgende Signale zur Verfügung:

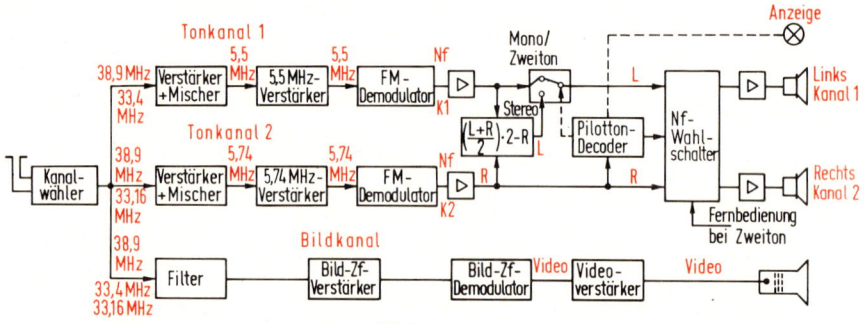

Bild 7.20
Blockschaltbild eines Quasi-Parallelton-Empfängers für Zweitonträger-Verfahren

Bei **Stereo** im Tonkanal 1 die Information L + R, im Tonkanal 2 die Information R und der Pilotton von 54 kHz mit der Kennfrequenz 117 Hz. Aus „L + R" und „R" wird in der Matrix „L" gewonnen, „R" steht direkt zur Weiterverarbeitung in den Endstufen zur Verfügung. Der Pilotton mit seiner Kennfrequenz schaltet das Fernsehgerät auf Stereoempfang und zeigt die Betriebsart „Stereo" an.

Bei **Zweiton** ergibt sich nach der Demodulation im Tonkanal 1 der Ton 1 und im Tonkanal 2 der Ton 2 mit dem Pilotton und der Kennfrequenz 274 Hz. Pilotton und Kennfrequenz schalten den Empfänger auf „Zweitonempfang", er zeigt die Betriebsart „Zweiton" an. Am Empfänger selbst kann dann vom Zuhörer auf Ton-1-Empfang oder auf Ton-2-Empfang geschaltet werden.

7.3.2. Ton-Zf-Verstärker

Die Schaltung eines Quasi-Parallelton-Zf-Verstärkers, der für eine Zweikanal-Tonübertragung ausgelegt ist, zeigt das **Bild 7.21**. Aus dem speziell ausgelegten Oberflächenwellen-Filter OFW G 3201 für eine Zweikanal-Tonübertragung kommt aus den Anschlüssen 4 und 5 der Bildträger (38,9 MHz) und die beiden Tonträger (33,4 MHz und 33,16 MHz). Diese Signale werden symmetrisch an die Anschlüsse 20 und 21 der integrierten Schaltung TDA 4282 T, einem Quasi-Parallelton-IC, gegeben. In diesem IC befindet sich ein geregelter AM-Breitbandverstärker mit anschließendem Koinzidenzdemodulator zur Gewinnung der beiden Ton-Zfs von 5,5 MHz und 5,74 MHz. Für den Koinzidenzdemodulator ist der an den Anschlüssen 3 und 4 liegende, auf 38,9 MHz abgestimmte Schwingkreis, wirksam. In der

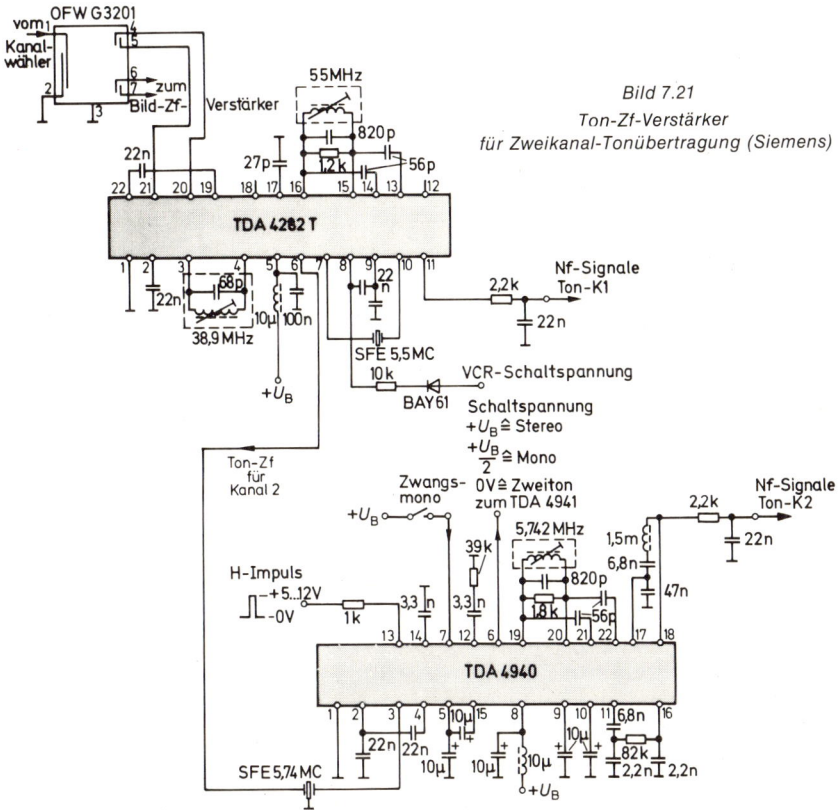

Bild 7.21
Ton-Zf-Verstärker
für Zweikanal-Tonübertragung (Siemens)

Praxis wird dieser Kreis auf größten Störabstand im Tonkanal abgeglichen. Das Ton-Zf-Signal 5,5 MHz für den Ton 1 (L+R) wird über ein Keramikfilter selektiert und dem Anschluß 10 zugeführt. Hier liegt ein Begrenzerverstärker, dem ein 5,5-MHz-FM-Demodulator nachgeschaltet ist. Als frequenzbestimmendes Glied dient der auf 5,5 MHz abgestimmte Schwingkreis, der an den Anschlüssen 15 und 16 liegt. Die Niederfrequenz kann am Anschluß 11 über ein Deemphasisglied für den Ton-Kanal 1 abgenommen werden.

Das Ton-Zf-Signal für den Ton 2 (2R) wird dem Anschluß 6 entnommen. Ein Keramikfilter selektiert die 5,74 MHz heraus, die dann dem Anschluß 3 des TDA 4940 zugeführt wird. In diesem IC wird das 5,74 MHz-Signal zunächst einem Begrenzerverstärker zugeführt und dann anschließend im 5,74 MHz-FM-Demodulator demoduliert. Das frequenzbestimmende Glied dieses Demodulators ist der an den Anschlüssen 19 und 20 liegende auf 5,74 MHz abgestimmte Schwingkreis. Am Anschluß 18 kann die Niederfrequenz für den Ton 2 über ein Deemphasisglied abgenommen werden.

In dieser integrierten Schaltung TDA 4940 ist gleichzeitig die Pilotton-Auswertung mit eingebaut. Die Pilotonfrequenz von $3,5 \cdot f_H = 54$ kHz wird in dieser Schaltung mit einem PLL-Synthesizer erzeugt. Als Referenzfrequenz dient der Zeilenrücklaufimpuls, der dem Anschluß 13 zugeführt wird. Der modulierte Pilotton gelangt vom Nf-Ausgang über einen Reihenschwingkreis an den Anschluß 17. Hier wird er verstärkt und einem Synchrondemodulator zugeführt. Der intern erzeugte Pilotträger wird über einen Phasenregelkreis synchronisiert. Die auf diese Weise synchrondemodulierten Kennsignale gelangen über einen extern angeschlossenen Bandpaß, der zwischen den Anschlüssen 11 und 16 liegt, zur Auswerteschaltung. Die Auswertung erfolgt in diesem IC mit einem frequenzselektiven, sehr schmalbandigen, phasenempfindlichen Effektivwertgleichrichter mit einem nachfolgenden Komparator. Die Betriebszustände „Mono", „Stereo" und „Zweiton" werden im Multiplexbetrieb abgefragt. Der jeweilige Betriebszustand wird am Ausgang 6 ausgegeben. Hier bedeutet U_B: Stereo-Betrieb, $U_B/2$: Mono-Betrieb und $U = 0$V: Zweiton-Betrieb. Diese am Anschluß 6 stehende Auswertespannung wird in der Regel einer weiteren integrierten Schaltung mit einer entsprechenden TV-Stereo-Matrix z. B. TDA 4941 zugeführt. Mit einer positiven Spannung am Anschluß 7 kann zwangsweise Mono-Betrieb eingestellt werden.

7.3.3. Matrix- und NF-Schaltung

Die integrierte Schaltung TDA 4941 (**Bild 7.22**) wertet die aus der integrierten Schaltung TDA 4940 kommenden Pilotton-Auswerte-Signale aus. Liegt am Anschluß 21 ein Steuersignal mit der Größe der Speisespannung, so schaltet dieses IC auf Stereobetrieb um. In diesem Falle werden in der integrierten Matrix aus dem am Anschluß 2 liegenden Signal „L+R" und aus dem am Anschluß 22 liegendem Signal „2R" die Nf-Signale für den linken und rechten Tonkanal gewonnen. Neben den beiden Nf-Ausgängen Anschluß 12 Rechts und Anschluß 13 Links, können diese beiden Signale an den Anschlüssen 9 und 10 für VCR und Kopfhörer abgenommen werden.

Ist das VCR-Gerät nicht für Stereo ausgerüstet, muß bei der Wiedergabe der Schalter am Anschluß 15 geschlossen sein. Am Anschluß 20 wird wie üblich der Zustand Wiedergabe oder Aufnahme gesteuert. Bei Wiedergabe muß an diesem Anschluß die Betriebsspannung anliegen.

Liegt am Anschluß 21 die halbe Speisespannung, so wird das ankommende Tonsignal 1 sowohl auf den linken als auch auf den rechten Tonkanal geschaltet. Bei Zweiton-Betrieb liegt am Anschluß 21 keine Spannung an. Zwei getrennte Analogschalter, die über den Anschluß 14 gesteuert werden, ermöglichen die Wahl von Ton 1 oder Ton 2. Über den Schalter am Anschluß 6 kann bei diesem Betrieb der Kopfhörerausgang gesteuert werden.

Die beiden eingebauten LED's zeigen den jeweiligen Betriebszustand an. Der im **Bild 7.23** wiedergegebene Stereo-Nf-Verstärker ist mit einem TDA 4925 aufgebaut. Diese integrierte

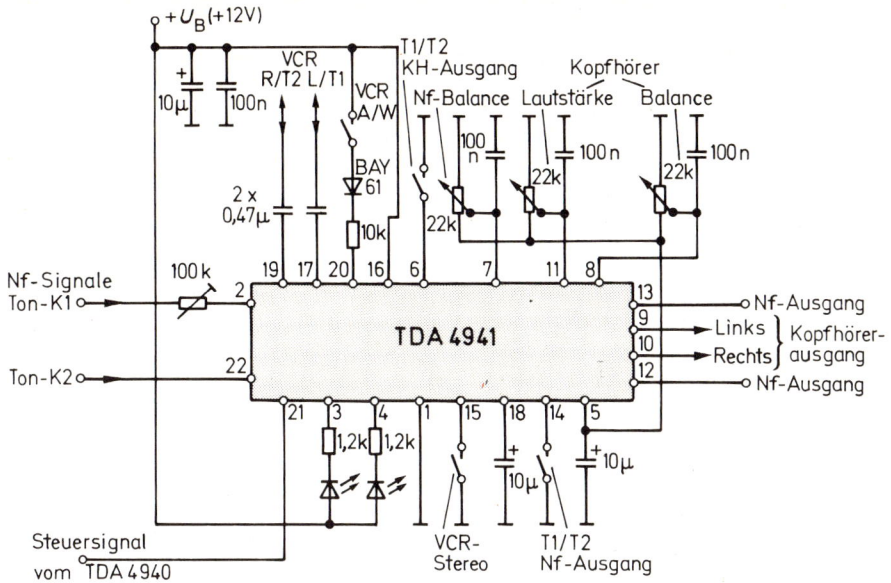

Bild 7.22
Matrix-Schaltung für Zweikanal-Tonübertragung (Siemens)

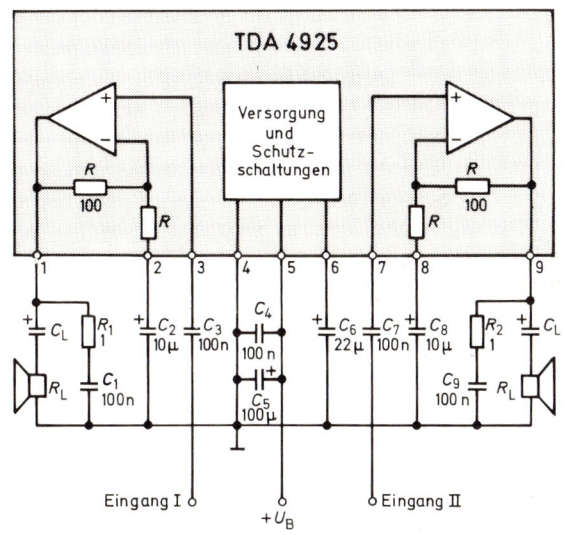

Bild 7.23
Stereo-Nf-Verstärker für 5,2 W (Siemens)

Schaltung enthält zwei komplette Verstärker und ist bei minimaler Außenbeschaltung äußerst vielseitig anwendbar. Thermische Überlastungen der Endstufen-Transistoren werden durch die jedem Verstärker eigene Temperatursicherung verhindert. Dieser Verstärker liefert bei $U_B = 14{,}4$ V 2 x 5,2 W an 4 Ω.

Zusammenfassung 7

Ein Fernsehsender muß neben dem Bildinhalt auch die Toninformation mit ausstrahlen. Es wird deshalb der Bildträger mit dem Bildinhalt, ein im Abstand von 5,5 MHz liegender Tonträger mit der Toninformation moduliert. Im Empfänger gibt es drei Möglichkeiten, die Ton- und Bildinformation voneinander zu trennen.

Beim Parallelton-Verfahren wird die Ton-Zf von 33,4 MHz am Kanalwählerausgang abgezweigt und in einem zweiten, speziell auf die Ton-Zf ausgelegten Verstärker aufbereitet und demoduliert. Dieses Verfahren hat den Vorteil, daß eine gegenseitige Beeinflussung von Bild- und Toninformation nicht erfolgen kann. Jede Verstimmung des Oszillators im Kanalwähler bringt jedoch eine Verstimmung der Ton-Zf und damit eine Verschlechterung der Tonwiedergabe.

Beim Intercarrier-Verfahren (Differenzträger-Verfahren) werden im Bild-Zf-Verstärker die Bild- und Toninformation gemeinsam verstärkt. Der Bildträger mit einer Frequenz von 38,9 MHz und der Tonträger mit einer Frequenz von 33,4 MHz bilden eine Schwebung, die im Videogleichrichter gleichgerichtet wird. Dadurch entsteht die Differenzfrequenz von 5,5 MHz. Dieses Signal ist durch die Bildinformation amplituden- und durch die Toninformation frequenzmoduliert. Da der Ton mittels Frequenzmodulation übertragen wird, muß diese 5,5 MHz-Signalspannung im Ton-Zf-Verstärker, neben einer entsprechenden Verstärkung wirkungsvoll begrenzt werden. Schom beim Auskoppeln dieser 5,5 MHz-Ton-Zf-Spannung aus dem Videokanal benutzt man Sperrkreise, damit keine Toninformation im Bild erscheint (durchlaufende Streifen im Bild), und eine entsprechende Begrenzung im Ton-Zf-Kanal verhindert eine Störung der Toninformation durch den Bildinhalt (Intercarrier-Brummen).

Der schaltungstechnische Aufwand ist für dieses Verfahren zwar gering, die Verkopplung zwischen Bild- und Toninformation ist aber nachteilig.

Das Quasi-Parallelton-Verfahren wurde entwickelt, um die Nachteile des Parallelton-Verfahrens und des Intercarrier-Verfahrens zu umgehen. Bei diesem Verfahren werden Bild- und Tonträger vor dem Durchlaufen der Norm-Bild-Zf-Durchlaßkurve am Kanalwählerausgang abgenommen und in einem Ton-Kanalzweig gesondert verarbeitet. In diesem Tonkanal wird dann die Differenzton-Zf von 5,5 MHz gebildet und sie dann auf dem vom Intercarrier-Verfahren her bekannten Wege weiter verarbeitet.

Bei der Tonübertragung im Fernsehen muß zwischen der Einkanal- und der Zweikanal-Tonübertragung unterschieden werden. Bei der Einkanal-Tonübertragung steht nur eine Toninformation zur Verfügung. Bei der Zwei- oder Mehrkanal-Tonübertragung wird zwischen den Betriebszuständen: Mono-, Stereo- und Zweiton-Betrieb unterschieden. Bei dem heute angewendeten Zweitonträger-Verfahren wird neben dem im Abstand von 5,5 MHz oberhalb des Bildträgers liegenden Tonträgers I, noch ein Tonträger II, der im Abstand von 5,74 MHz vom Bildträger entfernt liegt, mit übertragen. Dieser zweite Tonträger wird mit der zweiten Toninformation frequenzmoduliert. Damit die jeweilige Betriebsart im Empfänger eingestellt werden kann, wird der Tonträger II mit einem Pilotton zusätzlich moduliert. Dieser Pilotton liegt auf 54 kHz und wird mit folgenden Kennfrequenzen amplitudenmoduliert: Bei Stereobetrieb ist die Kennfrequenz 117 Hz, bei Zweiton-Betrieb ist die Kennfrequenz 274 Hz und bei Monobetrieb ist keine Kennfrequenz vorhanden.

In den einzelnen Stufen eines Tonkanals werden heute nur noch integrierte Schaltungen eingesetzt, was die externe Beschaltung sehr reduziert. So werden für das Quasi-Parallelton-Verfahren und für das Zweiton-Verfahren spezielle ICs angeboten. Die integrierten Schaltungen für das Zweiton-Verfahren haben gleich die Auswerteschaltungen für die Kennfrequenzen und die Matrixschaltung für die Rückgewinnung der Links-Rechts-Information mit eingebaut. Auch die Nf-Endstufen sind integrierte Schaltungen, mit denen man bei ausreichender Kühlung bis zu 15 W-Ausgangsleistung erzielen kann.

Lerntest 7

1. Auf welcher Frequenz liegt die Ton-Zf?
   a) 33,4 MHz,
   b) 4,43 MHz
   c) 1,07 MHz
   d) 5,5 MHz
   e) 34,47 MHz

2. Wo wird die Ton-Zf beim Intercarrier-Verfahren erzeugt?
   a) im Bild-Zf-Verstärker
   b) in der Videoendstufe
   c) im Videodemodulator
   d) in der Impulsabtrennstufe
   e) in der Tuner-Mischstufe

3. In welcher Modulationsart wird die Toninformation übertragen?
   a) Amplitudenmodulation
   b) Frequenzmodulation
   c) Pulscodemodulation
   d) Quadratur-Amplitudenmodulation

4. Weshalb muß die Ton-Zf-Spannung begrenzt werden?
   a) um Bildstörungen zu verhindern
   b) um Intercarrier-Brummen zu verhindern, das durch die Frequenzmodulation entsteht.
   c) um eine Übersteuerung des Tonkanals zu verhindern
   d) um Tonstörungen zu unterdrücken, die durch den Bildinhalt entstehen.

5. Weshalb benutzt man im Ton-Zf-Verstärker keramische Filter?
   a) sie sind haltbarer
   b) sie sind spannungsfester
   c) sie sind für die IS erforderlich
   d) sie haben eine höhere Güte
   e) sie sind leichter nachzustimmen.

6. Beschreiben Sie kurz das Intercarrier-Verfahren.

7. Welche Aufgaben erfüllen integrierte Schaltungen im Ton-Zf-Verstärker?

8. Was muß schaltungstechnisch im Tonkanal beachtet werden, wenn ein VCR-Gerät an das Fernsehgerät angeschlossen wird?

9. Warum benutzt man im Nf-Verstärker integrierte Schaltungen?

10. Welchen Vorteil hat die elektronische Lautstärkeeinstellung bei einer integrierten Schaltung?

8. STROMVERSORGUNG

8.1 Allgemeines

Ein Fernsehgerät benötigt für die Videoendstufe bzw. für die Luminanzstufe eine Versorgungsspannung von ca. 250 V, die einem Hochvoltnetzteil entnommen wird. Für alle anderen transistorisierten Stufen und integrierten Schaltungen reicht eine Gleichspannung von etwa 15 V bis 30 V aus, die in einem Niedervoltnetzteil erzeugt und stabilisiert wird. Grundsätzlich gewinnt man alle diese Versorgungsspannungen durch Gleichrichtung aus dem 220 V Wechselstromnetz.

Auf einen Netztransformator mußte man aus verschiedenen Gründen verzichten. So wäre für ein Farbfernsehgerät, das noch mit Röhren bestückt ist, ein Transformator mit einer relativ hohen Leistung erforderlich und würde damit in der Baugröße ziemlich groß ausfallen. Solche großen Transformatoren bringen stets Streufelder mit sich, wenn man nicht streufeldarme Ringkerne verwendet, die aber teuer sind. Streufelder rufen unangenehme Störungen hervor. So könnte die 50-Hz-Netzfrequenz den Vertikalgenerator aus dem Tritt bringen oder in die Videoendstufe einstreuen und durchlaufende waagerechte helle oder dunkle Streifen auf dem Bildschirm verursachen.

Heute setzen sich immer mehr die Schaltnetzteile durch. Mit ihnen kann man bei relativ geringem Aufwand und gutem Wirkungsgrad einen Fernsehempfänger mit stabilisierten und geregelten Spannungen versorgen. Grundsätzlich weist ein Schaltnetzteil im Stellglied einen Leistungsschalter auf. Beim Betrieb mit der Netzfrequenz benutzt man als Leistungsschalter meistens einen Thyristor. In den anderen Fällen setzt man einen Leistungstransistor ein und arbeitet mit einer hohen Schaltfrequenz, so daß Siebglieder und Transformatoren, wenn Netztrennung erwünscht ist, günstiger ausgelegt werden können.

8.2. Thyristor-Netzteil

Als Gleichrichter für das Hochvoltnetzteil verwendet man heute vielfach einen Thyristor mit Phasenanschnittsteuerung. Es lassen sich nämlich mit Leistungsthyristoren kleine und relativ billige, geregelte Netzteile für hohe Spannungen und große Ströme bauen, die sowohl Netzspannungs- als auch Lastschwankungen ausregeln.

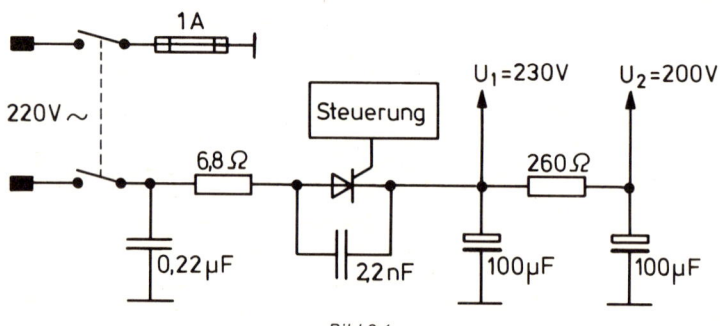

Bild 8.1
Hochvoltnetzteil mit Thyristor in Einwegschaltung

Im **Bild 8.1** ist eine solche Schaltung wiedergegeben. Setzt eine höhere Belastung ein, so wird der Thyristor über das Steuerteil schon gleich am Anfang der positiven Halbwelle der Netzwechselspannung gezündet. Der Thyristor ist daher länger leitend, und die Kondensatoren werden mehr aufgeladen, die Ausgangsspannung steigt, wodurch das Absinken der Ausgangsspannung bei hoher Belastung verhindert wird. Das **Bild 8.2** verdeutlicht diesen Zusammenhang, wie bei kleiner werdendem Zündwinkel die Ausgangsspannung bzw. die Ausgangsleistung steigt.

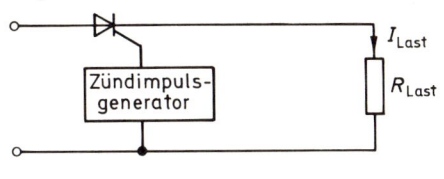

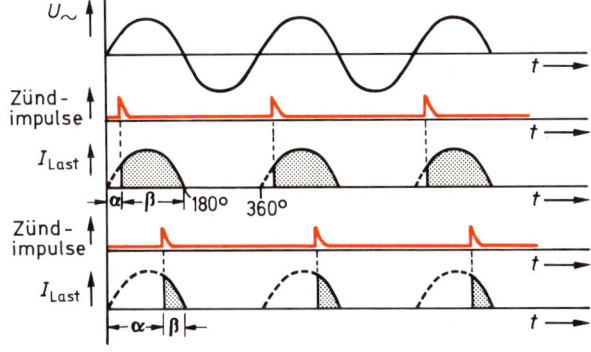

Bild 8.2
Prinzip der Phasenanschnittsteuerung bei Einweggleichrichtung mit ohmscher Last.
α *Zündwinkel;* β *Stromflußwinkel*

Für Versorgungsgleichspannungen unter 200 V kann ein Thyristor als geschalteter Einweggleichrichter, wie im Bild 8.1 gezeigt, eingesetzt werden. Liegen jedoch die geforderten Speisespannungen höher, so verwendet man den Thyristor als geschalteten Gleichrichter in einer Spannungsverdopplerschaltung nach **Bild 8.3**. Auch hier hängt die Höhe der Ausgangsgleichspannung von der Durchschaltzeit des Thyristors ab.

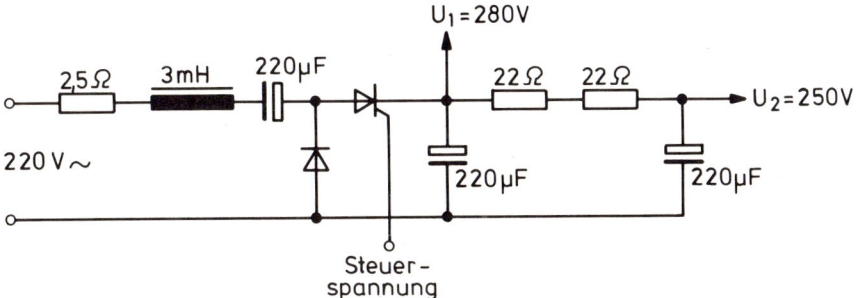

Bild 8.3
Hochvoltnetzteil in Spannungsverdopplerschaltung mit einem Thyristor

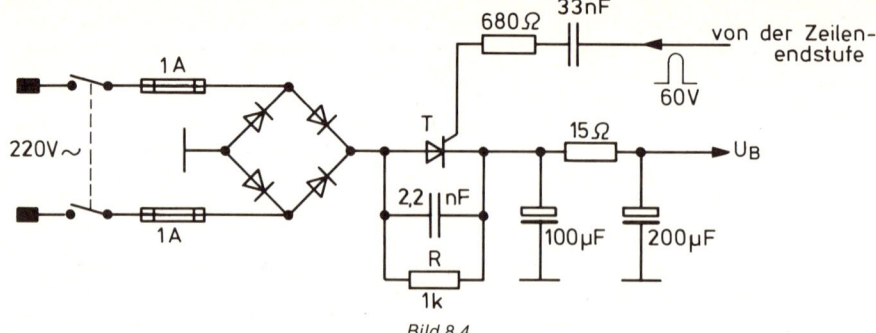

Bild 8.4
Hochvoltnetzteil mit elektronischem Stromunterbrecher

Bei den heutigen volltransistorisierten Fernsehgeräten, die zum größten Teil mit den nur wenig Strom ziehenden integrierten Schaltungen bestückt sind, reicht als Hochvoltnetzteil eine Schaltung nach **Bild 8.4**. In diesem Netzteil ist ein elektronischer Stromunterbrecher integriert. Der Thyristor T erhält eine Steuerspannung am Gate durch einen ca. 60 V großen Zeilenrücklaufimpuls aus der Zeilenendstufe.

Im normalen Betriebsfall ist der Thyristor während der gesamten Halbwelle voll leitend. Im Störungsfall, wenn die Amplitude des Rückschlagimpulses einen gewissen Wert unterschreitet, schaltet der Thyristor die Netzversorgung schnell und sicher ab. Im Störungsfall und auch kurz nach dem Einschalten des Gerätes mit dem Netzschalter bleibt der Thyristor zunächst gesperrt, da am Gate keine Zeilenrücklaufimpulse vorhanden sind. Der parallel zum Thyristor liegende Widerstand R sorgt aber für den Anlauf des Gerätes. Über diesen Widerstand fließt zunächst ein kleiner Strom und speist das Gerät, so daß sich langsam ein Zeilenrücklaufimpuls aufbauen kann. Erst wenn der Rückschlagimpuls seine volle Höhe erreicht hat, zündet der Thyristor, und das Gerät nimmt den normalen Betrieb auf. Dieses verzögerte und weiche Einschalten des Netzteils wirkt sich sehr schonend auf alle leistungsmäßig stark beanspruchten Bauteile des gesamten Gerätes aus.

8.3. Schaltnetzteil mit Speicherdrossel

8.3.1. Prinzip

Das Prinzip eines Schaltnetzteiles mit Speicherdrossel zeigt das **Bild 8.5**. Ist der Schalter S geschlossen, so fließt aus der Batterie und durch die Drossel ein linear ansteigender Strom in den Kondensator. In der Spule wird durch diesen Stromfluß ein Magnetfeld aufgebaut.

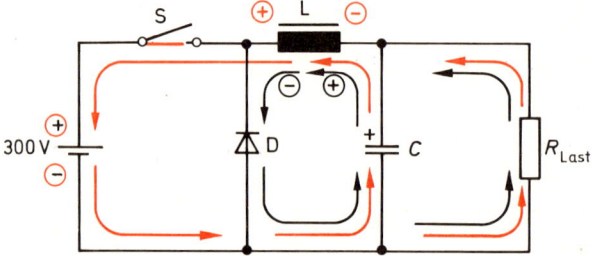

Bild 8.5
Prinzip eines Schaltnetzteiles mit Speicherdrossel

Sobald am Kondensator eine Spannung von ca. 150 V steht, öffnet der Schalter S. Dadurch wird schlagartig der Strom durch die Drossel unterbrochen, und es entsteht an der Spule eine Selbstinduktionsspannung. Die Polarität der Selbstinduktionsspannung ist so, daß jetzt die Diode leitet. Das in der Spule aufgebaute Magnetfeld bricht nun zusammen und treibt einen zeitlinear abnehmenden Strom durch die Diode in den Kondensator. Dabei wird der Kondensator weiter aufgeladen. Während der Schalter S geschlossen war, wurde Energie in der Drossel gespeichert, die jetzt, während der Sperrphase des Schalters, in den Kondensator über die Diode D umgeladen wird. Nach einer bestimmten Zeit schließt der Schalter wieder, die Diode sperrt, und der Vorgang wiederholt sich.

Bei einer gleichbleibenden Schaltfrequenz von ca. 20 kHz wird die im Kondensator gespeicherte Energiemenge vom Tastverhältnis bestimmt. Das Tastverhältnis macht man von der Ausgangsspannung abhängig, so daß diese innerhalb bestimmter Grenzen stabil ist.

8.3.2. Blockschaltbild

Im **Bild 8.6** ist ein Schaltnetzteil mit Speicherdrossel ohne Netztrennung wiedergegeben. Zunächst wird die Netzwechselspannung in üblicher Weise gleichgerichtet und die Gleichspannung dann einem gesteuerten Schalter, in diesem Falle einem Leistungstransistor, zugeführt. Dieser gesteuerte Schalter erhält seine Ansteuerimpulse aus einer Baugruppe, die aus einem Oszillator und einem Pulsbreitenmodulator besteht. Schaltet diese Steuerschaltung den Transistor T1 durch, so fließt Strom durch die Speicherdrossel L in den Ladekondensator $C1$ und durch den Verbraucher. Bei gesperrtem Transistor ermöglicht es die Freilaufdiode $D2$, daß die in der Drossel gespeicherte Energie den Strom weiter durch den Verbraucher fließen läßt.

Der Impulsbreitenmodulator wird einerseits von einem Oszillator mit einer Frequenz von ca. 20 kHz angesteuert. Zum anderen erhält er eine Gleichspannung, deren Höhe sich aus dem Soll-Ist-Vergleich ergibt. Bei absinkender Ausgangsspannung gibt der Impulsbrei-

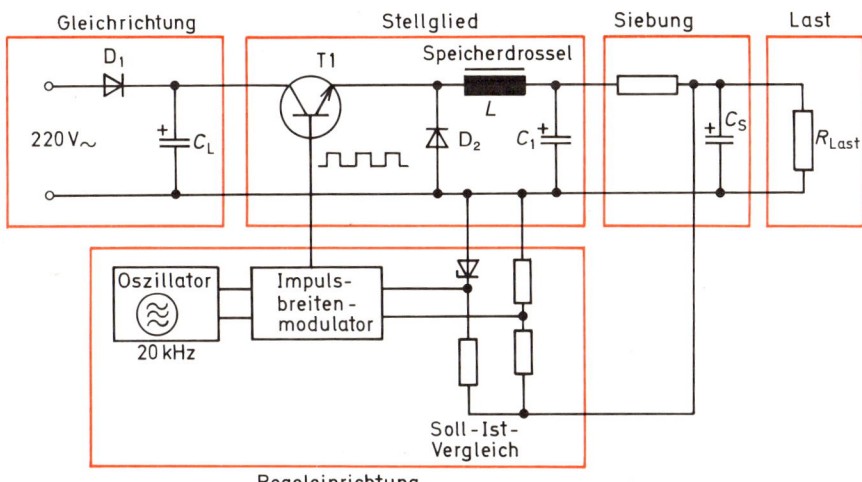

Bild 8.6
Blockschaltbild eines Schaltnetzteiles mit Speicherdrossel

tenmodulator Rechteckimpulse ab, die eine große Impulsdauer und nur kurze Impulspausen besitzen. Dadurch ist der Schalttransistor T 1 länger durchgeschaltet, und es wird mehr Energie in der Drossel und im Kondensator gespeichert. Auf diese Weise wird das Absinken der Ausgangsspannung verhindert.

8.3.3. Industrieschaltung

Die Schaltung im **Bild 8.7** ist ein Auszug aus einer Industrieschaltung eines Schaltnetzteils mit Speicherdrossel. Darin sind der Transistor T als Schalter, die Diode D, die Speicherdrossel L und der Kondensator C die Hauptbauteile des Schaltnetzteils. Am Einstellwiderstand R 1 wird ein Teil der Ausgangsspannung abgegriffen und im Steuerteil, einer integrierten Schaltung vom Typ U 190, mit der dort integrierten Konstantspannung verglichen. Jede Abweichung vom vorgegebenen Sollwert ändert im Modulator das Tastverhältnis der Steuerspannung für den Schalttransistor.

Die praktisch ausgeführte Schaltung enthält noch einige Bauteile, die alle zum Schutz des Schalttransistors dienen. Denn während der Sperrphase des Transistors T ist die Diode leitend. Sobald der Schalttransistor wieder öffnet, fließt auch noch solange ein Strom durch die Diode, bis diese in den Sperrbereich kommt, d. h., wenn Diode und Transistor leitend sind, fließt ein Kurzschlußstrom, der den Transistor zerstört. Die in Reihe mit dem Transistor liegende Drossel L 1 verhindert nun einen zu plötzlichen Stromanstieg. Die in dieser Drossel eingespeicherte Energie muß jedoch während der nachfolgenden Sperrphase des Transistors über die beiden Dioden D 1 und D 2 sowie über den Widerstand R 2 in Wärme umgesetzt werden.

In Reihe mit der Diode D liegt ein Meßwiderstand R 3. Sobald der höchstzulässige Strom durch diese Diode überschritten wird, spricht die Schutzschaltung im Steuerteil U 190 an. Sie sperrt den Schalttransistor, und mit abnehmender Ladespannung am Kondensator C wird auch der Laststrom kleiner. Die gesamte Schaltung startet wieder mit niedriger Leistung, sobald die Ansprechschwelle der Schutzschaltung unterschritten wird. Besteht eine Überlastung weiter, so wiederholt sich dieser Vorgang periodisch im Sekundentakt. In diesem Zustand kann das Gerät längere Zeit weiter eingeschaltet bleiben, ohne Schaden zu nehmen.

8.4. Sperrwandlernetzteil

Die heutigen volltransistorisierten Fernsehempfänger, die zum größten Teil mit den nur wenig Strom ziehenden integrierten Schaltungen bestückt sind, benötigen ein bezüglich der Leistung kleines Netzteil. Solche Stromversorgungseinrichtungen stattet man gerne mit Transformatoren aus, um eine Netztrennung zu erreichen. Netzteile mit Netztrennung bieten nämlich für das Gesamtkonzept eines Fernsehempfängers wesentliche Vorteile. Der koaxiale Antennenanschluß kann direkt angeschlossen werden, der Einbau der Videobuchse und Anschlüsse für Tonband und Kopfhörer sind ohne Zusatzaufwand möglich.

Will man die Vorteile der Netztrennung und die eines Schaltnetzteiles kombinieren, so kommt man zum Sperrwandlernetzteil.

8.4.1. Prinzip

Im **Bild 8.8** ist das Prinzipschaltbild eines solchen Sperrwandlers wiedergegeben. Bei leitendem Transistor fließt durch die Wicklung N 1 ein linear ansteigender Strom. Durch diesen Stromfluß wird im gesamten Transformator ein Magnetfeld aufgebaut. Weiterhin wird durch den ansteigenden Strom in der Wicklung N 2 eine Spannung induziert, die so gerichtet ist, daß der Transistor leitend bleibt.

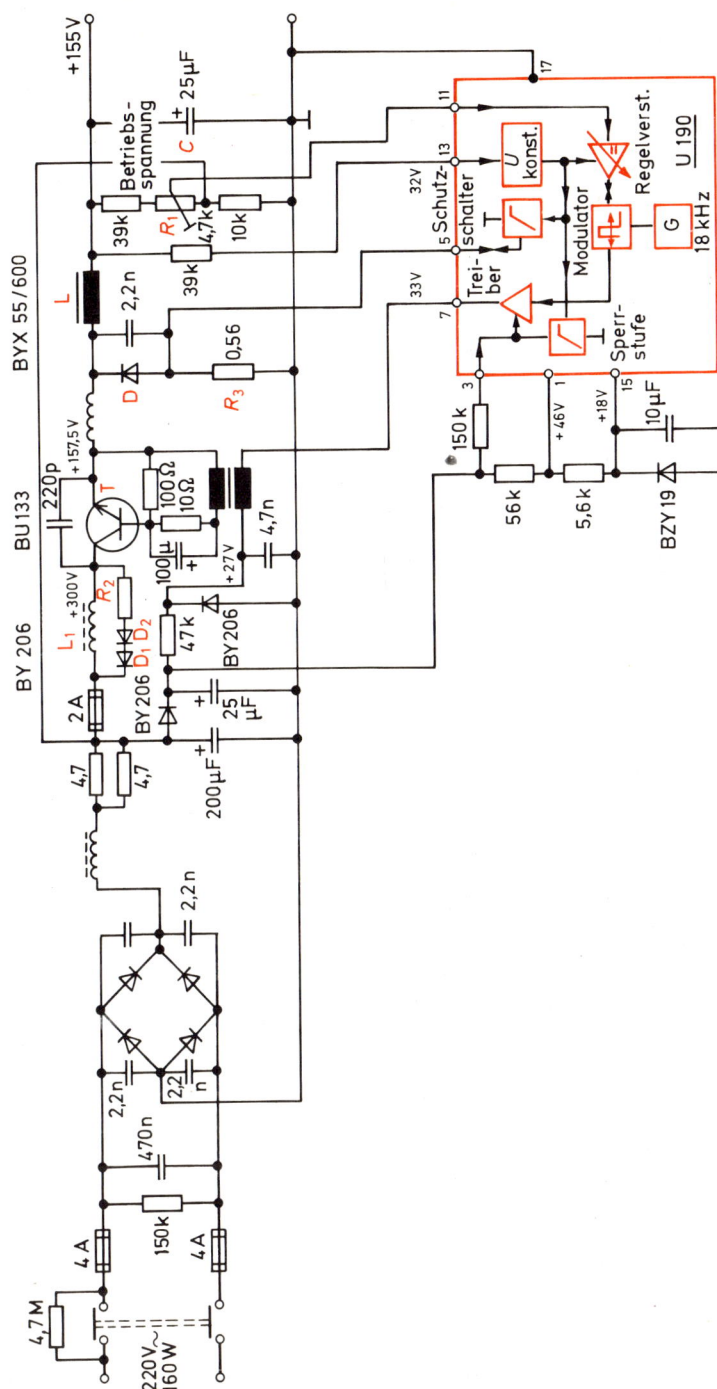

Bild 8.7

Auszug aus einer Industrieschaltung eines Schaltnetzteiles mit Speicherdrossel

337

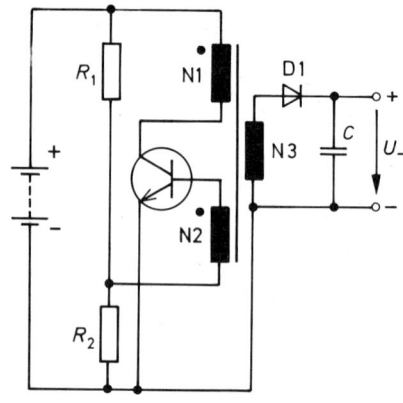

Bild 8.8
Prinzipschaltung eines Sperrwandlers

Hat jedoch der Transistor seinen Sättigungsstrom erreicht, so ändert sich der Stromfluß in der Spule N 1 nicht mehr, und es kann dann auch keine Spannung mehr in der Wicklung N 2 induziert werden, da $\Delta I / \Delta t$ Null geworden ist. Die Basisvorspannung sinkt, der Transistor wird gesperrt. Das jetzt zusammenbrechende magnetische Feld erzeugt eine hohe Spannung (Rückschlagspannung), da das Sperren des Transistors schlagartig erfolgt. Die Richtung dieser Spannung ist entgegengesetzt zu der in der Flußphase angelegten. Die Diode D 1 wird leitend, und die im Transformator gespeicherte Energie geht auf den Ladekondensator C über.

Die in der Flußzeit im Transformator gespeicherte Energie wird nach Öffnen des Schalters (Transistor gesperrt), bei leitendem Gleichrichter auf der Sekundärseite an den Verbraucher abgegeben. Bei einem Sperrwandler dient also der Transformator als Zwischenspeicher. Die Batterie wird nicht unmittelbar belastet, sondern füllt immer nur den Zwischenspeicher auf. Dadurch hängt aber die Ausgangsspannung von der Belastung ab, und bei hoher Stromentnahme nehmen die gespeicherte Energie und die Ausgangsspannung schnell ab. Das hat den Vorteil, daß die Speisespannung auch bei einem Kurzschluß am Ausgang nicht überlastet werden kann.

8.4.2. Blockschaltbild

Das Blockschaltbild eines vollständigen Sperrwandlernetzteiles zeigt das **Bild 8.9**. Die Netzwechselspannung wird in üblicher Weise gleichgerichtet und die Gleichspannung dann einem Schalttransistor zugeführt. Dieser wird von einer Baugruppe, die einen Oszillator und einen Impulsbreitenmodulator beinhaltet, gesteuert.

Schaltet dieser Schalttransistor durch, so wird magnetische Energie im Transformator eingespeichert, während der Sperrphase des Transistors wird die Diode durch Selbstinduktion leitend, und die im Transformator eingespeicherte Energie wird an den Ladekondensator und an den Verbraucher weitergegeben. Der Transformator dient vor allem dazu, die nachfolgende Schaltung vom Wechselstromnetz galvanisch zu trennen. Da der Schaltrhythmus bei 20 kHz liegt, kann der Transformator in seinen Abmessungen klein gehalten werden. Außerdem kann er über Anzapfungen die verschiedenen Betriebsspannungen liefern.

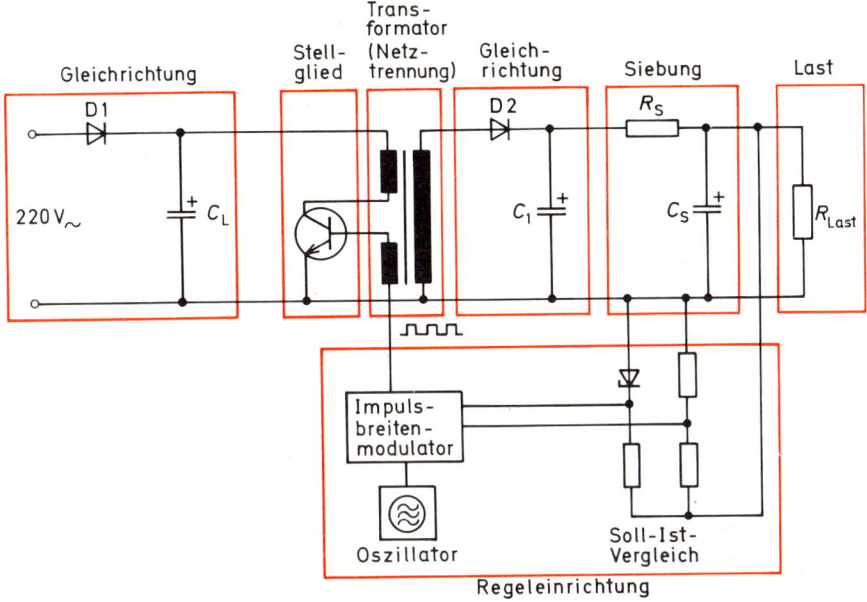

Bild 8.9
Blockschaltbild eines Sperrwandlernetzteiles

Auch bei diesem Schaltungsprinzip erfolgt, wie bei dem Schaltnetzteil mit Speicherdrossel (Abschnitt 8.3.), eine Stabilisierung der Ausgangsspannung in der Form, daß der Impulsbreitenmodulator bei sinkender Ausgangsgleichspannung so gesteuert wird, daß er dem Schalttransistor Rechteckimpulse mit großer Impulsdauer und kleinen Impulspausen liefert. Dadurch wird der Schalttransistor länger leitend, und es wird mehr Energie an den Verbraucher gegeben.

8.4.3. Industrieschaltung

Ein Sperrwandlernetzteil für Farbfernsehgeräte mit Netztrennung ist im **Bild 8.10** wiedergegeben. Die Netzwechselspannung wird in einem Brückengleichrichter gleichgerichtet. Zur Glättung dient ein Ladekondensator mit einem Kapazitätswert von 400 μF. Der Sperrwandler arbeitet mit dem Transistor BU 126 T als Schalter und dem Transformator mit mehreren Wicklungen. Die Ausgangsspannung wird dadurch geregelt, daß die während der Flußphase in den Transformatorkern eingespeicherte Energie beeinflußt wird. Dabei hängt die eingespeicherte Energie wiederum von der Höhe des Kollektorspitzenstromes des Schalttransistors BU 126 T ab.

Die Schaltung schwingt über die Rückkopplungswicklung n-m mit einer Schaltfrequenz von 20 bis 28 kHz. Der Schalttransistor wird durch das Rückkopplungssignal am Wicklungsende m leitend gehalten und durch den Abschaltthyristor schlagartig gesperrt, indem er ein negatives Potential an die Basis des Schalttransistors legt. Der Zeitpunkt, zu dem der Schalttransistor abschalten soll, wird durch die Regelschaltung mit dem Transistor T1 bestimmt. Je länger der Transistor BU 126 T leitend ist, umso mehr Energie wird in den Transformator eingespeichert und um so mehr kann während der Sperrphase auch wieder entnommen werden, d. h. die Ausgangsspannung steigt an.

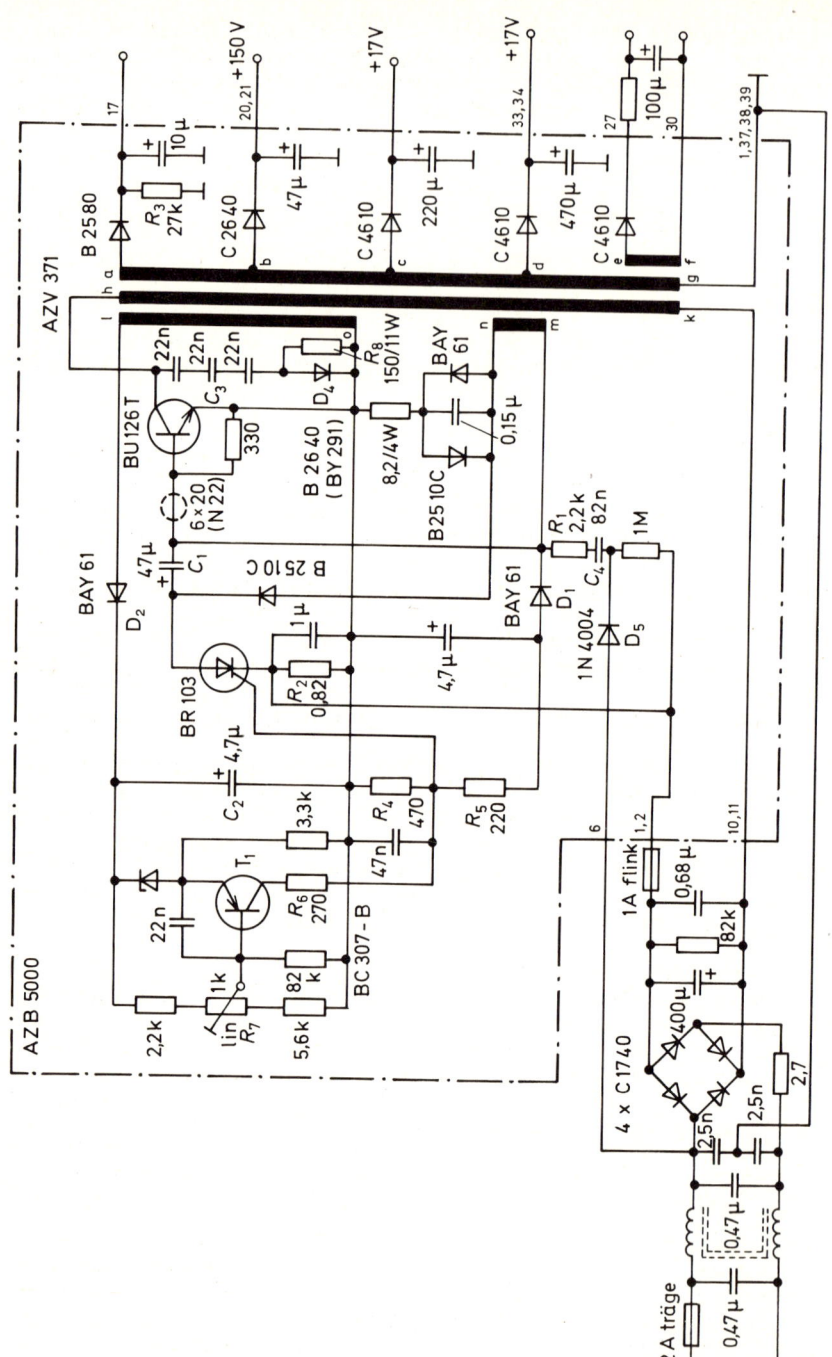

Bild 8.10
Sperrwandlernetzteil eines Farbfernsehempfängers (Siemens)

Während der Schalttransistor BU 126 T leitend ist, fließt durch die Transformatorwicklung h-k ein zeitlinear ansteigender Strom. Dieser Strom läßt am Widerstand R 2 eine Spannung abfallen, die dem Kollektorstrom proportional ist. Das Gate des Abschaltthyristors BR 103 wird durch den Spannungsteiler R 4 / R 5 mit einer Spannung von −2 V gegenüber der Katode vorgespannt. Diese negative Vorspannung wird durch Gleichrichtung des aus der Rückkopplungswicklung gewonnenen Signals erzeugt. Der dem Kollektorstrom des Schalttransistors proportionale Spannungsabfall am Widerstand R 2 wirkt nun der negativen Gate-Vorspannung entgegen.

Sobald der Zündschwellwert des Thyristors erreicht ist (ca. + 0,7 bis + 1 V), zündet der Thyristor. Der durchgeschaltete Thyristor legt durch den Kondensator C 1 an die Basis des BU 126 T ein negatives Potential und schaltet dadurch den Transistor ab. Der Thyristor bleibt während der Abschalt- und Ausräumphase des BU 126 T leitend. Beim Nulldurchgang, der sich durch die Änderung der Polarität der Rückkopplungsspannung ergibt, wird er wieder gelöscht.

Der Kollektorstrom des Schalttransistors steigt, bedingt durch die Transformator-Induktivität, sägezahnförmig an. Der maximal mögliche Kollektorstrom des BU 126 T hängt deshalb davon ab, zu welchem Zeitpunkt der Thyristor ihn abschaltet. Dieser Zeitpunkt wird jedoch von der Gate-Vorspannung bestimmt, die mittels des Spannungsteilers R 4 / R 5 erzeugt wird. Parallel zum Spannungsteilerwiderstand R 4 liegt der Regeltransistor T 1.

Bei gesperrtem Regeltransistor ist die Gatevorspannung hoch. Der Thyristor zündet erst bei großen Kollektorströmen, z. B. 4 A, es wird also viel Energie in den Transformator eingespeichert. Soll die eingespeicherte Energie verringert werden, so muß der Regeltransistor leitend gemacht werden, damit der Spannungsteiler mehr belastet wird und die Gate-Vorspannung sinkt. Die erforderliche Regelinformation gewinnt man aus der Wicklung l −0. Diese Wicklung ist mit den Windungen für die Ausgangsspannung fest verkoppelt.

Mit der Diode D 2 wird eine Gleichspannung erzeugt, deren Größe proportional der Ausgangsspannung ist. Ab einer bestimmten Spannung an C 2 (mit R 7 einstellbar) wird der Regeltransistor leitend. Er vermindert damit die negative Vorspannung am Gate des BR 103, womit dieser früher zündet und den Transistor BU126 T bei kleineren Kollektorspitzenströmen bereits abschaltet. Im Kollektorkreis des Schalttransistors befindet sich ein RC-Glied C 3 / R 8. Parallel zu R 8 liegt die Diode D 4. Mit dieser Kombination werden Schaltverluste des Transistors BU 126 T entscheidend vermindert.

Damit dieses Sperrwandlernetzteil überhaupt anschwingen kann, werden mit der Diode D 5 und dem RC-Glied C 4 / R 1 aus der Netzwechselspannung definierte Anlaufimpulse von 5 ms Dauer erzeugt, die die Basis des BU 126 T leitend machen.

Wird bei dieser Schaltung die Minimallast von 40 W unterschritten oder Leerlaufbetrieb vorgenommen, so steigt die Schaltfrequenz an. Mit kleiner werdender Periodendauer als 25 µs wird die Freiwerdezeit des Thyristors unterschritten. Der Thyristor bleibt zu lange gezündet, und die Schwingung reißt ab. Ein erneutes Anschwingen erfolgt erst nach dem nächsten Anlaufimpuls. So ergeben sich im Leerlauf einzelne Impulse im Abstand von 20 ms. Der Widerstand R 3 dient als Vorlast, um ein starkes Ansteigen der Ausgangsspannung zu verhindern.

Bei einem Kurzschluß an einem der Ausgänge geht der Sperrwandler vom Normalbetrieb in einen intermittierenden Betrieb über. Die kontinuierliche Folge der Kollektorspitzenimpulse wird durch einzelne Impulse im Abstand von 20 ms abgelöst. Dieses Verhalten erfolgt durch die Anlaufhilfsschaltung, die die Anlaufimpulse aus der Netzwechselspannung gewinnt.

Zunächst wird bei einem Kurzschluß der Kollektorspitzenstrom des BU 126 T einmal ansteigen. Das bewirkt ein Durchzünden des Thyristors und ein Abschalten des Schalttransistors. Gleichzeitig vermindert sich aber die an der Wicklung n-m liegende Spannung und damit auch die am Spannungsteiler R 4 / R 5 stehende Vorspannung, so daß der Zündzeitpunkt des Thyristors bei kleinen Kollektorströmen liegt.

Der Transistor BU 126 T kann erst wieder durchschalten, wenn sowohl der Thyristor gelöscht ist als auch ein neuer Anlaufimpuls ausgegeben wird. Kollektorstromimpulse sind deshalb bei einem Kurzschluß nur während des definierten Anlaufzeitraumes von 5 ms möglich, die im Abstand von 20 ms aufeinander folgen. Da also nur einzelne Ladeimpulse auftreten, ist der Kurzschlußstrom durch die Ausgangsdioden sehr gering.

8.5. Stabilisiertes Niederspannungsnetzteil

Zur Versorgung der Transistorstufen und der integrierten Schaltungen benutzt man ein Niedervoltnetzteil, wie es z. B. das **Bild 8.11** zeigt. Über einen Transformator und einen Brückengleichrichter gewinnt man eine unstabilisierte Gleichspannung, die als Versorgungsspannung von integrierten Schaltungen dienen kann. Da solche Schaltungseinheiten meistens eine Spannungsstabilisierung mit integriert enthalten, reicht eine unstabilisierte Betriebsspannung aus. Die nachfolgende Stabilisierungseinheit besteht aus einem Längs- und einem Regeltransistor. Die Regelung stabilisiert die Ausgangsspannung gegen Versorgungs- und Lastschwankungen.

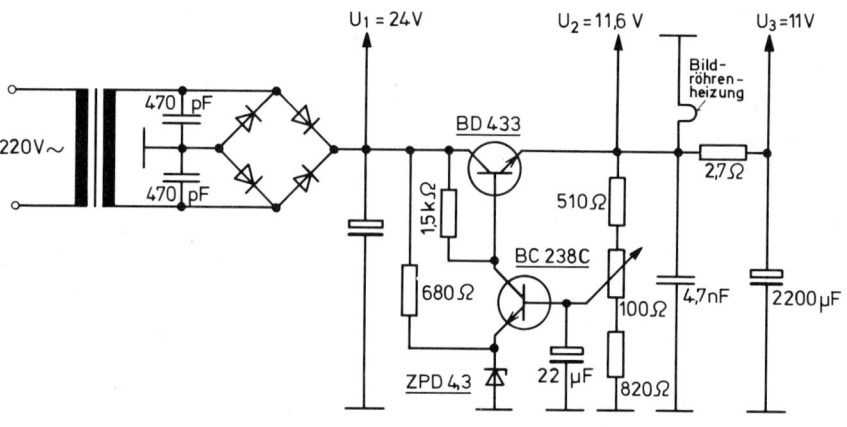

Bild 8.11
Niedervoltnetzteil mit Spannungsstabilisierungsschaltung

Mit der Z-Diode ZPD 4,3 gewinnt man eine Vergleichsspannung, damit der Regeltransistor BC 238 C Lastschwankungen, die ihm an der Basis zugeführt werden, ausregeln kann. Mit dem Potentiometer kann die gewünschte Höhe der Ausgangsspannung eingestellt werden. Da eine solche Stabilisierungseinheit auch Brummspannungen ausregelt, hat die Ausgangsgleichspannung nur einen sehr kleinen Brummspannungsanteil.

342

Zusammenfassung 8

Fernsehgeräte benötigen für die Gleichspannungsversorgung der Luminanzverstärkerstufen und für die Bildröhre ein Hochvoltnetzteil. Für die Versorgung aller Transistorstufen und integrierten Schaltungen muß ein Niedervoltnetzteil vorhanden sein. Heute setzen sich immer mehr die Schaltnetzteile durch. Mit ihnen kann bei relativ geringem Aufwand und gutem Wirkungsgrad ein Fernsehempfänger mit stabilisierter und geregelter Spannung versorgt werden.

Grundsätzlich weist ein Schaltnetzteil im Stellglied einen Leistungsschalter auf, der entweder ein Leistungstransistor oder ein Thyristor ist. Thyristoren setzt man immer dann ein, wenn man den Schalttakt aus der Netzfrequenz ableitet. In den anderen Fällen betreibt man die Leistungstransistoren mit einer hohen Schaltfrequenz, wodurch Siebglieder und Transformatoren günstiger ausgelegt werden können.

In Thyristor-Netzteilen arbeitet der Thyristor als gesteuerter Gleichrichter. Die Höhe der Ausgangsspannung richtet sich nach der Dauer der Stromflußzeit durch den Thyristor. Die Stromflußzeit wird einfach aus einem Soll-Ist-Vergleich der Ausgangsspannung gewonnen.

Bei Schaltnetzteilen mit Speicherdrossel wird, während der Schalttransistor leitet, Energie in eine Drossel eingespeichert, die in der Sperrphase des Transistors durch eine Diode wieder zurück gewonnen wird und einen Ladekondensator weiter auflädt. Die so erzeugte Ausgangsgleichspannung stabilisiert man dadurch, daß das Impuls-Pausen-Verhältnis des Steuersignals für den Schalttransistor entsprechend geändert wird.

Um bei Fernsehgeräten gleichzeitig eine Netztrennung zu erreichen, benutzt man Sperrwandlernetzteile. Vom Grundprinzip her ist ein Sperrwandler ein Sperrschwinger. Während der Schalttransistor leitet, fließt durch eine Transformatorwicklung ein sägezahnförmig ansteigender Strom. Dadurch wird in einer Rückkopplungs-Wicklung eine Spannung induziert, die so gepolt ist, daß der Transistor leitend bleibt. Hat jedoch der Schalttransistor seinen Sättigungsstrom erreicht, so ist keine Stromänderung mehr vorhanden, und es wird keine Spannung mehr induziert. Der Transistor sperrt schlagartig. Die durch dieses plötzliche Abschalten des Stromes entstandene Selbstinduktionsspannung wird transformiert, gleichgerichtet, ausgesiebt und ergibt die Versorgungsgleichspannung. Durch einen Ansteuerimpuls aus einem Impulsbreitenmodulator wird der Schalttransistor wieder in den leitenden Zustand gebracht.

Bei einem Sperrwandler dient also der Transformator als Zwischenspeicher, so daß die gleichgerichtete Netzwechselspannung nicht unmittelbar belastet wird. Das hat den Vorteil, daß die Gleichspannung auch bei einem Kurzschluß am Ausgang nicht überlastet werden kann. Die Stabilisierung der Ausgangsgleichspannung erfolgt auch hier wieder über eine Änderung des Impuls-Pausen-Verhältnisses des Ansteuerimpulses für den Schalttransistor.

Zur Versorgung der Transistorstufen und der integrierten Schaltungen eines Fernsehempfängers benutzt man ein Niedervoltnetzteil. Die Spannungsstabilisierung wird durch einen Längstransistor erreicht, der durch einen Regeltransistor angesteuert wird. Der Regeltransistor verarbeitet sich aus dem Soll-Ist-Vergleich ergebende Spannungsdifferenz. Als Vergleichs- oder Bezugs- oder Referenzspannung dient in den meisten Fällen eine Z-Diode. Mit einem Einstellwiderstand kann die gewünschte Höhe der Ausgangsspannung eingestellt werden. Da eine solche Stabilisierungsschaltung nicht nur Last- und Versorgungsspannungsschwankungen ausregeln kann, sondern auch die Brummspannung, ist die Ausgangsgleichspannung nur mit einer sehr kleinen Restwelligkeit überlagert.

1. Warum verwendet man bei Röhren-Farbfernsehempfängern keine Netztransformatoren?
   a) Sie geben nicht die erforderliche Leistung ab
   b) Sie streuen in die Zeilenendstufe ein
   c) Sie bringen Brummeinstreuungen in die Röhren.
   d) Sie sind bei der erforderlichen Leistung zu groß und bringen Brummeinstreuungen in der Vertikal- und Videostufe.

2. Welches Bauelement muß ein Schaltnetzteil grundsätzlich beinhalten?
   a) ein Siebglied
   b) einen Ladekondensator
   c) einen Thyristor oder Schalttransistor als Stellglied
   d) eine Diode zur Impulsbreitenmodulation
   e) eine Z-Diode zur Siebung

3. In einem Schaltnetzteil dient die Drossel
   a) zur Brummsiebung
   b) zur Erzeugung der Gleichspannung
   c) zur Energiespeicherung
   d) als Schalter

4. In einem Netzteil dient ein Thyristor
   a) als Gleichrichter
   b) als Siebschalter
   c) als gesteuerter Gleichrichter
   d) als Speicherelement
   e) als Vorlast

5. Mit einem Sperrwandlernetzteil erreicht man
   a) eine Netztrennung
   b) eine unstabilisierte Ausgangsspannung
   c) eine konstante Batterielast
   d) eine hohe Leerlaufspannung

6. Die größte Ausgangsspannung erhält man bei einem Thyristor-Netzteil, wenn
   a) der Thyristor gesperrt ist
   b) der Zündwinkel am größten ist
   c) der Thyristor während des Scheitelpunktes der Wechselspannung gezündet wird
   d) der Stromflußwinkel am größten ist
   e) der Thyristor durch einen Kondensator überbrückt wird.

7. Ein Schaltnetzteil kann am stärksten belastet werden, wenn
   a) der Schalttransistor nur kurz leitet
   b) die Speicherdrossel eine kleine Selbstinduktionsspannung abgibt.
   c) das Ansteuersignal des Schalttransistors nur eine kurze Impulspause hat
   d) das Ansteuersignal eine lange Impulspause hat.

8. Warum verwendet man Schaltnetzteile?

9. Durch welche Schaltungsmaßnahme kann man aus einem Thyristor-Netzteil höhere Spannungen als 250 V erhalten?

10. Erklären Sie kurz das Prinzip eines Schaltnetzteiles mit Speicherdrossel

11. Mit welcher Schaltfrequenz arbeiten Schaltnetzteile, und welche Vorteile bringt dies mit sich?

12. Welche Aufgabe hat ein Impulsbreitenmodulator in einem Schaltnetzteil?

13. Erklären Sie das Prinzip eines Sperrwandlernetzteiles

14. Welche Vorteile bieten Sperrwandlernetzteile?

15. Weshalb ist ein Sperrwandlernetzteil kurzschlußfest?

9. ZUSATZEINRICHTUNGEN

9.1. Frequenznachstimmung und Sendersuchlauf

9.1.1. Frequenznachstimmung

Wie bereits im Kapitel 4.1. „Kanalwähler" ausführlich beschrieben, werden zur elektronischen Abstimmung im Kanalwähler Kapazitätsdioden verwendet. Dabei wird die eigentliche Abstimmung mittels eines Potentiometers durchgeführt, mit dem die Vorspannung der Dioden verändert wird (**Bild 9.1**). Die jeweilige Kapazität der Diode und damit die Eigenfrequenz der Schwingkreise im Tuner wird durch die Größe der Vorspannung bestimmt. Mit jeweils einem Potentiometer läßt sich der Kanalwähler auf einen Sender einstellen. Zu jedem Potentiometer gehört noch ein Schalter zur Bereichswahl. Je nach Schalterstellung werden im Kanalwähler mit Hilfe von Schaltdioden Spulen umgeschaltet.

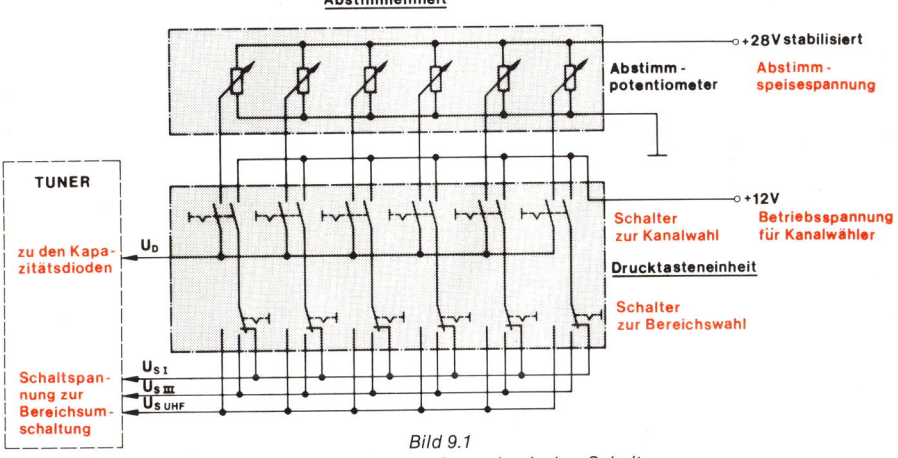

Bild 9.1
Senderabstimmung mittels mechanischer Schalter

Zunächst wird mittels des Bereichswahlschalters ein Bereich gewählt. Anschließend erfolgt durch Verstellen des zugehörigen Potentiometers die Senderwahl im jeweiligen Bereich. Nach erfolgter Einstellung aller Potentiometer und Bereichswahlschalter auf verschiedene Sender, wird automatisch durch Betätigung des jeweiligen mechanischen Doppelschalters zur Kanalwahl der Tuner auf den vorprogrammierten Sender eingestellt. Dazu gelangt über diesen Doppelschalter die Abstimmspannung U_D an die Kapazitätsdioden im Kanalwähler und die Schaltspannung U_S zur Bereichsumschaltung an die Schaltdioden im Tuner.

Mechanische Tastensätze für die Programmwahl erfordern nicht nur eine gewisse Kraft zur Bedienung, sondern sind auch störanfällig. Deswegen wurden Tastenanordnungen entwickelt, die durch einfaches Berühren mit dem Finger elektronisch arbeitende Schalter betätigen. Solche Berührungstaster nennt man „Sensortaster" (sensus lat. = Gefühl). Mit dem Finger überbrückt man die Berührungselektroden, was in einer nachgeschalteten integrierten Schaltung als Impuls registriert wird. Dieser Impuls betätigt elektronisch arbeitende Schalter, die das Abstimmpotentiometer für den gewünschten Kanal an den Tuner anschließt und außerdem das vorher wirksame Potentiometer wieder abtrennt. Gleichzeitig gibt die integrierte Schaltung auch noch die entsprechende Schaltspannung für den Bereich ab.

345

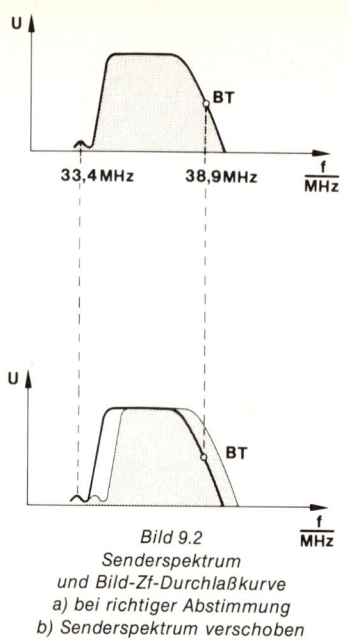

Bild 9.2
*Senderspektrum
und Bild-Zf-Durchlaßkurve
a) bei richtiger Abstimmung
b) Senderspektrum verschoben*

Mit der im Bild 9.1 dargestellten Schaltung läßt sich zwar gut die Kanalwahl mit hoher Wiederholgenauigkeit vornehmen, eine durch Alterung und Temperaturdrift bedingte Frequenzverschiebung korrigiert diese Schaltung jedoch nicht aus. Weicht nämlich die Oszillatorfrequenz von der Sollfrequenz ab, so liegt die in der Mischstufe des Kanalwählers gebildete Bildträgerfrequenz BT von 38,9 MHz nicht mehr in der Mitte der Nyquistflanke der Bild-Zf-Durchlaßkurve (**Bild 9.2**). Das Zf-Spektrum des Senders ist dann entsprechend dem Bild 9.2 b verschoben. In diesem Falle gehen die hohen Videofrequenzen verloren, und der Ton würde zu laut werden. Es ist deshalb eine entsprechende automatische Frequenznachregelung notwendig. Eine solche Frequenznachregelung besteht aus einem Regelkreis, wie er im **Bild 9.3** wiedergegeben ist. Am Ausgang des Bild-Zf-Verstärkers mißt man die Abweichung von der Sollfrequenz und bildet daraus eine Regelspannung. Mit dieser Regelspannung steuert man die Frequenz des Oszillators im Kanalwähler so nach, daß sich die richtige Sollfrequenz für den Bildträger im Bild-Zf-Verstärker ergibt. Eine solche automatische Frequenznachstimmung wird abgekürzt AFC = **a**utomatic **f**requency **c**ontrol genannt.

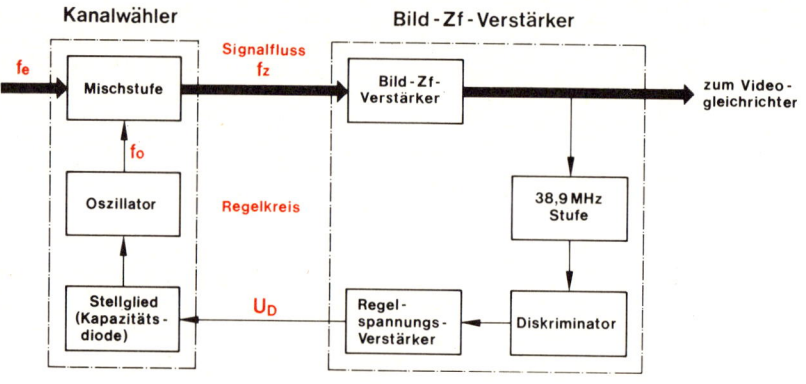

Bild 9.3
Regelkreis der automatischen Frequenznachstimmung

Der Sollwert der Bildträgerfrequenz ist dann erreicht, wenn der an den Ausgang des Bild-Zf-Verstärkers lose angekoppelte sehr trennscharfe 38,9 MHz-Verstärker seine maximale Spannung erhält. Der anschließende, ebenfalls auf 38,9 MHz abgestimmte Diskriminator (**Bild 9.4**) gibt dann genau eine Spannung von Null Volt ab. Wird jedoch der Sollwert über- oder unterschritten, entsteht nach **Bild 9.5** eine positive oder negative Richtspannung. Sie wird im nachgeschalteten Regelspannungsverstärker verstärkt und steuert dann die parallel zum Oszillatorkreis liegende Kapazitätsdiode als Stellglied. Sie zieht den Oszillator auf die richtige Frequenz.

346

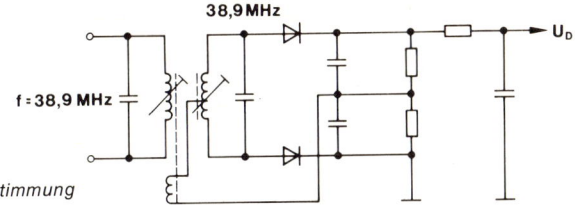

Bild 9.4
Diskriminator zur Frequenznachstimmung

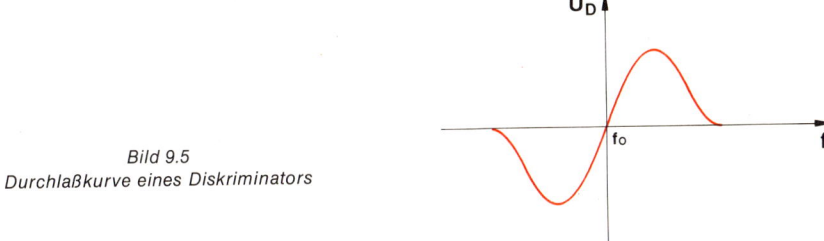

Bild 9.5
Durchlaßkurve eines Diskriminators

Die integrierte Schaltung TDA 4260 ist speziell für die automatische Frequenznachstimmung entwickelt worden. Sie beinhaltet den selektiven Trennverstärker, den Diskriminator und den Regelspannungsverstärker. Der TDA 4260 wird lose an den Ausgang des Bild-Zf-Verstärker-ICs angekoppelt (**Bild 9.6**). Der integrierte symmetrische Koinzidenzdemodulator wird vom Bildträger (38.9 MHz) gesteuert. Zusammen mit dem an den Anschlüssen 7 und 8 angeschlossenen Schwingkreis wirkt er als Frequenzdiskriminator. Bei einer Frequenzabweichung erscheint an Anschluß 5 je nach Frequenzlage eine positive oder negative Spannung. Dieses so gewonnene Korrektursignal wird dann der Abstimmspannung des Kanalwählers aufaddiert. Um sich den unterschiedlichen Abstimmhüben zwischen UHF- und VHF-Bereich anzupassen, ist die Möglichkeit gegeben, eine Änderung der Regelsteilheit durch die am Anschluß 4 eingespeiste Spannung vorzunehmen. Es sind auch schon integrierte Schaltungen auf dem Markt, bei denen der Bild-Zf-Verstärker und die AFC-Schaltung in einem IC integriert sind. Damit vereinfacht sich der Schaltungsaufbau noch weiter.

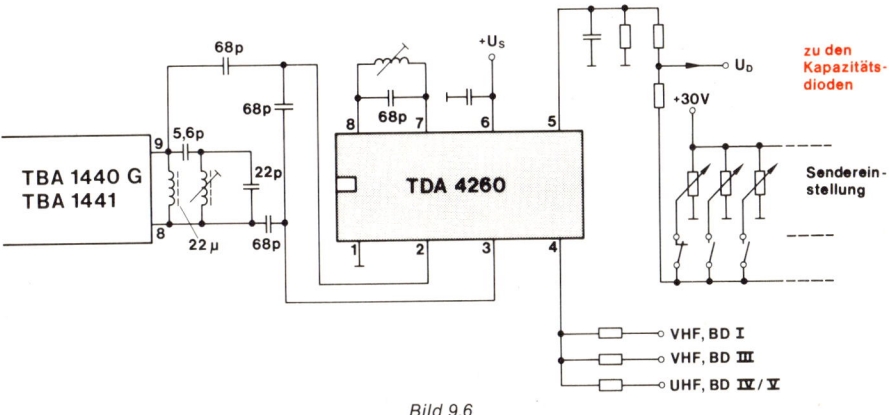

Bild 9.6
Automatische Frequenznachstimmung mit TDA 4260 (Siemens)

9.1.2. Sendersuchlauf

9.1.2.1. Sendersuchlauf mit stetiger Durchstimmung

Bei Fernsehempfängern, die stationär in der Wohnung stehen, braucht die Einstellung der Programmtasten bzw. Programmwähler nur einmal vorgenommen zu werden. Dabei kann der Empfänger optimal auf die örtlichen gut zu empfangenden Sender eingestellt werden. Bei tragbaren Fernsehempfängern, die auf Reisen mitgenommen werden, ist eine solche Einstellung nicht möglich. Am jeweiligen Reiseziel muß das Gerät auf die örtlichen Sender neu eingestellt werden. Hier ist ein automatischer Sendersuchlauf von Vorteil.

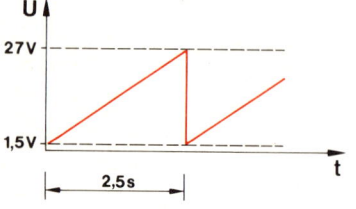

Bild 9.7
Verlauf der Abstimmspannung
beim automatischen Suchlauf

Die Abstimmung des Kanalwählers eines Fernsehempfängers erfolgt mit Kapazitätsdioden. Bei Handabstimmung wird, wie aus dem Bild 9.1 zu entnehmen ist, den Abstimmdioden eine stetig veränderbare Gleichspannung zugeführt. Wird auf Suchlaufautomatik umgeschaltet, wird auf die Kapazitätsdioden eine nach **Bild 9.7** zeitlinear ansteigende Sägezahnspannung gegeben. Dadurch wird in etwa 2,5 s der gesamte Bereich durchgestimmt. Die Automatik stoppt jedoch beim ersten empfangswürdigen Sender.

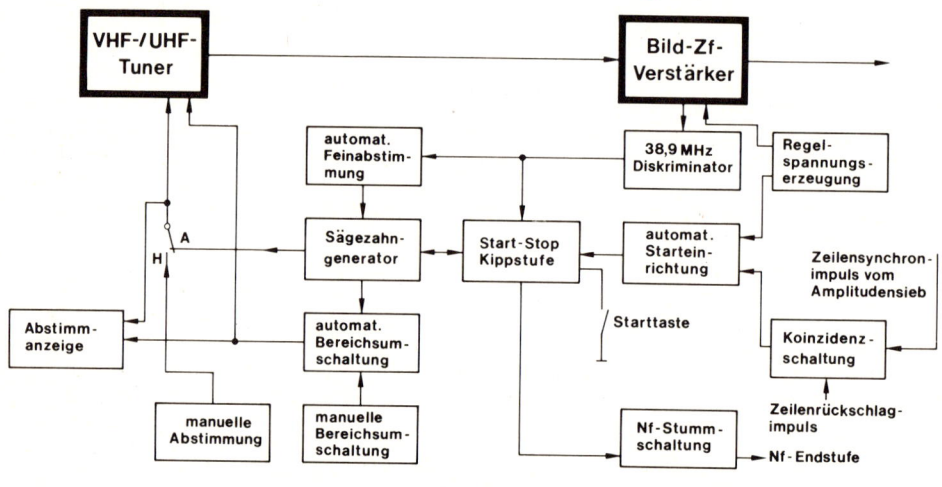

Bild 9.8
Blockschaltbild des elektronischen Sendersuchlaufs (Blaupunkt)

Das Prinzip dieser Sendersuchlaufautomatik kann dem Blockschaltbild (**Bild 9.8**) entnommen werden. Ist auf A = Automatik geschaltet (H = Handabstimmung) und wird die Start-Taste gedrückt, wird im Sägezahngenerator ein Speicherkodensator über eine Konstantstromquelle aufgeladen. Die Spannung am Speicherkondensator steigt linear an und stimmt den Kanalwähler durch. Das Tuner-Ausgangssignal gelangt auf den Bild-Zf-Verstärker. Am Ausgang des Bild-Zf-Verstärkers ist ein 38,9 MHz-Diskriminator angekoppelt.

Jedesmal wenn ein Trägersignal empfangen würde, das genau auf 38,9 MHz liegt, würde der Diskriminator die Start-Stop-Kippstufe aktivieren, so daß der Sägezahnspannungsanstieg unterbrochen wird. Gleichzeitig wird vom Diskriminator aber auch die automatische Feinabstimmung in Betrieb gesetzt. Dieser Vorgang würde auch beim Empfang jeder Tonträgerfrequenz ausgelöst. Deshalb ist eine Koinzidenzschaltung für die Zeilensynchronimpulse eingebaut. Nur dann, wenn gleichzeitig auch bei dieser Abstimmlage der Zeilenoszillator synchronisiert ist, wird ein Bildträger empfangen. Der Suchlauf stoppt, die automatische Feinabstimmung stimmt nochmals genau nach, die Nf-Stummschaltung wird aufgehoben, und Bild und Ton erscheinen. Die automatische Feinabstimmung sorgt nun laufend dafür, daß die Spannung am Speicherkondensator konstant gehalten wird.

Wird erneut die Start-Taste gedrückt, weil einem das Programm nicht zusagt, dann läuft die Automatik bis zum nächsten empfangswürdigen Träger. Ist das Ende des Bereiches erreicht, so gibt der Sägezahngenerator einen Auslöseimpuls zur automatischen Bereichsumschaltung. Von hier aus wird dem Kanalwähler eine Schaltspannung zugeführt, so daß in den nächsten Bereich umgeschaltet wird. Auf diese Weise werden die Bereiche I, III und UHF durchgefahren. Ist der Kanalwähler in den nächsten Bereich umgeschaltet worden, startet erneut die Abstimmspannung.

Damit man weiß, in welcher Frequenzlage man sich überhaupt befindet, wird in den Bildschirm ein Abstimmstrich eingeblendet. Anhand dieses Abstimmstriches läßt sich auch der Suchlauf verfolgen. Außerdem zeigen Signallämpchen an, in welchem Bereich man die Sendersuche gerade vornimmt.

Diese Sendersuchautomatik hat Vorteile speziell für Reiseempfänger. Diese stetige Durchstimmung eignet sich jedoch nicht so gut für Heimgeräte, weil hier stets bestimmte Sender nur empfangen werden. Für eine gezielte Programmwahl ist daher die Digitalabstimmung und Speicherung vorteilhafter.

9.1.2.2. Digital-Sendersuchlauf

Zur Erzielung des größtmöglichen Bedienungskomforts sowie einer optimalen Abstimmschärfe über lange Zeit wurde die digitale Sender-Suchlaufautomatik entwickelt. Diese arbeitet zusammen mit einer elektronischen Programmspeicherung, ist mit integrierten Schaltungen ausgeführt und löst die elektromechanischen Potentiometer-Programmspeicher ab.

Der automatische Sendersuchlauf wird mit je einer Taste für Bereich I, III und IV/V gestartet. Anhand eines in den Bildschirm eingeblendeten wandernden Abstimmstrichs läßt sich der Suchlaufvorgang verfolgen. Bei Erreichen eines empfangswürdigen Fernsehsignals stoppt der Suchlauf und geht in ein langsames Feinabstimmen mit automatischer Frequenznachregelung (AFC) über, das genau im optimalen Abstimmpunkt für bestmögliche Bildschärfe endet. Die auf diese Weise gefundene Sendereinstellung kann durch Betätigen einer Speichertaste als digitale Abstimminformation in einem CMOS-Speicher festgehalten werden. Sie ist dann über die vorhandene Programmschalteinrichtung des Gerätes jederzeit abrufbar. Die AFC bleibt dabei stets wirksam. Sie kompensiert auch Temperatur- und Alterungseinflüsse und verhindert damit jede Abstimmunschärfe.

Einen Überblick über die Funktionsweise der Suchautomatik gibt das Blockschaltbild in **Bild 9.9.** Das Herzstück dieser Suchlaufautomatik ist der Digital-Analogwandler. In ihm befindet sich ein Arbeitsspeicher, der den Momentanwert der Tunerabstimmspannung in Form einer 12stelligen Binärzahl enthält. In weiteren 3 Bit wird der Zustand der Bereichswahl gespeichert. Die Weitergabe der Bereichswahlinformation an den Tuner geschieht über eine Treiberschaltung. In ihr wird die erforderliche Schaltspannung für die Schaltdioden im Kanalwähler erzeugt. Die Abstimmspannung für die Kapazitätsdioden im Kanalwähler wird aus der gespeicherten 12stelligen Binärzahl in folgenden Schritten gewonnen:

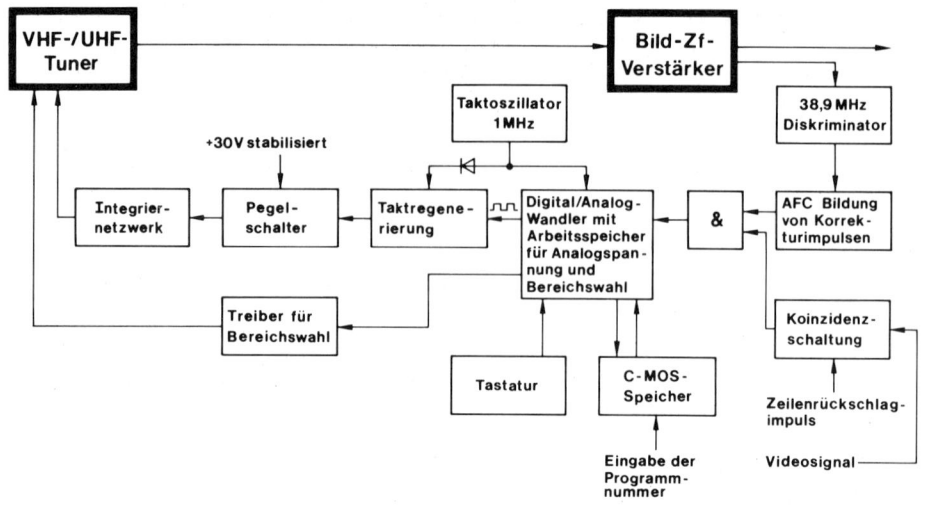

Bild 9.9
Blockschaltbild des digitalen Sendersuchlaufs (Grundig)

zunächst wird aus der Binärzahl eine Pulsfolge erzeugt, die in ihrer Dichte direkt der Höhe der Analogspannung entspricht.

In der Pegelschaltung wird aus dieser Pulsfolge eine im **Bild 9.10** dargestellte Spannung erzeugt.

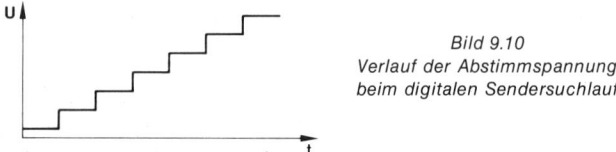

Bild 9.10
Verlauf der Abstimmspannung
beim digitalen Sendersuchlauf

In dem anschließenden Integriernetzwerk wird aus dieser Treppenspannung eine sägezahnförmige Abstimmspannung für die Abstimmdioden gewonnen.

Damit ist die Umwandlung der Informationen des Arbeitsspeichers (12 Bit für die Analogspannung und 3 Bit für die Bereichswahl) in die für den Kanalwähler nötigen Spannungswerte vollzogen.

Bei 12 Bit für die Abstimmspannung hat die Treppenspannung 2048 Stufen oder Schritte bis zum Maximalwert der Tunerspannung. Das bedeutet, daß im UHF-Bereich mit rund 400 MHz Bereichsumfang sich eine Auflösung von etwa 200 kHz/Schritt ergibt. Das entspricht einem maximalen Abstimmfehler von rund 100 kHz, der dann durch die automatische Frequenznachstimmung auf Null gebracht wird.

Ebenfalls wichtig ist die Abstimmgeschwindigkeit. Sie soll so bemessen sein, daß man die einzelnen Sender auf dem Bildschirm gut erfassen kann, ohne daß der Gesamteindruck zu lange dauert. Man wählt daher für das Durchstimmen des VHF-Bereiches eine Zeit von 20 s. Das ergibt bei 11 Kanälen rund 1,8 s/Kanal und für den UHF-Bereich mit 48 Kanälen 80 s, entsprechend etwa 1,7 s/Kanal.

Das Programmieren des Arbeitsspeichers beginnt damit, daß durch Betätigen einer der den drei Bereichen zugeordneten Suchlaufstarttasten der Arbeitsspeicher durch die Bereichswahlbits in die erforderliche Stellung gebracht wird. Gleichzeitig werden an den als Aufwärts-Abwärtszähler verdrahteten Speicher vom Taktoszillator Aufwärtszählimpulse angelegt. Damit wird die dem Kanalwähler zugeführte Abstimmspannung allmählich erhöht. Erreicht die Abstimmspannung ihren Maximalwert, so springt die Spannung wieder auf ihren kleinsten Wert zurück, um dann wieder erneut anzusteigen (sägezahnförmiger Suchlauf).

Sobald der Suchlauf auf einen Fernsehsender stößt, reagiert der vom Bild-Zf-Verstärker versorgte Diskriminatorschaltkreis mit der Abgabe einer Korrekturspannung. Die negative Auslenkung des Diskriminators (unscharfer Bereich) unterbricht zunächst die Aufwärtszählimpulse des Suchlaufbetriebes. Nach einer Wartezeit von rund 260 ms wird geprüft, ob sich im Sendersignal Zeilenkomponenten befinden, d. h. ob es sich tatsächlich um ein Fernsehsignal handelt. Fällt diese Prüfung in der Koinzidenzschaltung positiv aus, dann werden aus der Diskriminatorfehlerspannung so lange Korrekturimpulse in der erforderlichen Richtung abgeleitet, bis das Sendersignal scharf abgestimmt ist. Liegt dagegen keine Koinzidenz vor (z. B. bei einem Störträger), so wird der Suchlauf im gleichen Bereich automatisch erneut gestartet. Auf diese Weise wird im Arbeitsspeicher eine Binärzahl erzeugt, die genau einer bestimmten eingestellten Station zugehört. Diese Binärzahl läßt sich durch Betätigen der Speichertaste in den CMOS-Speicher übernehmen. Der Arbeitsspeicher steht deshalb mit dem CMOS-Speicher in Verbindung. Er nimmt die Einstellwerte der gewünschten Stationen in Form von 15-Bit-Worten auf, wenn dazu der Speicherbefehl über die Tastatur gegeben wird. Damit der Speicher weiß, an welchem Platz er die momentan übernommenen Einstellwerte ablegen soll, werden ihm vier Bits eingegeben, die der Programmnummer entsprechen. Durch „Aufrufen" des betreffenden Speicherplatzes läßt sich das Gerät sofort wieder auf eine der abgespeicherten Sendereinstellungen bringen.

9.1.3. Abstimmsysteme

9.1.3.1. Abstimmsystem mit Frequenzzähler

Valvo entwickelte unter der Bezeichnung TRD = Tuning Remote Digital (entspricht etwa: digitale Fernabstimmung) ein Abstimmsystem, das auch für Fernbedienung geeignet ist. Das **Bild 9.11** zeigt im Blockschaltbild den eigentlichen Abstimmteil. Dieser besteht aus drei integrierten Schaltungen. Aus dem Kanalwähler wird ein Teil der Oszillatorspannung ausgekoppelt und der integrierten Schaltung IC 3 zugeführt. Hier wird die Spannung zunächst verstärkt. Anschließend wird die Oszillatorfrequenz im Verhältnis 1 : 256 heruntergeteilt und in eine impulsförmige Spannung umgewandelt. Eine in der Mitte des VHF-Bereiches liegende Oszillatorfrequenz von etwa 200 MHz wird dadurch zu einer Impulsspannung mit einer Frequenz von etwa 780 kHz, die sich wesentlich besser digital verarbeiten läßt.

Diese Impulsspannung wird nun an das IC 2 weitergeleitet. Sie gelangt durch eine Torschaltung auf einen Frequenzzähler. Die Öffnungszeit für das Tor wird von einem 4-MHz-Quarzoszillator gesteuert. Der Frequenzzähler ist eine Art Vorwahlzähler.

Soll ein bestimmter Kanal empfangen werden, so werden die Daten des gewünschten Kanals durch Drücken der entsprechenden Tasten aus dem schon vorprogrammierten Festwertspeicher abgerufen und geben den Endwert für den Frequenzzähler.

Solange eine Differenz zwischen dem vorgegebenen Endwert des Zählers und der eingelesenen Zählerstellung besteht, veranlaßt der Zeitrasterzähler, daß eine ansteigende Abstimmspannung den Kapazitätsdioden im Kanalwähler zugeführt wird. Stimmen die Zählerstellung für die Oszillatorfrequenz und der eingespeicherte Endwert überein, wird die Feinnachstimmung aktiviert, und kleine Restabweichungen werden durch Nachstimmimpulse ausgeglichen.

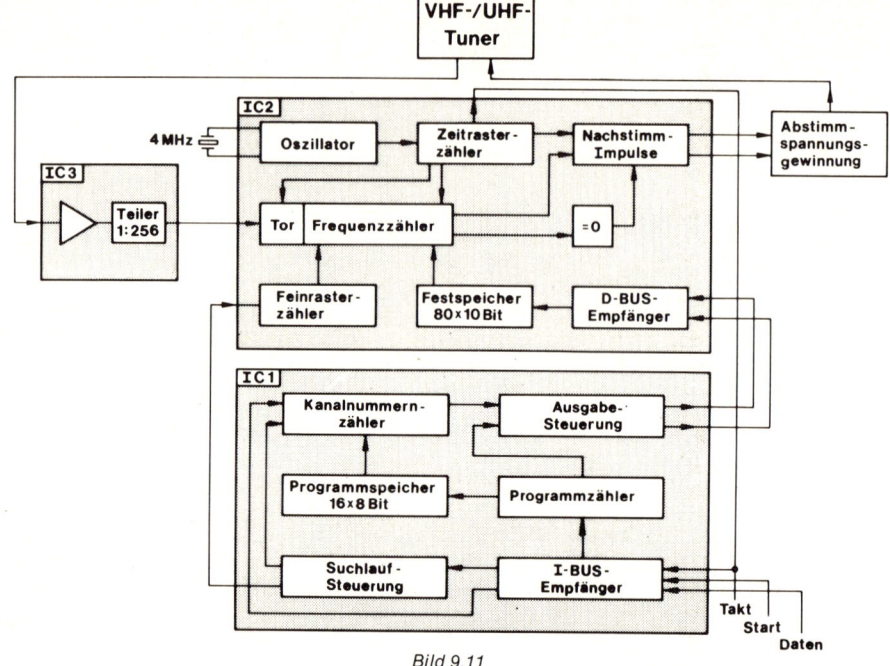

Bild 9.11
Blockschaltbild des Abstimmsystems mit Frequenzzähler (Valvo)

Die integrierte Schaltung IC 1 beinhaltet neben dem elektronischen Suchlauf, der nach dem Prinzip des digitalen Suchlaufs funktioniert, noch Stufen zur Anzeige der Kanalnummern auf dem Bildschirm. Weiterhin kann man mit diesem Baustein in Stellung „Kanalwahl" eine gewünschte Kanalnummer zweistellig eintasten. Die Automatik läuft dann auf diesen Kanal zu und stimmt ihn ab. Ferner sind hier Wahlmöglichkeiten und Speicher für Analogfunktionen wie Lautstärke, Helligkeit, Farbsättigung und Kontrast vorgesehen.

Das gesamte System besteht eigentlich einschließlich Fernbedienung aus zehn integrierten Bausteinen. Um den Speicherinhalt auch bei Netzausfall zu erhalten, ist eine kleine Nickelcadmium-Batterie im Gerät mit eingebaut.

9.1.3.2. Abstimmsystem mit Frequenzsynthese

Das **Bild 9.12** zeigt den für das Verständnis der Wirkungsweise notwendigen Ausschnitt aus dem Blockschaltbild, der den Kanalwähler und den Programmspeicher mit den wesentlichen Funktionselementen umfaßt. Der Kanalwähler besteht wie üblich aus dem Antennenanschluß, einer Vorstufe und der Mischstufe. Die Abstimmung von Vorstufe und Oszillator erfolgt in der bekannten Weise durch die den Kapazitätsdioden zugeführte Abstimmspannung U_D.

Dem Oszillator im Kanalwähler wird ein Teil der Hf-Leistung entnommen, die in einem breitbandigen Vorverstärker auf einen entsprechenden Pegel angehoben wird. Mit diesem Signal wird ein erster Teiler mit einem festen Teilerverhältnis von 1:64 angesteuert. Die Ausgangsfrequenz beim Empfang der Kanäle 2 bis 69 liegt im Bereich von 1,36 MHz bis 13,97 MHz. Da sehr hohe Frequenzen verarbeitet werden müssen, ist der erste Teiler mit im Kanalwähler untergebracht.

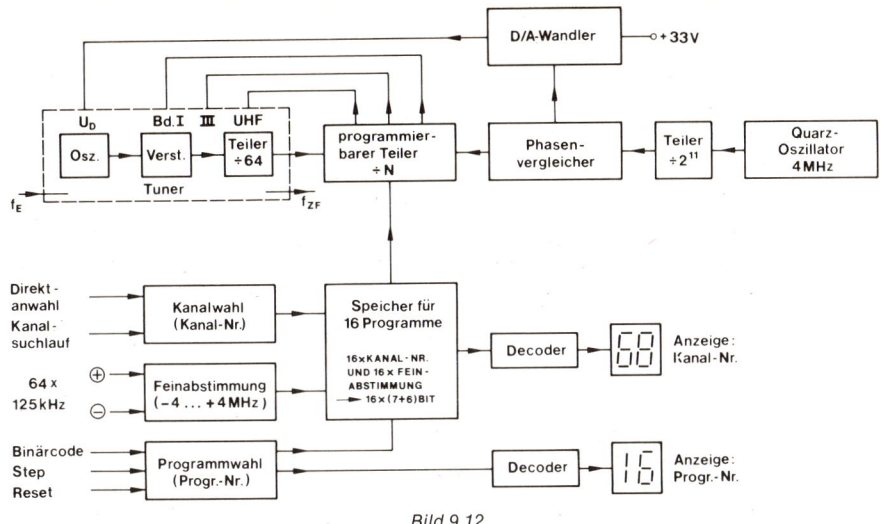

Bild 9.12
Blockschaltbild des Abstimmsystems mit Frequenzsynthese

Die Ausgangsfrequenz des ersten Teilers wird in einem zweiten programmierbaren Teiler durch einen weiteren Faktor N geteilt, so daß sich für jeden empfangenen Kanal eine Ausgangsfrequenz von 1,953125 kHz ergibt. Der variable Teilerfaktor N ist somit jedem zu empfangenden Kanal fest zugeordnet.

Auf einem zweiten Wege wird ebenfalls diese feste Frequenz erzeugt: In einem 4-MHz-Quarzoszillator wird hierfür eine Spannung mit der für einen Quarz typischen Stabilität erzeugt und anschließend in einem dritten Teiler mit dem festen Faktor $2^{11} = 2048$ auf die Referenzfrequenz 1,953125 kHz geteilt. Sowohl die vom Kanalwähler-Oszillator abgeleitete Frequenz als auch die Referenzfrequenz werden einem Phasenvergleicher zugeführt, der ein „digitales" Korrektursignal abgibt, aus dem in einem D/A-Wandler die Abstimmspannung für den Kanalwähler gebildet wird.

Im Phasenvergleicher wird nämlich aus der Frequenz bzw. bei kleinen Verstimmungen aus der Phasendifferenz zwischen der heruntergeteilten Trägerfrequenz und der von der quarzstabilisierten 4-MHz-Schwingung abgeleiteten Referenzfrequenz ein gepulstes Signal bei 1,95 kHz erzeugt. Die Impulslänge dieses Signals ist ein Maß für die Verstimmung. Die Impulse, die um so länger sind, je größer die Verstimmung ist, bestimmen die Änderung der Ladung eines Kondensators im Schaltkreis, der die Abstimmspannung erzeugt.

Das variable Teilungsverhältnis N ist durch die Trägerfrequenz jedes Fernsehkanals und somit durch die Kanalnummer bestimmt. Es wird in einem Speicher festgehalten. Der gewünschte Kanal wird mit einem Codierschalter eingestellt, der die gewählte Kanalnummer in einen BCD-Code transponiert. Dieser Code wird nach jeder Betätigung des Codierschalters automatisch in den Speicher eingegeben. Zu jedem Programm ist eine individuell einstellbare Feinabstimmung vorhanden, die für jeden Kanal einen Abstimmbereich der Empfangsfrequenz von ± 4 MHz in Schritten von je 125 kHz überstreicht. Alternativ zum Codierschalter können auch zwei Tastschalter verwendet werden, die einen kanalgerasterten Suchlauf zu hohen oder niedrigen Kanälen ermöglichen. Zur leichteren Einstellung dauert der 1. Kanalschritt etwa doppelt so lange wie die folgenden.

Über Decoder werden Anzeigen angesteuert, die die Kanalnummer und die Programmnummer anzeigen.

9.1.3.3. Abstimmsystem SDA 200

Das von der Firma Siemens entwickelte „Siemens-Digital-Abstimmsystem" SDA 200 setzt sich im wesentlichen aus drei Blöcken zusammen:

Frequenzaufbereitung
Ablaufsteuerung und Display
Stationsspeicher

und ist im **Bild 9.13** wiedergegeben.

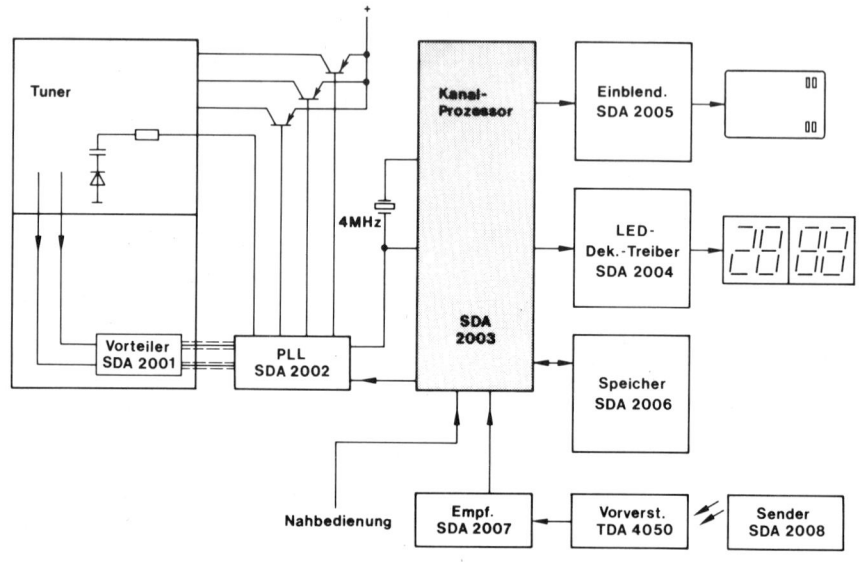

Bild 9.13
Blockschaltbild des Abstimmsystems SDA 200 (Siemens)

Die gewünschten Frequenzen werden mit einem Frequenzsynthese-Generator nach dem Phase-Locked-Loop-Prinzip erzeugt. Die PLL wird von einem VCO (dies ist der Tuner-Oszillator), dem Vorteiler SDA 2001 mit dem festen Teilerfaktor 64:1, dem im SDA 2002 enthaltenen programmierbaren Teiler mit digital wählbarem Teilerfaktor und einem Phasenkomparator gebildet. Die Referenzfrequenz für den Phasenkomparator wird aus einem Quarzoszillator mit der Frequenz 4 MHz und anschließendem Teiler 2048:1 gewonnen. Multipliziert man die Referenzfrequenz von 1.93 kHz mit dem Teilerfaktor des SDA 2001, so erhält man 1,93 kHz · 64 = 125 kHz. Dies ist der kleinstmögliche Abstimmschritt.

Der Vorteiler SDA 2001 ist in ECL-Technologie aufgebaut, besitzt für VHF und UHF zwei getrennte, integrierte Vorverstärker und hat den festen Teilerfaktor 64. Die maximale Eingangsfrequenz für den UHF-Eingang ist 950 MHz.

Im PLL-Baustein SDA 2002 ist ein 13-Bit binär-programmierbarer Synchronteiler (Teilerfaktor N = 256 bis 8191) enthalten. Seine Eingangsfrequenz beträgt maximal 15 MHz. Die Eingabe des Teilerfaktors erfolgt seriell in ein 16-Bit Schieberegister, bei dem 13 Bit für diese Information ausgenutzt werden. Weitere 3 Bit speichern die Information für die Bandumschaltung.

Der Mikrocomputer SDA 2003 ist bei dieser Schaltung das Herzstück und übernimmt als Bindeglied zwischen dem programmierbaren Teiler der PLL-Schaltung und dem elektrisch programmierbaren Abstimmspeicher, der die Zuordnung von Abstimminformation und

354

Programm-Nummern speichert, die Organisation des Ablaufes bei der Sendersuche und Abspeicherung sowie die Steuerung der Programm- bzw. Kanalanzeige. Er wird deshalb auch als Kanalprozessor bezeichnet. In ihm wird die Abstimminformation in eine Frequenzinformation umgewandelt. Diese Frequenzinformation ist eine binäre Zahl, die den Teilerfaktor für den PLL-Teiler darstellt. Die integrierte Schaltung SDA 2003 gibt die Information in serieller Form an die PLL-Schaltung SDA 2002 und an den Anzeigedecoder SDA 2004 zur Anzeige der Programm- und Kanalnummer ab. Die Daten gehen dabei über die für alle externen Bausteine gemeinsame IFO-Leitung.

Den Stationstasten ist eine Programmadresse des Abstimmspeichers zugeordnet, unter der die gewünschte absolute Kanalnummer eingespeichert werden kann. Beim späteren Betätigen einer Stationstaste wird vom Fernsteuerempfänger über eine Leitung der Befehl an den Controller SDA 2003 gegeben und dort decodiert. Der Controller holt dann die Abstimminformation aus dem Abstimmspeicher, wandelt sie in eine Frequenzinformation um und gibt diese an den PLL-Baustein seriell wieder ab. Das Fernsehgerät wird dann auf die gewünschte Frequenz mit Quarzgenauigkeit abgestimmt.

Das Einstellen eines noch nicht abgespeicherten Fernsehsenders kann sowohl über die Fernbedienung als auch über die Nahbedienung erfolgen. Bei jedem Verstellen der Kanalnummer setzt der Controller diese Information in die zugehörige Frequenzinformation um und gibt sie an die PLL-Schaltung weiter. Am Bildschirm kann beobachtet werden, ob auf dem zugehörigen Kanal ein Sender vorhanden ist.

Daneben verfügt das System über einen Sendersuchlauf. Gestartet wird der Suchlauf über die Stelltaste Start „SL". Daraufhin gibt der Kanalprozessor nacheinander alle in dem internen ROM enthaltenen Frequenzinformationen einzeln an die PLL-Schaltung aus. Wird ein arbeitender Fernsehsender gefunden, wird der Ablauf automatisch durch das Signal „Suchlauf Stop" unterbrochen.

Über die Stelltasten Feinabstimmung Plus „FT +" und Feinabstimmung Minus „FT −" lassen sich die Frequenzabweichungen von + 3,875 bis − 4 MHz von der Nennfrequenz des einzelnen Kanals in 125 kHz-Schritten einstellen. Die Frequenzabstimmung verstellt sich automatisch beim Dauerdrücken der Taste alle 250 ms. Sie läuft innerhalb der oben angegebenen Verstellgrenzen gegen einen elektronischen Anschlag (Überlaufsperre). Wenn dieser erreicht ist, blinkt die Kanalnummernanzeige, solange die Stelltaste noch weiter gedrückt wird. Von jedem einmal eingestellten Fernsehsender kann durch Betätigung der Speichertaste die zugehörige Abstimminformation (Kanalnummer) einschließlich Feinabstimminformation im Abstimmspeicher abgelegt werden. Im ROM des Kanalprozessors sind die Frequenzinformationen von 100 Fernsehkanälen sowie die Bandauswahl abgelegt. Die Bandauswahl unterscheidet zwischen VHF-Bereich I, III und UHF-Bereich.

9.2 Fernbedienungen

Um den Komfort bei der Bedienung von Fernsehgeräten zu erhöhen, wurde drahtlose Fernbedienung entwickelt. Der Signalgeber befindet sich in einem kleinen Kästchen beim Zuschauer, während der Empfangsteil im Fernsehgerät mit integriert ist. Die Informations-übertragung mittels Hochfrequenz schied aus Störstrahlungsgründen aus. So wurden die Steuersignale zunächst durch Ultraschall übertragen. Heute verwendet man Infrarot als Träger für die Fernbedienungssignale. Es lassen sich durch Infrarot mehr als 60 Befehle übermitteln.

9.2.1 Ultraschall-Fernbedienung

Als Ultraschall bezeichnet man mechanische Schwingungen oberhalb 20 kHz. Die Steuer-befehle werden vom Ultraschallsender durch die Luft als nicht hörbare Ultraschallsignale ausgesendet. Der im Fernsehempfänger eingebaute Ultraschallempfänger nimmt diese Signale auf, verarbeitet sie und beeinflußt die entsprechende Einstellung des Gerätes.

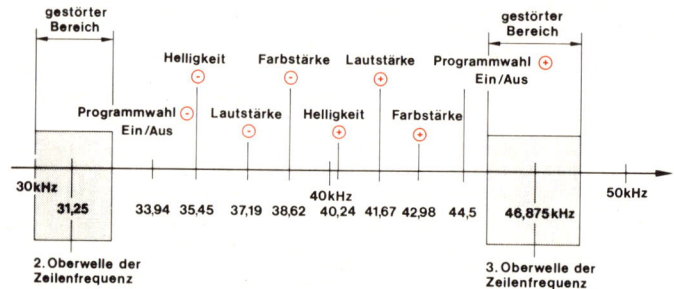

Bild 9.14
Arbeitsfrequenzen für eine 10-Kanal-Ultraschallfernbedienung

Als Frequenzbereich für die Ultraschallsignale wählt man den Bereich zwischen der 2. und 3. Oberschwingung der Zeilenfrequenz (34 kHz bis etwa 45 kHz), um Störungen durch die Oberwellen der Zeilenfrequenz zu vermeiden (**Bild 9.14**). Somit steht ein Frequenzbereich zwischen etwa 34 kHz und 44 kHz zur Befehlsübermittlung zur Verfügung. Die im Bild 9.14 angegebenen verschiedenen Frequenzen lassen sich direkt mit einem LC-Oszillator er-zeugen oder durch Frequenzteilung aus einem Quarzoszillator gewinnen. Als Ultraschall-sender dient ein elektrostatischer Lautsprecher oder ein piezoelektrischer Schallwandler. Als Ultraschallempfänger werden Kondensatormikrofone oder Elektretmikrofone ver-wendet.

9.2.1.1 Ultraschallgeber

Wie aus dem Schaltbild eines Ultraschallsenders zu entnehmen ist (**Bild 9.15**), werden die acht hier verwendeten verschiedenen Steuerfrequenzen durch Zuschalten von Parallel-kondensatoren zum Schwingkreis eines LC-Oszillators mit dem Transistor BC 338 gewon-nen. Auf dem Bedienteil befinden sich vier „Wipptasten". Je nach Stellung der Tasten schließen sich die Doppelkontakte rechts oder links. Der untere Schaltarm schaltet die 1,5 V-Batterie ein, der obere legt einen Kondensator parallel zum Schwingkreis und stimmt ihn auf eine andere Ultraschallfrequenz ab. Am äußeren linken Schaltkontakt befindet sich keine Zusatzkapazität, hier schwingt der Oszillator auf seiner Grundfrequenz von 44,5 kHz. Die Frequenzen sind nach Bild 9.14 so geordnet, daß sich bei den Wipptasten für Lautstär-ke, Helligkeit und Farbsättigung Frequenzabstände von etwa 4,5 kHz ergeben. Drückt man eine dieser Tasten nach links oder rechts, nimmt zum Beispiel die Lautstärke ab oder zu. Läßt man die Taste los, dann wird die gerade bestehende Lautstärkeeinstellung gespei-chert.

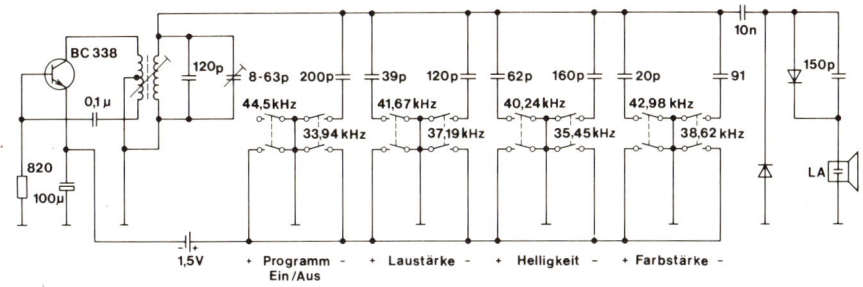

Bild 9.15
Ultraschallsender für 10 Befehle (Blaupunkt)

Mit der Taste „Programm" kann man durch wiederholtes kurzes Tippen die am Fernsehgerät festeingestellten Kanäle in Vorwärtsrichtung, also in der Reihenfolge 1 bis 8, abrufen, oder in der anderen Richtung rückwärts schalten.

Beim Steuerbefehl „AUS" wird der Fernsehempfänger abgeschaltet. Nur der Ultraschallempfänger und die Heizung der Bildröhre bleiben in Betrieb. Die Heizung der Bildröhre wird dabei auf etwa 80% gesenkt. Dieser Betriebszustand wird Bereitschaft genannt. Beim Steuerbefehl „EIN" schaltet der Ultraschallempfänger das Netzteil ein. Auch die Bildröhre wird jetzt wieder voll geheizt. Bild und Ton sind dann sofort vorhanden. Nur durch den Schalter am Fernsehgerät kann der Empfänger ganz abgeschaltet werden. Ein Einschalten mit Hilfe der Fernbedienung ist dann aber nicht möglich.

Heute werden Ultraschallgeber mit integrierten Schaltungen aufgebaut. Mit der im **Bild 9.16** wiedergegebenen monolithisch integrierten Schaltung in CMOS-Technik vom Typ SAA 1224 lassen sich 30 Steuerbefehle mit Hilfe von 30 verschiedenen Ultraschallfrequenzen übermitteln. Diese Frequenzen werden mit Hilfe eines einstellbaren Frequenzteilers, der nach dem Ausblendprinzip arbeitet, aus der Frequenz des von einem Quarz gesteuerten Oszillators abgeleitet. Das geschieht, indem die Oszillatorfrequenz von 4,4336 MHz mit einem Kippglied halbiert wird und von jeweils 128 Impulsen der 2,2168-MHz-Frequenz 1 .... 30 Impulse ausgeblendet werden. Auf den Einsteller folgt ein Festteiler mit dem Teilerverhältnis 50:1. Er verringert den beim Ausblenden unvermeidlichen Jitter[1] auf unschädliche Werte. Der Abstand zweier benachbarter Ultraschallfrequenzen in dem hier verwendeten Bereich von 33,945 kHz bis 43,990 kHz beträgt 346,4 Hz.

[1] Jitter (engl.) = zittern

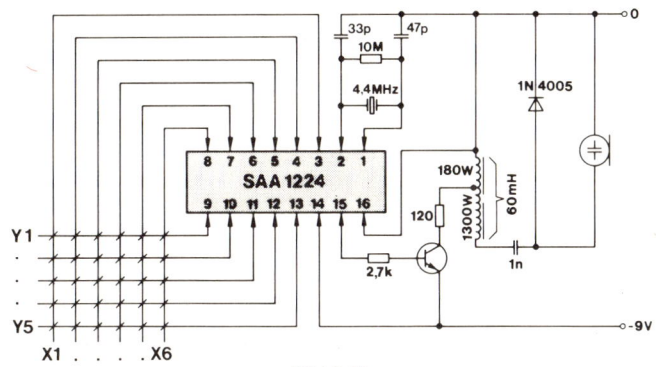

Bild 9.16
30-Kanal-Ultraschallsender mit dem SAA 1224 (Intermetall)

Zur Aktivierung des Ultraschallsenders SAA 1224 muß jeweils ein Zeilen-Eingang mit einem Spalten-Eingang verbunden werden. Dafür werden nur Einfach-Kontakte benötigt, und es ist auch keine Diodenmatrix erforderlich.

Werden zwei oder mehr Tasten zugleich gedrückt, so erscheint am Ultraschall-Ausgang kein Signal, und der Ausgang bleibt auf Low-Potential. Der Oszillator schwingt dabei aber weiter.

Wird keine Taste gedrückt, so schwingt auch der Oszillator nicht, und die Stromaufnahme des SAA 1224 ist dabei so klein, daß der Ultraschall-Sender nie abgeschaltet zu werden braucht.

9.2.1.2. Ultraschallempfänger

Das **Bild 9.17** zeigt das Blockschaltbild eines Ultraschallempfängers. Das an der Gerätevorderseite angeordnete Kondensatormikrofon fängt die vom Ultraschallsender ausgestrahlten Ultraschallwellen auf und wandelt sie in elektrische Schwingungen um. An-

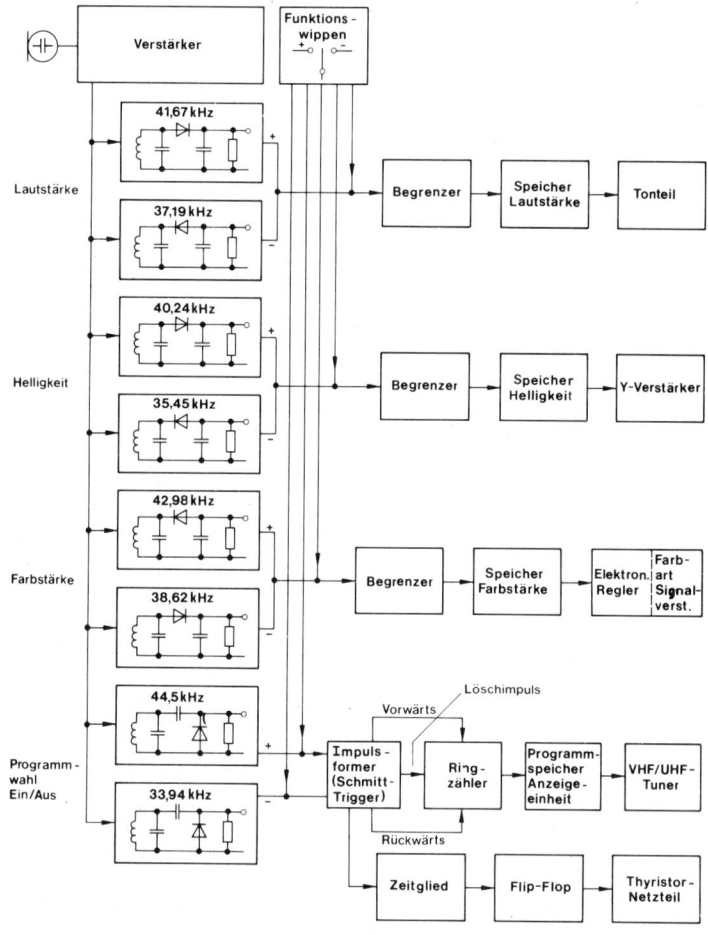

Bild 9.17
Blockschaltbild eines Ultraschallempfängers (Blaupunkt)

schließend wird dieses Signal in einem Breitbandverstärker verstärkt. Diesem Verstärker folgen insgesamt acht selektive Demodulationskreise. Mit diesen Selektionskreisen erfolgt die Aufteilung der Steuersignale auf die dazugehörigen Steuerkreise. Die Steuerkreise für Lautstärke, Helligkeit und Farbsättigung gleichen sich in ihrer Funktion. Jeweils zwei Demodulationskreise sind paarweise so zusammengeschaltet, daß beim Ansprechen der eine Kreis eine positive, der andere eine negative Ausgangsspannung abgibt. Die Ausgangsspannung durchläuft dann einen Dioden-Begrenzer. Diese Begrenzerschaltung verhindert Übersteuerungseffekte bei einer Nah-Bestrahlung. An den Begrenzer schließt sich eine Speicherschaltung an. Die drei Speicher sind als Glimmlampen/FET-Baustein ausgelegt (**Bild 9.18**), die wiederum ihre Informationen an den Tonteil, den Y-Verstärker und den Farbartsignalverstärker weitergeben.

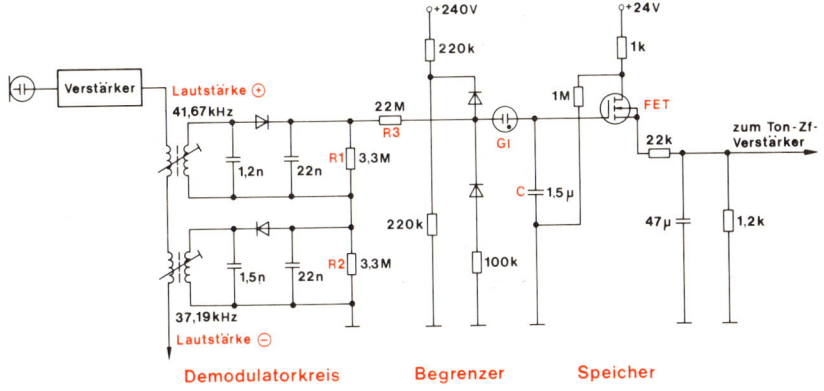

Bild 9.18
Schaltung des Steuerteils für die Lautstärke

Beim Steuerbefehl für größere Lautstärke wird der 41,67-kHz-Schwingkreis angesteuert. Wenn die positive Ausgangsspannung an R1 größer ist als die Zündspannung der Glimmlampe, dann zündet die Glimmlampe durch, und der Kondensator C wird über R3 aufgeladen. Die Höhe der Ladespannung hängt dabei von der Dauer des Steuerbefehls ab. Die Spannung am Kondensator steuert den selbstsperrenden MOS-FET, der als Impedanzwandler geschaltet ist. Die Ausgangsspannung dieses Impedanzwandlers wird zum Ton-Zf-Verstärker geführt und beeinflußt dort den Arbeitspunkt so, daß die Lautstärke zunimmt. Durch den sehr hochohmigen Eingangswiderstand des MOS-FETs kann sich der Kondensator nicht entladen, und die Spannung bleibt erhalten.

Beim Steuerbefehl für kleine Lautstärke ist der 37,19-kHz-Schwingkreis in Resonanz. Am Widerstand R2 entsteht eine negative Spannung. Beim Überschreiten der Zündspannung der Glimmlampe wird nun der Kondensator C entladen, bis nach beendetem Steuerbefehl die Glimmlampe wieder sperrt und eine weitere Entladung verhindert. Dabei wird auch die Ausgangsspannung des Impedanzwandlers kleiner, und der Ton-Zf-Verstärker wird entsprechend gesteuert.

Bei den Steuerbefehlen für die Helligkeit wird mit der Ausgangsspannung des entsprechenden Impedanzwandlers der Arbeitspunkt im Video-Verstärker verschoben. Bei den Steuerbefehlen für die Farbsättigung muß die Amplitude des hochfrequenten Signals im Farbartverstärker beeinflußt werden. Dazu schaltet man in den Signalweg des Farbartverstärkers ein elektronisches Stellglied. Dieses Stellglied macht durch die Ausgangsspannung des entsprechenden Speichers den Signalweg hochohmiger oder niederohmiger.

Für die Programmwahl sind ebenfalls zwei selektive Demodulationskreise vorgesehen (Bild 9.17). Die Vorwärtsschaltung erfolgt mit dem 44,5-kHz-Kreis, die Rückwärtsschaltung mit dem 33,94-kHz-Kreis. Den beiden Demodulationskreisen folgt eine Impulsformerstufe, die aus den Gleichrichterspannungen definierte Vor- oder Rückschaltimpulse für den nachgeschalteten Ringzähler erzeugt. Dieser Ringzähler schaltet bei jedem Impuls eine Stufe weiter, wodurch nacheinander die einzelnen Programmkanäle im Empfänger eingeschaltet werden und gleichzeitig leuchtet in der Anzeigeneinheit die zugehörige Ziffer 1 bis 8 auf.

Zum Ein- und Ausschalten des Empfängers werden die gleichen Steuerimpulse wie für die Programmwahl verwendet. Dabei ist es völlig gleichgültig, ob zur Ein/Ausschaltung die 33,94- oder 44,5-kHz-Frequenz benutzt wird. Dauert ein Programmwahlimpuls länger als drei Sekunden, so steuert das vom Schmitt-Trigger beeinflußte Zeitglied die Flip-Flop-Stufe. Diese Kippstufe springt dann in einen anderen Zustand. Die bei dieser Zustandsänderung entstehende Schaltflanke schaltet das Thyristor-Netzteil vollelektronisch ein oder aus.

Auf der Bedienungsplatte am Empfänger sind die gleichen Funktionswipptasten angeordnet wie auf dem Bedienungsteil des Ultraschallsenders. Somit kann das Fernsehgerät auch beim Ausfall des Ultraschallgebers noch bedient werden.

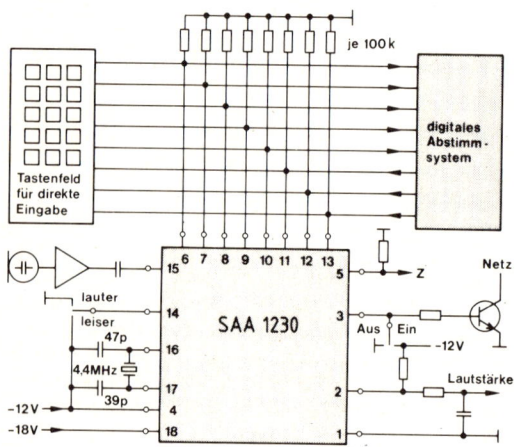

Bild 9.19
16-Kanal-Ultraschallempfänger
(Intermetall)

Eine 16-Kanal-Ultraschall-Empfängerschaltung ist im **Bild 9.19** dargestellt. Als Sender kann die im Bild 9.16 wiedergegebene integrierte Schaltung SAA 1224 verwendet werden.

Der SAA 1230 mißt die Frequenz des ankommenden Ultraschallsignals durch Impulszählung während einer Meßperiode. Die Dauer dieser Meßperiode wird durch die Frequenz des 4,4-MHz-Taktoszillators bestimmt. Die zwölf mit der Programmwahl zusammenhängenden Befehle erscheinen in Form einer 3 x 5-Matrix an den Tastenfeld-Ausgängen und stehen zur Ansteuerung von digitalen Abstimmsystemen zur Verfügung. Mit Hilfe eines parallel dazu angeschlossenen Tastenfelds kann der Fernsehempfänger direkt bedient werden.

Zwei Befehle dienen zur Steuerung der Lautstärke. Zu diesem Zweck wird vom Lautstärke-Ausgang des SAA 1230 ständig ein Rechtecksignal abgegeben, dessen Puls-Pausen-Verhältnis der eingestellten Lautstärke proportional ist. Auch hier ist, über den Lautstärke-Eingang, eine direkte Bedienung am Fernsehempfänger möglich. Der Netzschalter Ein/Ausgang wird entweder durch den Befehl „Netz EIN/AUS" oder durch direkte Kontaktgabe gesteuert. Ein weiterer Befehl, der Zusatzbefehl Z, aktiviert bei Befehlserteilung den Ausgang Z zur beliebigen Verwendung.

9.2.2. Infrarot-Fernbedienung

Infrarotlicht ist eine elektromagnetische Strahlung mit einer Wellenlänge zwischen 800 und 1000 nm. Als Strahlungssender eignen sich GaAs-Leuchtdioden (LED), als Strahlungsempfänger werden meistens Fotodioden verwendet. Wird Infrarotlicht als Übertragungsmedium benutzt, so ergeben sich gegenüber Ultraschall wesentliche Vorteile. So treten keine Störungen durch Wandreflexionen, Dopplereffekte und Klirrgeräusche, z. B. mit einem Schlüsselbund, auf. Außerdem lassen sich mit Infrarot sehr viel mehr verschiedene Befehle übertragen. So ist es möglich, heute schon mit einem Infrarot-Fernbedienungsgerät 126 Befehle zu übertragen.

Für die Übertragung der Fernsteuersignale wird pulscode-moduliertes Infrarotlicht benutzt. Die Information ist dabei in den unterschiedlichen Zeitabständen zwischen den aufeinanderfolgenden, sehr kurzen Infrarot-Impulsen enthalten. Dadurch ist es möglich, die Sender-Leuchtdioden kurzzeitig mit hohen Strömen zu betreiben, wodurch sich große Reichweiten und gute Störsicherheiten erzielen lassen. Durch diese impulsförmigen Ströme wird die Batterie des Fernbedienungssenders nicht sehr belastet, was einen erheblich geringeren Energiebedarf vom Infrarot-Fernbedienungssender gegenüber einem Ultraschall-Fernbedienungssender bedeutet.

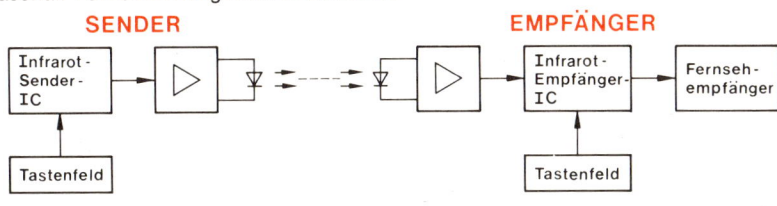

Bild 9.20
Blockschaltbild eines Infrarot-Fernsteuersystems

Empfängerseitig (**Bild 9.20**) wandelt eine Fotodiode die empfangenen Infrarot-Signale in elektrische Signale um, die verstärkt und dann dem Empfänger-IC zugeführt werden. In diesem IC werden die empfangenen Signale in Bedienungssignale für das Fernsehgerät umgewandelt, z. B. für das Ein- und Ausschalten des Empfängers, für die Programmwahl und für die Einstellung von Analogwerten, z. B. Lautstärke, Helligkeit, Kontrast usw. In die integrierte Schaltung lassen sich aber auch die Befehle direkt über ein Tastenfeld am Gerät eingeben.

9.2.2.1. Aufbau des Fernsteuersignals

Die Signale werden mittels Infrarotlicht in Form von Impulspaketen übertragen. Für die Übertragung eines 6-Bit-Wortes sind 7 Impulse erforderlich. Die binäre Information eines Bits ist in dem Zeitabstand zwischen zwei Impulsen enthalten. Die Zeit von etwa 110 µs wird als Basis für den verwendeten Code definiert. Eine kurze Pause von der Dauer 110 µs zwischen zwei Impulsen entspricht der Binärzahl „0", und eine lange Pause von der Dauer 2 x 110 µs = 220 µs bedeutet die Binärziffer „1". Für ein 6-Bit-Wort sind 7 Daten-Impulse erforderlich. Zusätzlich enthält nämlich jedes Signal einen Vor-Impuls, einen Start-Impuls und einen Stop-Impuls. Der Abstand zwischen Vor-Impuls und Start-Impuls ist 3 x 110 µs = 330 µs (**Bild 9.21**). Nach dem Start-Impuls fogt der erste 6 Daten-Impuls und nach diesem im Abstand von 3 x 110 µs = 330 µs der Stop-Impuls. Ein Befehl, der sechsmal die Binärziffer „0" enthält, dauert also insgesamt 12 x 110 µs = 1320 µs. Entsprechend hat ein Signal mit sechsmal „1" die Dauer 18 x 110 µs = 1980 µs. Die Toleranzen der Impulsdauer und der Impulspausen ergeben sich durch die Keramikschwinger im Oszillator von Sender- und Empfänger-IC.

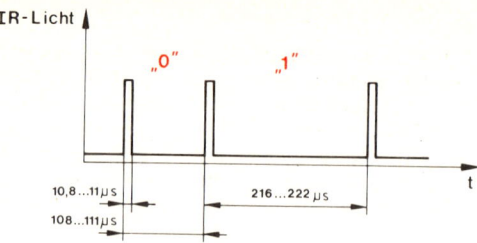

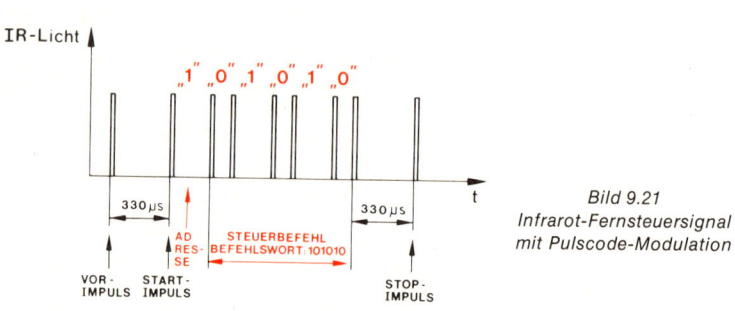

Bild 9.21
Infrarot-Fernsteuersignal
mit Pulscode-Modulation

9.2.2.2. Schutz des Fernsteuersystems vor Störungen

Bei hohem Infrarot-Störpegel, beispielsweise erzeugt durch Fremdlicht von Glühlampen oder durch Infrarot-Tonübertragung, ist es zweckmäßig, einen geregelten Empfänger-Vorverstärker einzusetzen. Der vom Sender ausgestrahlte Vor-Impuls ermöglicht die Einstellung des Verstärkungsgrades in Abhängigkeit vom Nutzsignal, bevor die eigentliche Signalauswertung beginnt.

Zur weiteren Störbefreiung wird der Infrarot-Eingang des Empfänger-ICs nach jedem empfangenen Impuls verriegelt und erst nach Ablauf der Zeit von 110 µs für eine kurze Fensterzeit t_F wieder geöffnet. Wird während t_F wieder ein Impuls empfangen, so bedeutet das ein Null-Signal. Trifft kein Impuls ein, so wird nach Ablauf einer weiteren Zeit von 110 µs wiederum ein Zeitfenster geöffnet. Ein in diesem Fenster erkannter Impuls bedeutet jetzt ein Eins-Signal. Bei dieser Arbeitsweise muß während der Informations-Übertragung wenigstens in jedes zweite Zeitfenster ein Impuls fallen, sonst liegt eine Störung vor. Diese wird erkannt, die Signalauswertung abgebrochen und der Infrarot-Eingang des ICs wieder geöffnet. Von dieser Regelung ist der Stop-Impuls ausgenommen. Der Start-Impuls und die folgenden als richtig erkannten Daten-Impulse werden gezählt, Nach dem siebenten Impuls lautet dann die geänderte Prüfbedingung: in die zwei folgenden Zeitfenster darf kein Impuls fallen, und im dritten muß der Stop-Impuls erkannt werden. Das Störbefreiungssystem erkennt also Störungen, die in die Zeitfenster hineinfallen. Es erkennt auch, wenn ein Nutzimpuls durch eine Störung unterdrückt wird, weil dann die oben beschriebene Bedingung für den Stop-Impuls nicht erfüllt wird.

Lediglich ein Doppelfehler, bestehend aus einem Störimpuls während eines Zeitfensters und einem unterdrückten Impuls, könnte dann unerkannt bleiben, wenn sich der unterdrückte Impuls zwischen zwei „0"-Informationen befände. Dieser Fall ist aber ziemlich unwahrscheinlich, wie praktische Versuche ergaben.

Der Vor-Impuls dient also nur zur Steuerung für den geregelten Empfänger-Vorverstärker. Er wird vom Empfänger-IC wie jeder andere Störimpuls behandelt: die Auswertung des Signals beginnt erst mit dem Start-Impuls.

9.2.2.3. Infrarot-Sender

Das **Bild 9.22** zeigt die Schaltung eines Infrarot-Fernbedienungssenders, der mit der CMOS-Schaltung SAA 1350 aufgebaut ist. Mit diesem Sender lassen sich insgesamt 64 Fernsteuerbefehle (32 pro Adresse) durch pulscodemoduliertes Infrarotlicht übertragen. Ein Befehl wird dadurch erteilt, daß im Tastenfeld einer von vier Zeilen-Eingängen (Anschluß 6 ... 9) mit einem von acht Spalten-Eingängen (Anschluß 10 ... 17) verbunden wird. Das ergibt zunächst 32 Befehle, die an zwei Adressen erteilt werden können. Die Adresse wird durch das am Anschluß 4 liegende Potential definiert.

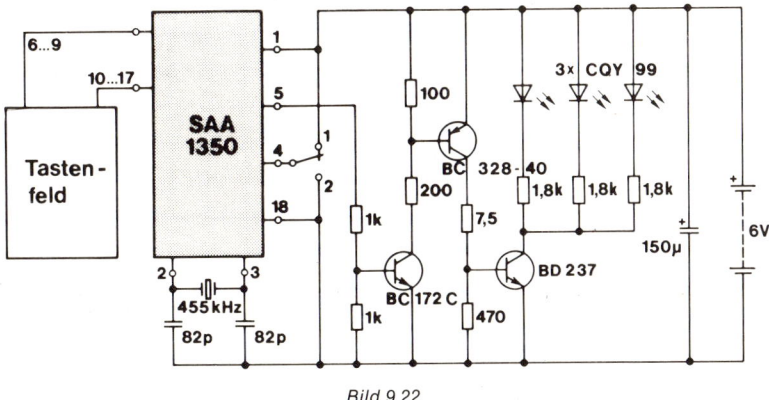

Bild 9.22
Infrarot-Fernbedienungssender (Intermetall)

Da eine MOS-Schaltung nur Ausgangsströme in der Größenordnung von einigen Milliampere liefern kann, die Infrarot-Leuchtdioden aber bei Impulsbetrieb zusammen etwa 1 A ziehen, ist dem Ausgang (Anschluß 5) ein aus Einzelhalbleitern aufgebauter Schaltverstärker nachgeschaltet, der dann den benötigten hohen Strom schaltet.

Zur Aufbereitung der Steuerimpulse und zur internen Ablaufsteuerung des ICs wird ein Oszillator benötigt. Die Frequenz dieses Oszillators wird durch einen externen Keramikschwinger bestimmt. Dadurch ergeben sich Abweichungen von der Sollfrequenz (f = 455 kHz) von weniger als ±1%.

9.2.2.4. Infrarot-Empfänger

Das **Bild 9.23** zeigt die Schaltung eines Infrarot-Fernbedienungs-Empfängers vom Typ SAA 1351 mit dem 64 Fernsteuerbefehle (32 pro Adresse), die durch pulscodes-moduliertes Infrarotlicht übertragen werden, ausgewertet werden können. Als Infrarot-Vorverstärker wird die integrierte Schaltung TEA 1009 verwendet. Es ist ein geregelter Verstärker, der das von der Fotodiode BPW 41 empfangene und in elektrische Signale umgewandelte Infrarotlicht verstärkt. Über den Transistor T 3 gelangen die Steuerbefehle in die integrierte Schaltung SAA 1351. Die 32 Steuerbefehle können nicht nur über Infrarot, sondern auch über die Anschlüsse A ... E von einem Tastenfeld aus in den SAA 1351 eingegeben werden.

Gelangt ein Steuerbefehl über den Anschluß 17 in die integrierte Schaltung SAA 1351, so wird es intern an einen Codewandler gegeben. Von dort gelangt es in ein Schieberegister, aus dem es nach Prüfung auf Fehlerfreiheit in den Befehlsspeicher übernommen wird. Von dort gelangt die Information über die Ein/Ausgabeschaltung an die Ausgänge A bis E, wo sie in paralleler 5-Bit-Form zur weiteren Verarbeitung zur Verfügung steht. Bei direkter Eingabe über das Tastenfeld gelangt die Information unmittelbar in den Befehlsspeicher,

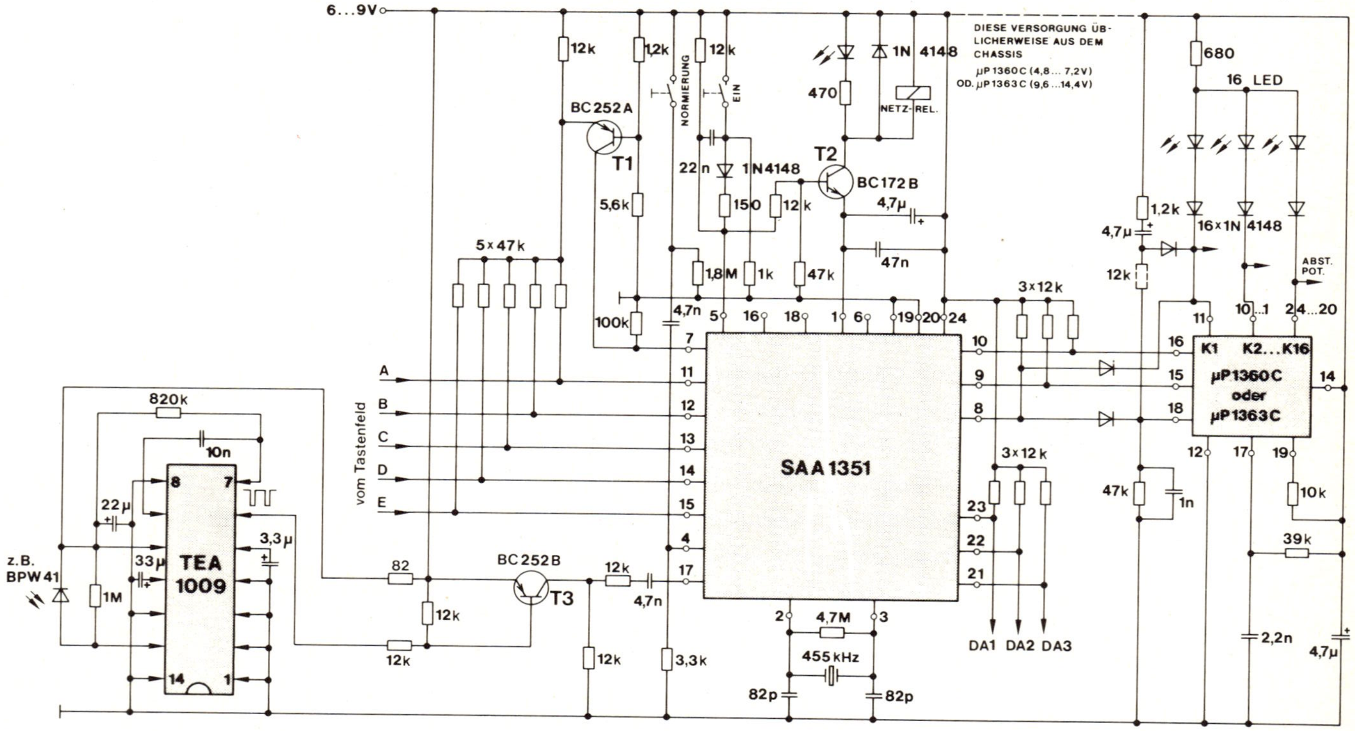

Bild 9.23
Infrarot-Fernbedienungsempfänger (Intermetall)

wobei dann die Anschlüsse 11 bis 15 als Eingänge fungieren. Die Umschaltung von Infrarot auf direkte Eingabe erfolgt dadurch, daß beim Betätigen einer Taste vom Tastenfeld über den Transistor T1 eine HL-Flanke an den Anschluß 7 gegeben wird.

Der Befehlsdecodierer wandelt die vom Befehlsspeicher kommende, binär codierte Information in entsprechende Steuersignale um. Der Gesamtvorrat an Befehlen läßt sich in zwei Gruppen einteilen, in Programmbefehle und alle übrigen Befehle. Die Programmbefehle umfassen die selektiven Befehle, mit denen gezielt eines der abgespeicherten 16 Programme eingeschaltet werden kann, und die sequentiellen Befehle, mit denen eine fortlaufende Programmweiterschaltung in Vorwärts- oder Rückwärtsrichtung möglich ist.

Die Programmschaltung liefert im Falle eines Programmbefehls ein entsprechendes digitales Signal an die Anschlüsse 8 bis 10 und steuert den Komparator und den Programmspeicher. Das Ausgangssignal des Programmspeichers steuert die Abstimmspannung für die Kapazitätsdioden im Tuner und nimmt die Bereichsumschaltung vor. Mittels der 16 Leuchtdioden werden die Kanalnummer und die Programm-Nummer angezeigt.

In den Programmspeicher wird eine neue Programminformation nur dann übernommen, wenn der Komparator festgestellt hat, daß der Inhalt des Programmspeichers und die neue Information im Befehlsspeicher verschieden sind. Nur in diesem Fall wird über die Ablaufsteuerung die Programmschaltung aktiviert. Dadurch wird erreicht, daß bei dauernder Erteilung eines selektiven Programmbefehls dieser Befehl nur einmal ausgeführt wird und nur bei einem anderen Befehl eine Verarbeitung erfolgt.

In den 32 Befehlen sind sechs Befehle für die Steuerung dreier Analogwerte, z. B. Lautstärke, Helligkeit und Farbsättigung, enthalten. Die Signale für die Steuerung dieser drei Werte werden von den Analog-Ausgängen DA1 ... DA2 des Empfänger-ICs dauernd in Form von Rechteckspannungen abgegeben, deren Puls-Pausen-Verhältnis die Größe der Analogwerte bestimmt. Nach dem Eintreffen eines Analog-Befehls wird das Puls-Pausen-Verhältnis des betreffenden integrierten D/A-Wandlers um eine Stufe weitergeschaltet. Bei Dauersignal folgen weitere Fortschaltungen in einem bestimmten Zeitabstand. Um die drei D/A-Wandler auf ihr Grund-Puls-Pausen-Verhältnis zu bringen, d. h. die drei Analogwerte in ihre Grundstellung zu bringen, wird mit der Taste „Normierung" kurzzeitig Betriebsspannung an den Anschluß 4 des ICs gelegt.

Mit dem Erteilen eines Programmbefehls wird eine Stummschaltung aktiviert, die nach jedem Programmbefehl den Anschluß 23 (Lautstärke) für 320 ms sperrt. Ein während dieser 320 ms neu erteilter Programmbefehl verlängert die Stummschaltzeit entsprechend. Wird während der Stummschaltzeit ein Befehl für Helligkeit, Lautstärke o. ä. gegeben, so endet die Stummschaltzeit, und der neue Befehl wird ausgeführt.

Für die interne Ablaufsteuerung enthält diese integrierte Schaltung einen Taktgenerator. Das ist ein 455-kHz-Oszillator, dessen Frequenz durch ein externes Keramikfilter (Anschluß 2 und 3) bestimmt wird.

Das Ein- und Ausschalten des Fernsehgerätes erfolgt über den Anschluß 5. Über die Taste „Ein" wird ein internes Netz-Flip-FLop gesteuert. Wird über die Infrarot-Fernbedienung „Netz aus" gesendet, so kippt das interne Netz-Flip-FLop um und steuert über den Anschluß 5 den Transistor T2 an, so daß das Netz-Relais abfällt. Die Leuchtdiode leuchtet jetzt auf und signalisiert „Bereitschaftsstellung".

Soll der Fernsehempfänger über Infrarot eingeschaltet werden, so muß der Befehl „Netz ein" mindestens 260 ms anliegen. Direktes Anschalten ist über die Taste „Ein" möglich und erfolgt unverzögert.

Zusammenfassung 9

Die Senderabstimmung erfolgt heute bei den Fernsehgeräten durch Änderung einer Gleichspannung. Diese Gleichspannung wird auf Kapazitätsdioden gegeben, die im Kanalwähler parallel zu den Schwingkreisen liegen. Für jeden mit einem Programm belegten Kanal braucht deshalb nur ein Potentiometer, an dem die erforderliche Gleichspannung abgegriffen wird, über einen Schalter eingeschaltet zu werden. Das Einschalten erfolgt mit elektronischen Schaltern, die über Sensortaster gesteuert werden.

Frequenzverschiebungen durch Temperaturdrift und Alterung lassen sich nur durch eine automatische Frequenznachstimmung (AFC) auskorrigieren. Die AFC wird mit einem Regelkreis erreicht. Ein auf die Bildträger-Zf (38,9 MHz) abgestimmter Diskriminator gibt je nach Frequenzabweichung eine positive oder negative Regelspannung ab, die der Senderabstimmspannung beaufschlagt wird. Für solche automatischen Frequenznachstimmschaltungen gibt es heute spezielle integrierte Schaltungen.

Soll ein neuer Sender eingestellt werden, so ist ein automatischer Sendersuchlauf von Vorteil. Hier gibt es die Möglichkeit, entweder den Kanalwähler durch eine auf die Kapazitätsdioden gegebene zeitlinear ansteigende Spannung durchzustimmen oder durch einen Digital-Sendersuchlauf. Bei der stetigen Durchstimmung wird der Suchlauf sofort gestoppt, wenn ein Bildträger empfangen wird. Dann setzt die Feinabstimmung ein und stimmt den Empfänger auf optimalen Empfang ab. Eine Speicherung der Abstimmspannung ist nicht möglich. Beim Digital-Sendersuchlauf wird den Kapazitätsdioden eine Treppenspannung zugeführt. Bei Erreichen eines empfangswürdigen Fernsehsignals stoppt der Suchlauf und geht in ein langsames Feinabstimmen mit automatischer Frequenznachregelung über, das genau im optimalen Abstimmpunkt für bestmögliche Bildschärfe endet. Die auf diese Weise gefundene Sendereinstellung kann als digitale Abstimminformation in einem CMOS-Speicher festgehalten werden. Sie ist dann über die vorhandene Programmumschalteinrichtung des Gerätes jederzeit wieder abrufbar.

Um die Bedienung der Fernsehgeräte bei der Programmwahl noch weiter zu vereinfachen, wurden sogenannte Abstimmsysteme entwickelt.

Beim Abstimmsystem mit Frequenzzähler wird die im Kanalwähler erzeugte Oszillatorfrequenz im Verhältnis 1 : 256 heruntergeteilt und in einen Digitalzähler eingelesen. Soll ein bestimmter Kanal empfangen werden, so wird aus einem vorprogrammierten Festwertspeicher der Endwert des Frequenzzählers abgerufen. Solange zwischen diesem Endwert und der eingelesenen Oszillatorfrequenz eine Differenz besteht, veranlaßt eine elektronische Schaltung, daß eine ansteigende Abstimmspannung den Kapazitätsdioden im Kanalwähler zugeführt wird. Stimmen die Zählerstellung für die Oszillatorfrequenz und der eingespeicherte Endwert überein, wird die Feinabstimmung aktiviert, und kleine Restabweichungen werden durch Nachstimmimpulse ausgeglichen.

Beim Abstimmsystem mit Frequenzsynthese wird die im Kanalwähler erzeugte Oszillatorfrequenz zunächst mit einem festen Teilerverhältnis von 1 : 64 heruntergeteilt. In einem zweiten programmierbaren Teiler wird die Oszillatorfrequenz für jeden empfangenen Kanal auf 1,953125 kHz heruntergeteilt. Somit ergibt sich für jeden Kanal ein bestimmtes Teilerverhältnis. In einem Speicher wird nun für jeden abgespeicherten Kanal das zugehörige Teilerverhältnis mit abgespeichert.

Soll ein bestimmter Kanal empfangen werden, so wird das entsprechende Teilerverhältnis durch Aufrufen der Kanalnummer in den Teiler gegeben. In einer Phasenvergleicherschaltung wird nun die vom Kanalwähler-Oszillator kommende und heruntergeteilte Frequenz mit einer Festfrequenz verglichen. Diese Festfrequenz wird in einem 4 MHz-Oszillator erzeugt und dann im Verhältnis 1 : 2048 auf 1,953125 kHz heruntergeteilt. Besteht zwischen beiden Frequenzen eine Differenz, gibt der Phasenvergleicher solange eine Nachstimmspannung auf die Kapazitätsdioden im Kanalwähler, bis Frequenzübereinstimmung besteht. Moderne Abstimmsysteme arbeiten mit sogenannten Kanalprozessoren. Das

Grundprinzip beruht auf dem Abstimmsystem mit Frequenzsynthese. Durch die erweiterten integrierten Schaltungen lassen sich viele Kanäle abspeichern.

Um den Komfort bei der Bedienung von Fernsehgeräten zu erhöhen, wurden drahtlose Fernbedienungen entwickelt. Bei der Ultraschall-Fernbedienung werden die einzelnen Befehle mittels Ultraschallschwingungen, die zwischen 34 kHz und 44 kHz liegen, übermittelt. Dabei wird jedem Befehl die eigene Frequenz zugeteilt. Mit dem im Fernsehgerät eingebauten Ultraschall-Empfänger werden die einzelnen Frequenzen empfangen und dann in entsprechende Steuersignale umgewandelt.

Wird Infrarotlicht als Übertragungsmedium benutzt, so ergeben sich gegenüber Ultraschall wesentliche Vorteile. So treten keine Störungen durch Wandreflexionen, Dopplereffekte und Klirrgeräusche auf. Außerdem lassen sich mit Infrarot sehr viel mehr verschiedene Befehle übertragen.

Für die Übertragung der Fernsteuersignale wird pulscode-moduliertes Infrarotlicht benutzt. Die Information ist dabei in den unterschiedlichen Zeitabständen zwischen den aufeinanderfolgenden, sehr kurzen Infrarot-Impulsen enthalten. Dadurch ist es möglich, die Sender-Leuchtdioden kurzzeitig mit hohen Strömen zu betreiben, wordurch sich große Reichweiten und gute Störsicherheit erzielen lassen. Durch diese impulsförmigen Ströme wird die Batterie des Fernbedienungssenders nicht sehr belastet, was einen erheblich geringeren Energiebedarf von Infrarot-Fernbedienungssendern gegenüber einem Ultraschall-Fernbedienungssender bedeutet.

Das pulscode-modulierte Infrarotlicht wird von einer Fotodiode aufgenommen und in elektrische Impulse umgewandelt. In einer integrierten Schaltung werden diese digitalen Signale ausgewertet und zur Programmsteuerung bzw. zur Steuerung analoger Signale umgewandelt.

Lerntest 9

1. Womit werden im Kanalwähler die Schwingkreise abgestimmt?
   a) mit PIN-Dioden
   b) mit Schaltdioden
   c) mit Kondensatoren
   d) mit Kapazitätsdioden
   e) mit Ge-Dioden

2. Wie werden die Tasten genannt, mit denen über Berührungselektroden elektronische Schalter betätigt werden?
   a) Prelltasten
   b) Sensortasten
   c) Kipptasten
   d) Wippschalter
   e) Tastschalter

3. Was bedeutet die Bezeichnung AFC?
   a) Automatische Fernseh-Einschaltung
   b) Automatischer Fernsteuerungsbetrieb
   c) Automatische Feinabstimmung
   d) Automatische Fernsehprogramm-Steuerung
   e) Automatische Frequenzabstimmung

4. Welcher Frequenzbereich eignet sich für die Ultraschall-Fernsteuerung bei Fernsehempfängern?
   a) zwischen 310 MHz und 320 MHz
   b) zwischen 330 kHz und 450 kHz
   c) zwischen 45 kHz und 47 kHz
   d) zwischen 34 kHz und 44 kHz
   e) zwischen 30 kHz und 32 kHz

5. Welche Modulationsart wird bei einer Infrarot-Fernbedienung verwendet?
   a) Amplitudenmodulation
   b) Phasenmodulation
   c) Digitalmodulation
   d) Frequenzmodulation
   e) Pulscodemodulation

6. Nach welchem Prinzip funktioniert der Digital-Sendersuchlauf?

7. Erklären Sie das Grundprinzip des Abstimmsystems mit Frequenzzähler!

8. Wozu dient die Feinabstimmung?

9. Was versteht man unter Sendersuchlauf?

10. Was versteht man unter Ultraschall?

11. Welchen Betriebszustand des Fernsehempfängers nennt man Bereitschaft?

12. Welche Vorteile hat die Infrarot-Fernsteuerung gegenüber einer Ultraschall-Fernbedienung?

13. Wie ist ein Infrarot-Steuerbefehl nach der Pulscodemodulation aufgebaut?

14. Durch welche Maßnahmen erkennt eine Infrarotfernbedienung mit Pulscodemodulation Störungen?

15. Auf welche Frequenz wird eine Oszillatorfrequenz von 4 MHz heruntergeteilt, wenn der
Teiler ein Teilerverhältnis von $1:2^{11}$ besitzt?

10. DIGITAL-FERNSEHEN

10.1 Allgemeines

Die Digitaltechnik hat schon seit geraumer Zeit in Fernsehgeräten Fuß gefaßt. So arbeiten Infrarot-Fernbedienungen digital. Die Einstellung der Fernsehkanäle erfolgt mit Hilfe der digitalen Frequenzsynthese. Solche Einstellungen lassen sich dann auch einfach digital speichern, so daß die verschiedenen Fernsehprogramme sofort per Knopfdruck auf dem Bildschirm erscheinen. Diese Beispiele machen deutlich, daß die Digitaltechnik bisher nur für solche Funktionen verwendet wurde, die im weitesten Sinne mit der Einstellung oder Bedienung von Farbfernsehgeräten zu tun haben.

Diese Digitaltechnik ist mit dem Begriff „Digital-Fernsehen" nicht gemeint. Hier geht es um die Digitalisierung der Signalverarbeitung. Dabei stellt sich die Frage, warum soll die Signalverarbeitung digitalisiert werden, wenn die konventionellen Fernsehgeräte heute einen so hohen Leistungsstand aufweisen und das Fernsehsignal auch in absehbarer Zeit analog gesendet werden wird. Die Hauptargumente für die Entscheidung zur Digitalisierung waren:

● eine drastische Reduzierung der Anzahl von Einzelbauelementen.
Dabei ergeben sich Kosteneinsparungen beim Einkauf, in der Qualitätskontrolle, in der Fertigung und bei der Reparatur.
Das ist nur möglich geworden durch die VLSI-Schaltungstechnik. (VLSI = very large scale integration = sehr großer Integrationsgrad mit über 10.000 Bauelementefunktionen/Chip.)

● neue Abgleichverfahren
Da die Steuerung vieler Gerätefunktionen durch elektronisch gespeicherte, digitale Informationen erfolgt, werden die meisten Einstell-Potentiometer überflüssig. Einstellvorgänge, die bisher „von Hand" durchgeführt werden, lassen sich mit Hilfe von Computern direkt in der Fertigung vornehmen. Einmal optimal abgeglichen, steuern die Geräte alle für die Bildwiedergabe relevanten Funktionen selbsttätig und kompensieren damit Alterungsprozesse, beispielsweise in der Bildröhre und in den Ablenkstufen. Damit ergibt sich eine Verbesserung des Langzeitverhaltens und der Zuverlässigkeit.

● Verminderung von Verzerrungen und Rauschen.
Die auf dem Übertragungsweg auftretenden Verzerrungen und das Rauschen lassen sich bei einem analogen Signal nur unter Einbuße von Wiedergabequalität mindern. Bei der Digitalisierung eines Signals lassen sich solche Störungen einfach beseitigen.

● zusätzliche Gerätefunktionen
Videotext, Bildschirmtext, Bildschirmspiele und Heimcomputer arbeiten grundsätzlich mit digitalen Signalen. Sollen diese über ein „analoges" Fernsehgerät wiedergegeben werden, so ist stets ein entsprechender Decoder einzubauen. Bei einem Digital-Fernsehgerät können diese Signale direkt eingespeist werden. Damit ergibt sich eine wesentliche Erweiterung der Anwendungsmöglichkeiten eines solchen Gerätes.

● Erhöhung der Bildqualität
flimmerfreies Fernsehbild durch Zwischenspeicherung und Wiedergabe mit erhöhter Zeilen- und Bildfrequenz.
Automatische Unterdrückung von Geisterbildern (Reflexionen).

Voraussetzung zur Erzeugung eines flimmerfreien Bildes ist eine Erhöhung der Bildfrequenz von bisher 25 Hz, d. h. 50 Halbbilder pro Sekunde. Da eine Änderung der Norm nicht in Frage kommen kann, muß die Bildinformation gespeichert und mehrmals ausgelesen werden. Für ein komplettes, digital aufbereitetes Bild benötigt man einen schnellen Speicher von etwa 3 MBit. Eine Verdopplung der Bildfrequenz von 25 Hz auf 50 Hz, d. h. 100 Halbbilder pro Sekunde, beseitigt nicht nur das Flächenflimmern, sondern auch das

Kantenflimmern verschwindet. Bei der Betrachtung solcher Fernsehbilder zeigt sich jedoch, daß bewegte Kanten in waagerechter Richtung verdoppelt, in senkrechter Richtung ausgefranst erscheinen. Die Bildschärfe leidet also unter der Erhöhung der Bildfrequenz. Wie sich dieses Problem schaltungstechnisch mit Hilfe eines Bewegungsdetektors am günstigsten lösen läßt, befindet sich zur Zeit noch im Entwicklungsstadium.

10.2 Prinzip der Signal-Digitalisierung

Zur Digitalisierung von Analogsignalen wird beim Fernsehen das Puls-Code-Modulationsverfahren, kurz PCM genannt, verwendet.

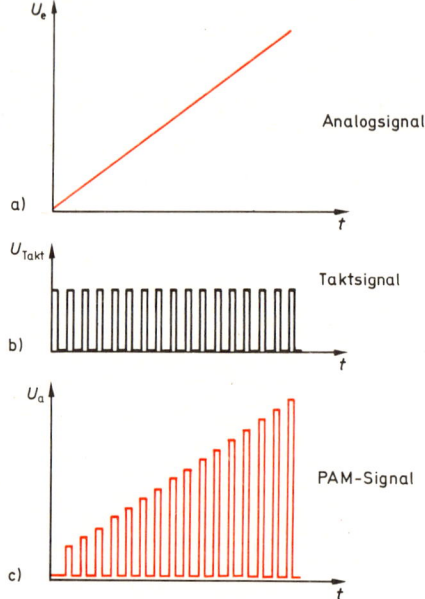

Hierbei wird der Amplitudenverlauf eines zu digitalisierenden Analogsignals mit Hilfe einer Taktfrequenz abgetastet. Es werden dabei entsprechend der Frequenz des Taktsignales ständig in gleichbleibenden Abständen Proben der augenblicklichen Amplitudenwerte des umzuwandelnden Signals genommen. Das Signal wird also quantisiert, und es entsteht eine pulsamplitudenmodulierte Information (PAM-Signal) (**Bild 10.1**).

Dieses PAM-Signal wird in einer Schaltung gewonnen, die durch das Taktsignal gesteuert, das analoge Eingangssignal

Bild 10.1
Umwandlung eines Analogsignals
in ein PAM-Signal

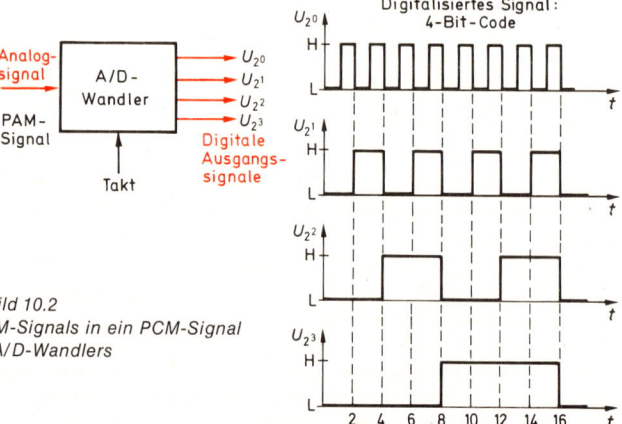

Bild 10.2
Umwandlung eines PAM-Signals in ein PCM-Signal
mittels A/D-Wandlers

370

nur während der Taktimpulse an den Ausgang gelangen läßt. Das Ergebnis stellt natürlich noch nicht das Endprodukt dar, denn die Information besteht nach wie vor in sich ändernden Amplitudenwerten, wenn auch inzwischen in Einzelimpulse zerlegt.

Die eigentliche Umwandlung in ein digitalisiertes Signal erfolgt in einem Analog-Digital-Wandler (A/D-Wandler (**Bild 10.2**). Ein solcher A/D-Wandler hat mehrere Ausgänge, die alle ein binäres Signal liefern. Ein binäres Signal kann nur zwei Zustände annehmen: entweder L (LOW = niedrig) oder H (HIGH = hoch). Um auch mehr als nur zwei Informationen zu erhalten, muß der A/D-Wandler mehrere Ausgänge haben, die alle unterschiedliche Wertigkeiten von Zweierpotenzen besitzen.

Zur Verdeutlichung des Verfahrens soll als Beispiel das linear ansteigende Analogsignal aus Bild 10.1a digital gewandelt werden. Durch Abtasten mit dem Taktsignal (Bild 10.1b) werden rhythmische Proben (Samples) genommen, und es entsteht das PAM-Signal (Bild 10.1c). Dieses gelangt an den Eingang des A/D-Wandlers (Bild 10.2). Zur Vereinfachung der Darstellung weist der A/D-Wandler nur vier Ausgänge entsprechend 4 Bit auf. Daraus ergibt sich für die Übertragung eine Amplitudenauflösung von $2^4 = 16$ Werte. Jedem der 16 Amplitudenwerte des PAM-Signals wird auf diese Weise an den vier Ausgängen ein bestimmtes Bit-Muster zugeordnet. Dem niedrigsten Amplitudenwert entspricht z. B. das Codewort LLLL, dem höchsten das Codewort HHHH.

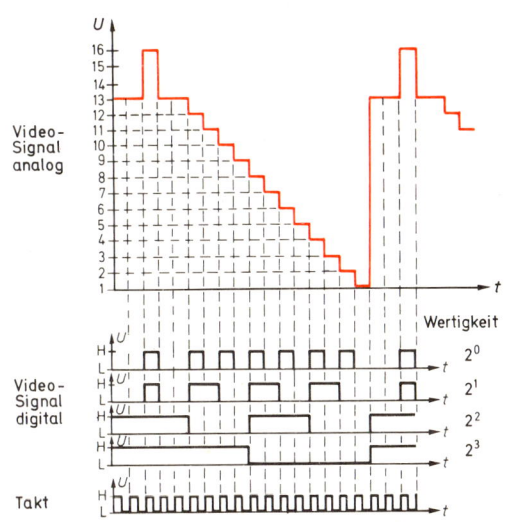

Bild 10.3
Umwandlung eines
analogen Videosignals mit Grautreppe
in ein digitalisiertes Videosignal

Wird nach diesem Verfahren das Videosignal mit einer Grautreppe umgewandelt, so ergibt sich das im **Bild 10.3** gezeigte Bit-Muster an den vier Ausgägen des A/D-Wandlers. Hier ergibt der Zeilensynchronimpuls das Codewort HHHH, der Weißwert das Codewort LLLL.

Bei der Rückwandlung der Digitalinformation in ein Analogsignal müssen die jeweiligen Codeworte durch einen Digital-Analog-Wandler (D/A-Wandler) geführt werden (**Bild 10.4**). Bezogen auf das Ausgangsbeispiel (Bild 10.1) zeigt sich, daß sich nicht mehr exakt der lineare Signalanstieg ergeben kann. Mit den vorhandenen vier Informationsbits lassen sich nur 16 unterschiedliche Amplitudenwerte darstellen. Daher erhält das Ausgangssignal des D/A-Wandlers anstelle des linearen Verlaufs eine Treppenspannung mit 16 Stufen. Im Mittelwert ist dieses Signal dem ursprünglichen Signalverlauf jedoch gleich.

Würde das Analogsignal in eine 8-Bit-Information umgewandelt, so hätten sich $2^8 = 256$ Stufen ergeben, was der Originalform des Analogsignals schon recht genau entspräche.

Beim Fernsehen hat das Videosignal eine höchste Frequenz von 5 MHz. Bei langsam veränderlichen Videosignalen reichen für eine ausreichende Auflösung 8 Bit aus, während diese Zahl für schnellere Signale kleiner sein kann. Für die Farbverarbeitung werden nur

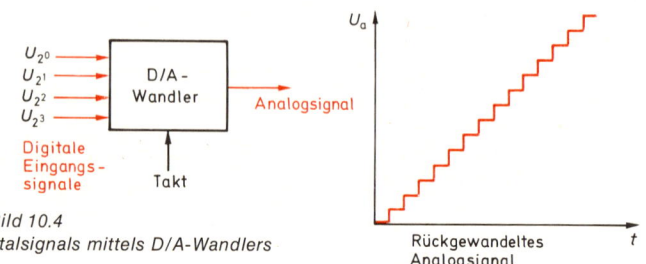

Bild 10.4
Rückwandlung eines Digitalsignals mittels D/A-Wandlers

6 Bit benötigt. Die Tonsignal-Verarbeitung mit HiFi-Qualität erfordert 14 Bit, die Grenze für akzeptablen Klang eines normalen Fernsehempfängers liegt bei 12 Bit.

Bei einer Digitalisierung des Fernsehsignals muß die Frage gestellt werden, an welcher Stelle im Fernsehempfänger die Umwandlung des analogen Signals in digitale Informationen erfolgen soll. Sinnvoll wäre die Umwandlung gleich hinter dem Antenneneingang, um alle im Abschnitt 10.1 genannten Vorteile im ganzen Umfange auszunutzen. Der Frequenzbereich des über die Antenne empfangenen Signals liegt zwischen 40 MHz und 1000 MHz. Für diesen Frequenzbereich lassen sich heute wirtschaftlich durchführbare Analog/Digital-Wandler nicht herstellen. Durch Mischung mit der Oszillatorfrequenz wird das empfangene Antennensignal auf die Bild-Zwischenfrequenz von etwa 40 MHz umgesetzt. A/D-Wandler mit 8-Bit-Auflösung, die 40-MHz-Signale digitalisieren können, sind bereits auf dem Markt, allerdings zu Preisen, die den Einsatz im Bereich der Unterhaltungselektronik ausschließen. Daher wird die A/D-Umsetzung hinter dem Video-Demodulator vorgenommen, wo das normalisierte Videosignal mit etwa 2 V Amplitude und einer Bandbreite von $<$6 MHz vorliegt. Es enthält die Video-Information, die Farbinformation, die Synchronisiersignale und die Ton-Zwischenfrequenz von 5,5 MHz.

Der Ton-Zwischenträger ist frequenzmoduliert. In Versuchen stellte sich heraus, daß es Schwierigkeiten gibt, die Umwandlung eines frequenzmodulierten Trägers mit dieser Frequenz bei einer 12-Bit-Auflösung und anschließender digitalen Demodulation vorzunehmen. Das erzwang die Anordnung des A/D-Wandlers für den Tonkanal hinter dem Ton-Zf-Demodulator.

Nach den digitalen Signalverarbeitungsstufen müssen die digitalen Informationen wieder in analoge Signale mittels D/A-Wandler zurückgewandelt werden. Hierfür gibt es entsprechende kostengünstige Wandler.

Für die Qualität der Rückgewinnung des Analog-Signals ist nicht nur die Bit-Zahl der Auflösung verantwortlich, sondern auch die Höhe der Abtastfrequenz und damit die zeitliche Folge der Signalproben (Quantisierung). Sollen mehr Feinheiten im Amplitudenverlauf eines Signals mit einer hohen Frequenz übertragen werden, so muß die Taktfrequenz für die Signalabtastung entsprechend hoch gewählt werden. Sie muß für eine brauchbare Rückwandlung des Signals mindestens die 2fache Frequenz aufweisen. Beim Fernsehen wählt man eine Taktfrequenz von $4 \times 4,43$ MHz = 17,72 MHz, d. h. viermal die Burstfrequenz. Durch den Bezug auf die Burstfrequenz ergibt sich gleichzeitig noch eine starre Verkoppelung mit dem Fernsehbild.

10.3 Digital-Konzepte

Die Firma Intermetall hat sich schon sehr früh mit der digitalen Signalverarbeitung im Fernsehgerät beschäftigt und einen entsprechenden Standard-IC-Satz entwickelt. Wie aus dem Blockschaltbild (**Bild 10.5**) eines solchen Digital-Fernsehgerätes hervorgeht, besteht dieser Standard-IC-Satz aus fünf VLSI-Chips und drei Peripherie-ICs.

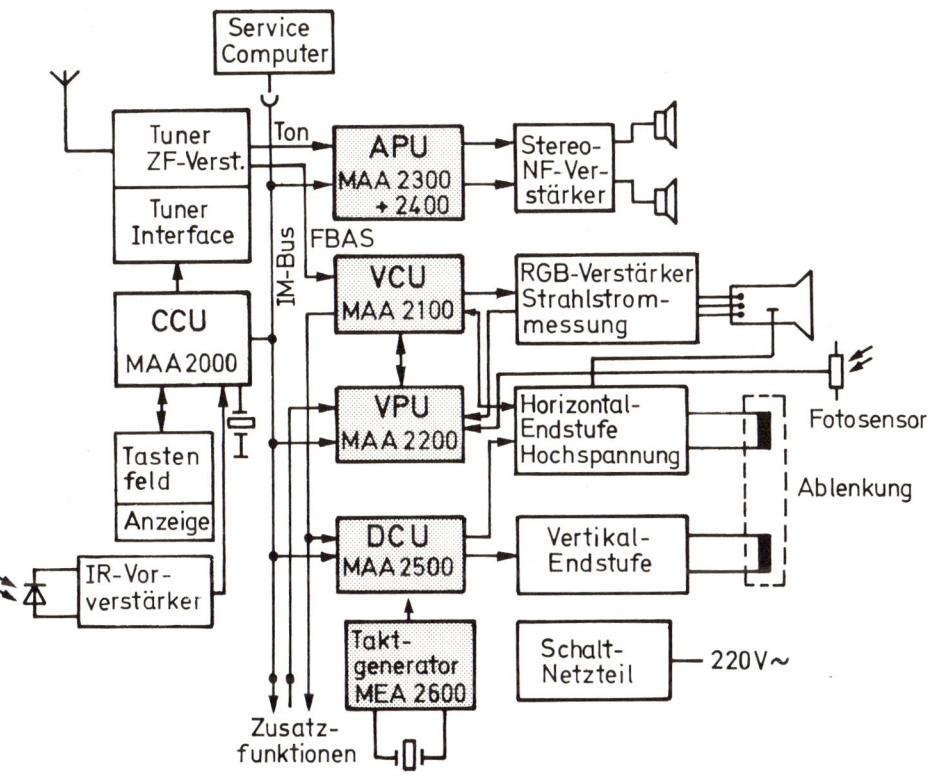

Bild 10.5
Blockschaltbild eines Farbfernsehgerätes mit digitaler Signalverarbeitung
(ITT-Schaub-Lorenz)

Das analoge Antennensignal wird im Kanalwähler und im Bild-Zf-Baustein verstärkt, auf niedrigere Frequenzen umgewandelt und dann demoduliert. Das so gewonnene FBAS-Signal wird dem VCU-Baustein (Video-Codec) zugeführt. Hier werden die A/D-Wandlung, die digitale Signalverarbeitung und die D/A-Wandlung vorgenommen. Gesteuert wird dieser Baustein von dem VPU-Baustein (Video-Prozessor). In der DPU-Schaltung (Ablenk-Prozessor) werden alle erforderlichen Steuersignale für die Ablenkstufen gewonnen. Im APU-Baustein (Audio-Prozessor) erfolgt die Aufbereitung und Verarbeitung der Toninformation. Die zentrale Steuerschaltung CCU übernimmt die Speicherung von Wunscheinstellungen und Wunschkanälen. Von hier aus erfolgt die Abstimmung des Tuners usw. Der Taktgenerator erzeugt die erforderliche Taktfrequenz zur Steuerung aller ICs.

Dieses Konzept, das im Gegensatz zu anderen Vorschlägen auf analog-digitale Zwischenlösungen verzichtet, erscheint möglicherweise zunächst noch etwas aufwendig zu sein. Langfristig bietet es jedoch die notwendige Flexibilität und Ausbaufähigkeit. So ist es bei diesem Konzept möglich, ohne Zusatzeinrichtungen unmittelbar Videotext, Bildschirmtext, Bildschirmspiele usw. einzuspeisen.

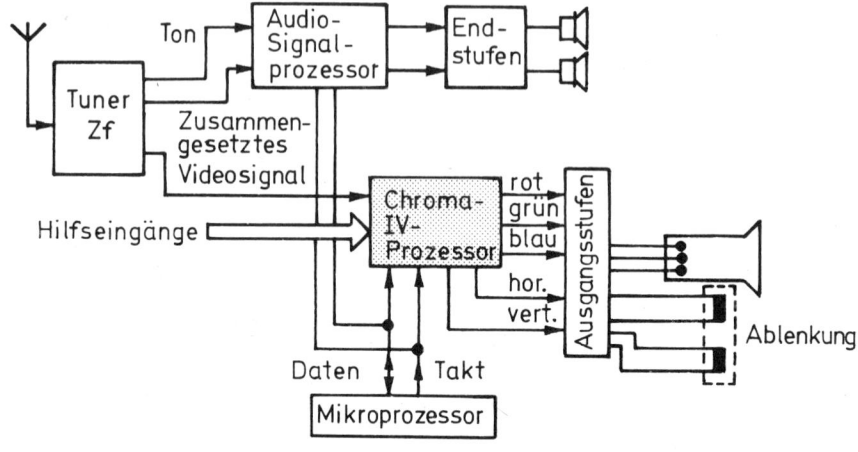

Bild 10.6
Blockschaltbild eines Farbfernsehgerätes mit einem Chroma-IV-Prozessor,
der analoge und digitale Signale verarbeitet (Motorola)

Die Firma Motorola entwickelte einen Chroma-IV-Prozessor, der eine sehr ökonomische Zwischenlösung auf dem Wege zur vollständigen Digitalisierung darstellt. Dieser Prozessor (**Bild 10.6**), in Bipolartechnik konzipiert, enthält etwa 5000 Transistor-Funktionen auf einem Chip. Er ist als Universal-Baustein ausgelegt, der für alle drei Normen – PAL, Secam und NTSC – geeignet ist. Er ist über einen sogenannten Zweidraht-Datenbus mit einem Mikroprozessor verbunden, der die gesamte Steuerung – auch die Bedienungsfunktionen – übernimmt. Am Eingang dieses Prozessors liegt das zusammengesetzte Videosignal an, das entweder von der Bild-Zf-Stufe oder von einem Videorecorder kommt. Am Ausgang stehen die RGB-Informationen sowie die beiden Ablenk-Steuersignale zur Verfügung. Für die Ablenkung sind dann noch zusätzliche Leistungsstufen erforderlich. Dieser Baustein wird an 5-V-Betriebsspannung gelegt, seine Verlustleistung liegt bei 0,5 W.

Der italienische Halbleiterhersteller SGS-Ates hat einen digitalen Ablenk-Prozessor TDA 8180 entwickelt (**Bild 10.7**). Dieser Ablenk-Prozessor gibt an den Chroma- und Luminanz-Prozessor ein Doppeltreppen-Signal ab (Super-Sandcastle genannt), das aus Austastsignal und einem Puls besteht, der die Lage des Burst signalisiert. Ein interner Hauptoszillator (500 kHz) erzeugt alle Zeit-Steuersignale. Die weiteren Eigenschaften des Ablenkprozessors sind: Frequenz- und Phasenabgleich sind unnötig, automatische Anpassung an TV-Normen (525/625 Zeilen; 50/60 Bilder/s), Synchronisation auch bei stark gestörten oder verrauschten Signalen möglich.

Die Firma Philips/Valvo hat sich ebenfalls mit der Digitalisierung im Fernsehgerät beschäftigt. Sie beschreitet den Weg zur Verbesserung der Bildqualität über einen CCD-Speicherchip. In einem solchen Speicher läßt sich die digitale Information eines vollständigen Video-Halbbildes unterbringen. Da die zukünftigen Geräte der Unterhaltungselektronik, z. B. Fernsehempfänger, grundsätzlich A/D- und D/A-Wandler, Signalprozessoren und Steuerbausteine enthalten werden, ist es folgerichtig, daß Halbleiterspeicher mit einer großen Speicherkapazität benötigt werden. Das heißt, die Entwicklung und die Herstellung

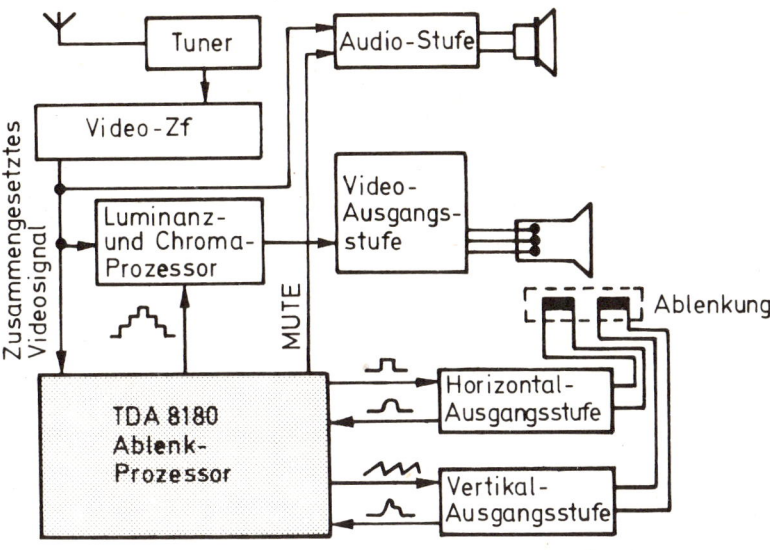

Bild 10.7
Blockschaltbild eines Farbfernsehgerätes mit einem Ablenk-Prozessor
(SGS-Ates)

eines fernsehoptimierten Halbbildspeichers ist der Schlüssel zur Realisierung verschiedener Anwendungen in einem Fernsehgerät. Diese Anwendungen lassen sich in zwei Hauptgruppen unterteilen:

a) Unmittelbare Verbesserung der Bildqualität
   – flimmerfreies 100-Hz-Fernsehbild
   – Herabsetzung des Rauschens, das entweder durch die Übertragung oder bei der Aufnahme entsteht
   – Trennung von Farbdifferenz- und Leuchtdichtesignal durch Kammfilter

b) Einführung von Zusatz-Funktionen
   – Standbild oder Einfrieren des Bildes
   – Mehrfach-„Bild-in-Bild"
   – Videotext-Pufferspeicher
   – Bildzusammensetzung in „slow scan"-Systemen
   – grafische Wiedergabe und Zoom.

Mit den heute vorhandenen CCD-Halbleiterspeichern lassen sich schon ein Siebtel eines Fernseh-Halbbildes speichern. Demzufolge werden im praktischen Betrieb zur Speicherung eines Halbbildes sieben solcher Chips benötigt, die bei Taktfrequenzen bis zu 40 MHz arbeiten.

10.4 Digivision

Ausgehend von dem von der Firma ITT Intermetall entwickelten Standard-IC-Satz zur digitalen Signalverarbeitung konzipierte die Unternehmensgruppe Audio Video Elektronik der Standard Elektronik Lorenz AG unter den Marken ITT und Graetz ein Farbfernsehgerät mit digitaler Signalverarbeitung. Im **Bild 10.8** ist das Blockschaltbild eines solchen Farbfernsehempfängers mit digitaler Signalverarbeitung wiedergegeben (s. Seite 377).

Das von der Antenne kommende Hf-Signal wird in gewohnter Weise im Kanalwähler verstärkt, gefiltert, gemischt und dann als Zwischenfrequenz-Signal an die Demodulatoren weitergegeben. Hinter den Demodulatoren stehen dann die Tonsignale bzw. bei Stereobetrieb zwei Tonsignale, und das FBAS-Signal zur Verfügung. Die Tonsignale werden zum **Audio-Prozessor APU** geführt (APU = Audio Prozessor Unit). Dieser Prozessor besteht aus einer Eingangsschaltung (MAA 2300) und der eigentlichen Verarbeitungsstufe MAA 2400. Im MAA 2300 (**Bild 10.9**) werden die analogen Tonsignale in pulsdichtemodulierte Signale gewandelt und danach in digitalen Tonfilterstufen in eine Folge von digitalen Zahlen umgesetzt. Durch ein Kennungsfilter wird aus dem Hauptkanal der Pilotton herausgefiltert.

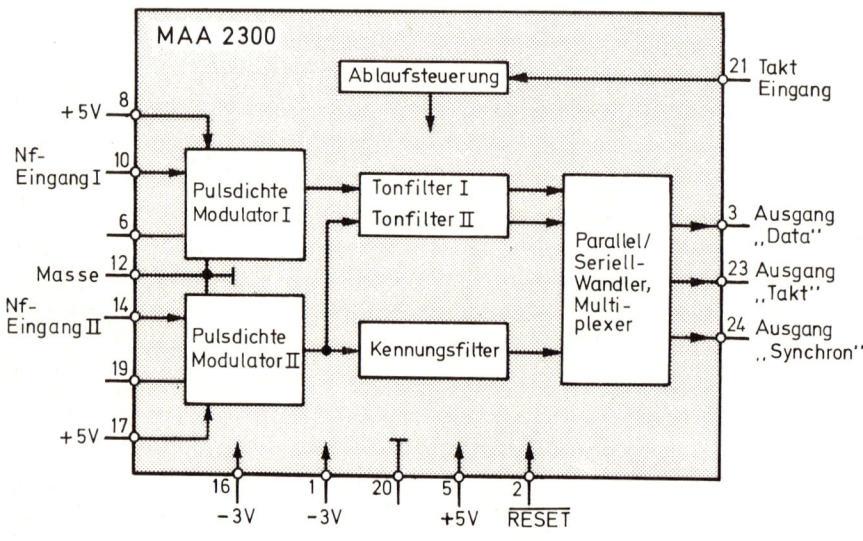

Bild 10.9
Blockschaltbild des Audio-A/D-Wandlers vom Typ MAA 2300 (Intermetall)

Ton I, Ton II und Pilotton werden als Folge von Digitalzahlen an die Verarbeitungsschaltung MAA 2400 (**Bild 10.10**) weitergegeben. Der Audio-Prozessor MAA 2400 ist ein programmierbarer digitaler Echtzeit-Signalprozessor. Hier werden die vom MAA 2300 kommenden Digitalsignale identifiziert, dematriziert, klanggefiltert und schließlich in einem Puls-Weiten-Modulator wieder in Analogwerte umgewandelt. Die Klangfilterung umfaßt hierbei folgende Funktionen:

- De-Emphasis
- Lautstärke-Einstellung linear (60 dB)
- Lautstärke-Einstellung physiologisch
- Einstellung der Höhen ($\pm$ 12 dB bei 10 kHz)

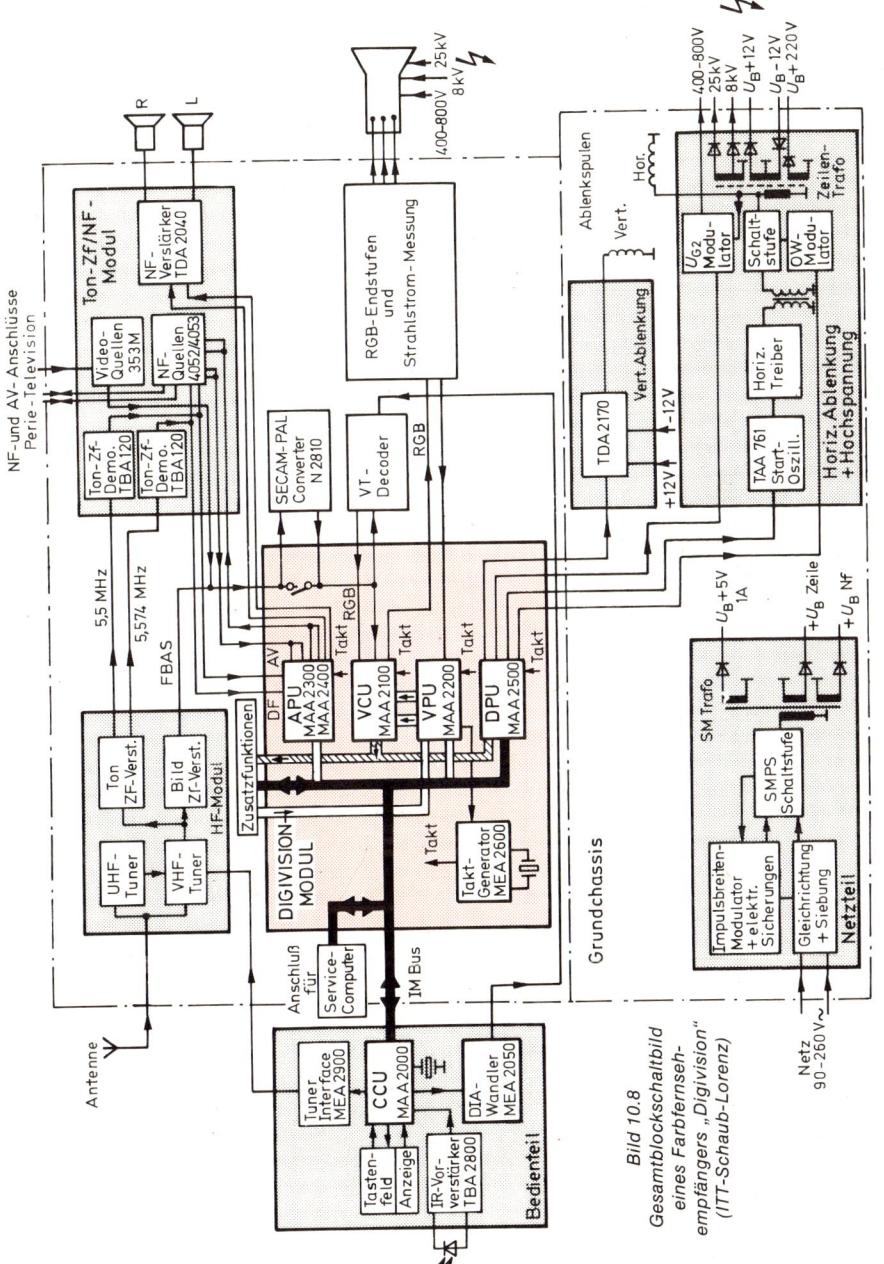

Bild 10.8
Gesamtblockschaltbild
eines Farbfernseh-
empfängers „Digivision"
(ITT-Schaub-Lorenz)

377

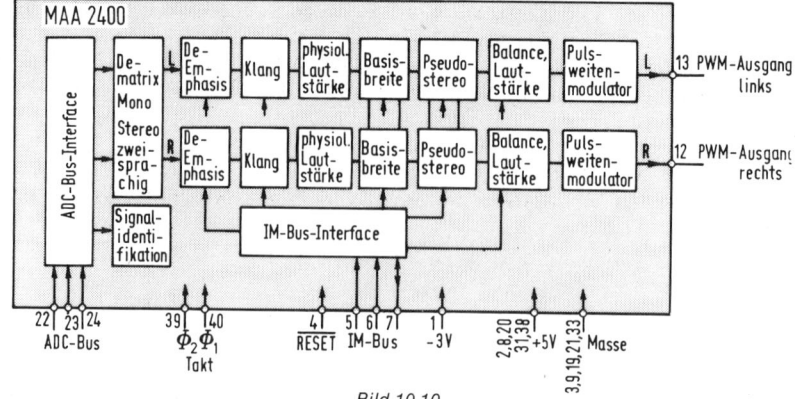

Bild 10.10
Blockschaltbild des Audio-Prozessors MAA 2400 APU (Intermetall)

- Einstellung der Tiefen (± 12 dB bei 100 Hz)
- Vergrößerung der Basisbreite
- Balance-Einstellung.

Der Audio-Prozessor ist sogar in der Lage, die von einem Digital-Bandgerät gelieferten digitalen Tonsignale direkt zu verarbeiten.

Der anschließende Leistungsteil ist dann wieder konventionell ausgeführt.

Das FBAS-Signal wird zum **Video-Wandler VCU** MAA 2100 geführt (VCU = Video-Codec-Unit). Dieser Video-Baustein (**Bild 10.11**) enthält hauptsächlich den Analog/Digital-Wandler, der das FBAS-Signal in ein Digitalsignal umwandelt, und die Digital/Analog-Wandler, die die im Video-Prozessor VPU MAA 2200 digital verarbeiteten Helligkeits- und Farbdifferenzsignale in analoge Signale zurückwandeln, aus denen dann in der Matrix die RGB-

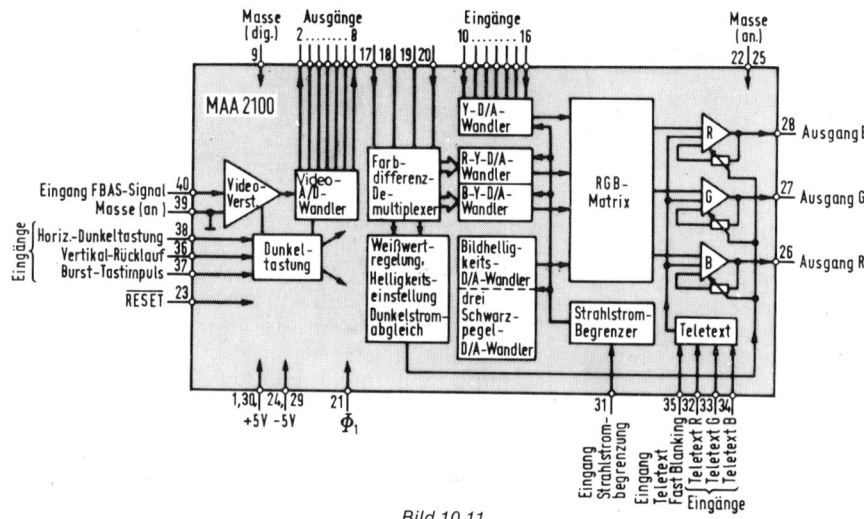

Bild 10.11
Blockschaltbild des Video-Codecs MAA 2100 VCU (Intermetall)

Signale gewonnen werden. Zusätzlich führt der Video-Codec-Baustein noch folgende Funktionen aus: Helligkeitseinstellung (durch den Benutzer), automatischen Dunkelstromabgleich, Weißwert-Regelung und Strahlstrombegrenzung. Außerdem hat er direkte Eingänge für Textsignale, einschließlich der Einstellung von Helligkeit und Kontrast für diese Signale.

Die ebenfalls in diesem Baustein enthaltenen Schaltungsteile RGB-Matrix und RGB-Verstärker arbeiten analog. Der Dunkelstromabgleich wird über den Arbeitspunkt der RGB-Verstärker durchgeführt, während für die Weißwert-Regelung die Verstärkung dieser Verstärker geändert wird.

Der Video-Codec wird durch ein 17,7 MHz Signal getaktet, das vom Takt-Generator MEA 2600 geliefert wird.

Im VCU-Baustein wurde das FBAS-Signal in Digitalwerte umgewandelt. Diese digitale Information wird von dort über den digitalen Parallelbus an den Video-Prozessor VPU und den Ablenk-Prozessor DPU weitergeleitet. Dabei hat man die Möglichkeit, das digitale FBAS-Signal vor Weitergabe an den Video-Prozessor über den Block „Zusatzfunktionen" zu führen. Solche Zusatzfunktionen können ein digitaler Teletext-Prozessor, Kammfilter oder Secam-Prozessor sein. Die Bitrate auf diesem Bus ist $7 \times 17{,}7 = 123{,}9 \cdot 10^6$ Bit/s.

Im **Video-Prozessor VPU** (VPU = Video-Prozessor-Unit) mit dem Baustein MAA 2200 **(Bild 10.12)** wird das vom Video-Codec im Gray-Code gelieferte FBAS-Signal zuerst einmal umcodiert. Für das Luminanzsignal wird die Umwandlung in einen einfachen Dualcode, für das Chrominanzsignal in einen Offset-Binary Code vorgenommen.

Der Luminanzkanal enthält als erstes ein Filter, das die Funktion der Farbträger-Falle erfüllt. Außerdem übernimmt diese Stufe die Bildschärfe-Einstellung durch Anheben oder Absenken des Signals bei 3 MHz (− 3 dB bis + 6 dB). Diese Einstellung kann durch den Benutzer in acht Stufen durchgeführt werden. Auf das Filter folgt ein Multiplizierer für die Kontrast-Einstellung, kombiniert mit einem Begrenzer, der das Luminanzsignal bei zu

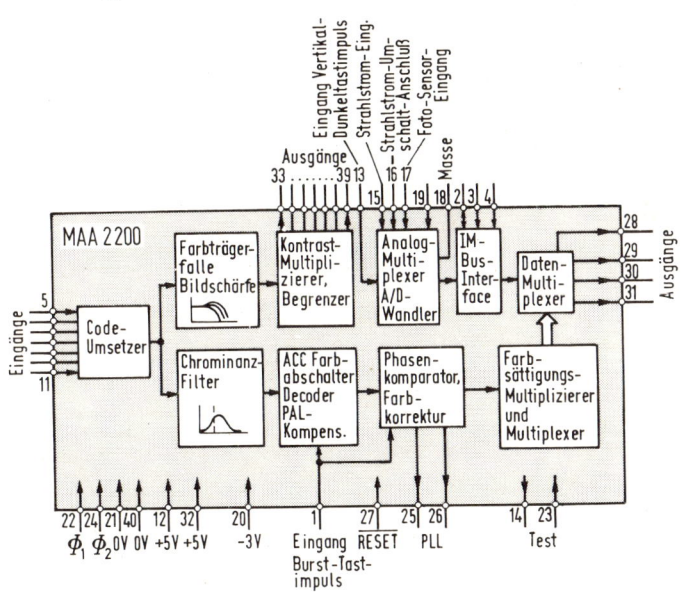

Bild 10.12
Blockschaltbild des Video-Prozessors MAA 2200 VPU (Intermetall)

hohen Amplituden begrenzt. Das digital verarbeitete Luminanzsignal wird parallel ausgegeben und über einen 7-Leitungsbus dem Y-Digital/Analog-Wandler im Video-Codec VCU zugeführt.

Der Chrominanzkanal beginnt mit einem asymmetrischen Chrominanzfilter. Dieses Filter ist phasenlinear und gewährleistet eine korrekte Kompensation der Bild-Zf-Durchlaßkurve. Auf das Filter folgt die Schaltung zur automatischen Verstärkungsregelung ACC, der Farbabschalter, der Decoder und die PAL-Kompensation. Diese ist so ausgelegt, daß sie beim Empfang von Sendern nach NTSC-Norm als Kammfilter arbeitet. Der Phasenkomparator vergleicht die Phasenlage des Burstsignals mit der Phasenlage eines Referenzsignals und erzeugt eine Regelspannung, die den Farbträger-Oszillator (= Taktgenerator MEA 2600) nachstimmt (Farbträger-PLL). Der Taktgenerator schwingt mit der vierfachen Farbhilfsträgerschwingung ($4 \times 4{,}43$ MHz $= 17{,}72$ MHz) und wird über die erwähnte Phasenregelschleife phasenstarr an den Farbhilfsträger gekoppelt.

Das Referenzsignal kann verändert werden, wodurch bei NTSC-Betrieb die Farbton-Einstellung ermöglicht wird. Die digitalen Farbdifferenzsignale durchlaufen anschließend den Farbsättigungs-Multiplizierer, wobei dank des Multiplex-Betriebes nur ein Multiplizierer benötigt wird. Das ist möglich wegen der mit < 2 MHz relativ kleinen Signal-Bandbreite, für die eine Taktfrequenz von 17 MHz (PAL) oder 14 MHz (NTSC) zur Verfügung steht.

Für den Dunkelstromabgleich, für die Weißwertregelung und für die Helligkeitseinstellung sind Teilschaltungen im Video-Codec und im Video-Prozessor miteinander verschachtelt. Während der Vertikal-Austastlücke werden die drei Dunkelströme der Bildröhren-Katoden, die drei Weißströme und der vom Foto-Sensor abgegebene Strom gemessen und dem Video-Prozessor MAA 2200 zugeführt. Dort werden die Meßwerte in die benötigte zeitliche Reihenfolge gebracht, digitalisiert und zum IM-Bus-Interface weitergegeben, das den Datenverkehr mit der Zentralen Steuerschaltung CCU MAA 2000 organisiert. Der Meßablauf wird durch den Vertikal-Rücklaufimpuls und durch den Burst-Tastimpuls bestimmt. Nach der Verarbeitung durch den MAA 2000 gelangen die Meßergebnisse, zusammen mit Einstellwerten, die der Benutzer eingegeben hat, zurück an das IM-Bus-Interface des MAA 2200 und von dort zum Daten-Multiplexer, wo sie mit den Farbdifferenzsignalen gemeinsam an den Video-Codec VCU MAA 2100 weitergegeben werden. Auf diese Weise wird der Schwarz- und Weiß-Abgleich konstant gehalten. Ähnlich erfolgt die Kontrastregelung in Abhängigkeit von der Umgebungshelligkeit.

Parallel zum Video-Prozessor VPU erhält auch der **Ablenk-Prozessor DPU** (DPU = Deflection-Prozessor-Unit) das digitale FBAS-Signal. Dieser Ablenk-Prozessor ist mit dem Baustein MAA 2500 aufgebaut (**Bild 10.13**) und erzeugt alle zeitabhängigen Steuersignale, wie horizontale und vertikale Austast- und Rücklaufimpulse, den Burst-Tastimpuls und die Klemmspannung zur Arbeitspunkteinstellung des A/D-Wandlers im VCU-Baustein MAA 2100. Weiterhin werden die Steuerspannungen für die Vertikalablenkung und die Ost-West-Korrektur als pulsweitenmodulierte Signale zur Verfügung gestellt.

Das digitalisierte FBAS-Signal, das als paralleles 7-Bit-Signal vom Video-Codec MAA 2100 geliefert wird, durchläuft zunächst ein digitales Tiefpaßfilter zum Zwecke der Störbefreiung. Anschließend wird es den Schaltungen zur Abtrennung der Horizontal- und Vertikal-Synchronimpulse zugeführt. Diese Schaltungen arbeiten unabhängig voneinander und gewährleisten damit optimale Abtrennung. Die Abtrennpegel sind im nichtsynchronisierten Betrieb konstant und werden im synchronen Betrieb durch Mittelwertbildung zwischen dem Schwarzwert und dem Synchronimpuls-Dachwert gewonnen.

Bei der Horizontal-Synchronisation sind zwei Betriebsarten vorgesehen, abhängig davon, ob der empfangene Sender (oder der angeschlossene Videorecorder) ein genormtes PAL-Signal sendet, bei dem ein starres Frequenzverhältnis zwischen Farbträgerfrequenz und Horizontalfrequenz vorliegt, oder nicht. Im ersten Fall spricht man von verkoppeltem Betrieb, im zweiten Fall von nicht-verkoppeltem Betrieb. Die Umschaltung zwischen bei-

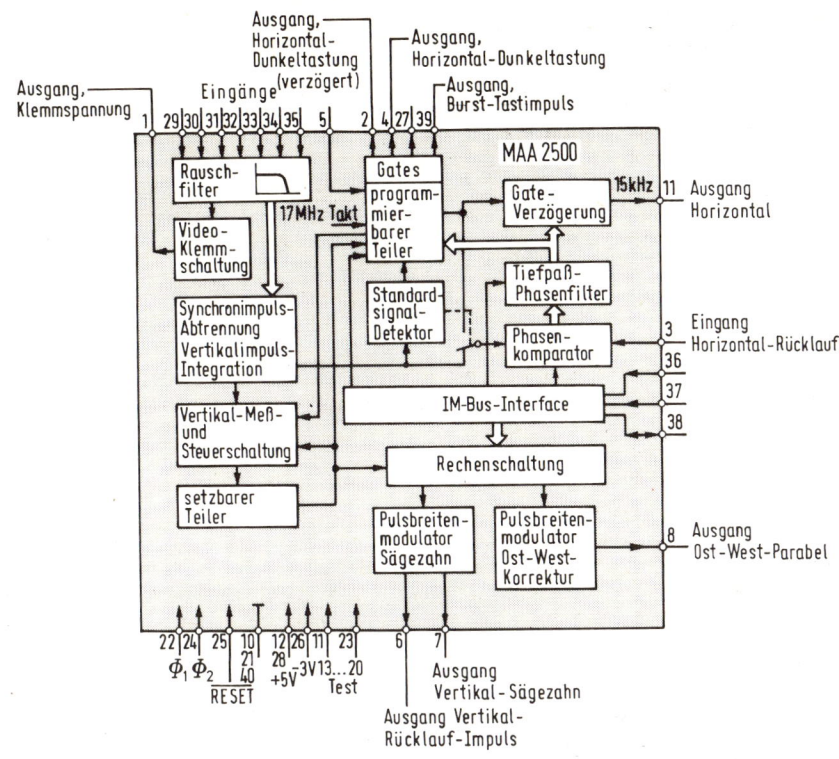

Bild 10.13
Blockschaltbild des Ablenk-Prozessors MAA 2500 DPU (Intermetall)

den Betriebsarten erfolgt automatisch durch den Standardsignal-Detektor. Beim verkoppelten Betrieb wird, nachdem die Phasenlage im nicht-verkoppelten eingestellt wurde, der programmierbare Frequenzteiler auf das normgemäße Teilerverhältnis eingestellt und der Phasenvergleicher zwischen Synchronimpulsen und Horizontal-Rücklaufimpuls abgeschaltet. Damit haben jetzt Störimpulse und Rauschen keinen Einfluß mehr auf die Horizontalablenkung. Die Schaltung ist damit vom Triggerbetrieb auf den sogenannten Count-Down-Betrieb übergegangen. Beim nicht-verkoppelten Betrieb, der erforderlich wird, wenn die Farbträgerfrequenz und die Horizontalfrequenz des Senders kein starres Frequenzverhältnis haben, wird die Horizontalfrequenz dadurch erzeugt, daß die Taktfrequenz von 17,7 MHz in dem programmierbaren Teiler so heruntergeteilt wird, daß die korrekte Horizontalfrequenz entsteht. Für die richtige Phasenlage dieser Horizontalfrequenz sorgt dann der Phasenkomparator, der durch digitalen Phasenvergleich zwischen den abgetrennten Horizontal-Synchronimpulsen und den Horizontal-Rücklaufimpulsen den Phasen- und Frequenzfehler ermittelt und den programmierbaren Teiler entsprechend korrigiert.

Wie bei der Horizontal-Synchronisation wird auch bei der Vertikal-Synchronisation zwischen verkoppeltem und nicht-verkoppeltem Betrieb unterschieden. Beim verkoppelten Betrieb wird die Horizontalfrequenz starr heruntergeteilt und dadurch die Vertikalfrequenz gewonnen. Beim nicht-verkoppelten Betrieb wird der setzbare Teiler als Trigger-Oszillator betrieben und mit dem aufbereiteten Vertikal-Synchronimpuls getriggert. Zum Fangen der

Synchronisation muß ein großes Triggerfenster benutzt werden, während zum Betrieb dann auf ein kleines Triggerfenster umgeschaltet wird. Alle diese Umschaltungen der Betriebsarten erfolgen automatisch.

Der Vertikal-Sägezahn wird in diesem Baustein digital erzeugt einschließlich aller Korrekturwerte für Linearität, Amplitude und Lage. Danach wird er in ein pulsbreitenmoduliertes Signal umgewandelt, das, nach Glättung durch einen Tiefpaß, geeignet ist, eine normale Vertikalablenkschaltung anzusteuern. Dieser Ablenk-Prozessor DPU vom Typ MA 2500 liefert auch alle weiter benötigten Impulse, wie Horizontal- und Vertikal-Dunkeltastimpulse, Burst-Auftastimpulse usw.

Die Steuer- und Einstellwerte, z. B. Lautstärke, Farbsättigung oder Bildhöhe, erhalten alle digitalen Signalprozessoren von der **Zentralen Steuerschaltung CCU** (Central-Control-Unit) von Typ MAA 2000 über den seriellen Steuerbus. Dieser umfaßt drei Leitungen und zwar Identifikation, Takt und Daten. Die Übertragung der Daten erfolgt mit 125 kHz. In dieser zentralen Steuerschaltung vom Typ MAA 2000 (**Bild 10.14**) wurde der eigentliche Mikrocomputer mit einer Reihe von speziellen Schaltungen kombiniert. Diese Steuerschaltung hat damit drei Hauptfunktionen:

1. Verarbeitung der durch den Benutzer gegebenen Befehle,
2. Steuerung der digitalen Signalprozessoren für Video, Ton und Ablenkung,
3. Speicherung und Ausgabe von Abgleichwerten, die im Werk eingegeben wurden.

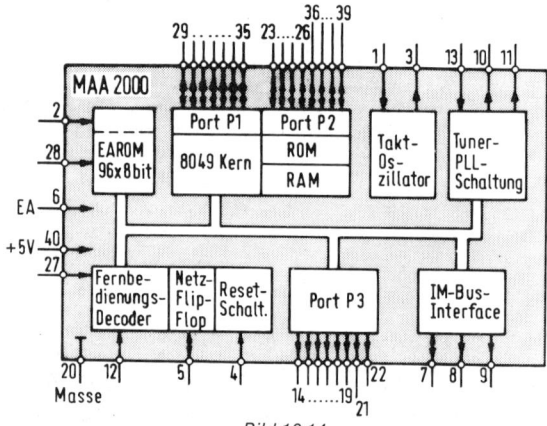

Bild 10.14
Blockschaltbild der zentralen Steuerschaltung MAA 2000 CCU (Intermetall)

Alle Einstellungen, wie Kanalwahl, Sendersuchlauf, Einstellung von Lautstärke, Helligkeit, Farbsättigung usw. werden entweder über die Infrarot-Fernbedienung oder durch das Tastenfeld des Fernsehempfängers eingegeben. Für diese direkte Bedienung können bis zu 32 Tasten vorgesehen werden.

Als Abstimmsystem ist eine Frequenzsyntheseschaltung (PLL) vorgesehen, die eine Auflösung von 62,5 kHz hat. Sie erfordert einen Vorteiler mit einem festen Teilerverhältnis von 64 : 1. Die Stationstasten können mit den empfangenen Sendern programmiert werden, wobei die Abstimminformation in einem nichtflüchtigen Speicher (EAROM) gespeichert wird. Das EAROM hat eine Kapazität von 96 Worten zu 8 Bit, ausreichend für die Speicherung von

- 30 Fernsehkanälen
- durch den Benutzer bevorzugte Werte für Lautstärke, Helligkeit, Kontrast usw.
- werkseitigen Abgleichwerten.

Die Kanalinformation wird im Siebensegment-Code ausgegeben und kann, ohne Interface, auf einer zweistelligen Leuchtdioden-Anzeige abgebildet werden. Programmierbare Ein/Ausgangsschaltungen stehen zusätzlich zur Verfügung und ermöglichen weitere Schaltungsvarianten wie z. B. Sendersuchlauf, automatische Frequenznachstimmung usw.

Diese Zentrale Steuerschaltung kommuniziert über den seriellen IM-Bus mit den drei digitalen Signalprozessoren MAA 2200 (Video), MAA 2400 (Ton) und MAA 2500 (Ablenkung). Dieser Bus ist zwar bidirektional, wird aber nur vom MAA 2000 gesteuert, und die anderen Schaltungen sind nur Sklaven.

Weiterhin werden über diesen IM-Bus die schon erläuterten Abgleichwerte während der Herstellung des Fernsehempfängers eingegeben und im EAROM gespeichert. Über den IM-Bus werden sowohl Einstellungen durch den Benutzer, wie Lautstärke, Helligkeit oder Klang, als auch interne Steuer- und Regelsignale, z. B. für die Amplitudenregelung der Farbsignale, die Ost-West-Parabel, die Kissenentzerrung, Dunkelstromabgleich, Weißwertregelung usw. übertragen.

Über den seriellen IM-Bus hat der Hersteller des Fernsehempfängers Zugriff zum EAROM. Ein Rechner in der Fertigungslinie schreibt über den Bus Abgleichwerte in das EAROM, wo diese gespeichert bleiben. Bei jedem Einschalten des Fernsehempfängers werden diese gespeicherten Werte ausgegeben und den entsprechenden Schaltungsteilen des Gerätes zugeführt. Auf diese Weise wird stets ein optimales Bild entstehen, unabhängig von der Alterung der Bauteile.

Die Korrektur dieser abgespeicherten Daten ist dem Service-Techniker beispielsweise im Falle eines Bildröhrenwechsels selbstverständlich möglich. Dazu muß ein spezieller Service-Prozessor über ein steckbares Kabel an den IM-Bus angeschlossen werden (**Bild 10.15**). Dieser Service-Prozessor ist ein Mikroprozessor, mit dem neue Werte in den Festwertspeicher (EAROM) der zentralen Steuerschaltung CCU eingelesen werden können. Zur Durchführung von Abgleichvorgängen muß die Masterfunktion der zentralen Steuerschaltung aufgehoben und vom Service-Prozessor übernommen werden. Bevor der Abgleich beginnt, werden die erforderlichen Daten aus dem EAROM der zentralen Steuerschaltung in den Service-Prozessor eingelesen. Dann liefert der Service-Prozessor einen Befehl und schaltet damit die zentrale Steuerschaltung ab, d. h. alle zur Steuerung der Signalprozes-

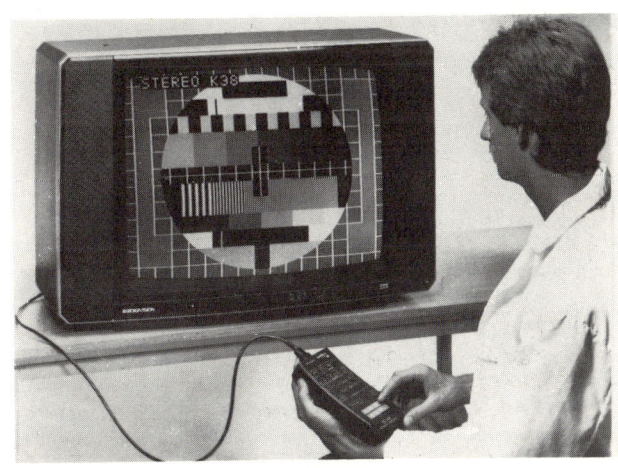

Bild 10.15
Anschluß des Service-Prozessors (ITT)

Bild 10.16
„Technologischer Kern" eines Farbfernsehempfängers mit digitaler Signalverarbeitung.
Links unten der Anschluß für den Service-Prozessor (ITT)

soren notwendigen Funktionen sind nun auf den Service-Prozessor übertragen. Der Abgleich selbst erfolgt durch Drücken von Plus- und Minus-Tasten. Die jeweiligen Abgleichfunktionen werden durch eine LED angezeigt.

Erst nach Beendigung des Abgleiches wird durch einen Befehl die zentrale Steuerschaltung aufgefordert, sich die neuen Daten aus dem Service-Prozessor zu holen und im EAROM abzuspeichern. Danach übernimmt die CCU wieder selbst die Steuerung, jetzt aber mit neuen Daten.

Wie aus der vorangehenden Beschreibung eines Farbfernsehempfängers mit digitaler Signalverarbeitung hervorgeht, werden nur fünf hochintegrierte Schaltkreise benötigt. Der Aufbau eines Fernsehgerätes wird dadurch noch weiter vereinfacht (**Bild 10.16**). Im Vergleich mit einem Farbfernsehempfänger in Analogtechnik werden bei dieser Konzeption 282 konventionelle Bauteile eingespart, was die Zuverlässigkeit digitaler Fernsehempfänger deutlich verbessert (**Bild 10.17**).

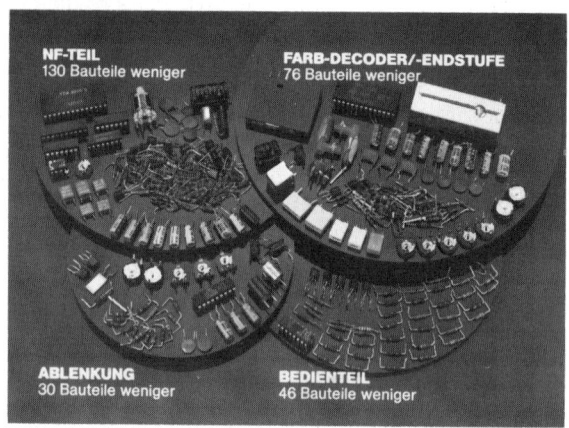

Bild 10.17
Soviele Bauteile können beim Digital-Fernsehen eingespart werden (ITT)

11. ANHANG

11.1 Elektronisches Farbtestbild

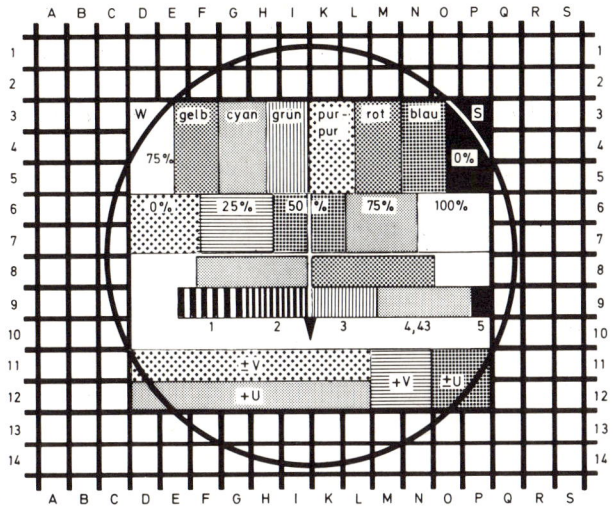

Das elektronische Farbtestbild eignet sich zur Überprüfung von Übertragungseinrichtungen, von Fernsehempfängern und dient der Beurteilung von Empfangssituationen. Es wird von den Sendern des 1. Programms (ARD), des 2. Programms (ZDF, DBP) und der 3. Programme (ARD, DBP) ausgestrahlt.

Bildbestandteile und Einstellmöglichkeiten

1-14
A-S **Graufeld** umrandet das Mittenfeld mit 25–30% Weißamplitude.
Gitternetz besteht aus 15 waagerechten und 19 senkrechten, geraden weißen Linien mit gleichen Abständen. *Die dynamische Konvergenz kann hier kontrolliert und ggf. nachgestellt werden.*
Kreis um das Mittenkreuz, weiß wie die Gitterlinien.
Die Bildlinearität und die Bildzentrierung kann hier kontrolliert und ggf. nachgestellt werden.

3-5
D-P **Farbbalken** von links nach rechts: 75% Weiß (ohne Farbträger); 100% gesättigt (≙ 75% SW): Gelb, Cyan, Grün, Purpur, Rot, Blau; Schwarz.
Phasen- und Amplitudenfehler können festgestellt werden, Kontrolle der Farbübertragungsstufen, Farbkontrast und die Amplitudenverhältnisse können ggf. nachgestellt werden.

6-7
D-P **Grautreppe** besteht aus 5 Stufen gleicher Höhe zwischen Schwarz und Weiß (0-25-50-75-100%).
Fünfstufige Grautreppe kann zum Weiß- und Grauabgleich benutzt werden

6-9
H-L **Kreuz** aus weißen Linien in Bildmitte.

8
D-P **W-Schwarz-W-Balken,** evtl. mit Herkunftsbezeichnung.

9
D-L **Frequenzgruppe** von links nach rechts: Bezugswert Weiß, 1 MHz-, 2 MHz-, 3 MHz-Sinusschwingungen mit W-Amplitude. *Erkennen von Frequenzabsenkungen im Verstärker.*

9
M-0 **Orangefeld:** Farbträgerschwingung (4,43 MHz) der Phasenlage G−Y=0 mit W-Amplitude.
Farbton gleicht der Gesichtsfarbe. Dient zur Einstellung des Farbgrundkontrastes.

10
D-P **Weiß-S-Weiß-Balken:** Schmaler schwarzer Pfeil in der Mitte eines Weißbalkens.
Videostufe kann kontrolliert und danach eingestellt werden − Weißpegel, Lage der Schwarzschulter.

11
D-L **Rotkeil ± V:** Farbträgerüberlagertes Sägezahnsignal im Leuchtdichtesignal. Der Farbträger hat die Phasenlage der V-Komponente und wird von Zeile zu Zeile umgetastet (+V, −V, +V,...).

12
D-L **Blaukeil + U:** Farbträgerüberlagertes Sägezahnsignal im Leuchtdichtesignal. Der Farbträger hat ständig die Phasenlage der U-Komponente (+U).

11-12
M-N **Graufeld + V:** Farbträgerüberlagertes Leuchtdichtesignal. Der Farbträger hat ständig die Phasenlage von +V.

11-12
O-P **Graufeld ± U:** Farbträgerüberlagertes Leuchtdichtesignal. Der Farbträger wechselt von Zeile zu Zeile die Phasenlage (+U, −U, +U, . . .).
Hier können die Phase und die Amplitude eingestellt werden. Es sollte kein „Jalousieeffekt" auftreten, und die +V- und ±U-Felder sollten keine Paarigkeit aufweisen. Sind die +V- und ±U-Felder farbig, so ist die Phasenlage falsch.

Bildbeurteilung allgemein

8
D−P
Herkunft des Testbildes erkennt man an einer weißen Schrift im schwarzen Mittelbalken.

6−9
H−L
Lage ist richtig, wenn sich das weiße Kreuz genau in der Mitte des Bildschirms befindet.

Größe ist für Bildröhren mit dem Seitenverhältnis 4 : 5 richtig, wenn die vier äußeren Gitterlinien jeweils in der Mitte gerade noch sichtbar sind.

Geometrie läßt sich für das innere Feld nach dem weißen Kreis einstellen, an den Rändern und in den Ecken nach den Quadraten des Liniengitters.

6−7
D−P
Helligkeit des Schwarzweißbildes wird nach der Grautreppe eingestellt, deren fünf Felder sich gleichmäßig voneinander unterscheiden sollen.

6−10
D−P
Kontrast wird nach den Weiß- und Schwarzflächen eingestellt.

9
D−P
Auflösung läßt sich am Schwarzweißkontrast der Frequenzengruppe 1−2−3−4,43 MHz beurteilen. Mangelnde Auflösung zeigt sich als geringer Kontrast oder Verschwinden der Linien.

8
D−P
Fahnenziehen wird als Übergreifen des linken weißen Balkens in den mittleren schwarzen oder des mittleren schwarzen Balkens in den rechten weißen sichtbar.

6−9
D−P
Überschwingen zeigt sich als Betonung der Konturen (Plastik, Kantenwiederholung) an den beiden senkrechten Trennungslinien des W-Schwarz-W-Balkens und an der senkrechten Linie des Kreuzes.

10
D−P
Reflexionen bilden bei herabgesetzter Helligkeit dunkle Streifen neben den Kanten des Pfeils; die senkrechte Kreuzlinie und die senkrechten Gitterlinien bestätigen dies bei aufgehelltem Schwarzwert.

Bildbeurteilung Farbe

6−9
H−L
Statische Konvergenz der Bildröhre ist richtig, wenn das Mittenkreuz als rein weiße Figur erscheint.

1−14
A−S
Dynamische Konvergenz der Bildröhre ist richtig, wenn die Gitterlinien des Umfeldes rein weiß, d.h. ohne Aufspaltung in die Grundfarben erscheinen.

6−10
D−P
Weißabgleich der Bildröhre ist richtig, wenn alle im Testbild vorhandenen Weißflächen unbunt erscheinen.

3−5
D−P
Farbwiedergabe läßt sich nach den acht Farbbalken grob abschätzen. „Weiß" ist hier etwas dunkler als bei den anderen Weißfeldern. Die sechs Normfarben sollen gesättigt, d.h ohne Weißanteil erscheinen.

11−12
M−P
Phasen der **Farbträgerzusätze** für beide Farbdemodulatoren sind richtig, wenn die Felder +V und ±U unbunt erscheinen.

11−12
M−P
Gesamtphase (U-Demodulator) ist falsch, wenn das Feld ±U unbunt, das Feld +V dagegen bunt erscheint.

11−12
M−P
90°-Phase (V-Demodulator) ist falsch, wenn das Feld +V unbunt, das Feld ±U dagegen bunt erscheint.

11−12
D−L
Farbträger -(PAL-)Verzögerung besitzt Laufzeitfehler, wenn die Farbkeile ±V und +U Jalousiestreifen zeigen.

3−5
H−I
Sättigung: Kontrast. Das Verhältnis ist richtig, wenn — bei unterdrückten Rot- und Grünstrahlen sowie bei hoher Grundhelligkeit — das „Grün"feld die gleiche (purpurne) Helligkeit zeigt wie das „Schwarz"feld.

3−5
O−P
(R−Y) : (B−Y). Das Verhältnis der Signalpegel nach den Farbdemodulatoren ist richtig, wenn sich — bei unterdrücktem Grünstrahl sowie bei hoher Grundhelligkeit — mit der Farbsättigung die (purpurne) Farbe des „Schwarz"feldes auch im „Grün"feld einstellen läßt.

9
M−O
(G−Y)-Bildung ist richtig, wenn — bei unterdrückten Rot- und Blaustrahlen — trotz zulässiger Änderung der Farbsättigung die Helligkeit des (jetzt grünen) Feldes „G−Y=0" unverändert bleibt.

3−5
K−L
O−P
(G−Y)-Verstärkung ist richtig, wenn — bei unterdrückten Rot- und Blaustrahlen, bei richtigem (R−Y) : (B−Y), bei richtiger Farbsättigung sowie bei hoher Grundhelligkeit — das „Purpur"feld die gleiche (grüne) Helligkeit zeigt wie das „Schwarz"-feld.

11.2 Lösungen zu den Lerntests

Lerntest 1a

1. d	6. d
2. c	7. e
3. e	8. b
4. c	9. a
5. b	10. b

11. Bei der additiven Farbmischung wird das Mischprodukt immer heller, so daß sich Weiß ergibt. Bei der subtraktiven Farbmischung wird das Mischprodukt immer dunkler, bis sich schwarz ergibt.

12. Farben, auf die die Zäpfchen der Netzhaut ansprechen, nennt man Primärfarben (grün, rot, blau). Ergibt sich durch additive Mischung zweier Farben weiß, so nennt man die derart zusammengehörenden Farben »Komplementärfarben«.

13. Die Augenempfindlichkeitskurve zeigt, welche Helligkeitsempfindungen das menschliche Auge bei den verschiedenen Farben hat.

14. Braun ist keine wirkliche Farbe, sondern eine Empfindung, die auftritt, wenn ein dunkles Gelb in Kontrast mit einer helleren Umgebung steht.

15. Die Farbsättigung ist ein Maß für die Buntheit einer Farbe bzw. gibt an, wie groß der Weißanteil in einer Farbe ist.

Lerntest 1b

1. b	6. e
2. d	7. c
3. b	8. e
4. e	9. b
5. c	10. e

11. a) Die horizontalen und vertikalen Ablenkfrequenzen müssen gleich sein
    b) gleicher Bild-Tonträgerabstand von 5,5 MHz
    c) gleiche Kanalbandbreite und damit gleiche Videobandbreite von 5 MHz
    d) Die Bildträgerinformation muß unverschlüsselt die Grundhelligkeit der Farben enthalten
    e) Die Farbinformation muß im Sendersignal so untergebracht sein, daß sie im SW-Bild nicht störend in Erscheinung tritt.

12. Der Winkel (die Phasenlage) bestimmt den Farbton, die Länge des Zeigers (die Amplitude) entspricht der Farbsättigung.

13. Werden die drei Primärfarben gleichmäßig geändert, so läßt sich die Leuchtdichte eines weißen Bildes ändern.

14. Der Farbhilfsträger liegt auf 4,43 MHz

15. Der Farbton läßt sich durch ungleichmäßiges Ändern der Amplituden der beiden Primärfarben ändern.

Lerntest 2 a

1. c   2. c

3. Jede Fernsehaufnahmeröhre enthält ein Bildwandlerteil. Dieser Wandler erzeugt aus dem optischen Bild mit Hilfe des inneren Fotoeffektes durch eine Halbleiterschicht oder aufgrund des äußeren Fotoeffektes mit Hilfe einer Fotokatode ein elektrisches Ladungsbild, das auf einer Speicherplatte festgehalten wird. Ein Elektronenstrahl tastet diese Speicherplatte ab. Der Abtaststrahl wird vom gleichen Taktgeber gesteuert, der auch die Synchronimpulse für das BAS-Signal liefert.

4. Da der Fernsehsender hauptsächlich mit Rechteckschwingungen moduliert wird (Zeilen- und Rastergleichlaufimpulse) und die Amplituden der Vertikalaustastimpulse schneller abnehmen als die Horizontalimpulse, treten zwischen den einzelnen Frequenzen entsprechende Energielücken auf (siehe Bild 2.11, 2.12 und 2.13).

   Bei einem SW-Fernsehsender wird die Bildinformation nach der entsprechenden Vorverstärkung auf einen Träger von 38,9 MHz aufmoduliert. Das anschließende Restseitenbandfilter begrenzt das untere Seitenband. Erst dann wird die Bildinformation auf die entsprechende Senderfrequenz aufmoduliert, um dann in der Senderendstufe auf die entsprechende Senderleistung zu kommen. Mit der Toninformation wird ein Hf-Träger, der exakt 5,5 MHz oberhalb des Bildträgers liegt, frequenzmoduliert. Die Tonendstufe hat nur $1/5$ der Bildsenderleistung. Über eine Weiche werden beide Signale zusammengekoppelt und von der gemeinsamen Antenne abgestrahlt (siehe Bild 2.21).

Lerntest 2 b

1. c	4. e	7. d
2. c	5. b	8. d
3. d	6. d	9. d

10. U_V und U_U sind die reduzierten Farbdifferenzsignale, die durch Normung wie folgt festgelegt worden sind:

$$\frac{U_R - U_Y}{1,14} = U_V \quad \text{und} \quad \frac{U_B - U_Y}{2,03} = U_U$$

11. Das menschliche Auge hat ein geringeres Farbauflösungsvermögen als ein Helligkeitsauflösungsvermögen. Dementsprechend ist für das Farbartsignal nur eine Bandbreite von etwa 1,3 MHz, für das Leuchtdichtesignal dagegen von 5 MHz erforderlich (siehe auch Seite 80).

12. Siehe Bild 2.42 auf den Seiten 82 und 83.

13. Siehe Bild 2.22 und Text auf Seite 65.

14. In der Matrix werden aus den drei Ausgangssignalen der Farbkamera folgende Signale erzeugt:
    1. das Leuchtdichtesignal
    2. die reduzierten Farbdifferenzsignale U_V und U_U

15. Damit die Farbinformation verschlüsselt übertragen werden kann, wegen der Kompatibilität, muß man die Farbdifferenzsignale auf den Farbhilfsträger aufmodulieren.

16. Ein Quadraturmodulator ist ein Modulator, bei dem zwei Signalschwingungen 90° versetzt auf einen gemeinsamen Träger aufmoduliert werden (siehe Bild 2.35).

17. Die Amplitude und der Phasenwinkel des Farbsignals sind von den Amplituden und Phasenlagen der Farbdifferenzsignale abhängig.

18. Siehe Seite 84 und Bild 2.43.

Lerntest 3

1. d	4. b
2. e	5. d
3. a	

Lerntest 4

1. c	6. c	11. c
2. d	7. a	12. c
3. e	8. c	13. c
4. b	9. b	14. c
5. d	10. e	15. b

16. Weil nur ein Oszillator verwendet wird, der oberhalb des Empfangssignals liegt und die Zwischenfrequenz die Differenz zwischen f_e und f_o ist, ergibt sich für den Bildträger eine höhere Zwischenfrequenz als für den Tonträger.

    Beispiel: Kanal 9
    $$f_{BT} = 203,25\ \text{MHz}$$
    $$f_{TT} = 208,75\ \text{MHz}$$
    $$f_o = 242,15\ \text{MHz}$$
    $$f_{zf\,BT} = f_o - f_{BT} = 242,15\ \text{MHz} - 203,25\ \text{MHz} = 38,9\ \text{MHz}$$
    $$f_{zf\,TT} = f_o - f_{TT} = 242,15\ \text{MHz} - 208,75\ \text{MHz} = 33,4\ \text{MHz}$$

17. Da beim Fernsehen das Restseitenbandverfahren benutzt wird, würden tiefe Videofrequenzen bis 1,25 MHz mit doppelter Amplitude am Ausgang des Videodemodulators erscheinen als hohe Videofrequenzen. Durch die Lage des Bildträgers auf der Nyquistflanke in der Bild-Zf-Durchlaßkurve gleicht man diese Überbetonung der tiefen Videofrequenzen aus. (Siehe hierzu Bild 4.36 und den Text auf Seite 129.)

18. Siehe Bild 4.37 auf Seite 129.

19. Die Videogleichrichterdiode muß einen niederohmigen Durchlaßwiderstand und eine kleine Sperrkapazität besitzen.

20. Im Videogleichrichter können folgende Mischfrequenzen beim Empfang von Farbsendungen entstehen:
    5,5 MHz; 4,43 MHz; 1,07 MHz

21. Beim Intercarrier-Verfahren, auch Zwischenträgerverfahren genannt, steht der Bild- und Tonträger frequenzmäßig in einem bestimmten Abstand. Bei der CCIR-Norm beträgt dieser Abstand genau 5,5 MHz. Besitzt der Bild-Zf-Verstärker eine ausreichende Bandbreite, so daß beide Frequenzen übertragen werden, so entsteht bei der Videodemodulation eine Frequenz von 5,5 MHz, die mit der Bild- und Toninformation moduliert ist. Ist die Toninformation frequenzmoduliert, so kann man durch Amplitudenbegrenzerschaltungen nur die Ton-Signale erhalten und weiter verstärken. Der Vorteil des Intercarrier-Verfahrens ist, daß man den Bild-Zf-Verstärker für beide Informationen gemeinsam benutzen kann und damit einen geringeren Schaltungsaufwand hat. Nachteilig ist, daß man bei falscher Abstimmung Ton im Bild bzw. Bild im Ton erhält.

22. Das Grundprinzip der Kontrasteinstellung ist eine Verstärkungsänderung der Videoendstufe.

23. Eine Verzögerungsleitung besteht aus Spulen und Kondensatoren. Durch den wechselnden Aufbau vom magnetischen Feld in den Spulen und elektrischen Feld in den Kondensatoren erfolgt die Verzögerung.

24. Als Farbtripel bezeichnet man die dreieckförmige Anordnung von jeweils einem roten, grünen und blauen Farbpunkt.

25. Die drei Elektronenstahlsysteme sind, von vorne betrachtet, folgendermaßen angeordnet: blau oben, rot links, grün rechts.

26. Wegen der Differenzen der drei Strahlsysteme ist ein Weißabgleich erforderlich.

27. Farbreinheitsfehler treten durch mechanische Fertigungstoleranzen und durch magnetische Fremdfelder auf.

28. Das Prinzip der automatischen Entmagnetisierung beruht darauf, daß man eine Entmagnetisierungsspule, die um die Bildröhre liegt, über einen PTC-Widerstand an 220 V-Wechselspannung legt. So fließt beim Einschalten ein großer Strom durch die Spule, solange der PTC-Widerstand kalt ist. Nach der Erwärmung wird er hochohmig, und der Strom durch die Entmagnetisierungswicklung nimmt ab.

29. Siehe dazu den Text auf Seite 184.

30. Damit die erzeugte Regelspannung unabhängig vom Bildinhalt wird, tastet man die Stufe zur Regelspannungserzeugung nur während der Synchronimpulse durch die Zeilenrücklaufimpulse auf. Die Höhe der Synchronimpulse gibt ein direktes Maß der Senderfeldstärke. Deshalb bezieht man die Höhe der Regelspannung nur auf diese Synchronimpulse.

Lerntest 5

1. b	5. b	9. c
2. b	6. b	10. a
3. d	7. b	11. c
4. d	8. d	12. d

13. 1. Das Signal muß um 64 µs verzögert werden.
    2. Die Signale der laufenden und der vorhergehenden Zeile (verzögerte Zeile) müssen zusammengeschaltet werden. Bei der Addition ergibt sich das Signal F_u, bei der Subtraktion das Signal $\pm F_v$.

14. Im Sender hatte man bei der Modulation den Farbhilfsträger unterdrückt. Um bei der Demodulation ein unverzerrtes Farbdifferenzsignal zu erhalten, muß der im Empfänger erzeugte Farbhilfsträger phasenrichtig in die Synchrondemodulation eingespeist werden.

15. Um die Farbsignale U_R, U_G, U_B bzw. U_{R-Y}, U_{G-Y}, U_{B-Y} in den richtigen Verhältnissen zueinander zu erhalten, müssen die Matrix-Widerstände eng toleriert sein.

16. Mittels einer Klemmenschaltung in einem Fernsehempfänger will man den Gleichspannungsanteil des Videosignals zurückgewinnen. Zu diesem Zweck tastet man eine Spitzengleichrichterschaltung während der Synchronimpulse auf und gewinnt somit eine Gleichspannung, die dem Videosignal proportional ist.

17. Im Phasendiskriminator vergleicht man die Phasenlage zwischen dem alternierenden Burst und der im Empfänger erzeugten Referenzträgerschwingung. So gewinnt man einerseits eine Regelspannung zum Nachziehen des Quarzoszillators, zum anderen erhält man eine 7,8 kHz-Schwingung, mit der der PAL-Multivibrator synchronisiert wird.

18. Der Referenzoszillator erzeugt die 4,43 MHz Farbhilfsträgerschwingung, die man den Farbartsignalen in den Synchrondemodulatoren wieder zusetzen muß, um eine einwandfreie Demodulation vornehmen zu können.

19. Um die Referenzträgerschwingung ohne Rückwirkung auf die Frequenz am Kollektor abnehmen zu können.

20. Der PAL-Schalter schaltet den Farbhilfsträger von Zeile zu Zeile in seiner Phasenlage um, damit sich im V-Synchrondemodulator die senderseitige Umschaltung des V-Signals wieder aufhebt.

21. Der PAL-Schalter erhält aus dem PAL-Multivibrator oder auch PAL-Kippstufe genannt, seine Schaltimpulse.

22. Eine Nachstimmung des Quarzoszillators erreicht man entweder durch eine Reaktanzstufe oder durch eine Kapazitätsvariationsdiode, die man in Reihe mit dem Quarz schaltet.

23. Wird der PAL-Multivibrator nicht durch die 7,8 kHz-Schwingung synchronisiert, so würde der PAL-Schalter ggf. die Farbhilfsträgerschwingung mit falscher Phasenlage in den V-Synchrondemodulator einspeisen und damit falsche Farben ergeben.

24. Der Farbabschalter soll den Chroma- oder Farbartverstärker bei Schwarz-Weiß-Sendungen oder bei zu kleinen Senderfeldstärken oder bei der Nichtübereinstimmung der Phasenlage zwischen Burst und Referenzträgerschwingung sperren, damit entweder kein farbiges Rauschen oder keine falschen Farben wiedergegeben werden.

25. Farbabschalter auch Colorkiller genannt.

Lerntest 6

1. c	4. c	8. c
2. b	5. b	9. c
3. c	6. d	10. b
	7. c	

11. Damit Störimpulse die Synchronisation nicht aus dem Tritt bringen können, wird während ihres Erscheinens die Impulsabtrennstufe gesperrt.

12. Kurzzeitig auftretende Störimpulse werden im Amplitudensieb durch ein »Schluckglied« verhindert. Es ist ein RC-Glied (Widerstand und Kondensator liegen parallel), das in Reihe zur Basis des Impulsabtrenntransistors liegt.

13. 1. Sperrschwinger;
    2. astabile Kippstufe;
    3. Sinusgenerator;
    4. Sägezahngenerator bestehend aus einem NPN- und einem PNP-Transistor.

14. Die Impulsformerstufe wandelt die sinusförmige Spannung in ein rechteckförmiges Signal um. So erhält man das erforderliche Ansteuersignal für die Zeilenendstufe.

15. Im Phasenvergleicher vergleicht man die Phasenlage bzw. die Frequenz zwischen den Sendersynchronimpulsen und den im Empfänger erzeugten Horizontalimpulsen und gewinnt daraus eine Regelspannung, die den Horizontalgenerator frequenzmäßig nachsteuert.

16. Zur Frequenznachstimmung eines Sinusgenerators durch eine Gleichspannung benutzt man eine Reaktanzstufe oder eine Kapazitätsvariationsdiode, die parallel zum Schwingkreis wirken.

17. Siehe Erklärung Seite 263.

18. Siehe Erklärung Seite 265.

19. Während der 2. Hälfte des Zeilenhinlaufes wird Energie in den Zeilentransformator eingespeist, die man durch das schlagartige Sperren des Zeilenendstufentransistors während des Rücklaufes und der 1. Hälfte des Zeilenhinlaufes zurückgewinnt.

20. Beim schlagartigen Sperren des Zeilenendstufentransistors entsteht im Zeilentransformator eine hohe Selbstinduktionsspannung, die man mittels einer Hochspannungswicklung weiter herauftransformiert und sie anschließend gleichrichtet.

21. Dynamische Konvergenzfehler entstehen nur im abgelenkten Zustand der Elektronenstrahlen, da die drei Elektronenkanonen um je 120° versetzt sind und einen ca. 4° großen Neigungswinkel zur Bildröhrenachse haben.

22. Durch magnetische Gleichfelder stellt man die statische, durch magnetische Wechselfelder die dynamische Konvergenz ein.

23. Die Kissenverzeichnungen entstehen durch den planen Bildschirm. Die Trapezverzeichnungen haben ihre Ursache darin, daß bei einer Farbbildröhre die drei Elektrodensysteme versetzt zur Systemachse und schräg zum Schirm angeordnet sind.

24. Die Konvergenzströme stellt man durch entsprechende Überlagerung parabelförmiger und sägezahnförmiger Ströme ein.

25. Erklärung siehe Seite 305.

Lerntest 7

1. d   4. d
2. c   5. d
3. b

6. Siehe Beschreibung Abschnitt 7.12.

7. Eine integrierte Schaltung im Ton-Zf-Verstärker erfüllt folgende Aufgaben:
   1. Verstärkung der 5,5 MHz
   2. Begrenzung
   3. FM-Demodulation
   4. Nf-Vorverstärker
   5. elektronische Lautstärkeeinstellung

8. Bei der Aufnahme mit einem VCR-Gerät muß das Niederfrequenz-Signal vor dem Lautstärkeeinsteller des Fernsehempfängers zur Verfügung stehen.
   Bei der Wiedergabe muß das Niederfrequenzsignal des VCR-Gerätes vor dem Lautstärkeeinsteller des Fernsehempfängers eingespeist werden, und der Ton-Zf-Verstärker muß abgeschaltet werden, damit keine Toninformationen aus dem Fernsehgerät stören.

9. Integrierte Schaltungen benötigen nur wenige externe Bauteile.

10. Bei der elektronischen Lautstärkeeinstellung wird die Lautstärke nur durch eine Änderung einer Gleichspannung beeinflußt. Daher ist diese Einstellung brummunempfindlich und läßt sich leicht durch eine Fernbedienung vornehmen.

Lerntest 8

1. d   5. a
2. c   6. d
3. c   7. c
4. c

8. Mit Schaltnetzteilen kann man bei relativ geringem Aufwand und gutem Wirkungsgrad einen Fernsehempfänger mit stabilisierten und geregelten Spannungen versorgen.

9. Mit einer Spannungsverdopplerschaltung nach Bild 8.3 kann man höhere Ausgangsgleichspannungen erreichen.

10. Erklärung siehe Abschnitt 8.3.1.

11. Die Schaltfrequenz von Schaltnetzteilen liegt zwischen 18 bis 25 kHz. Diese hohen Frequenzen bringen den Vorteil, daß Siebglieder und Transformatoren günstiger ausgelegt werden können.

12. Mit dem Impulsbreitenmodulator erzeugt man das Ansteuersignal für den Schalttransistor. Durch die Abweichung zwischen dem vorgegebenen Sollwert und der tatsächlich vorhandenen Ausgangsgleichspannung wird der Impulsbreitenmodulator dahingehend beeinflußt, daß das Impulspausen-Verhältnis sich entsprechend ändert.

13. Siehe Abschnitt 8.4.2.

14. Sperrwandlernetzteile bieten den Vorteil der Netztrennung sowie der zusätzlichen Transformation von Spannungen. Durch die hohe Schaltfrequenz werden die Siebeinheiten kleiner.

15. Bei einem Kurzschluß an einem Ausgang muß der Schalttransistor, um die erforderliche Energie in den Transformator einzuspeisen, immer fort leitend sein. Dadurch reißt jedoch die Schwingung ab, und die Schaltung arbeitet nicht mehr.

Lerntest 9

1. d   2. b
3. c   4. d
5. e

6. Siehe Abschnitt 9.1.2.2.

7. Siehe Abschnitt 9.1.3.1.

8. Die Feinabstimmung hat die Aufgabe, den Fernsehempfänger im optimalen Abstimmpunkt auf bestmögliche Bildschärfe einzustellen.

9. Beim Sendersuchlauf wird den Kapazitätsdioden im Kanalwähler eine Spannung zugeführt, die eine Durchstimmung des Bereiches veranlaßt. Wird ein empfangswürdiger Sender empfangen, stoppt der Suchlauf und geht in eine langsame Farbabstimmung über.

10. Unter Ultraschall versteht man mechanische Schwingungen über 20 kHz.

11. Unter Bereitschaft versteht man bei einem Fernsehempfänger den Betriebszustand, bei dem der Fernbedienungsempfänger in Betrieb bleibt und die Heizung der Bildröhre auf etwa 80 % abgesenkt wird.

12. Bei einer Infrarot-Fernbedienung treten keine Störungen durch Wandreflexionen, Dopplereffekte und Klirrgeräusche auf. Weiterhin lassen sich viel mehr Befehle übertragen, und der Energieverbrauch des Senders ist geringer.

13. Siehe Bild 9.21.

14. Siehe Abschnitt 9.2.2.2.

15. $2^{11} = 2048$ $4\,\text{MHz} : 2048 = 1{,}953125\,\text{kHz}$.

11.3 Literaturverzeichnis

11.3.1. Fachbücher

Hein, H.: Der Transistor in der Hf-Eingangsschaltung, Franckh'sche Verlagshandlung, Stuttgart

Kleinspehn, H.-J.: Farbfernsehmeßtechnik, Telekosmos-Verlag, Stuttgart

Koubek, M.: Fernsehempfangstechnik Schwarzweiß und Farbe, Franzis-Verlag, München

Lemke, K. P.: Der Transistor im Zf-Verstärker, Franckh'sche Verlagshandlung Stuttgart

Limann/Pelka: Fernsehtechnik ohne Ballast, Franzis-Verlag, München

Mäusl, R.: Fernsehtechnik, Pflaum Verlag, München

Mayer, N.: Technik des Farbfernsehens, Verlag für Radio-Foto-Kinotechnik, Berlin

Meinke/Grundlach: Taschenbuch der Hf-Technik, Springer-Verlag, Berlin

Moeller, F.: Leitfaden der Elektrotechnik Bd. IV Teil I und 2, Teubner, Stuttgart

Schröder, H.: Elektrische Nachrichtentechnik Bd. I und III, Verlag für Radio-Foto-Kinotechnik, Berlin

Telefunken: Farbfernsehtechnik I und II, Elitera-Verlag AEG-Telefunken

Telefunken: Die Fernsehbildröhre, Franzis-Verlag, München

v. V.: Handbuch der Hochfrequenz- und Elektrotechnik Bd. I bis VIII, Dr. A. Hüthig Verlag, Heidelberg

Zastrow, P.: Rechenbuch der Radio- und Fernsehtechnik, Frankfurter Fachverlag, Frankfurt

11.3.2. Fachzeitschriften

Bretting, J.: Digitaler Programmspeicher mit Frequenzsynthese, Funktechnik Heft 23/78

Boardmann, C, u. a.: Matrixförmiger CCD-Bildsensor, Elektronik-Informationen Heft 1/83

Dambacher, P., u. a.: Aufwertung, Funkschau Heft 17/81

Fischer, T.: Fernsehen wird digital, Elektronik Heft 16/81

Fischer, T.: Schaltungstechnik eines Fernsehgerätes mit Digivision, Funktechnik Heft 5/83

Hegendörfer, M.: Digitale Sender-Suchautomatik, Funktechnik Heft 11/77

Klasche, G.: Startschuß zum Digital-TV-Wettlauf, Elektronik Heft 16/83

Kümmel, K.-D.: Zwei-Kanal-Fernsehton, Funkschau Heft 2/82

Veith, R., u. a.: Bild-Zf-Teil mit Oberflächenwellenfilter, Funkschau Heft 5/79

11.3.3. Firmenveröffentlichungen

Blaupunkt: Einführung in das Farbfernsehen Teil I, Hildesheim

Blaupunkt: Der blaue Punkt Heft 14/70; 17/72; 19/73, Hildesheim

Blaupunkt: Service-Unterlagen zum Farbfernseh-Chassis FM 120, Hildesheim

Grundig: Einführung in die Farbfernsehtechnik Teil 1 bis 4, Fürth

Grundig: Technische Informationen Heft 3/79; 5/79, Fürth

Intermetall: Integrierte Schaltungen für Rundfunk- und Fernsehempfänger, Datenbuch 1981, Freiburg

Intermetall: Digivision, VLSI-Digital-TV-System, Ausgabe 1983, Freiburg

ITT: Die Technologie des Digital-Chassis, SEL-Bildungs-Centrum 8/83

Siemens: Schaltungsbeispiele 1978/79 und 1980/81, München

Siemens: Datenbuch Integrierte Schaltungen für die Unterhaltungselektronik 1980/81, München

Siemens: Datenbuch Tunerhalbleiter 1980/81, München

Telefunken: Datenbuch Integrierte Schaltungen 1979/80, Heilbronn

Valvo: Datenbuch Integrierte Schaltungen für Fernseh-, Rundfunk- und Nf-Anwendungen 1979/80, Hamburg

Valvo: Farbfernsehen, Ausgabe April 1967, Hamburg

SACHREGISTER